柯桥年鉴数字版

柯桥年鉴

2022

绍兴市柯桥区地方志编纂委员会　编

方志出版社
Publishing House of Local Records

图书在版编目（CIP）数据

柯桥年鉴．2022 / 绍兴市柯桥区地方志编纂委员会编．-- 北京：方志出版社，2022.12
ISBN 978-7-5144-5486-4

Ⅰ．①柯… Ⅱ．①绍… Ⅲ．①柯桥区—2022—年鉴 Ⅳ．① Z525.54

中国版本图书馆 CIP 数据核字 (2022) 第 242479 号

责任编辑：王娜
责任校对：刘玉霞
责任印制：梅中英
出 版 者：方志出版社
地　　址：北京市朝阳区潘家园东里 9 号（国家方志馆 4 层）
邮　　编：100021
网　　址：http://www.zgfzcb.cn
发　　行：方志出版社图书营销中心（010-67110500）
印　　刷：绍兴市越生彩印有限公司
开　　本：889 毫米 ×1194 毫米 1/16
印　　张：29.75
字　　数：849 千字
版　　次：2022 年 12 月第 1 版
印　　次：2022 年 12 月第 1 次印刷
定　　价：280.00 元

绍兴市柯桥区地方志编纂委员会

顾　问	陈　豪　朱晓董　吴海洋
主　任	袁　建
副主任	陈利华　陈　勤
成　员	张晓峰　沈关祥　柯洪炜　王其龙　周欢芬　鲁立新
	徐兴建　吴坚祥　尹伟樑　马建刚　严　炜　徐　迅
	俞小炜　沈　勇　陈　方　谭　科　金伟梁　黄伟祥
	张志华　鲁建潮　赵忠根　裘剑平　沈琴梅　徐　锐
	傅　超　李　江　娄东寅　金国龙　胡斌钦　陶　森
	喻光耀
办公室主任	吴坚祥

《柯桥年鉴》编辑部

主　编	胡建华
副主编	宋如玲
编　辑	（排序不分先后）
	王　翊　孙阿络　宋如玲　吴坚祥　陆　杨
	陈飞燕　胡建华　高祖钿　高　锋　钱智芬
	徐炳荣　董思思　韩兰芳
编　务	陈志英

编辑说明

一、《柯桥年鉴》以马克思列宁主义、毛泽东思想、邓小平理论、“三个代表”重要思想、科学发展观、习近平新时代中国特色社会主义思想为指导，坚持辩证唯物主义和历史唯物主义的立场、观点和方法，实事求是地记述上一年中的人、事、物，力求思想性、科学性和信息性的统一。

二、《柯桥年鉴(2022)》记述浙江省绍兴市柯桥区 2021 年度政治、经济、文化、社会和生态文明的基本面貌及发展状况，旨在为领导决策提供依据，为社会各界了解区情、建设家乡提供资料，为精神文明建设、开展乡土教育提供教材。

三、《柯桥年鉴(2022)》记述的区域范围为 2021 年的柯桥区境。记述时限为 2021 年 1 月 1 日至 12 月 31 日。一些跨年度公布的事、物，则以截稿时间为止。重点记述年度内的大事、要事、特事，反映其内在的新变化、新经验、新问题。

四、《柯桥年鉴(2022)》按类目、分目、条目 3 个层次编辑。类目下一般设综述；分目下设概况，以便记述事物的变化和基本数据；条目为基本单位，一事一条，动态记述。卷首设“媒体聚焦”“特载”“专记”“大事记”“区情概貌”，百科设“中共绍兴市柯桥区委员会”“农业农村经济”“生态环境”“科技 · 信息化”“社会事务”等 40 个类目，卷尾设“2021 年柯桥区国民经济统计资料选刊”“附录”“索引”。

五、《柯桥年鉴(2022)》除专记外，采用记述体。文风力求严谨、朴实、简洁、通畅。数字、标点符号分别执行国家标准《出版物上数字用法》(GB/T15835—2011)、《标点符号用法》(GB/T15834—2011)，农田土地面积仍沿用“亩”作为计量单位。

六、《柯桥年鉴(2022)》所载文字、图片及数据，均由区有关职能部门提供，并经各级领导和相关专业部门审核。其中有些数据，由于来源、统计口径不同等原因，不同部门提供的同项目数字也可能不尽一致，故正式引用应以该书“2021 年柯桥区国民经济统计资料选刊”为准。部分数据、表格，在文尾注明引述来源。

七、《柯桥年鉴(2022)》所载相关单位、机构名称中涉及的符号、文字，尊重该单位、机构的原设计用法。

八、《柯桥年鉴(2022)》索引采用主题分析索引法，按主题词首字汉语拼音字母顺序排列。

2021年柯桥区快览

行政区划面积 1066.02 平方千米

户籍人口 69.81 万人

地区生产总值 1747.98 亿元，人均生产总值 251382 元

工业总产值 2304.45 亿元

财政总收入 223.46 亿元

社会消费品零售总额 383.62 亿元

货物进出口总额 1111.80 亿元，其中出口 1088.49 亿元、进口 23.31 亿元

合同外资 7.10 亿美元，实际到位外资 2.99 亿美元

金融机构本外币存款余额 2652.10 亿元，贷款余额 2814.09 亿元

城镇常住居民人均可支配收入 79172 元

农村常住居民人均可支配收入 48029 元

2021年度柯桥区荣誉

柯桥区综合实力迈进全国“十强区”

柯桥区被评为中国全面小康十大示范县市

柯桥区被评为中国高质量发展十大示范县市

柯桥区被评为全国脱贫攻坚先进集体

柯桥区被评为全国计划生育优质服务先进单位

柯桥区被评为全国群众体育先进单位

柯桥区被评为工信部第一批纺织服装创意设计示范园区

柯桥区被评为全国根治拖欠农民工工资工作先进集体

柯桥区被授予浙江省平安县(市、区)“平安牌”

柯桥区被评为“森林浙江”建设工作突出贡献集体

柯桥区被评为浙江省“四好农村路”省级示范县(市、区)

柯桥区获浙江省“五水共治”(河长制)工作优秀市县“大禹鼎”银鼎

柯桥区被评为浙江省生态文明建设示范县(市、区)

柯桥区被评为浙江省新时代美丽城镇优秀县(市、区)

柯桥区被评为浙江省文旅融合高质量发展十佳县(市、区)

2021 年度柯桥区经济社会发展荣誉榜

◇ 2021 年度柯桥区改革发展贡献奖（区长奖）

汪子翔（全国残运会浙江队游泳运动员）
李峻海（浙江宝旌炭材料有限公司董事长）
章金根（浙江元垄控股集团有限公司董事长）
徐建康（浙江北辰物业服务集团有限公司董事长）
郭劲宏（浙江联芯致康生物科技有限公司董事长）
俞剑鑫（科盛生态农业有限公司董事长）
绍兴海关监管三科（海关柯桥监管点）
浙江省柯桥中学
浙江绍兴瑞丰农村商业银行股份有限公司
宝业集团股份有限公司
绍兴市柯桥区轨道交通集团有限公司（柯桥区轨道交通管理服务中心）

◇ 2021 年度柯桥区改革发展贡献奖（经济发展突出贡献奖）

庞宝根（宝业集团股份有限公司）
孙永根（浙江天圣控股集团有限公司）
徐永明（浙江永盛科技有限公司）
蒋张水（浙江天马实业股份有限公司）
虞阿五（浙江日月首饰集团有限公司）
张勤良（浙江勤业建工集团有限公司）
周永利（浙江永利实业集团有限公司）
金越顺（浙江精功科技股份有限公司）

◇ 2021年度柯桥区改革发展贡献奖（经济发展功臣奖）

吴琼瑛（三力士股份有限公司）
孙剑华（浙江越剑智能装备股份有限公司）
秋泽民（绍兴未名塑胶有限公司）
肖　兵（浙江苏泊尔厨卫电器有限公司）
肖子良（浙江稽山印染有限公司）
林如纳（浙江诺亿毛纺印染有限公司）
傅见林（绍兴盛鑫印染有限公司）
肖炳炎（浙江新三印印染有限公司）
李建军（绍兴通盛印染有限公司）
方朝阳（精工控股集团有限公司）
傅双利（浙江迎丰科技股份有限公司）
施木兴（浙江兴日铁金属薄板有限公司）
虞宝木（浙江宝纺印染有限公司）
陈晓寅（中设建工集团有限公司）
朱金华（浙江中恒建设有限公司）
胡柏成（浙江天工建设集团有限公司）
胡兴良（浙江鼎元建设有限公司）
马　成（浙江天勤建设有限公司）
方信善（绍兴柯桥致同能源有限公司）
朱振东（绍兴宝晨汽车销售服务有限公司）
余海军（绍兴宝利德汽车有限公司）
孙建华（浙江中大饲料集团有限公司）
高月祥（浙江科盛饲料股份有限公司）
姜建兵（浙江海大饲料有限公司）
黄　勇（绍兴木林森进出口有限公司）
汪三伍（浙江科旺纺织有限公司）

◇ 2021年度柯桥区金融支持实体经济发展优胜单位

浙江绍兴瑞丰农村商业银行股份有限公司
上海银行股份有限公司绍兴分行
兴业银行股份有限公司绍兴柯桥支行

中国银行股份有限公司柯桥支行
中国工商银行股份有限公司绍兴支行
浙商银行股份有限公司绍兴分行
杭州银行股份有限公司绍兴科技支行
宁波银行股份有限公司绍兴柯桥支行
北京银行股份有限公司绍兴柯桥支行
浙江泰隆商业银行股份有限公司绍兴分行
广发银行股份有限公司绍兴柯桥小微企业专营支行
浙江义乌农村商业银行股份有限公司绍兴柯桥支行
中国人民财产保险股份有限公司绍兴市柯桥支公司
中国人寿保险股份有限公司绍兴市柯桥区支公司
财通证券股份有限公司绍兴柯桥湖西路证券营业部
浙商证券股份有限公司绍兴金柯桥大道证券营业部

◇ 2021 年度柯桥区金融履行社会责任优秀集体

中信银行股份有限公司绍兴轻纺城支行

◇ 2021 年度柯桥区金融支持小微企业发展优秀集体

中国建设银行股份有限公司柯桥支行

◇ 2021 年度柯桥区金融服务“三农”发展优秀集体

绍兴银行股份有限公司柯桥支行

2021 年 7 月 27 日，浙江省委书记袁家军（前排左二）察看柯桥区夏履镇灾情

（诸良峰　摄）

2021 年 9 月 27 日，全国政协经济委员会副主任、农业农村部原部长韩长赋（前排中），到柯桥区调研“金秋家园·长塘头”闲置农房激活促共富项目　（区农业农村局　提供）

2021 年 6 月 24 日，全国人大常委会委员、全国人大民族委员会副主任委员、西藏自治区党委副书记、自治区人大常委会主任洛桑江村（左一）慰问绍兴西藏民族中学学生

（陈　玙　摄）

2021 年 7 月 7 日，浙江省人大常委副主任李卫宁（右一）调研柯桥基督教堂普法工作

（徐　敏　摄）

2021年7月31日，浙江省副省长成岳冲（右一）带队赴绍兴市中心医院医共体总院、华舍分院和方舱接种点督查新冠肺炎疫情防控及疫苗接种工作　　　　（单明铭　摄）

2021年6月1日，浙江省检察院党组书记、检察长贾宇（中）到柯桥区“12309”检察驻矛调中心接访来访群众　　　　（区检察院　提供）

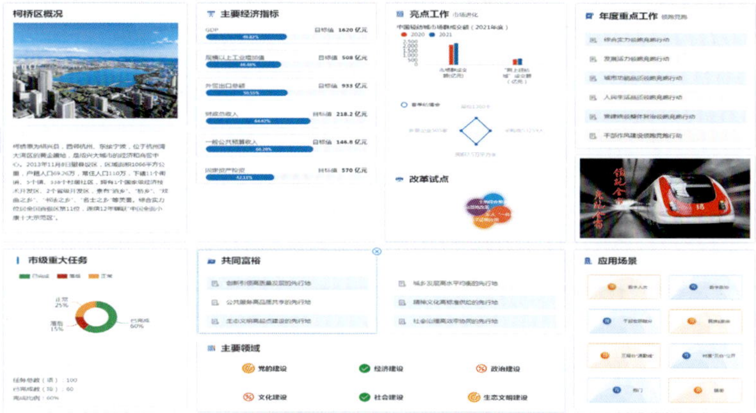

2021年，柯桥区党政机关整体智治系统门户主网页　（区委改革办　提供）

2021年，数字社会综合应用（治理端）网页　（区委改革办　提供）

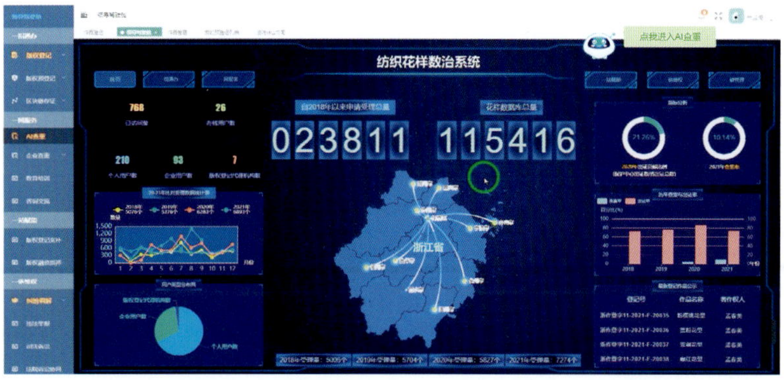

2021年，纺织花样数治系统驾驶舱网页　（区委改革办　提供）

2021年，柯桥区“网络电子围栏组件”等4个优秀案例在全省应用组件试点工作交流会作介绍　（区委改革办　提供）

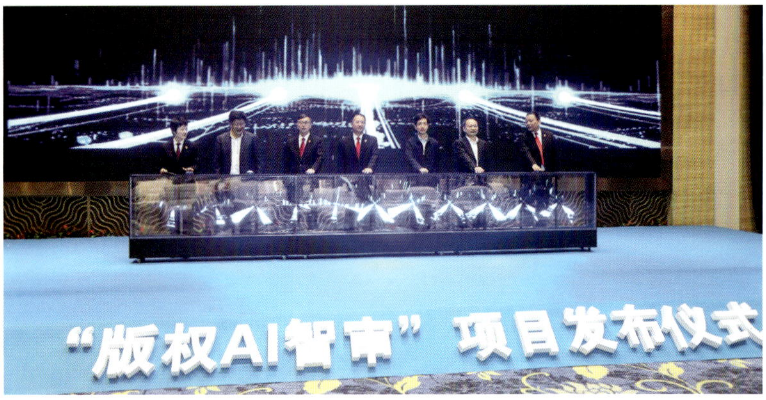

2021年4月22日,柯桥区人民法院“版权AI智审”项目发布仪式举行

（区委改革办　提供）

2021年7月16日,柯桥区文明轻骑兵手机应用S0版暨“骑行码”上线试行

（区委改革办　提供）

2021年10月15日,柯桥智慧城市建设经验在全球智慧城市大会圆桌论坛上向全国介绍　（区委改革办　提供）

2021年10月17日,中宣部副部长张建春(中)调研中国绍兴柯桥(纺织)知识产权快速维权中心（区委改革办　提供）

柯桥区智慧城市建设获2021世界智慧城市治理中国区大奖 （区大数据中心 提供）

2021年6月28日，绍兴轨道交通1号线钱清站正式运营 （钱清街道 提供）

目 录

区情概貌

中共绍兴市柯桥区委员会

绍兴市柯桥区人民代表大会

绍兴市柯桥区人民政府

政协绍兴市柯桥区委员会

中共绍兴市柯桥区纪律检查委员会 区监察委员会

民主党派

群众团体

外事·侨务·涉台事务

法　治

军 事

应急管理

农业农村经济

工业经济

建筑业

开放型经济

中国轻纺城

旅游业

财政·税务

金融业

自然资源管理

生态环境

水　利

经济管理

城镇建设与管理

乡村振兴

交通运输·邮政

科技·信息化

教　育

文化·传媒

卫生健康

体 育

区人著述

社会事务

柯桥新风

人 物

经济开发区

建制镇与街道

2021年柯桥区国民经济统计资料选刊

附 录

索 引

媒体聚焦

奋力交出高分报表：从 0.6% 看柯桥“一根丝”韧劲

绍兴柯桥是全国最大的纺织产业基地，纺织产品交易量占全球的近 1/4。数据显示，去年以来，柯桥规上纺织业走出“V”形反转，其中前 11 月全区规上纺织业产值同比增长 0.6%，实现 2020 年首次转正。来之不易的 0.6% 是如何实现的？来看记者从柯桥发回的报道。

傍晚五点，中国轻纺城国际物流中心迎来了一天里最忙碌的时段。

张国平（物流公司负责人）：“从下午装到晚上 11 点到 1 点钟，从（去年）八月份以后开始的。”

距物流中心不远处，连通蓝印时尚小镇的柯海公路上，川流不息的车辆塞满着五彩纺织面料，发往全球 190 多个国家和地区。来自印度的客商 Joe 算了一笔账，眼下 30 万米的面料订单在柯桥生产后再运输到印度，花费的时间比在印度本土生产还要快出近一倍。

Joe（印度客商）：“以前中国进口占 40% ~ 50%，像今年的话，我们提高到了 80% 以上。”

产销两旺带动柯桥纺织产业一扫疫情阴霾。数据显示，去年 1 月到 11 月，柯桥规上纺织业产值 955.9 亿元，同比增长 0.6%，增速首次转正。

在疫情冲击下，柯桥纺织取得这样的成绩并不容易。走进英吉利的印染车间，企业刚刚完成了纺织智能平台在 2020 年的第三次技术迭代，通过手机客户端，产品瑕疵可以及时分发给技术员，并为每笔订单自动选择最佳生产方案。

陈亮（英吉利印染有限公司生产操作员）：“有了这个 APP 之后，不用来回跑，而且减少了弄虚作假的可能。”

尽管拥有完备的纺织产业链，但之前柯桥不少纺织企业都面临生产效率低下，附加值不高的难题，去年当地在推动纺织企业复工复产中梳理出节材节料、智能集成等纺织业六大关键环节，加快开展结合大数据云计算的智能化改造，截至目前已有 148 家企业完成技术改造。

王江（中国纺织行业工业互联网联盟副理事长）：“这些数据怎么分析出它的关联，找出质量问题，找出成本问题，找出设备问题后面的原因，是最大的一个机会啊。”

“这个就是我们的实验室。”为了进一步提高技改成效，柯桥区还结合企业技改中遇到的技术难题，针对性招才引智，点对点突破。宝庆印染有限公司材料学博士劳丽红正向企业推广新研发的技术，“宝庆”急需一款同时具备聚水和吸湿功能的新面料。

诸志克（绍兴宝庆印染有限公司）：“这个产品研究出来以后，面料包括我们的工艺，包括我们的消费可能会提升一个层次。”

在政府牵线下，截至目前，柯桥人才地图已集聚海内外工程师 304 人，向企业推送技术和科技项目 106 项。而刚刚出炉的 2020 全省传统制造业改造提升综合评估报告中，柯桥区纺织行业以 129.8 分稳居首位。

孙伟刚（绍兴市柯桥区经信局党组书记）：“围绕产业链部署创新链。那么现在我们已经走出了一条传统向时尚、单一向多元、低端向高端的产业转型和集聚提升之路，积极地打造世界级的纺织产业集群。”（浙江卫视《新闻联播》，2021 年 1 月 10 日）

新发展格局下看柯桥纺织业凤凰涅槃——“一块布”的浴火重生

还是那个轻纺城。南来北往的客商中，多了两类人——工程师和设计师。

绍兴柯桥正在织出不一样的布。偌大的印染车间里，不见染料鲜见人，取而代之的是各种粗细不一的输送管道和自动化设备。“染都”柯桥，正成为工程师“数字化改造”的战场。

设计师眼中，是米兰和柯桥的“双城记”。3 年前，米兰科莫大街开出“柯桥馆”。3 个月前，柯桥轻纺城新开出一家“米兰馆”，上万种高端面料均是从米兰进口，一米布可以卖到三五百元。以前要大费周章去米兰采购的设计师，如今跑到柯桥“找灵感”。

都说纺织业是一个“长了腿”的产业。这些年，劳动力成本不断提高，成本敏感的订单“跑”去了东南亚；环保这把达摩克利斯之剑高悬，环境整治中市场主体不断“减员”；全球疫情又带来不小的市场波动……

在这样的倒逼中，柯桥人腾笼换鸟，柯桥布凤凰涅槃。“长了腿”的产业在这里脱胎换骨，不仅扎下深根，还将在浙江率先构建新发展格局的新征程中扮演更积极有为的角色。

重新认识“大染缸”　一个没有天花板的行业

纺织业是一个古老的产业，“虽然传统，但绝不老旧”。

最近，柯桥区委领导又带着 7 家印染企业、3 家纺织外贸企业的老板去了宁波申洲学习数字化。纺织业产业链长，从纤维制造，到纺纱、织布、印染，下游还有服装、时尚。但成为好产业的前提，是靠数字化破解环境污染、安全生产等痛点。

一场“数字化车间革命”，正在这里兴起。

“欢迎来到印染智慧工厂‘新迎丰’。”浙江迎丰科技董事长傅双利递来名片。这家印染企业，名字里竟没有“印染”二字，而是打上了“科技”烙印。

“5G 全覆盖，设备全联网，‘印染大脑’精准分析每一缸的成本，客户通过手机 APP 能看到生产进度。”傅双利带我们重新认识“大染缸”：配料间，120 个染料箱整齐排列，机器臂抓取配好色的染料盆，自动打浆后根据指令输送至指定机台；染缸里，布料翻飞却不见水，“汽流染色”工艺将布与水的配比降至 1 ∶ 3.75，节水近 60%；仓库中，布匹自动打包、贴上二维码识别标签，并实现智能物流传输……从生产装备到环保治理，都是行业标杆水平。

在柯桥，傅双利并不“孤单”。“兴明”“东盛”“锦发”“天马”……大批企业正将传统“大染缸”升级为智慧工厂。据从事纺织行业数字化改造的“环思智慧”统计：柯桥 109 家印染企业，一半以上是其客户，80% 以上智能化改造意愿强烈。

2021 年 1 月 8 日，证监会核准“迎丰科技”的首发申请，柯桥即将诞生“印染第一股”。2020 年 4 月

15日，高端纺织机械制造业企业越剑智能A股上市；8月，专业研发、生产和销售功能性遮阳材料的企业“西大门新材”首发过会。加上“迎丰科技”，一年3家纺织业企业上市，这在柯桥前所未有。

是时候重新打量纺织业了。

“只要你想做，永远有得做。”吉麻良丝董事长季国苗创业30年，从棉花收购开始，陆续开起纺纱厂、印染厂、服装厂，不断向产业链下游延伸。对于许多柯桥老板而言，产业链越往下走越难，然而利润也越高。

季国苗是典型的第一代柯桥纺织老板，危机意识强，早就注意到纺织产业向东南亚转移的趋势，这意味着“要做有技术含量的东西”，于是就有了吉麻良丝。季国苗开始做汉麻，这是世界上最古老的面料，但由于天然的粗糙感，无法被广泛使用。季国苗埋头材料创新，成立两个院士工作站，6年研发，投入了8000多万元，取得了15项发明专利，终于开发出触感和棉一样细腻柔软的汉麻。

一块麻，15项专利。在柯桥，季国苗绝非“另类”。金晟纺织的竹纤维面料、杨世纺织的抗病毒面料、汉唐纺织的丝绸面料……在柯桥万千纺织企业中，一大批具有科技创新、原创设计引导能力和品牌意识的本土企业，正如雨后春笋般不断涌现。

和设计师的握手　织布大军加入新生力量

迈向中高端，这是柯桥纺织产业的进化必然，也是顺应新发展格局的趋势使然。国内日益升级的消费大市场需要更好的柯桥布，增加全球产业链话语权，也需要一块好布。

柯桥的标杆，是米兰。沿着轻纺城“米兰馆”中极具设计感的白色旋转楼梯拾级而上，目光所及是来自34家意大利企业的上万种进口高档面料，犹如置身一场时尚大秀。这是柯桥第一个意大利高档面料进口馆，也是全国首个。

“国内面料和国外面料，铺在一起看没什么区别，但做成成品，差别显而易见。”“米兰馆”馆长、米兰华夏集团中华区总裁刘欲旦说，如果深究，就会发现在市场上做得不错的时装品牌，尤其是高档品牌，面料多依靠进口。

“米兰馆”服务的就是设计师。意大利企业正迫切地通过“笼络”一大批中国设计师，打开中国高端面料市场。而柯桥也张开双臂欢迎，这能让柯桥更好地承担起新发展格局战略支点的时代角色。

“一个优秀的设计师救活一块布，而一块布救活一家企业。”上海设计师夏天，2011年来到柯桥创办绍兴百思服装设计工作室。几年前，一家做传统面料贸易的企业，因为库存积压、负债累累，找夏天出主意。通过设计师的改造，一块名为“春亚纺”的传统涤纶面料成了“爆款”，4年卖出几千万米。

“纺织与设计双向赋能。去年柯桥设计服务产值超出3亿元，同时带动下游服务对象的销售，两者比例据测算是1 ∶ 110。”中国轻纺城创意产业服务中心负责人说，“在柯桥创意设计基地，有1261名设计人才，再加上活跃在各个企业的设计人才，柯桥的设计师总数已经超过3000人。”而十年前，这个数字接近于零。

设计师们正从黄浦江边、西湖边，来到鉴湖边。他们为何而来？纺织产业链最完整、纺织产能最强、专业市场最大三个“中国之最”，没有一个地方比得上柯桥。

2020年，柯桥又首推创意设计人才“经纬计划”，对大纺织产业链上的高端创意设计人才创业创新，最高重奖百万元。截至目前，“经纬计划”已为柯桥引进2批次18名高端创意设计人才。

面料实验室的“落户”　政府和市场的双向奔赴

“一块布”的进化，突破口在中前段，依托企业技术创新，中后段靠的就是设计。进化的目标，就是为适应复杂变化、内外联动的双循环，找到正确的“打开方式”。

这样的“进化”，并非偶然。

历时8年“腾笼换鸟”，将212家印染企业整合为109家，全部安家落户进滨海工业园。当地在集聚过程中，不强制关停，而是通过对设备目录的把关，来淘汰落后产能。

在中国块状经济的转型升级过程中，政府“有形之手”如何做到既积极有为又不至于越界，一直是一道难题。对柯桥而言，“有形之手”的运用之道，是尊重产业发展规律。“必须坚持市场化、法制化。”当地领导说，直面僵尸企业，凤凰涅槃。

在金柯桥大道与柯南大道路口，有一处“静默”了多年的商业综合体项目“中奢壹站”，路过的人都说它是块“宝地”，也为它的烂尾扼腕叹息。

最近，喜讯传来：全球第二大检测检验公司——法国必维国际检验集团即将落户于此。

2020年7月，法国必维与轻纺城达芙检测有限公司签下了战略合作协议，法国必维和轻纺城股份有限公司、凡特思集团有限公司合资成立“必维达诚”，打造先进的纺织品面料实验室。

将僵尸企业的用地盘活，通过司法破产清算实现出清，推进资源要素重新流动。“中奢壹站”是最新案例。通过清算式重整的方式，柯桥成功引进跨国企业华彬集团、国内化纤行业龙头荣盛集团，分别重整远东石化、赐富集团。如今，远东石化原生产线早已复产，投资百亿元的物流项目也正在建设中；原赐富集团名下欧亚薄膜不仅恢复正常生产，荣盛还投资20亿元新建薄膜生产线项目，3年就收回了成本，2020年税收、净利润双双超过1亿元……知名企业进驻柯桥，不但修复了原有僵尸企业的旧动能，还进一步新增投入，增加了发展新动能。

布有经纬，一块布的进化亦有经纬：产业升级，政府服务，穿梭其中，唧唧复唧唧，织就一块“柯桥新布”。（《浙江日报》2021年1月24日头版头条）

浙江绍兴建设民营科技园，与国有科技园良性互动

共建平台　接力孵化

在浙江省绍兴市柯桥区金柯桥大道东侧，浙江东盛印染有限公司的腾退地块是开发房产的好地方。不过，公司董事长徐卫东没这么做，他投资30亿元，建起了集众创、孵化等功能于一体的民营高科技创业园——一期建成8.6万平方米，集聚新材料、医疗新产业，自己当起了“园长”。企业空置厂房转型成为民营科技园，在柯桥已经不算稀罕事。

成立科技园区，吸引企业入驻

作为全国重要的纺织印染基地，前些年，柯桥把印染企业全部迁到滨海工业园区集聚，留下一大批空置厂房。“一边是人才加速在这里集聚，国有园区空间趋于饱和；一边是大量转型的纺织印染企业有投资的需求。政府因势利导，让这些有实力、想转型、敢追梦的企业家建设民营科技园，谋求再次腾飞。”柯桥区委组织部部长丁贵介绍。

如今，东盛印染的昔日老厂房顺利转型，成了眼前现代大气的东盛慧谷园区。徐卫东现在大部分时间“泡”在这里，筛选进驻企业，带领团队打造平台、孵化企业。而这，也让多方实现了共赢。

绍兴迪飞新材料有限公司就尝到了甜头。公司总经理金伟伟说：“两年前，公司项目落户东盛慧谷园区，双方发挥各自优势，围绕变色玻璃市场一起攻关。园区提供了研发经费和一站式服务，两年多就研发出了玻璃调光膜，透光率达到行业领先水平，还没上市就收到了订单，市场前景非常好！”

迪飞新材料有限公司的快速发展不是个例。在柯桥区恒生凤凰数字经济产业园，深安智能技术（浙江）有限公司去年的销售额超1000万元，预计今年将继续增长。“这里不仅有食堂、公寓、培训室等基本配套设施，还提供技术转移、政策咨询、创业指导、人才招聘等多项服务，非常适合初创型企业。”公司总经理梁昆说。

提升服务水平，助力企业发展

为建好平台，民营科技园区的管理者不断调研、摸索企业痛点，补齐服务短板。政府也和民营科技园形成良性互动。一些在国有园区初步孵化成功的企业转出后，空间容量大、跟市场结合紧密的民营科技园，会接过孵化的“接力棒”。“我们对民营园区和

国有园区同等待遇，全力支持！”丁贵说。

浙江技立新材料股份有限公司就从国有园区转到了东盛慧谷园区。“初步研发成功后，企业需要更大的生产装置和中试场地。东盛慧谷不仅有中试平台，我们研发的抗紫外线整理剂、抗菌防螨剂，都需要添加在纺织面料上，刚好能与东盛印染的产业资源结合。”公司创始人杨世玉说。

“初创企业纷纷前来，民营园区不断涌现。当然，企业留得下还能发展好，考验园区的服务水平。”浙江绍兴人才创业园建管委副主任董海均说，绍兴海内外高层次人才创新创业大赛已经举办5届，很多获奖项目落户柯桥。经过3年多孵化，绍兴橙氧科技有限公司已拿下不少海外订单，双氧水现场生产系统在印染企业试用，成本降低了两到三成。“我们获奖后，就在柯桥开始‘拎包创业’，园区为企业提供人才公寓和食堂，项目资金吃紧时还为我们联系到了融资，团队只需安心专注科研。”橙氧科技负责人戚鸣说。

为进一步提升园区服务水平，柯桥区梳理出人才服务事项83项，将66项可代办代跑业务的受理权限下放至园区，85%以上事项受理后3日内办结。每个民营科技园都设有服务分支，承接政府提供的精细化服务：帮助园区争取贷款优惠利率，支持民营科技园牵头申报行业和区域科技创新服务平台……

柯桥还出台系列政策，实现对各类人才的全覆盖资助，为初创企业提供从种子期、苗圃期、孵化期到成熟期的全流程奖励，政策包的含金量最高达2000万元，截至目前累计兑现奖金和项目资助1.6亿元。去年，全区高层次人才项目引进落户数创历史新高，同比增加60%。（《人民日报》2021年3月17日第6版）

抱团发展　领跑竞跑
柯桥：推动乡村共富美好图景变实景

领跑竞跑，敢为人先，一直是绍兴柯桥的精神风骨。经过长期发展与积累，柯桥区在高质量发展、先富带后富、人与社会共同进步等方面形成了系列经验，走出了一条具有柯桥特色的实践之路，为扎实推动共同富裕打下坚实基础。

进入新发展阶段，肩负新时代使命的柯桥，如何加速破题实现共同富裕？柯桥瞄准乡村振兴，勾画了一幅乡村全域共富蓝图。今年以来，柯桥区按照绍兴市委关于“五星达标、3A争创”迭代升级、全面建设乡村振兴先行市、共同富裕示范区工作部署，坚持党建统领、数字赋能、系统集成、市场运营，推动乡村振兴与共同富裕同频共振、同向发力，跑出乡村振兴先行村培育发展的“高质量、加速度、新动能”。

在示范先行、抱团发展的引领带动下，目前，全区214个行政村年经营性收入均达50万元以上，平均村级集体经济收入超600万元，95%的行政村实现“产业、人才、文化、生态、组织”振兴目标同步提升。

党建引领 打造乡村振兴先行村

炎炎夏日，柯桥区漓渚镇棠棣村宛如一片花的海洋。花海之中，彩虹滑道、缤纷乐园等儿童游乐设施已初步成形。今年初，棠棣村通过公开招募，引进一支乡村运营团队，按股份比例组建花满棠研学文旅有限公司，为村子注入鲜活力量。

“我们根据村子特色，谋划‘花满棠棣’运营主题，重点打造‘艺术村落、花居生活’‘花乡棠棣、人勤春早’‘花间趣玩、田园研学’三大场景，率先在数字乡村、气质乡村、兴旺乡村、宜居乡村、活力乡村等方面先行先试，探索将乡村带进市场的乡村振兴新路径。”棠棣村党总支书记、村委主任刘建明表示。

“一人富不算富，全村富才是真的富”“火车跑得快，全靠车头带”，在外做花木生意的刘建明回村担任村支书后，建立花卉专业合作社，带出村里一大批花木经营户，还带动了漓渚片区的花木产业。如今，棠棣村95%以上的劳动力从事花卉苗木的生产与经营，年收入在100万元以上的农户有50余户，全村年人均纯收入达10万元，几乎家家住上别墅，过上了好日子。

棠棣村是绍兴首批13个乡村振兴先行村培育对象之一，该村挖掘“花木之乡”的资源禀赋，统筹数字化技术与花木产业融合发展，新建4500平方米兰花培育大棚，引进数字兰花产业，打造了兰馨馆等。

近年来，柯桥区根据绍兴市委关于“五星达标、3A争创”工作部署，以变化见成效，跳出党建抓党建，围绕《柯桥区农村基层党建“五星达标、3A争创”工作规划》，久久为功抓创建，通过3年时间，建成五星达标村214个，3A级景区化建设示范村25个，成功打造“会稽诗路、山阴兰桂、鉴湖渔歌、钱杨印象、水乡记忆”等5条党建示范带，高质量推动农村基层党建全域提升。

今年以来，柯桥区再进一步，以打造乡村振兴先行村为示范引领，发挥先进先富帮带作用，构建全域共富大格局。柯桥区推出“1+16”乡村振兴党建联盟，将全区所有行政村划分为16个片区，每个片区重点打造两个核心村，进而带动全区所有行政村，通过联盟内资源集聚共享、协同共用，探索党建引领乡村共富之路。眼下，柯桥区正加快推进叶家堰—三佳居鉴湖渔歌带片区、谢家坞村与兰亭风景区一体化、剑灶—海丰花卉产业园等建设规划落地，着力打造乡村共同富裕集群。

鉴湖千顷，四序风光好。“鉴湖里”项目坐落于号称“鉴湖第一曲”的叶家堰和拥有“状元文化”的三佳居内，这是柯桥区党建示范带“鉴湖渔歌带”上两个相互接壤的3A级景区化建设示范村。今年，叶家堰、三佳居被合并列入全市首批13个乡村振兴先行村培育对象，柯桥旅发集团、叶家堰居和三佳居联合成立绍兴市柯桥区“鉴湖里”运营管理有限公司，设立了专门的运营团队。

目前，会稽山黄酒时尚酒吧、水上飞机等10多个新项目建成开放运营，累计投资1个多亿。“‘鉴湖里’项目盘活了闲置农房、老旧酒厂、老式台门等80余处资源，有效带动村民就业、农副产品销售，实现村级经济年增收100万元以上，同时还串起了鉴湖沿线几个村的文旅发展，将共同富裕美好图景变为柯桥实景。”柯桥区委组织部相关负责人说。

产业共兴 激活乡村振兴内在动力

走进柯桥区平水镇剑灶村，入眼就是宽敞明亮的现代化农业种植大棚。2016年，剑灶村引进浙江海丰花卉有限公司，并流转1600亩土地供其种植菊花。而后，海丰花卉以“统租返包”的形式，将土地连同现代化设备返租给农户，形成“党组织引领+公司运作+农户参与”的合作关系，吸纳小农户融入农业现代化进程中来，共辐射农户约800户，带动1200余名村民就业，促农增收4000余万元，推动了小农户与现代农业发展有机衔接。

“在推进乡村振兴的进程中，我们通过打造兴产增收‘利益共同体’，培育持续增收富民产业，一方面壮大集体经济，另一方面拓宽村民增收路，从而实现由‘输血’到‘造血’的转变，让乡村更美，让村民更富。”剑灶村党总支书记沈立波说。目前，该村已成功引进海丰花卉、华绿公司等5家农业企业，不仅以项目的形式与村集体、村民开展多方面合作，还为剑灶片区联盟内各村的农民就业等提供有力支持。

近年来，柯桥区抓实抓好村级集体经济“消薄”提升行动，做到村村有项目、村村有产业、村村可增收；另一方面，进一步拓宽“资源—资产”的转化通道，通过特色做精、品牌做强实现村民增收富裕、村级经济发展。

柯桥区以产业基地为轴带动，引导各村围绕平水日铸茶、稽东香榧、漓渚兰花、王坛青梅等农业特色品牌，因地制宜，做强农村支柱产业，一个产业带动一片，形成规模效应。同时，以景区村打造为契机，深度挖掘村级景区资源，积极打造日铸茶文化休闲体验、古鉴湖酒香、夏履农家美食等一批精品游线，指导各村积极发展民宿、餐饮、文创等配套产业，不断丰富乡村肌理，激活乡村振兴的内生动力。

人才兴，产业兴。人才是产业振兴的关键力量，柯桥区充分利用乡贤会、乡创联盟等组织，挖掘共享乡贤及乡村人才资源，解决乡村发展的人才瓶颈，特别在项目引进、信息互通、矛盾化解等方面进行有效突破；同时，打通劳动力输出渠道，统筹使用各类民间人才，助力乡村振兴。如稽东镇大桥村片区依托乡创联盟引入乡创人才38名，乡村创业项目20个，社会资本5000余万元。

文化赋能 勾画村富景美人和蓝图

走进柯桥区兰亭街道谢家坞村，只见青山绿水间村舍整齐整洁，村道花木掩映，田野瓜果飘香。该村党总支书记陈志芳介绍，谢家坞村能有今天的好光景，离不开驻村指导员的悉心指导和努力工作，无论是美丽乡村建设、“五星3A”创建还是乡村振兴，他们都发挥了不可替代的作用。

谢家坞村是驻村指导员制度最先试点的乡村。17年来，一任接一任驻村指导员了解民情、畅通民意、凝聚民心，为村级发展作出巨大贡献。谢家坞村实现了“村富景美人和”的小康目标，“去年村集体经济收入460万元，村民钱袋子更鼓了。”该村党总支书记陈志芳说。

从整体帮扶到中心工作推进，从发展思路探索到共同富裕推进……而今，驻村指导员早已是柯桥推进乡村振兴，实现共同富裕的一支骨干力量。

解决村民最迫切的需求，让村民生活越来越好，是垒实共同富裕的基石。钱清街道方家桥居通过美化村容村貌，改善村民居住条件，提高村民居住品位，有计划、有步骤、分阶段进行旧村改造。统一兴建47幢别墅，解决了前阶段拆迁安置户的住房问题。开展农民公寓建设，总建筑面积81798平方米，可容纳180户农户。同时以社会养老保险和合作医疗为主的多种保障体系已基本形成；失土农民的“三有一化”工作顺利完成。

村子美了，村集体收入涨了，村民腰包鼓了，精神文明需求随之而来，柯桥乡村结合实际打造渔业、曲艺、黄酒等乡村文化，丰富百姓精神世界。

春风吹拂亭山桥。“目前，‘百姓写百诗、乡诗铸乡魂’的活动大受村民欢迎，我们已经开班4次，40多名村民参加，课后他们就自己尝试写诗。”日前，马鞍街道亭山桥村党总支书记韩国富介绍，村子正积极创建“诗乡第一村”，通过教村民创作中国诗词，建设“诗香门第”等活动，丰富村民的精神文化生活，打造农村新风尚。

亭山桥村曾是环境脏乱差、干群关系紧张的落后村，近年来，在“领头羊”韩国富的带领下，两委班子紧密团结，抓住“五星3A”的机会，以“文化治村”为抓手，带来村容村貌的巨变。村子借着“讲好村庄故事”这一“法宝”，村级资产大幅增值，从2013年的42.5万元上升到去年的550多万元。村里相继建起了文化广场、文化礼堂、健身场地等，村民们的业余生活越来越精彩。

“共同富裕路上，一个也不能掉队。”柯桥，正坚持将国家所需、政府所能、群众所盼、未来所向，具化为一幕幕党建引领下生活和美、文化和润、社会和序、生态和谐、村民和睦的民生愿景，让村民真真切切看得见、摸得着、真实可感共同富裕，让乡村振兴全面开花，让“共富之梦”愈发靠近。（2021年7月16日《浙江日报》第9版）

纺织业：数字化赋能补短板

随着数字经济引擎动力不断增强以及全球气候治理形势日趋紧迫，数字赋能和绿色转型为纺织产业寻求未来商业形态进化和经济发展模式升级、实现可持续发展提供了关键支撑。

在浙江省绍兴市柯桥区日前举行的第四届世界布商大会上，国际纺织制造商联合会主席、中国纺织工业联合会会长孙瑞哲表示，全球纺织业价值链正发生深刻变革，加快进入以数字与绿色为核心的新时代。中国纺织服装产业表现出强大的韧性与活力，在推动共同富裕和开放发展中发挥了重要作用。

转型智能织造

与布商大会共同亮相的2021中国纺织知名企业创新成果展上，集聚了30余家行业龙头企业，展现了我国纺织服装全产业链强大的创新能量。

在智能时尚服装产品展示区，赢家时尚、爱慕、森马、东方国际、青岛红领5家品牌企业展出了可实时监测人体心率的运动智能内衣、可进行调温的碳纤维柔性发热衣、“冰淇淋”莱赛尔牛仔裤、男士多功能防护外套、儿童防蚊T恤等众多市场爆款产品，体现出行业在智能、科技、时尚型产品开发方面的高端水平。

在数字化转型背景下，我国纺织工业在智能织造方面进行了转型升级。

绍兴柯桥作为传统纺织工业重镇，印染布产量占全国30%以上，纺织品交易占全球的四分之一。眼下，其正探索“产业大脑+未来工厂”的应用场景，打造涵盖全产业链、全要素的纺织印染产业大脑，推动柯桥纺织印染产业集群的数字化提升。

纺织企业抓住数字化带来的巨大机遇寻找新发展动力。福建泉州海天材料科技股份有限公司副总经理邓生明提出，企业可以以信息化为支撑，依靠外部产能融合，专注于产品开发和客户服务，快速响应市场的变化要求，实现转型转变。通过将数据进行有效对接或将系统协同给企业的方式，保证数据互通。他认为，在数字化驱动背景下，大数据技术、自动化印染技术以及数据化设计，将形成智慧设计的模式赋能产业发展，有效指导产品开发，降低研发成本，实现在线多方互联沟通。

当前，我国纺织工业在数字化车间、智能生产、个性化定制、网络化协同等方面形成了系统解决方案，并由试点向全行业推广，取得生产效率提升、产品质量提高以及节能降耗减排的显著成效。

中国纺织信息中心主任乔艳津表示，逐步建立面对未来的数字适应力、联通力和创新力，必将助力中国纺织服装产业成为世界时尚科技的主要驱动者、全球时尚的重要引领者、可持续发展的有力推进者。

减碳与补短板并重

作为推进碳达峰、碳中和的重要领域，我国纺织服装行业一直是全球可持续治理的活跃力量。

布商大会期间，中国17个市场领先品牌企业和40家重点纺织企业在柯桥联合举行了“30·60中国纺织服装碳中和加速行动”发布仪式，并宣布气候行动承诺：6个月内开展气候训练营，12个月内开始制定“双碳”目标，24个月内公布“双碳”行动规划和路线图，并定期开展碳信息披露。

“30·60中国纺织服装碳中和加速行动”标志着自2017年我国纺织服装行业开启的气候创新2030行动由自发阶段进入自主阶段。工业和信息化部消费品工业司一级巡视员曹学军表示，应对气候变化，纺织行业积极行动走在前列，从“碳管理创新2020行动”到“气候创新2030行动”再到“30·60中国纺织服装碳中和加速行动”，积极付诸产业实践，目前已培育出一批先锋企业，将引领更多企业甚至更多行业行动起来。

我国纺织行业一方面要减碳，一方面还面临着产能过剩、大而不强等短板问题。对此，作为中科院“碳中和框架路线图”项目主要牵头人之一、中科院院士丁仲礼认为，中国“双碳”目标的确立，对纺织行业转型升级是一次重大挑战，更是难得的机遇。他建议，纺织企业专注于科技创新，依靠技术进步和创新驱动高质量发展；同时坚持开放合作，构建全产业链协同发展模式，加快形成绿色低碳的现代纺织产业体系。

据介绍，为了强化创新驱动和科技在产业低碳转型方向上的引领作用，中国纺织工业联合会将创建“中国纺织服装行业3060碳中和加速计划”企业可持续发展创新中心，整合包括政府、行业管理部门、智库、科研机构、技术机构等的全球产业链优势资源，重点支持“3060行动计划”企业联合开展“双碳”目标导向下协同研发、模式探索、技术创新、产品创新、市场应用的研究、开发和实践以及人才培养。

强化全球合作

作为与世界纺织行业对话、交流、合作的一扇窗口，连续举办4届的世界布商大会，已成为推动纺织工业体系螺旋式上升的重要力量。

绍兴市委书记马卫光介绍，以世界布商大会为抓手，绍兴构建了连接世界设计师、工程师的协同创新等平台，与国际纺织时尚城市合作打造设计梦工厂、制造云工厂，推进数字物流建设，初步形成了全产业链创新发展的新格局。

"在绍兴，仅中国轻纺城就与52个国家和地区的纺织协会建立了合作关系，市场成交额两年平均增长19%、网上成交额两年平均增长24%，在疫情下彰显出纺织产业的强大生命力。"马卫光说。

"'数字赋能·绿色共生'的主题总结了全球纺织服装行业面临的挑战。"在国际服装联盟(IAF)主席Han Bekke看来，解决这些挑战的关键在于全球合作，而中国企业更是全球纺织服装供应链中不可或缺的一部分。

"当前，全球时尚行业需要更加紧密地携手合作，共同应对新一轮产业变革带来的挑战。"意大利国家时装商会(CNMI)荣誉主席Mario Boselli同样认同国际合作的正向作用。他说，意中两国在时尚产业的供应链上有很多互补发展的机会，两国产业之间进行更紧密的合作，将会带来共赢。

我国是纺织品服装生产、消费、出口大国，具有完整的产业配套体系和国际先进的整体技术装备。中国纺织工业确实是世界纺织工业体系平稳运行的重要支撑。

孙瑞哲表示，我国纺织服装行业要以新实践面对变局，即夯实制造基础，巩固产业规模与体系优势；强化科技创新，形成新的发展动能；注重内容转化，形成新的价值来源；专注细分市场，构建更具延展性的市场体系；发展集群经济，打造协同高效的产业生态；加快绿色转型，推动产业循环低碳可持续发展。他强调，强化合作，打造更加完善的创新体系、更高质量的制造体系、更加融通的市场体系、更负责任的生态体系将是共创全球纺织服装产业未来的重要路径。(2021年11月10日《经济日报》第6版)

执行编辑　宋如玲

特 载

突出实干实绩 聚力领跑竞跑 奋力打造浙江高质量发展建设共同富裕示范区先行地

——在区委一届十次全体(扩大)会议上的报告(摘要)

中共绍兴市柯桥区委书记 赵如浪

(2021年7月30日)

这次全会的主要任务是:坚持以习近平新时代中国特色社会主义思想为指导,深入贯彻党的十九大和十九届二中、三中、四中、五中全会精神,深刻领悟习近平总书记在庆祝中国共产党成立100周年大会上的重要讲话精神,全面落实《中共中央 国务院关于支持浙江高质量发展建设共同富裕示范区的意见》,按照省委十四届九次全会、市委八届十次全会的部署要求,总结上半年工作,讨论审议《中共绍兴市柯桥区委关于深入学习贯彻习近平总书记"七一"重要讲话精神奋力打造浙江高质量发展建设共同富裕示范区先行地的决议》和《柯桥奋力打造浙江高质量发展建设共同富裕示范区先行地行动方案(2021—2025年)》,动员全区上下凝心聚力、勇扛使命,以领跑竞跑的姿态奋进新百年、踏上新征程,以实干实绩的作为绘就新图景、争创先行地。

一、以习近平总书记"七一"重要讲话精神为指引,朝着共同富裕示范区先行地阔步前行

7月1日,习近平总书记在庆祝中国共产党成立100周年大会上发表重要讲话,向全世界庄严宣告:"经过全党全国各族人民持续奋斗,我们实现了第一个百年奋斗目标,在中华大地上全面建成了小康社会,历史性地解决了绝对贫困问题,正在意气风发向着全面建成社会主义现代化强国的第二个百年奋斗目标迈进。"习近平总书记的重要讲话,高屋建瓴、气势磅礴,思想深刻、内涵丰富,通篇闪耀着马克思主义真理光芒,是中华民族伟大复兴的战略指引,是推进党的建设新的伟大工程的思想武器。全区上下要从总书记的重要讲话中感悟真理伟力、汲取奋进力量,发扬伟大建党精神,守好红色根脉,践行初心使命,以史为鉴、开创未来,以赶考的姿态大踏步迈向"第二个百年"奋斗目标。

学习贯彻习近平总书记“七一”重要讲话精神，是当前和此后一个时期的首要政治任务。这段时间以来，区委高度重视、精心组织，把学习贯彻总书记重要讲话精神，与学习贯彻总书记关于共同富裕的重要论述紧密结合起来，与贯彻落实中央的《意见》和省委十四届九次全会、市委八届十次全会部署紧密结合起来，通过组织收看建党百年大会盛况直播，召开区委常委会会议、区委常委会（扩大）会议、党史学习教育组织生活会等形式，学习传达、深入研讨，各级党组织以“周一夜学”等多种形式开展学习讨论，在全区上下持续兴起学习贯彻的热潮。

区委召开一届十次全体（扩大）会议，对学深悟透习近平总书记的重要讲话精神，深入贯彻省委、市委全会的部署，进行再动员、再细化、再落实，锚定奋力打造浙江高质量发展建设共同富裕示范区先行地这一战略目标，提出“六个先行地”的具体目标，推进“八个方面”的先行示范，突出实干实绩、聚力领跑竞跑，努力为浙江“共同富裕示范区”、绍兴“共同富裕示范区市域范例”建设提供鲜活样板、作出柯桥贡献。

打造“先行地”，必须把握形态多样性。共同富裕是一场深刻的社会变革，是全面建成小康社会后的一种更高级的社会形态。要深刻理解“五种社会形态”，全方位推动政策、制度和规则变革性重塑，努力打造生活富裕富足、精神自信自强、环境宜居宜业、社会和谐和睦、公共服务普及普惠的共同富裕美好社会最美图景。

打造“先行地”，必须彰显柯桥辨识度。柯桥发展一直走在全国全省前列。在共同富裕的赛道上，要准确把握柯桥所处的历史方位、现实条件、未来愿景，充分发挥柯桥党建引领、改革创新、经济先发、产业独特、城市协同、城乡协调等独特优势，以及“靠作风吃饭、凭实绩说话”的作风优势，锻造长板、补齐短板，加快在数字化改革、现代产业体系构建、融杭联甬接沪、未来社区建设等方面，形成一批具有柯桥辨识度的标志性成果，在共同富裕道路上领跑竞跑。

打造“先行地”，必须体现工作系统性。既要在“示范区”“市域范例”的航道上，按照经济社会发展规律，脚踏实地、久久为功，尽力而为、量力而行，一年接着一年干、一棒接着一棒跑；又要坚持行动先行、指标先行、成果先行，找准突破口，把握关键点，谋划实施一批牵一发动全身的重大举措和抓手，加快形成一批面向全国全省全市可复制、可推广的经验和模式。

打造“先行地”，必须增强群众获得感。共同富裕是共建共治共享的共同富裕，要紧紧依靠全体人民的共同奋斗，旗帜鲜明地鼓励“勤劳致富、创新致富、率先致富、先富帮后富”，在提升指标的同时，让人民群众在共同富裕中得到更多看得见、摸得着、真实可感、触手可及的实惠，过上更宽裕、更便利、更舒适、更安心、更有尊严的幸福美好生活。

二、领跑竞跑推动“十四五”良好开局，为打造共同富裕示范区先行地打下坚实基础

上半年，区委常委会认真贯彻落实上级的决策部署，精心组织党史学习教育，牢牢把握“领跑竞跑”主基调，系统谋划、专班运作，推动各项工作“全上跑道、全跑起来”，实现了“十四五”发展的良好开局。2009—2020 年连续 12 年蝉联“中国全面小康十大示范区”，获全国脱贫攻坚先进集体称号。

我们跑出了“稳开高走”的新势头。以领跑竞跑“4+1+1”工作目标体系为总牵引，掀起了争先创优的热潮。主要指标争先进位，1—6 月，全区地区生产总值 807.04 亿元，增长 14.7%，增速全市第二；财政总收入 141 亿元，增长 22.9%，一般公共预算收入 97.3 亿元，增长 22.5%；规模以上工业增加值增长 24.7%；外贸出口 471.62 亿元，增长 48.3%，增速大幅领先全省全市；实到外资 1.29 亿美元，增长 110.7%。产业变革持续加速，在全省制造业高质量发展大会上作交流发言，打响工业厂区“低散乱污”整治提升硬仗，战略性新兴产业增加值、高新技术产业投资增速保持全市前列。国家全域旅游示范区、国家级旅游度假区“双创”联动，成为文旅融合高质量发展十佳县（市、区）。创新动能不断增强，现代纺织鉴湖实验室、清华中意未来时尚创意中心落地，第六届海内外高层次人才创新创业大赛和 2021DIA 中国设计智造大奖全面启动，印染产业工程师协同创新中心做法先后获省委、省政府主要

领导批示和工信部肯定，上线全国首个“版权 AI 智审”系统，高质量发展的动能越来越充沛。

我们跑出了“改革开放”的新篇章。积极争创“最佳应用”，体系化规范化推进数字化改革，“织造印染行业产业大脑”“浙里工程师”分别入选全省第一批产业大脑试点和“揭榜挂帅”名单，“大渡未来社区”文化多跨场景作为典型在省例会展示交流，“文明轻骑兵”相继得到省委、省政府主要领导批示肯定，6 个项目入选全省多跨场景重大应用“一本账”、数量全市第一。全力畅通“内外循环”，世界布商大会入选浙江“一带一路”“十四五”规划重大交流活动，“跨境电商 + 市场采购”新业态出口 50.05 亿元，占比 10.6%，拉动全区出口增长 15.74 个百分点；轻纺城市场群和网上成交额分别增长 27.6%、41.2%。加快融杭联甬接沪，绍兴轨道交通 1 号线柯桥段开通运营，杭州中环柯桥段、杭甬高速北互通等重点项目稳步推进。积极构建最优“营商生态”，全面落实“三驻三服务”2.0 版，开设“三服务”通勤线、解决问题 6600 余个，减免税费 43 亿元，2 家企业在上交所主板上市，金融机构贷款增速全市第一。

我们跑出了“双招双引”的新高度。以平台提能增加吸引力，按照城上城、城中城定位，启动建设杭绍临空经济一体化发展示范区绍兴片区、柯桥未来之城，加快打造数智港、健康岛等新兴产业集群平台，高标准建设金柯桥科技城柯西园，中科大绍兴新材料研究院等一批高校院所合作平台实质性启动。以项目攻坚增强竞争力，开展项目竞赛攻坚，结合柯桥乡贤总会成立等活动，举行两次重大项目集中签约，累计引进总投资 507.1 亿元的 42 个重大产业项目，投资超百亿的华天光学膜新材料项目以“飞地合作”模式，在全省山区 26 县跨越式高质量发展暨山海协作工程推进会上签约落地，11 个项目列入省重点建设项目，6 个项目列入“市县长项目”。创设人大政协领导重大项目督导推进和巡察机制。以人才引育增强创新力，累计引进省级以上高层次人才 225 人，第九次获评人才工作述职评议考核优秀。

我们跑出了“城市更新”的新品质。城乡之美更宜居，柯桥古镇试运营，与安昌古镇、湖塘黄酒小镇赋予绍兴“三缸”文化新价值，轻纺城体育中心排球场馆、鉴湖足球场改扩建等杭州亚运配套项目基本建成，大渡社区入选省未来社区试点，金三角未来社区通过省级评审，顺利承办全省美丽城镇现场会，成为全省新时代美丽城镇示范区。生态之美更动人，基本完成两轮中央环保督察问题整改，启动总面积 140 万平方米的柯北城市有机更新区块拆迁，空气优良率 89%，两夺治水“大禹鼎”银鼎。生活之美更精彩，新增城镇就业 6.6 万人，浙大二院柯桥院区签约落地，11 所学校获评首批“省现代化学校”。探索越剧与旅游融合发展新模式，圆满承办全省文化礼堂 2.0 版建设暨新时代文明实践中心建设现场会。

我们跑出了“社会治理”的新标杆。坚持和发展新时代“枫桥经验”，深化“县乡一体、条抓块统”省级改革试点，迭代升级“一中心四平台一网格”，加快推进“大综合一体化”行政执法改革，区镇协同治理能力进一步加强。创新信访工作体制机制，三级矛调体系质效不断提升，四级信访量下降 29.9%，连续 60 个月保持进京“零非访”，国家级重复信访交办件化解 185 件，省级重复信访件全部化解。高质量开展政法队伍教育整顿。全力迎战台风“烟花”，经受住了特大台风的严峻考验。一以贯之做好疫情防控，稳妥高效处置独立学院转设、瓶装燃气非法窝点整治等事件，顺利打赢建党百年维稳安保硬仗，实现省平安区“十六连创”。

我们跑出了“整体智治”的新气象。坚持以党建为统领，围绕“力学力行、领跑竞跑”为主题，扎实推进党史学习教育，推动学习教育走深走实，为 3200 余名党员颁发“光荣在党 50 年”纪念章，开展“我为群众办实事、我为企业解难题、我为基层减负担”专题实践活动，破解各类难题 1.4 万个，得到省委第一巡回指导组的充分肯定。大力传承柯桥优良作风，以作风“三问”开路，开展作风大提升行动，建立领导干部数字化考核管理机制，刘建明、张晓鸿两名基层党组织书记获全国“两优一先”荣誉。打造“硬核”基层战斗堡垒，承办驻村指导员制度 17 周年全国性论坛，发布全国首个《驻村指导员工作标准》，以乡村振兴先行示范创建迭代升级“五星 3A”，稳妥有序推进县乡换届，扎实做好村社换届

"后半篇"文章。持续深化清廉柯桥建设，对照"七张问题清单"，一体推进中央巡视和省委巡视反馈意见整改，实现村（居委会）延伸巡察全覆盖，加强"清廉单元"示范点创建，坚决整治形式主义、官僚主义，不断优化山清水秀的政治生态。

"上半场"的成绩来之不易，我们深深体会到：要上接天线、下接地气，在贯彻执行中创造特色；要全局视野、系统集成，在精准发力中整体推进；要定了就干、比学赶超，在实干实绩中争先创优；要党建统领、团结奋进，在凝心聚力中干事创业。同时，我们也要清醒看到，当前柯桥经济社会发展仍存在着不平衡不充分的问题，在综合实力方面，经济"稳固向好"的动力尚不够强劲，土地、能耗等资源要素制约不断趋紧；在发展活力方面，补链强链延链力度还要加大，新兴动能的支撑还不够有力，缩小"三个差距"的任务比较艰巨；在城市功能品质方面，融杭联甬接沪步伐有待加速，生态环境问题仍待攻坚；在人民生活品质方面，优质公共服务供给需要进一步加强，疫情防控、安全生产等领域还存在不少风险隐患。特别是一些干部的现代化建设能力有待增强，全面从严治党仍需持续发力。对于这些问题，我们必须高度重视、系统研究、切实解决。

三、打造一批具有柯桥辨识度的硬核成果，努力在共同富裕新征程上先行示范

"十四五"时期是奋力打造浙江高质量发展建设共同富裕示范区先行地的"第一程"，必须迈好第一步、开创新局面。提交这次全会审议的《行动方案》，明确了打造共同富裕示范区先行地的目标任务、载体举措和保障措施，提出了63项具体指标、36项争先创优重点改革清单、100项大抓落实年度工作清单。要完整、准确、全面贯彻新发展理念，将"十四五"规划推进与共同富裕示范区先行地建设有效贯通起来，加快打造一批具有柯桥辨识度的标志性成果。重点在"八个聚焦"上先行突破。

1. 聚焦实体经济，筑牢共同富裕的根基底盘。主动融入长三角一体化和大湾区建设，突出实体经济发展，持续推进产业基础高级化和产业链现代化，不断做强共同富裕的物质基础。要打造高能级产业平台。积极谋划打造"2+1+N"平台体系，"2"即杭绍临空经济一体化发展示范区绍兴片区、柯桥经济技术开发区，"1"即预留一个福兰区域平台，"N"即若干个特色化基础平台，包括特色小镇、小微企业园和创业创新园等，力争在临空经济示范区和柯桥经开区培育两大"万亩千亿"新产业大平台，努力形成新的经济增长极。要构建高质量产业集群。围绕"5+3+X"现代产业体系，深入开展"项目竞赛"活动，加快推进市县长项目工程，积极引进培育芯片、先进制造、生命健康等新兴产业项目，全力培育数智港、健康岛等一批具有国际竞争力的新兴产业集群。积极推进纺织业强链补链行动，全面开展产业集群新智造省级试点，着力打造智造新城。要提升高层次产业水平。坚持数字赋能产业变革，以"产业大脑＋未来工厂"为核心，加快推进"织造印染产业大脑"建设，努力打造全省产业数字化示范区和数字经济创新发展先导区。深化"亩均论英雄"改革，强势推进工业厂区"低小散污"整治提升，高规格举办世界布商大会，用足用好跨境电商、市场采购等两大国字号试点，全力打造纺织全产业链要素"双循环"的重要节点。

2. 聚焦创新驱动，积蓄共同富裕的强劲动能。深入实施人才强区、创新强区首位战略，推动产业链和创新链深度融合，真正把创新精神转化为一种优势资源、致富动力。要提升创新平台能级强度。积极对接G60、全省三大科创高地、全市科创大走廊，全域打造浙江绍兴人才创业园，高标准建设现代纺织鉴湖实验室，联动贯通印染工程师协同创新中心、"浙江院士之家"等各类创新平台，探索实施"政府主导＋企业主体＋院校联合"的模式，集中突破一批"卡脖子"关键技术，全力打造长三角创新策源地。要提升科技企业培育力度。充分发挥企业创新主体作用，深入实施"雄鹰行动""雏鹰行动""凤凰行动""双倍增计划"，推进规上工业企业科技创新活动"全覆盖"，加快孵化科技型小微企业，全力培育高新技术企业，支持民营人才创业园、企业创业创新联合体建设，开展关键技术和共性技术研发，不断增强企业自主创新、源头创新能力，争创"科创中国"省级试点区。要提升人才资源集聚热度。瞄准"高精尖缺"，大力实施"柯桥英才计

划”“经纬计划”“千名博硕引聚行动”,优化以赛引才、以会引才、以站引才、以金引才等模式,办好“揭榜挂帅”创新大赛等重大活动,健全完善人才政策、金融服务等体系,营造“引育留用管”全周期一站式服务的人才生态,力争每年吸引大学生3万名以上、省级以上高层次人才50名以上。

3. 聚焦全域一体,厚植共同富裕的城乡优势。 深入推进“融杭联甬接沪”,持续缩小城乡发展差距,形成全域一体的高质量发展新格局。要全面推动与杭同城化。抢抓地铁开通机遇,加快发展地铁经济、城市经济,深化长三角跨区域政务服务“一网通办”,加快实现旅游、文化等公共服务一体化。积极把握“亚运窗口”机遇,加快建设杭州中环柯桥段、杭绍台高速、杭金衢高速至杭绍台高速联络线等工程,全力构建融杭立体交通网络体系。要深入推进城乡一体化。按照“东融西同北上”城市发展战略,举全区之力,高标准建设柯桥未来之城,全方位融入大市区,扁平化推进城市发展。坚持以人为核心,加快推进新型城镇化,推动乡村振兴先行,实施成片规划、成片拆迁、成片开发、成片建设,高质量打造美丽城镇、美丽乡村,加快提升农村基础设施和公共服务水平,实现城乡“同规同网、同标同质”。要做优做强现代化基本单元。以未来社区引领城市新场景,推进城市有机更新,推广复制大渡未来社区文化多跨场景应用,加快福全金三角、齐贤羊山等未来社区规划建设,到2025年实现未来社区区域全覆盖。以未来乡村引领农村新场景,推进村庄有机更新、土地全域整治,建成棠棣村、三佳居和叶家堰居等一批示范性乡村新社区。要深入推进区域协作和对口帮扶。用足用好省支持山区26县跨越式高质量发展的新一轮政策,加快推动“飞地合作”项目建设,高标准打造“山海协作”升级版。加强东西部协作交流,做好新一轮对口支援和对口合作工作,积极服务全省、全国共同富裕大局。

4. 聚焦扩中提低,构建共同富裕的社会结构。 大力提高城乡居民收入,持续缩小收入差距,促进消费提质扩容,形成以中等收入群体为主体的橄榄型社会结构。要完善创业就业促进体系。实施更加积极的创业就业政策,强化劳动者创业能力和职业技能培训,创造更多创业机会和就业岗位,全力培育创业就业新增长点。深化“放管服”改革,优化区域营商环境,激发各类市场主体活力。先行探索试点,保障好快递员、外卖员、网约车司机等新就业形态劳动者权益。要扩大中等收入群体规模。健全扶持中等收入群体后备军发展的政策体系和工作机制,激发科研人员、技能人才、小微创业者、高素质农民等重点群体增收潜能,减轻教育、医疗、养老、住房等负担,推动更多劳动者通过自身努力跨入中等收入群体行列。要增强低收入群体增收能力。实施低收入群体同步基本实现现代化行动,完善最低工资制度,构建精准帮扶体系,稳步提高低保标准,推动低收入群体收入增长快于居民收入平均增长。加大财政支出向弱势群体、薄弱领域、农村倾斜力度,全力支持南部山区高质量发展。突出关注农民增收问题,通过村级物业更新改造、宅基地改革、闲置农房激活等方式,持续增加农民财产性收入。

5. 聚焦优质共享,提升共同富裕的幸福内涵。 围绕人的全生命周期公共服务优质共享,在更高水平上补短板、强弱项,不断增强人民群众的获得感幸福感认同感。要推进“善育柯桥”。全面落实三孩生育政策,完善配套政策体系,加快婴幼儿照护服务体系建设,普惠提质发展学前教育,大力实施学前教育第四轮行动计划,提升幼儿园城乡覆盖率、公办率和普惠率。要推进“学在柯桥”。深化教共体改革,全面优化城乡教育布局,推动教育信息化2.0行动计划,争创全国义务教育优质均衡发展区。完善职业教育与普通教育双向互通机制。支持浙江工业大学之江学院和浙江树人大学高质量发展。完善特殊教育、终身教育体系。要推进“健康柯桥”。优化医共体改革,深化“三医联动”“六医统筹”,实施“健康大脑+智慧医疗”,完善重大疫情防控与公共卫生应急管理体系。全力抓好浙大二院柯桥院区建设。要推进“颐养柯桥”。深化养老服务改革,提升镇村两级居家养老服务功能,推进社工站建设,创新发展养老新业态、新模式,加快建设新型康养联合体,打造更多“智慧养老院”“智慧养老社区”。要推进“安居柯桥”。坚持“房住不炒”,推进保障性安居工程,支持发展住房租赁市场,有效解决困难群体和新柯桥人住房保障问题。推进老旧小区综合改造提升，保持农村困难家庭危房“动态清零”。要推进“技能柯桥”。实施“柯桥蓝领”职业技能提升行动和新时代工匠培育工程，筹建柯桥区技师学院，建成更多行业特色实训基地，加强对农村转移劳动力等重点群体的精准培训，全面提升劳动者就业创业能力。要推进“真爱柯桥”。健全多层次社会保障体系，统筹推进“1+8+X”大救助体系建设，建立精准救助诚信评价体系，做好社保提标扩面、拥军优抚等工作，更好发挥社会救助兜底功能。大力发展社会慈善事业。切实保护妇女儿童合法权益，完善残疾人关爱服务体系。

6. 聚焦文化供给，铸就共同富裕的精神家园。以社会主义核心价值观为引领，全方位提升文化软实力，形成推动共同富裕更深层、更持久的动力。要守护红色根脉。以党史学习教育为动力，加强红色文化遗产保护利用，讲好红色故事，赓续红色血脉，在“红色根脉”中彰显柯桥先行印记。要打造文明高地。以新时代文明实践中心建设为切入点，深化“智慧礼堂”建设，打造“文明轻骑兵”等多跨场景应用，健全志愿服务体系，推动全域文明创建。要延续城市文脉。积极融入浙东唐诗之路、大运河文化带建设，传承弘扬“三缸”文化，加强历史文化遗产保护，持续打响“老绍兴·金柯桥”城市品牌。要丰富群众文化。高质量建设数字图书馆、数字文化馆、数字博物馆、数字美术馆，进一步打响“文艺五进”“百花大舞台”“相约礼堂”等群众文化活动品牌，更好构建三级公共文化服务网络体系。要做强文化产业。做深文旅融合大文章，依托兰亭文化旅游度假区、鉴湖旅游度假区等平台，大力招引、培育更多高端文旅项目，深入实施“微改造、精提升”，全力创成国家全域旅游示范区和国家级旅游度假区。

7. 聚焦全域美丽，擦亮共同富裕的生态底色。深入践行“两山”理念，打造人与自然和谐共生的柯桥升级版。要全力推进碳达峰碳中和行动，抓实抓好能源、工业、建筑、交通、农业、居民生活等六大领域绿色低碳转型，科学实现梯次达峰，尤其要以能源和工业领域为重点，压减纺织行业用能，推动热电企业节能改造，强化新型能源替代，构建清洁低碳的生产生活方式。要全力打好治污攻坚战，持续打好蓝天、碧水、净土、清废、治塑巩固提升持久战，高标准整改中央环保督察反馈问题和信访交办件，深入推进全域“无废城市”建设和生活垃圾分类处置工作，确保空气质量优良率保持在 87% 以上、力争 90% 以上，$PM_{2.5}$ 平均浓度控制在 30 微克 / 立方米以下。要全力打造美丽大花园。深化生态文明示范创建，大力发展生态农业、休闲农业、乡村旅游、农村电商等新业态，积极构建全域大美新格局，让“美丽资源”更好转化为“美丽经济”。

8. 聚焦社会和谐，夯实共同富裕的治理基石。统筹发展和安全、富民与安民，加强应对社会风险的机制和能力建设，确保城市更安全、社会更安定、群众更安心。要推进法治柯桥建设。全面提速法治政府建设，高标准实施“八五”普法规划，进一步深化司法体制综合配套改革、“大综合一体化”行政执法改革，不断提升执法司法效率和公信力，努力打造一流法治化营商环境。要健全社会治理体系。坚持和完善新时代“枫桥经验”，巩固提升政法队伍教育整顿成果，深入推进“县乡一体、条抓块统”省级改革试点，加快“基层治理四平台”迭代升级，以数字化更好助推基层治理现代化。要构建风险防控闭环。坚持以“管行业必须管安全、管经营必须管平安”的理念，持续开展风险隐患大排查大整治，健全重大舆情和突发事件舆论引导机制，统筹抓好疫情防控、行业管理、生产安全、交通安全、消防安全、食药品安全等工作，坚决守住不发生系统性风险的底线。

四、加强党的全面领导，加快推进、全面呈现共同富裕美好社会柯桥实景

奋进新百年新征程，要加强党的全面领导和全面加强党的建设，突出党建统领、整体智治，按照“每年有新突破、5 年有大进展、15 年基本建成”的要求，保持奋进者姿态，激发创造性张力，迭代深化、压茬推进，努力把共同富裕的美好图景转化为柯桥人民随处可感的具体实景。

1. 坚持党建统领，凝聚强大合力。组建区委、区政府高质量发展推动共同富裕领导小组，办公室设在区发改局，实行实体化专班运作。区委成立

社会建设委员会，下设办公室，统筹协调全区社会建设和社会改革工作。充分发挥人大、政协职能，画好统一战线“最大同心圆”，更好激发群团组织作用，最大限度凝聚社会各界的共识和力量。进一步压紧压实各方责任，确保各项指标任务高质量完成。

2. 坚持唯实惟先，锻造一流队伍。以换届为契机，进一步优化班子功能和干部结构，加快建设变革型组织，加速提升领导干部塑造变革的能力。全面加强基层党组织建设，巩固提升村社组织换届成果，进一步发挥基层党组织战斗堡垒作用。深化“清廉柯桥”建设，落实“七张问题清单”晾晒整改机制，更好发挥巡察利剑作用，切实保障各项惠民富民政策有效落实。

3. 坚持责任担当，确保领跑竞跑。大力发扬争先创优精神，建立健全试点引领机制，从群众最为关切的领域入手，积极探索具有柯桥特色的解决方案，形成可推广、可复制的经验。建立健全比学赶超机制，完善镇街“领跑竞跑”工作交流测评制度，强化清单管理、责任捆绑、红黄黑榜等机制，激励全区上下互学互鉴、互帮互促。建立健全责任落实机制，确保责任到人、落实到岗，各项工作落到实处。

4. 坚持改革破题，打造最佳应用。全面落实“152”工作体系，聚焦群众企业高频办事需求，大力破解堵点痛点，重塑共同富裕大场景下的政府、社会、企业和个人关系，推进制度重塑、流程再造。按照“大场景、小切口”思路，谋深抓实多跨场景应用，打造更多典型应用和最佳实践，让数字化改革成果惠及千家万户。

5. 坚持群众参与，造浓社会氛围。突出群众满意导向，畅通民意反映渠道，以群众监督、群众评价倒逼工作改进、问题解决，把好事办好、实事办实。深入推进党史学习教育，广泛利用新媒体、融媒体等各种宣传渠道，精心组织各项宣传活动，把共同富裕美好图景展示好阐释好，营造全民共同支持、共同参与、共同推动的良好氛围。

绍兴市柯桥区人民代表大会常务委员会工作报告（摘要）

——在绍兴市柯桥区第一届人民代表大会第五次会议上

绍兴市柯桥区人民代表大会常务委员会主任 朱晓董

（2021 年 2 月 8 日）

一、2020 年的主要工作

在柯桥区委坚强领导下，紧扣疫情防控和经济社会发展，充分发挥人大优势，积极履行人大职责，是 2020 年全区人大工作贯穿始终的一条主线，也是对全体人大干部和代表履职担当的一次重大考验。一年来，区人大常委会牢记初心使命，奋力担当前行，全年共召开常委会会议 8 次，主任会议 12 次，听取和审议专项工作报告 22 个，作出决定、决议和审议意见 19 个，组织执法检查、常委会视察和代表视察活动 20 次，依法任免国家机关工作人员 96 人次，为促进疫情防控常态化和全区经济社会高质量发展，发挥了应有的作用。

（一）坚定政治担当，主动作为有为

全力参与疫情防控。及时传达和学习习近平总书记关于疫情防控工作的重要讲话精神，严格落实各级疫情防控领导小组的要求，率先对区镇两级人大助力疫情防控进行全面部署，率先向全区各级人大代表发出倡议书，率先听取和审议区政府关于疫情防控工作报告，常委会领导和人大干部，尤其是全区各级人大代表投身一线、担当有为，赢得了社会舆论和广大人民群众的高度评价。

着力服务复工复产。坚决贯彻区委关于疫情防控和复工复产两手抓的决策部署，深入开展以“深化三服务、助推开复工”为主题的民营企业中人大代表大走访活动，大力宣传传染病防治法、突发公共卫生事件应急条例等法律法规，以及《浙江省民营企业发展促进条例》和省市区出台的复工复产相关政策，全面收集、梳理和反映企业面临的困难问题，得到区委区政府的高度重视、认真解决和逐一回复。

助力市场繁荣发展。紧扣打造新时期“国际纺织之都”目标，组织开展“局长·代表面对面”轻纺城专场交流活动，听取区政府关于加快推进中国轻纺城转型升级议案决议实施的工作报告，提出审议意见，汇聚智慧力量，助力市场能级和竞争力在疫情防控态势下逆势提升、加快发展。

聚力推动融杭接沪。视察“融杭接沪示范区、全国十强区”建设相关工作，听取“十四五”规划编制情况报告，组织代表开展助推“四大建设”助力“十四五”规划主题活动。听取和审议计划、预算、审计工作报告和国有资产管理情况报告，加强预算联网审查和审计查出问题整改督查，对数字经济发展、民营科技园建设及存量土地高效利用开展督查，促进经济社会和公共财政规范高效运行。

（二）践行法治担当，依法行使职权

维护宪法法律权威。听取区监委关于监察法贯彻落实情况报告，对动物防疫、野生动物保护等法律法规开展执法检查，对区政府报送的规范性文件加强备案审查，督促和推动严格执法、全民守法。围绕新颁布的《中华人民共和国民法典》和事关群众切身利益的食品安全法、生产安全事故应急条例等法律法规，加大普法宣传力度。认真组织宪法宣誓和法律考试，增强国家工作人员的宪法法律意识。

推动依法公正审判。聚焦民事审判深入开展调研，听取和审议区法院专项工作报告，强调要大力弘扬社会主义核心价值观，以公序良俗和法治力量更好维护公民权益和社会利益；聚焦刑事审判加强跟踪监督，对专题询问区法院刑事审判工作进行回头看，持续推动刑事司法新理念、新制度的贯彻落实。认真组织代表旁听法庭庭审，了解庭审程序，评价庭审质量，提高司法透明度和公信力。

支持检察法律监督。制定出台《关于进一步监督和支持检察机关法律监督工作的意见》，支持检察机关统筹推进刑事、民事、行政、公益诉讼“四大检察”全面协调充分发展。认真学习和宣传贯彻省市人大常委会关于加强和支持检察公益诉讼工作的决定，听取和审议区检察院公益诉讼工作情况报告，提出要优化诉前程序，办好典型案例，拓展案件范围，切实维护国家和社会公共利益。

促进社会和谐稳定。围绕公共法律服务体系建设开展督查，推动形成覆盖全区域全时空的法律服务网络。深入指导村（社）组织换届选举，动员各级代表积极发挥模范作用，合力维护社会稳定。认真受理人民群众来信来访，较好地促使一批信访问题得到妥善解决。积极配合上级人大开展立法调研，精准反映基层立法需求和群众意愿。制定出台荣誉市民称号授予办法，鼓励区外人士为柯桥发展贡献力量。

（三）牢记使命担当，维护群众利益

督查落实民生实事。制定实施民生实事项目年度监督方案，全程加强监督；修订完善民生实事项目人大代表票决制实施办法，聘请成立专家监督小组，借智借力提高监督实效；组织代表视察既有住宅加装电梯、农村饮用水达标提标工程等上年度项目的后续实施和运行情况，推动每一个大会票决项目落细落实，真正惠及广大人民群众。

督促加强生态治理。认真落实生态环境状况报告制度，探索建立大会审议总体报告和常委会专项监督相结合的工作机制，突出重点加强调研、查找问题，促进污染防治工作取得更大成效。积极推动“无废城市”建设试点工作，结合城市智慧管理、垃圾分类等工作开展督查，听取报告、提出建议，助力打造“无废柯桥”典型模式。

高度重视农业生产。听取和审议区政府关于农业高质量发展工作报告，强调要提高政治站位，强化底线思维，高度重视粮食生产，统筹抓好现代农业园区建设、生态农业发展和生态保护、产业链延伸融合等工作，为落实粮食安全战略、实现乡村全面振兴提供有力保障。

助推发展社会事业。密切关注中医药在疫情防控中发挥的重要作用，开展专题调研和监督，提出要进一步坚定中医药自信，促进柯桥区中医药事业振兴发展。督查推动退役军人服务保障体系建设，强调要始终带着感情做好工作，让军人成为全社会尊崇的职业，让退役军人更好实现自身价值。对职业教育、非物质文化遗产保护等工作开展督查，推动教育和文化事业高质量发展。

（四）展现履职担当，发挥代表作用

致力服务保障水平再提升。常委会始终坚持尊重代表、依靠代表、服务代表，为代表履职创造条件、提供保障。依托柯桥人大会刊、杂志、网站等平台，及时向代表推送信息，确保代表知情知政。坚持和完善代表列席常委会会议、参加立法调研和执法检查等制度，不断扩大代表参与的广度和深度。健全常委会组成人员联系代表制度，继续加强代表履职登记和考评，促进代表履职尽责，充分发挥主体作用。

推动代表履职活动见实效。深入开展全区各级人大代表助推矛盾化解“最多跑一地”改革主题活动，率先在区矛调中心设立人大代表联络点，引导各级代表积极参与基层治理。结合标杆代表联络站建设，创新载体、激发活力，组织开展“五个站”“五个日”活动，上下联动开展“局长·代表面对面”活动，2015—2020 年连续 6 年开展“领导干部代表带头进选区活动”，坚持不懈为群众解难题、办实事。

打造议案建议机制金名片。全面总结和完善代表议案全程运行机制，实现“提出议案、作出决议、跟踪监督、评估结案”闭环运行，凸显了大会行权的权威性和常委会监督工作的实效性，获得“浙江人大工作与时俱进奖”。以代表建议答复满意向结果满意转变为导向，切实加大代表建议督办力度，2018—2020 年连续 3 年组织开展重点督办建议

集中面商活动，带动提高了代表建议办理的整体质量和水平。

探索镇街人大工作新格局。认真贯彻《浙江省乡镇人民代表大会工作条例》《浙江省街道人大工作条例》，健全完善常委会领导和各委室分片联系机制，指导推动镇街人大工作规范提升、探索创新。在区委重视和支持下，增设镇街人大办公室，配足配强干部力量。部署开展镇街人大工作“守正创新”三年行动计划，修订完善各项工作制度，组织实施年度考评，提升全区人大工作的整体水平。

（五）压实责任担当，提高履职能力

加强思想政治引领。深入学习贯彻习近平总书记关于坚持和完善人民代表大会制度的重要思想，以及考察浙江重要讲话精神，不断强化人大制度自信和建设“重要窗口”的责任担当。坚持以领导班子政治建设为抓手，充分发挥常委会党组和机关党组在人大各项工作中的核心作用，确保区委各项决策部署贯彻落实。坚持党管干部原则，依法行使任免权，确保党委人事意图顺利实现。

加强干部实践锻炼。对标新时代新要求，加强人大理论研究和岗位锻炼，组织全区人大系统干部集中培训，依托“人大讲坛”加强专业训练，及时掌握人大工作的新知识新技能。结合常委会监督议题，密切联系代表和群众，深入开展调查研究，提出有价值的对策建议。围绕“三驻三服务”等中心工作，积极选派干部参加疫情防控突击队、担任助企复工服务员和驻企指导员，在一线火线锻炼干部、锤炼作风。

加强宣传信息工作。联合区委宣传部门召开全区人大宣传工作会议，完善法定会议全程报道机制，加强重大活动、重要选题和代表先进事迹的宣传策划。全面整合人大信息采集和发布渠道，开通“柯桥人大”微信公众号，全年发布信息600余条。积极向省市人大和各级报纸杂志报送信息，先后录用刊登40余篇反映特色亮点和履职成效的通讯报道，扩大柯桥区人大工作影响力。

加强机关党的建设。健全“不忘初心、牢记使命”主题教育长效机制，开展“主题党日”活动，参观抗日战争胜利浙江受降纪念馆、绍兴清廉馆等教育基地，邀请援鄂医疗队队员上抗疫事迹党课，召开年轻干部座谈会，筑牢对党忠诚的思想根基。认真落实全面从严治党要求，积极配合区纪委区监委驻点监督。深入做好老干部工作，学习传承优良传统。

回顾过去一年，常委会工作还存在一些问题和不足，如监督工作的方法需要持续改进，力度有待进一步加大；代表工作需要拓展和深化，联络站参与基层治理的作用有待进一步强化；常委会自身建设和对镇街人大工作的联系指导需要不断加强，人大干部的政治素养和专业能力有待进一步提升等。对这些问题，将虚心听取代表和各方面的意见建议，认真研究、着力解决，不断加以改进。

二、2021年的主要任务

2021年是“十四五”规划的开局之年，也是区镇两级人大换届选举之年。区人大常委会工作的总体要求是：以习近平新时代中国特色社会主义思想为指导，认真贯彻落实党的十九大和十九届二中、三中、四中、五中全会精神，深入学习贯彻习近平法治思想和习近平总书记关于坚持和完善人民代表大会制度的重要思想，按照区委一届九次全会的部署要求，围绕忠实践行“八八战略”、奋力打造“重要窗口”、努力领跑“四个率先”主题主线，认真履行宪法法律赋予的职权，与时俱进做好人大各项工作，为推动“十四五”时期经济社会发展良好开局和基层民主法治建设不断深化做出积极努力。

根据上述总体要求，重点做好以下五方面工作：

（一）提高政治站位，服务发展大局

恪守人大工作的政治定位，紧扣中心、发挥作用，推动区委决策部署的贯彻落实。聚焦“步鱼计划”实施，专题调研、督查产业平台建设和项目招引工作，视察杭州临空经济示范区绍兴拓展区建设和小微园区整治进展情况，高效激活发展引擎。认真落实人才强区、科技强区战略，督促加强科技创新平台建设、知识产权保护等工作，加快打造全域创新高地。继续听取和审议中国轻纺城转型升级议案决议实施情况报告，视察跨境电商综试区、市场采购贸易试点等开放平台，全面展示国际纺织之都最美风采。高度关注融杭接沪综合交通建设，更好发挥交通一体化先导作用。积极推动建筑产业现代化发展，提高产业整体竞争力和质量安全水平。组织代表视察兰亭文化旅游度假区规划建设，促进文旅资源开发利用。听取和审议计划、预算、审计工作报告，确保高质量发展落到实处。严格执行国有资产管理情况报告制度，推动国有资本和国有企业做强做大。对全域土地综合整治及生态修复开展督查，视察村级工业物业改造提升试点工作，为城乡统筹发展营造更优环境。

（二）深化民主法治，加强区域治理

在区委领导下，依法开展区镇两级人大换届选举，为区域发展和基层治理提供民主法治保障。听取和审议区政府关于法治政府建设工作情况报告，推动完善政府治理体系。对《中华人民共和国法官法》《中华人民共和国检察官法》《浙江省饮用水水源保护条例》等法律法规开展执法检查，健全完善规范性文件备案审查机制，确保法制统一、正确实施。审查批准“八五”普法规划，促进法治宣传教育深入人心。支持区法院、区检察院加强队伍建设，对法官、检察官开展履职评议，督促落实司法责任制。督查推动区镇村三级社会治理体系和智能化建设，加快形成上下贯通的整体治理格局。认真做好人大信访工作，引导群众依法理性维权。继续加强基层立法调研联系点和调研员能力建设，积极配合上级人大开展立法调研、执法检查等工作，让良法善治更好根植基层、服务基层。

（三）回应群众关切，增进民生福祉

聚焦大会票决产生的民生实事项目，综合运用专家小组定期监督、常委会分组视察、听取和审议专项工作报告等方式，进一步加大督查力度；强化闭环监督理念，对本届以来的民生实事项目进行“回头看”，推动在建项目加快推进、建成项目持续运行。贯彻落实乡村振兴战略和美丽乡村建设要求，突出重点对农村人居环境整治工作开展督查，积极营造清洁有序、健康宜居的农村环境。督促加强饮用水水源地保护，听取和审议专项工作报告，确保群众喝上“放心水”。积极推动医疗保障基金运行管理，促进管理服务和保障水平全面提升。对基层应急管理体系和能力建设开展监督，更好维护人民群众生命财产安全。高度重视文化休闲和体育产业发展，组织常委会视察我区亚运会筹备等工作，让人民群众的文体生活更加丰富多彩。

（四）坚持守正创新，做好代表工作

强化代表工作的基础地位，积极构建“代表+”工作格局，组建和发挥代表专业小组作用，通过参加调研视察、执法检查、列席常委会会议等渠道，推动代表履职更好融入常委会各项工作。加强代表培训和服务保障，组织开展“十佳履职优秀人大代表”评选表彰活动，进一步激发代表履职活力。强化代表参与基层治理的工作导向，深化代表联络站建设运行，建立健全代表履职联络员制度，推动代表密切联系群众、主动服务群众，使人大制度优势更好转化为治理效能。继续加强代表议案建议办理工作，大力推动办理过程和结果公开，着力提高广大代表和群众满意度。深入实施镇街人大工作“守正创新”三年行动计划，探索试行开发区人大工作，在实践创新中擦亮金名片、打造新名片。

（五）严格对标对表，强化自身建设

始终坚持党对人大工作的全面领导，进一步树牢“四个意识”，坚定“四个自信”，做到“两个维护”，确保正确政治方向。牢牢把握新时代人大工作新理念、新定位、新要求，不断加强干部思想淬炼、政治历练、实践锻炼、专业训练，努力在提升工作能力水平上有新实践、新突破、新亮点。健全完善组织制度、工作制度和议事制度，探索建立专班运行机制，提高人大工作的规范性、协同性和有效性。密切联系代表和群众，深入调研，加强谋划，更好把人大工作做到人民群众的心坎上。认真贯彻落实党风廉政建设责任制，自觉把纪律和规矩挺在前面，树立人大常委会机关和干部的良好形象。加快智慧人大建设，推动人大工作数字化转型。继续做好理论研究和宣传信息等工作，为高质量做好人大工作提供理论支撑、营造更好环境。

政府工作报告（摘要）

——在绍兴市柯桥区第一届人民代表大会第五次会议上

绍兴市柯桥区人民政府代区长　陈　豪

（2021 年 2 月 7 日）

一、2020 年工作回顾和“十三五”规划执行情况

2020 年极不平凡。一年来，面对严峻复杂的国际国内形势，特别是突如其来的新冠肺炎疫情，柯桥区政府坚持以习近平新时代中国特色社会主义思想为指导，全面贯彻落实中央和省、市决策部署，在区委坚强领导下，以“排头兵、桥头堡”的定位和标准，同全区人民一起奋斗，努力一季稳、二季正、三季进、四季冲，奋力爬坡越坎，推动经济社会稳中有进。实现地区生产总值 1516.7 亿元，比上年增长 1.9%；财政总收入 202 亿元，比上年增长 2.3%；一般公共预算收入 137.2 亿元，比上年增长 4.5%；研发经费支出占生产总值比重 3%；城乡常住居民人均可支配收入比上年分别增长 4.5%、6.9%；完成上级下达的节能减排任务。综合实力稳步迈向全国十强区。

众志成城，抗疫取得重要战果。坚持人民至上、生命至上，第一时间启动一级响应，迭代升级“硬核隔离 + 全科网格 + 精密智控”机制，常态化落实疫情精准防控，较早成为全省疫情低风险区。大力弘扬抗疫精神，广大“白衣战士”和基层干部闻令而动，连续奋战在抗疫一线。各地商会、行业协会、志愿者组织发挥积极作用，新老柯桥人迸发集体正能量，涌现了“最萌鞠躬礼”“最美救护群像”等感人瞬间。成立全市首个重大疫情防控专项基金，区内慈善机构累计接受防疫捐款 6277.8 万元、防疫物资价值 841.9 万元。“柯桥有礼、柯桥有爱”深入人心，凝聚起建设柯桥的强大合力。

落实“六稳”“六保”，实现“两战赢”。扛起使命担当，轻纺市场比全国同类市场提早一个月复业，打通产业链，稳定供应链，传递了市场信心。克服疫情影响，国际面料采购中心成功开业，潮汕商会组团入驻，轻纺城经营户、采购商全面回归。全区新增市场主体 2.6 万家。顺利举办第三届世界布商大会，成立轻纺城海外联合商会，促进后疫情时代全球纺织业的重塑与变革。创新“云展会 + 实体展”，纺博会、时尚周圆满落幕，获评全国最具影响力会展城市。全年实体市场群、网上轻纺城年成交额比上年分别增长 8.2%、15.3%。深化“三驻三服务”，及时出台复工复产十条、稳企惠企二十一条、稳工业七大行动、稳外贸十大行动等暖心举措。全年减税 4.7 亿元、减费 32.8 亿元、减租 2.2 亿元，兑现“两直”资金 4.6 亿元，争取中央和省级新增及再融资债券资金 57.1 亿元。新增区内银行中小微企业贷款 195 亿元，平均贷款利率下降 54 个基点，推动经济高质量发展。全年规模以上工业、服务业和农业增加值比上年分别增长 4.5%、2.6%、2.4%。

产业加速集群发展。启动实施“步鱼计划”。现代纺织入选国家级先进制造业集群。蓝印时尚小镇省级考核优秀，循环化改造示范试点通过国家验收。跨区域印染集聚组团全部开建。印染产业工程师协同创新中心挂牌运营，启动现代纺织鉴湖实验室建设，成为省先进印染制造业创新中心，纺织行业改造提升综合指数全省第一。恒鸣等百亿级项目落地建设，永盛科技薄膜扩建一期全面投产，新材料产业初具规模。建筑产业现代化

领跑全省,创成建筑领域首个省级创新服务综合体,成为装配式建筑主要生产基地,产值达到780亿元、增长15.7%。时尚创意基地形成集聚效应,吴海燕国际时尚研究院投入运营,意大利米兰·柯桥馆建成开馆,集聚创意人才1216人、时尚品牌145个、创意企业409家,全国首个纺织知识产权快速维权中心落户运行。生物医药产业取得突破,引进滨会等8个高成长性项目,集聚落户生命健康岛一期。项目竞赛比出好成绩,引进旅悦总部等34个重大招商项目,总投资超550亿元。旗滨产业园等34个重大项目落地建设,苏泊尔大家电等11个重大项目竣工投产。6个"市县长项目"全部落地。全年固定资产投资比上年增长6.8%。

创新动力更为强劲。开展市场采购贸易方式国家级试点,开启"1039"报关模式,正式运转二周,出口货物232柜、货值1.3亿元,通关效率大为提高。建设国家级跨境电商综试区,开通"9610""9710"等业务,新增跨境电商企业216家,推动出口逆势复苏,全年出口864.6亿元,基本恢复到2019年水平。创成全省首批"浙江院士之家",集聚省级以上高层次人才200人。新落户大学毕业生2.5万人。清华长三角研究院国际人才运营中心投入运行,中国科技大学、浙江理工大学等知名高校设立柯桥创新研究院。"恒生凤凰""东盛慧谷"等民营科创园启用。累计认定省级众创空间16家、市级众创空间25家。实施省级新产品计划350项,新增授权发明专利740件。"浙江绿筑"获得国家科技进步一等奖。"津膜科技"牵头承担国家重点研发计划项目。新增"浙江制造"标准8项、"品字标"企业7家、"浙江制造"精品5项。金融创新力度增强,区内银行存贷款余额比上年增长17.3%,贷款不良率降至0.74%。企业上市取得突破,"越剑智能""西大门""迎丰科技"主板上市,瑞丰银行上市过会,3家企业报省辅导。

融杭接沪全面提速。杭绍城际轨道交通全线贯通,31省道北延段、杭绍台高速南部三镇段建成通车。改造杭甬高速柯桥互通,杭州中环柯桥段、柯诸高速、杭金衢至杭绍台联络线加快推进。设立上海浦东机场柯桥城市航站楼。开通柯北科技城至下沙大学城客运专线,新增(延伸)5条融杭公交线路,促进杭绍青年互动交往。规划杭绍临空经济一体化发展示范区绍兴片区。推进浙江人才创业园柯西园建设,打造5个沪杭人才飞地孵化器。面向沪杭招商,引进项目16个,积极承接外溢产业。签约引进浙大二院柯桥院区、上海高顿教育,186项涉民事项实现萧山—柯桥"跨区域通办",民生融合快步迈进。

城市面貌日新月异。对标大城市,深化杭绍城际轨道交通站点周边及沿线规划设计,高标准编制小赭、阮社、羊山等区块城市设计。成片改造城中村,全年拆迁151万平方米、"三改"499万平方米,建设框架进一步拉开。柯西成为城市开发主片区,柯南加快融入主城区,柯北加速产城融合。兰亭文旅大开发顺利推进,福全金三角未来社区启动建设。全年出让经营性用地1380亩,实现出让金141.4亿元。启动轻纺大桥重建,实施兴越路等道路提档改造,搬迁轻纺城果蔬批发市场,盘活沉寂十余年的龙禧中心,城区加快有机更新。依法处置康郡等高档小区违法建设,全区180万平方米存量违建清零销号。柯桥古镇一期建成开园,鉴湖直升机场重新起航,柯桥更具现代气质,创建成为省首批AAAAA级景区城。

生态环境持续优化。推进生态文明示范创建,顺利完成中央环保督察第一轮整改和第二轮迎检工作。蓝天保卫战圆满收官,全年$PM_{2.5}$平均浓度30.6微克/立方米,比上年下降8.4微克;空气质量优良率89.3%,比上年提升10.9个百分点,均创历史最好成绩。饮用水水源地保护工作扎实有效,南部山区作出重要贡献。污水零直排区实现全区域创建,镇街全部通过省级验收。探索河长制标准化建设,创出柯桥模式。市控及以上断面水质Ⅱ类以上占比提高到78.9%。"无废城市"试点扎实推进,成为全国现场会考察点。垃圾分类持续深化,探索"桶换桶"集中收运,投放准确率提高到80%,资源分类回收利用率45%。群众生态满意度测评全市第二。

农业现代化和全域美丽扎实推进。完成"米袋子""菜篮子"年度任务。新建高标准农田3564亩。粮食收储高标准完成,柯桥中心粮库获评省三星级粮库。花香漓渚、南部茶叶、海丰花卉等现代农业园区全面建成。科强生猪生态养殖基地扩大规模，天圣“飞地生猪”养殖项目加快推进。高水平建设美丽城镇，县域创建方案全省优秀。5个村级集体物业改造更新。214个美丽城镇项目加快实施，完成投资32.3亿元，安昌、王坛入选新时代省级美丽城镇建设样板。安昌成为全市首个省AAAAA级景区镇。新增五星达标村51个、AAA级景区化示范村9个。完成国土绿化2623亩，建成国家森林乡村9个，新增“一村万树”示范村5个。马鞍“八个一”惠民工程促农村公共服务提标扩面，成功入选第二批全国农村公共服务典型案例，成为全省唯一入选乡镇。

民生事业更加优质普惠。全年财政用于民生支出102亿元。十项民生实事高质量完成，无障碍社区建设走在全省前列，完成一期15个社区改造，新加装电梯50台，惠及更多行动不便人群。积极稳就业，新增城镇就业8.5万人。高水平推进教育现代化，实验小学坂湖校区、秋瑾幼儿园等一批新学校建成开学，市级现代化学校覆盖率达到85%，创建成为省人工智能教育实验区。教育质量稳步提升，中高考再创佳绩。启动第二医院兰亭院区、第三医院新院等建设，新建标准化村卫生室30家，家庭医生签约率达到50.1%，群众在家门口看病更加方便。建设羊山国际攀岩中心等亚运场馆，15个“体育+公园”项目建成开放，市民运动休闲有了更多选择。“书香城市”建设让柯桥更具“书卷气”。新建农村文化礼堂33个、智慧礼堂224个，实现文化礼堂和智慧礼堂行政村双覆盖，成为全省首批农村文化礼堂建设示范区。《云水渡》成功首演。舜王庙会入选国家“非遗”代表性项目名录推荐名单。顺利通过全国文明城市复评，区行政服务中心、王坛镇、棠棣村、谢家坞村分别创建为全国文明单位、全国文明镇村，“文明之花”盛开柯桥。

“平安柯桥”建设迈向更高水平。高标准建成区矛盾纠纷调解中心，首创闭环处置机制，形成大调解工作格局，实现矛盾纠纷调解“最多跑一地”。全年受理矛盾纠纷4200件次，办结率99.9%。86个市级信访积案有效化解，连续54个月保持赴京“零非访”。“军人之家”建设成为全国样板。少数民族服务管理工作创出特色，被授予省民族团结进步模范集体。基层应急管理标准化建设领跑全省。安全生产事故起数和死亡人数比上年分别下降33%、22%。始终保持扫黑除恶高压态势，开展“雷霆”行动，严打电信诈骗，打掉黑社会性质犯罪组织2个、恶势力犯罪集团10个。刑事治安纠纷、侵财、电信诈骗等警情比上年分别下降30.3%、48.7%、24.3%，社会安定和谐。

2020年，柯桥区政府始终把政治建设摆在首位，加强基层治理，率先开展“区镇一体、条抓块统”基层治理改革省级试点，推出全省首张镇街“属地管理”事项责任清单。高质量完成村社组织换届选举。加强依法治理，自觉接受人大法律监督、政协民主监督，认真办理人大代表建议和政协委员提案，满意率分别达到99.6%和100%。深入建设“法治柯桥”，荣获“法治浙江”建设先进单位，“七五”普法通过终期验收。加强智慧治理，推进政府数字化转型，建设十大重点智慧工程，建成“城市大脑”基础平台，高频涉民事项“掌上办”“零次跑”实现率达到100%，荣获2020年度中国营商环境百佳示范县市。加强绩效治理，带头履行“契约精神”，深化重点工作清单式管理，96.3%的清单工作如期完成。认真完成巡视、审计等反馈问题整改。“三公”经费支出比上年下降10.2%。大力支持工商联、工青妇、科协、文联、红十字会等开展工作。统计、邮政、档案、史志、民族、宗教、外事、侨务、对台事务和国防动员、民兵预备役、双拥、人防、国安等工作取得新成绩。老龄、残疾人、关心下一代等事业健康发展。

过去一年取得的成绩来之不易，为“十三五”发展划上了圆满句号。“十三五”时期是柯桥区从县域迈向都市区的全面转型期。柯桥区政府坚持一张蓝图绘到底，一任接着一任干，较好完成了“十三五”规划主要目标任务。

五年来，我们紧扣高质量，致力抓产业、调结构，综合实力迈上新台阶。生产总值、财政总收入、一般公共预算收入分别比2015年增长26.4%、25.8%、40.3%。完成固定资产投资3068亿元，是“十二五”的1.2倍。区内印染企业完成历史性集聚升级，建成全国最大绿色印染基地。“5+3+4”现代产业体系基本形成。新材料、高端装备制造、节能环保等战略性新兴产业加速成长，增加值占比提高到40.6%，比2015年提高13.8个百分点。商贸、旅游、文化等生活性服务业蓬勃发展，电商、物流、创意等生产性服务业成为新的增长点。社会消费品零售总额比2015年增长51.8%。服务业增加值占生产总值比重提高5.5个百分点。轻纺城“线上+线下”总成交额突破2700亿元，是“十二五”末的1.8倍，作为内循环的支点力量和双循环的枢纽作用更为凸显，变得更加国际化、时尚化、智慧化。现代农业、绿色农业、特色农业加快发展，建成农业绿色发展示范区14家，打造市级以上美丽场园42家，提升粮食生产功能区14.1万亩。三次产业比进一步优化，从2015年的2.8 ∶ 53.7 ∶ 43.5调整至2.6 ∶ 48.4 ∶ 49。

五年来，我们锚定竞争力，致力重改革、求创新，区域发展汇聚新动能。在“最多跑一次”改革牵引下，120个重点改革项目取得突破，创出许多柯桥模式，成为全省乃至全国样板。高标准打造金柯桥科技城，基本形成“十大科技孵化器、十大高能级转化中心、十大民营科创园”格局，累计落户集聚人才项目366个，建成全市人才集聚区、科创新高地。区科技园成为全市唯一国家级孵化器。2016—2020年连续5年获评全省人才工作考核优秀单位。企业自主创新意识增强，高新技术企业、省科技型中小企业、省级企业研发机构数分别比2015年增加295家、1489家、42家。研发经费支出占生产总值比重比“十二五”末提高0.85个百分点。全区科技进步、创新环境综合评价排名大幅攀升，分别跃居全省第4位、第7位。

五年来，我们立足桥头堡，致力融杭州、拓空间，城市能级得到新跃升。实施融杭联甬接沪“三年行动”计划。与杭州萧山、宁波北仑缔结友好城区，拓展“朋友圈”。规划建设17条融杭主要道路，一批卡口路、断头路相继打通，30分钟通勤圈加快形成。全面完成第二轮县乡公路升级三年计划，被授予首批“四好农村路”全国示范县。“1+3”城市框架初步构建。马鞍、钱清等7个镇完成撤镇设街。设立兰亭文化旅游度假区，提升鉴湖旅游度假区。激发柯桥经济技术开发区活力，国家级开发区综合考评跃居全省第7位。实施阮社、华墟、湖门、小赭等城中村成片拆改，累计拆迁突破1000万平方米。城市建成区面积拓展到77平方公里，比“十二五”末扩大23.2平方千米。智慧交通、智慧城管、智慧旅游等建设领跑全省，美术馆、“非遗”新馆、新会展中心一号馆等相继投用，柯桥更加现代化、更具国际范。

五年来，我们持续优生态，致力补短板、促美丽，三大攻坚战打出新水平。自觉践行“绿水青山就是金山银山”理念。“五水共治”成效显著，四夺“大禹鼎”，捧回“大禹银鼎”，成为全国农村生活污水治理示范区。大气质量明显改善，蓝天白云越来越常见。垃圾分类实现城乡全覆盖，获评全省农村生活垃圾治理工作优胜区。修复31处废弃矿山“生态伤疤”。森林覆盖率提高到52.6%。固废处置实现动态清零。美丽城镇、美丽乡村建设持续领跑，60%的镇街创建为省级美丽乡村示范镇，五星达标村实现全覆盖，被授予全省首批新时代美丽乡村示范县。精功集团等企业风险有效防控，金融环境持续优化。依法出清“僵尸企业”132家，盘活资产75亿元，化解债务490亿元。农村宅基地制度改革成为全国试点。全面消除年集体经济收入100万元以下经济薄弱村。城乡常住居民人均可支配收入分别比2015年提高42%、48.9%。高质量完成对口帮扶，江山—柯桥山海协作产业园省级考核连年优秀，东西部扶贫协作荣获全省组织工作奖。

五年来，我们以人民为中心，致力惠民生、保安定，群众获得感满意度提到新高度。财政用于民生支出累计456.4亿元，比“十二五”提高24.6%。2009—2020年连续12年蝉联中国全面小康十大示范县市。新增城镇就业24.4万人，成为全省首批无欠薪示范县（市、区）。城乡居民养老保险、基本医疗保险基本实现应保尽保。城乡低保金标准实现同城同标，分别由630元、570元统一提标到850元。构建“1+8+X”大救助体系。落实1.3万套保障性住房。教育高质量发展，成为省教育基本现代化区、全国义务教育基本均衡发展区。“学在柯桥”更具品牌影响力，每年吸引近1万名区外新生入学就读。“医共体”改革领跑全省，入选全国基层医疗卫生体系综合改革试点区。卫生机构床位数、医护人员数分别比2015年增长40%、8%。养老服务体系持续健全。文化事业全面推进，精心编演《王阳明》《鉴水吟》等一批文艺精品。幸福水乡才艺秀、运动休闲时尚周等群众文体活动蓬勃开展，建成全市首个基本公共文化服务标准化体系。2006—2020年连续15年创建成为省“平安区”，夺得全省首批“一星平安金鼎”。

回顾过去五年，也清醒地看到：企业自主创新能力不够强，产业结构调整与转型升级任务还相当艰巨；节能减排形势依然严峻，土地、能源和环境约束日益突出；自然生态、城乡统筹、公共服务、民生保障等方面，与群众对美好生活期盼还有一定距离；公共安全体系仍有薄弱环节，社会管理机制还需进一步完善；个别公务人员的担当精神、服务意识有所减弱。对此，柯桥区政府将在今后工作中认真解决。

二、“十四五”发展的主要目标和重点任务

根据中共柯桥区委《关于制定绍兴市柯桥区国民经济和社会发展第十四个五年规划和二〇三五年远景目标的建议》，区政府制定了《绍兴市柯桥区国民经济和社会发展第十四个五年规划和二〇三五年远景目标纲要草案》，请予审议。

“十四五”期间，是柯桥区进入新发展阶段、构建新发展优势、打造新发展格局的战略机遇期，也是率先高水平基本实现二〇三五年社会主义现代化远景目标的关键决胜期。未来五年，我们将高举习近平新时代中国特色社会主义思想伟大旗帜，深入贯彻党的十九大和十九届二中、三中、四中、五中全会精神，全面贯彻党的基本理论、基本路线、基本方略，统筹推进“五位一体”总体布局，协调推进“四个全面”战略布局，坚持党的全面领导，坚持以人民为中心，坚持深化改革开放，坚持系统观念，坚持稳中求进工作总基调，以推动高质量发展为主题，以深化供给侧结构性改革为主线，以改革创新为根本动力，以满足人民日益增长的美好生活需要为根本目的，在“八八战略”指引下，牢牢把握“八大八新”，奋力打造“重要窗口”，努力领跑“四个率先”，率先高水平建设社会主义现代化先行示范区。

根据上述指导思想，建议“十四五”发展目标是，聚焦高质量，聚力现代化，在打造“重要窗口”、领跑“四个率先”中，创出丰硕的柯桥成果，走出一条社会主义现代化的区域先行之路，努力争当“七个排头兵”。

——争当高质量发展排头兵。经济结构更加优化，产业基础高级化、产业链现代化水平明显提高，现代化经济体系建设取得重大进展，综合实力在全省全国保持前列。到2025年，地区生产总值确保完成2000亿元，力争2200亿元，冲刺2500亿元；财政总收入和地方一般公共预算收入分别达到300亿元和200亿元。

——争当科技创新排头兵。自主创新能力明显提升，新产业新业态引领作用显著增强，成为全国领先区域创新策源地，基本建成新时代“名士之乡”人才高地。到2025年，研发经费支出占生产总值比重3.5%，高新技术产业增加值占规模以上工业增加值比重60%以上，每万名就业人员中研发人员达200人年，科技进步贡献率超过70%；发明专利申请数、数字经济增加值、高新技术企业数、高层次人才新增数实现倍增。

——争当改革开放排头兵。以数字化改革为牵引，全面深化改革，建成全国营商环境最优区。开放型经济建设不断深入，深度参与国内国际双循环，建成对内对外开放高地，轻纺城国际影响力和行业话语权全面提升。融入国家新发展格局，建成“融杭接沪”示范区。到2025年，进出口总额和出口总额分别达到1200亿元和1100亿元；五年实际利用外资额突破20亿美元。

——争当文化建设排头兵。以党的创新理论为引领的先进文化、以“老绍兴”为依托的优秀传统文化、以纺织产业为支撑的时尚文化全面发展，文化自信深入人心，文化事业和文化产业蓬勃发展，文明程度显著增强，不断提升城市首善度，打造有礼有爱之城。推进文化金融改革。成功创建国家全域旅游示范区，逐步成为具有较高文化标识度的旅游目的地，加快构建“诗画交融、古今辉映”的文化繁荣发展新格局。

——争当绿色发展排头兵。国土空间开发保

护格局得到优化，生产生活方式绿色转型成效显著，能源资源配置更加合理、利用效率大幅提高，主要污染物排放总量持续减少，生态环境持续改善。到 2025 年，$PM_{2.5}$ 平均浓度低于 30 微克 / 立方米；单位地区生产总值能耗、水耗、碳排放量均控制在上级下达的目标内，努力创建成为国家生态文明建设示范区。

——争当区域治理排头兵。党建统领区域现代化治理体系基本形成。社会主义民主法治更加健全，社会公平正义进一步彰显，各领域法治化水平全面提升，“整体智治、唯实惟先”的现代政府基本建成，“区镇一体、条抓块统”的高效协同治理格局全域覆盖，现代应急体系基本建成，平安建设体系更加完善，发展安全保障更加有力，建成区域社会治理现代化标杆区。

——争当美好家园建设排头兵。实现更加充分更高质量就业，居民收入增长和经济增长基本同步，基本公共服务均等化水平明显提高，高质量教育体系、健康柯桥基本建成，多层次社会保障和养老服务体系更加健全，公共服务现代化走在前列。

实现这些目标，“十四五”时期要切实抓好“六个区”建设：

一是以人才双创首位行动为抓手，打造“创新之区”。主动对接杭绍甬科创大走廊“联盟”，巩固提升科技城科创主平台地位，做强浙江绍兴人才创业园，统筹布局民营科创园，形成“一园两核多点”空间格局。谋划生物医药、新材料等科创平台，完善全域创新体系，深入实施人才强区首位战略，高标准建设新时代“名士之乡”人才高地，致力打造“人才生态最优区、创新发展先行区”。

二是以步鱼计划深化行动为抓手，打造“制造之区”。深入实施制造业高质量发展“步鱼计划”，以世界布商大会为引领，加快补链强链延链，推进“世界加工厂”转变为“时尚策源地”，打造世界级现代纺织产业集群。推进“腾笼换鸟、凤凰涅槃”，培育发展建筑产业、人工智能、新材料、生命健康等若干个拥有国际竞争力的“新星”产业集群，形成梯度分布、结构合理、整体联动的“5+3+X”现代产业体系，争创长三角区域先进制造业示范区。

三是以内外循环双驱行动为抓手，打造“开放之区”。立足国内大循环，全方位融入长三角一体化发展、杭绍甬一体化发展和杭州湾大湾区建设，深入推进“融杭联甬接沪”大战略，推动柯桥发展与实施国家、省市重大战略同向聚合、同频共振，更好承接大都市区外溢优质资源。谋篇国内国际双循环，大力打造新时期国际纺织之都，高水平建成市场采购贸易方式、跨境电商综试区等“国字号”开放大平台，建设自贸区联动创新区，畅通高端要素集聚循环，加大国际传播力度，提升柯桥国际范。

四是以数字智治赋能行动为抓手，打造“智慧之区”。按照“整体智治、协同高效”的理念方法，以数字化改革为主引擎，推动全面深化改革，力争在数字产业化、产业数字化上实现大突破，在深化各领域“一件事”集成改革、推进政务服务 2.0 建设上实现大突破，在智慧城市建设、提升城市管理精细化上实现大突破，形成与数字时代相适应的生产方式、生活方式和治理方式，不断放大改革综合效应。

五是以生态宜居提升行动为抓手，打造“大美之区”。对标未来城市，统筹城乡建设，深入实践新型城镇化战略和乡村振兴战略，推动城乡一体化融合发展，全面提升城市宜居品质。持之以恒推进生态文明建设，拓宽“绿水青山就是金山银山”的转化通道，全面提升城市生态颜值和环境品质，构建“一户一处景、一村一幅画、一镇一天地、一城一风光”全域大美格局。

六是以人民满意引领行动为抓手，打造“幸福之区”。坚持人民至上，完善人的全生命周期民生服务，加大教育、医疗、就业、社保、养老、居住、文化等公共资源的优质均衡供给，不断满足人民对美好生活的向往。始终树立“大平安”理念，深化平安柯桥、法治柯桥、清廉柯桥建设，推进系统治理、依法治理、综合治理、源头治理，坚决守住政治、经济、社会、网络等各领域安全底线。

三、2021 年主要工作安排

2021 年是建党 100 周年，是“十四五”的开局之年，也是本届政府的收官之年。根据区委一届九次全会部署，综合分析，建议2021年全区经济社会发展主要预期目标为：生产总值比上年增长7.5%以上，一般公共预算收入比上年增长7%以上，规模以上工业增加值比上年增长8%左右，外贸出口比上年增长8%以上，社会消费品零售总额比上年增长8%左右，研发经费支出占生产总值比重3.1%，城乡居民人均可支配收入年均增长与经济增长基本同步，完成市下达的节能减排任务。

围绕上述目标任务，重点抓好五方面具体工作：

一、坚持改革赋能，构建更有效率的区域创新链

以“最多跑一次”理念撬动各领域改革。持续深化“三驻三服务”。加快政府数字化转型，高标准完成电子证照应用国家级试点。启动机关内部“一件事”集成式改革，深化营商环境“10+N”便利化行动，促进公共场所服务大提升。改革政策兑现机制，全面推行线上申报支付，让每一家企业都能及时享受到政策红利。完善亩均效益综合评价，更大力度差别化配置要素资源，倒逼转型升级。推进简政放权，提升中介服务，深化一般企业投资项目审批“最多80天”等审批领域改革，营造全国一流发展环境。

着力建设金柯桥科技城。深入实施人才强区、科技强区战略，积极对接G60、全省三大科创高地、全市科创大走廊，建设中欧产业园，打造创新示范区，形成“孵化器—加速器—产业园”空间链条布局。完善M0政策，更大力度支持民营科创园建设，新增创新创业空间20万平方米以上。深化“英才计划”“经纬计划”，力争引进省级以上高层次人才50人以上、人才科技项目落地超200个。深化政学研企合作，推进现代纺织鉴湖实验室建设，引进更多校地合作的高能级创新平台，加快创新资源集聚，提升创新首位度。

打造新时期国际纺织之都。坚定扩大开放，凝聚商会协会力量，积极融入“大循环”“双循环”新发展格局。深化“最多跑一次”改革进市场，推动轻纺城朝着“五个一流”持续迈进。新增市场主体2.8万家。启动轻纺数字物流港建设，新建萧山机场异地货站，引进国际物流巨头，开通国际物流线路。推进市场采购贸易方式试点，深化跨境电商综试区建设，推动“丝路柯桥·布满全球”行动走入更多国家。积极争取世界布商大会升格为国家级行业会议，办好首届世界休闲节等有影响力的会展活动。高水平举办进口面料展销会，更好促进“买全球卖全球”。鼓励“线上+线下、国内+国外”四轮拓市，确保实体市场群、网上轻纺城成交额比上年分别增长8%、15%以上。

营造金融创新发展环境。坚守底线思维，加强动态监测，确保不发生区域性系统性金融风险。深化“银政联盟1+N”建设，畅通融资渠道，降低转贷成本，新增中小企业贷款110亿元以上，存贷款余额增长15%以上。实施新一轮“凤凰行动”，新增股份公司15家以上，IPO报会辅导3家以上，企业上市2家以上。深化国资改革，提升国有平台融资质效与国企信用等级。做强基金小镇，深化“人才+项目+基金”模式，促成更多人才项目孵化落地。

推动自主科技创新。支持领军企业组建创新联合体，带动中小企业创新活动。新认定高新技术企业85家以上、新增省科技型中小企业200家以上。完善“揭榜挂帅”机制，加大研发投入，攻克一批“卡脖子”技术，创出更多“独门绝技”。新认定省级研发机构8家以上，实施省级新产品计划350项以上，新增授权发明专利450件以上。强化“首台套、首批次、首版次”激励，建成网上技术市场3.0版，全年技术交易额突破12亿元。

二、深化项目竞赛，推动更高质量的产业现代化

建设三大先进制造业集群。坚持“绿色高端、世界领先”方向，强化数字赋能，推动服务集成，鼓励兼并重组，倒逼产能优化，持续提升印染产业，争创国家先进印染制造业创新中心。支持纺织企业向军用、医用、航空用方向提档转型，优化产品结构。拓展纺织全产业链，推进宝武碳纤维、恒鸣新材料等重大项目建设，集聚立信、东伸等高端装备制造项目，打造世界级现代纺织产业集群。加速建筑产业现代化，发挥省级建筑产业创新服务综合体作用，推广装配式建筑，加快从传统建筑施工向绿色建筑制造转变，培育更多国家级产业基地，推动产业集聚，做大产值规模，产值比上年增长8%以上。提升湖塘黄酒小镇，做强黄酒经典产业，支持会稽山、塔牌等酒企集聚化、规模化、精品化发展。深化雄鹰行动、雏鹰行动，培育一批集团型领军企业、行业"单打冠军"企业、"隐形冠军"企业。新增"个转企"350家，"小升规"100家。

大力培育战略性新兴产业。深入实施"步鱼计划"，聚焦生物医药、智能制造等新兴产业，加快构建"5+3+X"现代产业体系。力争战略性新兴产业增加值比上年增长8%以上，占规模以上工业比重保持在40%以上。打造生命健康岛，加快一期建设，启动二期规划，新集聚落户生物医药项目5个以上。建设杭州湾数智港，积极引育人工智能、电子信息、数字经济等战略性产业项目。加快数字产业化，支持"环思科技""数制科技"等信息企业做大做强，数字经济核心产业增加值比上年增长10%以上。支持军民融合产业发展。开展项目竞赛攻坚年活动，深化产业链招商、基金招商、乡贤招商、本地招商，力争签约引进20亿元以上项目10个以上，其中百亿元以上项目2个以上。内资到位超120亿元。引进外资4亿美元以上。更多项目进入市县长工程，落地率75%以上。

推进"服务业兴区"战略。力争服务业增加值比上年增长8%以上。优化商圈布局，大力引进知名商业综合体。打好政策组合拳，激发消费潜力，促进大宗消费。对接浙东唐诗之路，启动云门诗路文化园建设，加大古纤道保护开发，建成柯桥古镇二期，提档安昌古镇，全方位打造稽山鉴水唐诗路。打响"老绍兴·金柯桥"城市品牌，争创国家全域旅游示范区，旅游总收入比上年增长7%以上。加强楼宇物管，提升楼宇品质，鼓励发展楼宇经济。注重引进头部企业、优质企业，培育总部经济、流量经济等都市业态，带动产业链集聚发展，成为新的经济增长点。支持影视、传媒、创意等文化产业集聚发展，打造一批有特色的文化产业集聚区，力争文化产业增加值突破100亿元。

全面振兴乡村。坚持藏粮于地、藏粮于技，落实"米袋子""菜篮子"任务。加强农田水利设施建设，新建高标准农田2000亩。遏制耕地"非农化"、防止"非粮化"。加强种子库建设，鼓励粮食播种，巩固粮食生产，稳定粮食供应。支持生态猪场建设，促进猪肉保供稳价。高水平创建美丽田园，鼓励发展智慧农业、休闲农业、观光农业。建设"农字号"，打响"柯农优品"品牌。畅通山区电商物流，推进"村村通"工程，更大力度支持蔬果、茶叶等农产品进城，推动工业品下乡，促进农村消费。农业增加值比上年增长2%以上。

三、全面融杭接沪，塑造更具品质的城市竞争力

打造杭绍一体化合作先行区。杭绍城际轨道交通融入杭州地铁网，实现无缝换乘，开启地铁时代。杭绍台高速全线贯通。基本完成杭甬高速柯桥互通改造。启动镜水路329国道以北段高架工程。加快杭州中环柯桥段、柯诸高速建设。全面开建杭金衢至杭绍台高速联络线。推动31省道北延接萧山机场东路。新建萧甬铁路柯桥站，提升钱清站，推动风情线进杭州城站。启动杭绍临空经济一体化发展示范区绍兴片区建设。加快跨区域政务服务一体化，争取更多公共服务实现杭绍甬、长三角"一网通办"。

持续提档柯桥主城区。加快绍兴龙之梦、温德姆酒店综合体等地标建设。打造新开河休闲活力区，建设连接鉴湖、瓜渚湖、大小坂湖沿岸慢跑系统。大力整治背街小巷，规范管理街面秩序，深化AAAAA级景区城创建。推进无障碍社区建设。综合改造笛扬社区。启动金柯桥大道交通疏解工程，改建轻纺城高架金柯桥大道匝道。深化交通治堵，畅通循环交通。发挥社区作用，加强物业监管，提升物业质量。全面提档鉴湖旅游度假区，完善商贸功能，提档综合环境，深度融入主城区。推动绍大线、镜水路区界沿线开发，改造提升亚运场馆周边环境，建成羊山国际攀岩中心，推进绍兴国际会展中心建设。谋划羊山未来社区，带动羊山区块整体开发，加快与镜湖融合发展。

全方位拓展城市空间。高质量完成新一轮国土空间规划编制，加强重点区域城市设计和控制性详细规划编制，统筹推进综合交通等专项规划编制，构建"北湾区、中都市、南花园"城市发展布局，推动城市向西向北发展。抓住亚运契机，加快成片规划、成片拆迁、成片开发、成片建设。全年拆迁100万平方米以上、"三改"120万平方米以上，实现出让金150亿元以上。打造柯北未来城，实施育才路、湖东路北延，加快上方山大道东西延伸。规划建设上方山公园。打造头部企业总部园。新建浙大二院柯桥院区，布局高中学校，落户高端教育、公共服务等机构，推动产城高度融合。打造柯西高品质生活区，提升西小江沿岸综合环境，完善路网综合配套。以城际轨道和杭州中环为十字轴，整体推进沿线两侧开发，高起点打造阮社、小赭等重点区块，建设一流服务设施和人居环境。加快兰亭文化旅游度假区大开发，实施兰亭江综合疏浚工程，建设绍兴二院兰亭院区，推进野生动物园、华强方特、中南旷谷等重大文旅项目建设，高标准建好福全金三角未来社区，争创国家级文化旅游融合发展示范区。

四、践行绿色发展，打造更可持续的美丽升级版

建设新时代"空气清新示范区"。扎实做好第二轮中央环保督察反馈问题整改。强化污染源头管控，全域治理工业园区，大力整治低小散企业，坚决淘汰落后产能。深入开展$PM_{2.5}$和臭氧"双控双减"专项行动，加大工业废气、汽车尾气、餐饮油烟、秸秆焚烧、路面扬尘等科学治理。健全重污染天气监测、预警和应急响应体系。力争全年空气质量优良率90%以上，$PM_{2.5}$平均浓度控制在30微克/立方米以下，实现达标进位。

展现"江南水乡"新面貌。深化"五水共治"，健全"河湖长制"，壮大"碧水联盟"。区控以上断面水质稳定在Ⅲ类水以上，功能区水质达标率实现100%。对标水清、岸绿、景美，打造市级以上美丽河湖5个。建成曹娥江柯桥段综合整治工程。落实海塘安澜千亿工程，巩固钱塘江柯桥段海塘。除险加固山塘水库。实施节水行动，引领全社会节水新风尚，推进水资源可持续利用。

打响净土保卫战。严厉打击建筑泥浆、工程渣土等跨区域违法倾倒。严查各类土壤污染行为，及时治理修复污染地块，土壤安全利用率92%以上。推进"节约用肥"行动，争创省级"肥药两制"示范区。启动漓渚铁矿生态修复。国土绿化2300亩以上，创建"一村万树"示范村15个，森林覆盖率提高到53%以上。

深化"无废城市"建设。建成浙能、清能等固废处置项目，建设金冶科技等危险废物资源化利用项目。探索排污许可"一证式"管理，实现固废产生、收集、转移、利用、处置全流程闭环管控，一般工业固废总量趋零增长。深化垃圾分类，推广"桶换桶"集中收运，建成省级垃圾分类示范小区14个、市级垃圾分类示范片区2个以上，确保通过国家"无废城市"建设试点验收。

打造全域美丽3.0版。纵深推进美丽城镇、美丽乡村、美丽庭院联创。争创AAA级以上景区镇3个、省A级景区村20个以上。深化"五星达标、3A争创"，创建省级新时代美丽乡村达标村49个以上、市AAA级景区示范村5个以上。启动省级绿道2号线建设，高水平管好"四好农村路"。推进国家级农村宅基地制度改革试点。推广村级集体物业改造，实现增点扩面。鼓励闲置农房盘活，促进村级集体经济可持续增长。加大南部三镇生态补偿。支持平水中心镇建设。深化王坛农村综合集成改革省级试点。提升稽东香榧产业。支持中药材种植，鼓励发展乡村游，打通美丽经济转化通道。深化东西部扶贫，加强东北对口合作，推进柯桥—江山产业协作，念好新时代"山海经"。

五、聚焦共建共享，织密更高标准的幸福生活网

健全高水平民生保障。新增城镇就业3.5万人，城镇登记失业率控制在2.2%以内。扩面住房公积金，缴纳职工新增10%以上。改革医保支付方式，打造医保经办"15分钟服务圈"。发展公益慈善事业。完善"1+8+X"大救助体系，提升低保、特困、受灾等基本救助水平。开展国家级居家和社区养老服务改革试点，建成具备全托服务功能的镇街居家养老中心20家，提档村居(社区)居家养老服务日间照料中心50家，新建区老年活动中心，打响"颐养柯桥·幸福养老"品牌。加强邮政管理，提升物流效率。保障妇联、残联、关工委工作，发挥老干部作用，保护妇女、儿童、残疾人、老年人合法权益。扎实推进档案、史志、双拥、民族、宗教、外事、侨务和对台等工作。一如既往支持工商联、工青妇、科协、文联、红十字会等发挥职能作用。

办好让人民满意教育。加大投入，优化布局，新（续）建15所中小学、13所幼儿园。加强学前教育。深化新型教共体模式，打造智慧课堂，市级现代化学校覆盖率90%以上，统筹城乡义务教育，实现优质均衡发展。提质高中教育，优化高中布局。办好职业教育，引进浙江茶叶学院，筹建柯桥技师学院。支持之江学院本地化办学，推动树人大学整体搬迁。发展成人教育，完善终身教育体系，提升群众文化素养。

高标准建设健康柯桥。织密公共卫生防护网，常态化精密化落实疫情防控。深化医共体建设，健全分级诊疗机制，基层首诊率和区域内就诊率分别为68%、92%以上。推进马鞍医院等医院项目建设，完成第三医院迁建。支持社会资本办医，丰富多层次医疗供给。积极备战第17届省运会。建设"体育＋公园"二期，争创省体育现代化区。办好"迎亚运、共参与"系列活动，鼓励全民健身，增强人民体质。

厚植全柯桥文化底蕴。打响"小柯开讲"等宣讲品牌，建设新时代文明实践中心，发挥融媒体作用，深化文明创建，推广志愿服务，大力弘扬社会主义核心价值观。打造乡贤文化，凝聚乡贤力量。高标准建成书香城市。深入开展幸福水乡才艺秀、精品越剧下基层等文化活动，丰富群众文化生活。推进乡村文物振兴三年行动，挖掘和保护非物质文化遗产，努力让古村落、古文化、古韵味代代相传。办好第七届中国曲艺高峰论坛。加强文艺创作，推出一批叫好又叫座的新时代文艺精品。

坚持发展新时代"枫桥经验"。高起点建设"平安柯桥"。加快治安单元建设，构建"四治融合"体系。常态化推进扫黑除恶，体系化治理电信诈骗，确保刑事治安纠纷、侵财、电信诈骗等警情持续下降。推进基层"一网智治"，加大信访积案化解，保持进京"零非访"。坚持"大安全、大应急、大减灾"理念，数字赋能"1+16+X"应急管理体系，打好食品、交通、消防、应急等安全组合拳，形成15分钟应急救援圈，事故起数和死亡人数均比上年下降20%以上。加强人民防空、国家安全等基层基础建设。做好新时代民族宗教工作，促进民族团结，维护社会和谐，确保2005—2020年连续16年创建为省"平安区"。

政府工作就是抓落实。新的一年，柯桥区政府将按照全省政府系统"忠诚、清廉、为民、担当、清醒、忧患"十二字要求，更好传承弘扬"靠作风吃饭、凭实绩说话"优良传统，自觉践行"七个坚定"：坚定政治信仰，自觉增强"四个意识"，坚定"四个自信"，做到"两个维护"。坚定人民至上，坚持群众利益无小事。继续按照"群众提、代表定、政府办"的要求，根据代表票决结果，办好民生实事，谋好人民幸福。坚定争先创优，每项工作都要力争全市第一、全省领先、全国一流。坚定实干担当，大力整治"中梗阻"，促进"干部为事业担当、组织为干部担当"良性互动，坚决担起改革之责、发展之责、稳定之责、民生之责。坚定法治思维，把法治要求落实到政府工作全过程、各环节，自觉接受区人大及其常委会的法律监督、工作监督，主动接受区政协的民主监督，广泛接受司法、审计、舆论和社会监督。坚定整体智治，建成城市大脑，破除数据孤岛，打造掌上办事之区、掌上办公之区、掌上智治之区，努力让群众"少跑腿"、企业"少报表"。坚定清正廉洁，深化清廉政府建设，防止"四风"反弹回潮。坚持政府过紧日子，严格预算管理，加强审计统计，优化绩效考核，集中财力办大事，确保一般公共预算支出的三分之二以上用于民生、推动发展。

名词解释

1."步鱼计划"：制造业高质量发展行动，旨在推动全区制造业强链补链，加快传统产业改造提升和新兴产业培育壮大，努力形成一批国内领先、国际知名的现代制造业企业和先进产业集群。

2."1039"报关模式：在经认定的市场集聚区采购商品，由符合条件的经营者办理出口通关手续的贸易方式。

3."9610""9710"业务："9610"指境内企业出口至个人的B2C模式，"9710"指境内企业出口至企业的B2B模式。

4."品字标"：具备品质高端、技术自主、服务优质、信誉过硬等优质特征的区域公共品牌标识。

5.“1+8+X”大救助体系：“1”指社会救助信息平台，“8”指低保、特困、受灾、医疗、教育、住房、就业、临时救助等基本救助，“X”为多元社会力量。

6.“八大八新”：实施大战略，做强新发展优势；谋划大规划，彰显新发展特色；联动大改革，激活新发展动能；打造大治理，筑牢新发展基石；塑造大产业，打造新发展高地；构建大平台，融入新发展格局；建设大生态，展现新发展面貌；优化大服务，造浓新发展氛围。

7.“一园两核多点”：“一园”指浙江绍兴人才创业园，“两核”指柯北核心和柯西核心，“多点”指分布在柯北核心、柯西核心附近的“两大政府主导平台、十大共建平台、十大民营科创园”。

8.“5+3+X”现代产业体系：“5”指高端纺织、先进装备制造、时尚创意、建筑产业现代化、文化旅游五大主导产业，“3”指轻纺市场、黄酒产业、现代农业三大特色产业，“X”为符合国家、省、市战略性新兴产业发展导向的其他产业。

9.“10+N”便利化行动：“10”指营商环境便利化的主要指标，按照企业全生命周期分为企业开办、办理建筑许可、用电报装、用水报装、用气报装、不动产登记、获得信贷、纳税、跨境贸易、企业注销等；“N”指若干个无法量化的支撑性指标，具体有惠企政策、执行合同、知识产权保护、办理破产等。

10.“经纬计划”：纺织时尚创意设计人才引育计划。

11.“五个一流”：交易环境一流、开放水平一流、智慧应用一流、时尚氛围一流、文化融合一流。

12.“银政联盟1+N”：1家银行与N个党政部门合作，推进金融服务和政务服务业务协同、数据共享、服务下沉。

13.“碧水联盟”：“五水共治”中的公众护水志愿者平台。

14.“1+16+X”应急管理体系：“1”指区级应急管理智慧平台，“16”指镇街应急管理站，“X”指社会救援队。

中国人民政治协商会议第一届绍兴市柯桥区委员会常务委员会工作报告（摘要）

——在政协第一届绍兴市柯桥区委员会第五次会议上

政协第一届绍兴市柯桥区委员会主席　孟柏干

（2021 年 2 月 6 日）

2020 年工作回顾

2020 年是极不平凡的一年。一年来，柯桥区政协高举习近平新时代中国特色社会主义思想伟大旗帜，在中共柯桥区委的坚强领导下，发扬民主和增进团结相互贯通，建言资政和凝聚共识双向发力，充分发挥了专门协商机构作用，为柯桥在大战大考之年奋力交出高分答卷作出了积极贡献。

一、坚持党的领导，思想政治建设有新加强

加强政治引领。把自觉接受中国共产党的领导作为政协履职的根本准则，增强“四个意识”，坚定“四个自信”，做到“两个维护”，始终保持政治定力。及时向区委请示报告政协重要工作、重大事项，自觉把区委对政协工作的要求落到实处。区委高度重视支持政协履职，两次就重大决策开展专题政治协商，出台落实中央和省委、市委、区委政协工作会议主要任务工作清单，区委区政府主要领导 9 次出席政协协商活动，对政协议政材料作出批示 12 件次。

注重理论武装。把理论学习摆到突出位置。建立健全以党组会议、主席会议学习为引领，政协委员、机关干部专题培训为常态的学习体系，深入学习贯彻习近平总书记关于加强和改进人民政协工作的重要思想和考察浙江重要讲话精神，第一时间传达学习中共十九届五中全会和省委、市委、区委全会等重要会议精神，在学思用贯通、知信行合一中进一步增进了“四个认同”。

强化党建工作。牢固树立“做好政协工作必须首先抓好党建”的理念。逐级压实政协党组、机关党组、机关总支党建主体责任，推动了党的组织和党的工作全覆盖。召开政协党组会议 16 次，研究部署队伍建设和履职重大事项，配合做好省委巡视工作，较好发挥了把方向、管大局、保落实的重要作用。党员委员自觉强化党员意识，政治上示范、行动上率先，充分发挥了先锋模范作用。

二、坚持协商主业，紧扣中心履职有新作为

聚焦发展大局开展全会协商。区政协一届四次会议期间，组织委员通过大会发言、小组讨论、提交提案等形式，紧扣柯桥区经济社会高质量发展大局开展集中协商。早部署，早发动，形成大会发言材料 37 则，涵盖经济转型、社会进步、民生改善、城乡发展、基层治理、作风建设等各个方面，区委主要领导对其中 7 则作出批示。周密组织小组讨论，区委区政府领导和区政协主席会议成员面对面听取委员协商建言。梳理形成进一步做好政府工作的协商意见 53 条，得到了区委区政府的重视和肯定。

聚焦规划编制开展政治协商。把助力制定“十四五”规划作为履职重头戏。区政协各位主席根据分工，带队进行走访调研，主席会议进行了专题讨论，形成了一批有价值的调研成果。围绕区委一届九次全会关于制定“十四五”规划和二〇三五年远景目标建议的重大决策，召开专题议政性常委会会议，围绕主动对接临空经济示范区、加快杭

绍同城步伐，深入实施“步鱼计划”、促进实体经济高质量发展，推动文商旅融合发展，优化教育资源布局，完善区镇村三级矛调中心体系，推进“美丽乡村”向“美丽经济”转化，巩固污染防治攻坚战成果等提出具体建议。区委主要领导出席会议听取协商发言，不少意见建议被区委决策吸纳。

聚焦融杭接沪开展重点协商。融杭接沪，事关柯桥当前，更事关柯桥长远。区政协各位主席带队，深入镇街、部门走访座谈，赴周边地区学习考察，形成6个专题调研报告。在此基础上召开常委会会议进行集中协商，就规划引领、交通先行、动能转换、人才支撑、文旅融合、民生共享等方面提出意见建议，得到了区委主要领导的批示肯定，为柯桥区积极承接杭州、上海大都市的溢出效应，加快打造“融杭接沪示范区”贡献智慧。

聚焦人才科技开展专题协商。高度关注人才强区、科技创新工作。围绕区委即将出台的重大政策，组织专题协商，区委主要领导面对面听取委员建言。强化科技创新平台建设、推动工业互联网创新、加大技能人才培育力度、发挥高校引才聚才优势、深化人才创新创业全周期“一件事”改革等协商意见被区委出台的“决定”所吸纳。

一年来，政协系统围绕经济建设和区委区政府中心工作，开展各类专题协商62次，参与的政协委员、界别群众代表650余人次。

三、坚持监督助推，助力民生福祉有新成效

围绕基层治理开展协商监督。全会期间，围绕“合力推进区域基层治理现代化”主题，开展界别协商。区委主要领导、区政府分管领导和18个部门主要负责人参加，听取委员和界别群众代表协商建言。梳理形成5个方面16条协商意见，区委主要领导作出批示。着眼更好发挥公检法在基层治理中的主力军作用，专题召开主席会议，听取情况通报，提出监督意见，建议强化责任意识、加大扫黑除恶力度、深化政法领域改革、加强队伍建设，在维护社会公平正义、推进法治柯桥建设、保障人民安居乐业方面更好履职尽责。

围绕民生热点开展监督助推。按照省、市政协部署，研究出台“城乡生活垃圾分类处理”、社会治理领域“最多跑一地”改革等专项集体民主监督的活动方案，成立民主监督小组，深入基层一线，联动开展监督，助力相关工作更好落实。持续推进“慈善·助困”活动。会同区慈善总会，在全区范围内继续开展“进百村、访千户”行动。区政协领导带头，广大委员积极参与，累计走访困难户1214户，帮扶款物126.8万元，较好彰显了人民政协的亲民、爱民、为民情怀。

围绕民生关切加强提案信息工作。注重发挥提案的综合功效。把民生类提案摆上重要位置，全年立案的267件提案，民生类占2/3。通过区政协领导领衔督办、专委会联系督办、重点提案办理二次答复、办理结果媒体公示等措施，推动了提案办理落实。提案提出的建议得到解决或基本解决的157件，列入计划逐步实施的101件，分别占总数的58.8%和37.8%；其余9件因条件限制留作参考。特别是赋能城市治理现代化、打造全国印染产业新高地、破解技能型人才供需矛盾、推进乡村旅游提质增效、加强青少年近视防控等提案，区委区政府高度重视，相关部门积极办理，较好解决了一批民生实际问题。进一步加强社情民意信息工作，强化考核激励，开展培训研讨，注重上下衔接，全年共收到信息稿件327件，编发129件，被上级政协采用62件，其中全国政协4件，综合考评全市第一。

四、坚持开拓创新，政协履职工作彰显新特色

做实“请你来协商”平台建设工作。按照省政协关于“请你来协商”活动的部署，严格落实“6+X”的协商频次要求。会同区政府联合出台实施细则，联动推进“请你来协商”平台建设工作。坚持“党政所需、群众所盼、政协所能”，把农村疫情防控、春季农业生产、学校复学中疫情防控、学前教育规划建设、城市违建管控、民营企业改革发展、“五星3A”创建后长效运行作为协商议题。坚持形式与内容相契合，探索开展远程协商、基层协商、现场协商，力促“请你来协商”更加鲜活、更具特色。致力提升协商实效，政协委员、专家学者、界别群众代表与区委区政府领导、机关部门负责人互动交流，有问有答、有商有量；既重协商意见梳理，又重后续跟踪督查，锲而不舍推动建言成果转化。区政协举办的6场“请你来协商”活动，提出意见建议

57条;专委会、镇街工委、界别小组牵头举办的26次“请你来协商”活动,提出意见建议168条,共计有152条转化成为党委政府决策、民生实事项目等方面的具体举措,其中一项专题协商被省政协列为典型案例,专门协商机构“专”的特色、“专”的质量、“专”的水平更加凸显。

做优广泛凝聚共识工作。坚持大团结大联合,与区委统战部保持常态化联系,共同组织专题协商、政情通报、中秋联谊等活动,统筹政协委员履职考核、调整等,同心同行架构起了大统战格局;进一步加强同党外知识分子、非公有制经济人士、新的社会阶层人士的沟通联络,引导他们为柯桥发展多作贡献;把党派团体作为政协履职的主力,在协商发言、专题调研、提案督办等方面给予更大支持。加强历史文化传承保护,连续4年调研视察,柯桥古镇部分对外开放;专题调研云门文化保护利用工作,区委区政府主要领导分别作出批示。彰显政协书画特色,依托山阴书画院,赴镇街书画采风,助力打造乡村旅游新名片;联合区慈善总会,开展“有礼有爱”等各类活动,推动了慈善理念更好深入百姓大众。

做深委派民主监督小组工作。把委派民主监督作为政协助力民生改善的重要抓手。坚持小切口、大推动,组建12个监督小组,分别就“公交融杭”“山区电商物流服务‘村村通’工程建设”“城乡道路平安畅通提升行动”“无障碍社区建设”等民生关键小事开展专项监督。在拓展深化上下功夫,镇街政协工委按片组建的5个监督小组,围绕“农村居家养老服务照料中心建设”主题,政协领导、相关专委会共同参与,联动开展专项集中民主监督。注重监督实效,年底主席会议专题听取监督小组述职,逐个进行评议,综合形成协商监督建议,区政府主要领导批示相关部门认真吸纳落实。

五、坚持固本强基,自身建设树起新样子

加强制度机制建设。区委、区政府、区政协年初联合印发年度协商计划,将政协工作纳入党政工作大局通盘谋划。把调查研究作为政协履职提质增效的重要前提,坚持不调研不协商、先调研后协商,进一步提升了议政建言的针对性。注重发挥联动优势,省市区三级政协联手,合力推进中国轻纺城省级政协委员会客厅建设;市、区政协联手,共同开展重大课题、社情民意信息调研;区、镇政协联手,携手开展协商监督、视察督查;专委会联手界别,开展各具特色的履职活动。完善政协工作考评激励办法,坚持和实行专委会向政协常委会、镇街工委向政协主席会议集体述职评议以及政协参加单位工作交流评议制度,进一步促进了政协履职“三化”建设。

加强委员服务管理。邀请省政协研究室领导作专题讲座,邀请区政府主要领导通报经济形势,邀请区纪委区监委主要领导通报党风廉政建设情况,在宁波北仑区委党校举办培训班,定期不定期召开政情通报会,力促委员在知情明政中进一步提升履职能力。健全履职档案,完善考核评价,实行年度述职和动态管理,进一步增进了委员的责任与担当。加强与融媒体的联动合作,精心策划“柯桥日报·政协之声”专版,加大“柯桥政协”微信公众号宣传力度,全方位宣传委员履职事迹,进一步扩大了政协工作的社会影响力。

加强机关队伍建设。以制度建设为抓手,优化机关工作流程,完善工作运行机制,抓好意识形态工作,不断增强机关干部的全局意识、规范意识、廉洁意识,较好发挥了服务保障作用。进一步做好老干部工作,学习传承优良传统。积极配合区纪委区监委驻点监督,着力营造风清气正的政治生态。

去年年初,面对突如其来的新冠肺炎疫情,区政协坚决贯彻区委决策部署,第一时间发出倡议、作出部署,全力投身抗疫一线,助力打赢“两战”。区政协领导冲在一线、战在一线,进村入企、靠前指挥,开展督查、进行指导。广大委员奋勇当先、冲锋在前,逆行而上战疫情,复工复产作示范,文艺创作鼓士气,捐款捐物献爱心,志愿服务不间断,凝聚起了同舟共济、共克时艰的强大合力。据不完全统计,新冠肺炎疫情防控期间,政协系统捐助资金495万元、口罩189万只、防护服1520套、应急救援巡逻车2辆,以及其他防疫物品,以实际行动彰显了柯桥政协委员的责任与担当。

我们也清醒地认识到,工作中仍存在一些薄弱环节,特别是专门协商机构的优势还需进一步体现,双向发力的质量还需进一步提高,界别作用的发挥还需进一步探索，履职能力建设还需进一步提升，等等。这些问题要高度重视，认真加以解决。

2021年工作安排

2021年是中国共产党成立100周年，是“十四五”的开局之年，也是本届政协的收官之年。新的一年，我们将以习近平新时代中国特色社会主义思想为指导，深入贯彻中共十九大和十九届二中、三中、四中、五中全会精神，紧扣区委一届九次全会决策部署，把准专门协商机构性质定位，围绕中心、服务发展，关注民生、务实有为，凝聚人心、促进和谐，与时俱进做好政协各项工作，奋力干出新时代人民政协的新样子，为率先高水平建设社会主义现代化先行示范区贡献智慧和力量。

（一）凝聚社会各界更广泛共识。把习近平新时代中国特色社会主义思想作为政协工作的根本遵循，深入贯彻习近平总书记关于加强和改进人民政协工作的重要思想，全面落实全国政协《关于加强和促进人民政协凝聚共识工作的意见》精神，努力使政协成为坚持和加强党对各项工作领导的重要阵地、用党的创新理论团结教育引导各族各界代表人士的重要平台、在共同思想政治基础上化解矛盾和凝聚共识的重要渠道。把坚持中国共产党的领导作为政协工作的根本政治原则，认真落实好党对政协工作的各项要求，执行好重大决策、重要工作、重要事项向区委请示报告制度，确保政协工作与区委区政府要求同频共振、协调一致。把提高党组织在政协、各党派团体、各族各界人士中的政治引领力、影响力作为政协党建工作的落脚点，健全完善区政协党组成员联系党员委员、党员委员联系党外委员等工作机制，进一步发挥区政协党组的领导核心作用和党员委员的先锋模范作用。

（二）发挥专门协商更突出作用。立足专门协商机构的性质定位，科学制定年度协商计划，完善协商内容，丰富协商形式，加快构建以全体会议为龙头、以议政性常委会会议为重点、以“请你来协商”平台为依托的协商议政格局。紧扣区委一届九次全会决策部署，聚焦顺应“双循环”、构筑新优势，强化干部作风、打造一流营商环境，完善重大传染病防控体系等重点议题，深入调查研究，广泛开展协商，及时提出前瞻性、针对性的意见建议。积极探索协商新渠道新形式，在专题协商、对口协商、界别协商、提案办理协商的同时，推进远程协商、网络议政，促进政协协商与基层协商有效衔接，努力把人民政协制度优势转化为社会治理效能。更加注重调查研究的质量水平，更加注重协商对象的参与面和代表性，更加注重协商建议的落地见效，推动政协协商从“做了什么”“做了多少”向“做出了什么效果”转变。

（三）彰显助力民生更精准优势。自觉践行履职为民宗旨，积极助力增进民生福祉。把助推区委区政府民生决策部署的贯彻落实作为政协民主监督的出发点和落脚点，重点就南部山区旅游业发展、工业小区出租厂房消防安全、未来社区建设、司法为民便民利民等民生热点开展视察督查，真正做到言为民所建、利为民所谋。继续深化委派民主监督小组工作，精选监督主题，坚持上下联动，优化人员构成，注重监督效果，努力做到更接地气，更聚人气，更有影响力。注重发挥提案的综合功效，牢牢把握“提、立、交、办、督、评”六个环节，严格立案标准，加大并案力度，引导培育更多集体提案；采取专项督查、办理情况通报、民主评议、政协领导领衔督办重点提案、提案办理“回头看”等方式加强跟踪问效，促进提案办理由“答复型”向“落实型”转变。畅通和拓宽各界群众的利益诉求表达渠道，提高社情民意信息编报质量，努力把群众面临的问题发现出来、把群众的意见反映上去，更好发挥其辅助决策的参与功能、解决民意诉求的桥梁功能。继续组织开展“慈善. 助困”行动，真情实意为弱势群体解决实际困难。

（四）画出凝心聚力更大同心圆。坚持大统战工作格局，统筹工作谋划和工作实施，增强包容性，形成大合唱，进一步扩大统一战线覆盖面。加强思想政治引领，引导党派团体深入学习党的创新理论，在求同存异、聚同化异中进一步夯实团结奋斗的共同思想政治基础。完善党派团体参加政协履职活动保障机制，努力搭建更多平台，提供更大支持。广泛开展海内外团结联谊活动，密切同党外知识分子、非公有制经济人士、新的社会阶层人士的沟通联系，引导他们为柯桥发展主动作为、多作贡献。加强政协系统之间纵向、横向的交流协作，在相互学习借鉴中创新工作方式方法，更好推进“请你来协商”“委员会客厅”平台建设工作，在镇街试点开展“民生议事堂”建设工作。支持政协之友社开展各类活动。

（五）夯实履职尽责更牢固基础。把自身建设作为政协履职尽责的根本保证。在区委领导下，统筹做好政协履职和换届各项工作。进一步加强委员队伍建设，教育引导委员倍加珍惜履职岗位，倍加珍惜委员荣誉，努力交出高质量的“委员作业”，以实际行动切实担负起政协制度参与者、实践者、推动者的政治责任。进一步加强专委会、镇街工委建设，积极开展各具特色的履职活动，更好夯实政协工作根基。进一步加强政协机关和干部队伍建设，从严要求、从严教育、从严管理，着力打造一支懂政协、会服务、高质量、严要求、重实效的机关干部队伍。

执行编辑　陈飞燕

专 记

实事项目

截至 2021 年 12 月底，柯桥区政府“提升公共卫生应急救援能力”“打造城市星级公厕”“推广生活垃圾‘桶换桶’集中收运”“农村管道燃气‘村村通’试点工程”“小微园区智慧化应急能力建设”“住宅电梯智慧化监管工程”“城区停车智慧化管理”“农村家宴中心提档升级工程”“城区道路保洁保湿精细化管理”“打造‘群众身边的红十字会’”10 方面民生实事项目完工。

2021 年柯桥区政府十件民生实事完成情况表

表 1

序号	项目名称	项目内容	完成情况
1	提升公共卫生应急救援能力	改造区疾控中心实验室，配备实验室资质检测人员 50 人以上，核酸日检测能力达到省市要求。建设区急救分中心，统筹管理和指挥调度全区 4 个急救分站和 5 个急救点，协调突发事件应急医疗救治，为群众提供及时、安全、有效的院前医疗急救服务	区疾控中心实验室完成改造，全区配备实验室资质检测人员 96 人，核酸日检测能力 2 万份；组织制定区“120”急救体系建设方案，建设独立型“120”院前急救指挥体系，设立柯桥区急救分中心，新增“120”救护车 8 辆(其中 5 辆为防护型)
2	打造城市星级公厕	按照便利化、智慧化、人性化、特色化、规范化“五化”建设标准，在柯桥、柯岩、华舍等街道和风景旅游区范围内，高标准新建改建“无异味”星级公厕 40 座，其中改造“一类厕所”28 座，打造“最美公厕”4 座、“公厕驿站”8 座，落实长效化管理举措	以打造“便民、整洁、无异味公厕”为目标，以改善民生为根本出发点，完成城区 40 座公厕改造提升，加强精细管养，提供优质服务，提升市民群众如厕舒适度和满意度

续表 1

序号	项目名称	项目内容	完成情况
3	推广生活垃圾“桶换桶”集中收运	对城区235个居民小区“四分法”生活垃圾中的其他垃圾、可回收物和有害垃圾以“桶换桶”方式集中收运，确保日产日清；创建14个省级生活垃圾分类示范小区	完成235个小区生活垃圾“桶换桶”收运，分类运输至指定地点，保证日产日清；14个小区成功创建省级生活垃圾分类示范小区，通过分类收运提高源头分类质量，提升居民生活品质
4	农村管道燃气“村村通”试点工程	选择通气条件成熟、群众意愿强烈的10个村，开展管道燃气“通村入户”试点，为群众提供便利	10个村的管道燃气工程均完工并具备通气条件，惠及农户2200户
5	小微园区智慧化应急能力建设	以纺织品仓储、危化品使用企业为重点，建成100个智安园区，接入电气火灾监控系统或装置，完善消防相关系统报警联动、设施巡检、安全监督等功能。委托第三方社会机构规范管理，实现动态感知、智能研判、精准防控，全面提高园区企业安全（消防）管理水平	100个智安园区建设完成，每个园区均配置智慧用水、智慧用电、安控室在岗监管、电瓶车充电监管、消防救援通道监管等项目，根据工业小区自身特点增设高位监控、危化品贮存仓库（点）监管、装有双自系统的纺织品仓库监管等项目
6	住宅电梯智慧化监管工程	计划用三年时间，将全区6000余台住宅电梯，及此后新增的住宅电梯统一纳入智慧化监管平台，新增配建“电瓶车管控系统”，进行统一运行维护，有效提升电梯困人救援速度、倡导文明乘梯。其中2021年完成1000台住宅电梯智慧化监管	升级改造电梯数字化智慧监管平台和数字化指挥中心，1027台住宅电梯完成物联网设备安装，可通过电梯故障实时监控有效处置、电梯运行状况及时预警、电梯维保检验时效动态监测和电梯数据多维度研判等，提升救援效率
7	城区停车智慧化管理	对主城区市政道路约5000个公共停车位进行智慧化管理建设，包括软件平台建设、硬件设施建设、停车位施划和编号、日常维护等，方便群众停车	城区34条道路路内车位和8个封闭式停车场智慧化改造完成并上线运营，为车主提供便捷的电子支付、车位查询、车位导航、周边信息推送等服务

续表 1

序号	项目名称	项目内容	完成情况
8	农村家宴中心提档升级工程	根据村庄规模大小与人口结构状况，规划新建 30 个村级家宴中心，有效增加农村家宴中心服务覆盖半径。对部分有条件、有意愿的村（居委会），统筹实施车位改造，规范方便居民停车行为	新建农村家宴中心 32 家，改造提升家宴中心"阳光厨房" 121 家并接入一体化平台，全区农村家宴中心布点更合理，服务半径和覆盖面更宽广，增强人民群众的获得感和幸福感
9	城区道路保洁保湿精细化管理	优化设备配比，增加洗扫一体车、高压冲洗车占比，由 10% 增加到 30% 左右；购置道路吸尘车，实现城区主干道由人工清扫向机械化吸尘清扫转变；进一步优化城区主要道路的保洁保湿、整洁美观，细化精细化作业方案，合理调整雾炮、洒水作业时间，白天雾炮、洒水作业频次比 2020 年减少一半左右，让降尘措施更精准、更合理，在确保有效降尘的同时，美化城市环境，方便群众出行	全区有保洁保湿车辆 113 辆，其中洗扫一体车、高压冲洗车占比 48.7%；推进 23 个道路扬尘在线监测点建设，采取"夜间彻底冲洗，白天巡回保洁，循环湿扫保湿"模式，动态调整洒水、雾炮作业方案，市民对保洁保湿工作的理解度、认可度和满意度均有所提升
10	打造"群众身边的红十字会"	开展强基扩面提质工程，新建 7 家区级红十字博爱家园、5 家镇级红十字生命关爱工作站、5 家景区红十字救护站等，实现红十字基层组织 100% 覆盖，助力健康柯桥建设；打造红十字"救"在身边品牌，启动 3 支区级红十字专业救援队规范化建设，开展常态化应急救护培训，救护培训取证率提升至 25‰；推动"三献"领域"最多跑一次"改革，建设集宣传、科普、实训于一体的区级红十字生命教育实训基地	新建红十字工作站（室）24 家，实现红十字基层组织全覆盖；完成初级救护员培训 3480 人，普及红十字现场救护知识 3 万余人次，救护培训取证率提升至 39‰；完善红十字战狼救援队建设，组建"风之谷"户外救援队和越安救援队；建成全市首个综合性生命教育体验馆，设置互动体验 70 余项，以"场景＋情景＋体验"模式让参观者了解生动形象的知识技能

（孙　莹）

柯桥区庆祝中国共产党成立 100 周年活动

2021 年，柯桥区贯彻落实中央和省委、市委的决策部署，对标省委守好"红色根脉"、做到"九学九新"和市委争当"五个模范"的要求，突出红色、特色、成色，结合柯桥实际，深入持续开展庆祝中国共产党成立 100 周年活动。

区委理论中心组专题学习交流 14 次，各基层党组织通过周一夜学、专题读书会等多种形式开展学习教育。四本必读书目党员全覆盖，编写出版《柯桥百年百事》一书，作为重要的地方党史学习教育教材，倡导党员学习留批注，累计收到党员阅读批注作品200余个，制作成《学史集注》短视频。全区2680个支部均召开专题组织生活会、习近平总书记“七一”重要讲话精神专题读书班和党史学习教育专题民主生活会。在区属主流媒体开设专题专栏，刊发相关报道、体会文章近百篇，“笛扬诵美”党史有声书点击量突破5万次，做到支部有读书会、领导干部有体会文章、普通党员有读书批注。

区领导带头参加“不忘来时路 启航新征程”“重温嘱托 汲取力量 领跑竞跑”等红色寻访活动4次。承办驻村指导员制度17周年全国性论坛，在兰亭街道谢家坞村启用驻村指导员传承馆，发布首个驻村指导员工作标准。摸排整理包括中共绍兴独立支部纪念馆、曹素民烈士故居等在内具有保护、开发、修缮价值的红色遗迹遗址31处；推出8条红色学习体验旅游线路，接待干部群众3万余人次。

建设柯桥特色宣讲品牌“小柯开讲”，广泛开展中共十九届六中全会精神“六讲六做”大宣讲活动，有区镇村三级宣讲员986人，成员涵盖领导干部、专家学者、村居书记、青年宣讲员、“五老”宣讲员、网红宣讲员等，开展各类宣讲2800余场次。线下处级领导到所联系基层站点作党史专题报告92场次，正科级以上党员领导干部赴基层作党史宣讲或党课报告416场次，基层党组织书记开展宣讲419场次，青年宣讲员、“五老”宣讲员赴学校、市场、村居、企业等开展宣讲707场次，线上网红宣讲员开讲60余场次，制作视频40余个，点击量超百万次。举办“百名青年讲党史”“共同富裕我来说”流动大喇叭等活动，营造全域全龄覆盖、线上线下共振大宣讲氛围。

探索党史学习教育数字化应用场景，在区级文明实践中心“文智大脑”中首推党史教育版块；与中央教育电视台合作举办“诗意中国·美好柯桥”大型朗诵情景剧“七一”晚会；推出建党百年主题灯光秀；开展“红色网上游·重走建党百年路”“力学力行 领跑竞跑——百名年轻干部体感共同富裕”“柯桥少年说红色故事”“纺城有家·特别的榜样”“百家礼堂献礼百年党庆”等主题活动。综合运用宣传媒介，开设专题专栏21个，刊发党史学习教育稿件1170篇，其中省级以上媒体刊发221篇，《柯桥区两新组织基层党组织唱响爱党旋律》被中央党史学教简报录用。

以“一镇（局）一品”推动党史学习教育走深走实，全区所有镇（街道）、部门紧扣“力学力行、领跑竞跑”区级品牌，结合实际，创新举措，形成“潮领马鞍”（马鞍街道）、“纺城有家”（轻纺城建管委）、“律动纺都”（区司法局）、“红色网上游”（区教体局）、“有礼有爱”（区卫健局）等一批具有鲜明标识的党史学习教育品牌。对1050名流动党员实行“一对一”登记，要求流出地党组织将学习书目寄送给流动党员，流入地党组织把流动党员纳入党史学习教育管理。在全区16个镇（街道）党群服务中心设点，让流动党员有相互交流的平台。

针对中国轻纺城市场流动党员最多的现状，建设“纺城有家”微信公众号，依托商会红色力量，让流动党员党史学习教育“一个不掉队”；针对部分本地党员外出频繁的问题，“精工钢构”、宝业集团等企业以“离厂不离‘家’”的状态，通过建立微信群、开党员会、寄送必读书等形式，实现流动党员党史学习教育全覆盖。其中《唱支“会歌”给党听——中国轻纺城基层党组织党史学习教育纪》在中央党史简报第209期刊发。

统筹“两新”组织和青少年群体的党史学教工作，出台《关于组织柯桥区“两新”党组织进一步开展庆祝中国共产党成立100周年工作的通知》，开展“献礼百年 红耀纺城”创意短视频大赛、“唱响红色经典”、“晒晒我的红色印记”等16项学习体验活动。针对青少年群体，充分发挥“红色网上游”品牌作用，开展“重走建党百年路”系列红色主题教育，以建党历史上50个重要时间节点为线索，在全区50所中小学中开展为期100天的接力教育活动。

增强成色，推动党史学习教育“办实事、开新局”。区级“三为”（倾心为群众办实事、倾情为企业解难题、倾力为基层减负担）实事项目清单共涉及实事项目76项，到年底全部完成。全区有8000余名机关党员认领“微心愿”1.6万个，2000余个基层党组织开展志愿活动；调整选派50名专职和356名兼职驻村（社）指导员，下派1858名驻企服务员，全面建立“三驻”干部年度服务实事清单；开展“百名年轻干部驻百村、百日攻坚破百项难题”专项活动，选派111名机关部门“90后”年轻干部赴111个重点村开展精准帮扶，帮助解决问题2300余个；开展组团式服务，组织兴村、治社与金融指导员等服务团队开展“集中服务月”活动，深入基层一线，开展集中走访、政策宣讲、化解难题等工作，帮助村社解决问题1400余个。

按照地域划分六大片区，建立专职驻企服务员区域服务团队，帮助企业解决问题650个；定期举办“政企面对面”“请你来协商”等活动，开展留工稳增、赢战“开门红”、上市企业“凤凰行动”、工业厂区整治提升、人才科创企业等专场活动8期，区领导29人次、部门主要负责人109人次与企业家代表90人次面对面交流，现场收集问题122个，办结109个；创新建立“‘三服务’通勤线”，将问题上报端口交至服务对象手中，达到实时收集、定时解决、及时反馈服务要求。至年底上线企业2031家，完成率100%；“‘三服务’通勤线”平台收到问题需求1901个，均交办处理。

2021年10月20日，党史学习教育中央第五指导组组长孙永春（前排左四）调研华舍街道温渎社区“小哥驿家”　（区委宣传部　提供）

继续开展区领导“八联系”活动，深入开展区领导和镇（街道）驻村干部“包乡走村”，推动更多力量资源下沉一线，实现更多问题一线发现、一线解决。“三服务”小管家收集问题13703个，办结13467个，办结率98.28%；全区村级民情分析会召开2300余场，镇级民情分析会召开192场，区级民情分析会召开4场；深化新时代民情日记，全年记录“民情日记”4.2万篇。结合数字化改革“浙里小哥——文明轻骑兵”活动，推出骑行码等一系列方便举措，为文明服务加油续航。（赵昕怡　诸米兰）

柯桥区数字化改革

2021年浙江省数字化改革启动后，柯桥区级各有关部门把数字化改革的场景谋划、应用建设、对接落地工作放到重要位置，“151”（“1”指区委改革办；“5”指五大系统牵头单位，即区委办、区府办、区委政法委、区经信局、区发改局；“1”指区大数据中心）部门紧密协作、高效联动，以“三张清单”（重大需求清单、多跨场景应用清单和重大改革清单）和“一本账”（全省数字化改革重大应用“一本账S1”目录）为关键抓手，以“最佳应用”为重要标尺，体系化规范化推进数字化改革不断走深走实。至年底，全区有数字化改革省级试点23个；数字化改革做法获省主要领导批示6次、在全省改革会议上作典型发言3次；“浙里工程师”“未来社区”2个应用在省数字化改革成果展中展示；8个典型应用在省数字化改革《工作动态》、省委改革办《竞跑者》刊发。柯桥区数字化改革获2021年度全省考核优秀。

一体化智能化公共数据平台，归集接入49个部门业务数据，共577张数据表、10205个字段、35亿条数据量。回流省、市数据共6批663张数据表，其中有效数据表450张、字段25922个、数据量5222万条，所有回流数据按类别切分至58个数源部门。全面启用IRS系统，共梳理IRS应用84个、数据目录747个、云资源实例300个、信息化项目58个。完成应用、数据、组件、云资源和项目关联，全区被关联云资源占比100%。平台为25个部门、4个镇（街道）的33个应用提供1463核CPU，3809千兆内存，118太字节存储。承接做好组件共建共享试点、公共数据资源开发利用试点、IRS市县公共数据平台和政务云平台试点、省“数字孪生”试点4个省级试点工作。共开发20个组件，其中申报省级优秀组件 3 个，上架组件服务超市的组件 6 个。智慧化交通出行(i 出行)代表绍兴市被列为省级公共数据资源开发利用试点，其他 6 个列入市级试点，数量全市第一。印染行业有限空间安全智治项目列入危险有限空间安全管理领域的省“数字孪生”首批试点。

以“县乡一体、条抓块统”省级试点建设为抓手，推动“152”（“1”指一体化智能化公共数据平台；“5”指五大系统，即党政机关整体智治系统、数字政府、数字经济、数字社会、数字法治；“2”指理论成果和制度成果）工作体系与“141”（“一中心四平台一网格”）工作体系相互衔接，实现横向联动、纵向贯通的一体化智能化运行。完善“一中心”。在矛调中心、综合指挥中心基础上，探索建立社会治理中心，出台《柯桥区社会治理综合协同体系建设方案》，推动城市大脑、智慧城管、应急联动平台、“12345”政务热线等各类平台在中心协同应用，初步建成社会治理驾驶舱和一体指挥平台。迭代“四平台”。强化党建引领，在 16 个镇(街道)设立“基层治理四平台”党总支，赋予镇级综合信息指挥室指挥权、督导权、考核权。根据全省统一的“基层治理四平台”迭代升级“4+N”构架方案，聚焦治理和服务两端，做实综治平安、监管执法、应急管理、公共服务 4 个功能平台，拓展 N 个数字化场景应用模块。联办“一件事”。对属地管理事项清单实行动态调整，71 个“属地管理”事项中有 41 个事项录入“基层治理四平台”，20 项跨部门基层治理“一件事”全部上线，强化事件流转交办、综合指挥调度、社会风险预警、社会问题研判、社会隐患解决等综合应用水平。打通“一通道”。打通各类多跨场景应用与“基层治理四平台”之间的通道。“文明轻骑兵”“数治蓝网”2 个场景应用接入“基层治理四平台”系统。探索将“民族 E 家亲”“安全生产数字化智慧监管系统”“多杆合一”“浙里未来乡村”“村级三务公开”“AI 预警”“基财 e 码通”等基层治理相关场景应用接入“基层治理四平台”，逐步实现“152”体系与“141”体系融合贯通。

五大系统牵头单位共拆解重大任务 588 项，梳理核心业务 2032 项，上线典型应用 20 个。党政机关整体智治上线“干部实绩赋分系统”1 个场景应用，推进“民族 E 家亲”“未来社区党建”等场景应用建设。数字政府系统推进省市 12 项重大任务承接工作，实现 12 个界面全上线、3 个界面动态更新；上线“纺织品花样‘版权数治’”“智慧交通天网”“基财 e 码通”等 8 个区级应用；新摸排“天眼森防”“在建工程集成验收”等应用，初步完成建设方案。数字社会系统“大渡未来社区”养老端、文化端、医疗端上架“浙里办”，门户上线“智慧礼堂”“电子证照”“空中课堂”3 个区级应用。数字经济系统完成门户 2.0 改版工作，上线“产业链图谱”“产业运行分析”“浙里工程师”“经济运行”4 个区级应用，其中前 3 个为织造印染产业大脑应用场景；“织造印染产业大脑”“浙里工程师”两个省级试点项目稳步推进。数字法治系统深化“‘枫桥式’预警协同场景应用”“律动纺都”等场景建设；建设“AI 智审”线下工作室；上线“严重精神障碍患者管理服务‘一件事’”“AI 预警云平台”“综合治理可视化平台”“‘云 e’调解”4 个区级应用，“封控拦截模型”完成试点并在全市推广。

2021 年，上线的大渡社区智慧云社区平台　（区委改革办　提供）

“大渡未来社区”入选全省数字社会系统六大先行先试创建社区名单，6 月 2 日，参加全省多跨应用场景落地未来社区路演；6 月 24 日，在全省数字化改革工作推进会上，区委书记赵如浪就大渡未来社区文化场景作典型发言，为全市唯一；10月19日，“大渡社区文化”应用被列入全省数字社会第一批最佳应用名单，为全市唯一；在浙江省数字化改革成果展中，作为绍兴市7个场景用之一在设区市分展厅展示。“浙里工程师”得到省委组织部部长黄建发肯定；4月，工程师协同创新中心赋能产业升级相关做法得到省委书记袁家军批示；8月17日，《浙江日报》头版刊发《“浙里工程师”让柯桥产才无缝对接》；9月17日，《绍兴市柯桥区上线“浙里工程师”应用推动产业与人才双向赋能》被省数字化改革《工作动态》刊发；在浙江省数字化改革成果展中，“浙里工程师”作为“浙系列”跑道重大应用在数字经济系统展区展示。“织造印染产业大脑”列入全省第一批行业产业大脑建设试点，相关做法在全省制造业发展大会上作交流展示。“浙小哥(文明轻骑兵)”得到中宣部和省委领导的关注；7月8日、7月9日，省委书记袁家军、省长郑栅洁分别在柯桥区报送的《多跨协同做好快递外卖小哥管理服务工作》的情况报告上作批示。“基财e码通”得到省委常委、常务副省长陈金彪批示肯定；省财政厅主要领导两次到柯桥专题调研，给予肯定。9月7日，省财政厅在柯桥召开“基财e码通”现场展示会，向全省推广。4月，“纺织品花样版权数治”子应用“AI智审”经省高院发布，嵌入全省法院智慧庭审系统推广应用。5月，柯桥纺织品花样“版权数治”场景应用相关做法信息，被《浙江政协信息专报》及《人民日报内参》分别刊用，得到省长郑栅洁和副省长高兴夫批示。“城市生命线及地下空间综合治理集成应用”“工程建设项目集成验收”“律动纺都”3个应用得到省建设厅、省应急管理厅、省司法厅重视。“浙小哥(文明轻骑兵)”“浙里工程师”“AI智能分析预警”“织造印染行业产业大脑”“严重精神障碍患者管控”5个应用在全市数字化改革例会上作场景路演；“浙里工程师”“城市生命线及地下空间综合治理集成应用”两项案例入选省数字化改革《工作动态》；数字轻纺城、镇街综合信息指挥室建设、一体化智能化公共数据平台建设等数字化改革做法被省委改革办《竞跑者》刊发；数量均居全市各区(县、市)第一。

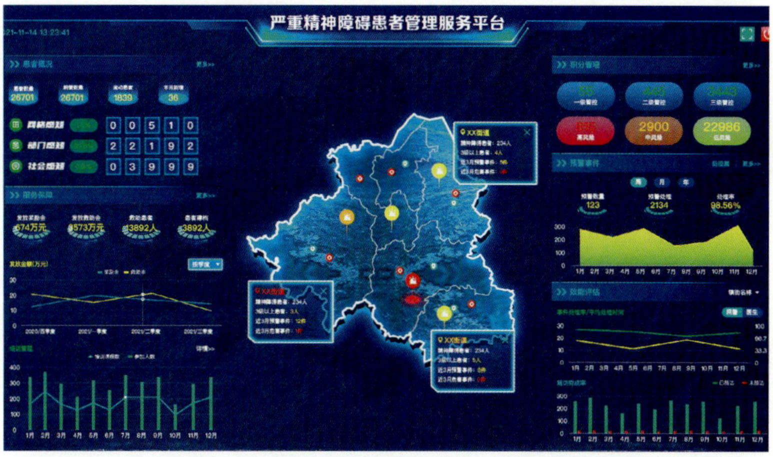

2021年，柯桥区上线的严重精神障碍患者管理服务平台

(区委改革办　提供)

出台制度规范，总结理论成果，完善工作体系。制度规范包括《柯桥区数字化改革重大需求、多跨场景、改革任务“三张清单”赛比活动考核办法》《关于印发绍兴市柯桥区首席数据官制度的通知》《进一步加强数字化改革项目规范管理的通知》《关于明确2021年度柯桥区第一批数字化改革项目计划的通知》《数字柯桥后台运维系统操作手册》等43项，形成一批可复制推广的“柯桥标准”。理论成果包括《柯桥区突破知识产权发展瓶颈助力纺织全产业链高质量发展》《柯桥公安数字化改革调研报告》《探索基层财政智治图景 打通小微权力神经末梢——柯桥区全力推进“基财e码通”数字化改革的做法》等7项成果。完善改革协同体系，在区数字化改革领导小组的领导下，“151”部门各负其责，组建专班实体化运作，协同推进全区数字化改革工作，召开全区数字化改革领导小组会议3次、专班例会18次，印发《数字化改革周报》37期、《工作提醒函》2期。(潘洁晶)

共同富裕示范区先行地建设

2021年7月，柯桥区委召开一届十次全体(扩大)会议，印发《柯桥奋力打造浙江高质量发展建设共同

富裕示范区先行地行动方案》，明确目标方向、重点任务及保障举措。成立区委书记任组长的高质量发展推动共同富裕领导小组，建立领导小组办公室、实体化工作专班，11月8日召开领导小组第一次全体会议。组建区委社会建设委员会，内设社会建设综合协调科（挂社会建设评估督导科牌子）、社会发展与改革科两个科室。出台《高质量发展推动共同富裕领导小组工作规则》，对领导小组机构设置、主要职责、会议制度、办公室工作规则等事项作明确，明晰领导小组各成员单位的职责任务。开展新时代基层干部推动共同富裕主题培训行动，实施"七大能力提升工程"，增强基层干部推进共同富裕的能力。

2021年12月，中共绍兴市柯桥区委社会建设委员会揭牌仪式举行
（区发改局 提供）

设定六大领域63项共同富裕指标目标体系和阶段性工作目标，跻身全国"十强区"。紧扣共同富裕柯桥方案明确的"六个先行地"总体目标、"八个方面"先行示范的具体要求，编制争先创优重点改革清单（第一批），涉及高质量发展、高水平均衡、高品质共享等6个方面36项重大改革任务；编制大抓落实年度工作清单，聚焦八大领域阶段性重点，提出35项突破性工作抓手；编制重点任务清单，提出未来五年打造共同富裕先行地135项重点任务，明确任务数、时间表；编制典型案例清单，形成第一批15个典型案例。《深化数字化改革推动织造印染产业高质量发展》《深化打造"1+16"党建联盟组团推动乡村共同富裕》被列为市级首批共富典型案例。《柯桥区以"三联动"编织困难救助网确保共同富裕路上"一个不掉队"》被选入《绍兴发改（共同富裕）》第48期。柯桥区入选全国农村改革试验区名单，承担"探索党组织领导下的社会组织参与乡村治理机制"改革试验任务；成为排污许可试点工作新一批试点地区之一。对照浙江省共同富裕示范区建设工作考评办法，开展重大改革清单和典型案例清单阶段性进展情况监测通报，推进全区共同富裕示范区先行地建设。

区领导牵头召开南部三镇高质量共同富裕调研座谈会，重点研商南部山区发展遇到的困难问题，推进落实支持南部山区发展的组织体系、政策体系、工作体系。召开南部山区抓党建促乡村共同富裕大会，签约落户16个重点共富项目，以党建联盟为载体，加速南部山区资源整合、发展联动，建设党建联盟"红色引擎"，共筑山区绿色共富新路。在联盟基础上，联动推进共富联盟内部的空间布局、项目落地、产业发展等工作。盘活闲置农房资源，加大当地优势特色项目建设，发展可持续可推广特色产业，激发共富新活力。组建100名左右的乡村创富指导员队伍，以"三个一"（每位指导员以专兼职形式联系一个经济相对薄弱村，为该村制定一项强村规划，至少办好一件富村实事）工作体系精准创富指导，组织41名副处级及以上领导、86个部门（平台）、84个"两新"组织与经济相对薄弱村结对共建；全区引进有实力、懂农村、善经营的乡村运营团队18个和"乡村运营师"29人；持续加大财政基金支持力度，拨付1653.75万元专项资金用于南部三镇项目建设和民生支出。2021年农村居民人均可支配收入48029元（全市第一），增长10.5%（全市第一），高出城镇居民收入增速0.6个百分点，城乡居民收入倍差1.648，比2020年下降0.01，城乡收入差距持续缩小。"山海协作"两地科技部门签订"柯桥—江山"科创飞地合作协议。两地人社局签订技能人才培养协议，培训养老护理员、电工、车工等5类工种技术人才235人次。两地教育部门签订深化教育合作协议，捐助 50 万元用于江山市礼贤小学校园改造。两地卫健局签订医疗卫生领域山海协作协议，两地医院在疫苗临床试验、慢性病健康管理等方面开展交流合作。区文化馆组织合唱团赴江山参加“迎建党百年 享美好生活”浙江省群众（乡村）合唱大赛。两地残联就残疾人之家、残疾人服务数字化改革等方面进行互动，签订“山海协作”合作协议，拨付 30 万元援助资金用于江山市大桥镇残疾人之家建设。

在政策方面，相关部门立足职能、主动对接，先后出台“三农”高质量发展、新时代文明实践中心建设、基层治理“一件事”改革、法治柯桥建设、基层干部共同富裕主题培训、推进新时代产业工人队伍建设改革工作、推动“五星达标、3A 争创”迭代升级全面建设乡村振兴先行区共同富裕示范区等文件，区级共同富裕政策体系迭代升级、不断完善。在项目方面，轻纺数字物流港、104 国道绍兴柯桥钱清至柯岩段改建等 12 个项目参加全省共同富裕集中开工活动，总投资 177.5 亿元，项目数和投资数分别占全市的 1/3 和 1/5。在金融方面，与中国银行浙江省分行签署全面战略合作协议，重点助力柯桥区建设共同富裕示范区先行地。

将共同富裕先进典型、推广案例争取情况纳入区对镇（街道）、部门工作目标考核，加大对经验提炼和典型选树激励力度。至 2021 年 12 月底，柯桥区在《人民日报》、新华网、央视频道、《浙江日报》、“学习强国”学习平台等媒体平台累计发布共同富裕相关信息 143 篇。其中，《“双减”变“双提”促进教育均衡全面发展》获央视报道，柯桥区“咬定基本的民生需求，走出共同富裕路径”案例入选人民网“2021 乡村振兴示范案例”，《高质量共建共享“织”就幸福生活新图景》《以领跑竞跑的姿态和实干实绩的担当 朝着共同富裕示范区先行地阔步前行》《柯桥 打造乡村振兴先行村 再绘稽山鉴水新画卷开》等在《浙江日报》《浙江新闻》刊发，“织造印染行业产业大脑”“浙里工程师”分别入选全省第一批产业大脑试点和“揭榜挂帅”名单，“大渡未来社区”文化多跨场景作为典型在省例会展示交流，棠棣村、香林村入选省首批未来乡村建设试点名单，《绍兴市加快工程师协同创新中心建设赋能特色产业“长高长壮”》《多跨协同快递外卖小哥管理服务》《“制治、智管、人防”三维推进确保农民工“安薪在柯”》《柯桥区加大纺织品花样版权保护力度提升我国纺织品全球竞争力》等做法得到省领导批示肯定。

· 小资料 · “七大能力提升工程”

基层干部政治能力提升工程、基层干部推动共同富裕能力提升工程、基层干部数字化改革能力提升工程、镇街干部基层治理能力提升工程、村社干部兴村治社能力提升工程、区级机关事业干部履职能力提升工程、“两新”组织党组织负责人抓党建促发展能力提升工程。

· 小资料 · “六个先行地”

创新引领高质量发展的先行地，城乡发展高水平均衡的先行地，公共服务高品质共享的先行地，精神文化高标准供给的先行地，生态文明高起点建设的先行地，社会治理高效率协同的先行地。

· 小资料 · “八个方面”

区域发展新旧动能转换、城乡区域一体协同发展、推进共同富裕现代化基本单元建设、持续缩小收入差距、人的全生命周期公共服务优质共享、精神文明高地建设、生态文明持续提升、推进社会治理现代化。（诸旷怡）

绍兴金柯桥科技城发展纪实

2021 年，绍兴金柯桥科技城（浙江绍兴人才创业园）实施“人才强区、创新强区”首位战略，做深项目引聚，做强平台建设，做精人才服务，为柯桥区建设高质量发展建设共同富裕示范区先行地提供强大的人才支撑和智力保障。

引进一批符合产业发展需求的高质量人才项目。科技城与经济开发区两大平台联合，以“双招双引”机制为核心，挖掘经济开发区土地、资金、人才、项目等要素，用活齐贤街道、安昌街道、马鞍街道各类资源，加速项目招引落地。新引进落户人才科技项目 200 个，成功申报国家级引才计划人才 2 人、省级引才计划人才 2 人、省海外工程师 6 人，绍兴橙氧科技有限公司入选省双创团队，为全区唯一。新增省级以上领军人才 30 人、绍兴“名士之乡”英才计划人才 18 人，21 家企业完成省科技型中小

2021年10月12日，第六届中国设计智造大奖颁奖典礼在柯桥区举行

（金柯桥科技城 提供）

企业申报工作，7家人才企业纳入人才企业重点培育对象，10家人才科技企业申报成为国家高新技术企业。举办2021中国·绍兴第六届海内外高层次人才创新创业大赛，79个项目获得参赛资格，博士团队占比92.4%，获奖的18强中有11个项目完成公司注册。举办2021 DIA（中国设计智造大奖）FCD（福布斯中国设计系列评选）双奖系列活动，3个历届DIA设计项目与柯桥区签约达成合作意向，科技城3家人才科技企业进入福布斯评选终评环节，系列活动吸引中新社、澎湃新闻、《浙江日报》、美联社、华尔街内参等200余家海内外媒体报道。深化中科院联动创新母基金工作，建立与区财政局基金科、中科院资本、长三角公司四方联动机制，深挖基金资源渠道，推动项目落地生根。引进“漠石科技”“浙江斯凯沃”“亦明彤科技”“酷凌时代”“深迪半导体”“迈纳士”等战略新兴产业优质项目，注册规模2.2亿元。跟进“中科海微”“鼎晶生物”“宇链科技”“宇量电池”“星逻智能”“长胜科技”等11个项目投资。

建设以“政府平台、共建平台、民营平台、飞地平台”为核心的创新创业双创空间，园区落户国家、省级高层次人才47人，绍兴“名士之乡”英才计划人才40人，柯桥英才3人，累计孵化105家人才科技企业，浙江迅实科技有限公司、绍兴俊吉能源科技有限公司孵化成功并购买土地进入产业化阶段。集聚区、基金小镇加速整合提升，入驻外国人才35人，引进各类外国人才项目17个，其中柯桥英才项目7个、博士创业项目1个、硕士创业项目6个，科技园获国家级科技企业孵化器、省级“五星级”小微企业园、全省小微企业园运营机构最佳实践案例等荣誉。柯桥区与天津工业大学、西安工程大学、江南大学等多家院校合作建立研究院4个，做强浙江清华长三角研究院绍兴创新中心、中意联合人才科技创新中心、西安工程大学柯桥纺织产业创新研究院等平台，激发科技攻关创新活力，深度链接本地企业，为企业转型赋能。利用新型产业用地政策，建立健全各项配套机制，建设民营科技园。11家民营园区总规划建筑面积160万立方米，其中37万立方米投运、55万立方米在建，引育优质项目170余个。健全“飞地”招商运营模式，对接上海、杭州等人才“飞地”的资源，开拓源头引才的渠道，建设“研发孵化在飞地、创业贡献在柯桥”人才引育发展新模式。在上海、杭州建设3个人才“飞地”，入驻优质人才项目近30个、办公人员100余人。

2021年9月24日，中国·绍兴第六届海内外高层次人才创新创业大赛总决赛在柯桥区举行

（金柯桥科技城 提供）

加速涵养人才生态，完善人才企业全生命周期服务，变被动服务为主动服

务，开门服务为上门服务，推动人才服务一体化发展。对接人才科技项目不同阶段、不同产业的资金需求，组织投资、融资路演活动，融资2.475亿元，其中浙江迅实科技有限公司完成数亿元C轮融资，浙江材华科技有限公司完成数千万元Pre-A轮融资(A轮之前融资)，瑞创生物技术有限公司完成1.37亿元融资。科技园人才专线公交服务与杭绍城际铁路无缝对接。建立健全人才网格化联系服务机制，建设一站式人才创新创业服务综合体，代办代跑事宜49项，服务企业500家次。兑现人才项目资助、场地资助、人才服务券等各类资助2398.74万元。组织开展企业“走亲”系列活动及各类人才科技企业培育、文娱活动50余场，参与人数2000人次。

· 小资料 ·　“飞地”

指科创“飞地”，是“飞地”经济模式的延伸和创新。传统的“飞地”模式是由经济发达地区飞入相对欠发达地区，形成飞出地“资本＋技术优势”与飞入地“土地＋劳动力优势”的结合，科创“飞地”模式下，飞入地政府主动出击，将招商的触角直接伸到经济更为发达的飞出地，利用土地、税收、资金等多种政策优势，寻找并引进创新资源和要素。(叶　尔)

柯桥区亚运场馆建设

根据杭州亚组委要求，柯桥区将承办杭州2022年第19届亚运会攀岩比赛、排球小组赛两个项目的比赛，并提供足球训练场地。2021年，柯桥区秉承杭州亚组委新建场馆抓进度、改造场馆抓开工、续建场馆抓提升、临建场馆抓准备的总体要求，对照上级相关部门的总任务书，紧扣亚运筹备“358”三大重要时间节点(3月底前场馆完成验收并投入使用，测试运行全面启动；5月底前城市基础设施建设改造基本完成，运行保障方案定型；8月底前筹办工作全面就绪)，成立以区委书记、区长为双组长，区委副书记为常务副组长，16名区领导为副组长的区亚运会工作领导小组，下设综合办公室及11个专项工作组，每组召集人均由区领导担任，各组办公室负责人由相应职能部门负责人担任。编制完成包含四大领域、8个方面、51项重点工作的亚运筹备任务书1.0版。

2021年2月，中国轻纺城体育中心体育馆(排球馆)改造工程在实施中，亚组委专家到现场踏看，就安防设施安装进行实地指导

(陶文强　摄)

羊山攀岩中心，是亚运会攀岩项目唯一比赛场馆，将产生亚运会攀岩比赛6枚金牌，由区教体局负责建设。轻纺城体育馆，是亚运会男排小组赛比赛场馆，由区建设集团负责建设。鉴湖足球场，承担亚运会足球训练任务，由鉴湖旅游度假区负责建设。在配套建设方面，公安部门制订赛事安保、警卫等40多个安全保卫工作方案、预案，建设部门开展“迎亚运、优环境”集中攻坚配套基础设施提升专项行动，交通运输部门开展“两路两侧”“三化一平”专项整治行动，综合执法部门开展亚运城市道路环境现场巡查，团区委会同柯桥两所高校开展赛事志愿者招募等。

羊山攀岩中心新建项目位于柯桥区齐贤街道羊山村，毗邻齐贤街道羊山石佛风景名胜区，紧贴高铁绍兴北站，距杭甬高速柯桥出口5.2千米，杭绍台高速兴越路出口5.4千米。总用地面积18710平方米，建筑面积8746.98平方米。攀岩馆外壁选取UHPC(超高性能混凝土)作为建筑表皮，形成“蚕茧”建筑造型。羊山攀岩中心分为南、北两区，南区首层为比赛区、热身区，二层为竞赛管理中心，三层

2021年11月，建筑工人对羊山攀岩馆表皮进行施工（陶文强　摄）

为场馆运行中心；北区首层为观众区、媒体区，二层为贵宾区、观众看台，三层为安保区。场馆共设座位2100个，其中固定座位950个、临时座位1150个。该项目建设工程中标价1.30亿元，总投资2.26亿元。2020年12月底完成工程招标，中标单位浙江宝业建设有限公司，2021年4月1日正式开工建设。至年底，土建建设基本完工，总体形象进度96%。

2021年6月下旬，鉴湖足球场扩建工程进入草皮种植阶段，施工人员用专用车辆在铺种高档草皮（陶文强　摄）

轻纺城体育馆改造项目位于柯桥区主城区，北靠纺都路、东临笛扬路、西南两面沿河，占地面积28681平方米，总建筑面积18972平方米。设计概算8870万元，施工建安合同总价6534万元。1月浙江凯邦建设有限公司中标，5月正式进场施工，9月初完成中间结构验收，12月底完成室内部分装饰工程竣工初验。体育馆比赛区面积3100平方米、训练区面积1400平方米，有观众席位5000余座，其中设置6片可伸缩移动座席。实施过程中，运动木地板不作更换，场地扩声系统和升旗系统利用原有设备，建安费减少约1000万元，其中场馆内建安费约5000万元、场外建安费约500万元、电力外线升级改造费用约2700万元、其他设备等300万元。

鉴湖足球场（柯南足球训练场）改扩建项目，位于柯桥区鉴湖旅游度假区棋盘山以北、绍兴烈士陵园以西，总用地面积52577.4平方米，总建筑面积10659.32平方米。球场共有4片场地，其中标准足球场地（68米×105米）1块，足球训练场地（60米×90米）3块，可满足足球正式比赛及常规训练要求。足球场西北侧设置四层宿舍楼，建筑面积7804平方米。宿舍楼内共有宿舍91间，布置健身房、餐厅、淋浴间等功能用房。标准足球场西侧设有2800座看台1个，看台下部设置休息室、训练室、新闻接待室。配建热身场、停车场等配套设施。工程总投资1亿元，其中建安投资6334万元。项目于2020年8月24日开工建设，2021年6月完成亚运会训练需要的标准足球场及功能用房建设，12月完成所有改扩建工程建设任务和赛事功能检测。（李振宇）

执行编辑　宋如玲

大事记

1月

4日，中共浙江省委常委、组织部部长黄建发一行到柯桥区开展“三服务”活动。

5日，柯桥区委常委会召开扩大会议，传达学习省委常委会会议、市委常委会会议关于疫情防控工作精神，以及省委常委、组织部部长黄建发在柯桥调研时的讲话精神，研究部署柯桥区贯彻落实意见。

13日，浙江省副省长王文序到柯桥区调研民生实事工作。

2月

6—9日，柯桥区召开区第一届人民代表大会第五次会议。

20日，柯桥区干部大会暨区委经济工作会议在蓝天大剧院召开。区委书记赵如浪在会上讲话，区委副书记、区长陈豪主持并部署全年经济工作。

3月

1日，柯桥区召开数字化改革大会，全面部署全区数字化改革工作。区委书记赵如浪讲话，区委副书记、区长陈豪主持。

9日，柯桥区召开农村工作会议暨农村宅基地制度改革试点动员部署会。区委书记赵如浪讲话，区委副书记、区长陈豪主持。

13日，柯桥区召开建筑业发展大会。区委书记赵如浪讲话，区委副书记、区长陈豪作全区建筑业工作报告，区委常委马海明主持。宝业集团股份有限公司、浙江勤业建工集团有限公司、精工钢构集团、浙江元垄地产集团有限公司作交流发言。

18日，柯桥区召开区委落实中央巡视组反馈意见整改工作动员部署会。区委书记赵如浪讲话，区委副书记、区长陈豪主持，区委常委、纪委书记、监委主任李东就区委落实中央巡视组反馈意见整改工作方案作说明。

23日，柯桥区召开党史学习教育动员部署会。区委书记赵如浪讲话，区委副书记、区长陈豪主持，区委常委、宣传部部长李永杰就全区开展党史学习教育实施方案作说明。

24日，柯桥区召开“项目竞赛攻坚年”动员部署会。区委书记赵如浪讲话，区委副书记、区长陈豪主持会议并部署“项目竞赛攻坚年”工作。

25日，国家开发银行浙江省分行党委书记、行长刘新一行到柯桥区对接洽谈，与柯桥区政府达成300亿元贷款合作意向。区委书记赵如浪参加并讲话，区委副书记、区长陈豪介绍柯桥区经济社会发展情况。

31日，柯桥区委书记赵如浪率党政考察团赴诸暨市，学习考察当地在古建筑保护、民宿经济发展、乡村振兴等方面的新实践和新探索，并与之签订全面战略合作协议。

同日，绍兴市柯桥区科学技术协会第一次代表大会召开。区委书记赵如浪出席开幕式并讲话，市科协党组书记、主席张荣社致辞。

4月

2日，柯桥区党政军领导赴区档案馆，参观柯桥革命历史陈列馆，开展网上祭英烈等活动。

15日，柯桥区政府与浙江理工大学合作协议签约仪式在区行政中心举行。

21日，柯桥区旅游高质量发展暨国家全域旅游示范区、国家级旅游度假区创建推进会在区行政中心举行。浙江省文旅厅党组书记、厅长褚子育，区委书记赵如浪讲话；区委副书记、区长陈豪主持。会议部署国家全域旅游示范区、国家级旅游度假区创建工作。

同日，2020浙江文化和旅游总评榜颁奖仪式暨“数字化启动文旅发展新引擎”分享会在柯岩风景区举行。区委书记赵如浪致辞，省、市相关部门领导参加。

24日，以“科技引领数字赋能——科技创新助力制造业高质量发展”为主题的科创之江百人会成立大会暨浙江省全球先进制造业基地建设科学家企业家智库圆桌会在柯桥区举行。浙江省委常委、组织部部长黄建发，市委书记马卫光致辞，区委书记赵如浪推介柯桥区创业创新环境。

28日，浙江省农村文化礼堂2.0版建设暨新时代文明实践中心建设工作现场会在柯桥区召开。省委常委、宣传部部长朱国贤出席会议并讲话，副省长成岳冲主持，市委书记马卫光致辞，区委书记赵如浪在会上作交流发言。

5月

6日，第九届柯桥时尚周暨中意青年未来时尚设计大赛启动仪式在中纺CBD东方米兰国际时尚发布中心举行。国际纺织制造商联合会主席、中国纺织工业联合会会长孙瑞哲，中国商业联合会会长姜明等出席。中国纺织工业联合会副会长徐迎新，区委副书记、区长陈豪分别致辞。

7日，柯桥区党政军领导到齐贤中共绍兴独立党支部纪念馆开展“不忘来时路、启航新征程”红色寻访活动。

10日，绍兴（柯桥）—乐山（峨边）东西部协作对接会在区行政中心举行。乐山市委常委、常务副市长黄平林讲话，柯桥区委书记赵如浪、峨边彝族自治县县委书记谭焰分别介绍两地情况。

18日，浙江省委常委、省纪委书记、省监委主任许罗德到柯桥区社会矛盾纠纷调处化解中心调研并接待到访群众。

20日，浙江省美丽城镇建设现场会在柯桥区举行。

21—24日，2021年（第十届）药物毒理学年会在柯桥区东方山水金沙酒店举行。中国工程院院士刘昌孝、刘良等800余名专家学者齐聚柯桥，共商药物毒理学事业发展大计，为柯桥区生物医药产业发展出谋划策。区委书记赵如浪出席开幕式并致辞。

24日，“传承·发扬”——驻村指导员制度17周年论坛在绍兴市柯桥区举行，浙江省党建研究会会长、省人大常委会原副主任王永昌，中组部党建研究所所长、全国党建研究会秘书长张阳升，浙江省委组织部部务会议成员、省委两新工委专职副书记李强等出席。绍兴市委常委、组织部部长王琴英，浙江日报报业集团党委委员、副社长程为民致辞。柯桥区委书记赵如浪作题为《牢记嘱托、勇担使命、高标打造驻村指导先行示范地》的主旨演讲。

6月

1日，浙江省检察院党组书记、检察长贾宇到柯桥区社会矛盾纠纷调处化解中心开展下访接访活动。

13日，绍兴市柯桥乡贤总会成立大会暨重大招商项目签约仪式在鉴湖大酒店举行。

21日，马卫光、盛阅春、谭志桂、魏伟、陈澄等市四套班子领导集体调研绍兴轨道交通1号线柯桥段运营筹备工作并试乘。

24日，浙江省委以视频会议形式召开全省数字化改革工作推进会。柯桥区委书记赵如浪在区分会场会上作典型发言。

25日，浙江绍兴瑞丰农村商业银行股份有限公司在上海证券交易所上市。

7月

6日，浙江省党史学习教育第一巡回指导组进驻柯桥，调研指导柯桥党史学习教育开展情况，并召开座谈会。省巡回指导组组长朱伟讲话，区委书记赵如浪作工作汇报。

22日，中央军委政治工作部主任助理兼退役军人事务部副部长方永祥到柯桥区调研退役军人工作。

25日，柯桥区召开防御台风“烟花”工作调度会，市委常委、组织部部长王琴英，市政协副主席冯建荣，区委书记赵如浪，区委副书记、区长陈豪等以视频连线的形式，与16个镇(街道)以及气象、应急管理、农业农村、自然资源、综合执法等部门共同分析研判当时雨情、水情和汛情，以及全区防汛防台工作开展状况，并对下一步重点工作进行再部署。

27日，浙江省委书记袁家军到柯桥区慰问受灾群众和防汛救灾一线干部、官兵，检查指导防汛救灾工作。

29日，中国·绍兴第六届海内外高层次人才创新创业大赛启动仪式暨2021DIA中国设计智造大奖、FCD福布斯中国设计评选发布会以线上形式面向全球发布。市委常委、组织部部长王琴英致辞，区委书记赵如浪作推介，DIA中国设计智造大奖组委会秘书长王昀、FCD福布斯中国设计评选组委会秘书长孙军进行赛事发布。

30日，柯桥区委召开一届十次全体(扩大)会议。出席全会的区委委员30人、候补委员6人。区委常委会主持会议，区委书记赵如浪讲话，区委副书记陈豪、诸剑明出席。

8月

19日，浙江省政协主席葛慧君一行到柯桥区调研重点提案办理情况和政协提案工作。

20日，中国银行浙江省分行支持柯桥区打造共同富裕示范区先行地全面战略合作签约仪式在区行政中心举行。

9月

25日，中央农村工作领导小组成员兼办公室副主任，农业农村部党组成员，国家乡村振兴局党组书记、局长王正谱一行到柯桥区调研农村人居环境、乡村治理等方面工作。

同日，文化和旅游部副部长杜江到柯桥调研文化旅游工作。

30日，柯桥区在区烈士陵园举行纪念活动。区四套班子领导，区人民法院院长、区人民检察院检察长；区人武部政委；兰亭度假区、金柯桥科技城管委会主任以及区双拥领导小组成员单位主要负责人；公安干警、驻地部队官兵、学生代表，烈士遗属代表，退役军人代表等参加活动。区委副书记、区长陈豪主持活动。

10月

12日，由浙江省人民政府支持，中国美术学院、绍兴市人民政府主办的第六届中国设计智造大奖颁奖典礼在柯桥区东方米兰国际时尚发布中心举行。副省长王文序，中国美术学院党委书记金一斌，市委副书记、市长盛阅春等致辞。

17日，中宣部副部长张建春到柯桥区调研知识产权保护等工作。

同日，中国艺术产业发展论坛在柯桥区举行。柯桥区委书记赵如浪出席活动并致辞。

26日，为期3天的第四届世界布商大会主题大会在绍兴国际会展中心启幕。十三届全国人大常委会副委员长、民盟中央主席丁仲礼，国际服装联盟主席汉·贝克，意中基金会主席、意中协会主席、意大利国家时尚商会荣誉主席马里奥·波塞利视频祝贺。浙江省副省长朱从玖、工信部总经济师许科敏、市委书记马卫光分别致辞。国际纺织制造商联合会主席、中国纺织工业联合会会长孙瑞哲作主旨发言。区委书记赵如浪主持开幕式。省、市有关部门领导，国内外纺织行业协会、产业集群、研究机构、设计院校、知名企业、电商平台等各行业代表等参加。

27日，第四届世界布商大会全球知名企业圆桌会议在鉴湖大酒店举行。国际纺织制造商联合会主席、中国纺织工业联合会会长孙瑞哲等行业协会领导和市、区领导等参加会议。

11 月

8 日，柯桥区高质量发展推动共同富裕领导小组召开第一次会议。区委书记、区高质量发展推动共同富裕领导小组组长赵如浪主持会议并讲话。区委副书记、区长、区高质量发展推动共同富裕领导小组第一副组长陈豪讲话。

24 日，柯桥区委召开全区领导干部会议，宣布浙江省委、绍兴市委关于柯桥区委、区政府主要领导调整的决定。市委书记盛阅春出席会议并讲话。市委常委、组织部部长王琴英宣读决定。

12 月

3 日，柯桥区委书记陈豪带领党政代表团赴江山市考察，对接落实山海协作工程等工作，召开江山—柯桥山海协作工作联席会议。

23 日，柯桥区政府与宝武碳业科技股份有限公司举行柯桥碳纤维项目战略合作框架协议“云签约”仪式。

29 日，浙江省副省长朱从玖到柯桥区调研国家外贸转型升级基地建设工作。

30 日，柯桥区委召开务虚会议，对标贯彻落实中共十九届六中全会、中央经济工作会议和省委全会、省委经济工作会议精神，结合形势谋划柯桥下年及未来五年的发展目标和实施路径。区委书记陈豪主持并讲话，区委副书记、代区长袁建传达省委经济工作会议精神并讲话。9 名区领导结合分管工作，交流下年及未来五年工作思路，改革办、政法委、发改局、经信局、自然资源分局、建设局、鉴湖度假区、柯桥经开区、安昌街道、平水镇等主要负责人作汇报。（王伟峰）

执行编辑　陈飞燕

区情概貌

历史沿革

【越族繁衍】 柯桥,历史悠久。新石器时代,境内就有人类繁衍生息。在距绍兴偏西约100千米的建德山地,于1963年、1974年先后发现人类牙齿化石,距今约5万年,命名为“建德人”,人们将此视为于越先祖蛰居山地、开辟草莱的发端。偏东69千米的余姚江南、四明山北,于1973年、1977年先后发掘的河姆渡文化遗址,测定距今6000～7000年,被视为越族创造文明的嚆矢。在北部平原古丘上,1984年发掘出马鞍山寺桥村凤凰墩文化遗址,距今约4500年。1985年又在附近发现仙人山文化遗址,距今约5000年,确认为新石器时代晚期越族祖先的聚落遗存。传说时代,在今上虞区去城15千米的地方,名姚丘,是舜的出生地。后来舜继承尧的事业,为华夏民族的首领。他推举鲧的儿子禹治理洪水,才有大禹治水的神话。传说大禹吸取父亲鲧用“堙”(堵)的办法治洪水失败被杀的教训,改用“疏”“导”之策,劳身焦思,居外13年,“三过家门而不入”,终于把洪水治平。因为这个功劳,舜把帝位禅让给禹。相传禹是越族的祖先,生于今之绍兴,在治水时曾“上茅山,大会计,爵有德,封有功”,遂更名茅山为会稽山,“会稽”一名始此。大禹娶妻于涂山,妻名女娇,生子启。公元前21世纪前后,禹过世,葬于会稽,故有禹陵。启接禹位,打破禅让制,推行世袭制。启之后过了6世,约公元前19世纪,少康即位,怕禹祭断绝,封其庶子无余于越,以续香火。历史上遂有“于越”的名称。1991年,陶里壶瓶山文化遗址被发掘。该文化成于商时期,出土有石器、玉器和夹砂红陶器等文物。约公元前11世纪(周成王二十四年),《竹书纪年》记有“于越来宾”,是为于越部族有文献记载之始。约公元前10世纪(周穆王三十七年),周“遂伐越,至于纡”。周定王六年(前601),越开始与楚结盟。周景王元年(前544),吴始伐越。此后吴越两国多有强事小争。周敬王十年(前510),吴王阖闾伐越,败越于檇李(今浙江嘉兴);周敬王十五年(前505),越王允常乘吴伐楚而入吴,以报檇李之败。自此,吴越之间的战争连绵不断,规模越来越大。

【越国兴衰】 史载,自无余封越,千有余岁,至勾践,越国兴起。周敬王二十三年(前497),允常病卒,勾践即位,迁都平水平阳。次年建元,打败吴国进攻,吴王阖闾被射伤而死。勾践三年(前494),吴王夫差为报父仇,大败越军。越向吴求和,越王勾践偕夫人、范蠡等人入质囚吴,几乎灭国。行三年韬晦之计,于勾践五年(前492)得释返越,在范蠡、文种、计然等谋士辅助下,于勾践七年(前490)立郭树都,构筑小城、大城,作为政治、经济、文化中心,致力发展生产、增长人口、强化军事、安定国家。经过卧薪尝胆,“越十年生聚,而十年教训”,越国炽富。

勾践十五年(前482),勾践乘夫差北会诸侯于黄池(今河南封丘)之机,率兵入吴,败吴师,杀吴太子。勾践十九年(前478),再战笠泽,大败吴师。勾践二十二年(前475),越大举攻吴,败吴军于没(吴地),又败之于郊,再败之于津,围吴城三年,以候时机。勾践二十四年(前473),越国灭吴,吴王夫差自杀。越国报仇雪耻之战告终。

勾践平吴之后，乃以兵北渡淮，与齐、晋诸侯会于徐州，并派使臣向周王室进贡，周元王遣使赐勾践胙，命为伯。时，越兵横行于江淮以东。勾践二十五年(前472)，迁都琅琊，与齐、楚、秦、晋会盟，“诸侯毕贺，号称霸王”。

勾践三十二年(前465)，勾践卒，子鹿郢立。越国在不寿、朱勾、翳、诸咎、错枝、无余之、无颛、无彊等代，均称强。但因后代国内频起杀伐，无彊伐楚失败，于周显王三十六年(前333)被楚威王杀死，楚国尽取故吴地至浙江，越国从此四散。诸族子争相自立，或为王、为君，滨于江南海上，服朝于楚。秦王政二十五年(前222)，秦将王翦平定江南，越君降，越遂亡。

【秦汉会稽郡山阴县】 秦始皇二十六年(前221)平定天下，分海内为三十六郡。原越地称大越，隶会稽郡，治吴(吴县)；秦始皇三十七年(前210)秦始皇南巡，上会稽，祭大禹，刻石颂秦德，更名大越为山阴，山阴县始此。西汉高帝五年(前202)，刘邦徙韩信为楚王，山阴属楚国。西汉高帝六年(前201)并丹阳、会稽两郡为荆国，封刘贾为荆王，山阴隶荆国。西汉高帝十二年(前195)荆国除，建吴国，刘濞为王，山阴属吴国。西汉前元三年(前154)，刘濞叛，国除，恢复会稽郡，山阴属之。东汉永建四年(129)，析浙江以西为吴郡，浙江以东仍为会稽郡，山阴县为郡治。熹平三年(174)，孙坚开始在会稽图建国，建置不变。

西汉甘露年间(前53—前50)，山阴人郑吉数出西域。东汉建武年间(25—56)，上虞王充著《论衡》，反对谶纬迷信。东汉永元年间(89—105)，太守马棱建回涌湖，治绩有声。永和五年(140)，太守马臻疏筑鉴湖，溉田9000余顷，造福百姓。

【魏晋南北朝会稽郡山阴县】 东汉建安元年(196)孙策击败严白虎，自领会稽太守。建安五年(200)，孙策死，孙权领会稽，谋建国。三国吴黄龙元年(229)，孙权称帝，建都建业，仍设会稽郡，山阴县为郡治所在地。天纪四年(280)，孙皓降晋，山阴仍为会稽郡治。西晋太康二年(281)，改会稽郡为会稽国，孙秀当国，治山阴县。永宁元年(301)，孙秀因参与赵王伦篡位，国除，复郡，治山阴。东晋建武元年(317)，司马睿在建康即晋王位，改元，次年称帝，史称东晋，山阴隶属不变。东晋咸和四年(329)，王舒任会稽内史，为避父讳，钦改会稽为郐稽。南朝宋永初元年(420)，晋恭帝禅位，刘裕称帝，建国号宋，次年复为会稽郡。南朝宋元嘉三十年(453)析扬州浙东五郡为会州，治山阴，旋罢。孝建元年(454)又析扬州浙东五郡为东扬州，治山阴。后屡有变易，但山阴为会稽郡治不变。南朝齐建元元年(479)，萧道成逼宋帝禅位，立南朝齐，会稽郡仍属扬州，治山阴县。南朝梁天监元年(502)，萧衍逼齐和帝禅位，建南朝梁。南朝梁普通五年(524)，置东扬州，治山阴县。南朝梁太平元年(556)罢东扬州，还复会稽郡，属扬州，郡治山阴县。南朝陈永定元年(557)陈霸先废梁自立，是为南朝陈，隶属依旧。陈后主时(583—589)析山阴县东部置会稽县(一说在永定年间)，两县同城而治。会稽设县自此始。

在三国吴、西晋、东晋和南朝360年间，除西晋37年外，其他各朝均建都建康(今南京)，故史称六朝。六朝期间，贺循疏凿浙东运河，造福百姓；司马睿称“今之会稽，昔之关中”，地位重要；王羲之修禊兰亭，会稽成书法圣地。

【隋唐五代越州山阴、会稽】 隋开皇九年(589)废郡置吴州，并山阴、上虞、始宁、永兴为会稽县，隶吴州。大业元年(605)改吴州为越州，治会稽。越二年仍复会稽郡。唐武德四年(621)，李子通克杭州，置越州，治会稽，旋改越州总管府。武德七年(624)改总管府为都督府，恢复山阴县。此后，山、会两县时有废复。元和十年(815)，山、会两县同城而治遂成定制。五代后梁开平元年(907)，朱温篡唐，史称后梁，封钱镠为吴越王，后称吴越国，越州为东府，山阴、会稽属之。后虽有后唐、后晋、后汉、后周更迭，山阴、会稽隶属不变，直至北宋太平兴国三年(978)。

在隋、唐、五代的380年间，越州为浙江东道之道治所在地，山阴、会稽县城为七州之首、钱镠行都。其间，观察使皇甫温、会稽县令李俊之和李左次先后增修百余里东江塘。山阴王叔文主持永贞革新。诗人贺知章告老归故里。李白、杜甫等诗人踏歌山阴道上，史称“唐诗之路”。越绫、青瓷名闻遐迩。

【宋元建置变迁和山阴、会稽两县】 后周显德七年(960)，赵匡胤陈桥兵变，夺取后周政权，建立宋朝。北宋太平兴国三年(978)，钱俶降宋，改东府为越州，山、会属之。其间曾设两浙路，统州、县。建炎元年(1127),赵构在南京称帝,史称南宋。绍兴元年(1131),定都临安,改州称府,升越州为绍兴府,山阴、会稽隶属不变。元至元十三年(1276),元军攻占绍兴,改府为路,山、会属绍兴路,直至元亡。

宋、元400余年间,两宋经济有所发展。北宋开宝四年(971)开广州、杭州、明州市舶司后,越州丝绸、青瓷远销日本、印度、大食等国。纸币"会子"允许与铜钱并行。鉴湖围湖造田兴起,史有争论。州学书院代有所建。大中祥符五年(1012),陆轸建陆太傅书院于牛峰寺;天圣九年(1031),成悦等四任知州建州学于望花桥(今稽山中学);崇宁二年(1103),山阴、会稽两县学宫分建于阳堂山和竹园坊。其间,会稽县令杨宪重筑箦江石塘,知府赵彦倓修筑山阴海塘,知府汪纲疏浚西兴运河,拓建贡院、教场,缮治罗城诸城门,为世人称道。元朝时期,西僧杨琏真迦盗掘宋六陵,激起民变。

【明朝绍兴府山阴、会稽两县】 明洪武元年(1368),朱元璋称帝,山阴、会稽两县属绍兴府。崇祯十七年(1644)明亡,绍兴处在南明小朝廷控制之下。清顺治三年(1646),多铎部将博洛取绍兴,明鲁王逃亡舟山,绍兴归属清。

明朝统治绍兴近280年,由于前期执行休养生息的政策,生产发展,经济繁荣,资本主义因素萌生,绍兴第一家酱园"俞合兴"在城内开张营业。"一条鞭法"的推行,由实物税转入货币税。知府戴琥建麻溪坝,制"山会水则";汤绍恩建三江闸,最后一次开通碛堰,造福山阴、会稽、萧山三县。王守仁、刘宗周分别创阳明心学和蕺山学派,皆为一代宗师;稽山、阳明、五云、和靖等书院兴旺;古小学重建。张景岳被誉为绍派伤寒之祖。其间,倭寇为患,汤和筑三江、沥海、白洋等所城防倭,姚长子抗倭殉难,均名垂史册。

【清朝绍兴府山阴、会稽两县】 清顺治三年(1646),多铎部将博洛定绍兴,绍兴仍为府,山阴、会稽两县属之。前期,绍兴经济有所发展,但是由于大兴文字狱,禁用绍兴师爷,停止山会乡试、会试等民族歧视政策,曾多次发生民变。康熙、乾隆期间,康熙帝、乾隆帝采取到绍祭禹、削除绍兴堕民籍等举措,阶级矛盾有所缓和。知府俞卿修筑城垣和改建玉山斗门。李亨特立"十禁牌"以淳风俗,为世人称道。鸦片战争期间,葛云飞英勇抗击英军,壮烈牺牲。咸丰十一年(1861),太平天国将领陆顺德占据绍兴,设200余个乡官局施政,多次击杀英法雇佣兵和清兵。同治二年(1863),左宗棠收复绍兴,山、会仍属绍兴府。

19世纪60年代到90年代的洋务运动中,绍兴有识之士奋起救亡,徐树兰、徐友兰兄弟兴办实业,创立绍兴中西学堂。齐贤"益昌佩"绸厂、山阴"公豫源"丝厂相继开业。汤寿潜著《危言》,主张变法。蔡元培、陶成章建立"光复会"。徐锡麟、秋瑾、陶成章为建立中华民国先后牺牲,成为辛亥革命时期"绍兴三烈士"。清宣统三年(1911)十一月初六,浙江革命军攻克绍兴,废府存县,知府陈赞清为绍兴军政分府都督。4日后,王金发率部抵绍,成立绍兴军政分府,自任都督。次年1月,归属浙江省。

【民国时期绍兴县】 民国元年(1912)1月,奉浙江省军政府关于"调整县区,更改县名"令,山阴、会稽两县合并,成立绍兴县,直属省,治原会稽县衙。民国3年(1914)6月,省县间设道,绍兴县属会稽道。民国16年(1927)4月道废,直隶省。民国24年(1935)6月,设绍兴行政督察区,绍兴县属之,为区治所在地。民国25年(1936)4月,绍兴县改属第三行政督察区,仍为区治。民国37年(1948)4月改名第二行政督察区,绍兴县属之,区治迁至余姚县。1949年3月,中共绍兴县临时工作委员会(临工委)办事处(实为县人民政府)成立。4月6日,中共浙东临工委决定由会稽二支队、四明五支队一部和新越中队、绍兴办事处共500余人联合发起"车头战役",获胜。10日,宣布成立南池、越南、漓渚、汤浦4个区人民政府。5月7日,浙东人民解放军第二游击纵队进驻绍兴城,绍兴解放。11日,中国人民解放军第三野战军21军61师先遣部队抵绍。12日,中共浙东临工委建立绍兴军管会。25日,成立绍兴市军管会。6月3日,中共绍兴县委成立,同时建立城郊、柯桥、齐贤、漓渚、进化、马山、东皋、汤浦、越南9个区分委。6日,绍兴县人民政府成立,同时建立9个区人民政府。

【中华人民共和国成立后】 1949年10月1日,中华人民共和国成立。是月,析绍兴县城区为绍兴市,市政府驻城区;绍兴县东部为会稽县,县治驻皋埠;西部仍为绍兴县,县治移驻柯桥。两县一市均属绍兴专区。1950年5月9日，两县一市合并为绍兴县，治城区，隶属仍旧。9月15日又析城区复置绍兴市（县级），县、市同城而治，隶属不变。1952年1月撤绍兴专区，绍兴县直属省，1953年2月改属宁波专区。1958年2月21日撤销绍兴市（县级），并入绍兴县，隶属仍旧。1962年1月11日，再析城区置绍兴市（县属）。1963年1月3日，再撤县属市建制，称绍兴县城关镇。1964年9月恢复绍兴专区，绍兴县属之。1968年5月改绍兴专区为绍兴地区，绍兴县属之。1978年9月又改名为绍兴地区行政公署，绍兴县属之。1981年3月31日，撤绍兴县，建绍兴市，仍县级，隶属不变。1982年2月8日国务院公布绍兴市（县级）为全国第一批24个历史文化名城之一。1983年7月23日，国务院批准实行市管县体制，撤绍兴地区行政公署，设绍兴市（地级），撤县级市，恢复为绍兴县，驻市。是年9月20日，省人民政府办公厅通知，析绍兴县城区和周边亭山、禹陵、灵芝、城东、梅山5个乡和东湖1个镇建越城区（县级），隶属绍兴市，市、县、区同城而治。2000年7月，再析绍兴县之东浦、鉴湖、皋埠、马山、斗门5个镇归属越城区，以扩大其地域。是年10月，绍兴县行政中心搬迁柯桥试运行。2001年1月13日，经国务院正式批准，绍兴县治迁址柯桥。是年3月23日，举行绍兴县人民政府驻地迁址柯桥揭牌仪式。2013年10月，国务院批复同意浙江省调整绍兴市部分行政区划，撤销绍兴县，设立绍兴市柯桥区，原绍兴县的孙端镇、陶堰镇、富盛镇划归绍兴市越城区管辖。

绍兴县自1988年起，多次名列全国财政收入“十大财神县”；1991年起，多次被评为中国农村综合实力百强县（市），名列十位前后。2000年，绍兴县在划出5个建制镇后，在中国县（市）社会经济综合发展指数排名中，列综合位次第15位。2007—2013年，在全省城乡统筹水平综合评价中连续7年居各县（市）首位。2017年获浙江省首批“平安金鼎”。2020年，获全省首批“一星平安金鼎”，获评中国营商环境百佳示范县市。2021年，柯桥区实现地区生产总值1747.98亿元，比上年增长9.6%；财政总收入223.46亿元，比上年增长10.6%；获评中国高质量发展十大示范县市，获评全国脱贫攻坚先进集体，综合实力迈进全国“十强区”，第二次获浙江省“五水共治”（河长制）工作优秀市县“大禹鼎”银鼎，第九次获评全省人才工作述职评议考核优秀单位，获评浙江省生态文明建设示范县（市、区），获评浙江省新时代美丽城镇优秀县（市、区），获评浙江省文旅融合高质量发展十佳县（市、区），累计获国家级荣誉42个、省级荣誉193个、市级荣誉145个。2010—2021年连续12年获评中国全面小康十大示范县区。2006—2021年连续16年被授予全省“平安区”称号。（史　志）

旅游　人文

【名胜古迹】 柯桥区历史悠久，文化遗存丰富，名胜古迹众多。至2021年年底，辖区内有各级文物保护单位（文物保护点）164处，其中全国重点文物保护单位9处、省级文物保护单位8处，区级文物保护单位58处、区级文物保护点89处；有国家级旅游景区23个，其中AAAA级景区5个、AAA级景区5个、AA级景区13个。

2021年柯桥区国家级文物保护单位情况表

表2

序号	名称	时代	地址	公布日期
1	古纤道	明至清	柯桥街道、湖塘街道、钱清街道	1988年1月
2	印山越国王陵	春秋、战国	兰亭街道里木栅村	2001年6月
3	王守仁墓	明代	兰亭街道花街洪溪鲜虾山	2006年5月

续表 2

序号	名称	时代	地址	公布日期
4	徐渭墓	明代	兰亭街道里木栅村	2006 年 5 月
5	柯岩造像及摩崖题刻	宋、清	柯岩街道柯岩风景区内	2013 年 3 月
6	舜王庙	清代	王坛镇双江溪舜王山	2013 年 3 月
7	绍兴越国贵族墓群	春秋、战国	平水镇、漓渚镇	2013 年 3 月
8	大运河	春秋战国至中华人民共和国	柯桥街道、柯岩街道、华舍街道、湖塘街道、钱清街道	2013 年 3 月
9	绍兴古桥群(太平桥、融光桥、接渡桥)	元至民国	柯岩街道、柯桥街道	2013 年 3 月

2021 年柯桥区省级文物保护单位情况表

表 3

序号	名称	时代	地址	公布日期
1	绍兴海塘(柯桥区段)	明、清	马鞍街道、安昌街道	1989 年 12 月
2	马鞍遗址	新石器时代	马鞍街道寺桥村	1997 年 8 月
3	鉴湖遗址 · 大王庙	东汉至清	钱清街道江南村虎象自然村	2011 年 1 月
4	善庆学校旧址	民国	柯岩街道州山村	2011 年 1 月
5	绍兴古桥群(西跨湖桥)	明、清	湖塘街道	2011 年 1 月
6	绍兴会稽山古香榧种植园——稽东古香榧林	唐至清代	稽东镇占岙村、陈村、石岙村等	2013 年 4 月
7	羊山造像及摩崖石刻(含石佛寺)	唐至民国	齐贤街道石佛禅寺	2017 年 1 月
8	虹明桥	清代	福全街道徐山村	2017 年 1 月

2021年柯桥区国家级旅游景区情况表

表4

序号	名称	级别	地址	公布日期
1	绍兴柯岩风景区	AAAA	柯岩街道柯岩大道558号	2001年1月
2	柯桥区大香林乡村休闲旅游区	AAAA	湖塘街道岭下村	2007年2月
3	绍兴市乔波冰雪世界旅游区	AAAA	柯南大道2168号	2013年10月
4	绍兴酷玩小镇·东方山水乐园景区	AAAA	柯岩街道稽山南路118号	2018年5月
5	绍兴安昌古镇旅游区	AAAA	安昌街道老街	2018年12月
6	中国轻纺城市场景区	AAA	柯桥街道金柯桥大道1639号	2011年12月
7	绍兴香雪梅海旅游区	AAA	王坛镇东村村	2011年12月
8	绍兴舜王庙景区	AAA	王坛镇长林村	2012年12月
9	绍兴会稽山千年香榧林·月华景区	AAA	稽东镇占岙村	2012年12月
10	红豆仙霞旅游区	AAA	稽东镇龙东村	2017年12月
11	印山越国王陵景区	AA	兰亭街道里木栅村	2001年6月
12	陶元岭—金渔湾景区	AA	平水镇金渔村	2013年12月
13	齐贤街道羊山景区	AA	齐贤街道石佛村	2013年12月
14	夏履镇越王峥景区	AA	夏履镇越王峥村	2013年12月
15	柯桥同康绿林竹海景区	AA	平水镇同康村	2014年9月
16	平水镇平阳禅寺旅游景区	AA	平水镇平阳村	2015年1月
17	绍兴王化旅游景区	AA	平水镇王化村	2015年1月
18	陶宴岭·新联溪旅游景区	AA	王坛镇新联村	2015年1月
19	巷深竹缘·小千养生谷旅游景区	AA	平水镇下灶村	2016年3月
20	雪窦岭旅游景区	AA	稽东镇止步坑村	2016年3月
21	五百岗·雄鹅峰旅游景区	AA	王坛镇丹家村	2016年3月
22	龙池山·青陶峡谷旅游景区	AA	王坛镇青坛村	2016年3月
23	钱清西天竺旅游景区	AA	钱清镇前梅村	2017年12月

（吴树瑾　严绍南）

【名士之乡】 绍兴自越王勾践至当代伟人周恩来，可谓人才辈出，灿若星河。名闻全国以至世界者，有著名哲学家、思想家王叔文、王阳明、刘宗周，历史学家谢承、赵晔、范文澜，方志学家袁康、吴平、章学诚，文学家贺知章、陆游、张岱、鲁迅，画家徐渭、赵之谦、任颐，书法家王羲之、王献之，教育家蔡元培，日记大家李慈铭，科学家钱三强、陈建功、竺可桢，民族英雄葛云飞，革命志士秋瑾、徐锡麟、陶成章。自隋、唐兴科举至清光绪三十一年(1905)废科举，会试中试、钦赐进士者1400余人，明、清两朝还出现过"绍兴师爷"这一人才群体。近代以后，有为新中国英勇牺牲之在册烈士183人。至2021年年底累计有高级职称人员10826人。(史　志)

区域和行政区划

【区域地理位置和面积】 柯桥区位于浙江省中北部，地处杭州湾南岸，会稽山北麓，东与上虞区、越城区交界，东南、西南分别与嵊州市、诸暨市为邻，西部、西北部与杭州市萧山区接壤，北濒海。全区介于北纬29°42'01"～30°13'01"，东经120°16'52"～120°44'58"，东西宽45.28千米，南北长57.5千米，周边长407.45千米。区域土地面积106601.76公顷，计1066.02平方千米。(劳钢梁　王　强)

【行政区划和各镇街面积】 至2021年年底，柯桥区下辖11个街道、5个建制镇。区政府驻柯桥街道。

2021年柯桥区各镇(街道)地域面积表

表5　　单位:平方千米

地域	面积	地域	面积
柯桥街道	15.95	安昌街道	24.05
柯岩街道	45.32	福全街道	39.87
华舍街道	23.06	兰亭街道	82.85
湖塘街道	66.28	夏履镇	51.01
钱清街道	54.18	漓渚镇	36.64
杨汛桥街道	37.67	平水镇	173.39
马鞍街道	134.09	王坛镇	137.69
齐贤街道	32.48	稽东镇	111.50

说明:国有农场面积74.39平方千米包括在马鞍街道面积中，未单独计算。　(王　强)

主要机构及负责人名单

【党政机构及有关部门负责人名单】

中共绍兴市柯桥区第一届委员会

书　记:陈　豪(2021 年 11 月任)
　　　　赵如浪(2021 年 1 月任,11 月免)
　　　　沈志江(2021 年 1 月免)
副书记:陈　豪(2021 年 1 月任)
　　　　袁　建(2021 年 11 月任)
　　　　诸剑明
　　　　陈利华(2021 年 11 月任)
常　委:李永杰
　　　　李　东
　　　　丁　贵
　　　　袁笑文(2021 年 11 月任)
　　　　潘晓东(2021 年 11 月任)
　　　　任宏亮(2021 年 9 月任)
　　　　卢　江(2021 年 11 月任)
　　　　周志刚(2021 年 9 月免)
　　　　王静静(女)(2021 年 11 月免)
　　　　李红军(2021 年 11 月免)
　　　　孙　彦(2021 年 11 月免)
　　　　马海明(2021 年 11 月免)
　　　　马忠伟(2021 年 12 月免,挂职)

绍兴市柯桥区第一届人民代表大会常务委员会

主　任:朱晓董
副主任:蔡金标　胡国炜
　　　　沈祖卫　王张泉
　　　　刘　斌
　　　　郎煜江(2021 年 2 月任)

绍兴市柯桥区人民政府

区　长:陈　豪(2021 年 2 月任,2021 年 11 月免)
　　　　赵如浪(2021 年 1 月免)
代区长:袁　建(2021 年 11 月任)
　　　　陈　豪(2021 年 1 月任)
副区长:孙　彦　齐方良
　　　　祝静芝(女)　吴晓炯
　　　　马亦忠　　　傅纪明
　　　　方优美(女)
　　　　马忠伟(2021 年 12 月免,挂职)
　　　　白玛久美(2021 年 11 月免,挂职)

政协第一届绍兴市柯桥区委员会

主　席:孟柏千
副主席:骆学新　陈爱霖
　　　　裘江新　王茂荣(女)
　　　　王炳豪(2021 年 2 月任)
　　　　余建林(2021 年 2 月任)
秘书长:孙尧富

区委办公室(区委台湾工作办公室)

主　任:陈立根(2021 年 12 月任)
　　　　任宏亮(2021 年 12 月免)

区人大常委会办公室

主　任:沈关祥
区人大常委会机关党组
书　记:沈关祥

区人大常委会监察和司法工作委员会

主　任:钱兔根

区人大常委会社会建设工作委员会

主　任:张国生(2021 年 1 月任)
　　　　杨高相(2021 年 1 月免)

区人大常委会财经工作委员会

主　任:陈广见(2021 年 9 月任)
　　　　宋金木(2021 年 3 月免)

区人大常委会代表工作委员会

主　任:王　勤

区人大常委会教科文卫工作委员会

主　任:冯文华

区人大常委会城建环保工作委员会
主　任:徐智煊

区人大常委会农村经济工作委员会
主　任:高青泉

区人大常委会研究室
主　任:杨高相

区人大监察和司法委员会
主任委员:钱兔根

区人大财政经济委员会
主任委员:宋金木(2021 年 3 月免)

区人大社会建设委员会
主任委员:张国生(2021 年 2 月任)
杨高相(2021 年 1 月免)

区人民政府办公室
党组书记:柯洪炜(2021 年 12 月任)
章金尧(2021 年 12 月免)
主　　任:章金尧

区政协办公室
主　任:孙尧富
区政协机关党组
书　记:王其龙(2021 年 12 月任)
孙尧富(2021 年 12 月免)

区政协研究室
主　任:王永华

区政协提案委员会
主　任:王　彪

区政协经济和港澳台侨外事委员会
主　任:汪建中

区政协文化文史和教科卫体委员会
主　任:丁兵康

区政协农业农村和人口资源环境委员会
主　任:杨金法

区政协社会法制和民族宗教委员会
主　任:冯鹏英

区政协委员工作委员会
主　任:陈永建

区纪律检查委员会
书　　　记:李　东
常务副书记:张晓峰(2021 年 4 月任)
何其洪(2021 年 4 月免)
副　书　记:张晓峰
邵世昉(2021 年 4 月任)

区监察委员会
主　任:李　东
副主任:张晓峰
邵世昉(2021 年 5 月任)
何其洪(2021 年 5 月免)

区委组织部
部　　长:潘晓东(2021 年 12 月任)
丁　贵(2021 年 12 月免)
常务副部长:周欢芬(女)

区委宣传部
部　　长:任宏亮(2021 年 9 月任)
李永杰(2021 年 9 月免)
常务副部长:徐　锐(2021 年 9 月任)
陈广见(2021 年 9 月免)

区委统战部
部　　长:方优美(女)(2021 年 12 月任)
王静静(女)(2021 年 12 月免)
常务副部长:徐兴建(2021 年 9 月任)

阮建康(2021 年 4 月免)

区委政法委

书　　　记:陈利华(2021 年 12 月任)
　　　　　诸剑明(2021 年 12 月免)
常务副书记:陆晓巍(2021 年 9 月任)
　　　　　李兴成(2021 年 9 月免)

区委全面深化改革委员会办公室

常务副主任:罗　耀

区委机构编制委员会办公室

主　任:阮建康(2021 年 4 月任)
　　　高来兴(2021 年 4 月免)

区委巡察工作领导小组办公室

主　任:张海峰

区委区政府信访局

局　长:何华均(2021 年 4 月任)
　　　高卫军(2021 年 4 月免)

区委老干部局

局　长:朱国庆(2021 年 9 月任)
　　　徐民江(2021 年 9 月免)

区委党校

校　长:潘晓东(2021 年 12 月任)
　　　丁　贵(2021 年 12 月免)
党委书记、常务副校长:施关根(2021 年 12 月任)
　　　　　　　　　胡斌钦(2021 年 12 月免)

区史志研究室

主　任:吴坚祥(2021 年 4 月任)
　　　何鸣雷(2021 年 4 月免)

区档案馆

党组书记、馆长:尹伟樑

柯桥传媒集团有限公司(区融媒体中心)

党委书记、董事长、总编辑,区融媒体中心主任:
　　　邹文伟

区深化服务指导中心

党组书记、主任:陈建春(2021 年 9 月任)
　　　　　　寿红卫(2021 年 9 月免)

区社会矛盾纠纷调处化解中心

主　任:陆晓巍

区发展和改革局

党组书记:马建刚(2021 年 12 月任)
　　　　陈立根(2021 年 12 月免)
局　　长:陈立根

区经济和信息化局

党组书记:孙伟刚
局　　长:孙伟刚(2021 年 1 月任)
　　　　王叶刚(2021 年 1 月免)

区教育体育局

党工委书记:徐　迅
局　　　长:徐　迅(2021 年 1 月任)
　　　　　任宏亮(2021 年 1 月免)

区科学技术局

党组书记:张咸良
局　　长:俞小炜

市公安局柯桥区分局

党委书记:蒋　其(2021 年 12 月任)
　　　　傅纪明(2021 年 12 月免)
局　　长:傅纪明
政　　委:徐伟民

区民政局

党组书记、局长:喻光耀

区司法局

党组书记、局长：李兴成（2021年9月任）
金伟梁（2021年9月免）

区财政局

党工委书记：谭　科（2021年12月任）
郁　伟（2021年12月免）
局　　长：郁　伟（2021年1月任）
余建林（2021年1月免）

区人力资源和社会保障局

党组书记、局长：金伟梁（2021年9月任）
钱建明（2021年9月免）

市自然资源和规划局柯桥分局

党委书记、局长：黄伟祥（2021年12月任）
马建刚（2021年12月免）

市生态环境局柯桥分局

党工委书记、局长：张志华（2021年12月任）
王其龙（2021年12月免）

区住房和城乡建设局

党工委书记：鲁建潮（2021年4月任）
李卫龙（2021年4月免）
局　　长：鲁建潮（2021年5月任）
李卫龙（2021年5月免）

区交通运输局

党工委书记：赵忠根（2021年12月任）
柯洪炜（2021年12月免）
局　　长：柯洪炜

区农业农村局

党工委书记：裘剑平（2021年4月任）
邱松定（2021年4月免）
局　　长：裘剑平（2021年5月任）
邱松定（2021年5月免）

区商务局

党组书记：周雪峰（2021年12月任）
谭　科（2021年12月免）
局　　长：谭　科

区文化广电旅游局

党工委书记、局长：鲁立新

区卫生健康局

党工委书记、局长：傅　超

区退役军人局

党组书记：王国彪（2021年4月任）
何华均（2021年4月免）
局　　长：王国彪（2021年5月任）
何华均（2021年5月免）

区应急管理局

党委书记：李　江（2021年12月任）
赵忠根（2021年12月免）
局　　长：赵忠根

区审计局

党组书记、局长：李伟根

区市场监督管理局

党委书记、局长：娄东寅

区政府金融工作办公室

党组书记：韩勇刚（2021年12月任）
张志华（2021年12月免）
主　　任：张志华（2021年1月任）
孙伟刚（2021年1月免）

区行政审批局

党工委书记：丁　贵（2021年12月任）
孙　彦（2021年12月免）
局　　长：金阿根

区统计局

党组书记：金国龙（2021年12月任）
局　　长：沈琴梅（女）（2021年5月任）

孙其康(2021年1月免)

市医疗保障局柯桥分局

党组书记、局长:胡斌钦(2021年12月任)
朱伟芳(女)(2021年12月免)

区综合行政执法局

党组书记:高卫军(2021年4月任)
鲁建潮(2021年4月免)
局　　长:高卫军(2021年5月任)
鲁建潮(2021年5月免)

区公共资源交易管理委员会办公室

党组书记、主任:孙爱珍(女)

区城市更新改造工作办公室

党组书记、主任:裘登华(2021年9月任)
朱国庆(2021年9月免)

区大数据发展管理中心

党组书记、主任:陶　森(2021年12月任)
黄伟祥(2021年12月免)

区招商投资促进中心

党组书记、主任:韩红锋(2021年12月任)
孙成荣(2021年12月免)

区机关事务服务中心

党组书记、主任:沈伟阳(2021年12月任)
陈晓峰(2021年12月免)

区国际赛会服务中心

党组书记、主任:蒋志芬(女)(2021年12月任)
裘华建(2021年12月免)

区印染产业集聚升级服务中心

党组书记、主任:叶　港(2021年9月任)
吴青青(女)(2021年9月免)

区会展业发展中心

党组书记、主任:蒋志芬(女)(2021年12月任)
裘华建(2021年12月免)

区柯桥古镇保护利用管理服务中心

党组书记、主任:马　明(2021年9月任)
韩烨飞(2021年4月免)

区高校合作服务中心

党组书记、主任:朱坚敏

市住房公积金管理中心柯桥分中心

党组书记、主任:陈晓峰(2021年12月任)
钱　鸿(2021年12月免)

区人民武装部

部　长:张鹏俊(2021年10月任)
李红军(2021年3月免)
政　委:卢　江

区人民法院

党组书记:楼　颖(女)
院　　长:楼　颖(女)(2021年2月任)

区人民检察院

党组书记、检察长:钱昌夫

区工商业联合会(总商会)

党组书记:孙成荣(2021年12月任)
金爱琴(女)(2021年12月免)
主席(会长):陈　瑾(女)(2021年12月免)

区总工会

党组书记、主席:陈　方

共青团绍兴市柯桥区委

书　　记:胡珊珊(女)(2021年12月任,副科级)
毛佳丽(女)(2021年9月免)

区妇女联合会
党组书记、主席：于　琪（女）

区科学技术协会
党组书记、主席：马国勇

区文学艺术界联合会
党组书记、主席：章慧娟（女）（2021 年 4 月任）
　　　　　　　　吴坚祥（2021 年 4 月免）

区残疾人联合会
党 组 书 记：陆群新（2021 年 9 月任）
　　　　　　王国彪（2021 年 4 月免）
执行理事长：陆群新（2021 年 9 月任）
　　　　　　沈琴梅（女）（2021 年 4 月免）

区归国华侨联合会
党组书记、主席：盛顺利

区红十字会
党组书记、常务副会长（执行委员会主任）：
　　　　　　宋彦扬（女）

国家税务总局绍兴市柯桥区税务局
党委书记、局长：孙伟民

国家统计局柯桥调查队
党组书记、队长：陈　线（2021 年 5 月任）
　　　　　　　　徐建江（2021 年 5 月免）

区供销合作社联合社
党委书记、主任：尉睦金

区水务集团有限公司
党委书记、董事长：周　俭
总经理：朱志康

区中国轻纺城集团股份有限公司
党委书记、董事长：潘建华
总经理：虞伟强（2021 年 4 月免）

区开发经营集团有限公司
党委书记、董事长：单崇军
总经理：王海明

区建设集团有限公司
党委书记、董事长：滕建平
总经理：施林涛

区旅游发展集团有限公司
党委书记、董事长：徐忠良
总经理：徐海芳（女）

浙江绍兴杭绍临空示范区开发集团有限公司（区轨道交通集团有限公司）
党委书记、董事长：徐永祥
总经理：鲁麓树
说明：2021 年 12 月建立浙江绍兴杭绍临空示范区开发集团有限公司党委，区轨道交通集团有限公司领导人员兼任对应职务。

区国有资产投资经营集团有限公司（区金融控股有限公司）
党委书记、董事长：虞伟强（2021 年 4 月任）
总经理：李　刚（2021 年 4 月任）
说明：2021 年 4 月成立区金融控股有限公司，与区国投集团合署办公。

绍兴中石油昆仑燃气有限公司
董事长：娄国忠

绍兴天然气投资有限公司
总经理：胡建飚

瑞丰银行
党委书记、董事长：章伟东

绍兴市兰亭文化旅游度假区
党工委书记：冯华林（2021 年 11 月任）
　　　　　　马海明（2021 年 11 月免）
管委会主任：冯华林（2021 年 11 月任）

张伟江(2021年11月免)

绍兴金柯桥科技城(浙江绍兴人才创业园)
党工委书记:祁力峰(2021年11月任)
周志刚(2021年9月免)
建管委主任:祁力峰(2021年11月任)
陈　钧(2021年11月免)

区中国轻纺城
党工委书记:袁笑文(2021年12月任)
冯华林(2021年12月免)
建管委主任:王峻峰(2021年12月任)
冯华林(2021年12月免)

绍兴柯桥经济技术开发区
党工委书记:祁力峰(2021年12月任)
周志刚(2021年9月免)
管委会主任:陈　钧(2021年12月免)

区鉴湖旅游度假区
党工委书记:任宏亮(2021年12月任)
钱　钧(2021年12月免)
管委会主任:钱　钧

民革绍兴市柯桥区基层委员会
主　委:陈爱霖(2021年5月任)
陈　军(2021年5月免)

民盟绍兴市柯桥区基层委员会
主　委:沈琴梅(女)(2021年5月任)
祝静芝(女)(2021年5月免)

民建绍兴市柯桥区基层委员会
主　委:陈金鲤(女)(2021年5月任)
祁金凤(女)(2021年5月免)

民进绍兴市柯桥区基层委员会
主　委:俞小炜

农工绍兴市柯桥区基层委员会
主　委:陈丽娜(女)(2021年5月任)
骆学新(2021年5月免)

九三学社绍兴市柯桥区基层委员会
主　委:王茂荣(女)(2021年5月任)
蔡金标(2021年5月免)

【街道和建制镇党政正职名单】

柯桥街道
党工委书记:陈　勤(女)
办事处主任:曹　俊(2021年9月任)

柯岩街道
党工委书记:黄宇峰(2021年12月免)
办事处主任:陆高峰

华舍街道
党工委书记:蔡万日(2021年12月任)
缪建军(2021年12月免)
办事处主任:祝永熠(2021年9月任)
张华兴(2021年9月免)

湖塘街道
党工委书记:徐　俊(2021年9月任)
章　宇(2021年9月免)
办事处主任:楼建飞(女)

钱清街道
党工委书记:李永杰(2021年9月任)
徐　锐(2021年9月免)
办事处主任:屠新永(2021年12月免)

杨汛桥街道
党工委书记:屠新永(2021年12月任)
王峻峰(2021年12月免)
办事处主任:毛佳丽(女)

马鞍街道

党工委书记：缪建军（2021 年 12 月任）
祁力峰（2021 年 12 月免）
办事处主任：马　斌

齐贤街道

党工委书记：胡伟炎（2021 年 12 月任）
成　诚（2021 年 12 月免）
办事处主任：胡伟炎（2021 年 12 月免）

安昌街道

党工委书记：许立峰
办事处主任：周卓楠（2021 年 9 月任）
徐　俊（2021 年 9 月免）

福全街道

党工委书记：张华兴（2021 年 9 月任）
徐兴建（2021 年 9 月免）
办事处主任：马宇涛（2021 年 9 月任）
裘登华（2021 年 9 月免）

兰亭街道

党工委书记：裘华建（2021 年 12 月任）
蔡万日（2021 年 12 月免）
办事处主任：孙晓峰

夏履镇

党委书记：孙其康
镇　　长：周　维（女）（2021 年 9 月任）
赵建兴（2021 年 9 月免）

漓渚镇

党委书记：郑　诚（2021 年 9 月任）
裘剑平（2021 年 4 月免）
镇　　长：蒋红红（女）（2021 年 9 月任）
郑　诚（2021 年 9 月免）

平水镇

党委书记：姚建炜
镇　　长：喻孙坤

王坛镇

党委书记：王　剑（2021 年 9 月任）
镇　　长：姚伟方（2021 年 9 月任）
袁　沣（2021 年 9 月免）

稽东镇

党委书记：章　松
镇　　长：吴华军（2021 年 9 月任）
王志浩（2021 年 9 月免）

（俞国平）

地形地貌

【概况】 柯桥区南靠会稽山，北濒海，故呈西南高、东北低的阶梯形地势，山脉、平原、海岸兼有，受江山—绍兴大断裂带影响，山丘与平原间界线比较明显。西南部为低山丘陵河谷区，占全区总面积约52%，中北部为水网平原区，占全区总面积约 31%，平均海拔 6 ~ 7 米，偶有孤山、残丘分布其间，其高度一般不超过 200 米，史称山会平原。东北部为滨海平原区，占全区总面积 11%，海拔 5 米左右，系淤涨型滩涂，地势平坦。

柯桥区内山地和丘陵在形态和成因方面有许多共同之处，其分布也紧密相连，犬牙交错，难以截然区分。区内群山连绵，山体抬升强烈，地形破碎，溪流短小湍急，一般在海拔 300 ~ 400 米之间，向东北急剧倾斜，降至海拔 20 米左右时，与无数山麓冲积扇和中北部冲积平原相连，坡度以 15° ~ 25° 和大于 25° 为主。境内水系发育受地质构造及地貌形态制约，南部丘陵山地地面切割强度大，地形破碎，树枝状水系发育；北部水网平原地势低平，河湖密布，交织成网。

柯桥区境处于浙西山地丘陵、浙东丘陵山地和浙北平原三大地貌单元的交接地带，地貌类型复杂，以山地丘陵、丘陵盆地和河谷平原为主，有夏履、型塘、漓渚、兰亭、平水及小舜江河谷，王坛、平水盆地，其面积较小，山城较狭，水流湍急，含沙量较高，土壤冲积明显。丘陵盆地与水网平原交界处均有大片坡地、阶地，漓渚、兰亭一带面积较大，坡度皆在 10° 以下，土层深厚，适宜农耕。

【西南部低山丘陵河谷】 会稽山脉尾闾进入柯桥区境内南部，构成崎岖低山、丘陵、河谷地，形成于1.3亿年前，长期基本稳定。新石器时代有频繁农垦活动，现辟为茶、桑、果等经济作物和旱粮种植地，在绍兴农业史中占有重要地位。

【中北部水网平原】 历史上，山会平原本是一片濒海沼泽，潮汐无常，今之漓渚、平水均为海水直拍的山地和海岸交界处。海退之后，海岸北移，海岸线轮廓已与今相似，浅海开始赤裸，加之山丘泥沙来源丰富，溺谷淤浅不畅，浅海逐渐垫高而变成咸潮出没的沮洳沼泽之地。约在公元前21世纪，经大禹治水，无余封越，越族居民才开始垦殖。距今3000年前后，越族酋长开始把聚落居民从会稽山地向北迁徙，山麓冲积扇和平原中一些较大孤丘及附近坡地被开发，中部冲积扇平原形成。公元前5世纪初，越王勾践把驻地迁至今之越城，经过筑城、立郭、围堤、筑塘、拒潮、蓄淡，造就会稽山北麓冲积扇以下的大片耕地。秦汉时，越人迫迁，北人南徙，潮沼地加快开发。东汉马臻浚筑鉴湖，开辟良田9000顷。唐垂拱二年(686)山阴与萧山间25千米界塘筑成，开元十年(722)会稽县令李俊之主持修筑山会海塘，后经大历十年(775)、大和六年(832)两次增修，才形成东起上虞、西至山阴、全长50余千米之防海塘，山会平原遂全面形成。

境内除偶有高不过200米的零星火成岩残丘外，皆为冲积、淤积、海积而成。地势平坦，平均海拔6～7米。靠近古海塘北部狭长地带，地势低平，平均海拔4.5米，河流较少，水面狭窄，为向滨海滩涂过渡地带。平原地区，则河流纵横，湖泊星散，有大量以溇、湖、埭、桥、江、墅、葑、塘、渎、堰、岸、港、浦等命名的村落。

【东北部滨海平原】 滨海平原是柯桥区棉、麻、甘蔗、西瓜等主产区，部分近海涂地系近代人工围垦而成。由于近钱塘江河口岸线受潮汐及曹娥江涌潮影响，极不稳定，需人工筑堤防护。明永乐至万历年间(1403—1620)，钱塘江主槽北移，山、会两县海涂外涨，有人自发垦殖，植棉、麻，种水稻、瓜果、蔬菜。清咸丰年间(1851—1861)，三江口乾、坤两号沙地，面积超过4万亩。清末民初，滩涂曾向杭州湾伸展10千米，有磨盘丘、豆腐畈等垦区。此后，由于钱塘江南股槽游移，滩涂大片坍方，至中华人民共和国成立前夕，几乎丧失殆尽。从1969年开始组织大规模人工围涂造地，至2001年围垦76平方千米，约占滩涂总面积47%。2002年10月，启动“九七”丘二期工程，总投资1.58亿元，抢围低滩面积450公顷。2006年10月28日，最后一期口门丘治江围涂(西片)工程动工建设。此次围涂计划分三阶段实施，共抛筑堤坝两支，其中西堤全长1997米，北堤全长2186米，实际围垦面积为316.67公顷，抛筑石坝4183米，筑堤4130米。至2007年7月10日，口门丘治江围涂(西片)工程竣工。这块淤涨型滩涂，约占全区总面积的10%，区内地势平展，人工水系纵横交错，海拔5米左右，为滨海平原。

【主要山脉及主峰】 会稽山是曹娥江与浦阳江分水岭，主峰太白山在诸暨、嵊州交界处，海拔1000余米。其北脉自西南方由诸暨、嵊州边境进入柯桥区，主峰有两个。

真如山，在嵊州境内，海拔近800米，延伸到王坛镇孙岙，称五百岗，海拔近700米，余脉向东北伸展，达曹娥江畔。主要山峰有雄鹅峰、西峰山、衙堂山、龙塘山，皆在小舜江东岸。

骆家尖，在稽东镇龙西村焦坞西南，海拔700余米，为境内最高峰。沿主峰分出3支：

第一支向东过龙头岗、东桃林、木窝尖、铜盘山抵王城之仰山岭，称木窝尖山脉。

第二支向东北延伸，过独树尖大、小西岭至王坛，称独子山脉。

第三支逶迤经越大山、九曲岭、龙头岗、古博岭、铜井山、叶家山、越王峥至马社，称西干山脉，系柯桥区与诸暨市、杭州市萧山区的天然分界岭。

西干山脉又分出3条分支：

由五岩山向东过分水岭、化山、龙池山、皇姑山、陶晏岭、日铸岭，东折过捣臼坞、石泄岭入上虞区者称化山山脉。其中的诸葛尖、将军山、银山、稷山颇具史迹。

由捣臼坞北折过寺后山、九岗山、杨梅山到东湖绕门山，称东干山脉，其中的绕门山、吼山等紧依城区，独具自然景观。

由西干山脉乍丹岗向北伸展，过法华岭，折向东北，经峨嵋山、秦望山、横浜岭到香炉峰(宛委山之峰），称秦望山脉。秦望山如钳状环展于越城区南部和西南部，其中的石匮、侯山、塔山、种山、蕺山、亭山等各具典故，名著于世。

这3条支脉余脉散落在平原上的孤丘，自南而北主要有梅里尖、柯山、牛头山、梅山、金鸡山、西泉山、上方山、羊山、壶瓶山、白洋山、马鞍山、驼峰山、大和山等，为古越文明之摇篮，文化积淀深厚。

【火山地貌】 发生在中生代的燕山运动，给境内带来剧烈的火山喷发活动，后经长期外力作用，火山多已荡然无存，残留下来的死火山地貌在柯桥区境内仅五百岗火山群。这些死火山山顶都较平坦，火山锥形保存完整。五百岗位于柯桥、嵊州两地交界处，属江南少见的火山群地貌。山体由安山岩构成，有多座火山锥分布于喷出岩构成的高台地上，其中以主峰雌鹅凸（近700米）、雄鹅凸(600余米）最为典型。（屠世泽）

河流和湖泊

【概况】 柯桥区境内河流源于南部会稽山，除小舜江、浦阳江外，均流经中部平原，北注曹娥江、入钱塘江。经历自然水系、鉴湖水系、运河水系的发展演变过程。现分属小舜江、运河、浦阳江三大水系，又以运河水系为主。

【小舜江水系】 小舜江是曹娥江中游的最大支流。流域面积534平方千米，主流长72千米。辖区范围的流域面积为294平方千米。主要支流有南溪、北溪、双江溪、王化溪4条支流。

南溪，为小舜江的正源，发源于嵊州竹溪赤藤岗，东北流经谷来、显潭，在五间头流入柯桥区境内，过王城、王坛，到肇湖与北溪合流。在区境内起于童家泛、王城，经南子口，折东北到肇湖与北溪合流。主流长9.65千米，支流总长34.4千米，境内集雨面积67.47平方千米。

北溪，上游呈扇形，分别源于龙峰上王谷雨尖、越峰胡宅、越大山、九曲岭、相岙等，汇合于袁村，过上冯、车头、青坛、王坛至肇湖与南溪合流。主流全长23.15千米，支流总长69.45千米，集雨面积124.51平方千米，是小舜江上游的两大支流之一。

双江溪，由南溪和北溪在肇湖汇合而成，流经罗镇汇入汤浦水库，主流全长7.8千米，支流总长25.5千米，集雨面积43.91平方千米。

王化溪，源于王化上祝杨梅山，向东南流经宋家店、王化、青店，在登岸注入小舜江，主流全长14.4千米，支流总长11.15千米，集雨面积42.63平方千米。

【运河水系】 西干山脉与化山山脉之间丘陵、平原地区的溪、河、湖泊，总称运河水系，由山区河流、平原河网和平原湖泊三部分组成，流域面积为731平方千米。

【浦阳江水系】 在柯桥区境内流域面积15.8平方千米，主要涉及漓渚镜内的弦腔溪、朱家坞溪和黄山畈溪等，属山区性河流，河道总长11.05千米。

【山区河流】 古称“三十六源”之水，源出于西干山脉和化山山脉，源短流急，由南向北，下注平原与萧绍运河通连，为平原河湖网的主要水源。境内自西往东的主要河流有8条。

夏履江，发源于湖塘黄山岭下凉帽尖，流经华丰、夏履桥、汪家埭后，河道弯曲盘迴，称九曲河，至前童、南钱清通连西小江。主流全长32.6千米，支流总长94.6千米，集雨面积148.47平方千米。

陌坞江，发源于湖塘陌坞一字岗，在西跨湖注入鉴湖，主流全长6.75千米，支流总长10.35千米，集雨面积14.03平方千米。

型塘江，发源于湖塘俞家山村九岭下，经潜家桥、型塘，出寿胜埠头注入鉴湖，主流全长18.65千米，支流总长16.6千米，集雨面积28.61平方千米。

项里江，发源于柯桥州山大洋水库冷水弯岗，经项里，在彤山西侧注入鉴湖大江。主流全长4.7千米，支流总长13.85千米，集雨面积13.78平方千米。

秋湖江，发源于福全街道樊迪豆腐尖，流经王七墩、秋湖，在彤山东侧注入鉴湖。主流全长6.6千米，支流总长16.5千米，集雨面积12.09平方千米。

漓渚江，发源于漓渚棠棣刘家村太山岭，流经九板桥、义桥、下溇、徐山，于钟堰汇入鉴湖。主流全长20.4千米，支流总长44.15千米，集雨面积57.23平方千米。

娄宫江，又名兰亭江，发源于兰亭街道大庆山，流经谢家桥、花街、分水桥、娄宫、凌江岸，在偏门汇入鉴湖。主流全长21.55千米,支流总长98.05千米,集雨面积111.31平方千米。

平水江,又名若耶溪,发源于平水镇上嵋岙茅园岭,流经岔路口、平水江水库、平水、铸铺岙、望仙桥后有上灶溪注入,出龙舌嘴,在稽山门汇入环城河。主流全长23.55千米,支流总长103.95千米,集雨面积152.42平方千米(含上灶溪),是运河水系中最长的山区河流。

【平原河网】 会稽山区河流,自南而北,涌入平原,或溢而为江,或潴而为湖,或为沼为池,或为溇为荡,形成纵横密布、四通八达的平原水网。水流总趋西南向东北;水位升降幅度受水闸节制。萧绍运河贯穿东西,其径流主要由西小江、直落江经新三江闸、马山闸等注入曹娥江。

萧绍运河,古名漕渠,又名西兴运河,疏凿于晋代,历加竣治而成。至2021年年底,西起杭州市萧山西兴,东至上虞曹娥,全长78.5千米,与萧甬铁路线基本平行。运河在区境内,西起钱清街道,经柯岩、柯桥街道入越城区东浦,柯桥区境内全长17.9千米,为运河水系的主干河道。运河南面有夏履江、陌坞江、型塘江、项里江、秋湖江、漓渚江、娄宫江等汇入鉴湖与萧绍运河贯通,又有平水江、攒宫江等直接汇入萧绍运河。运河北面,与南北、东西向每条河道连接,主要经西小江、直落江及马山闸配套河道,由新三江闸、马山闸等注入曹娥江。

西小江,又名钱清江。宋、明期间,多次成为浦阳江下游干道;明嘉靖十六年(1537)建成三江闸前,为直通杭州湾之潮汐河流。明宣德年间(1426—1435),始筑临浦坝,复开碛堰山口,导浦阳江归复故道入钱塘江;明成化年间(1465—1487),又筑麻溪坝、新河闸,浦阳江与西小江分流。自此,西小江自成系统。上游为进化溪(古称麻溪,今萧山境内),源出萧山进化螽斯岭。经晏公桥入西小江,在境内杨汛桥街道上坂入境,流经江桥、杨汛桥,在钱清街道附近贯穿萧绍运河,又折而东北经南钱清、新甸、管墅、华舍、嘉会、下方桥、狭猕湖,流经袍江新区斗门,于荷湖与直落江汇合,由西入新三江闸江总干河,注入曹娥江。其中,上坂至钱清河段,为柯桥区与萧山之间界河;华舍至嘉会主干河道,因垦殖消失。西小江全长91.6千米,区境内长58.6千米(上坂至三江闸),为境内西部主要的灌溉、排涝和航运河流,现为新三江闸西干河。

【平原湖泊】 公元前2000年左右海岸线自会稽山麓逐渐北移,至春秋时代出现山麓地带湖泊群,汉代出现中部地带湖泊群,其间产生大型人工湖泊——古鉴湖,唐代形成沿海地带湖泊群。境内曾存在大量湖泊群,较大湖泊54个。唐代以后,开始围垦湖泊,宋代加剧,湖泊锐减。明清两代,湖泊继续垦废。至中华人民共和国成立前,主要湖泊存18个;中华人民共和国成立后,湖泊仍遭局部围垦,20世纪90年代,围湖现象明显抑制。

经历次行政区划调整,至2021年年底属柯桥区主要湖泊6个。以萧甬铁路线为界,分成两大系统。路南以古鉴湖残留湖泊为主,路北属于滨海潟湖。

鉴湖,古鉴湖残留湖泊,属河道式湖泊。西起湖塘街道西跨湖桥,东至越城区亭山东跨湖桥,全长19.2千米,最宽处300余米,最窄处10余米,湖面积294.8万平方米,容积875.9万立方米。鉴湖西通西小江,东连环城河,南有会稽山区河流夏履江、陌坞江、型塘江、项里江、秋湖江、漓渚江、娄宫江汇入,北岸古称南塘即古鉴湖西湖堤,有众多南北向小河与萧绍运河沟通,流域面积357平方千米。

瓜渚湖,位于区域中心柯桥街道,南濒萧绍运河,滨海潟湖。清初,“有前后两湖,广千余亩”,现存一湖,面积为138.3万平方米,容积396.21万立方米。

大小坂湖,位于区西北13千米华舍街道,滨海潟湖。湖面积67.61万平方米,容积223.63万立方米。

芝塘湖,又称芰塘湖、菱塘湖、芝湖,位于区西北24千米杨汛桥街道。原为自然湖泊,明洪武二十七年(1394)始筑塘建闸,遂成为滞洪蓄水工程。历有围垦。至2021年年底,湖面积为59.47万平方米,容积161.08万立方米。

施家荡,位于区西北20千米钱清街道,滨海潟湖,南接萧绍运河,北通西小江,湖面积19.91万平方米,容积79.35万立方米。

贬石湖,位于城西南9千米福全街道,古鉴湖残留湖泊。湖面积43.72万平方米,容积114.63万

立方米。(祁　欢)

自然资源

【土地资源】 柯桥区(绍兴县)域历来变动较多,土地面积又疏于记载,从明万历年间(1573—1620),才有若干年份土地面积记录。

明万历《绍兴府志》载,洪武二十四年(1391),山阴、会稽两县(此两县旧时归属绍兴县)合计土地面积2184279亩。万历十三年(1585),山阴、会稽两县合计2215007亩。

清乾隆《绍兴府志》载,康熙十年(1671),山阴、会稽两县合计2246859亩。乾隆四十九年(1784),山阴、会稽两县合计2263086亩。

民国时期,据《重修浙江通志稿(标点本)》(2010年版)载,民国18年(1929),绍兴县呈报公私土地面积2672558亩。民国24年(1935),浙江省各县面积分析表列绍兴县总面积3124832.26亩。据宁波专署按浙江省统计局刊发《浙江省银行经济年鉴》反馈给县的资料,民国35年(1946)、36年(1947)、38年(1949年9月30日止),绍兴县土地面积(不含海湾)均为287.35万亩。

中华人民共和国成立后,绍兴县域20世纪50年代变动11次,与1949年比,净减土地面积474.6平方千米。1959年土地总面积1441平方千米(不含海湾面积)。1983年撤地建市,恢复绍兴县,土地面积减至1392平方千米。据1991年土地资源详查资料,全县总面积1492.51平方千米(含海湾面积)。2000年7月,行政区域调整,减去划给越城区的东浦、马山、斗门、皋埠、鉴湖5个镇,计土地面积239.70平方千米,全县土地面积减到1252.81平方千米。2003年,绍兴县齐贤镇划出15个村,计19.21平方千米,绍兴县土地面积减到1233.6平方千米。

2013年10月,国务院批复同意撤销绍兴县设立绍兴市柯桥区,行政区划调整,减去划给越城区的孙端、陶堰、富盛3个镇土地面积136.42平方千米,据2013年12月31日土地利用调查的数据,柯桥区域土地面积106601.76公顷,计1066.02平方千米。据2018年度变更调查成果,至2018年年底,柯桥区耕地面积22553.4公顷,计225.53平方千米,其中耕地面积18051.35公顷、可调整地类4502.05公顷。(屠世泽)

【水资源】 柯桥区境内水资源的主要来源是雨水。常年雨量充沛,其年内时间分配随季节交替变化,差异明显。2021年,全区按平均降水量计算,地表水资源量11.96亿立方米,地下水资源2.66亿立方米,两者重复计算水量1.68亿立方米,全区水资源12.94亿立方米,按年末常住人口计算,人均水资源占有量1162.15立方米。(孙国定)

【生物资源】 柯桥区有植物8门、187科、931种。其中,属国家二级保护植物有鹅掌楸、杜仲、银杏、金钱松、天竺桂5种,国家三级保护植物有凹叶厚朴1种。有动物590种。其中,陆生野生动物有4纲、16科、200余种,主要是黑麂、穿山甲、山羊、野猪、黄鼬、赤腹松鼠、华南兔、麻雀、大山雀、喜鹊、大嘴乌鸦、草鸮、四声杜鹃、山斑鸠、环颈雉、五步蛇、竹叶青、乌梢蛇、大蟾蜍、泽蛙、北草蜥等。其中,黑麂为国家一级保护野生动物,鸳鸯、穿山甲、山羊、草鸮为国家二级保护野生动物,五步蛇、四声杜鹃、喜鹊等为省级重点保护野生动物。

【矿产资源】 柯桥区境内矿藏资源丰富。1958年陆续开展地质勘探后,探明32个矿种,85个矿点。内生矿为铁、铜、金,多金属,萤石等,是浙江省钢铁、冶金、化工、有色金属原材料及黄金的重要产地之一。外生矿有石煤、泥炭、钾、石英、石灰石、白云石等。境北部第四系地层中有天然气。

金、铜、铁、铅、锌等多金属矿大多分布于元古界双溪坞变质火山岩中,石煤、磷、钾、石灰石、白云石等大多分布于西南部古生代地层中,萤石、黑曜石、珍珠岩则分布于上侏罗统火山岩中。(屠世泽)

名优特产

【“会稽山”黄酒】 会稽山绍兴酒作为“绍兴黄酒酿制技艺”非物质文化遗产传承基地,传承千年历史,延续百年工艺,以精白糯米、麦曲、鉴湖水为主要原料酿制而成。产品经多年陈酿,酒度适中,酒色橙黄清亮,酒香馥郁芬芳,幽雅自然,口味甘鲜醇厚,柔和爽口,营养丰富,是一种符合现代消费理念,具有较高鉴赏品位，适合世界潮流的低度营养酒，也是中国首批国家地理（原产地域）标志保护产品。

"会稽山"黄酒（原云集酒坊）创建于清乾隆八年(1743)。民国4年(1915)在美国旧金山举行的巴拿马太平洋万国博览会上为绍兴酒获得第一枚国际金奖，产品一直被国际友人誉为"东方红宝石""东方名酒之冠"。1951年政府接收后更名为"地方国营云集酒厂"。1967年更名为"绍兴东风酒厂"。1997年在全国黄酒同行业中首家通过ISO 9002国际质量体系认证。1999年"会稽山"商标被国家工商局认定为"首批国家重点保护商标"。2001年经"中国绿色食品发展中心"认定批准会稽山绍兴酒为中国绿色食品。2005年，"会稽山"商标被评为"中国驰名商标"。2006年，会稽山绍兴酒股份有限公司技术中心被授予省级企业技术中心称号，成为国内黄酒业中两家省级企业技术中心之一，"会稽山"被商务部评定为第一批"中华老字号"。2007年，会稽山黄酒获"中国名牌"产品称号。2016年，会稽山牌名士二十年陈珍藏花雕黄酒获2015年度"青酌奖"酒类新品TOP10。2017年，会稽山"世博情缘黄酒"获评浙江省黄酒优秀新品。2020年，"会稽山"获评长三角名优食品。2021年，会稽山绍兴酒股份有限公司生产的1升装国潮兰亭黄酒获2020年度中国黄酒类新品最高奖"青酌奖"。2021年，国潮兰亭黄酒获"2021年度浙江省优秀工业产品"称号。2021年，会稽山1743老酒获2021年"浙江特色伴手礼"称号。公司年黄酒生产能力1亿升，有柯桥本部和嘉善黄酒股份有限公司两大生产基地，总占地面积60万平方米，是世界最大的黄酒生产、出口基地之一。（金　丹）

【平水日铸茶】 平水日铸茶又名"日注茶""日铸雪芽"，因产于平水日铸岭而名，是中国历史名茶之一。创于北宋初年，自南宋起列为贡品。南宋嘉泰《会稽志》："日铸岭在会稽县东南五十五里，岭下有僧寺名'资寿'，其阳坡名'油车'，朝暮常有日，产茶绝奇，故谓之日铸。"欧阳修《归田录》：草茶盛于两浙，两浙之品，日铸为第一。唐宋时期，制茶是以蒸青、研碾方法制成压型之团、饼茶为主。宋代时，日铸茶改蒸为炒，改碾为揉，改团饼为散茶，使茶叶形质为之一变，冲泡后其色、香、味、形更佳。陆游《安国院试茶》诗自注云："日铸则越茶矣，不团不饼，而曰炒青，曰苍鹰爪，则撮泡矣。"平水日铸茶不仅开茶叶炒青法之先河，而且是茶叶撮泡法之鼻祖。明人张岱尝募歙人自制日铸茶，称其香味浓郁，色如竹箨方解，绿粉初匀，呼为兰雪，名过松萝。清代，朝廷在日铸岭专辟"御茶湾"，并专设"御茶监"，采制贡茶。1980年，恢复试制的日铸茶在浙江省供销系统名茶评比会上被评为省一类名茶。此后产量逐年增加。2010年，"平水日铸"成为绍兴县名茶主导品牌。2012年，绍兴县茶叶产业协会成立平水日铸茶品牌管理服务中心，以平水日铸茶产品质量管理为重点，从栽培、制茶到包装推行"六统一"（统一商标管理，统一生产，统一质量标准，统一产品包装，统一指导价格，统一品牌宣传）管理模式。日铸茶的制茶工艺分为杀青、回潮、揉捻、初炒、复炒、烘干等工序。2012年，"平水日铸"获评中华文化名茶。2013年，"平水日铸"获评国家地理标志证明商标。2019年，平水日铸茶成为国家地理标志农产品。2021年，"平水日铸"及其系列名优茶产量2200吨，产值4.22亿元。（宋　晓）

【稽东香榧】 稽东香榧有上千年的栽培历史。唐朝宰相李德裕曾云"木之奇者，有……稽山之海棠榧桧"。据考证，这里的先民宋朝初期开始大面积栽培香榧，种植面积几百亩。尔后代代传承，扩种、补种，发展成大范围的香榧园区。会稽山古香榧群所在地为稽东镇境内，为古香榧树的密集分布区域。20世纪60年代起，稽东镇年产香榧60～90吨。1999年，稽东镇被浙江省林业厅命名为浙江香榧之乡。2000年起年产105～250吨。2001年3月6日，绍兴县建立稽东香榧林自然保护区，面积200公顷。是年，稽东山娃子有机食品市场成立，香榧纳入有机食品生产范畴，"山娃子"香榧等3家香榧返销大户销售香榧50吨。2002年，稽东镇楼坞和陈村建设2处香榧示范园区，面积133.33公顷。生产技术上继续推广雄花授粉技术。是年6月13日，绍兴县稽东镇山娃子香榧合作社成立，共有42户农户参加，合作社按照绿色食品和森林食品的要求组织生产，全年销售香榧超100吨。是年，在杭州举办的浙江省农业博览会上，"山娃子"香榧被评为优质农产品金奖。2003年，"山娃子"香榧获得浙江省绿色农产品和首届浙江省森林食品称号。2004 年,“山娃子”香榧被农业部授予国家级无公害农产品称号。2007 年 6 月,稽东镇被国家林业局命名为中国香榧之乡。2020 年,注册“隋榧”“唐榧”2 个稽东香榧年轮品牌。11 月,“山娃子”香榧获第 13 届中国义乌国际森林产品博览会金奖。2021 年,柯桥区出台《关于加快推进柯桥区香榧产业提升的实施意见》。自 2021 年起,区财政安排 6500 万元专项资金重点扶持柯桥区香榧产业提升,实施期限为 2021—2023 年。2021 年 4 月 16 日成立柯桥区榧文化研究会,7 月 13 日利用水源地保护退出企业厂区成立柯桥区香榧品牌管理服务中心,引入工商资本和香榧生产、销售主体入驻,建设集加工、包装、销售、仓储、物流、研发等为一体的香榧产业集聚区。8 月,委托浙江农林大学园林设计院有限公司制定《稽东香榧产业发展规划》。确定“稽东香榧”为区域公共品牌,拍摄《稽东香榧》产地宣传片,推出“稽东香榧”之“唐榧”“古榧”“新榧”3 款产品,举行“稽东香榧”招商新闻发布会,接洽区内外工商资本及香榧龙头企业商谈香榧产业合作事宜。稽东香榧远销日本、韩国、印度尼西亚、马来西亚等海外市场,产品供不应求。至 2021 年年底,稽东镇有千年以上古树 22 棵、700 年以上古树 177 棵、500 年以上古树 1020 棵、百年以上古树 28900 余棵。香榧种植发展到 21 个行政村,投产总面积约 45000 亩,年产量 2400 吨,年产干果 600 余吨,年产值近亿元。(金乐青)

【漓渚兰花】 漓渚镇兰花种养上溯于魏晋时期,起于宋朝、闻于明清、兴于民国、盛于当下,在业界有“中国春兰看浙江,浙江春兰看绍兴,绍兴春兰看漓渚”的说法。东汉《越绝书》记载“勾践种兰渚山”,故漓渚镇又被尊为“国兰祖地”“春兰故乡”。20 世纪 90 年代初,漓渚镇每年深冬初春都有数千人进入会稽山、明山、天台山、天目山、舟山等地采集兰花,在自家花圃中种植一段时间后再出售。20 世纪 90 年代中后期,兰花经营突破从单纯的小苗、小花市场零售,发展到公司与农户结合的“产、供、销”一体化经营。2000 年 6 月,漓渚镇被国家林业局、中国花卉协会评为中国花木之乡。2001 年 5 月,绍兴县棠棣兰苑有兰花 2000 余盆,分春兰与蕙兰 2 个系列,300 余个品种,其中春兰 260 余个品种,110 个精品。2002 年 7 月,中国兰花协会授予棠棣兰苑为“中国春兰样品园”称号,成为全国唯一的集培育、观赏、研究、交流为一体的兰花基地。2002 年,漓渚镇兰花年产值 5200 万元,占全镇农业总产值的 38%。2004 年,漓渚镇建立绍兴县首个面积 34 公顷的石斛兰生产基地——银泉兰苑,年组织培养石斛兰幼苗 2000 万株以上。2010 年,银泉兰苑占地面积 0.31 公顷,建有 5 个设施齐全的兰房,面积 500 余平方米,有新、老蕙兰品种 91 个,兰花 1050 盆,被浙江省兰花协会命名为浙江省蕙兰样品园,为省内唯一。在有史可稽的名贵兰谱中,漓渚镇有 30 余种。在国际、国内各级兰展和兰博会上,漓渚兰花曾先后获 500 余个奖项,其中金奖 100 余个。2021 年,漓渚镇有兰花大棚 700 余亩,专业养兰农户近 300 家,上规模兰花大户 27 家,兰花销售总额近亿元,在浙江省百佳兰苑中漓渚镇占 7 席。(吕诚君)

【同康竹笋】 同康竹笋历史悠久,自古以来便是文人雅客的盘中珍馐。宋代陆游在《自九里平水至云门陶山历龙瑞禹祠而归凡四日八首 · 其六》有言:“还家莫道虚怀袖,笋蕨随宜亦满盘。”在浙东唐诗之路上有关于平水同康竹笋的古诗词自唐代起有 40 余首。2007 年,平水镇因盛产竹笋被国家林业局命名为中国竹笋之乡,其中同康竹笋尤以色白、爽脆、略甜而独树一帜、名气最大。20 世纪 50 年代早期的同康竹笋年产 1000 余吨。1995 年,同康村通过科技兴林,投资 1750 万元实施集林科教、产加销和社会化服务于一体的毛竹四季笋基地改造工程。同康竹笋因春有春笋、夏有鞭笋、秋冬有冬笋,一年四季皆产笋故又名“四季笋”,可鲜食、腌制、晒干等多种方式食用,远销上海、宁波、江苏等地,供不应求。2003 年成功注册“同康”牌竹笋商标,先后被评为浙江省著名商标、浙江省名牌产品等。2010 年获评国家农产品地理标志。2004 年,以同康村为核心的全镇万亩毛竹四季笋示范区被浙江省林业厅命名为浙江省效益林业十大精品基地。至 2021 年,竹林面积 1855 公顷,年竹笋产量 1.7 万吨,年产值 6300 余万元。(徐岳尧)

【仁昌酱油】 仁昌酱油源于清光绪十八年(1892)徐仁昌创建的仁昌酱园。光绪三十二年(1906),由第二代传人章申甫盘进并进行扩建,保留“仁昌”字号。20世纪30年代，仁昌酱园出现鼎盛时期，产品销往中国香港地区，出口马来西亚、新加坡。1955年10月1日，转为公私合营模式，后转为地方国营。2000年1月1日，实行经济体制改革，由国资转为民营企业。2018年主持完成“母子酱油”“浙江制造”团体标准制订。仁昌酱园历经100余年保留厂址不变、古法酿造工艺不变、“仁信昌隆”祖训不变，先后获评中华老字号企业、浙江省非物质文化遗产传统酱油技艺传承基地、浙江省农业科技企业、浙江省农业龙头企业，“仁昌记”商标获评浙江省著名商标，“仁昌记”牌母子酱油获评浙江省名牌产品，多次被中央、省、市电视台及其他多家媒体包括新加坡电视、电台等媒体采访报道，其古法工艺、产品被录入中央电视台《舌尖上的中国》，被新加坡电视台誉为传说中的料理。2021年，公司产酱油780吨、米醋350吨，产值1850万元。（赵　臻）

【湖塘杨梅】 湖塘杨梅种植历史有1000余年。2001年，湖塘街道被浙江省林业厅命名为浙江省杨梅之乡。2003年，湖塘建成杨梅观光园，接待游客6000余人次。2005年，湖塘杨梅产量987吨，占绍兴县总产量的91.2%。2008年，湖塘街道被认定为浙江省森林食品（杨梅）基地；2010年，被国家林业局、中国经济林协会命名为中国杨梅之乡。湖塘杨梅大面积种植主要集中在古城、陌坞、湖塘、永信等村（社区）。湖塘本地的“水晶杨梅”以鲜美多汁备受市民青睐。与其他产地的杨梅相比，湖塘杨梅水分含量高，吃起来格外鲜嫩甜美，不像别的杨梅多吃几颗后会有涩腻感。2021年，湖塘杨梅种植面积1.2万亩，产量1650吨，实现产值约1650万元，带动周边餐饮住宿发展，增加经济效益400余万元。（唐飞崖）

【王坛青梅】 王坛青梅其果宜食，其花可赏，栽培历史悠久。王坛镇域内的东村、赵畚山上有百年以上的老梅树，自古以来流传“三月三，梅子尝咸淡”之俗语。1985年，根据王坛镇气候、地理条件，定点在东村开始种植大青梅。当年种植青梅树苗6800棵，种植面积150亩，后连年扩种，以东村为中心，辐射王城、腾豪、新建等村，连片种植并逐步推广至全镇各村，建设全国单体连片面积最大的万亩梅林。20世纪90年代，绍兴县青梅生产以王坛镇为龙头，王坛镇青梅产量占全县总量的九成左右，王坛镇成为绍兴县青梅特色镇。1993年，王坛镇青梅面积超千亩，产梅72吨。1999年，青梅丰收，王坛镇产梅790吨。2001年，王坛镇兴办舜越绿色食品公司（青梅加工厂）和青梅酒厂（舜旺果酒有限公司），产品远销日本等地。至2007年，全镇24个行政村，50亩以上连片种植的有16个，梅园面积12810亩，产梅2000余吨，年产值300余万元。2008年，王坛镇被中国经济林学会命名为中国青梅之乡。东村青梅园区成为集产梅、旅游观光、休闲度假于一体的胜地。2011年，东村村“香雪梅海”旅游区成为国家AAA级旅游景区。2020年，王坛镇实施省级农村综合改革集成建设项目试点，对青梅产业进行提升改造，流转部分树龄较长的青梅树种，引进全国25个梅花品种，换种改植青梅树，优化品种结构，形成以梅花文化内涵为主线的特色小镇，被浙江省文化和旅游厅评为省醉梅旅游风情小镇。2021年，王坛镇对“香雪梅海”青梅产业实施管理服务提升项目，对流转的青梅树进行复壮、嫁接、管护等良种优化改造，丰富梅花品种，建设特色梅园，至年底产青梅410吨，产值约360万元。（凌萍燕）

【兰亭水蜜桃】 兰亭水蜜桃历来被誉为“仙桃寿果”“瑶池珍品”和“琼浆玉露”，有百年历史。兰亭水蜜桃栽培于20世纪20年代末，由奉化三十六湾引种而来，后逐年扩种形成生产规模。40年代达到鼎盛期，产品除满足绍兴外，还销往杭州市场。80年代，随着大田联产承包政策落实，当地农户先后从奉化购入“白凤”“玉露”等桃苗自行繁殖，种植面积扩大到100余亩。2003年，桃农联合将原有多而杂品种全面改良，形成以中晚熟、大果型、内在质量较高的“玉露”为主栽品种的格局。2009年，黄家坞水蜜桃专业合作社成立，兰亭水蜜桃实现统一标准管理、统一收购销售。2010年起，黄家坞水蜜桃基地在原有基础上选择性点状拓展，种植区域逐步覆盖至周边禾日农庄、印山人家、叙兰苑、漫田旅等多个现代农业园区。2012—2013年，黄家坞水蜜桃专业合作社的兰亭水蜜桃连续2年获评浙江省精品水果展销会金奖。2020年，兰亭水蜜桃被列入柯桥区首批柯农优品培育品牌名单。2021年，兰亭街道有550余亩水蜜桃基地，近4万株桃树，产量20余万千克，产值400余万元。（何　佳）

气象特征

【概况】 2021年,柯桥区年平均气温19.2℃,较常年高1.6℃;年降水总量2053.7毫米,较常年多35%;年降水日数169天,较常年多13天;年日照时数1651.8小时,较常年少136.1小时。

冬季(1—2月),气温较常年高,季内雨日和总降水量较常年少,日照较常年多,季内出现持续低温雨雪、雾霾等灾害性天气。春季(3—5月)平均气温较常年高,雨日、雨量较常年多,日照较常年少,季内出现冷空气、大风、强对流、霜冻、暴雨等气象灾害。夏季(6—8月)平均气温较常年高,雨日、雨量较常年多,日照较常年异常少,季内出现强对流、暴雨、台风等气象灾害。秋季(9—11月)平均气温较常年高,雨日、雨量较常年多,日照较常年略多,季内出现暴雨、雷电、持续大雾、冷空气、台风等气象灾害。12月平均气温较常年高,雨日、雨量较常年少,日照较常年多,出现大雾、寒潮等气象灾害。

年平均气温19.2℃,较常年高1.6℃,创历史新高。2013—2021年连续9年异常高。年极端最高气温为38.4℃,出现在7月14日;年极端最低气温为-6.0℃,出现在1月8日。年高温日数(日最高气温≥35.0℃)36天,较常年多11天。年低温日数(日最低气温<0℃)3天,与常年持平。

年降水量2053.7毫米,较常年多35%。降水时空分布不均匀,由西南向东北方向逐渐减少,山区多平原少。时间上不同月份差别不同,12月为全年降水最少月份,降水量仅6.7毫米,不足常年同期1成;1月、2月、4月和11月降水量较常年少,分别不足常年的2成、7成、5成和8成;3月、5月、6月、7月、8月、9月和10月降水量较常年多,分别为常年的1.5倍、1.3倍、1倍、3.8倍、1.8倍、1倍和2.4倍。年暴雨日7天,日最大降水量191.4毫米,出现在7月24日。全年雨日169天,比常年少12.9天。除1月、9月和12月雨日比常年少外,其余月份雨日均比常年多。其中,1月和12月雨日异常少,均接近常年的5成。

年日照时数1787.9小时,较常年少136.1小时。年内,除1月、11月和12月的日照时数较常年多外,其余月份日照时数较常年少。其中,7月日照异常少,仅为常年的6成。

年平均风速1.5米/秒,年极大风速19.4米/秒(9月29日)。小风日数(平均风速小于等于2米/秒的天数)300天,大风日数(极大风速17.2～20.7米/秒的天数)1天。全年盛行风向为东北偏东风。

年蒸发量984.8毫米,较上年略有下降,其中7月蒸发量为全年最多,为129.8毫米,比常年少109.2毫米。

年雪日2天,较常年少5.1天。

年雷暴天数39天。

年大雾日数7天,较常年少11.7天,出现在1月、2月、3月、10月、11月和12月。

【重要天气事件】 年平均气温再创历史新高。2021年,柯桥年平均气温继上年之后再创新高(19.2℃),为有气象记录以来最高,较常年高1.6℃,较上年高0.5℃。暖冬、暖春现象尤为明显,入春、入夏分别较常年早34天和27天,均破历史最早纪录。

台风“烟花”滞留时间长。第6号台风“烟花”具有路径复杂、移速慢、影响时间长、过程雨量大等特点,前后影响柯桥时间6天,历史罕见,过程面雨量419毫米,为全市最大,全省各县、市(区)第三位,超过2013年台风“菲特”(全区面雨量314毫米),仅次于1962年14号台风。全区大部分地区风雨影响致灾强度等级为特重。

极端天气暴雨多。年降水量2053.7毫米,较常年多近4成,为1961年有气象记录以来最多。汛期总雨量1461.4毫米,较常年多近7成。6—8月,柯桥频繁出现短时暴雨天气,共发布3条暴雨红色预警信号,为历史首次。6月12日中午至13日早晨柯桥南部普降暴雨;8月16日夜里城区多地出现短时暴雨,8月21日下午到夜里又出现短时暴雨,小时雨强动辄50毫米以上,极端性短时强降雨造成柯桥城区内涝、山区道路塌方、小流域山洪等。

秋冬旱情持续。2020年秋冬季起发生的干旱一直持续到2021年年初,1月至2月7日全区降水少8成,12月全区降水仅7毫米,较常年少9成,造成2021年年初连旱、2021年年末又旱,对水库供水造成不利影响。气象部门做好枯水期天气预测,全年开展人工增雨作业10次,发射火箭弹34枚。

梅雨不典型，短时暴雨频现。6 月 10 日入梅，与常年为同一天；7 月 5 日出梅，也较常年(7 月 10 日)早；梅期 25 天，较常年少 5 天。梅雨量 266 毫米，与常年同期(267 毫米)基本持平。梅汛期间强降雨呈现分散性、局地性、极端性等特征，其中 6 月 12 日中午至 13 日早晨柯桥南部普降大暴雨，最大为平水中眉岙村 146.6 毫米。入梅后共出现 3 轮强降雨过程，过程之间间隔时间长，梅雨不典型，多为午后雷阵雨天气。

夏季高温不明显，"秋老虎" 发威。高温出现时间早，5 月 9 日柯桥出现 35℃以上高温，夏季高温日数 30 天，与常年持平。高温强度弱，高温结束时间晚。9 月 1 日至 10 月 15 日 "秋老虎" 发威，共有 29 天出现 30℃以上高温，6 天 35℃以上。国庆 7 天小长假，柯桥出现持续晴热高温天气，平均气温 27.6℃，较常年 21.2℃异常高，为有气象记录以来最热的国庆假期。

8 月中旬暴雨频下，盛夏罕见 "倒黄梅"。8 月 10—17 日，出现多轮强降水过程，全区面雨量 228.1 毫米，为历史同期的 6 倍，远超 2019 年同期 144.2 毫米的纪录。最大小时雨强平水小舜江 82.5 毫米，超过台风 "烟花" 时期最大小时雨强 55.5 毫米。暴雨过程频繁，7 天内有 6 天出现暴雨。此次 "倒黄梅" 过程具有短时雨强强、单站雨量极大、雨量分布不均匀、强降水区域重叠等特点。

"双峰型拉尼娜" 效应，寒潮频现冰冻多。2021 年为历史上少有的 "双峰型拉尼娜" 事件(1951 年起出现 5 次)的次年，北方干冷空气活动异常频繁，寒潮频次达 4 次之多，创 2011 年以来最多纪录，低温冰冻较严重。年初两波寒潮接踵而至，柯桥 1 月 1—8 日早晨最低气温分别为 -4.8℃和 -6.0℃，山区 -10 ～ -8℃，低温导致部分农林作物受冻。

春末初夏强对流频发，雷暴大风齐上场。春季柯桥强对流天气频发，其中 4 月 30 日后半夜柯桥中北部出现 8 ～ 9 级雷雨大风天气。5 月 10 日夜里飑线横扫全区，柯桥中南部普遍出现 8 ～ 10 级雷雨大风。5 月 14 日夜里柯桥南部 5 个镇(街道)再次出现强雷电、短时强降水、大风等强对流天气，最大风力出现在平水镇，为 12 级。频繁的强对流天气，对区内多地造成严重影响。

秋季多次出现断崖式降温。10 月起柯桥共发生 6 次较强等级以上冷空气过程，气温呈现断崖式下降，其中 10 月 15—16 日气温急剧下降，一日入秋。11 月 6—9 日受寒潮影响，过程降温幅度 10℃以上，最低气温从 19℃速降为 4.3℃，降温幅度接近 15℃。11 月 21—22 日再次受寒潮影响，最低气温降幅 12℃。(周晓燕)

人口　民族

【人口】 2021 年末，柯桥区域总户数 235483 户，户籍人口 698109 人。其中，男性 340043 人、女性 358066 人，分别占总人口的 48.71% 和 51.29%；城镇人口 429709 人、农村人口 268400 人，分别占总人口的 61.55% 和 38.44%。全年出生人口 5307 人，出生率 7.60‰；死亡人口 4528 人，死亡率 6.49‰。人口比上年增加 5519 人，自然增长率 1.12‰，比上年下降 1.5 个千分点。

【民族】 2021 年末，柯桥区境内人口以汉族为主，人数 690416 人，占总人口的 98.9%；少数民族人口 7679 人，占总人口的 1.1%，比上年上升 0.03 个百分点。全区境内有 36 个少数民族人口居住。少数民族人口比上年增加 296 人，以女性为主，计 5762 人，占总人数的 74.9%；男性 1931 人，占总数的 25.1%，男性人口比上年上升 0.58%。

2021 年柯桥区少数民族人口情况表

表 6　　单位：人

序号	民族	男	女	序号	民族	男	女
1	蒙古族	55	80	5	苗族	141	526

续表 6

序号	民族	男	女	序号	民族	男	女
2	回族	93	150	6	彝族	55	219
3	藏族	2	3	7	畲族	59	98
4	维吾尔族	44	26	8	拉祜族	0	1
9	水族	4	11	23	黎族	16	91
10	纳西族	44	308	24	傈僳族	3	30
11	景颇族	0	3	25	佤族	0	2
12	柯尔克孜族	1	3	26	土族	2	0
13	壮族	382	2320	27	达斡尔族	3	3
14	布依族	65	274	28	仫佬族	4	33
15	朝鲜族	459	444	29	羌族	2	7
16	满族	141	173	30	布朗族	0	2
17	侗族	43	80	31	毛南族	3	21
18	瑶族	19	52	32	仡佬族	11	28
19	白族	47	241	33	锡伯族	1	1
20	土家族	205	456	34	怒族	0	1
21	哈尼族	7	43	35	乌孜别克族	14	6
22	傣族	2	15	36	京族	1	1

（刘康达）

执行编辑　宋如玲

中共绍兴市柯桥区委员会

重要会议

【全区干部大会暨区委经济工作会议】 2021年2月20日，柯桥区召开干部大会暨区委经济工作会议。区委书记赵如浪讲话，区委副书记、区长陈豪主持并部署经济工作，区领导朱晓董、孟柏干、诸剑明等参加会议。会议强调，要深入贯彻落实中共十九届五中全会和省委、市委全会，中央和省委、市委经济工作会议精神，按照全省数字化改革大会、市委抓落实工作会议部署要求，紧扣忠实践行“八八战略”、奋力打造“重要窗口”主题主线，对标“四个率先”，动员全区上下切实扛起“领跑全市、竞跑全省”的使命担当，翻篇归零再出发，全力以赴攀新高，推动柯桥“十四五”发展迈好第一步、见到新气象。

【绍兴市柯桥乡贤总会成立大会暨重大招商项目签约仪式】 2021年6月13日，绍兴市柯桥乡贤总会成立大会暨重大招商项目签约仪式在鉴湖大酒店举行，250余位乡贤受邀参加。市委副书记、市长盛阅春向大会致贺信。市委常委、统战部部长叶卫红致辞。区委书记赵如浪讲话。区委副书记、区长陈豪致欢迎辞。区领导朱晓董、孟柏干等参加。

大会举行柯桥乡贤总会揭牌仪式。申洲国际集团控股有限公司董事长马建荣当选柯桥乡贤总会理事会会长。现场推介杭绍临空经济一体化发展示范区绍兴片区和柯桥未来之城，举行重大招商项目签约仪式，39个重大项目集中签约，其中包括27个产业类项目，总投资323.9亿元，涵盖新材料、泛半导体、人工智能、生命健康、总部经济、装备制造、现代纺织等领域。进行银政企项目合作签约仪式，工商银行浙江省分行、农业银行浙江省分行、中国银行浙江省分行、建设银行浙江省分行、光大银行杭州分行5家省级银行分别与未来之城建设、城市有机更新、未来社区建设、文化旅游和先进产业建设项目合作签约，意向支持金额1000亿元。

【区委一届十次全体(扩大)会议】 2021年7月30日，中共柯桥区委召开一届十次全体(扩大)会议。出席全会的区委委员30人、候补委员6人。区委常委会主持会议。区委书记赵如浪讲话，区委副书记陈豪、诸剑明出席。全会听取和讨论赵如浪受区委常委会委托作的工作报告，审议并原则通过《中共绍兴市柯桥区委关于深入学习贯彻习近平总书记“七一”重要讲话精神，奋力打造浙江高质量发展建设共同富裕示范区先行地的决议》和《柯桥奋力打造浙江高质量发展建设共同富裕示范区先行地行动方案(2021—2025年)》，动员全区上下凝心聚力、勇扛使命，以领跑竞跑的姿态奋进新百年、踏上新征程，以实干实绩的作为绘就新图景、争创先行地。

【区委常委会会议】 2021年，中共柯桥区委共召开20次常委会会议。

1月13日会议　会议传达学习习近平总书记、胡春华副总理在中央农村工作会议上的讲话精神和省委书记袁家军的批示精神，传达学习习近平总书记在省部级主要领导干部学习贯彻中共十九届五中全会精神专题研讨班开班式上的讲话精神，传达学习市委经济工作会议精神，学习《浙江省数字经济促进条例》，传达学习全国“扫黄打非”工作小组关于进一步落实意识形态工作责任制，切实履行“扫黄打非”工作责任的通知精神。听取关于区一届人大五次会议、区政协一届五次会议时间调整的有关情况汇报，听取关于2020年度区委选人用人工作情况的汇报，听取关于精功集团纾困帮扶工作进展情况及下一步工作建议的汇报，听取关于2020年度柯桥区荣誉市民候选人建议名单的汇报。

1月31日会议　会议听取关于2020年区政府党组落实全面从严治党主体责任情况和《政府工作报告（送审稿）》的汇报，听取关于区人大常委会、区政协2020年工作总结和2021年工作思路及2020年区人大常委会党组、区政协党组落实全面从严治党主体责任情况的汇报，听取关于区法院、区检察院2020年工作总结和2021年工作思路及2020年区法院党组、区检察院党组落实全面从严治党主体责任情况的汇报，听取关于2020年全区公安工作总结和2021年工作思路的汇报，听取关于绍兴市柯桥区国民经济和社会发展第十四个五年规划和二〇三五远景目标纲要（草案）的汇报，听取关于绍兴市柯桥区2020年国民经济和社会发展计划执行情况及2021年国民经济和社会发展计划（草案）的汇报，听取关于2021年柯桥区政府投资年度计划、政府投资项目建设计划及国有投资项目建设计划的汇报，听取关于绍兴市柯桥区2020年财政预算执行情况及2021年财政预算草案报告的汇报，听取关于2020年度区直机关先进基层党组织表彰建议的汇报，听取关于2020年度柯桥区“十佳志愿者”评选推荐活动的情况汇报，听取关于柯桥区支持企业留工稳增的若干意见的汇报，听取关于2020年全区人才工作总结和2021年工作思路的汇报，听取关于区委党校2020年工作总结和2021年工作思路的汇报，听取关于全区2020年社会稳定及平安创建、信访工作总结和2021年工作思路的汇报，听取关于全区2020年安全生产、食品药品安全工作总结和2021年工作思路的汇报，听取关于柯桥区2020年度消防安全形势分析和打赢消防安全三年翻身仗行动总结的汇报，听取关于柯桥区大气污染防治工作情况的汇报，听取关于区“两会”期间严肃会风会纪、严格疫情防控有关工作的汇报，听取关于2020年度机关部门、镇街道（平台）岗位目标责任制有关情况的汇报，听取关于区纪委一届六次全体会议建议方案、工作报告（送审稿）的汇报，听取关于有关案件的情况汇报。研究其他有关事项。

2月6日会议　会议传达学习习近平总书记在中共中央政治局第二十七次集体学习时的讲话精神，传达学习市委书记马卫光在参加市八届人大六次会议柯桥代表团审议时的讲话精神，传达学习省十三届人大五次会议、省政协十二届四次会议和市八届人大六次会议、市政协八届五次会议精神，传达学习中央政法工作会议、省委政法工作会议和省委农村工作会议精神，传达学习中央第三生态环境保护督察组督察浙江省情况反馈会精神，传达学习十九届中央纪委五次全会精神。听取关于2020年度柯桥区高质量发展贡献奖（区长奖、经济发展贡献奖）评比情况的汇报，听取关于2020年度人才工作和科技进步突出贡献集体和个人建议名单的汇报，听取关于2020年度平安柯桥建设突出贡献集体和个人建议名单的汇报，听取关于2020年度柯桥区美丽柯桥建设优胜镇（街道）考评结果的汇报，听取关于2020年度金融支持实体经济发展考核结果的汇报，听取关于2020年度绍兴市柯桥区自营出口优胜镇街的汇报。

3月11日会议　会议传达学习习近平总书记在中央党校（国家行政学院）中青年干部培训班开班式上的重要讲话精神，传达学习习近平总书记在全国脱贫攻坚总结表彰大会上的重要讲话精神，传达学习习近平总书记在中共中央政治局第二十八次集体学习时的重要讲话精神，传达学习国务院办公厅《内部情况通报》（第205期）及省委书记袁家军在通报上的批示精神，学习《中共中央 国务院关于全面推进乡村振兴加快农业农村现代化意见》精神，传达学习全国、省、市政法队伍教育整顿动员部署会议精神及柯桥区贯彻落实意见的汇报，学习《中国共产党统一战线工作条例》精神，传达学习全省统战部部长会议精神，传达学习全国、全省、全市宣传思想工作会议精神，学习《浙江省村级组织工作规则》精神，传达学习全国、全省、全市组织部部长会议暨组织部门数字化改革部署会精神。听取关于开展“传承柯桥作风、奋力领跑竞跑”干部作风大提升行动的汇报，听取关于区管领导干部2020

年度考核优秀等次（嘉奖）建议名单的汇报，听取关于开展深化拓展“三驻三服务”、全面赋能“领跑竞跑”行动方案的汇报，听取关于2021年全区干部教育培训工作要点的汇报，听取关于中共绍兴市柯桥区委关于开展党史学习教育的实施方案的汇报，听取关于2021年度区委、区政府和区级有关单位与区各民主党派、工商联及无党派人士协商通报计划的汇报，听取关于中共绍兴市柯桥区委关于开展全区政法队伍教育整顿实施方案的汇报，听取关于中共绍兴市柯桥区委关于落实中央巡视反馈问题整改工作方案的汇报，听取关于2021年柯桥区“项目竞赛攻坚年”行动方案的汇报，听取关于重点领域“遏重大”实施方案（《关于坚决打赢遏重大控较大生产安全事故攻坚战的实施意见》）编制工作情况的汇报，听取关于柯桥区2021年度消防安全重点工作计划的汇报，听取关于柯桥区“县乡一体、条抓块统”改革试点实施方案的汇报，听取关于成立柯桥区数字化改革领导小组建议方案的汇报。研究其他有关事项。

3月30日会议　会议传达学习全省制造业高质量发展大会精神，传达学习市委书记马卫光到柯桥区调研“十四五”城市空间布局及印染产业进化升级工作时的讲话精神，传达学习全市统战部部长会议精神，传达学习中共中央办公厅印发《关于加强巡视巡察上下联动的意见》、中央纪律检查委员会书记赵乐际和中央纪律检查委员会副书记、国家监察委员会主任杨晓渡在中央单位巡视工作调研座谈会上的讲话精神、浙江省委书记袁家军近期在省委书记专题会议上关于巡视巡察有关讲话精神和浙江省纪委书记、省监察委员会主任许罗德在十四届省委第十二轮巡视暨巡察指导督导工作动员部署会上的讲话精神，学习《中国共产党组织处理规定（试行）》精神，传达学习全省建设平安浙江工作暨扫黑除恶专项斗争总结表彰会议精神及柯桥区贯彻落实意见的汇报。听取关于柯桥区区管领导干部“领跑竞跑”工作实绩考核管理意见（试行）的汇报，听取关于建立人大政协领导重大项目督导推进机制的汇报，听取关于2020年柯桥区意识形态领域和社会舆情综合情况的汇报，听取关于2021年柯桥区现代产业重点项目建设计划的汇报，听取关于绍兴市柯桥区促进房地产市场平稳健康发展长效机制实施方案的汇报，听取关于绍兴市柯桥区人民政府和浙江大学医学院附属第二医院合作协议等协议的汇报，听取关于柯桥区国用（2014）第11298号土地回购事项的汇报，听取关于柯桥区“领跑全市做标兵、竞跑全省作贡献”工作方案的汇报。

4月30日会议　会议传达学习习近平总书记对职业教育工作作出的重要指示精神，传达学习省委书记袁家军、市委书记马卫光关于《今日聚焦》曝光曹娥江嵊州段污水入河问题的批示精神，传达学习省委办公厅、省政府办公厅《关于在各市县建立新闻媒体舆论监督曝光问题督促整改机制的通知》精神，研究柯桥区贯彻落实意见。听取关于柯桥区生态环保问题排查情况和举一反三整改工作的汇报，听取关于绍兴市柯桥区各民主党派基层委换届有关工作的汇报，听取关于一季度全区社会稳定及平安创建、信访工作的情况汇报，听取关于一季度全区安全生产和食品药品安全工作的情况汇报，听取关于加强税收共治促进财政收入提质增效的若干意见（试行）等的汇报，听取关于柯桥区推进政务服务“跨省通办”“全省通办”工作实施方案的汇报，听取关于柯桥区建筑垃圾管理和资源化利用项目实施方案的汇报。研究其他有关事项。

5月26日会议　会议传达学习习近平总书记等领导近期关于疫情防控工作的重要指示批示精神，传达学习全省政法队伍教育整顿工作第二次推进会、全省建党百年信访安保重点任务交办会议、全省信访系统构筑“党建＋信访”工作体系暨全省信访重点工作推进会精神，传达学习全省“碳达峰”“碳中和”工作推进会精神及柯桥区贯彻落实意见的汇报，传达学习全国巡视工作会议暨十九届中央第七轮巡视动员部署会精神，传达学习省委常委、省纪委书记、省监委主任许罗德到柯桥区调研时的讲话精神，传达学习“传承·发扬”——驻村指导员制度17周年论坛有关精神。听取关于柯桥乡贤总会成立大会暨招商项目签约仪式筹备工作的情况汇报，听取关于组建杭绍临空示范区开发建设投资有限公司实施方案的汇报，听取关于柯桥区对口工作和山海协作工程工作的汇报，听取关于进一步深化小微企业园区“低散乱污”整治提升工作方案的汇报，听取关于柯桥区全面落实促进经济高质量发展“凤凰行动”计划(2021—2025年)实施意见的汇报，听取关于加快推进柯桥区全域旅游高质量发展若干政策的汇报。

7月2日会议　会议传达学习习近平总书记在庆祝中国共产党成立100周年大会上的重要讲话精神，传达学习习近平总书记在十九届中共中央政治局第三十一次集体学习时的重要讲话精神，传达学习省委书记袁家军在浙江省庆祝中国共产党成立100周年大会上的讲话精神，传达学习全市提升党员干部队伍推进现代化建设新能力暨区、县(市)领导班子换届工作会议精神及柯桥区贯彻落实意见的汇报。听取关于健全完善“七张问题清单”亮晒整改工作机制的汇报，听取关于2021年区机关部门工作目标责任制考核意见的汇报，听取关于2021年镇(街道)、平台工作目标责任制考核意见的汇报，听取关于2021年镇(街道)岗位目标责任制考核经济指标分解建议的汇报，听取关于2021年柯桥区数字化改革项目建设计划情况的汇报，听取关于柯桥区“十四五”开放型经济高质量发展规划的汇报，听取关于柯桥区2021年鼓励支持开放型经济发展若干政策的汇报，听取关于进一步加强招商引资工作实施意见的汇报，听取关于3月29日《今日聚焦》曝光柯桥区瓶装燃气乱象问题整改及处置工作的汇报。研究其他有关事项。

7月14日会议　研究其他有关事项(换届)。

7月16日会议　研究其他有关事项(换届)。

7月28日会议　会议传达学习习近平总书记对防汛救灾工作作出的重要指示精神，传达学习省委书记袁家军到柯桥区检查指导防汛救灾工作时的讲话精神，传达学习全省山区26个县跨越式高质量发展暨山海协作工程推进会精神，传达学习市委八届十次全体(扩大)会议精神。听取关于区人大常委会、区政协上半年工作情况和下半年工作安排的汇报，听取关于区人民法院、区人民检察院上半年工作情况和下半年工作安排的汇报，听取关于区公安分局上半年工作情况和下半年工作安排的汇报，听取关于全区法治政府建设工作情况汇报，听取关于上半年全区社会稳定、平安创建和信访工作情况和下半年工作安排的汇报，听取关于上半年全区安全生产、食品药品安全工作情况和下半年工作安排的汇报，听取关于2021年柯桥区落实全面从严治党主体责任考核办法和2021年柯桥区党风廉政建设和反腐败工作组织领导与责任分工的汇报，听取关于中组部《关于对山西等10个省(自治区)市县乡换届风气督查情况的通报》有关精神的汇报，听取关于省、市新业态、新就业群体党建工作试点动员部署会精神及柯桥区试点工作的情况汇报，听取关于当前柯桥区意识形态领域形势的汇报，听取关于柯桥区2021年上半年经济运行情况的汇报，听取关于柯桥区开发区(园区)高质量发展总体方案的汇报，听取关于深化“亩均论英雄”改革促进高质量发展实施意见的汇报，听取关于绍兴市柯桥区科技创新发展“十四五”规划的汇报，听取关于“十四五”中国轻纺城发展规划的汇报，听取关于“十四五”柯桥区政府数字化转型发展规划的汇报，听取关于加快推动“三农”高质量发展若干政策意见的汇报，听取关于实施强村工程三年行动计划(2021—2023年)的汇报，听取关于柯桥区2021年金融支持实体经济发展考核办法的汇报，听取关于区委一届十次全体(扩大)会议建议方案及工作报告、决议、行动方案起草情况的汇报。学习统计法应知应会。

8月9日会议　会议传达学习习近平总书记重要指示精神和国务院、省、市疫情防控工作会议精神，研究柯桥区贯彻落实意见。

8月19日会议　会议传达学习市委书记马卫光调研杭绍临空经济一体化发展示范区绍兴片区工作时的讲话精神。听取关于杭绍临空经济一体化发展示范区绍兴片区工作情况的汇报，听取关于优秀村党组织书记进班子综合比选工作方案的汇报。

9月7日会议　会议传达学习习近平总书记在中央财经委员会第十次会议上的重要讲话精神，传达学习习近平总书记在中央民族工作会议上的重要讲话精神，传达学习习近平总书记在中央党校(国家行政学院)中青年干部培训班开班式上的重要讲话精神，传达学习省委副书记黄建发到柯桥区调研时的讲话精神，传达学习2021年全省政协主席暑期读书会暨宣传思想工作会议精神，传达学习《中共中央关于加强新时代检察机关法律监督工作的意见》精神，传达学习全省“双减”工作会议精神。听取关于《柯桥区党委(工委、党组)落实意识形态工作责任制的实施意见》起草情况的汇报，听取关于柯桥区推进印染企业全域提升促进印染产业高质量发展行动方案的汇报，听取关于柯桥区数字经济发展“十四五”规划的汇报，听取关于柯桥区工业经济高质量发展“十四五”规划的汇报，听取关于鉴湖实验室事业单位设置方案的汇报，听取关于加快推进柯桥区香榧产业提升实施意见的汇报，听取关于《深化共青团基层组织改革全国试点十二条意见》起草情况的汇报。研究其他有关事项。

9月28日会议　会议传达学习海洋强省推进会精神。听取关于区、镇人大换届选举工作情况的汇报，听取关于2020年度服务业企业“亩产效益”综合评价的汇报，听取关于在全区开展法治宣传教育的第八个五年规划(2021—2025年)的汇报，听取关于柯桥区2021年度安全生产巡查方案的汇报，听取关于绍兴市柯桥区创建浙江省食品安全示范区工作方案的汇报，听取关于柯桥区加强行政服务中心建设实施方案的汇报，听取关于2021第四届世界布商大会、柯桥国际纺博会(秋季)、柯桥时尚周(秋季)等活动方案的汇报，听取关于绍兴柯桥未来之城建设管理中心开发建设运行体制机制的若干意见的汇报，听取关于2021年区直属国有企业经营业绩考核意见的汇报，听取关于有关案件办理情况的汇报，听取关于高质量做好2021年镇领导班子换届工作的实施意见的汇报。研究其他有关事项。

10月18日会议　会议传达学习习近平总书记在中央人才工作会议上的重要讲话精神，传达学习习近平总书记在纪念辛亥革命110周年大会上的重要讲话精神，传达学习习近平总书记对老龄工作的重要指示精神，传达学习习近平总书记在中央人大工作会议上的重要讲话精神，传达学习省委书记袁家军到柯桥区调研时的讲话精神，传达学习全省基层党建工作会议精神，传达学习省委副书记、代省长王浩到柯桥区调研时的讲话精神，传达学习全省能耗双控工作电视电话会议精神。

11月11日会议　会议传达学习习近平总书记在中共中央政治局第三十四次集体学习时的重要讲话精神，传达学习全省“县乡一体、条抓块统”工作现场推进会精神，传达学习近期中央、省委关于巡视巡察工作新部署新要求精神，传达学习全国加强换届风气监督工作电视电话会议精神。听取关于三季度全区社会稳定、平安创建和信访工作情况的汇报，听取关于三季度全区安全生产、食品药品安全工作情况的汇报，听取关于柯桥区整区屋顶分布式光伏开发试点实施方案的汇报，听取关于柯桥区促进经济高质量发展若干意见的汇报，听取关于东西部协作和山海协作有关情况的汇报，听取关于全面强化和规范基层财政管理实施办法的汇报，听取关于柯桥区2021年大气治理工作情况的汇报，听取关于绍兴市柯桥区二届政协人事安排工作意见的汇报，听取关于第三次镇(街道)工作交流会测评结果的汇报。

12月11日会议　会议传达学习习近平总书记在中央经济工作会议上的重要讲话精神，传达学习习近平总书记在中共中央党外人士座谈会上的讲话精神，传达学习习近平总书记在全国宗教工作会议上的讲话精神，传达学习习近平总书记在中央政治局第三十五次集体学习时的重要讲话精神，传达学习省委书记袁家军在省新冠肺炎疫情防控工作领导小组扩大会议上的讲话精神，传达学习省委书记袁家军在省委人才工作会议上的重要讲话精神，传达浙组电字〔2021〕7号文件精神。听取关于柯桥区现阶段疫情防控工作部署落实和下阶段工作安排的情况汇报，听取关于柯桥区“大综合一体化”行政执法改革实施方案的汇报，听取关于柯桥区金融控股有限公司股权结构调整的情况汇报，听取有关案件的情况汇报，听取关于市党代表候选人初步人选推荐情况的汇报。研究其他有关事项。

12月20日会议　会议传达学习国务院副总理孙春兰在绍兴调研指导疫情防控工作时的重要讲话精神，传达学习省委专题会议、全省领导干部会议和市委常委会会议精神，传达学习全省“七张问题清单”应用贯通推进会精神。听取关于柯桥区现阶段疫情防控工作部署落实和下阶段工作安排的情况汇报，听取关于全区经济运行情况的汇报，听取关于柯桥区“七张问题清单”工作情况的汇报，听取关于全区信访积案化解工作、不稳定因素摸排情况的汇报。

12月28日会议　会议听取关于柯桥区二届人大一次会议、柯桥区政协二届一次会议筹备工作情况的汇报，听取关于新一届区委委员、纪委委员人事安排原则意见和方案以及区人大代表候选人名单的情况汇报。研究其他有关事项。（王伟峰）

组织工作

【概况】 2021年，柯桥区完成县乡换届，实施“干部作风大提升行动”，区管领导干部“领跑竞跑”工作实绩考核管理做法在《中国组织人事报》刊发推广。柯桥区委作为全省两个县（市、区）代表在全省基层党建工作会议上作典型发言，柯桥党建工作获省委书记袁家军肯定。举办驻村指导员制度17周年论坛，发布全国首个《驻村指导员工作标准》。建设全省首个区级强村公司矩阵，建立南部三镇党建联盟，新华社客户端阅读量超百万次。成立全市首个“小哥驿家”服务中心，棠棣村、叶家堰居委会等全市首批先行村创建顺利推进。

全年引进省级以上领军人才51人，其中自主申报国家引才计划22人，累计集聚省级以上领军人才251人。印染产业工程师协同创新中心相关做法获省委书记袁家军、省长郑栅洁、副书记黄建发和工信部领导批示肯定，被央视《新闻联播》等媒体报道。柯桥民营人才创业园运营模式被《人民日报》报道和中组部《组工信息》刊发，入选2021全国人才工作创新案例。柯桥区第9次获评全省党政领导人才工作目标责任制考核优秀单位。

“浙里工程师”入选全省数字经济系统首批多跨应用场景“揭榜挂帅”项目，在全省数字化改革工作推进会上获省委书记袁家军肯定和省经信厅推介。大渡社区作为未来社区创建唯一代表，在全省数字化改革工作推进会上汇报以党建智慧云社区为基底的相关场景应用。

【县乡换届】 2021年，柯桥区用2个月时间，完成乡镇班子届末考核和区级机关部门（单位）调研，全面推动干部队伍系统性重塑。平稳推进县乡换届，镇（街道）班子中35岁以下年轻干部和高素质专业化干部配备比例大幅提高，完成换届结构性干部配备要求，队伍结构进一步优化。从严把关“两代表一委员”推荐选举，顺利产生区镇两级党代表871名、人大代表647名。

【“领跑竞跑”实绩比赛】 2021年，柯桥区出台《区管领导干部“领跑竞跑”工作实绩考核管理办法》，构建“三场景两体系一榜单”数字赋分总体框架，实现“人人有分数、个个有排名”。依托“干部数字实绩赋分系统”，开展每季度镇（街道）书记述职测评，由区领导、部门正职、“两代表一委员”3个层面的评委对16个镇（街道）进行分档评价，全年开展现场测评4次。配套开发干部实绩赋分系统，结合乡镇届末考核，对于22名考核“良下”“一般”等次的干部，在换届中通过逆向交流、改任职级公务员等方式进行逆向调整。

【干部作风大提升行动】 2021年，柯桥区开展干部作风大提升行动。创新人大政协领导“项目巡察”工作机制，保障重大项目落地。开展行风广播对话40期，窗口服务单位行风效能暗访督查11次。开展干部作风提升实绩展评，评选“最美审批人”50人、“担当有为好窗口”30个。首批评选区级“担当作为好干部”和“担当作为好支书”各20人。

【年轻干部“逐浪”行动】 2021年，柯桥区实施年轻干部“逐浪”行动。开展党政储备干部“3年100”（3年面向“双一流”高校选聘100名左右党政储备人才）引才计划，加大高水平高层次人才招引力度，选聘24名“双一流”高校优秀毕业生为党政储备人才，直接安排到相应部门、镇街中层岗位压担锻炼。分级分层建立优秀年轻干部储备名单。推荐产生第五批源头干部197人。开展“七彩赋能”系列培训、党政储备人才集训营，共培训740人次。

【公务员管理改革】 2021年，柯桥区推进公务员管理改革。分类分批开展职级晋升，152名公务员晋升综合管理类、公检法单独序列职级。重新认定参照公务员法管理单位，会同编办、财政局等部门对全区68家参公单位的性质、职责、经费、人员等情况进行摸排。实施公务员招录工作“全流程管理”，当年招录公务员86人。

【换届监督】 2021年，柯桥区印发《关于从严从实加强换届风气监督的通知》，建立4个换届风气巡回督导组，线上线下联动开展严肃换届纪律教育宣传，在柯桥组工、柯桥发布、柯桥区党建网等媒体上进行动态立体宣传。发放“十严禁”小卡片6100余份，组织3632人签订《严守换届纪律承诺书》，对94名拟提任（提名）人选全覆盖开展“凡提四必”。

·小资料· “十严禁”

严禁结党营私、严禁拉票贿选、严禁买官卖官、严禁跑官要官、严禁个人说了算、严禁说情打招呼、严禁违规用人、严禁跑风漏气、严禁弄虚作假、严禁干扰换届。

·小资料· “凡提四必”

对拟提拔或进一步使用人选，要做到干部档案“凡提必审”，个人有关事项报告“凡提必核”，纪检监察机关意见“凡提必听”，反映违规违纪问题线索具体、有可查性的信访举报“凡提必查”。

【驻村指导员制度传承】 至2021年，柯桥区推行驻村指导员制度17年，累计选派区镇两级驻村（社区）指导员17批次5300余人。5月，举办驻村指导员制度17周年论坛，制定发布全国首个《驻村指导员工作标准》，得到中组部、省组肯定。升级打造驻村指导员制度传承馆，实施百名年轻干部驻百村、百日攻坚破百项难题的“双百计划”。传承深化驻村指导员制度相关做法获省委书记袁家军、副书记黄建发、市委书记马卫光等批示。

【党建共富联盟建设】 2021年，柯桥区建设全域党建共富联盟，实现乡村运营新突破。全年创建乡村振兴先行村3个、AAA级景区化建设示范村6个、五星达标村20个。落地业态37个，建成“花满棠棣”“鉴湖里”网红打卡点，吸引游客35万余人次，运营收入超1000万元。

【强村公司成立】 2021年11月11日，柯桥区召开抓党建促强村共富大会暨强村公司成立签约仪式，发布柯桥区抓党建促乡村共富八条举措和全市首个区镇村三级强村公司矩阵，构建全市首个区级引导、镇级主导、村级补充的三级协同强村公司矩阵，探索形成投资收益型、“飞地”抱团型、资源开发型等九大强村公司组建模式。

【新业态、新就业群体党建】 2021年，柯桥区分类制定《新就业群体服务中心建设管理规范标准》，在全市首创新就业群体服务中心——“小哥驿家”70个，为快递员、外卖员等户外工作者全覆盖提供休息场所，小哥暖心驿站电子导航图的做法在中组部《组工信息》刊登。在全市率先推出3家网约车司机之家，为全区4100余名网约车司机提供党建阵地、呼声窗口、交通服务、矛盾调解四大类服务。

【“浙里工程师”被列入省级多跨应用项目】 2021年，柯桥区“浙里工程师”入选全省重大应用“一本账S0”（数字化改革重大需求、多跨场景应用、重大改革“三张清单”S0）清单，成为全省数字经济系统首批多跨应用场景“揭榜挂帅”项目。上线后吸引17136名工程师入驻，发布成果73项，累计服务企业385家次，入选全省数字经济系统第一批优秀应用名单。

【人才引育】 2021年，柯桥区举办第六届海内外高层次人才创新创业大赛、科创之江百人会成立大会等大型活动，新签约市场化引才机构11家，引进高层次人才项目116个。至年底，国家引才计划入选建议名单22人，省引才计划通过复审55人，省领军型团队内部了解入选1个，省海外工程师入选18人，第24批绍兴“名士之乡”英才计划入选26人。

【人才平台升级】 2021年，柯桥区人才平台升级。年内签约落户浙大二院绍兴院区、清华大学“中意未来时尚创新中心”、宝武碳纤维研究所、西安光机所光子产业实验室、天津工业大学绍兴研究院等平台。实施印染产业工程师协同创新中心能级提升工程，共集聚工程师417人，实现揭榜挂帅成果16项，解决个性化难题185个。加强东盛慧谷、恒汇数智园等民营人才创业园建设和优质项目导入，新引进人才项目17个。完成浙江绍兴外国高端人才创新集聚区整合提升。

【“群贤讲堂”】 2021年，柯桥区创设“群贤讲堂”，分设“四史”（党史、新中国史、改革开放史、社会主义发展史）、人文、健康、科普等系列。全年举办党史学习教育、作风建设、改革开放史和“党员的模样”专题共4次。（诸米兰）

宣传工作

【概况】 2021年，柯桥区贯彻落实中央、省委、市委关于做好意识形态和宣传工作的一系列决策部署，守住意识形态主阵地，建设理论、舆论、文化、文明四大高地。开展党史学习教育，策划开展庆祝中国共产党成立100周年特色活动89项，开展主题宣讲近3000场次；持续推进媒体融合改革和对外宣传推介，营造正面主流舆论，处置系列突发舆情；文化产业综合实力排名居全市首位、全省前列；实现新时代文明实践站(所)、文化礼堂全域覆盖，承办全省农村文化礼堂2.0版暨新时代文明实践中心建设现场会。“文明轻骑兵”行动得到省委书记、省长等省领导批示肯定，“未来社区”文化场景在全省数字化改革工作推进会上作典型介绍，宣传信息工作全市第一。

【主题宣讲活动】 2021年，柯桥区组建“区委十九届六中全会精神宣讲团”，形成“领导干部+知名专家+基层干部+青年宣讲员+媒体记者+特色宣讲团”的1+6“大宣讲团”，进企业、进农村、进机关、进校园、进社区开展宣讲近3000场次。在抖音、微信视频号、柯桥发布、笛扬APP等推出线上宣讲品牌76个、短视频宣讲700多个，点击量超2000万次，入驻新时代文明实践中心、智慧礼堂等阵地，实现一场宣讲、全区同步。

【在省级及以上主流媒体刊发重点报道430余篇】 2021年，柯桥区在省级及以上主流媒体刊发重点报道430余篇，其中中央电视台37条(《新闻联播》4条)、《人民日报》20篇(头版1篇)、《新华每日电讯》6篇(头版2篇)、《浙江日报》217篇(头版头条4篇)。

【“一核多平台”全媒体矩阵建设】 2021年，柯桥区落实“移动优先”战略，全面优化以“笛扬新闻”APP为核心，报纸、电视、广播、公众号等多平台刊播、多渠道发声的全媒体矩阵。“笛扬新闻”APP装机量100余万台，注册用户15万人，2020年在全省新闻客户端排名前三。抗御台风“烟花”宣传在全省防台宣传总结座谈会上获省委常委、宣传部部长朱国贤3次点名表扬。短视频《村干部“扎猛子”徒手疏通积水村道》以单平台304.4万次的阅读量获评全省防台宣传优秀作品。

【规上文化产业增加值84.2亿元】 2021年，柯桥区规模以上文化产业增加值84.2亿元(省标)，比上年增长31.3%，总量和增速均居全市第一。18个项目被列入市文创大走廊，完成投资额50.2亿元，风火文化等4家企业获评浙江省第六批成长型文化企业，1家企业入围培育名单，入选数量居全市首位。

【“十四五”文化产业发展规划出台】 2021年，柯桥区出台“十四五”文化产业发展规划，明确“十四五”期间全区文化产业发展的指导思想、总体目标、发展战略、空间布局、产业体系、发展路径、发展平台和保障措施。全年拨付政策扶持专项资金870余万元，惠及14家企业20个项目。“诗e柯桥”数字诗路文化体验馆建成开馆，为全市唯一入选浙江省文化产业优秀创新案例的项目。

【网络媒体发展】 2021年，柯桥区网络媒体向各类新媒体平台拓展延伸，客户端、微信公众号及抖音短视频平台流量持续升高，微信视频号、小红书、哔哩哔哩(bilibili)等平台流量大幅增加。至年底，全区有属地互动社区网站及论坛3家，各区级机关、企事业单位、社会团体、学校拥有微博、微信公众号、微信视频号、抖音号、小红书号、哔哩哔哩账号及移动客户端等平台180余个。以柯桥发布、老绍兴金柯桥、柯桥贪吃舌等为代表的视频号影响力迅猛增长，以“柯桥古镇”“才聚柯桥”为代表的账号在小红书、哔哩哔哩等平台的影响力逐渐上升。自媒体中，本地网络达人20余人、影响较大的民间微信公众号4个。

【舆情处置】 2021年，柯桥区持续推进网络生态“瞭望哨”工程，加强网络舆情风险源头管理，强化网络舆情预警、引导、处置回复工作的闭环管控，通过“网络民生直通车”平台共派发处置网络舆情1861件。重点处置网络大V反映村霸、未成年人性侵案、“烟花”台风不实视频等热点舆情事件，为浙江工业大学之江学院转设、教育“双减”、能源“双控”、“退苗还粮”等重点工作营造良好网络空间。

【“有礼有爱”品牌建设】 2021年，柯桥区以“选树身边好人、厚植道德文化”为主旨，建设“有礼有爱”之城。加大好人宣传选树力度，被评为全国岗位学雷锋标兵1人、浙江省第七届道德模范1人、中国好人2人、浙江好人5人、绍兴好人18人、“柯桥好人”41例。结合党史学教活动，推出“‘志’敬百年·红色献礼”活动，评选首届区级“十佳志愿者”，开展全国岗位学雷锋标兵、区“十佳志愿者”等先进事迹巡回演讲活动，弘扬真善美、传播正能量。深化“礼遇好人”品牌，做大做强“好人基金”，设立“道德文明贷”“如意行”等特色礼遇项目19个，弘扬“好人有好报、德者有所得”的社会风气。

【系列文明创建】 2021年，柯桥区深化文明村镇、文明单位、文明校园、文明家庭创建工作，建立完善文明系列创建平台化、动态化、清单化管理机制。至年底，有区级及以上文明村194个、文明镇5个、文明单位249个、文明家庭24个，文明校园实现全覆盖，有6家单位、1个镇、9个村被列入新一轮全国文明单位（文明村镇）规划，19家单位、12个村被列入新一轮浙江省文明单位（文明村镇）规划。组织开展首届柯桥区文明家庭评选推荐，表彰区级文明家庭20户。

【文明实践工作】 2021年，柯桥区持续推进新时代文明实践中心、文化礼堂、智慧礼堂建设工作，覆盖16个镇（街道）、336个村（居委会、社区），构建集信息归集、数据整合、资源调配等功能于一体的指挥管理系统，承办全省农村文化礼堂2.0版暨新时代文明实践中心建设现场会。启动“双十双百”计划，选育区级特色志愿服务项目21个(3个获评全市最佳志愿服务项目)，获评全市优秀志愿服务团队4支，获评全市优秀实践站（所）5个。建设“志愿柯桥”线上管理平台，累计注册志愿者12.5万人、志愿团队1677个，开展志愿活动2.13万次，服务时长339.8万小时。推出“文明轻骑兵”实践项目，建设数字化应用场景，该项目获评绍兴市宣传文化系统十佳创新项目第一名。（赵昕怡）

统一战线

【概况】 2021年，柯桥区紧密团结全体统战对象，推进统战工作。在台风“烟花”侵袭和上虞新冠肺炎疫情突袭而至期间，全区统一战线领导干部带头深入基层参与抢险、抗疫等工作，广大统战成员广泛参与，累计捐款300余万元，捐赠口罩、防护服等物资80余万件。开展多种形式的新乡贤选树活动，20名乡贤代表的典型事迹在电视、报纸、网络等媒体宣传，3人获市级统战宣传栏目《天南地北绍兴人》报道。调动区、镇、村三级乡贤娘舅投入参与基层治理，化解矛盾600余起。全区镇（街道）级乡贤工作阵地实现全覆盖，2/3的村居建有乡贤工作阵地。制定《2021年度区委、区政府和区级有关单位与区各民主党派、工商联及无党派人士协商通报计划》8个，提出意见建议100余条。各民主党派和知联会共报送“直通车”建议6篇，获批示2篇（其中1篇获区委、区政府主要领导双批示）。围绕平安宗教活动场所创建“1+9”（宗教活动场所管理规范和政治安全、人员安全、活动安全、食品安全、消防安全、建筑安全、网信安全、财务安全、财产安全等九大安全）指标体系，借助“浙江掌上宗教”APP和第三方安全巡查托管，开展宗教活动场所平安创建。全年创建省级普法示范基地1家，开展普法教育培训11场次。接待赴柯海外侨领、侨界重点人士5批100人次。元旦、春节、中秋走访慰问重点侨界人士及亲属100余人。建立西班牙（巴塞罗那）海外侨务工作站。6个民主党派基层组织全部于5月完成换届。调研课题“绍兴市民主党派基层组织标准化建设的探索与思考”获2021年度全省统战理论创新成果一等奖。知联会理事许志鸿所在的商会受到全国工商联表彰。

【“百年风华·同心向党”系列活动】 2021年6月，柯桥区面向全区广大统战对象举办“百年风华·同心向党”系列庆祝活动，有经典诵读会、书画作品展、主题征文比赛等形式。活动征集到书画摄影作品

2021年6月26日，柯桥区统一战线庆祝中国共产党成立100周年经典诵读会在区文化馆音乐剧场举行　　（区委统战部　提供）

40余幅，主题征文50余篇，近300名统一战线成员现场观看诵读会专场演出，40余万人观看直播。

【乡贤回乡投资】 2021年，柯桥区启动在外乡贤回乡投资项目17个，总金额268亿元。在6月举行的柯桥乡贤总会成立大会暨重大招商项目签约仪式上，乡贤直接投资或乡贤牵线搭桥的39个重大项目集中签约，总投资324亿元。

【乡贤参与公益慈善】 2021年，柯桥区乡贤发起慈善基金、捐款4200余万元，其中安昌乡贤濮黎明捐赠1000万元成立专项慈善基金。夏履乡贤李兰娟、夏瑞明连续4年回乡义诊。

【宗教界人士读书会】 2021年4月27日，柯桥区开展以"中国共产党简史"为中心主题的宗教界人士读书会。区委统战部副部长、民宗局局长陆建祥，区政法委副书记沈洋，区各镇（街道）统战干事、各宗教团体及宗教场所负责人110余人参加。

【浙江省华侨国际文化交流基地】 2021年，柯桥区首家浙江省华侨国际文化交流基地在区非物质文化遗产馆挂牌，为浙江省侨联在柯桥区设立的第一个浙江省华侨国际文化交流基地，面向海外华人华侨、归侨侨眷、华裔青少年，开展认识"非遗"、亲近"非遗"的活态传承展示活动，向海内外侨胞讲好柯桥故事。

【柯桥乡贤总会成立】 2021年6月13日，绍兴市柯桥乡贤总会成立大会举行。市委常委、统战部部长叶卫红，柯桥区四套班子主要领导，各界乡贤以及各镇（街道）、有关部门主要负责人近300人出席。总会下设指导委员会和理事会，其中指导委员会成员27人，理事会成员76人。申洲国际集团控股有限公司董事长马建荣任会长。

【西安柯桥乡贤招商引才联络处成立】 2021年10月16日，西安柯桥乡贤招商引才联络处成立仪式在西安市亮宝楼举行。西安家豪布艺家居有限责任公司董事长孙利龙当选主任，卞坚江、沈雅芬、张抒、陆关林、徐国红当选副主任。

2021年10月16日，西安柯桥乡贤招商引才联络处成立
（区委统战部　提供）

【统战工作数字化建设】 2021年，柯桥区研究开展"民族E家亲"数字化改革多跨应用场景系统设计和上线试运行工作。从服务端与管理端入手，数字化开发"政策E知""生活E通""文化E站""团结E心""多元E治"五大功能模块，建设城市民族工作在五大模块的多端协同和数据集成，为各民族群众提供"一站式"精准服务。确定"和融"指数评价6+1（即党建引领、政策宣传、制度建设、团队培育、文化互动、和睦相处以及负面清单）标准，数字化平台架构共细分为5项二级任务、29项三级任务、54项四级任务（即最小颗粒度事项）。

2021年6月13日，绍兴市柯桥乡贤总会成立（区委统战部　提供）

【区新联会一届七次会长会议】 2021年1月21日，中国轻纺城新的社会阶层人

士联谊会一届七次会长会议在浙江通达税务师事务所召开，会长、副会长、秘书处成员共12人参加会议，会议集中学习2020年12月21日中共中央发布的《中国共产党统一战线工作条例》，会长韩冲汇报2020年度工作。

【区新企联召开二届三次会长办公会议】 2021年9月9日，柯桥区新生代企业家联谊会召开二届三次会长办公会议。会议以“新企联结对支助合心村”为议题，围绕乡村振兴与共同富裕话题展开讨论，通过《关于绍兴市柯桥区新生代企业家联谊会社会公益捐赠的决议》。（沈 玮）

【知联会参政议政】 2021年，区知联会以人大议案、政协提案、政协大会发言、专题调研报告、社情民意信息等形式报送建议案49件，被区领导和有关部门采纳。组织会员参加经济社会形势通报会、政府工作报告意见征求会、两院工作专题协商会议、政协“请你来协商”等会议并建言献策。3月18日，参加绍兴市政协在柯桥区交警大队组织的第19场“有事好商量”民生实事协商活动，为交通便民“一件事”集成改革建言献策。8名会员参加《政府工作报告》征求意见专题协商，5名会员与新联会会员就“杭绍临空经济一体化发展示范区绍兴片区建设”进行专题协商讨论，5名会员参加区人民法院推进智慧法院建设工作情况专题协商、区人民检察院落实少捕慎诉慎押司法政策的工作情况专题协商并提出建议，6名企业家会员参加半年度经济社会运行情况专题协商，6名会员参加“柯桥区数字化改革工作情况”专题协商。10月30日，区知联会赴南部山区稽东镇中心小学开展“双减”考察学习活动。

【知联会学习培训】 2021年，柯桥区定期召开会员大会、理事会、分会会议，组织会员政治学习。2月25日，区知联会召开三届三次理事会议，学习中央统战工作条例、柯桥区干部大会暨区委经济工作会议精神。11月19日，召开“走古镇 话共富”三届四次理事会议，专题传达学习中共十九届六中全会精神和共同富裕精神。组织骨干会员到各级社会主义学院和各种类型的培训班学习，11月11—15日，4人参加柯桥区党外代表人士培训班。11月22—26日，参加省委统战部举办的无党派人士培训班。

【知联会公益活动】 2021年1月12日，区知联会组织慰问湖塘街道陌坞村10户困难家庭；5月18日，组织看望区中医院康复儿童，连续第7年开展对残疾儿童慰问；7月30日，举办“关注女性健康 守护花样年华”健康知识，特邀省知联会常务理事、省政协委员、浙江大学医学院附属妇产科医院妇三科主任周坚红，浙江大学关爱女性健康公益基金讲师，杭州市西湖区转塘街道社区卫生服务中心妇产科主任岑晓萍授课；11月26日，组织会员参与“三下乡”活动。参与疫情防控工作，副会长高安良捐款4.5万元，理事许志鸿捐款2.25万元，共筹集款项6.75万元捐赠区慈善总会，会员林爱光发动所在商会捐款捐物超60万元。（蒋一平）

机构编制

【概况】 2021年，柯桥区召开编委会3次，审议批复35个机关事业单位请示50件；核准127家机关事业单位年度用编计划663人，核准22个机关事业单位调整用编计划86人；办理机关事业单位人员进编手续937项，出编手续650项，审核使用中层领导职数230个；办理机关事业单位编外人员增加手续130项，编外人员减少手续240项。对10

2021年11月17日，2021年柯桥区事业单位法定代表人素质能力提升班开班
（高越峰 摄）

个单位进行机构编制审计,对1个单位开展机构编制绩效评估。设立登记事业单位2家,变更登记事业单位224家;新发放社会统一信用代码证的机关、群团7家,变更35家。审查事业单位年度报告344家,在区政府网站信息公开专栏公示。出台《绍兴市柯桥区党政机关职责管理办法》,举办2021年度机构编制业务培训班和事业单位法定代表人素质能力提升班。

【基层治理"一件事"改革】 2021年,柯桥区出台《关于深入推进基层治理"一件事"改革的实施意见》,聚焦市场监管、农业农村、综合执法、交通运输、安全生产、城镇管理等领域,梳理基层反应强烈、涉及部门多、协调难度大的16件基层治理"一件事"事项,逐项细化工作职责,绘制事项运行流程图,形成事项办事指南。结合数字化改革,上线运行基层治理"一件事"场景化应用,推动基层治理"一件事"改革落地见效。

2021年5月19日,柯桥区召开基层治理"一件事"编制工作会议
(高越峰 摄)

【机构编制数字化改革】 2021年,柯桥区开发机构编制智慧化管理系统,拓展数字化监管功能,提高事前预警和事后监督能力。加强国有企业机构设置和员额管理,开发运行国企人员管理模块,该应用申报全省编办系统数字化改革"最佳应用",进入终选阶段。对接省数字化改革重大应用相关跑道,作为承担省机构编制数字化监管平台试运行的三个县(市、区)之一,完成并反馈报告三大类16个项目的试运行工作。实现机构编制智慧化管理系统与区"数字化改革跑道"、IRS(一体化数字资源系统)平台、"城市大脑"等相关信息系统对接互联。

【权力清单管理】 2021年,柯桥区开展涉及37个部门3522项行政检查事项的年度覆盖工作,在全市率先完成事项覆盖率100%的目标任务。完成9753项监管事项的认领,认领率100%。所有镇(街道)完成省有关部门要求的107项政务服务库事项和33项监管库事项的认领。

【属地管理】 2021年,柯桥区"属地管理"事项实现"五个一"(一清单、一流程、一机制、一纪要、一案例)标准,动态调整29处,依托基层治理综合信息系统开发应用模块,实现事项线上运行。印制《绍兴市柯桥区乡镇(街道)属地管理高频事项"五个一"汇编》和《绍兴市柯桥区乡镇(街道)"属地管理"清单最佳应用汇编》。对全区派驻机构人员编制进行"双锁定",开发实名制系统专属模块,对派驻干部实行实名制备案管理。

·小资料· "双锁定"

根据"编随事走"原则,全面锁定8个派驻机构的行政事业编制,实行"专编专用"。对下沉到"基层治理四平台"纳入镇(街道)统筹管理的派驻干部,按照实际在岗工作人员数进行锁定,实行实名制备案管理,规定派驻人员原则上在同一镇(街道)工作期限不少于2年。

【"大综合一体化"行政执法改革】 2021年,柯桥区增加区综合行政执法大队参公事业编制28人,明确区综合行政执法大队机构规格为相当于正科级,核定领导职数3人,相应调整区综合行政执法大队内设机构。整合区能源监察大队、民政行政执法队、劳动保障监察大队等5支部门专业执法队伍,相应划转参公事业编制4人。

【机构编制资源配置】 2021年,柯桥区设立区委社会建设委员会,在区农业农村局增挂区乡村振兴局牌子。在共同富裕、乡村振兴、大数据产业发展、文明实践、院前医疗急救体系建设方面新设事业单位5家,核定事业编制29人。增加相关单位77名事业编制,保障高层次人才、专业型人才引进。在各镇(街道)增设应急管理办公室,理顺基层应急管理机构设置与职能配置。

【教育人事制度改革】 2021年,柯桥区探索教育人事制度改革,对公办幼儿园按教职工配备标准实施总量管理,完成18家审批设立的公办幼儿园教职工总量测算。

【事业单位管理】 2021年,柯桥区整合职能相近或弱化的事业单位,撤销自收自支事业单位3家,调整自收自支事业单位经费形式8家。对其余经费形式暂不作调整的自收自支事业单位,收回事业编制27人,进一步明确相关事业单位编制使用条件。对10家事业单位开展"双随机、一公开"抽查。按照分类推进原则,完成前两批127家事业单位章程制定工作。

·小资料· "双随机、一公开"

即在监管过程中随机抽取检查对象,随机选派执法检查人员,抽查情况及查处结果及时向社会公开。"双随机、一公开"是国务院办公厅于2015年8月发布的《国务院办公厅关于推广随机抽查规范事中事后监管的通知》中要求在全国全面推行的一种监管模式。

【国有企业机构员额管理】 2021年,柯桥区出台《柯桥区国有企业机构设置和员额管理办法》,核定全区8家区直属国有企业用工员额、领导职数、内设机构和中层领导职数,以及高端紧缺人才和首席技术官职数,将区直属国有企业5000余名人员相关数据纳入系统,进行实名制备案管理。

【机构编制报告制度实施】 2021年,柯桥区实施机构编制报告制度,明确报告对象、事项、形式以及时间等要求,压实细化各镇(街道)和部门(单位)的报告主体责任,将报告质量和评估结果作为改进机构编制调整、优化机构编制资源配置的重要依据。(高越峰)

信访工作

【概况】 2021年,柯桥区推进信访工作"两化一提升"(化重点案件、化重复案件,提升矛调中心质效)专项行动,获全省"无信访积

2021年12月,柯桥区信访局获评2021年度人民网网上群众工作民心汇聚单位 (唐艳妍 摄)

案县(市、区)"四连创,完成年度重大节会期间信访保障任务。"12345"政务热线服务指数平均分位列全市第一,月指数7个月获全市第一。区信访局被评为2021年度人民网网上群众工作民心汇聚单位。

【全区信访干部业务培训】 2021年11月23—24日,柯桥区在区委党校开展全区信访干部业务培训,开设"十九届六中全会精神解读""练就'五度五力'扎实做好新时代信访工作的答卷人""政务热线工作方向和重点""人民建议与决策参谋"等课程,200余名信访干部参加。

2021年11月23—24日,柯桥区信访干部业务培训班在区委党校举行 (唐艳妍 摄)

【压实责任效果明显】 2021年,柯桥区压实镇(街道)、部门党委信访工作责任,赴省访241人次,县

级走访人次占比 87.02%。

【信访积案化解率达到省定、市定目标】 2021 年，柯桥区通过包案区领导、事权单位、属地镇街、第三方力量等合力化解，至年底，化解国家级重复信访交办件 183 件，化解率 98.39%；化解省级重复信访交办件 132 件，化解率 100%；化解国家信访局督办件 6 件，化解率 100%；化解求决类市级积案 144 件，化解率 87.80%。化解率均达到省定、市定目标。

·小资料· 求决化解类积案

根据信访人的目的，省“民呼我为”统一平台对接收的事项分为咨询、申诉、求决、建议意见类、检举控告、其他等六类。求决化解类积案是指对自身利益受到损害，或诉求不能得到实现，请求有关机关帮助解决困难、问题的积案。

【信访超市接访群众 1552 人次】 2021 年，柯桥区深化区领导值守接访、部门联合接访机制，实行重点部门集中常驻、一般部门轮流入驻、涉事部门随叫随驻，建设信访矛盾化解终点站。至年底，信访超市接访群众 404 批 1552 人次。

2021 年 11 月 26 日，柯桥区委书记陈豪（第二排中）在区信访局接待来访群众 （陈 良 摄）

【初访化解率 96% 以上】 2021 年，柯桥区深化初信初访办理“2211”工作机制，实行主要领导“两签”（交办签、办结签），信访事项“两办”（代办员代办、分管领导督办），每周一会商、每件一回访，以标准化办理流程实现工作闭环，推动群众反映事项“一次性解决”。初次走访、来信和网信一次性化解率分别为 97.25%、96.82% 和 98%。

【信访平台解决交通出行信访 240 余件】 2021 年，柯桥区利用信访平台大数据，分析研判群众反映的热点、焦点问题和人民建议，解决交通出行方面的信访件 240 余件。

【网络问政】 2021 年，柯桥区信访工作注重网络问政，认真对待每条留言，加强与留言网民沟通联系，解决好基础设施、教育、医疗、生态环境等民生问题。全年办理人民网网民留言 475 件，其中“地方领导留言板”网民留言 365 条。

【网民留言办理情况督查考评】 2021 年，柯桥区对重要网站网民留言办理情况进行督查通报，对确属疑难复杂、处理难度较大的群众留言，现场召集相关网民、涉事单位共同商讨 40 余次。至年底，柯桥区网民留言回复率 100%，为全省第一，群众留言量、公开回复量及群众满意率均为全市第一。

【完善信访代办制】 2021 年，柯桥区立足群众反映情况、表达诉求“找人难”等问题，完善信访代办“五跑”服务机制，深化区领导每日接访、部门联合接访机制，共接待来访群众 404 批 1552 人次，依法及时就地解决群众合理合法诉求。至年底，共有信访代办员 480 人，代办群众信访诉求 478 件，代办率 44.55%，超过市定目标。

·小资料· 信访代办“五跑”服务机制

平台整合网络跑、镇村干部代理跑、专业人士帮助跑、社会组织参与跑、调解中心精准跑。（唐艳妍）

老干部事务

【概况】 2021 年，柯桥区组织老干部理论研讨会 2 次、主题报告会 6 次。举办庆党建百年艺术展和“建党百年、老少共庆”系列教育活动，开展老领导作风大讨论活动，帮困 96 人次 18.9 万元。承办绍兴市离休干部服务管理座谈会，加强四级联动，提升“四就近”（就近学习、就近活动、就近得到关心照顾、就近发挥作用）工作新模式。发挥在绍阵地作用，承办 13 个单位 367 场综合性老年活动，9262 人次参加。区委老干部局获评全省老干部党史知识竞赛优秀组织奖，“绍兴市柯桥区构建三级网络推进‘家门口'老年教育(2011)"获全省老干部服务管理百件大事入选奖,"抓好组织建设,推动关心下一代事业新发展"获评全省老干部工作"优秀创新案例"。区委老干部局徐民江获评全国优秀老干部工作者,区委组织部获评全省老干部工作先进集体,徐民江、徐玲娣获评全省先进老干部工作者。

【党史宣讲"五进"活动】 2021 年,柯桥区选择 8 名优秀的老领导、老干部、老战士等组建新"五老"(老干部、老战士、老教师、老专家、老模范)宣讲团,开展党史宣讲"五进"〔进学校、进机关、进村(居、社区)、进企业、进市场〕活动,累计宣讲 199 场次,受众 3 万余人次。

【区直机关离退休干部党组织书记培训】 2021 年,柯桥区首次组织区直机关离退休干部党组织书记培训,全区 80 余名支部书记和党务工作者参加,内容主要有调研离退休干部党组织规范化建设工作、党史学习教育专题党课、齐贤独立支部纪念馆和光明居委会现场教学。

2021 年 6 月 10 日,柯桥区直机关离退休干部党组织书记培训班在区委党校举行　　（区委老干部局　提供）

【"红色基因永相传"主题党日活动】 2021 年,柯桥区 14 个离退休干部党组织开展"红色基因永相传"主题党日活动,区人大常委会机关第三党支部和鲁迅中学退休党支部主题党日活动被评为全市"十佳案例"。

【银发族"数字"培训】 2021 年,柯桥区实施银发族跨越"数字鸿沟"培训计划,组织开展线下培训和线上视频教学。开展线下培训 500 余场,服务老年人 1 万余人,赠送自编智能教材 2000 余本。公众号每周发布智能手机教学视频,在线学习 1 万余人次。

2021 年 3 月 5 日,柯桥区委老干部局开展"银龄携手竞跑 跨越数字鸿沟"培训　　（区委老干部局　提供）

【老年教育全域覆盖】 2021 年,柯桥区实施"三级联动、共建共享"的老年大学开放办学模式,推进普惠性、下沉式"家门口老年大学"网络建设。新增湖塘、王坛、夏履、稽东等 4 个老年大学分校(教学点),建成区、镇(街道)、村(社区)"1+16+36"三级老年教育网点,在全省率先实现老年教育版图全域覆盖。

【"乐活驿站"建设】 2021 年,柯桥区以"共建共享、乐为乐活"为创建理念,构建区、街道、社区三级"乐活驿站"网络,建设乐为乐活的红色之家、银耀之家、银尚之家。建成市级首批"乐活驿站"5 个、第二批"乐活驿站"14 个。培育形成多个达人品牌工作室,实现"半小时乐为乐活服务圈",累计参加志愿活动 1500 余人次,募得慈善金 250 万元,化解矛盾纠纷 60 余起。(董国华)

档案事业

【概况】 2021 年,柯桥区完成档案馆核心业务目录以及档案查询服务、实体档案接收、电子档案移交接收进馆三项核心业务的梳理。为30家农村文化礼堂建档，利用馆藏档案编辑出版《记忆柯桥2020》。柯桥区申报全省数据共享中心建设试点成功，完成档案共享数据涉密筛查2.5万卷。

【归集档案数据7万余条】 2021年，柯桥区完成馆藏档案系统、登记备份系统和档案协同管理系统的登记录入，梳理新增退休职工和山林延包等6个目录的档案数据，共计7万余条。

【档案数字化成果抽检】 2021年，柯桥区对馆藏和接收进馆档案进行数字化成果抽检，抽检馆藏档案0.6万卷10万余件，以及自然资源分局、杨汛桥街道、国资办等单位全部进馆档案的数字化成果。

【机关查档直通车】 2021年，柯桥区在全市率先开通“机关查档直通车”，为纳入浙政钉管理的镇(街道、开发区)、机关部门和部分企事业单位提供查档便利，实现非涉密文书档案查档“跑零次”，全年受理办结70余件。

【档案服务流程优化】 2021年，柯桥区优化服务流程，启用档案查阅“厅+网+掌”(线下大厅办理+政务服务网办理+掌上APP办理)服务模式，实现一窗受理，省内跨馆查档24小时办结，实行民生档案全市域一站式远程查询和全方位布点现场出证。档案窗口接待受理6452人次，全城通办受理办结3226件。

【档案接收】 2021年，柯桥区接收柯开委、王坛镇、杨汛桥街道、机关服务中心、应急管理局、文化广电和旅游局、国资办、自然资源和规划分局8家单位的纸质文书档案和数字化成果，残疾人联合会纸质业务档案和数字化成果，直属国有集体资产经营有限公司、浙江省送变电工程有限公司、中国铁路上海局集团有限公司杭州工务段等19家国有企业的退休人事档案，柯桥区2020年的婚姻档案，世界布商大会等重大活动档案。

【新冠肺炎疫情防控档案征收】 2021年，柯桥区起草《关于做好柯桥区新冠肺炎疫情防控档案归档的通知》，明确疫情联防联控工作领导小组成员单位的档案接收范围和整理要求，落实各工作组的档案联络员并保持实时联系，集中力量做好专项档案的收集整理，按照要求进行数据注解和格式处理，开展专项档案接收征集。

【红色档案展陈】 2021年，柯桥区归集和规整馆藏“红色档案”，对党史陈列厅进行专题升级改造，完成2个党史板块展陈的设计和制作。至年底，党史陈列厅接待参观团队59批1300余人次，孙越崎纪念馆接待30余人次。

【档案宣传】 2021年，柯桥区在“6·9”国际档案日开展“线上+线下”同步宣传，线上在微信公众号上开展档案宣传，线下在区行政中心和档案馆大厅举办“回眸百年峥嵘，追寻柯桥记忆”——庆祝中国共产党成立100周年馆藏档案图片展，展示柯桥百年变革历史。

【《中华人民共和国档案法》专题培训】 2021年6月4日，柯桥区档案馆开展新修订《中华人民共和国档案法》专题培训，邀请市档案馆副馆长周国刚主讲，全区各基层单位的专、兼职档案员100余人参加。(钟燕萍)

史志工作

【概况】 2021年，柯桥区史志工作以党史学习教育为契机，编撰出版《柯桥百年百事》、起草“柯桥区党史三卷”纲目、在《柯桥日报》等媒体上登载柯桥区党史大事记和萧绍农民运动100周年纪念专版、参与《柯桥党史100秒》《穿越柯桥百年，寻找精彩瞬间》对外宣传短视频制作、指导兄弟单位开展中国共产党成立100周年布展等。指导、审校村志6部，其中2部于年底出版。编撰出版《柯桥年鉴(2021)》，推出年鉴数字版，《柯桥年鉴(2020)》获“浙江省精品年鉴”称号。完成数字化项目2项。

【党史三卷编纂启动】 2021年，柯桥区启动党史三卷编纂工作。9月起，着手起草《柯桥区党史三卷》纲目，参阅上级党史部门、兄弟县市党史部门出版的党史三卷相关著作，以及本室编纂的地方史志书籍，至年底基本完成。纲目将1979年至2012年间，党领导全区人民开展新时期社会主义建设的历史，分为4编28章89节282目。目下附有柯桥区发生的重大事件、党委的重大决策等，共6万余字。

【《柯桥百年百事》出版】 2021年7月，由柯桥区史

2021 年 7 月 22 日，柯桥区史志研究室向区委老干部局赠送《柯桥百年百事》（区史志研究室　提供）

志研究室主编的《柯桥百年百事》正式出版。

【柯桥区党史大事记】 2021 年，柯桥区在《柯桥日报》和“笛扬新闻”APP 上同步登载推送柯桥区党史大事记 16 期，共 2 万余字和 70 余幅图片，图文并茂展现柯桥区党史的精彩瞬间。

【向上级平台报送地方党史文章】 2021 年，柯桥区史志工作利用全国性平台发声。向“学习强国”学习平台报送柯桥区党史知识问答题 10 道，向“浙里有史”平台报送介绍柯桥区党史人物及事件的文章 2 篇。

【李宝相资料搜集】 2021 年，柯桥区史志工作人员走访早期共产党员李宝相的后人及知情人士，搜集革命人物相关资料，取得中共华东局、中共浙江省委组织部和地方党委的 3 份证明材料和 1 份口述资料。

【部门党史展陈指导】 2021 年，柯桥区史志工作部门指导部门党史展陈。指导区博物馆进行中国共产党成立 100 周年布展工作，为其拟定提纲，提供资料，修改稿件，使展陈主题突出、特色鲜明。指导区档案馆制作中国共产党成立 100 周年图片展，审定图片 40 张、修改文字说明 45 处，确保史实正确、逻辑清晰。帮助王坛镇收集陶祖全烈士事迹资料，指导陶祖全烈士事迹陈列馆布展。

【审校村志 6 部】 2021 年，柯桥区史志工作部门指导安昌街道大和村、华舍街道蜀阜村、王坛镇沙地村、柯桥街道双梅社区进行志书编纂。至年底，《沙地村志》完成终审，《蜀阜村志》进入出版程序，《桑读村志》《大和村志》正式出版。

【《柯桥年鉴(2021)》出版】 2021 年 12 月，《柯桥年鉴(2021)》纸质书由方志出版社出版。新增年鉴数字版，数字年鉴具备查询阅读、页面放大缩小、目录检索、书签跳转、海报式分享等功能。（详见《区人著述·书目提要》）

【“《申报》中的柯桥”数字化项目完成】 2021 年，柯桥区坚持史料为本理念，加强史志文献、史志资料征编工作。完成“《申报》中的柯桥”数字化项目，新增数字化整理成果容量 1.03 千兆，简体 1304 页，繁体 1056 页，关键字 7 页；原始图片 PDF 328 个，容量 605 兆；截图 396 张，容量 277 兆。

2021 年 9 月 30 日，柯桥区史志研究室召开“申报柯桥”课题进展汇报会（区史志研究室　提供）

【扩充志书检索系统数据】 2021 年，柯桥区扩充志书检索系统数据，开展一批志书和绍兴文史资料数字化加工项目。至年底，完成整本识别数据文本 81 个 36968 页，数据容量 233 千兆。

【史志志愿活动】 2021 年 6 月 23 日，柯桥区开展“服务在你身边”史志志愿活动，接待史志、地情咨询 240 余人次，赠送各类党史及地方志图书 175 本。（史　志）

党校教育

【概况】 2021 年，柯桥区委党校举办各类培训班 99

期，培训9000余人次。1项教学成果获区委主要领导批示肯定。组织“百场党史学习教育宣讲下基层”活动，开展基层宣讲270余场次。获全省党校系统、社院系统党课评比一等奖1门、三等奖1门，全市党校系统党课评比一等奖1门、三等奖1门。发布“不一样的思政课”精品微党课视频37个，经验做法被中央党校《学习时报》刊登。2篇教学论文被省委党校《干部教育研究》刊登。兰亭“驻村指导员传承馆”建设成为省委党校干部培训现场教学点。申报立项全省党校系统、全市党校系统理论研究课题各5项，结项课题10项。4篇决策参阅件获区委主要领导批示肯定。15篇论文在省、市党校系统和社院系统评比中获奖，29篇理论文章在各类公开刊物上发表，其中国家级2篇、省级14篇。获评全省党校系统科研工作优秀奖。承办各类会议活动151场次，服务13213人次。投资150万元的“数字党校”工程竣工验收，投资390万元的教学后勤设施设备改造工程收尾中。新冠肺炎疫情隔离点重启。

【“不一样的思政课”微课视频】 2021年，柯桥区委党校以中国共产党成立以来形成的系列革命精神为主题，策划制作《红船精神》《井冈山精神》《抗美援朝精神》《两弹一星精神》《抗疫精神》等25个《不一样的思政课》微党课视频，持续在区内外推出，成为基层党员及广大群众学习党史的重要素材。微课品牌高分入选全区新时代文明实践特色志愿服务项目，为浙江省内基层党校唯一的微党课品牌。

【新录用公务员初任培训班举行】 2021年10月25日至11月19日，柯桥区新录用公务员初任培训班在区委党校举办。该班次为全封闭脱产培训班，80多名新录用公务员参加。主要培训内容有柯桥区区情及“十四五”规划、《中华人民共和国公务员法》、习近平总书记以人民为中心发展思想、“七一”重要讲话精神、“六个一”的治理模式与实现路径，以及党风廉政教育、理想信念教育等。采用现场教学、公益活动、学员论坛、军事训练、辩论演讲、文艺会演、论文答辩等多种形式。（叶燕苹）

2021年10月25日，新录用公务员在开班仪式上向宪法宣誓
（区委党校　提供）

2021年10月19日，柯桥区委党校“不一样的思政课”项目入选区“新时代文明实践特色志愿服务项目”　（区委党校　提供）

机关党务

【概况】 2021年，柯桥区机关党建工作推进“清廉机关、模范机关”建设和“五星双优”创建，开展“支部建设巩固年”活动，推动“三会一课”等基本制度落实落地。全年发展党员45人，开展基层党组织书记、党务工作者、发展对象等各类培训8场次，1200余人次参加。选举机关选区人大代表12名和党代表102名。为351名老党员发放“光荣在党50年”纪念章，开展困难党员、职工慰问工作，累计发放慰问金16.6万元。

【“永远跟党走”红歌大合唱】 2021年6

2021年6月18日,柯桥区直机关庆祝中国共产党成立100周年“永远跟党走”红歌大合唱活动现场　（区委组织部　提供）

月18日,为庆祝中国共产党成立百年,柯桥区在区文化馆音乐剧场举办“永远跟党走”红歌大合唱,共展演16首曲目。

【组建马鞍医学隔离基地临时党委】 2021年12月16日,根据疫情防控需要,柯桥区组建马鞍医学隔离基地临时党委,贯彻落实疫情防控决策部署,抽调人员成立临时突击队,三次驰援马鞍医学隔离基地。

【“我的入党初心”主题征文活动】 2021年,柯桥区为庆祝中国共产党成立100周年,在区直机关开展“我的入党初心”主题征文活动,收到区直机关各基层党组织选送文章148篇,评选出一等奖3篇、二等奖6篇和三等奖10篇。

【“我为群众办实事”志愿服务】 2021年6月24日,柯桥区在瓜渚湖南岸公园开展“我为群众办实事”区直机关广场志愿服务活动,设志愿服务摊位23个,推出服务项目45个,23家单位的100多人参加志愿服务,服务2000余人次。

【机关党建品牌建设】 2021年,柯桥区建设机关党建品牌,形成审计局的“三立先锋、双优审计”、农业农村局的“农·家·乐”、税务局的“党旗红、税务蓝”、法院的“e路向党”等一批有特色、有内涵、有实措的机关党建品牌,区审计局、农业农村局、税务局、法院、教体局5家单位获评绍兴市“双建”工作先进单位。

【“群贤讲堂”创设】 2021年,柯桥区开展党史学习教育,在柯桥记忆基础上整合资源创设“群贤讲堂”,举办党史、改革开放史、作风建设、党员的模样等专题讲座4期,1000余人次参加。（孙　艳）

2021年4月1日,柯桥区直机关“群贤讲堂”——党史学习专题讲座现场　（区委组织部　提供）

2021年6月24日,柯桥区开展“服务在你身边”区直机关广场志愿服务活动　（区委组织部　提供）

服务深化

【概况】 2021年,柯桥区贯彻落实区委、区政府关于“深化拓展‘三驻三服务’(驻村、驻社、驻企,服务基层、服务企业、服务群众)、全面赋能‘领跑竞跑’”行动的工作部署,注重服务企业、群众、基层急需。

【"三服务"小管家服务办结率 99.5%】 2021 年，柯桥区运用省"三服务"协同办理平台（"三服务"小管家），组织发动镇（街道）、部门 2216 名"三驻"干部赴企业、基层服务，实现所有规模以上工业企业和村社全员派驻、各类问题事项全面涉及的全方位服务模式。全年通过"三服务"小管家平台收集问题 14015 个，解决 13943 个，办结率 99.5%。

【"通勤线"服务解决率 98.5%】 2021 年，柯桥区创新开设"三服务"通勤线，直接通过钉钉手机端收集服务对象问题需求，从区级层面与服务对象建立点对点服务渠道，首批企业服务对象 2031 家全部上线。全年收到问题需求 2533 项，解决 2495 个，解决率 98.5%，满意率 99.9%。

【"三服务"小管家平台问题"清零"行动】 2021 年，柯桥区开展"三服务"小管家平台问题"清零"行动。全年处理"暂存"问题 1076 个。（吴嘉欢）

矛调工作

【概况】 2021 年，柯桥区社会矛盾纠纷调处化解工作以数字化改革和"县乡一体、条抓块统"试点为契机，首创"和谐指数"考核，深化矛调三级体系建设，实现上下贯通左右联动。全年调处各类矛盾纠纷 4.25 万件，成功调处 4.24 万件，化解率 99.76%。

【便民安民"一体两翼"建设】 2021 年，柯桥区加快镇（街道）"一体两翼"建设（便民服务中心和矛调中心两类场所合建）。出台"指数化"考核，每月通报镇（街道）落实情况。统筹推进"一体两翼"建设，在柯岩、齐贤、平水试点基础上全面推广。至年底，全区 16 个镇（街道）"一体两翼"全部建成。

【"六调联动"共同体建设】 2021 年，柯桥区联合矛调中心、区信访局、区公安分局、区司法局、区人社局、区法院、区检察院等单位力量，强化诉调、警调、检调、仲调、专调、访调衔接配合。至年底，创建特色品牌调解室 35 个，人大代表三级联络站基本覆盖，乡贤娘舅工作室和新时代"枫桥式"妇儿维权站（伊家工作室）区镇（街道）村三级全部建立，进一步强化区为龙头、镇为主阵地、村为第一道防线的三级矛盾纠纷联调联解机制。各镇（街道）培育"六调联动"社会组织和调解人员，形成以镇（街道）调委会为支撑、村调委会为主体、网格调解员为底座的调解组织网络。

【创设"和谐指数"】 2021 年，柯桥区创设"和谐指数"，出台《柯桥区镇街矛盾纠纷化解"指数化"考评意见》，量化指标压实镇（街道）责任，按照部门职能及属地管理压实事权单位和属地镇（街道）办案责任，促进矛盾联调联解，督查督办部门、镇（街道）未及时、未按要求办理的案件。至年底，累计发催办函 320 件、情况通报 35 期、提醒函 18 件次，化解疑难案件 18 件。

【驻区拘留所联络点设立】 2021 年，柯桥区在全市首创设立驻区拘留所联络点，与区拘留所共同做好被拘留人员心理疏导、矛盾化解和帮扶工作，共参与矛盾化解百余起。

【首届优秀调解员评选】 2021 年，柯桥区开展首届优秀调解员评选活动，共评选出"金牌调解员"10 人、"调解新秀"10 人、"优秀调解员"40 人。（章卫良）

执行编辑　陈飞燕

绍兴市柯桥区人民代表大会

综 述

【概况】 2021年,柯桥区人大常委会开展“五个站”“五个日”(代表接待站、工作站、充电站、服务站、宣传站和调研日、接待日、议政日、走访日、述职日)活动,实行“两官”(法官、检察官)履职评议,推进人大工作数字化改革,完成区镇两级人大代表换届选举,确保常委会各项工作依法落实。召开人大常委会会议9次,主任会议16次,听取和审议专项工作报告26个,作出决定、决议和审议意见26个,依法任免国家机关工作人员113人次,开展视察活动7次、执法检查9次,形成调研报告12篇,获区委、区政府主要领导批示7篇。(陈仲华)

2021年2月7日,绍兴市柯桥区第一届人民代表大会第五次会议在柯桥蓝天大剧院开幕 (区人大办 提供)

重要会议

【区一届人大五次会议】 2021年2月6—9日,绍兴市柯桥区第一届人民代表大会第五次会议在柯桥举行。会议应到区人大代表290人,列席人员133人。会议听取和审议区人民政府、区人大常委会、区人民法院和区人民检察院等工作报告,审查、批准柯桥区2020年国民经济和社会发展计划执行情况及2021年国民经济和社会发展计划的报告、柯桥区2020年财政预算执行情况及2021年财政预算的报告,审议柯桥区2020年生态环境状况和环境保护目标完成情况的报告,批准“十四五”规划和二〇三五年远景目标纲要。会议依法选举陈豪为区人民政府区长,郎煜江为区一届人大常委会副主任,楼颖为区人民法院院长,依法选举区一届人大常委会委员2人,表决通过区人大社会建设委员会主任委员,投票表决2021年柯桥区人民政府民生实事项目10个。

会议期间,举行预备会议1次、全体会议4次、主席团会议5次。会议共收到区人大代表10人以上联名提出的议案12件,全部转为建议、意见处理,收到区人大代表建议和意见235件。

【区一届人大常委会第三十五次至第四十三次会议】 2021年,柯桥区人大常委会共召开9次会议,履行重大事项决定权、监督权和人事任免权。

1月14日,区一届人大常委会举行第三十五次会议。会议听取和审议区政府关于2020年“柯桥区荣誉市民”推选情况以及关于提请授予蔡永康等8人“柯桥区荣誉市民”称号的议案，表决通过相关决定。因工作需要，会议作出推迟召开区一届人大五次会议的决定。会议审议并接受杨高相关于请求辞去区第一届人民代表大会社会建设委员会主任委员职务的报告，进行人事任免。

1月30日，区一届人大常委会举行第三十六次会议。会议听取和审议补选绍兴市第八届人民代表大会代表的议案，审议并接受赵如浪关于请求辞去绍兴市柯桥区人民政府区长职务的报告，进行人事任免。

2月5日，区一届人大常委会举行第三十七次会议。会议听取和审议关于区第一届人民代表大会代表变动情况的报告；审议柯桥区第一届人民代表大会第五次会议大会主席团、秘书长等建议名单，决定列席人员名单；听取和审议区人大常委会各街道工作委员会工作报告，审议决定区人大常委会向人大街道工作委员会交办2021年工作事项。

3月29日，区一届人大常委会举行第三十八次会议。会议听取和审议区政府关于加强饮用水水源地保护工作情况报告、关于加强医疗保障基金运行管理工作的情况报告，进行人事任免，对有关事项进行表决。

5月28日，区一届人大常委会举行第三十九次会议。会议听取和审议区政府关于法治政府建设工作情况报告、关于柯桥区科技创新平台建设工作情况报告、关于高水平推进柯桥区农村人居环境整治工作情况报告和关于2020年度国有自然资源资产管理情况的专项报告，审议关于2020年度全区国有资产管理情况的综合报告，进行有关人事任免。

7月28日，区一届人大常委会举行第四十次会议。会议听取和审议区政府关于2021年绍兴市柯桥区国民经济和社会发展计划上半年执行情况和下半年工作意见的报告、关于绍兴市柯桥区2020年财政总决算和2021年上半年财政预算执行情况的报告、关于2020年度绍兴市柯桥区本级预算执行和其他财政收支的审计工作报告、关于绍兴市柯桥区2021年地方政府债券专项预算调整方案（草案）的报告，审议绍兴市柯桥区人民代表大会常务委员会关于表彰“十佳履职优秀人大代表”的决定（草案），对有关事项进行表决。

9月29日，区一届人大常委会举行第四十一次会议。会议听取和审议区人大常委会代表工委关于区、镇两级人大换届选举有关情况的报告和区政府关于全力推进产业平台招商工作的报告，开展区人民法院法官和区人民检察院检察官履职评议，审议绍兴市柯桥区人民代表大会常务委员会议事规则（送审稿）、绍兴市柯桥区人民代表大会常务委员会组成人员守则（送审稿），对有关事项进行表决，进行有关人事任免。

11月26日，区一届人大常委会举行第四十二次会议。会议听取和审议区政府关于加快推进中国轻纺城转型升级议案决议实施情况并要求结案的报告、关于2021年绍兴市柯桥区政府民生实事项目完成情况的报告、关于区一届人大五次会议代表建议办理情况的报告、关于绍兴市柯桥区2021年财政预算调整方案（草案）的报告，听取关于柯桥区法治宣传教育工作“七五”总结和“八五”部署工作情况的报告，审议绍兴市柯桥区人民代表大会常务委员会任免国家机关工作人员办法、绍兴市柯桥区人民代表大会常务委员会监督司法机关工作办法、绍兴市柯桥区人民代表大会常务委员会预算审查监督办法，对有关事项进行表决，进行有关人事任免。

12月10日，区一届人大常委会举行第四十三次会议。会议听取和审议区建设局局长鲁建潮受区政府委托所作的关于绍兴市柯桥区安昌历史文化名镇和柯桥历史文化街区保护规划修编情况的报告。审议诸剑明、张永刚等辞去区（镇）选举委员会职务的报告，作出关于接受诸剑明、张永刚等辞去区（镇）选举委员会职务的决议。审议并表决通过《绍兴市柯桥区人民代表大会常务委员会关于加强决议、决定和审议（评议）意见监督落实的办法》《绍兴市柯桥区人民代表大会常务委员会关于行使监督职权情况向社会公开的办法》。

【区一届人大常委会第五十四次至第六十九次主任会议】 2021年，柯桥区人大常委会共召开16次主任会议。

1月14日，区一届人大常委会举行第五十四次主任会议。会议研究通过绍兴市柯桥区人民政府关于提请授予蔡永康等8人“柯桥区荣誉市民”称号的议案、绍兴市柯桥区人大常委会2021年度工作要点（送审稿）、区人大常委会2021年度监督计划（送审稿）、关于2020年镇（街道、平台）和部门岗位目标责任制考核人大工作考评结果情况、区一届人大常委会第三十五次会议建议议程。

1月30日，区一届人大常委会举行第五十五次主任会议。会议研究通过补选绍兴市第八届人民代表大会代表事项、区一届人大常委会第三十六次会议建议议程。

1月30日，区一届人大常委会举行第五十六次主任会议。会议研究通过绍兴市柯桥区人民政府代理区长事项。

2月5日，区一届人大常委会举行第五十七次主任会议。会议研究通过区人大常委会向人大街道工作委员会交办2021年工作事项。

3月22日，区一届人大常委会举行第五十八次主任会议。会议研究提出区一届人大常委会第三十八次会议建议议程；研究通过关于调整区人大常委会主任、副主任分工及委员有关工作安排，区人大工作研究会申请社会团体登记有关事项。与会人员实地考察加强饮用水水源地保护工作情况。

4月23日，区一届人大常委会举行第五十九次主任会议。会议研究通过绍兴市柯桥区“十佳履职优秀人大代表”候选人名单、2021年重点督办代表建议方案、绍兴市柯桥区人大常委会关于加强饮用水水源地保护工作情况报告的审议意见、绍兴市柯桥区人大常委会关于医疗保障基金运行管理工作情况报告的审议意见、绍兴市柯桥区人大数字化改革工作方案、柯桥区人大工作数字化改革工作专班。与会人员实地考察浙江远大勤业住宅产业化基地、宝业集团股份有限公司大坂绿园装配式建筑项目和浙江精工钢结构集团有限公司柯西产业化基地，听取区政府关于推进建筑产业现代化工作情况的报告。

5月20日，区一届人大常委会举行第六十次主任会议。会议研究提出区一届人大常委会第三十九次会议建议议程，通过关于对区人民法院法官和区人民检察院检察官开展履职评议的实施意见（试行）、关于2021年度对区人民法院部分法官和区人民检察院部分检察官开展履职评议的工作方案。与会人员实地考察浙江理工大学绍兴柯桥研究院、安昌街道安华村和国资平台转型等相关工作情况。

6月21日，区一届人大常委会举行第六十二次主任会议。会议研究通过绍兴市柯桥区人大常委会关于柯桥区法治政府建设工作情况报告的审议意见、绍兴市柯桥区人大常委会关于对柯桥区科技创新平台建设工作情况报告的审议意见、绍兴市柯桥区人大常委会关于高水平推进柯桥区农村人居环境整治工作情况报告的审议意见、绍兴市柯桥区人大常委会关于对柯桥区2020年度全区国有资产管理情况综合报告的审议意见、绍兴市柯桥区人大常委会关于对柯桥区2020年度国有自然资源资产管理情况专项报告的审议意见。与会人员实地考察柯桥街道玉兰社区、柯桥街道综合信息指挥室和柯桥区社会治理指挥中心，听取区政府关于三级社会治理指挥体系和智能化应用建设情况的报告。

7月22日，区一届人大常委会举行第六十三次主任会议。会议研究提出区一届人大常委会第四十次会议建议议程，通过关于“十佳履职优秀人大代表”等评选结果、表彰决定、表彰方案，关于区一届人大代表建议“回头看”名单，关于要求审议绍兴市柯桥区2021年地方政府债券专项预算调整方案（草案）的请示。与会人员实地考察绍兴市轩尼诗装饰材料有限公司、绍兴国际会展中心C1区工程现场、浙江杰卡德智能科技有限公司。

8月30日，区一届人大常委会举行第六十四次主任会议。会议研究通过绍兴市柯桥区人大常委会关于对柯桥区国民经济和社会发展计划、财政预算执行及财政同级审情况报告的审议意见，关于加快推进中国轻纺城转型升级议案结案工作方案，关于2021年镇（街道）人大工作考评办法，关于明确绍兴市柯桥区人大常委会工作机构和办事机构主要工作职责，关于绍兴市柯桥区人大代表履职经费管理办法。与会人员实地考察中国绍兴柯桥(纺织)知识产权快速维权中心、浙江大树纺织科技有限公司,听取区政府关于中国绍兴柯桥(纺织)知识产权快速维权中心建设情况报告。

9月23日,区一届人大常委会举行第六十五次会议。会议研究提出区一届人大常委会第四十一次会议建议议程、有关人事任免事项和决定草案,并同意按程序提交常委会第四十一次会议审议,研究通过《绍兴市柯桥区人大机关信访工作办法》。与会人员实地考察柯桥未来之城、杭绍临空经济一体化发展示范区、贝嘉制衣工业园,调研开发区体制机制、临空经济示范区拓展区建设以及小微园区整治工作情况。

10月20日,区一届人大常委会举行第六十六次主任会议。会议研究绍兴市柯桥区人大常委会关于对区人民法院部分法官和区人民检察院部分检察官履职情况的评议意见、绍兴市柯桥区人大常委会关于全力推进产业平台招商引资工作报告的审议意见。与会人员实地考察柯桥区蓝天救援中心和柯岩街道应急管理站运作情况,听取区政府关于基层应急管理体系和能力建设情况的报告。

11月19日,区一届人大常委会举行第六十七次主任会议。会议研究提出区一届人大常委会第四十二次会议建议议程,通过绍兴市柯桥区人民代表大会常务委员会任命干部任前法律知识考试实施方案、绍兴市柯桥区人大代表履职考评办法、绍兴市柯桥区推进开发区人大工作的实施方案、深化全区人大代表联络站(室)建设的指导意见,审查绍兴市柯桥区人民代表大会监察和司法委员会工作规则、绍兴市柯桥区人民代表大会财政经济委员会工作规则,听取区政府关于2020年度绍兴市柯桥区本级预算执行和其他财政收支审计查出问题整改情况的报告。与会人员实地考察中国轻纺城海关监管中心和中国轻纺城跨境电商产业园。

11月26日,区一届人大常委会举行第六十八次主任会议。会议研究绍兴市柯桥区人民政府代理区长事项。

12月10日,区一届人大常委会举行第六十九次主任会议。会议研究提出区一届人大常委会第四十三次会议建议议程,研究切实做好区、镇两级人大代表换届选举期间新冠肺炎疫情防控工作。

【区镇街人大工作“守正创新、领跑竞跑”推进会】 2021年3月19日,柯桥区镇(街道)人大工作“守正创新、领跑竞跑”推进会召开。会议听取柯桥街道、华舍街道、安昌街道、兰亭街道和平水镇人大工委关于2021年人大工作创新特色及交办任务安排情况的汇报和区人大常委会结合各条线上工作所提具体要求。

【区人大宣传信息工作会议】 2021年4月9日,柯桥区人大常委会召开人大宣传信息工作会议。会议回顾2020年全区人大宣传信息工作,通报表扬2020年度全区人大宣传信息工作先进集体和个人,部署安排2021年工作。

【重点督办建议集中面商会】 2021年11月3日,柯桥区人大常委会召开重点督办代表建议集中面商会。与会人员观看重点督办代表建议办理情况专题片,听取重点督办建议承办单位办理情况汇报、领衔人大代表所提意见、相关区政府领办副区长和区人大常委会督办副主任对办理情况的发言。(陈仲华)

人大代表建议

【概况】 2021年,柯桥区人大常委会完善代表建议督办和办理流程,开展重点督办建议的领衔代表、办理单位负责人、政府领办领导和人大常委会督办联系领导集中面商。区一届人大五次会议期间,代表们共提出议案和建议、批评、意见247件。其中,议案12件,经过大会主席团研究决定,全部作为代表建议处理。区政府及78个主、会办单位全部办复,满意率100%。其中,解决或基本解决的152件,占60.8%;部分解决或列入计划解决的87件,占34.8%;受条件限制留作参考或不可行的11件,占4.4%。

2021年柯桥区人大常委会重点督办代表建议情况表

表7

建议号	领衔代表	所在小组	建议题目	主办单位	督办委室
7	陈柏兴	柯岩街道	关于提升城市交通秩序及城市道路清洁度的建议	区公安分局	监察和司法工委
30	盛国娟	柯桥街道	关于加强城区道路两侧停车位管理的建议	区综合执法局	代表工委
128	魏中华	钱清街道	关于加快解决村民住房困难问题的建议	区自然资源分局 区农业农村局	社会建设工委
142	王　芳	杨汛桥街道	关于加强中学生心理健康教育的建议	区教体局	教科文卫工委
158	陈晓寅	马鞍街道	关于改善洒水车洒水方式及作业时间的建议	区生态环境分局	城建环保工委
192	毛兴贤	齐贤街道	关于鼓励中小企业实施低效工业用地"二次开发"的建议	区经信局	财经工委
215	殷阿四	兰亭街道	关于加快培育印染企业专业人才的建议	区人力社保局	社会建设工委
229	葛云明	平水镇	关于加强农村饮用水达标提标工程后续运维管理的建议	区农业农村局	农经工委

（陈仲华）

主要活动

【"十佳履职优秀人大代表"评选活动】 2021年，柯桥区人大常委会开展"十佳履职优秀人大代表"评选活动，经代表小组推荐、群众投票等程序，选出10位"履职优秀人大代表"和14位"履职模范人大代表"。9月8日，在区文化馆音乐剧场举行以"履职尽责、领跑竞跑"为主题的"十佳履职优秀人大代表"表彰活动。

2021年9月8日，柯桥区人大常委会在区文化馆音乐剧场举行"十佳履职优秀人大代表"表彰活动　　（区人大办　提供）

【区、镇两级人大代表换届选举】 2021年12月30日，柯桥区开展区、镇两级人大代表换届选举投票。全区共划分114个大选区、138个小选区，登记选民617500人，其中外来务工人员19370人；选举产生区第二届人民代表大会代表313人，夏履、漓渚、平水、王坛、稽东5镇第十八届人民代表大会代表334人。

【人大代表集中视察】 2021年，柯桥区人大常委会组织区人大代表开展集中视察6次。3月17日，组织部分区人大代表视察文化休闲业发展工作情况，实地踏看柯岩风景区常态化大型演艺剧场项目(在建)、柯桥历史文化街区和华舍街道金地商贸街，听取关于柯桥区文化休闲业发展工作情况的报告，提出意见建议。5月24日，组织部分区人大代表视察杭绍城际轨道交通和杭州中环工程项目建设情况，听取区政府关于柯桥区融杭接沪综合交通建设情况的报告，提出意见建议。7月9日，组织部分区人大代表视察兰亭文化旅游度假区规划建设工作，实地踏看绍兴兰亭森林野生动物园项目建设现场、绍兴第二医院兰亭院区(康复医院)项目建设现场，听取兰亭文化旅游度假区开发建设情况的报告，提出意见建议。9月17日，组织部分区人大代表视察代表建议办理工作，实地踏看“浙江外卖在线”应用运作情况和鉴湖(湖塘至柯岩段)两岸保护性开发建设情况，听取《关于加强网络外卖食品安全管理的建议》《关于做好湖塘街道鉴湖两岸保护性开发利用规划的建议》办理工作情况汇报，提出意见建议。10月18日，组织部分区人大代表视察柯桥区全域土地综合整治及生态修复工作、村级工业物业改造提升试点工作，实地踏看福全街道村级工业物业更新改造项目和漓渚镇棠棣村乡村全域土地综合整治与生态修复工程，听取相关工作报告，并提出意见建议。11月11日，区人大常委会组成人员视察亚运会柯桥场馆建设工作情况，实地踏看鉴湖(柯南)足球训练场、中国轻纺城体育中心体育馆和羊山攀岩中心，召开会议专题听取区亚筹办关于亚运会筹备工作的情况汇报，提出相关意见。

2021年5月24日，柯桥区人大代表视察融杭接沪综合交通建设情况
(区人大办　提供)

【“人大讲坛”举办】 2021年，柯桥区举行“人大讲坛”7次，内容有习近平法治思想、建筑产业现代化及《中华人民共和国传染病防治法》《中华人民共和国退役军人保障法》《浙江省民营企业发展促进条例》《浙江省乡村振兴促进条例》《中华人民共和国基本医疗卫生与健康促进法》等相关知识的专题讲座。相关党政干部、人大代表等1500人次参加。

【人大工作数字化改革】 2021年，柯桥区推进人大工作数字化改革。区人大常委会与市人大常委会协同开发“智汇民情系统”，包括基础调研、数据采集、民情报告、事件处置等模块；在安昌街道试点建设“全过程民主・智能化议事”平台。齐贤街道工委开发“人大一掌通”微信小程序，提供民生实事项目进度实时查看、人大代表风采展示、法律法规查阅下载及民意上报和处置等功能。

【人大信息宣传】 2021年，柯桥区加强对人大工作的宣传报道，在《浙江人大》杂志等省级媒体发表信息36篇，市人大微信公众号和网站发表信息38篇。印发区人大常委会会刊3期、人大杂志4期、柯桥人大之窗专版10期，推送公众号和网站文章800余篇；完成《区一届人大五次会议文件汇编》《2020年度人大常委会工作纪实》《人大宣传册》《区一届人大代表风采》的编写和《柯桥区人大志》的出版工作。

【人大信访受理】 2021年，柯桥区人大常委会把人大信访与代表建议“直通车”、常委会监督工作结合起来，加大对信访案件办理和监督力度。全年受理群众来信69件，接待上访人员7批次8人次，通过加强与区信访局、各镇(街道)的协同配合，解决一批群众反映强烈的信访问题。(陈仲华)

执行编辑　王　翊

绍兴市柯桥区人民政府

重要会议

【区政府一届九次全体(扩大)会议】 2021年2月27日,柯桥区政府召开一届九次全体(扩大)会议暨法治政府廉洁政府推进会。区委副书记、区长陈豪作报告。会议强调,全区政府系统聚焦深化项目竞赛、培优现代产业、大力招商引资、提升城市能级、推进乡村振兴、坚守生态底色、坚持深化改革、推动科技创新、抓好民生事业、维护社会安定十项具体举措,赋能区域经济社会高质量发展。要求全区政府系统干部追求实绩实效,坚持依法行政,打造阳光政府,推动政府工作在领跑竞跑中迈上新台阶,为全省建设“重要窗口”、全市实现“四个率先”作出柯桥贡献。

【区政府一届十次全体(扩大)会议】 2021年8月7日,柯桥区政府召开一届十次全体(扩大)会议。区委副书记、代区长陈豪作报告。会议强调,全区政府系统要紧盯领跑竞跑目标不动摇,激发扩大投资第一动力,加速改革创新开放“三轮驱动”,持续提升城乡风貌,抓好民生实事,交出经济和社会两张高分报表,夺取“三季红”“全年红”。要求全区政府系统要加强自身建设,锤炼政治品格,塑造变革能力,提升工作标准,输送优质服务,从严依法行政,强化考核问效,坚守廉政底线,展现过硬素质、实干品质、争先气质,奋力跑出领跑竞跑加速度,全力打造高质量发展建设共同富裕示范区先行地。

【区政府常务会议】 2021年,柯桥区人民政府召开13次常务会议,审议政府相关工作。

1月22日,区政府召开第五十次常务会议。会议集体学习传达省委农村工作会议精神,市委经济工作会议精神,听取并审议区生态环境分局关于柯桥区大气污染防治工作情况的汇报,区财政局关于柯桥区2020年度地方政府隐性债务化解工作的汇报,区财政局(国资办)关于柯桥区2020年度国有平台融资情况的汇报,区消防救援大队关于柯桥区2020年度消防安全形势分析和打赢消防安全三年翻身仗行动总结的汇报,区应急管理局关于2020年全区安全生产工作情况的汇报,兰亭度假区关于绍兴兰亭国家森林公园资产收回处置情况的汇报,区建设集团关于盘活平水区域闲置住商地块有关事宜的汇报,柯岩街道、马鞍街道关于控新拆违工作滞后的情况汇报,区司法局关于2021年度柯桥区政府常务会议学法计划、2020年法治政府建设年度报告的汇报,柯桥经开区关于上海君万微电子Micro-LED微显示芯片项目有关政策的汇报。

2月4日,区政府召开第五十一次常务会议。会议听取并审议区美丽柯桥建设领导小组办公室(生态环境分局)关于2020年度柯桥区美丽柯桥建设优胜镇(街道)考评结果的汇报,区府办关于2020年度柯桥区高质量发展贡献奖(区长奖、经济发展贡献奖)评比情况,区政府一届九次全体(扩大)会议方案的汇报,区金融办关于2020年度金融支持实体经济发展考核结果的汇报,区商务局关于2020年度绍兴市柯桥区自营出口优胜镇街的汇报。

2月26日,区政府召开第五十二次常务会议。会议集体学习传达中共中央、国务院关于全面推进乡村振兴加快农业农村现代化意见的精神、中央第三生态环境保护督察组督察浙江省情况反馈会精神、全面推进数字化改革大会精神、市委“三先三创”暨抓落实工作会议精神、市政府八届九次全体会议精神，听取并审议区安委办关于重点领域遏制重大生产安全事故实施方案编制工作情况的汇报，区消防救援大队关于柯桥区2021年度消防安全重点工作计划的汇报，发改局关于2021年柯桥区“项目竞赛攻坚年”行动方案的汇报，柯桥水务集团关于绍兴柯桥江滨水处理有限公司40%股权转让价格变更报告的汇报，区建设集团关于杭金衢高速至杭绍台高速联络线（杭金衢高速公路柯桥联络线）工程PPP项目合同的汇报，区交通运输局关于杭州中环柯桥段接萧山彩虹快速路落地工程建设框架协议的汇报，区司法局关于2021年度区政府重大行政决策事项目录的汇报，公安柯桥分局关于2021年柯桥区“智安校园”建设有关事项的汇报，区人力社保局关于支持企业复工复产助推“开门红”若干意见的汇报，轻纺城建管委关于加快外国高端人才集聚打造一流国际人才社区实施意见、绍兴市柯桥区“人才飞地”认定及考核办法（试行）的汇报，柯桥经开区关于微流控医学检测芯片项目有关政策的汇报。

3月26日，区政府召开第五十三次常务会议。会议传达学习2021年全国两会精神，省、市党史学习教育动员部署会精神，绍兴市市长盛阅春在柯桥调研工作的相关精神，学习《政府督查工作条例》《中华人民共和国刑法修正案（十一）》，听取并审议区安委办关于绍兴市柯桥区安全生产委员会及其专业安全生产委员会运行管理办法的汇报，区总工会关于进一步做好职工疗休养工作的汇报，区发改局关于建立非居民污水处理费标准动态调整机制及调价方案、2021年柯桥区现代产业重点项目建设计划的汇报，区建设局关于2021年柯桥区拆迁工作专项推进行动方案、绍兴市柯桥区促进房地产市场平稳健康发展长效机制实施方案的汇报，鉴湖度假区关于柯桥区国用（2014）第11298号土地回购事项的汇报，兰亭度假区关于浙江漓铁集团矿区集体宿舍和家属宿舍处置政策操作细则的汇报，轨道交通集团关于杭绍城际铁路（绍兴地铁1号线柯桥段）委托运营情况的汇报，区卫健局关于绍兴市柯桥区人民政府和浙江大学医学院附属第二医院合作框架协议的汇报，区综合执法局关于柯桥区城区道路（含公园）机动车停车收费管理实施方案的汇报，柯桥街道、漓渚镇关于控新拆违工作滞后的情况汇报，区城市更新办关于加快推进村级老旧工业物业更新改造工作实施意见（试行）的汇报，区农业农村局关于柯桥区农村家宴中心提档升级实施方案的汇报，“五星3A”创建办关于柯桥区2021年乡村振兴“五星达标、3A争创”迭代升级资金安排建议方案的汇报，区道路安全办公室关于2021年度柯桥区道路交通管理“精治”工程方案的汇报，轻纺城建管委关于柯桥区与清华大学中意设计创新基地合作共建“中意未来时尚研究中心”情况的汇报，区商务局关于柯桥区重点商贸流通企业招引培育政策的汇报，科技城建管委关于中国·绍兴第六届海内外高层次人才创新创业大赛实施方案及2021柯桥创新创业环境推介会方案的汇报，区经信局关于绍兴市柯桥区小微企业园建设提升若干政策意见的汇报，柯桥经开区关于新宜中国临空产业创新中心项目部分土地选址调整有关政策的汇报，区投资促进中心关于建立招商项目评价反馈机制的汇报，区府办关于绍兴市柯桥区数字政府系统建设方案、2021年柯桥区政府“大督查”工作一季度进展情况的汇报。

4月28日，区政府召开第五十四次常务会议。会议传达学习省、市数字化改革工作例会精神、省、市防汛工作视频会议精神，学习《中华人民共和国退役军人保障法》，听取并审议生态环境分局关于柯桥区生态环保问题排查情况和举一反三整改工作的汇报，区行政审批局关于柯桥区推进政务服务“跨省通办”“全省通办”工作实施方案的汇报，区国投集团关于申报发行境外债情况的汇报，区财政局关于加强税收共治促进财政收入提质增效的若干意见（试行）等的汇报，区应急管理局关于全区一季度安全生产工作情况的汇报，区市场监管局关于柯桥区住宅电梯数字化智慧监管实施方案的汇报，区综合执法局关于柯桥区建筑垃圾管理和资源化利用项目实施方案的汇报，区旅发集团关于柯桥区数字诗路e站项目采购工作的汇报，柯桥经开区关于三技精密柯桥智能工厂项目有关政策方案、明确旗滨集团（绍兴）新材料产业园电力配套有关政策、

“百布·齐贤汇”项目部分土地补办及实施产业用地政策的汇报，柯岩街道关于城市经济数字产业园项目情况的汇报，科技城建管委关于智位机器人项目有关政策方案的汇报，区府办关于2021年柯桥区政府“大督查”工作1—4月进展情况、2021年区政府领导领办区人大代表建议和政协提案方案的汇报。

5月24日，区政府召开第五十五次常务会议，会议传达学习浙江省委书记袁家军在高质量发展建设共同富裕示范区省委专题学习会上的讲话精神，全省建设新时代美丽浙江暨中央生态环境保护督察整改工作推进大会精神，全省碳达峰碳中和工作推进会精神，省、市安全生产大排查大整治专项行动部署会精神，省委办公厅、省政府办公厅关于认真学习贯彻《统计违法违纪责任人处分处理建议办法》的文件精神，学习《中华人民共和国固体废物污染环境防治法》，听取并审议卫生健康局传达学习习近平总书记等领导关于新冠肺炎疫情防控工作的重要指示批示精神及柯桥区贯彻落实情况汇报，科技城建管委关于组建杭绍临空示范区开发建设投资有限公司实施方案的汇报，区发改局关于柯桥区对口工作和山海协作工程工作的汇报，区经信局关于进一步深化小微企业园区“低散乱污”整治提升工作方案的汇报，区建设集团关于绍兴柯桥福全金三角社区建设运营协议（第一期）的汇报，区金融办关于柯桥区全面落实促进经济高质量发展“凤凰行动”计划（2021—2025年）实施意见的汇报，区综合执法局关于柯桥区城镇公共厕所改造提升三年行动方案的汇报，区文广旅游局关于加快推进柯桥区全域旅游高质量发展若干政策的汇报，钱清街道、福全街道关于控新拆违工作滞后的情况汇报，组织部关于进一步优化高校毕业生生活津贴、租房补贴政策方案的汇报，公安柯桥分局关于落实第19届杭州亚运会安保装备设施建设经费、柯桥区道路交通管理工作领导小组组建方案的汇报，柯桥经开区关于越甲生物医药项目有关政策方案、旗滨集团（绍兴）新材料产业园地块地基处理方案、迈亚塔菌检智能科技项目有关政策方案的汇报，柯岩街道关于大明电建总部经济项目的汇报，区府办关于1—5月区政府“大督查”工作进展情况的汇报。

6月28日，区政府召开第五十六次常务会议。会议传达学习国家、省、市安全生产电视电话会议精神，省委书记袁家军在省委十四届九次全体（扩大）会议上的讲话精神，《中共浙江省委十四届九次全会关于忠实践行“八八战略”奋力打造“重要窗口”扎实推动高质量发展建设共同富裕示范区决议》精神，《浙江高质量发展建设共同富裕示范区实施方案（2021—2025年）》精神。学习《绍兴市物业管理条例》《关于全省知识产权保护大会会议精神及我区贯彻落实意见的情况汇报》。听取并审议区建设局关于进一步加强瓶装液化石油气管理工作实施意见的汇报，区建设集团关于新建柯桥区工程渣土资源化利用项目的汇报，鉴湖度假区关于开展鉴湖旅游度假区规划国际竞赛事宜的汇报，区教体局关于进一步完善优秀流动人口随迁子女九年义务教育就学“直通车”若干意见的汇报，区大数据中心关于2021年柯桥区数字化改革项目建设计划情况的汇报，区商务局关于柯桥区“十四五”开放型经济高质量发展规划、柯桥区2021年鼓励支持开放型经济发展若干政策的汇报，科技城建管委关于迈纳士手术机器人项目有关政策方案、新一代泛半导体制造项目有关政策方案的汇报，区投资促进中心关于柯桥区工业招商项目研判评估实施意见、柯桥区非工招商项目研判评估实施意见的汇报，柯桥经开区关于领蔚生物干细胞生物医药项目有关政策方案、光学薄膜制造项目有关政策方案、晨旭智能机器人产业化项目有关政策方案的汇报。听取区改革办关于2021年区机关部门工作目标责任制考核意见，2021年镇（街道）、平台工作目标责任制考核意见的汇报；区发改局关于2021年镇（街道）岗位目标责任制考核经济指标分解建议、柯桥区开发区（园区）高质量发展总体方案的汇报；生态环境柯桥分局关于2021年柯桥区政府主要污染物储备指标余量情况、2021—2022年政府主要污染物储备指标出让价格的汇报；区府办关于1—6月区政府“大督查”工作进展情况的汇报。

7月28日，区政府召开第五十七次常务会议。会议传达学习习近平总书记在庆祝中国共产党成立100周年大会上的讲话精神，国家、省、市关于疫情防控工作的指示批示精神，省委书记袁家军指导检查柯桥防汛防台工作时的讲话精神，市委八届十次全体（扩大）会议精神，学习《统计法应知应会》《防范和惩治统计造假弄虚作假督察工作规定》《防范和惩治统计造假弄虚作假督察工作规定实施办法（试行）》《浙江省数字经济促进条例》，听取并审议会展中心关于柯桥区亚运场馆建成后管理运营方案的汇报，钱清街道、漓渚镇关于控新拆违工作滞后的情况汇报，区发改局、区统计局关于上半年全区经济运行情况的汇报，发改局关于柯桥区开发区（园区）高质量发展总体方案、2021 年柯桥区现代产业重点项目建设计划半年度调整、2021 年柯桥区政府投资及国有投资项目建设计划半年度调整、项目竞赛攻坚年行动半年度情况的汇报，区应急管理局关于全区半年度安全生产工作情况、防御台风“烟花”工作情况的汇报，区金融办关于柯桥区 2021 年金融支持实体经济发展考核办法的汇报，区审计局关于全区上半年审计整改工作情况、全区 5 年中各领域审计发现问题情况的汇报，未来之城建管中心关于组建绍兴柯桥未来之城开发建设投资有限公司实施方案的汇报，区农业农村局关于加快推动“三农”高质量发展若干政策意见、实施强村工程三年行动计划（2021—2023 年）的汇报，区经信局关于深化“亩均论英雄”改革促进高质量发展实施意见的汇报，科技城建管委关于 2021 DIA 中国设计智造大奖 FCD 福布斯中国设计评选双奖颁奖落地合作协议的汇报，区科技局关于绍兴市柯桥区科技创新发展“十四五”规划的汇报，轻纺城建管委关于“十四五”中国轻纺城发展规划的汇报，区大数据中心关于“十四五”柯桥区数字政府建设发展规划的汇报，柯桥经开区关于艾比奥生物医疗器械研发及 CDMO 服务项目有关政策方案的汇报，区府办关于 1—7 月区政府“大督查”工作进展情况、2021 年省市区政府民生实事工程半年度进展情况、区政府一届十次全体（扩大）会议暨“领跑竞跑”重点工作推进会方案的汇报。

8 月 26 日，区政府召开第五十八次常务会议。会议传达学习国家、省、市疫情防控工作电视电话会议精神、省政府第九次全体会议精神，全省农业高质量发展大会精神，市委、市政府主要领导调研柯桥时的有关精神；学习《中华人民共和国安全生产法》，听取并审议区发改局关于柯桥区新增工业用地“标准地”控制性指标（2021 版）的汇报，区经信局关于柯桥区推进印染企业全域提升促进印染产业高质量发展行动方案、柯桥区数字经济发展“十四五”规划、柯桥区工业经济高质量发展“十四五”规划的汇报，科技城建管委关于新一代泛半导体制造项目有关政策方案、天津工业大学绍兴研究院合作共建方案的汇报，区科技局关于鉴湖实验室事业单位设置方案的汇报，区农业农村局关于加快推进柯桥区香榧产业提升实施意见的汇报，区人力社保局关于解决被征地农民参加基本养老保险历史遗留问题处理意见的汇报，自然资源柯桥分局关于全面建立林长制实施意见的汇报，古镇保护中心关于柯桥省级历史文化街区核心保护区防火安全保障方案（试行）的汇报，区建设局关于征收城市市政基础设施配套费有关问题的汇报，区府办关于 1—8 月区政府“大督查”工作进展情况的汇报。

9 月 26 日，区政府召开第五十九次常务会议。会议传达学习省、市、区关于进一步推进能耗双控和坚决遏制“两高”项目盲目发展有关会议精神，省委文化工作视频会议精神，全省文物安全专题工作电视电话会议精神，全市科技创新大会精神，学习中央深改委关于更加有效发挥统计监督职能作用的会议精神、《中华人民共和国行政处罚法》，听取并审议区行政审批局关于柯桥区加强行政服务中心建设实施方案的汇报，区发改局、区商务局关于 2020 年度服务业企业“亩产效益”综合评价的汇报，区安委办关于柯桥区 2021 年度安全生产巡查方案的汇报，区改革办关于 2021 年区直属国有企业经营业绩考核意见的汇报，区教体局关于进一步减轻义务教育阶段学生作业负担和校外培训负担实施意见的汇报，区委宣传部关于绍兴市柯桥区“十四五”文化产业发展规划、“中国轻纺城”冠名 30 周年重点文化项目创作计划的汇报，福全街道、平水镇关于控新拆违工作滞后的情况汇报，区食药安委办关于绍兴市柯桥区创建浙江省食品安全示范区工作方案的汇报，区司法局关于在全区开展法治宣传教育的第八个五年规划（2021—2025 年）、绍兴市柯桥区完善行政执法与刑事司法衔接机制工作实施方案和绍兴市柯桥区行政执法与刑事司法衔接工作规范的汇报，公安柯桥分局关于绍兴市柯桥区公共视频监控建设一体化改革实施方案的汇报，轻纺城建管委关于2021第四届世界布商大会、柯桥国际纺博会（秋季）、柯桥时尚周（秋季）等活动方案的汇报，柯桥经开区关于越甲生物医药项目部分政策调整方案、租用东盛慧谷产业创新服务综合体入驻方案的汇报，区府办关于1—9月区政府“大督查”工作进展情况的汇报，区发改局、自然资源柯桥分局、轻纺城股份公司、柯桥经开区、鉴湖度假区关于区政府“大督查”工作连续3个月进度滞后项目情况的汇报。

11月1日，区政府召开第六十次常务会议。会议传达学习省委书记袁家军在市、县（市、区）数字化改革座谈会上的讲话精神，省委书记袁家军、代省长王浩到绍兴调研时的讲话精神，学习《中华人民共和国乡村振兴促进法》，听取并审议区发改局、区统计局关于前三季度全区经济形势和下一步工作建议的汇报，区发改局、马鞍街道、柯桥街道、漓渚镇、柯岩街道、齐贤街道传达学习全省能耗双控工作会议精神及柯桥区贯彻落实情况、相关镇街工作滞后的情况汇报，区发改局关于柯桥区整区屋顶分布式光伏开发试点实施方案、柯桥区促进经济高质量发展若干意见、东西部协作和山海协作有关情况的汇报，生态环境柯桥分局关于柯桥区2021年大气治理工作情况的汇报，区财政局关于全面强化和规范基层财政管理实施办法的汇报，区应急管理局关于全区三季度安全生产工作情况的汇报，区建设局关于对重点产业项目减免城市基础设施配套费暂行办法的汇报，区红十字会关于生命博爱体验馆管理运营建议方案的汇报，区府办、安昌街道、齐贤街道、钱清街道关于1—10月区政府“大督查”工作进展情况及相关单位工作滞后的情况汇报。

11月15日，区政府召开第六十一次常务会议。会议传达学习中共十九届六中全会精神，听取并审议消防救援大队关于安昌街道“11·14”火灾救援有关情况汇报，金融控股公司关于柯桥区金融控股有限公司股权结构调整的情况汇报，兰亭度假区关于中南·兰亭旷谷旅游综合体项目情况的汇报，区综合执法局关于柯桥区“大综合一体化”行政执法改革实施方案的汇报，湖塘街道、柯桥街道关于控新拆违工作滞后的情况汇报，柯桥经开区关于远信高端印染装备制造项目有关政策方案、一汽四环发动机制造项目有关政策方案、联芯致康连续血糖监测芯片制造项目有关政策方案、致景科技纺织品智慧供应链项目有关政策方案、良机半导体智能封测装备制造项目有关政策方案、康赛医疗肿瘤消融能量平台项目有关政策方案、成都云芯医联总部迁入项目有关政策方案、合华医疗口腔高值耗材项目有关政策方案的汇报，区府办、区综合执法局、区建设局、区农业农村局、区市场监管局关于1—11月区政府“大督查”工作进展情况的汇报。

12月31日，区政府召开第六十二次常务会议。学习《关于更加有效发挥统计监督职能作用的意见》，听取并审议应急管理局关于绍兴柯桥滨海工业区化工集聚区安全整治再提升行动实施方案、柯桥区第二轮安全生产巡查报告的汇报，自然资源柯桥分局关于柯桥区国有建设用地使用权转让、出租、抵押实施意见的汇报，区委组织部关于加快建设新时代“名士之乡”人才强区若干政策、“鉴湖英才计划”实施意见的汇报，区财政局关于柯桥区2021年财政预算执行情况及2022年财政预算（草案）报告的汇报，区市场监管局关于2021年度柯桥区政府质量奖评审概况和拟奖单位的汇报，区教体局关于进一步减轻义务教育阶段学生作业负担和校外培训负担实施意见、柯桥区加快学前教育优质普惠发展第四轮行动计划（2021—2023年）的汇报，区旅发集团关于改造鉴湖小岛并引进先锋书店品牌入驻情况的汇报，生态环境柯桥分局关于柯桥区贯彻落实第二轮中央生态环境保护督察报告整改方案的汇报，区经信局关于2020年度工业“亩均效益”综合评价情况的汇报，柯桥经开区关于宝武碳业碳纤维项目有关政策方案的汇报，水务集团关于下属污水处理企业污泥处置情况报告的汇报，区建设局关于绍兴市柯桥区征收集体所有土地房屋补偿实施办法（试行）的汇报，区府办关于1—12月区政府“大督查”工作进展情况的汇报。（王克非）

政务信息

【概况】 2021年，柯桥区向市政府办公室报送各类信息630余篇，录用225篇，其中专报信息8篇，获市政府主要领导批示4篇。向省政府办公厅报送各类信息80余篇，录用54篇，其中专报信息30篇，获省政府领导批示17篇。《浙江省实施“文明轻骑兵”行动探索多跨协同快递外卖小哥管理服务新模式》被国务院办公厅录用。政务信息考核排名全省第三、全市第一。

【获省领导批示信息13篇】 2021年，柯桥区有13篇政务信息获省领导批示。具体是《全覆盖 全参与 全联结——柯桥区积极打造全省无障碍环境建设先行示范区》《柯桥区突破知识产权发展瓶颈 助力纺织全产业链高质量发展》《纺织外贸出口呈现恢复性增长态势 四方面不确定因素仍需关注》《高强度投入 高标准惠民 高水平办园——柯桥区推动学前教育高质量发展的主要做法》《强化责任担当 促进共治共享 柯桥区全力协同推进基本医疗保险市级统筹》《跨镇建圈 全域联创 美美与共——柯桥区高标准打造新时代美丽城镇样板的主要做法》《探索基层财政智治图景 打通小微权力神经末梢——柯桥区全力推进“基财e码通”数字化改革的做法》《柯桥区“跨区跨行业”建设杭绍城际铁路 助力杭州都市圈“互联互通”》《柯桥区推进数字社会文化多跨场景落地大渡未来社区的主要做法》《柯桥区以“市场采购+跨境电商”双轮驱动 着力打开外贸新蓝海》《绍兴柯桥区三举措助力退役军人就业创业显成效》《强规划 重创新 优保障 柯桥区全力加快“杭州中环”重大交通项目建设》《柯桥区以“三联动”编织困难救助网 确保共同富裕路上“一个不掉队”》。（周莹芳）

协调督查

【概况】 2021年，柯桥区政府围绕年初的政府工作报告，省、市、区三级民生实事工程和阶段性中心工作，开展重点工作督查活动17次，省、市、区三级民生实事督查活动16次，编发《政务督查》14期、《督查通报》11期、《批示专报》38期，办理市政府下达督办事项30件、市政府主要领导批示件400余件、区政府主要领导批示件1295件，办理市级人大建议和政协提案26件，推进办理区级人大建议247件、政协提案252件。（孙　莹）

建议提案办理

【概况】 2021年，柯桥区政府承办区一届人大五次会议建议247件。其中，属于经济建设方面的49件，占19.8%；城乡发展方面的94件，占38.1%；民生社会方面的92件，占37.2%；其他方面的12件，占4.9%。至年底，247件建议全部办复，满意率100%。其中，解决或基本解决的152件，占60.8%；部分解决或已列入计划解决的87件，占34.8%；受条件限制留作参考或不可行的11件，占4.4%。

承办区政协一届五次会议提案252件。其中，有关经济、生态建设等方面的85件，占33.7%；有关文化建设等方面的65件，占25.8%；有关政治、社会建设等方面的102件，占40.5%。至年底，252件提案全部办复，满意率100%。其中，解决或基本解决的150件，占59.5%；列入计划逐步实施的98件，占38.9%；因条件限制留作参考的4件，占1.6%。（孙　莹）

人事工作

【概况】 2021年，柯桥区继续完善事业单位工作人员考试录用工作，全年共办理事业单位工作人员录用534人，其中卫计类271人、教师135人、其他事业单位119人、人才引进9人。（陈　乘）

行政审批

【概况】 2021年，柯桥区继续优化行政审批流程。国有企业投资项目立项审批由审批制调整为备案（或核准）制办理，取消项目建议书、可行性研究报告、初步设计的审批环节和事项。全面实施投资项目审批中介评估网上比选制度，业主可查看中介机构的“累计完成项目数量和综合评分”情况并进行排序。至年底，区行政服务中心共办理各类审批事项146.96万件，日均办理5878件；行政许可准确率和承诺件按时办结率均100%，每件承诺件实际平均办结时间0.83天。

【重点项目深度代办】 柯桥区制定重点项目深度

代办工作实施方案，通过“窗口办、代理办、重点办、兜底办”，梳理项目代办工作的“菜单式”服务清单。全年，最多80天督办843个项目，投资1461.48亿元。其中，企业投资616个，875.25亿元；国有投资227个，586.23亿元。

【行政审批跨省通办】 2021年，柯桥区出台跨省通办实施方案，与贵州、江苏、江西、河南、山东、上海等省、市的30多个县（市、区）签订点对点跨省合作协议，实现工作调动、户口迁移、纳税状况公证、不动产抵押登记等事项“跨省通办”；建立区、镇两级专窗，落实专员开展协调、受理和宣传工作；开发“跨省通办”收件小程序，建立企业微信居民群39个。至年底，完成“跨省通办”事项65个，可受理全省通办事项1355个。

【“融杭接沪联甬”项目快速审批通道建立】 2021年，柯桥区建立“融杭接沪联甬”项目快速审批通道，实行“授权＋委托”方式审批，运用“模拟审批”“容缺受理”“会商＋代办”等方式加快项目审批进度。至年底，受理浙江省水利厅2个工程4个审批事项单独下放“授权”；完成12项“融杭接沪联甬”项目区内审批。

【行政审批作风大提升活动】 2021年，柯桥区开展行政审批服务作风大提升活动，借助“中心”投诉电话、群众评议反馈表、“12345”市长热线、窗口互评等评议渠道和载体，接受企业和群众评议，将“好差评”结果运用到窗口和个人考核评比中。全年收到群众投诉107件，回复满意率100%；开展作风评比10次，评选出“担当有为好窗口”30个、“最美审批人”50个，在《柯桥日报》等媒体上公示表彰。（徐一鸣）

公共资源管理

【概况】 2021年，柯桥区完成四项交易29525项，成交金额229.32亿元。建设工程171项，成交金额67.99亿元；节资11.14亿元，节资率14.08%（含限额以下交易项目1367项，成交金额18.81亿元；节资1.95亿元，节资率9.41%）。政府采购29244项，成交金额23.47亿元；节资3.04亿元，节资率11.47%。产权交易43项，成交金额4.02亿元；增效0.84亿元，增效率26.30%。土地交易67项，成交金额133.84亿元；增效23.86亿元，增效率21.69%。

【公共资源交易平台建设】 2021年，柯桥区开发大数据分析平台，建成涵盖工程建设、政府采购、产权交易等主体入库，全流程电子化交易，信息结果公示等各环节的公共资源交易数据展示系统。开发产权竞价平台，增设拍卖人设置模块和竞买人交易模块，优化竞价保证金收退系统，免除全部软件服务费，取代以往依托淘宝、中拍协网拍平台的拍卖模式。全年完成交易标的160余个。

【招标采购服务】 2021年，柯桥区优化招标采购服务，搭建“小招在线”智能咨询端口，全年办结交易主体入库信息9.8万件，审核通过交易主体1500余家。扩大定点采购范围，将各镇（街道、部门）需多次重复采购的物业、审计、会计、印刷、工程勘察设计、监理等小额服务项目纳入定点采购范围。全年开展定点采购项目1500余个，采购时间由8天压缩至1～3天。

【“政企云”平台搭建】 2021年，柯桥区参照“政采云”（政府采购云平台），搭建柯桥区“政企云”（国企采购云平台）。“政企云”包括网上超市采购、在线询价采购、服务定点采购等电子卖场以及项目采购（网上招投标）系统，小额项目可实现快速采购，招标采购可实现全程在线办理、无纸化投标和不见面开标。至年底，“政企云”入驻供应商71.1万家、采购单位170余家，完成公开招标项目600余个，累计成交金额12.59亿元。

【工程建设领域改革】 2021年，柯桥区发布《关于实施工程建设项目招标文件告知承诺制的通知》，对纳入实施范围的项目，取消招标文件事前审核环节，夯实招标人主体责任和招标代理机构直接责任，推动招标时间减少最多5个工作日。制定《关于推进工程建设项目招标投标评定分离改革的实施意见》，分离评标委员会、招标人的责任权力，解决评标委员会和招标人责权不分的问题。

【远程异地评标】 2021年，柯桥区在全市率先实施跨区域远程“异地评标”模式。各投标单位线上解密投标文件，两地专家借助远程异地评标系统在线查看标书、同步传输评分，通过音视频即时讨论、交流意见，两地公共资源交易中心人员实时网络监督，实现区域间专家、场地资源共享，预防评标腐败和新冠肺炎疫情传播风险。全年完成远程异地评标4项、限额以上不见面招标171项、限额以下不见面招标1200余项。

【招投标全周期监管体系完善】 2021年，柯桥区完善招投标全周期监管体系，标前形成包括“负面清单、编制导引、示范文本、政策汇编”的工程建设招标文件编制体系。标中搭建串（围）标分析监管平台，完善限额以下督查系统，加强网超商品动态监测；全年发现违规问题130余个，查处工程项目违规企业141家，网上超市违约供应商41家。标后提升交易环节和履约环节的监管力度，根据行业监管部门通报及招标人上报，对11家违规企业实施限制交易。

【项目投标保证金改革】 2021年，柯桥区通过取消招标数额标准以下项目投标保证金，减免企业投标保证金8.16亿元，惠及企业2.68万家（次）。推行工程建设投标保证金电子保函，允许申请电子保函项目174个，使用企业1万余家（次），替代现金24.68亿元。（蒋竞书）

重要接待

【概况】 2021年，柯桥区接待中央和部委、省、市、县各级领导等194批5350人次，其中接待省部级及以上领导44批88人次。

2021年柯桥区接待省部级及以上领导、考察团情况表

表8

日期	考察人员	考察内容
1月4日	浙江省委常委、组织部部长黄建发	到柯桥区开展“三服务”工作
1月13日	浙江省副省长王文序	到柯桥区调研民生实事工作情况
2月3日	浙江省委统战部部长、省人大常委会副主任熊建平	到柯桥区走访慰问困难群众，退役军人、烈军属家庭，消防救援队伍
3月10日	浙江省副省长陈奕君	到柯桥区调研有关工作
3月18日	国务院发展研究中心副主任张军扩	到柯桥区开展“促进制造业高质量发展”专题调研
3月25日	中国国际茶文化研究会会长、浙江省政协原主席周国富	到柯桥区参加柯桥区第四届“平水日铸”茶叶节
4月12—13日	浙江省人大常委会原副主任斯大孝、祝耀祖、叶荣宝、李志雄、徐宏俊、吴国华、茅临生、冯明、厉志海，省政协原副主席陈文韶、陈昭典、张蔚文、王玉娣、徐鸿道、冯培恩、盛昌黎、陈加元、汤黎路、陈艳华、张鸿铭、孙文友，省高级人民法院原院长齐奇，省人民检察院原检察长陈云龙	到柯桥区开展“走基层、看变化、促发展”考察活动
4月20日	湖南省政协副主席胡旭晟	到柯桥区调研“构建多元解纷机制，为营商环境提供有力法治保障”工作

续表 8

日期	考察人员	考察内容
4月22日	中央书记处原书记、全国政协原副主席杜青林，由省政协副主席马光明陪同	到柯桥区考察有关工作
4月23—24日	浙江省委常委、组织部部长黄建发，省政协副主席张泽熙	到柯桥区参加科创之江百人会
4月28日	浙江省委常委、宣传部部长朱国贤，省政府副省长成岳冲	到柯桥区参加全省农村文化礼堂2.0版建设暨新时代文明实践中心建设工作现场会
5月4日	全国政协原副主席王家瑞，由省政协副主席周国辉陪同	到柯桥区考察有关工作
5月5—6日	国际纺联主席、中国纺织工业联合会会长孙瑞哲，中国商业联合会会长姜明，中国纺织工业联合会副会长徐迎新	到柯桥区参加2021年春季纺博会、时尚周
5月8日	全国政协原副主席，九三学社中央原主席韩启德	到柯桥区考察有关工作
5月18日	浙江省委常委、纪委书记、监委主任许罗德	到柯桥区开展接访、"三服务"活动
5月23—24日	浙江省委常委、组织部部长黄建发	到柯桥区参加驻村指导员制度17周年论坛
5月26日	浙江省副省长成岳冲	到柯桥区参加全省基本医保市级统筹现场推进会
6月1日	浙江省人民检察院党组书记、检察长贾宇	到柯桥区考察有关工作
6月24日	中共十九届中央委员，全国人大常委会委员、全国人大民族委员会副主任委员，西藏自治区党委副书记、自治区人大常委会主任、党组书记洛桑江村；全国人大常委会委员、全国人大民族委员会副主任委员，新疆维吾尔自治区人大常委会原主任、党组书记乃依木·亚森	到柯桥区调研民族地区脱贫攻坚战成果同乡村振兴衔接情况
7月7日	浙江省人大常委会党组副书记、副主任李卫宁	到柯桥区调研《浙江省宗教事务条例》执行情况
7月20日	中国工程院原院长、院士周济，第十三届全国政协经济委员会副主任苏波，国务院原参事张纲	到柯桥区考察有关工作

续表 8

日期	考察人员	考察内容
7月22日	中央军委政治工作部主任助理兼退役军人事务部副部长方永祥	到柯桥区调研有关工作
7月27日	浙江省委书记袁家军,省委常委、秘书长陈奕君	到柯桥区检查指导防汛减灾工作
8月19日	浙江省政协主席葛慧君	到柯桥区调研重点提案办理情况和政协提案工作
8月25日	浙江省委副书记黄建发	到柯桥区调研有关工作
8月26日	浙江省政协副主席陈小平	到柯桥区考察森林古道保护管理工作并实地考察平水日铸岭古道
9月22日	国际纺织制造商联合会主席、中国纺织工业联合会会长孙瑞哲,中国商业联合会副会长刘勇,中国纺织品进出口商会副会长张锡安,中国纺织工业联合会副会长夏令敏	到柯桥区调研有关工作
9月24—25日	全国人大常委会委员、中国作协副主席吉狄马加,省纪委副书记、省监委副主任温暖	到柯桥区参加“清白泉·鉴水吟”清廉主题文化活动
9月25日	国家文化和旅游部副部长杜江	到柯桥区调研文化旅游工作
9月25日	中农办副主任,农业农村部党组成员,国家乡村振兴局党组书记、局长王正谱	到柯桥区调研农村人居环境、乡村治理等方面工作
9月27日	全国政协经济委员会副主任、农业农村部原部长(正部级)韩长赋,由省政协副主席、党组副书记孙景淼陪同	到柯桥区调研“金秋家园·长塘头”闲置农房激活促共富项目,了解宅基地制度改革情况
10月1—3日	全国政协十三届副主席、党组成员,国务院港澳事务办公室主任、党组书记夏宝龙	到柯桥区调研有关工作
10月9日	浙江省委常委、常务副省长陈金彪	到柯桥区调研三季度经济形势、能耗双控和重大项目平台建设等工作
10月11日	浙江省委副书记、代省长王浩	到柯桥区调研有关工作
10月12日	浙江省副省长王文序	到柯桥区参加2021中国设计智造大奖颁奖典礼
10月15日	浙江省委书记、省人大常委会主任袁家军,省委常委、秘书长陈奕君	到柯桥区调研经济运行情况

续表 8

日期	考察人员	考察内容
10 月 21 日	浙江省关工委副主任、省人大常委会原副主任徐宏俊	到柯桥区调研有关工作
10 月 25 日	党史学习教育中央第五指导组组长、贵州省人大常委会原副主任孙永春	到柯桥区实地指导
10 月 25—29 日	国际纺织制造商联合会主席、中国纺织工业联合会会长孙瑞哲，中国商业联合会副会长傅龙成，中国纺织进出口商会副会长张锡安，中国纺织工业联合会副会长、中国服装协会会长陈大鹏	到柯桥区参加布商大会系列活动
11 月 9 日	浙江省委原副书记、省政协原主席刘枫	到柯桥区考察有关工作
11 月 23 日	浙江省副省长卢山	到柯桥区考察有关工作
11 月 27 日	全国人大常委会副委员长、全国妇联主席沈跃跃，全国妇联党组书记、副主席、书记处第一书记黄晓薇，由副省长王文序陪同	到柯桥区调研有关工作
12 月 1 日	浙江省人大常委会副主任袁荣祥、刘力伟	到柯桥区考察科技创新、生态环境保护等方面工作
12 月 29 日	浙江省副省长朱从玖	到柯桥区调研外贸基地转型升级工作

（滕燕兰）

机关事务管理

【概况】 2021 年，柯桥区对区行政中心、区公共服务大楼、区鉴湖大院的消防系统、中央空调管路系统、照明系统、电梯等开展检修、维护和保养，确保设施设备高效、顺畅运行；通过严格出入管控、全面清洁消杀、调整就餐模式，做好新冠肺炎疫情防控工作。执行《会务标准化管理办法》，区行政中心会场共保障会议 1006 场次，与会 60727 人次。行政中心大厅布展 37 期，更换花卉、绿植 5 万余棵，修剪草坪、灌木 120 余次。完成区“两会”、全区干部大会、全区旅游大会、全省美丽城镇建设现场会、全省文化礼堂 2.0 现场会、柯桥乡贤总

2021 年 10 月，第四届世界布商大会车辆保障情况

（区机关服务中心　提供）

会成立暨重大招商项目签约仪式、第四届世界布商大会等重要会议和大型活动的后勤保障工作。全年重点公务用车6785车次，区行政中心、区公共服务大楼两处食堂保障就餐69.2万人次。

【办公用房规范化管理】 2021年，柯桥区修订《柯桥区党政机关办公用房管理办法》。完成党史学习教育等4个专班及区委宣传部等13家单位的办公用房调配工作，累计调配543.8平方米。开展办公用房专项督查3次，共计对19家单位的办公用房规范使用及有关维修资金使用情况进行检查。完成区文广局等8家部门（单位）的办公用房维修（装修）改造工程预算资金核准工作，累计核减预算资金43.64万元。完成全区党政机关办公用房信息统计报告，将全区366家单位、103处办公场所数据录入全国党政机关办公用房数据库。

【公务用车管理】 2021年，柯桥区执行公务用车管理相关规定，区行政中心14个部门非重点公务用车通过公务用车管理平台或手机APP预约下单，由行政中心服务点统一调度。完成全区党政机关公务用车（机要通信用车、应急保障用车和老干部服务用车）的报废、采购审批；根据省、市统一安排，完成国家机关事务管理局公务用车管理系统录入和上报，实现全区党政机关公务用车数据省、市、区三级互联互通“一张网”监管运行。

2021年，柯桥区开展办公用房专项检查

（区机关服务中心　提供）

【区行政中心设施升级】 2021年，柯桥区行政中心大院启用出入口智能门禁系统，基本实现车辆、人员管理自动化，全年登记外来人员38200人次、会议车辆35414车次。完成地下车库自流平改造、会场设备设施提档升级，在东侧停车场安装新能源汽车充电桩10组，共20个。

（张　弦）

执行编辑　王　翊

政协绍兴市柯桥区委员会

综　述

【概况】 2021 年，政协绍兴市柯桥区委员会召开全体会议 1 次、常委会会议 6 次、主席会议 10 次、“请你来协商”专题协商会议 6 次。全体会议期间，组织大会发言 34 篇，区委主要领导对其中 8 篇作出批示；围绕进一步做好政府工作，从 6 个方面提出 42 条协商意见；围绕“强化干部作风，打造一流营商环境”，组织开展“请你来协商”专题协商会议。围绕区委《柯桥奋力打造浙江高质量发展建设共同富裕示范区先行地行动方案(2021—2025 年)(征求意见稿)》，开展专题调研，召开常委会会议，进行专题政治协商。立足“请你来协商”平台，围绕“强化作风建设，打造一流营商环境”“合力推进重大传染病防控体系建设”“加强工业小区出租厂房消防安全工作”“统筹推进南部山区旅游业发展”“主动对接杭州临空经济示范区，加快融杭步伐”“加强未来社区建设，助推基层治理现代化”议题，举行 6 场专题协商，会后形成协商纪要，报送区委、区政府供决策参考。围绕“顺应‘双循环’，构筑新优势，领跑竞跑作贡献”主题，组建 3 个课题组，分别围绕“领跑传统产业升级，构筑新路径”“竞跑产业集群，着眼新空间”“对接新枢纽平台，打造新优势”等主题，深入部门、镇街和企业走访调研，赴江苏苏州吴江、常州武进以及省内宁波北仑，台州椒江，嘉兴桐乡、海宁，湖州德清等地学习考察，形成调研材料，以常委会的形式进行集中协商。推进镇(街道)“民生议事堂”建设工作，出台相关实施意见以及操作细则，柯桥街道、湖塘街道 2 个政协工委分别围绕“推进柯桥古镇未来社区创建”“湖塘杨梅产业发展，打响湖塘杨梅品牌”主题试点，全市现场会在柯桥举行，柯桥区政协作典型发言。组建 12 个监督小组，分别就打造城市星级公厕、住宅电梯智慧化监管、打造“群众身边的红十字会”、城区道路保洁保湿精细化管理、小微园区智慧化应急能力建设、提升公共卫生应急救援能力、农村管道燃气“村村通”试点，以及农村家宴中心提档升级工程等民生关键小事开展专项监督。镇(街道)工委划片组建的 5 个监督小组，围绕农村家宴中心建设，区镇两级政协组织联动开展监督。召开主席会议，专题听取区公检法情况通报，提出监督协商意见。推进以“进百村、访千户”为主要内容的慈善助困行动，会同区慈善总会，在全区范围内开展慈善精准助困行动。举办山阴书画院“有礼有爱、同心抗疫”作品捐赠、“学党史·颂辉煌”专题书画作品展等活动，赴新昌书画采风，配合省、市政协做好有关文稿征集撰写工作。实行专委会向区政协常委会、镇(街道)工委向区政协主席会议集体述职评议以及区政协参加单位工作交流评议制度。探索“互联网+”履职新途径，全体会议期间使用电子阅文系统，办好《政协信息》刊物、区政协网站、“柯桥政协”微信公众号。(高晶彬)

重要会议

【区政协一届五次会议】 2021 年 2 月 6—8 日，中国人民政治协商会议第一届绍兴市柯桥区委员会第五次会议在柯桥召开。会议审议通过区政协主席孟柏干代表区政协常务委员会所作的工作报告和区政协副主席裘江新受区政协常委会委托所作的提案工作情况报告，听取并通过区政协提案委员会关于区政协一届五次会议提案受理情况的报告，表决通过区政协一届五次会议决议。听取并协商讨论区人民政府区长陈豪所作的《政府工作报告》和其他报告，围绕全区改革发展大局和群众关注的热点难点问题，提出建设性意见。

2021年2月6—8日，中国人民政治协商会议第一届绍兴市柯桥区委员会第五次会议在柯桥召开　（凌　军　摄）

【区政协一届二十七次至三十二次常委会会议】 2021年2月5日，区政协召开一届二十七次常委会会议。会议听取区政府关于2020年度“请你来协商”专题协商活动建议意见办理落实情况的通报。会议表彰2020年度区政协工作先进单位和先进个人等，审议通过区政协一届五次会议日程，确定会议期间提案截止日期为2月7日中午12时，宣布会议期间各次大会常委会值日安排，审议通过有关人事事项等。会议还审议通过区政协关于加强和促进人民政协凝聚共识工作的实施意见。

2月7日，区政协召开一届二十八次常委会会议，审议区政协一届五次会议《提案受理情况的报告（草案）》和《中国人民政治协商会议第二届绍兴市柯桥区委员会第一次会议决议（草案）》；听取各小组对政协常委会“两个报告”、政府工作报告、国民经济和社会发展第十四个五年规划和二〇三五年远景目标纲要等讨论情况的汇报。

3月17日，区政协召开一届二十九次常委会会议暨提高履职能力读书会。会议要求，全面落实区委关于加强作风建设的部署要求，推进政协自身建设，善始善终履职尽责，有序高效做好各项工作，合力推动“四个领跑”“四个竞跑”落到实处、收到实效。会上，省社会主义学院副教授、省政协特约研究员曹伟作加强和促进人民政协凝聚共识工作的业务辅导。

6月3日，区政协召开一届三十次常委会会议，围绕“顺应‘双循环’，构筑新优势，领跑竞跑作贡献”开展集中协商。区政协3个课题组围绕“领跑传统产业升级，构筑新路径”“竞跑产业集群布局、着眼新空间”“对接新枢纽平台、打造新优势”子课题先后进行协商发言。3名委员就提升纺织印染产业、培育发展战略性新兴产业、发展跨境电商等方面提出建议意见。区府办、区发改局、区经信局、区科技局、区交通运输局、区商务局、区行政审批局、区投资促进中心、区集聚服务中心、柯桥经开区等部门负责人，现场进行互动交流。副区长方优美到会听取协商意见，区人大常委会副主任沈祖卫应邀列席。会后形成区政协常委会建议案，报送区委、区政府供决策参考。

2021年6月3日，柯桥区政协召开一届三十次常委会会议，围绕“顺应‘双循环’，构筑新优势，领跑竞跑作贡献”开展集中协商　（凌　军　摄）

8月5日，区政协召开一届三十一次常委会会议暨统战系统半年度经济社会发展情况通报会，区委副书记、区长陈豪应邀到会，通报2021年上半年经济社会发展情况和下半年重点工作安排。区委常委、统战部部长王静静，区政协副主席、秘书长、常务委员，区各民主党派基层委、工商联、知联会主要负责人参加会议。区政协各室（委）、镇（街道）工委负责人和政协机关干部列席会议。

11月23日，区政协召开一届三十二次常委会会议，听取并评议区政协各专委会年度履职工作。会上，区政协6个专委会进行2021年工作述职，接受常委会会议组成人员的评议。

【区政协一届五十五次至六十四次主席会议】 2021年2月7日，区政协举行9次主席会议，审议区政协一届五次会议《会议决议（草案）》，研究决定召开区政协一届二十八次常委会会议。

3月5日，区政协召开一届五十六次主席会议，研究部署2021年工作。会议审议通过区政协主席会议成员分工调整事宜，区政协主席、副主席联系镇（街道）工作委员会调整事宜，以及区政协中共主席会议成员联系民主党派、工商联、人民团体调整事宜，审议通过区政协2021年工作要点、重点履职任务分解和责任分工方案。会议听取区政协一届五次会议提案立案情况的报告。会议决定3月中旬召开区政协一届二十九次常委会会议暨提高履职能力读书会议。

3月23日，区政协召开一届五十七次主席会议。会议审议通过《2021年开展慈善助困行动的意见》《2021年区政协委派民主监督小组工作的通知》，区政协工作先进单位和先进个人考核评选办法，区政协反映社情民意信息工作考核评比办法，区政协镇（街道）工委负责人调整等事宜。

4月16日，区政协召开一届五十八次主席会议。会议研究2021年区政协提案督办工作，决定《关于加快推进鉴湖实验室建设，助推全区纺织产业转型升级的建议》等10件重点提案由区政协领导领衔督办，《关于村级工程监管亟须提质的建议》等14件重要提案由区政协室（委）督办。会议审议通过“加强工业小区出租厂房消防安全工作”课题调研协商方案，决定6月上旬召开区政协一届三十次常委会会议。

6月8日，区政协召开一届五十九次主席会议，视察绍兴轨道交通1号线（柯桥段）建设及运营筹备工作。与会人员实地视察万绣路车辆基地和调度大厅，听取轨道交通运营筹备进展工作有关情况通报。乘坐绍兴轨道交通1号线检查了解柯桥段沿线有关准备工作。

7月15日，区政协召开一届六十次主席会议，民主监督区公安、区法院、区检察院工作。会议听取区公安分局、区人民法院、区人民检察院上半年工作和下半年安排的情况通报。会议审议通过区政协“请你来协商·主动对接杭州临空经济示范区，加快融杭步伐”专题协商活动实施方案，审议通过“柯桥数字政协”建设实施方案，研究决定召开区政协专题政治协商常委会会议、区政协一届三十一次常委会会议。

8月9日，区政协召开一届六十一次主席会议，专题督查评议2020年度重点提案办理落实工作。会议听取区政协提案委关于2020年度重点提案办理落实工作督查评议意见的汇报，区政协主席会议成员对各自督办的重点提案作督查评议发言。副区长方优美到会作表态发言。会议审议通过“请你来协商”——区政协“加强未来社区建设，助推基层治理现代化”专题协商活动实施方案。

9月23日，区政协召开一届六十二次主席会议，专题听取全区深化数字化改革工作（重大关切问题）情况的通报。会议听取区委改革办、区大数据中心就数字化改革工作所作的通报，观看区委宣传部“文明轻骑兵”数字化应用场景项目，区经信局“织造印染产业大脑”建设情况演示。

10月13日，区政协召开一届六十三次主席会议，集中评议2021年度区政协委派民主监督小组工作。区市场监管局、区农业农村局、区应急管理局等受派部门（单位）分别就有关工作进行口头或书面情况通报，区政协12个委派民主监督小组就各自民主监督工作情况作汇报。区政协主席会议成员分别发表评议意见。区委常委、副区长马忠伟听取评议意见，作表态发言。

11月17日，区政协召开一届六十四次主席会议，对镇街政协工委年度履职工作进行述职评议。

【“请你来协商”协商6场】 2021年2月7日，区政协立足“请你来协商”平台，围绕“强化干部作风，打造一流营商环境”开展专题协商，区委书记赵如浪讲话，区委常委、组织部部长丁贵参加会议，区纪委监委、区委办、区组织部、区改革办、区服务指导中心、区经信局、区自然资源分局、区生态环境分局、区建设局、区应急管理局、区审计局、区行政审批局、区公管办主要负责人参加会议。会上，6名政协委员和界别群众代表围绕主题协商发言，3个部门作互动回应。

4月9日，围绕“合力推进全区重大传染病防控体系建设”开展专题协商。会议听取区内重大传染病防控体系建设工作情况通报。6名区政协委员和界别群众代表就健全应急指挥体系、提升应急救治能力、加强应急物资储备以及重视加强专业队伍等主题作协商发言。区委编办、区经信局、区人力社保局、区卫健局、区财政局、柯桥街道等相关负责人分别作交流回应。副区长祝静芝到会作表态发言。

5月19日，围绕“加强工业小区出租厂房消防安全工作”主题开展专题协商。区政协农业农村和人口资源环境委员会就全区工业小区出租厂房消防安全管理工作作调研情况书面汇报。与会人员观看区域工业小区出租厂房消防安全管理工作现场调查视频短片。7名区政协委员、界别群众代表围绕“整治违章违建，构筑长效机制”“杜绝工业小区出租厂房‘三合一’现象”“加快消防喷淋装置的安装进度”“提升工业小区出租厂房消防安全数字化管理水平”等作协商发言。区经信局、区自然资源分局、区建设局、区应急管理局、区综合执法局、区税务局、区消防救援大队等单位负责人现场作互动回应。副区长方优美到会作表态发言。柯岩街道、钱清街道、马鞍街道、福全街道办事处负责人及部分工业小区业主代表参加会议。区政府主要领导对“加强工业小区出租厂房消防安全工作”的协商纪要作出批示。

7月9日，围绕“统筹推进南部山区旅游业发展”主题，在王坛镇开展专题协商。会议听取区文广旅游局关于南部山区旅游业发展情况的书面通报。7名政协委员和界别群众代表围绕“出台政策支持”“建立南部山区文旅研究会”“打造数字旅游”等主题作协商发言。区公安分局、区人力社保局、区自然资源分局、区生态环境分局、区农业农村局、区文广旅游局、区市场监管局、区兰亭旅游度假区负责人现场作交流回应。区委常委、宣传部部长李永杰到会作表态发言。区政协办公室、研究室、提案委及王坛镇工委负责人参加会议。

8月25日，围绕“主动对接杭州临空经济示范区，加快融杭步伐”主题开展专题协商。区发改局、区临空示范区规划建设领导小组办公室，通报杭绍临空经济一体化发展示范区绍兴片区规划建设情况，6名政协委员、界别群众代表围绕主题作协商发言。区发改局、区经信局、区教体局、区自然资源分局、区建设局、区交通运输局、区文广旅游局、区卫生健康局、区规划建设领导小组办公室等部门作互动交流。区委副书记、区长陈豪到会讲话。区委常委周志刚，区政协办公室、研究室、委员工委负责人参加会议。

9月24日，围绕“加强未来社区建设，助推基层治理现代化”主题，开展专题协商。会议听取区发改局关于柯桥区未来社区建设推进情况的书面通报，以及福全街道办事处、柯桥街道办事处通报金三角未来社区和大渡未来社区的创建情况。2名政协委员围绕主题作协商发言。区建设局、区发改局、区自然资源分局、区大数据中心、区建设集团等单位负责人现场作交流回应。区委常委马海明到会作表态发言。（高晶彬）

建言献策

【概况】 2021年，柯桥区政协一届五次会议期间，组织大会发言34篇，区委主要领导对其中8篇作出批示。其中，《政协绍兴市柯桥区委员会一届三十次常委会会议关于“顺应‘双循环’，构筑新优势，领跑竞跑作贡献”的建议案》《关于加强工业小区出租厂房规范管理的调研报告》获区委书记赵如浪，区委副书记、区长陈豪批示；《区政协一届五次会议期间政协委员对进一步做好政府工作的协商意见》《关于“加强工业小区消防安全工作”的协商纪要》获区委副书记、区长陈豪批示。

【提案工作】 2021 年，柯桥区政协一届五次会议期间及会后，共受理党派团体和政协委员以提案形式提出的意见建议 277 件，经提案委员会审查，立案 268 件，并案后 252 件，作来信处理 9 件。至年底，所有提案如期办复，提案提出的建议得到解决或基本解决的 150 件，列入计划逐步实施的 98 件，分别占总数的 59.5% 和 38.9%，因条件限制留作参考的 7 件，占总数的 1.6%。提案委员会收到委员对提案办理情况反馈意见 262 件，对办理结果表示满意的 262 件，满意率 100%。

【社情民意信息收集 315 件】 2021 年，柯桥区政协开展社情民意信息工作，为党委、政府科学民主决策提供有效参考。全年收集社情民意信息 276 篇，编报 112 期，被全国政协采用 2 篇，被省政协采用 4 篇(2 篇得到省政府主要领导、分管领导批示)，被市政协采用 83 篇，信息得分在市政协系统排名第一。(高晶彬)

民主监督

【概况】 2021 年，柯桥区政协开展委派民主监督工作，组建 12 个监督小组，分别就打造城市星级公厕、住宅电梯智慧化监管、打造“群众身边的红十字会”、城区道路保洁保湿精细化管理、小微园区智慧化应急能力建设、提升公共卫生应急救援能力、农村管道燃气“村村通”试点，以及农村家宴中心提档升级工程等民生关键小事开展专项监督。镇街工委划片组建的 5 个监督小组，围绕“农村家宴中心”建设，区镇两级政协组织联动开展监督。10 月 15 日，区政协召开一届六十三次主席会议，集中评议 2021 年度区政协委派民主监督小组工作，会后向区委、区政府报送监督评议意见。(高晶彬)

其他工作

【概况】 2021 年，柯桥区政协党员领导

2021 年 6 月，柯桥区政协举办“学党史·颂辉煌”庆祝中国共产党成立 100 周年书画作品展 (朱勇方 摄)

干部开展党史学习教育宣讲，举办“学党史·颂辉煌”庆祝中国共产党成立 100 周年书画作品展。举行“光荣在党 50 年”纪念章颁发仪式，区政协党组书记、主席孟柏千为区政协机关 10 名老党员颁发“光荣在党 50 年”纪念章。为落实区委关于疫情防控的决策部署，区政协领导分头赴柯桥古镇、绍兴第二医院、柯桥街道、安昌街道、马鞍街道、漓渚镇朱家坞村等地检查和指导疫情防控工作。12 月 13 日，区政协召开党组扩大会议，传达学习省委书记袁家军在省新冠肺炎疫情防控工作领导小组扩大会议上的讲话精神，贯彻落实区委书记陈豪在区委常委会上关于疫情防控工作的讲话要求。

【中国轻纺城委员会客厅专题活动】 2021 年 5 月 20 日，中国轻纺城委员会客厅举行专题活动，开展

2021 年 5 月 20 日，中国轻纺城委员会客厅举行“百名主席进百厅讲党史”暨“柯桥古镇文创旅游之路”专题活动 (凌 军 摄)

党史宣讲，集中探讨“柯桥古镇文创旅游之路”。中国轻纺城政协委员会客厅成员、省市区三级政协委员、企业代表、古镇商户代表在听取古镇开发建设的情况通报后，围绕“柯桥古镇文创旅游之路”，就丰富古镇旅游业态、完善商业布局、加大品牌引进力度、打造数字旅游路径等展开互动交流。区政协副主席裘江新、王茂荣参加活动。

【区政协履职能力提升培训班】 2021年7月19—23日，柯桥区政协在台州市委党校举行提升履职能力培训班。此次培训采取课堂教学和现场教学相结合的方式，学员们共同回顾中国共产党的创建史，学习温岭政协的工作经验，聆听新发展格局下国内外经济形势与热点问题分析，开展关于文化自信、民族精神等内容的探讨，现场参观同济·黄岩乡村振兴学院、吉利集团浙江豪情汽车制造有限公司等。区政协副主席裘江新、王茂荣出席并参加培训。区政协各室(委)、镇(街道)工委、参加单位负责人，部分区政协常委、政协委员参加。

2021年7月19—23日，柯桥区政协在台州市委党校举行提升履职能力培训班 （濮一鸣 摄）

【慈善精准助困行动】 2021年，柯桥区政协开展慈善精准助困行动，共走访困难户348户，其中经政府临时救助后仍需救助的困难户及低保边缘户中特别困难的303户，发放慰问金63.5万元。

【书画作品捐赠】 2021年3月25日，柯桥区政协山阴书画院“有礼有爱、同心抗疫”作品在鉴湖大酒店展出。展出后作品捐赠仪式在绍兴市中心医院举行。捐赠作品20余幅，部分政协委员及书画家代表共17人参加捐赠仪式。(高晶彬)

执行编辑 高祖钿

中共绍兴市柯桥区纪律检查委员会 区监察委员会

综 述

【概况】 2021年，柯桥区把贯彻落实习近平总书记系列重要讲话和指示批示精神作为政治监督的首要任务，紧扣“三大攻坚战”、新冠肺炎疫情防控、共同富裕示范区建设等中心工作，开展立项监督128项，发现问题253个，通报问责130人。

【监督检查区域中心工作190余次】 2021年，柯桥区围绕数字化改革、亚运场馆建设、优化营商环境等区委中心工作实行清单式监督、项目化管理、对账式销号，围绕区委提出的“领跑竞跑”四大方面重点任务落实情况开展立项监督。全年开展监督检查190余次，发现并督促整改问题127个，问责工作不力或作风不实155人。

【巡视整改完成】 2021年，柯桥区落实省委巡视工作，一体推进中央巡视整改“六大行动”和省委“七张问题清单”整改，中央巡视、省委巡视交办的所有信访件全部办结，反馈的39个问题事项基本完成整改。

【动态监管】 2021年，柯桥区通过“两个责任”动态监管平台对各责任主体开展动态监管，各责任主体累计报送主体责任事项35701项、监督事项2229项，问责“两个责任”落实不力15人。

【派驻机构改革】 2021年，柯桥区对派驻机构实行“六个一体化”管理，建立驻点监督等12项规范化机制。改革后，派驻机构共立案88件，年均增长27.6%。

·小资料· “六个一体化”

区纪委区监委派驻机构与委机关在干部选调录用、选拔任用、轮岗交流、教育培训、党建工作和经费保障六个方面实现一体化。

【开展重点领域腐败问题专项治理】 2021年，柯桥区开展政法、国企、教育、医疗、拆迁拆违、供销社、粮食购销等重点领域腐败问题专项治理，共立案283件，比上年上升9.3%，党纪政务处分224人，比上年上升13.1%。（李　巍）

巡察工作

【概况】 2021年，柯桥区实现一届区委巡察全覆盖，推进巡察工作规范化建设。做好中央巡视、省委巡视、市委巡察反馈问题整改工作，把握“三个聚焦”监督重点，组织开展一届区委第十三、十四轮常规巡察和第七轮村（居）延伸巡察，与省、市上下联动开展涉粮问题专项巡察。柯桥区巡察工作得到市委肯定，4月1日，区委主要领导在全市巡察工作会议上作经验交流。

【两个巡察全覆盖】 2021年，柯桥区完成常规巡察2轮，村（居）延伸巡察1轮，实现一届区委任期内对91个常规巡察单位和336个村级党组织两个巡察全覆盖。全年累计巡察单位党组织20个、村级党组织65个，共发现各类问题1802个，提出整改意见249条，移交问题线索22条，党纪政务处分6人，运用监督执纪“第一种形态”164人次，新建或完善制度161项，挽回经济损失1349万余元。一届区委巡察累计发现问题10646个，提出整改意见建议1338条，移交问题线索336条，留置3人，党纪政务处分55人，移送司法7人，运用监督执纪“第一种形态”1271人次，挽回经济损失2.23亿元。高质量实现村（社）延伸巡察全覆盖相关做法被《浙江巡视巡察动态》刊发。

【中央巡视反馈问题整改】 2021年，柯桥区推进中央巡视反馈26项具体问题的整改落实。截至年底，柯桥区整改工作在推动数字化改革、创新清单问题机制、提升干部作风等多个方面有序推进，26项具体问题中整改完成或基本完成25项，制订的100条措施中整改完成或基本完成99条。

【落实“七张问题清单”】 2021年，柯桥区推进省、市“七张问题清单”重大巡视巡察问题的整改落实，涉及柯桥区的8个上级重大巡视巡察问题，7个重大巡视问题全部完成整改并报结，1个重大巡察问题推进办理中。省委巡视反馈问题剩余的3个问题全部完成整改并通过审核，2020年省委巡视反馈的39个具体问题全部办结销号。以重大巡视巡察问题清单应用建设为抓手，做好省、市、区“七张问题清单”重大巡视巡察问题整改数据应用，省、市下达的重大巡视问题全部完成整改，指导督促区22个重大巡察问题得到整改落实和深化巩固。柯桥区省“七张问题清单”重大巡视巡察问题管控力指数排名位居全市第一。

【“回头看”督查】 2021年，柯桥区执行巡察整改“回头看”督查（回访检查）制度，由区委巡察办牵头，整合区委巡察组力量，抽调区纪委区监委、区委组织部、区农业农村局（区经管总站）等职能部门专业干部组建督查组，对一届区委第七至十二轮常规巡察被巡察单位和部分问题较突出的被巡察村级党组织开展“回头看”督查，严格对账销号，对于督查组作出的不予销号问题或在“回头看”督查中发现的新问题建立清单，共就216个问题向被巡察单位发出42份书面督查意见书（巡察意见书），不达要求不“销号”，形成“闭环”管理机制。

【涉粮问题专项巡察】 2021年10月，柯桥区根据中央和省委、市委统一部署，组建区委涉粮问题专项巡察组，由区纪委区监委驻区人大常委会机关纪检监察组组长任组长，副科级巡察专员任副组长，抽调6名专业干部对区发展和改革局（区粮食和物资储备局）及下属国有粮食企业、各基层粮库开展涉粮问题专项巡察，发现问题29个，移交问题线索5条。

【市委扶贫开发领域专项巡察整改完成】 2021年1月，柯桥区根据市委扶贫开发领域“推磨式”专项巡察组反馈巡察意见，抓实31个具体问题的整改，制订84条具体整改措施，共清退资金69490元，新建或完善制度14项，以监督执纪“第一种形态”问责7人。

【省委巡察指导督导相关工作】 2021年4月，省委第一巡察指导督导组在指导督导绍兴市委期间，赴柯桥区下沉了解，柯桥区重点就“市县党委谋划推进巡察机构和干部队伍建设现状和存在问题”等六方面提出意见建议。结合工作实际，与市委巡察办联动，科学制订落实省委巡察指导督导反馈问题整改工作方案，针对省委指导督导组反馈给市委的16个问题，梳理59条有效措施，与市委同步开展整改，取得阶段性成果。

【建设2个巡察人才库】 2021年，柯桥区建立健全由31人组成的巡察组长人才库和198人组成的巡察专业人才库，设立5个常规巡察组、11个村级巡察组，建成一支相对固定的巡察组组长、副组长、副科级巡察专员和联络员的巡察队伍。

【“数智巡察”】 2021年，柯桥区以重大巡视巡察问题清单应用建设为抓手，按照浙江省委巡视办部署安排，创新推进党建统领整体智治“七张问题清单”场景运用、动态管理，注重加强巡前的信息收集、巡中的比对分析、巡后的成果运用，切实加强对巡察工作数字集成和复盘管理，实现巡察工作的全链条数字化管理。11月，“金纪三期”巡视巡察信息系统推广应用情况获市委巡察办通报表扬。（冯　森）

党风政风监督

【概况】 2021年，柯桥区落实中央八项规定及其实施细则精神，紧盯重点行业、领域和重要时间节点，深入开展“厉行节约、反对浪费”、“烟票”背后“四风”突出问题、公共资源中私人会所整治“回头看”等专项治理，共查处违反中央八项规定精神问题88起111人，党纪政务处分80人，通报曝光典型案例23起38人。按照“三个区分开来”要求，用好“四种形态”，辩证把握严管和厚爱、约束和激励关系，为7名干部澄清正名，对12名受处分干部开展暖心回访。

· 小资料 · “三个区分开来”

把干部在推进改革中因缺乏经验、先行先试出现的失误和错误，同明知故犯的违纪违法行为区分开来；把上级尚无明确限制的探索性试验中的失误和错误，同上级明令禁止后依然我行我素的违纪违法行为区分开来；把为推动发展的无意过失，同为谋取私利的违纪违法行为区分开来。

· 小资料 · “四种形态”

经常开展批评和自我批评、约谈函询，让“红红脸、出出汗”成为常态；党纪轻处分、组织调整成为违纪处理的大多数；党纪重处分、重大职务调整的成为少数；严重违纪涉嫌违法立案审查的成为极少数。

【涉民惠企专项督查】 2021年，柯桥区聚焦涉民惠企政策措施落实过程中的不担当不作为问题，开展专项督导检查，共问责130人次。制定出台亲清政商关系“双十条”，通报曝光破坏营商环境典型案例4起。

【违反中央八项规定精神问题查处19起】 2021年，柯桥区把握易发多发老问题和隐形变异新动向，严肃查处顶风违纪行为，持续释放全面从严、一严到底的信号。全区查处违反中央八项规定精神问题19起21人，党纪政务处分17人。（李　巍）

纪律审查和监察调查

【概况】 2021年，柯桥区聚焦政法、国企、人防、交通、拆迁等重点领域，严肃查处中共十九大以来不收敛、不收手的违纪违法问题，共处置问题线索839件，立案292件，党纪政务处分284人，移送司法机关7人，主动投案党员干部9人。

【运用片区协作机制】 2021年，柯桥区发挥纪检监察室、派驻纪检监察组、镇（街道）纪（工）委各自优势，运用片区协作机制，放大叠加效应，缓解人员力量不足、办案经验不够、基层单位人情困扰等问题。至年底，各片区共开展集体会商210次、信访联办24件、案件联查127件、监督联动26次、问题联解21个。

【数字赋能基层监督】 2021年，柯桥区深化完善“清白码”村居“三务”公开平台，全面部署应用基层公权力监督平台2.0。至年底，平台公开各类信息6万余条，采集和校核小微权力数据21万条，全程在线审批应用产生数据5.6万余条，处置红色预警信息136条，问责处理14人。

【“一案五必须”制度实施】 2021年，柯桥区实施“一案五必须”制度，扎实推进以案促改、以案促治，共制发纪检监察建议书26份，推动完善相关制度19项。

· 小资料 · “一案五必须”制度

2021年，柯桥区落实查办案件“一案五必须”要求，即每查结一起案件都必须进行案件通报、必须进行查摆剖析、必须进行警示教育、必须进行整改建制、必须进行回访督促。（李　巍）

廉政宣传教育

【概况】 2021年，柯桥区推进清廉柯桥建设，抓好清廉机关、清廉村居、清廉学校、清廉医院等清廉单元示范点建设，共创建32个清廉单元示范点，形成5条富有柯桥特色的“清风廉旅”示范带，大山西村“清廉六家”、中医医院“清廉四诊法”等特色做法在全市推介。制定政商交往正负面清单“双十条”，推进警示教育常态化制度化，开展清廉家庭评比、家属助廉等专题活动。

【清廉文化建设】 2021年，柯桥区深化“五廉并举”，《屈原》《一钱太守》《王阳明》等多部廉政大戏在全国巡演，举办第三届全国清廉诗歌散文大赛和“清白泉·鉴水吟”清廉文化主题活动。

· 小资料 · “五廉并举”

梳廉脉、编廉文、演廉戏、铺廉路、建廉馆。（李　巍）

执行编辑　陈飞燕

民主党派

综　述

【概况】 2021年，柯桥区6个民主党派基层组织共有875名成员，知联会会员108人，其中省人大代表1人、省政协委员1人、市人大代表13人、市政协委员20人、区人大代表29人、区政协委员109人。5月，全区6个民主党派基层委完成换届工作。党派成员在各级人大、政协会议上共提交各类提案、建议近200件，上报直通车6篇，其中《关于加强柯桥古镇品牌融合发展的建议》《关于完善提升我区城市排水防涝系统的建议》2篇获区委、区政府主要领导批示。结合区党外代表人士资源和特色优势，开展座谈交流、实地调研等前期工作，完成工作品牌化实施方案，在柯桥古镇选址启动创建柯桥区党外代表人士创新实践基地。组织各民主党派新一届基层委班子成员和知联会、网联会、新联会骨干成员50余人开展履职能力培训。组织各民主党派、知联会骨干成员赴平水镇开展“三下乡”活动，发放药品计2500余元，受益群众1000余人。

【多党合作工作】 2021年，柯桥区制定《2021年度区委、区政府和区级有关单位与区各民主党派、工商联及无党派人士协商通报计划》，其中包括“杭绍临空经济一体化发展示范区绍兴片区建设”“柯桥区数字化改革工作情况”等8个专题协商计划，提出意见建议100余条。召开2021年度重点调研课题现场对接会，组建7个课题组，形成调研报告，汇编成册送区委、区政府主要领导。落实对口联系制度，邀请对口联系部门参加各民主党派换届大会等，组织对口联系互动10余次。

【思政课外延】 2021年，柯桥区把特色思政课受众延伸至机关、社区党员干部，把《历史为什么选择中国共产党》思政课列入作风大提升行动项目，接待上半年新录用事业单位人员100余人参观学习，组织浙光小学和浙光中学200余名师生走进党外人士之家开展专题思政课。（裘小娟）

民革柯桥区基层委员会

【概况】 2021年，民革柯桥区基层委员会（简称民革区基层委）有党员100人，其中区人大代表1人、区政协委员16人，下设3个支部，被评为2021年度浙江省“民革e家”建设使用工作先进集体一等奖，民革绍兴市柯桥区党员之家被民革中央授予“优秀民革党员之家”称号，蝉联2021年度全省示范五好民革党员之家。

民革区基层委组织党员学习贯彻习近平新时代中国特色社会主义思想、中共十九届五中和六中全会精神以及习近平在中国共产党成立100周年大会上的“七一”重要讲话精神、习近平在纪念辛亥革命110周年大会上的讲话精神，学习中共党史、民革党章党史以及万鄂湘署名文章《这就是民革的初心》等，通过基层委班子带头学、支部组织党员全体学、集中与自我学习相结合等形式，加强政治理论学习。

民革区基层委在区两会期间提交人大建议2件、政协发言材料2件、团体提案3件，提交个人提案15件、社情民意信息31篇、调研报告4篇。其中，《杭绍临空一体化发展示范区绍兴片区建设》《对标

定向 对症施策 高质量推进“无废城市”创建》作为市委会集体提案在大会发言并被选为重点提案；《关于加强文旅融合、推进美丽经济发展的建议》获区领导批示，被区政协评为优秀提案；《双碳控制“一刀切式”突然停产影响较大建议优化“双控”系列政策》被民革中央、省委统战部、市政协录用；《代表人士对中共建党100周年热议反映》获省领导批示，并被省委办、市政协、民革省委会录用；《汛期不可移动文物存在的受损风险亟需关注》被省委办录用；《建议进一步深化“数字化改革”助推新发展阶段全面深化改革》被民革省委会参政议政研讨会、市委办录用；《完善我省农村集体经济健康发展长效机制 促进城乡共同富裕》被市政协、民革省委会参政议政研讨会录用；《国内各地陆续倡议外来务工者春节非必要不返家建议给予其留守原籍的家庭成员必要的节日保障》被市委办、市政协录用；《基层反映“天价”国际运费背后不合理收费问题亟待关注解决》《基层反映办理转让旧工业厂房涉及土地增值税存在政策缺陷亟待优化》《基层反映不动产司法拍卖前后相关涉税问题亟待引起关注》被市委办录用；《建议我省尽快出台企业铝灰渣和二次铝灰处置办法》被市政协录用；《基层反映重婚罪取证难 建议司法解释应明确“事实婚姻”规定》《瓶装液化石油气价格上涨“三个趋势”亟需关注》《基层反映“双减”实施以来存在三个问题需引起关注》被市委会录用。

民革区基层委组织党员参加区委区政府经济形势通报会、专题协商会等；重视骨干党员队伍建设，成立参政议政工作小组，提升履职实效；开展“两院”民主监督，完成“杭绍临空一体化发展示范区绍兴片区建设”课题调研，在专题协商通报会上作交流；11月，就临空工业区、综合执法改革、共同富裕、涉台经济来往、农村矛盾调解等开展重点调研；参加区政协组织的首次“请你来协商”，作《完善驻企服务员制度，助力营商环境优化》《重大传染病防控有关建议》发言；参加市委会组织的台湾形势报告会，关注台胞台情，组织台属党员和对台有联系的党员，宣传对台工作的方针与政策；组织赴台资企业开展社会服务，开展祖统工作课题调研。

民革区基层委组织党员参加党派、统战部组织的社会服务活动，依托民革法律援助工作站，为群众开展免费讲座和法律咨询服务，受助群众百余人。组织党员参加区委统战部组织的“三服务”下乡活动，为群众免费提供法律、医疗和书画服务。通过整合民革资源，促进党员企业助力地方经济发展。2名党员赴青川开展医疗援助工作，1名党员赴新疆开展教育援疆工作，其中罗娟的事迹《倾情传帮带，留墨援疆路》在《浙江民革》登载。持续开展“博爱·牵手”主题实践活动，党员志愿者团队相继走进海阳养护院、柯桥区特殊学校等开展爱心公益活动。引导民革党员开展结对帮扶、扶危助困等“博爱·牵手”品牌活动，一年中党员合计捐款10余万元。参与上虞医疗援助、隔离点救治、村居核酸检测、卡口管控、物资保障、文艺宣传，捐款捐物，开展志愿服务，围绕疫情防控建言资政。（诸丹萍）

民盟柯桥区基层委员会

【概况】 2021年，民盟柯桥区基层委员会（简称民盟区基层委）下属7个支部，有盟员135人，其中当年新加入盟员6人。学习贯彻全国两会和省委全会等各级各类会议精神；组织骨干盟员参观考察民盟先贤陈望道故居、组织盟员参加庆祝中国共产党成立100周年红色主题音乐党课，加强盟史党史教育；组织开展廉政教育活动，引导全区盟员切实提高政治站位，增强防腐拒变能力；建设民盟先贤沈肃文纪念馆，深入开展民盟优良传统教育。

民盟区基层委参与区政府工作报告意见会、区委统战部组织召开的民主协商会等；参加专题协商会8次，围绕杭绍临空经济一体化发展示范区绍兴片区建设、柯桥区数字化改革进展等方面提出意见建议。5名盟员被聘为行风监督员，履行民主监督职能；向区两会提交发言材料1篇、团体提案3件，政协委员提交个人提案27件，人大代表提交个人提案1件。其中《关于健全公共卫生应急管理体系的建议》被列为重点提案。所有提案、议案均获得相关部门的回复和采纳。

民盟区基层委调动盟员人大代表、政协委员及骨干盟员开展专题调研活动。完成省级调研课题1个、省级理论课题2个、区级重点课题1个，完成

2 则“直通车”调研报告。2021 年 7 月，组建参政议政团队，实行导师指导负责制度，提升盟员个人资政能力；出台《盟员个人参政议政年度考评条例》和《参政议政成果奖励办法》，定期召开参政议政专题工作会议，定期通报参政议政成果。落实省委会、市委会工作要求，提交各类论坛征文 2 篇。全年报送社情民意信息 40 余条，其中 1 条被全国政协录用，29 条被民盟省委会、市委办、市政协录用。

2021 年 5 月 15 日，民盟区基层委召开第九次盟员大会，选举第九届基层委员会班子成员，完成政治交接工作。7 月，成立考评小组，出台《支部盟务工作年度考评办法》。持续开展文艺下乡、送教下乡、扶贫助困及基地服务等工作。7 月 26 日，走访慰问柯桥区雅博庇护中心，赠送爱心物资。7 月 31 日，组织开展大型文艺下乡活动，参与群众 300 余人。文艺支部依托“民盟心 · 柯桥情”品牌，组织参与各类惠民演出 10 余场次。柯中支部、鲁高支部送教下乡，开展长期结对帮扶工作。城建支部进社区开展“防灾减灾”宣传活动、“服务社区学雷锋”、“献爱心——走进特殊学校”活动。机关支部开展国际消费者权益日“三服务”活动等。参与省级“星级盟员之家”评比，文艺支部被民盟省委会评为“五星级盟员之家”。借助《柯桥盟讯》、古越盟情公众号，宣传盟务动态、报道先进事迹。新增《一句话 · 说盟务》栏目，新开视频号和抖音号，推送盟内信息。（许达卞）

民建柯桥区基层委员会

【概况】 2021 年，民建柯桥区基层委员会（简称民建区基层委）下属 8 个支部，有会员 180 人。当年新加入会员 7 人，从事经济及相关工作人员 6 人，涉及金融、外贸、教育、农业等行业，会员中有 20 多人次担任各类特约监督员和机关作风效能建设监督员。根据省、市、区统战部门和上级民建组织安排，组织会员参加培训学习，全年组织 56 人次。民建区基层委被授予浙江民建为全面建成小康社会作贡献成绩突出集体称号，会员黄勇获评浙江民建为全面建成小康社会作贡献成绩突出个人。会员阮丽娜被省委会授予“2021 年度新闻宣传工作先进个人”称号。

民建区基层委向区两会提交集体提案 1 件、委员个人提案 13 件，其中《关于机制健体、智慧赋能 ——让“中国轻纺城”市场再次腾飞的建议》获区领导批示。围绕“杭绍临空经济一体化发展示范区绍兴片区建设”重点调研课题，成立调研小组，邀请相关领域的专家，制定调研方案，通过实地走访、座谈交流等形式，形成《紧扣要素保障战略主阵地 加快空间腾挪 推进杭绍临空经济一体化发展示范区绍兴片区建设的建议》。全年上报社情民意信息 26 篇，各级各部门录用 13 篇。其中，《基层反映纺织外贸出口呈现恢复性增长态势但三方面不确定因素亟待关注》被省委统战部录用；《关于要求政府加大对海运市场干预力度的建议》《关于将耳聋基因筛查项目列入我国基本公共卫生服务项目的建议》《关于遏制工程违法转包 维护行业健康发展的建议》《关于提高资管行业转型实效的若干建议》等 8 篇社情民意被省委会录用。

民建区基层委根据《民建绍兴市基层组织换届工作实施办法》精神，成立换届工作领导小组，制定《民建绍兴市柯桥区基层委员会换届工作方案》，落实换届各项工作程序，召开民建柯桥区第三届基层委员会第一次会员大会，选举产生新一届基层委员会。5 月，开展“一起来读史”活动，各支部组织学习《光辉的足迹》和《会史微课堂》，制作“一起来读史”活动视频，通过公众号和微信群推送。下发《关于开展“发挥民建力量 助推共同富裕”大讨论的通知》，各支部通过组织一次专题学习，开展一次主题讨论，谋划一批务实措施，助力地方社会经济发展。

民建区基层委参加各类通报会、协商会，在如何提高党风廉政建设、推进杭绍临空经济一体化发展示范区绍兴片区建设、推进智慧法院建设工作、进一步落实少捕慎诉慎押司法政策等方面提出意见建议。联合柯桥区慈善总会和柯桥区红十字会设立“柯桥民建 · 生命关爱”基金项目，会员企业捐赠 100 万元，定向用于开展生命关爱公益体验课程、配置户外救援队装备、应急物资采购等。新冠肺炎疫情防控期间，会员通过各种渠道多次捐款捐物，累计捐款 41.7 万元，捐赠各类口罩、防护服、食品等物资折合人民币 16 万元。组织会员赴平水镇宋家店村参加“三下乡”活动，为村民提供社保政策咨询和农业技术指导。依托柯桥区党外人士之家的民建经济政策咨询工作室，每周一、三、五下午安排会员中的管理服务部门资深业务人员为全区企业提供法律、社保、税务、环保等经济政策咨询服务，共接待咨询人员350人次。（阮丽娜）

民进柯桥区基层委员会

【概况】 2021年，民进柯桥区基层委员会（简称民进区基层委）下属9个支部，有会员170人，其中当年新发展会员13人，去世1人，调出1人。提前规划，明确方案，各支部和基层委的组织换届工作平稳衔接。新成立文化传媒支部，调整机关支部、经贸综合支部成员。换届后，修订完善《2021年度支部考核条例》。严把发展对象质量关，重点做好年轻会员考核培养，确定13人为发展对象。民进区基层委获“民进全国社会服务暨脱贫攻坚工作先进集体”称号，3人获民进省委会理论征文奖项。

民进区基层委开展庆祝中国共产党成立100周年主题教育活动，组织会员开展党史、会史专题学习，及时组织会员认真学习省、市、区各级会议精神。组织会员参加省委会“开明教育”论坛征文，1人获一等奖、1人获优秀奖；参加纪念中国共产党成立100周年主题征文，2人获得一等奖、4人获二等奖、1人获三等奖、2人获优秀奖。

民进区基层委组织骨干会员参加市委会信息培训、区政协的骨干培训等；参加政协“请你来协商”等活动，为政府决策建言献策；参加“食品安全、你我同查”“安全生产开放日”等民主监督活动，3个会员被聘为“柯桥区大气污染防治特邀监督员”，1个会员被聘为乡贤参事会副会长，助力乡村振兴。完成“杭绍临空经济示范区绍兴拓展区的产业与思考”课题调研。配合民进绍兴市委会工作部署，开展关于“小微制造企业数字化转型路径探析”“县域高中优质发展的困难与建议”等课题调研，并在会内组织召开“双减”工作专题议政会。指导各支部结合“一支部一课题”，下属各支部均完成课题报告。

民进区基层委完成3篇“直通车”上报，内容涉及“食品安全监管”“柯桥古镇发展”等，其中《关于加强柯桥古镇品牌融合发展的建议》获区主要领导批示。上报信息稿30余篇，其中被民进中央录用1篇，省委会、市政协录用7篇，市委办录用1篇，多篇信息被民进市委会和区政协录用。

开展与兄弟民进组织、兄弟党派和各部门的联动交流，全年接待广西梧州、江苏太仓、陕西咸阳等民进地方组织或基层组织到柯桥调研考察；配合越城区、上虞区、诸暨市等兄弟基层委开展调研；联合区教体局、区市场监管局等部门开展监督活动，拓宽参政议政的思路和渠道。

2021年6月，民进区基层委继续做好“高考志愿填报公益讲座”，线上线下同步进行。利用区党外人士之家的教育服务功能，继续开设“开明·金柯”公益讲堂，开设法律、摄影、新媒体应用、医学、健康保健等多个讲座。开展助学助教、送医送法、扶贫援助、送文艺下乡、同心抗疫等活动。（金红红）

农工党柯桥区基层委员会

【概况】 2021年，农工党柯桥区基层委员会（简称农工党区基层委）下属5个支部，有党员170

2021年5月26日，中国农工民主党绍兴市柯桥区基层委员会第九次党员大会召开　（单铭明　摄）

人，其中当年新加入党员9人。组织班子成员赴余姚梁弄参观考察，重温新四军浙东游击队的革命精神，带头推进基层委党史学习教育。3月，完成支部调整和支部换届工作。5月26日，中国农工民主党绍兴市柯桥区基层委员会第九次党员大会召开，回顾农工党区基层委5年工作，选举产生区基层委第二届委员会和第二届监督委员会。建设“柯桥农工”微信公众号，推送消息30余篇。编印《五年程(2016.06—2021.05)》汇编图册，下发全体党员。

参加柯桥区政协一届五次会议，并作《关于进一步加强山区留守儿童关爱的建议》发言。个人或联名形式提交提案15件，内容涵盖青少年关爱、文化传承、城市管理等多项主题。围绕杭绍临空经济发展重点调研课题，组织课题组赴区委改革办、杭州等实地考察，形成《共融共生，打造全球数字贸易产业高地》报区委、区政府主要领导决策参考。向上级部门递交《燃放烟花爆竹对大气环境影响明显，建议加大禁燃力度》《疫苗接种常态化下脉冲式接种引发群众疑虑，建议实行计划接种》等20篇社情民意信息。

参与新冠肺炎疫情防控，协助隔离点管理、核酸采样、社区防控等工作。捐赠54055元定向用于防疫物资采购，向基层镇(街道)、卫生系统捐赠口罩、防护服、消毒水、方便食品等后勤保障物资千余件。2021年3月6日，农工党区基层委在钱清街道九岩村举行医疗服务基地授牌仪式，农工党党员以及特邀的15位医疗专家开展现场义诊，为村民提供健康咨询、报告单解读、慢性病随访等健康服务。组织支部社会服务，二院一支部多次赴平水海阳养护院慰问孤寡老人；中心医院支部赴华舍街道聚贤社区开展“合理膳食 营养惠万家”全民营养周健康义诊活动；综合支部赴建筑工地开展“特别的爱给特别的你”父亲节义诊活动。医卫联合支部党员袁庆获评农工党中央“农工党脱贫攻坚工作先进个人”。(蔡 伟)

九三学社柯桥区基层委员会

【概况】 2021年，九三学社柯桥区基层委员会(简称九三学社区基层委)下属4个支社，有社员122人，当年发展社员5人。社员中市人大代表2人、市政协委员1人、区人大代表8人、区政协委员18人。九三学社区基层委被社省委评为2021年度组织工作先进基层组织、2021年度社会服务先进基层组织。社员陈明贤获评全省2021年度优秀社员。“九三柯桥”官方微信公众号上线。5月，九三学社区基层委完成换届。

九三学社区基层委向区两会提交集体提案2件，人大代表提交人大建议8件、附议25件，政协委员提交提案18件。其中，《关于高标准建设“柯桥未来之城”的建议》获区委主要领导批示；《建议进一步深化“大综合、一体化”行政执法体制改革》调研报告，在《浙江政协信息》上发表，并获副省长高兴夫批示；《关于高标准谋划建设“两江一河”区域生态圈的建议》2篇“直通车”获区委主要领导批示。《关于促进跨境电商发展的建议》提案被评为优秀提案。

组织社员参加区委、区政府召开的民主协商会、座谈会和情况通报会，围绕柯桥区经济社会发展、政府重点工作、党风廉政建设、人民法院和检察院工作等问题建言献策。2021年，小舜江村社会服务基地揭牌并投入运营，分别与九三学社浙江省农科院委员会、九三学社宁波高新区委员会开展为期5年的结对共建活动。九三学社区基层委班子领导、企业家社员捐款捐物计10.35万元。社员陶勇、徐海超作为第一批支援上虞防疫的医护人员，赴疫区开展核酸检测工作。社员孙杨剑作为滨海医学隔离点设计项目负责人，连续奋战48小时，完成1.6万间医学隔离点设计方案；社员胡克飞提供照明无人机助力抗疫工作，胡克飞被评为浙江省2021年度社会服务先进个人。(吕江锋)

执行编辑 韩兰芳

群众团体

柯桥区总工会

【概况】 2021年，柯桥区开展“我心向党·红五月”系列活动，向基层工会干部和职工赠送学习教育书籍。在新时代文明实践中心举办职工悦读会，邀请省总工会干部学校副校长、教授林辉，专题辅导学习习近平总书记关于工人阶级和工会工作的重要论述。在“柯桥工会”广播节目中开设“职工学党史”专栏，邀请全国劳模刘建明、浙江工匠孙国昌等优秀职工代表和基层工会干部谈学习感悟。赴四明山革命根据地、商阿大纪念馆等地开展3场专题党史学习教育。浙江越新印染有限公司职工书屋获评全国工会职工书屋，供销超市(柯岩店)职工驿站获评2021年全国“最美工会户外劳动者服务站点”，陈方、方宏、茹凤丹获评浙江省优秀工会工作者，绍兴金冶环保科技有限公司工会分会获评省级模范职工小家。

2021年4月，绍兴市产业工人队伍建设改革工作现场推进会在柯桥区召开 （区总工会　提供）

【弘扬劳模工匠精神】 2021年，柯桥区组织劳模(工匠)志愿者宣讲服务20余场，参与职工2500人次。拍摄制作柯桥区劳模工匠风采录专题片，挖掘各行各业的先进模范。滨海热电厂获全国五一劳动奖状，潘兴祥等8名职工获评浙江工匠。创建长三角劳模(工匠)创新工作室1家、省级高技能人才(劳模)创新工作室2家、市级劳模(工匠)创新工作室3家。

【民营企业产业改革】 2021年，柯桥区围绕一个试点产业(印染产业)、一个试点镇街(马鞍街道)、一个试点园区(东盛慧谷)和一批试点企业的总体要求，在16个镇(街道)108家企业中推进民营企业产改工作提质扩面，柯桥区、马鞍街道，“越新印染”“迎丰科技”“大圣控股”等同步列入省级试点。4月，全市产业工人队伍建设改革工作现场推进会在柯桥区召开。6月，柯桥区产改工作接受省市督察组专项督查并获认可。

【新业态新就业群体工会组建】 2021年，柯桥区拓展新业态新就业群体建会入会工作，出台《柯桥区新业态新就业群体工会组建三年行动计划》，走访美团轻纺城站点、饿了么总站、轻纺城跨境电商产业园，与150余名新业态从业人员交流座谈。组建酱醉制品行业工会、东盛慧谷(园区)联合工会、美团轻纺城站点工会等，新发展会员1.25万人，其中新业态新就业群体会员3520人。

【劳动技能竞赛】 2021年，柯桥区承办浙江省银行外汇及跨境人民币业务知识竞赛总决赛、浙江省

2021 年，浙江省银行外汇及跨境人民币业务知识竞赛总决赛
（区总工会　提供）

化学检验员（给排水）职业技能竞赛、浙江省污水处理工（农村污水运维工）职业技能竞赛 3 场省级职业技能竞赛；组织开展第九届“金梭奖”11 个项目的竞赛角逐，年度表彰“金梭奖”“银梭奖”各 10 人；选树开展 9 个重点工程立功竞赛参赛示范项目，其中绍兴国际会展中心 C1 区工程等 4 个工程纳入市级重点工程（重大项目）竞赛示范参赛项目。

【劳动权益保障体系建设】 2021 年，柯桥区深化“工会 +”劳动争议多元化联动调解机制，参与区社会矛盾纠纷调处化解中心劳动争议调解工作，运行驻法院工会工作室，受理案件 390 件，调解案件 171 件，调解成功案件 83 件，涉及金额 173.34 万元。在马鞍镇镜海社区、柯桥街道柯迎社区、柯岩街道鲁镇社区和夏履镇开展“遵法守法・携手筑梦”农民工公益法律服务和“公益律师团”法律援助行动 4 场，为农民工提供法律咨询服务 1500 余人次。创建工资集体协商示范点 20 家，已建工会的规模以上企业年度签订率 90% 以上。评选验收第七批柯桥区劳动关系和谐企业 14 家。

【职工民生实事服务】 2021 年，柯桥区构建“职工驿站”同城网络 18 家，职工驿站获评市级爱心驿站 5 家，供销超市（柯岩店）职工驿站获评 2021 年全国“最美工会户外劳动者服务站点”。与区委宣传部（文明办）联合发起“柯桥有爱 清凉有礼”2021 送清凉公益活动，放置爱心冰箱供高温户外职工使用。举办教师、高级知识分子青年等 3 个专场青年交友联谊活动。完成妈咪暖心小屋自评工作 36 家，申报市级妈咪暖心小屋示范点 15 家。

【职工疗休养工作】 2021 年，柯桥区推出第一批、第二批职工疗休养基地名单，涵盖餐饮、住宿、景区等单位 233 家，组织 500 名一线职工开展疗休养。拍摄老绍兴・金柯桥疗休养专题片，邀请杭州萧山、宁波北仑、衢州江山、四川峨边等地总工会参加 2021 年柯桥区疗休养推介活动，签订疗休养合作协议，在《浙江工人日报》推出柯桥区十大精品疗休养线路专版。

2021 年，绍兴市柯桥区总工会与四川省峨边彝族自治县总工会签署协议签约疗休养合作
（区总工会　提供）

【职工帮扶慰问】 2021 年，柯桥区打造“柯工惠”品牌，召开全区职保工作推进会，职工医疗互助保障理赔 485.3 万元，服务职工 2878 人。做好困难职工认定和档案动态化管理，走访慰问在档困难职工 19 人，发放帮扶救助资金 15 万元、新冠肺炎疫情防控期间生活补贴 6.4 万元。脱困解困困难职工家庭 12 户，摸排救助“金秋助学”对象 7 人，发放资金 5.8 万元。开展高温慰问，落实慰问资金 17.7 万元，慰问职工 931 人。疫情防控期间，拨付专项资金 10

万元，慰问抗疫一线医护人员、社区工作人员、马鞍临时隔离点工作人员 300 余人。

【工会干部下级工会服务】 2021 年，柯桥区开展“当一周工人、做主席助理”活动，组织机关工会干部分组深入 16 个镇（街道）基层工会走访，解决基层工会工作实际难题。下派 8 名机关工会干部到企业工会开展驻点服务，1 名赴结对村开展驻点帮扶。全年填报“三服务”小管家服务手记 203 条，帮助基层企业工会解决问题 47 个。配合省总机关赴安昌街道开展为期 3 个月的蹲点调研，深入企业工会 12 家，收集问卷近 800 份，开展政策宣讲 2 场次。（张　盈）

共青团绍兴市柯桥区委员会

【概况】 2021 年，柯桥区有基层团委 319 个，基层团工委 23 个，团总支 50 个，团支部 1357 个，共青团员 30091 人。柯桥区被列为共青团基层组织改革全国试点单位。出台并下发党史学习教育实施方案，组织团干部开展各类“诵读”“夜学”专题党史学习，利用微信矩阵塔群，推出《每天点一点，党史学到手》专栏，开设“青年大学习一起学党史”每周网上主题团课，累计学习 14.4 万人次。组织“不忘初心跟党走 青春共筑中国梦”庆祝中国共产党成立 100 周年主题团日活动、羊山麓下柯桥青年读党史活动等。福全街道团委书记胡家英被授予“全国优秀共青团干部”称号，绍兴市公安局柯桥分局出入境管理大队、绍兴市柯桥区行政服务中心获评“全国青年文明号”，深安智能技术（浙江）有限公司获第八届“创青春”中国青年创新创业大赛（互联网专项）金奖，绍兴水处理有限公司获全国母亲河奖“绿色贡献奖”，绍兴市柯桥区青年企业家协会获评浙江省青年企业家协会工作先进单位，浙江精工钢结构集团有限公司的基于工业物联网的装配式智能建造管理平台项目获第四届浙江省青工创新创效大赛银奖，齐贤街道团委被授予浙江省共青团“成绩突出团委（团工委）”称号，漓渚镇人民政府党建工作办副主任赵烨中被授予浙江省共青团“成绩突出共青团员”称号，少先队绍兴市柯桥区秋瑾小学大队被授予“浙江省少先队成绩突出集体”称号。中国轻纺城第二小学中队辅导员戴徐燕，柯岩中心小学五(5)中队祁逸凡，鉴湖小学五(1)中队金泽炜，实验小学六(5)中队徐一承，马鞍中心小学滨海校区大队辅导员章骏君，华舍小学政教主任、大队辅导员孙怡被授予“浙江省少先队成绩突出个人”称号。

【青柯笛理宣讲品牌建设】 2021 年，柯桥区举办“百名青年讲党史”青年理论宣讲大赛暨微型党课大赛，74 名青年讲述党史故事，吸引 11.3 万人次参与投票，该比赛被人民网等主流媒体专题报道。选拔 22 名少先队员组成首批红领巾讲解队，赴爱国主义红色教育基地开展宣讲，服务群众 1580 余人次。开设少先队员专题宣讲品牌“钰言童声”，成立小红人广播电台，推出少先队读党史、讲新闻等专栏 150 余期。

【党团队一体化培养】 2021 年，柯桥区编制《柯桥区团员全过程标准化管理手册》，推行积分入团；出台全市首个《共青团员、少先队员“向村（社区）报到”》《柯桥区“五星三评”团员先进性评价工作实施意见》，实现团员、队员 100% 向村社报到，开展志愿服务活动 2000 余场。分领域制订团员发展计划，把青年大学习比例、志愿服务 20 小时、8 小时团课等作为入团的比选动作，初高中团员发展比例 8.95%、34.12%，发展社会领域团员 33 人。制定《柯桥区“红领巾奖章”亮分争章管理办法》，出台《柯桥区团员“三亮三比”亮分制管理实施意见》《共青团员推优入党》，开展优秀团员先进性评比表彰活动。至 9 月，有 73 名团员推优入党，实现 28 周岁以下团员 100% 经团组织推荐入党。

【青年人才服务行动】 2021 年，柯桥区组建“双一

2021 年 7 月 31 日，柯桥区举行“双一流”名校青年联谊会成立大会暨家燕归巢名校学子故乡行活动　（团区委　提供）

流”名校青年联谊会，吸纳200余名“双一流”名校在柯工作青年人才和在校学生，聘任55名青年引才大使。推出云上交流平台“双一流名校青年社区”微信小程序，定期推介人才服务政策和岗位招聘信息，拓宽青年人才就业渠道，全年注册300人。

【“青春·让志愿服务更闪亮”品牌建设】 2021年3月23日，柯桥区召开志愿者协会第三次会员大会，完成志愿者协会换届，发布全省首个区级层面《大型赛会志愿者服务岗位规范》。联合瑞丰银行推出“青年志愿卡”，以借记卡加信用卡组合的形式为柯桥志愿青年专属定制。组建12支疫苗接种志愿服务队、249名志愿者参与各接种点医院入口引导、预检分流、接种留观等工作。为柯桥区乡贤总会成立仪式、全省文明实践站、地铁一号线通车等区内大型赛会活动提供服务保障，招募、培训志愿者204人。组织“调小青”志愿服务团队参与区级矛调中心建设，开展法律援助、代跑代办、心理咨询等服务。

【青年助力共同富裕行动】 2021年，柯桥区推广“青年议事厅”，吸纳青年加入基层治理方队，形成一整套系统解决闭环模式，实现300余个村（居委会）全覆盖，吸纳成员1650余人，形成微议案120余个。开展大学生驻村服务“星火计划”，搭建“三三三”工作框架，融合青年企业家与青年学生团队力量，投身乡村振兴实践，参与社会治理。

2021年，柯桥区“青年议事厅”　　（团区委　提供）

【“守护明天”工程启动】 2021年，柯桥区全面规范下属青少年宫校外培训课程管理，清理学科类课程20个，新设特色体验课程8个，新增学生名额128个，为304名学员减负。组织开专题学习会议，成立专班工作小组，收集教师意见建议8条，调处家长咨询相关问题25个。打造“纺城小游侠研学游”“红领巾助力5+2”品牌，聘请政协委员、退伍军人等为少工委委员和志愿者，开展环境保护教育、自护教育、学业辅导等活动，服务青少年7000余人。建设“青柯护航”青少年成长帮扶工作品牌，通过“共青团＋社工机构”“项目实施＋指导运营”“特色服务＋暖心项目”，形成青少年权益保护的社会支持体系，组建帮扶团队21支。

【团干部作风提升“奔跑计划”】 2021年，柯桥区完善基层团干部选用机制，推出柯桥团干部“奔跑计划”。开设“团干讲堂”和“青春火花沙龙”课，邀请镇（街道）、机关团干部每月一次进行岗位职责、中心工作交流，全年开展活动16场。推进村社团组织换届选举后续工作，举办全市首个覆盖所有村社团组织书记的培训班，聘请驻村指导员担任村社团支部书记导师，指导村社团建工作。制定“区—镇—村”三级年度团建重点项目清单，其中区级团建重点项目23项。

【团支部创建】 2021年，柯桥区按期完成村社团组织换届工作，开展“五星领跑、四力赋能”加油团支部创建活动，发挥优秀基层团组织示范引领作用。明确评分细则26项，团支部创建分为忠诚星、敏锐星、活力星、实干星、服务星和组织力、引领力、凝聚力、贡献力，对创建成功的13家团组织拨付10.4万元。

【“浙里团干E码通”系统启用】 2021年，柯桥区推出“浙里团干E码通”，实现团干部工作“一码现、一码评、一码通”。打通区大数据局、区文明办、基层治理四平台等部门数据交互壁垒，生成团干部能力画像，开设“团干互助”双循环平台，实现重要消息一分钟内直达。全年通过该平台解决问题32个，实现同级合作15次。

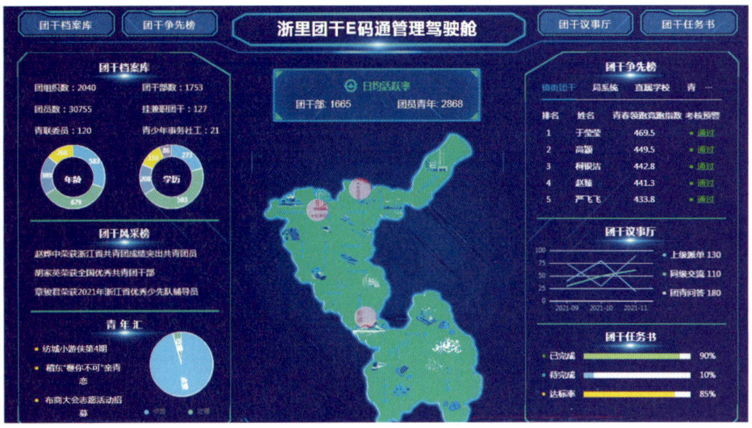

2021 年,“浙里团干 E 码通管理驾驶舱”系统启用(团区委　提供)

【新就业新业态群体“团聚”工程实施】 2021 年,柯桥区成立全市首个快递物流行业团工委,组织开展“共同富裕我来讲”流动大喇叭、“红色剧本杀”等活动;成立全市首个“青享园区”团建联盟,以三条主路为依托分片划区、整合企业、资源共享,形成“悦享壹迦”“志愿极客桥”“活力冠松”三大工作品牌;推出“童心向党 逐梦柯桥”柯桥区公益暑托班,帮助解决新兴领域青年群体子女暑期看护难问题。(陆筱筱)

柯桥区妇女联合会

【概况】 2021 年,柯桥区结合“都是伊家”妇联工作品牌建设,建设妇联特色品牌“伊心向党”。持续推进“我为群众办实事”实践活动,落实区、镇、村三级执委“四必访”工作,发动各级妇联执委深入基层听妇“情”、助家“困”。新成立区税务局、区法院、区检察院、区文广旅游系统妇委会、柯桥经济开发区妇工委 5 个系统妇委会。建设“伊家志愿者”服务品牌,全年开展新冠肺炎疫情防控、文明倡导、垃圾分类宣传、家庭矛盾调解等各类志愿服务 1123 次。11 月,全国妇联加强家庭家教家风建设工作现场会在绍兴市召开,柯桥区漓渚镇棠棣村、柯岩街道叶家堰居委会为现场会参观点。绍兴市柯桥区行政服务中心获评全国巾帼文明岗。“伊柯有约”工作室、沈大姐妇儿维权工作室获评首批“浙江省婚姻家庭纠纷化解品牌工作室”。绍兴市柯桥区湖塘街道香林村儿童之家获评省级示范型儿童之家。3 户家庭获评省“最美家庭”。

【“都是伊家”慈爱基金设立】 2021 年 3 月,柯桥区设立 200 万元“都是伊家”慈爱基金。该基金由柯桥区徐爱娟妇女发展基金等捐资,区慈善总会筹资成立,对贫困妇女、特殊儿童、因司法案件陷入困境的未成年受害人或当事人等弱势群体开展资金帮扶、法律援助、公益救助,全年发放帮扶资金 4.63 万元。

2021 年 3 月 10 日,柯桥区妇联与区慈善总会共同发起的“都是伊家”慈爱基金成立　　(区妇联　提供)

【“四必访”活动】 2021 年,柯桥区开展“四必访”活动,即对生产经营遇到困难的创业女性必访,困难家庭必访,空巢老人及留守妇女儿童家庭必访,涉及婚姻家庭矛盾纠纷的家庭必访。全年发动全区 2591 名妇联执委走访家庭 14413 户次,解决各类问题 108 件。

【“我的妈妈是党员”活动】 2021 年 5 月,柯桥区开展“我的妈妈是党员”活动,以党员妈妈故事分享、诗朗诵、重温入党誓词、大合唱等形式弘扬红色家风,庆祝中国共产党成立 100 周年,共 100 人参加。

2021 年 5 月 8 日，柯桥区妇联联合区委直属机关工委开展“我的妈妈是党员”活动（区妇联　提供）

巾帼文明岗 1 家、市级巾帼文明岗 14 家。

【巾帼助力乡村振兴行动】 2021 年，柯桥区组织“南山姐姐”联盟、“花联盟”“伊家创业联盟”开展“伊家畅聊会”，帮助 60 余名创业女性对接建设银行、电商平台、公益组织等；组织开展“妈妈的味道”线上线下主题活动，组织区贤内助联谊会等开展团购活动，助推茶叶、笋干菜、花卉等农产品销售，助力 50 余款农副产品在全区新供销超市门店上线。开展“春风送岗位”女性专场招聘会，提供就业岗位 680 余个。推进“伊家·美丽庭院”创建，引领各镇（街道）妇联打造“美丽庭院样板村”和“特色美丽庭院”。（赵梦迪）

【妇儿维权宣传活动】 2021 年，柯桥区开展新时代“枫桥式”妇儿维权站建设，区级新时代“枫桥式”妇儿维权站（伊家工作室）入驻区矛调中心，帮助化解各类矛盾纠纷 90 余起；镇（街道）、村（居委会）妇儿维权站提档升级，共建成新时代“枫桥式”妇儿维权站 43 个，其中“伊柯有约”工作室、沈大姐妇儿维权工作室被认定为首批“浙江省婚姻家庭纠纷化解品牌工作室”。“肖姐姐有话说”栏目通过伊家·法治微课堂、亚红深度报道等形式推出 12 期。开展第二轮基层婚姻家庭辅导员专项能力培训，共 362 人获得证书。

【巾帼助力“双减”活动】 2021 年，柯桥区推出各类公益课程，与“明快心理”合作推出“青春期的幸福家庭”系列公益课程 4 期，举办“幸福家庭会客厅”现场访谈活动 2 期，开展儿科知识下基层活动 14 场，组织收看家庭教育公益讲座 16 场，推出家庭教育公益视频 20 期。开展家庭教育指导专项能力培训，102 人参加，92 人通过考核并获得证书。开展省、市、区“儿童之家”建设工作，创建省级示范型“儿童之家”1 个、市级示范型“儿童之家”4 个、区级示范型“儿童之家”20 个。

【女性素质提升行动】 2021 年，柯桥区实施“百场培训计划”，以各镇（街道）为主阵地，开展电商直播、家政服务、育婴师、新媒体等实用技能培训及美学、礼仪等素质修养培训 105 场。被认定为全国级

柯桥区科学技术协会

【概况】 2021 年，柯桥区突出人才强区、创新强区首位战略，获评 2021 年度“省科协系统成绩突出集体”。申报“科创中国”浙江省级试点区，8 月通过初审和创建方案线上汇报，10 月入选 2021“科创中国”浙江省级试点区，为全市第一个获此荣誉的县（市、区）。推荐学科专家库人选 300 余人，推荐绍兴市纺织行业专家智库候选专家 19 人，其中 15 人入选首届绍兴市纺织行业专家智库成员；2 名科技工作者入选浙江省“创新达人”，其中 1 名入选“创新达人宣讲代表”；力博铜及铜合金新材料创新团队、之江智能装备研究所和柯桥中学青少年科创团队入选 2021 年度绍兴市“科技先锋岗”。

【区科协换届】 2021 年 4 月 1 日，柯桥区科协第一次代表大会召开。大会审议并通过区科协上届委员会工作报告，选举产生区科协第一届委员会委员、常务委员和主席、副主席、秘书长。选举马国勇为区科协第一届委员会主席。该届委员会共有委员 45 人，常委 19 人和主席 1 人、副主席 8 人（其中兼职副主席 5 人，挂职副主席 1 人），常委中硕士以上学历占比 52.6%。

【承办科创之江百人会】 2021 年 4 月 24 日，柯桥区承办科创之江百人会成立大会暨浙江省全球先进制造业基地建设科学家企业家智库圆桌会，浙

江省委常委、组织部部长黄建发出席会议并讲话，绍兴市委书记马卫光出席会议并致辞，省政协副主席张泽熙，杨玉良、苏纪兰等10名两院院士和区主要领导出席会议。大会聘请潘云鹤、杨玉良、苏纪兰等16名两院院士和2名专家学者为百人会首批顾问。大会还举行“百人会”柯桥基地授牌仪式，浙江省科协智能制造学会联合体、浙江省青年高层次人才协会、浙江省创造学研究会三大高端人才组织与区政府签订战略合作框架协议。

【“一家三站”建设】 2021年，柯桥区发挥浙江院士之家——柯桥院士小镇作用，先后组织励建书、杨玉良、朱位秋等院士走进院士小镇考察，邀请21位院士到柯桥企业考察，建成浙江合元针纺有限公司、绍兴永乐纺织机械有限公司、绍兴市柯桥区中医医院医共体总院、浙江嘉琪生态农业开发有限公司、浙江天工建设集团有限公司、浙江技立新材料股份有限公司6家院士（专家）工作站。中国流行色协会柯桥服务站创建为国家级学会服务站，绍兴柯桥纺织产业服务站创建为省级学会服务站，推荐上报普娜拉纺织科技、海丰花卉、江滨水处理3家博士创新站。

【“十佳优秀科技工作者”评选】 2021年9月25日，柯桥区开展第五届“十佳优秀科技工作者”评选活动，评选出王江（绍兴数智科技有限公司）、孙坤（浙江捷众科技股份有限公司）、李军配（浙江材华科技有限公司）、余恒杰（浙江天工建设集团有限公司）、金良（浙江迅实科技有限公司）、郑国平（绍兴第二医院）、郑德均（浙江工业大学之江学院）、单之初（浙江塔牌绍兴酒有限公司）、赵仕芳（绍兴盖科生物科技有限公司），彭涛（绍兴市柯桥区中医医院）10人为第五届“十佳优秀科技工作者”，制作“科技创新匠心筑梦——柯桥区第五届十佳优秀科技工作者”宣传片。

2021年9月25日，绍兴市柯桥区开展第五届“十佳优秀科技工作者”评选活动 （区科协 提供）

【科普宣传】 2021年，柯桥区发挥互联网等多媒体传播优势，在“柯桥e科协”微信公众号推出科普文章525篇；在“柯桥e科普”抖音公众号推出科普短视频100期；在“科协说健康”视频号推送健康科普视频20期；在全区12条线路163辆公交车上循环播放科普小视频；编印《科普柯桥》手册4期计8000册、《碳达峰、碳中和》宣传折页1万册。结合“全国科普日”举办有奖竞答系列活动，在“柯桥e科协”微信公众号上推出2021年全国科普日“听科普·学科学·赢红包”语音问答有奖知识竞赛活动，宣传安全知识、防灾自救、防电信诈骗、“碳达峰、碳中和”、共同富裕等知识。

【科普基地创建】 2021年，柯桥区新建市级科普教育基地1个，为浙江梅轮电梯股份有限公司科普教育基地；市级基层特色科普馆4个，为东盛慧谷科普馆、赫俪健康管理有限公司全民健康促进科普馆、柯岩城市书房、绍兴三主粮品牌运营有限公司三主粮健康科普馆；市级农场农村科普示范基地3个，为柯桥区福全建华家庭农场、柯桥区兰亭大宏蔬菜农场、田源梦休闲农场。

【青少年科技创新大赛】 2021年11月2日，在钱清中学举办的区级比赛中，共收到各学校报送的各类作品及方案832件（个），共评出获奖作品293件（个）。其中，科技创新成果一等奖20件、二等奖22件、三等奖33件，科技实践活动一等奖8个、二等奖7个、三等奖7个，科学幻想绘画一等奖45幅、二等奖50幅、三等奖70幅，科技辅导员作品（创新项目）一等奖4个、二等奖7个、三等奖6个，优秀组织奖7个，优秀参赛奖7个。12月10日，参加绍兴市第三十七届青少年科技创新大赛，共计72项获奖。其中，科技创新成果一等奖5项、二等奖10项、三等奖8项，科技实践活动一等奖2项、二等奖3项、三等奖2项，科技辅导员作品一等奖3项、二等5项、三等奖5项，科学幻想绘画一等奖7幅、二等奖14幅、三等奖7幅，优秀组织单位1个。7月7—8日，参加在桐乡举办的浙江省第三十五届青少年科技创新大赛，共计11项获奖。其中，科技创新成果一等奖2项、二等奖2项、科技实践活动三等奖2项，科技辅导员作品一等奖1项、三等奖1项，科学幻想绘画二等奖1幅、三等奖2幅。

【“银龄跨越数字鸿沟”科普专项行动】 2021年，柯桥区贯彻落实省、市《关于开展“银龄跨越数字鸿沟”科普专项行动(2021—2023年)的通知》精神，组织全区老年人就近就地开展智能手机应用普及培训，20021人次参加，发布活动信息129条。(王建明　朱仲燕　刘孝会)

柯桥区归国华侨联合会

【概况】 2021年，柯桥区开展党史学习教育和庆祝中国共产党成立100周年系列活动，做好为侨服务和“侨资企业服务年”工作，基层侨联建设、侨团侨社建设等工作取得突破。台风“烟花”活动期间，区侨商协会所属会员企业向灾区群众捐赠现金200余万元，物资20余万元。9月10日，柯桥区组织区侨商会、区海创会会员企业家30余人，赴新昌县学习考察浙江泰坦股份有限公司、浙江美盛控股集团有限公司、浙江新和成股份有限公司。12月3日，柯桥区组织10余名侨商赴义乌市考察义乌市侨商大厦、侨商会客厅、义乌市意大利胜利之星集团公司和义乌市国际商贸城进口商品博览馆。全区侨联系统获国家级荣誉1项、省级先进个人1项，举办省级现场会1场次，为侨服务工作经验介绍得到《光明日报》客户端、“学习强国”等媒体推介。5月14日，柯桥区召开全区基层侨联建设工作推进会。

【“柯桥·侨爱”基金向之江学院发放奖助学金】 2021年1月10日，“柯桥·侨爱”基金在浙江工业大学之江学院举行捐赠仪式，与之江学院教育基金签署捐赠协议，捐助30万元设立柯桥侨爱之江学院教育基金奖助学金，专项奖助之江学院学生的奖励和资助。现场向之江学院50多名学生颁发10万元奖助学金。

【镇(街道)侨联组织全覆盖】 2021年，柯桥区在王坛镇、马鞍街道、湖塘街道、稽东镇、杨汛桥街道、夏履镇、漓渚镇、华舍街道新建侨联组织，实现全区镇(街道)侨联组织全覆盖。新建王坛镇万乔村、兰亭街道大庆村、柯岩街道南闲社区、马鞍街道山外村、稽东镇雄鹰村、钱清街道前梅村等村社侨联及柯桥街道、华舍街道楼宇侨联工作站。兰亭、福全、柯桥、柯岩、平水、安昌、钱清、齐贤8家镇(街道)侨联及绍兴二院侨联完成换届。

【柯桥区西班牙(巴塞罗那)海外侨务工作联络站成立】 2021年5月10日，柯桥区西班牙(巴塞罗那)海外侨务工作联络站成立暨签约仪式在柯桥举行，签署《绍兴市柯桥区海外侨务工作联络站协议书》。至此，柯桥区在美国旧金山、俄罗斯莫斯科、日本东京、加拿大多伦多、新西兰奥克兰、澳大利亚墨尔本、阿联酋迪拜等15个国家和地区建立海外侨务工作联络站。

【首家“浙江省华侨国际文化交流基地”挂牌】 2021年6月10日，柯桥区首家“浙江省华侨国际文化交流基地”在区非物质文化遗产馆挂牌，为浙江省侨联在柯桥区设立的第一个“浙江省华侨国际文化交流基地”。

【“侨心向党·共庆百年”“七个一”系列活动】 2021年6月，柯桥区开展“侨心向党·共庆百年”“七个一”系列主题活动，包括红色之旅、侨界人物寄语、学党史知侨史知识竞赛、侨界青年共话发展、党史学习教育进侨界赠读本听党课、视频推送柯“侨”故事、联系侨界大走访办实事等活动。

【组织参加第二十二届世界华人学生作文大赛】 2021年9月30日，柯桥区组织全区高中学生参加由中国侨联、全国台联、《人民日报》(海外版)、《快乐作文》杂志社共同主办的第二十二届世界华人学生作文大赛。共收到参赛作文5230篇，经初评，有523篇统一报送大赛组委会。

【全区基层侨联干部综合素质提升培训班开班】 2021年10月19—22日，柯桥区举办全区基层侨联干部综合素质提升培训班，区侨联委员，镇(街道)、部分村(社区)侨联工作者及侨团负责人等30余人参加。培训内容包括政治理论、侨务知识等，开设党史、侨史教育专题讲座。培训期间，组织学员到侨乡青田县参观青田华侨历史陈列馆。

【组织赴柯桥未来之城交流考察】 2021 年 10 月 28 日，柯桥区组织区侨商、海归企业家 20 余人，赴柯桥未来之城建管中心交流考察。考察团先后听取未来之城开发建设背景、区位优势、区域规划、支持政策、区域内重点工程建设等情况介绍，以及总部区块、科创区块的重点推介，观看《未来之城城市设计》宣传片。

【全省侨商组织维权工作推进会在柯桥召开】 2021 年 11 月 8 日，浙江省侨商组织维权工作推进会在柯桥召开。会议总结交流全省侨商组织维权工作的经验和做法，探讨新形势下侨商组织维权工作面临的新问题和新任务，对此后维权工作提出意见建议。浙江省侨联、浙江省侨商会领导出席会议。全国律协民事专业委员会副主任、最高人民检察院民事行政检察咨询专家、浙江省侨联常委、浙江省侨商会维权委员会副主任、国家一级律师贺宝健作维权委员会工作报告。全国律师协会常务理事、浙江省律师协会副会长、中国国际经济贸易仲裁委员会仲裁员、北京 / 杭州仲裁委员会仲裁员、浙江金道律师事务所管理合伙人、浙江励恒律师事务所律师、杭州仲裁委员会发展处等省侨商会维权委员会成员，柯桥区侨联以及柯桥区侨商会领导，侨企代表 40 余人出席会议。柯桥区侨联在会上作典型发言。（陈银燕　徐炎法）

柯桥区工商业联合会（总商会）

【概况】 2021 年，柯桥区开展党史学习教育，发挥"商会特色"庆祝中国共产党成立 100 周年。工商联及各基层商会开展各类纪念活动 125 场，其中瑞安商会端午龙舟表演赛登上央视《新闻 30 分》。出台《柯桥区工商联（总商会）防疫指南》，走访慰问工商联 25 名副主席（副会长）、34 名商会会长；组建柯桥区总商会志愿服务突击队，24 家商会 200 余个会员，赴柯桥街道、湖塘街道等 10 余个社区开展志愿工作。台风"烟花"期间，赴重点地区——湖塘街道参与抗台；10 余家商会提供救援物资，开展志愿服务，参与排水抗台。柯桥区获评 2021 年度全省工商联系统先进单位、2020—2021 年度浙江省"五优"县级工商联；推选的"两个健康"案例"唱响会歌给党听 展现商会精气神"获评浙江省第四季度服务"两个健康"优秀案例；10 月，被省工商联授予"上规模民营企业调研先进单位"称号。

【四位一体服务体系启用】 2021 年 3 月 25 日，柯桥区启用商会综合服务平台，该平台主要为非公经济健康发展和非公经济人士提供服务。市仲裁委柯桥分会、区税务局、区银行业协会、省企业家健康管理中心绍兴分中心与区工商联签订服务承诺与合作备忘录，提供专业指导。

【上规模民营企业调研】 2021 年，柯桥区开展企业调研，收集调查问卷 566 卷次。宝业建设集团、精工控股集团上榜 2021"中国民营企业 500 强"；天圣控股集团、永利实业集团上榜 2021"中国制造业民营企业 500 强"。10 月，区工商联被省工商联授予"2020 年度上规模民营企业调研先进单位"称号，在 15 家单位中位列第二。

【亲情直通车·政企恳谈会】 2021 年，柯桥区按照省工商联三级联动工作要求，区工商联分别与区科技局、区税务局、区商务局、区检察院开展"亲情直通车·政企恳谈会"4 场，各相关单位及 50 余位企业家参加，收集并解决问题 80 余个。

2021 年 4 月 9 日，柯桥区召开"亲情直通车·政企恳谈会"
（区工商联　提供）

【"帮促共富"党建联盟行动】 2021 年，柯桥区组织 23 家商会结对新昌县 23 个经济薄弱村。11 月 24 日，分5组率23家商会分别赴新昌县儒岙、小将、镜岭、沙溪4个镇及城南乡的23个经济薄弱村，开展“帮促共富”党建联盟行动，签订结对协议，商讨村庄发展途径。（陈　璐）

2021年11月16日，绍兴市柯桥区工商联组织开展“帮促共富”党建联盟行动　　（区工商联　提供）

柯桥区文学艺术界联合会

【概况】 2021年，柯桥区文学艺术界联合会下辖11个直属协会，分别为作家协会、书法家协会、美术家协会、戏剧家协会、曲艺家协会、音乐家协会、舞蹈家协会、摄影家协会、电影电视艺术家协会、民间文艺家协会和朗诵协会，原企业家摄影协会并入摄影家协会，16个镇（街道）文联完成换届。有区级个人文艺家会员980余人，其中国家级会员84人、省级会员286人、市级会员556人。4部文学作品出版，35篇原创作品在市级、省级、国家级杂志发表，51件艺术作品入选省级及以上展览展演。获国家级奖项2项、省市级奖项71项。举办书法、美术、摄影、拼布等各级各类展览19场次，参观人数1万人次。创作抗疫作品200余篇（幅），《鉴湖》文艺双月刊改版，全年出刊6期。开展培训、讲座、展演、送春联、文艺走亲等各类文艺志愿服务和文艺惠民活动120余场次。

【纪念徐渭先生500周年诞辰书画作品展】 2021年3月12日，柯桥区举办墨远文长——纪念徐渭先生500周年诞辰书画作品展，作品在柯桥区美术馆展出。展览由绍兴市柯桥区文学艺术界联合会、浙江工业大学之江学院主办，绍兴市柯桥区书法家协会、杭州市萧山区书法家协会、八墨社承办。展览吸收北京、上海、广东、江苏、山东等10余个省市及海外投稿作品198件，收录并展出129名诗书名家、爱好者的书画作品173件，其中书法作品102件、国画71件。

【庆祝中国共产党成立100周年四省六地书法联展】 2021年4月13日，柯桥区举办艺无疆——庆祝中国共产党成立100周年四省六地书法联展。联展由中共徐州市丰县县委宣传部、绍兴市柯桥区委宣传部、杭州市滨江区委宣传部、温州市瑞安市委宣传部、鄂尔多斯市杭锦旗委宣传部、西宁市湟中区委宣传部以及苏浙蒙青四省六地文联举办。共展出作品170件，涵盖篆、隶、楷、行、草、篆刻等。

2021年4月13日，艺无疆——庆祝中国共产党建党100周年四省六地书法联展在柯桥美术馆举行　　（区文联　提供）

【白砥研究生教学师生作品展】 2021年5月8日，中国美术学院中国画与书法艺术学院、浙江省政协诗书画之友社、中共绍兴市柯桥区委宣传部、绍兴市柯桥区文学艺术界联合会联合举办的碑帖融合实践与理论研究——白砥研究生教学师生作品展在柯桥美术馆开幕。展览汇集省内外42名硕士博士研究生的作品70余件，集中展示白砥研究生教学碑帖融合探索与实践成果。

【2021辛丑牛年李平野作品纪念展】 2021年5月28日，柯桥区举办牛转乾坤——2021辛丑牛年李平野作品纪念展。展览共展出李平野生前创作的以“牛”为主题的作品60余件。开幕式结束后，举行牛转乾坤——2021辛丑牛年李平野作品纪念展研讨会。

【“花雨润心”浙派名家书画联展】 2021年6月12日，柯桥区举办“花雨润心”浙派名家书画联展暨名作拍卖活动。展览暨名作拍卖活动由中共绍兴市柯桥区委宣传部、绍兴市柯桥区文学艺术界联合会、浙江美术传媒拍卖有限公司联合主办，绍兴市柯桥区工商业联合会协办。展览以表现浙派书画文化为主题，涵盖姜丹书、陈振濂、吴山明、任平、张伟平、骆恒光、王伯敏等作品73幅。

【庆祝中国共产党成立100周年主题文艺作品展】 2021年6月30日，柯桥区举办“百年风华　艺心向党”——柯桥区庆祝中国共产党成立100周年主题文艺作品展。共展出柯桥区书法家协会、美术家协会、摄影家协会、民间文艺家协会200余名文艺工作者的300件主题作品。

【长三角四省十二地书画名家邀请展】 2021年7月29日，柯桥区举办丹青绘河山 笔墨颂恩情——长三角四省十二地书画名家邀请展。展览特邀沪苏浙皖书画名家80人，创作歌颂中国共产党、歌颂祖国的书画作品80余件，包括国画与书法两部分。

【韩天雍篆书作品展 韩天雍·刘茜陶印展】 2021年8月20日，柯桥区举行“韩天雍篆书作品展 韩天雍·刘茜陶印作品展”开幕式。作品展由省文史馆、省书协、中国美院中国画与书法艺术学院、省甲骨文学会、中国美院古文字书法创作研究中心、西泠印社集团、绍兴市文化广电旅游局、绍兴市书法家协会等单位共同主办。展出韩天雍篆书作品、韩天雍·刘茜陶印作品各42件，篆书作品以毛泽东诗词为创作主题，陶印作品以《兰亭序》为创作主题。

【庆祝中国共产党成立100周年绍兴市柯桥区书法篆刻大展】 2021年9月30日，柯桥区举办“水务杯”庆祝中国共产党成立100周年绍兴市柯桥区书法篆刻大展颁奖暨开幕式。展览由中共绍兴市柯桥区委宣传部、绍兴市柯桥区文学艺术界联合会、中共绍兴市柯桥区委老干部局、绍兴市柯桥区教育体育局、绍兴柯桥水务集团有限公司特别联合主办，柯桥区书协、柯桥美术馆承办。展览共展出作品100幅，其中获奖作品40幅，入展作品30幅，特邀作品30幅。

2021年9月30日，“水务杯”庆祝中国共产党成立100周年绍兴市柯桥区书法篆刻大展在柯桥美术馆开幕　（区文联　提供）

【2021青田石雕印石精品展】 2021年10月31日，柯桥区举办“桥石相连·心心相印”2021青田石雕印石精品展，为期12天。展览由柯桥区人民政府和青田县人民政府主办，区委宣传部、区文联、区工商联（总商会）、青田县委宣传部、青田县工商联、青田县石雕产业保护和发展中心承办，柯桥美术馆、中国轻纺城青田商会、丽水市工艺美术协会、青田印石协会等单位协办。（沈嵩妮）

柯桥区残疾人联合会

【概况】 2021年，柯桥区持续落实残疾人两项补贴“应补尽补”，享受困难残疾人生活补贴 3584 人，享受重度残疾人护理补贴 7547 人，共发放 2514.23 万元。为全区 1.9 万余个残疾人换发第三代智能残疾人证，开展残疾学生及残疾人子女助学助教工作，发放助学资金 24 万元。落实康复服务，实施残疾儿童基本康复服务 131 人次，开展辅助器具适配服务 251 例，残疾人基本康复服务率和残疾儿童康复服务率均为 99.99%。承办绍兴市第九届残疾人文艺会演，区盲人协会组织开展无障碍观影活动。

2021 年 3 月 13 日，柯桥区残联、区人社局在区人力资源市场联合举办残疾人就业援助专场招聘会　　（童佳萍　摄）

2021 年 5 月 8 日，绍兴市第九届残疾人文艺会演在柯桥举行　　（童佳萍　摄）

【省级无障碍社区创建 4 个】 2021 年，柯桥区对华舍街道东周社区、西周社区、马鞍街道兴海社区、柯桥街道鉴湖园社区 4 个社区实施省级无障碍社区创建，完成 100 余处无障碍改造。

【困难残疾人家庭无障碍改造】 2021 年，柯桥区对 155 户困难残疾人家庭开展“一户一设计、一户一方案”无障碍改造，改造内容包括卫生间改造、地面平整及坡化、辅助器具适配、净居亮居改造等，改善残疾人居家环境。

【残疾人创业就业辅助】 2021 年，柯桥区面向残疾人群体依法推动按比例就业，搭建招聘平台，免费开展职业技能培训，新增残疾人就业 134 人。为 19 个符合条件的残疾人发放就业创业补贴，为 1381 个灵活就业残疾人发放社保补贴。（童佳萍）

柯桥区红十字会

【概况】 2021 年，柯桥区推进“打造群众身边的红十字会”民生实事工程。完成初级救护员培训 3480 人，普及红十字现场救护知识 30069 人次。完成造血干细胞采样入库 184 人，人体器官（遗体）捐献登记 717 人，实施造血干细胞捐献 4 例、器官捐献 2 例。接受社会捐赠资金 411.83 万元、物资 767.62 万元；完成东西部扶贫 156.73 万元。被浙江省红十字会授予 2021 年度浙江省红十字工作先进单位称号。出动红十字救援队 49 次，出动队员 648 人次，协助基层做好疫情防控值守、物资运送等工作，接受社会捐赠资金 236.67 万元、物资 208.63 万元。

【人道救助工程实施】 2021 年春节前期，柯桥区开展“情暖柯桥·红十字博爱送万家”慰问活动，主要对象为城乡易受损贫困家庭、贫困学生、遭受突发意外家庭、麻风病患者和柯桥区“三献”（无偿献血、捐献造血干细胞、捐献人体器官）家庭等。区本级慰问困难群众 257 户，慰问金额 29.3 万元。3 月，浙江西大门新材料股份有限公司派代表向区红十字会捐款 400 万元，定向用于柯桥区阮港村、越城区大树江村的困难群众救助。

【红十字会一届四次（扩大）会议】 2021 年 1 月 28

日，柯桥区召开红十字会第一届理事会第四次（扩大）会议。会议审议通过2020年度区红十字会工作报告及《柯桥区红十字事业发展“十四五”规划》，部署2021年度重点工作，调整更替理事15人。

2021年1月28日，柯桥区红十字会第一届理事会第四次（扩大）会议召开　　（沈　佳　摄）

【造血干细胞捐献实施4例】 2021年3月，柯桥网约车司机吕兆成捐献造血干细胞混悬液288毫升，成为柯桥区第7例造血干细胞捐献者；8月，福全街道锦坞村村民许建丰捐献造血干细胞混悬液240毫升，成为柯桥区第8例造血干细胞捐献者；9月，柯桥区红十字会“让爱流动”志愿服务队队员余利刚捐献210毫升造血干细胞悬混液，成为柯桥区第9例造血干细胞捐献者；11月，绍兴文理学院附属医院急诊科“90后”护士李冲捐献造血干细胞混悬液180毫升，成为柯桥区第10例造血干细胞捐献者。

【人体器官捐献实施2例】 2021年，柯桥区实施人体器官捐献2例、遗体（组织）捐献1例。6月13日，来自福建省的郑某某因交通意外去世，其家人决定捐出他的一对眼角膜、双肾、肝脏；11月20日，来自安徽省的徐某因交通意外去世，其家人决定捐出他的双肾和肝脏。

【柯桥区生命博爱体验馆建成】 2021年，柯桥区完成区生命博爱体验馆建设，该馆为绍兴市首个综合性生命教育体验馆。场馆总建筑面积1700余平方米，主要由序厅、生命教育展示区、生命安全体验区、应急救护培训区、人道公益会客厅5个区块组成，集“生命教育、安全体验、救护培训”等功能于一体。内部设置互动体验展项70余项，面向社会公众开放，培训对象主要为青少年学生、机关事业单位工作人员和基层网格员等，提升公众防灾避险、自救互救的意识和能力。

【第四批公共场所AED配置】 2021年，柯桥区按照“健康柯桥”行动计划部署，实施第四批公共场所AED（自动体外除颤器）配置，全区公共场所新增AED配置20台，累计配置121台，每万人（按户籍人口）AED配备1.5台。

【群众身边的红十字会建设】 2021年，柯桥区完成2021年度民生实事工程——打造“群众身边的红十字会”，16个镇（街道）、50所中心学校、338个行政村（社区）均建立红十字会，建会率100%。下发柯桥区《2021年度红十字基层阵地建设的实施意见》，新建镇街红十字工作总站5家、村（社区）博爱家园8家、景区救护站6家和学校红十字工作室5家。

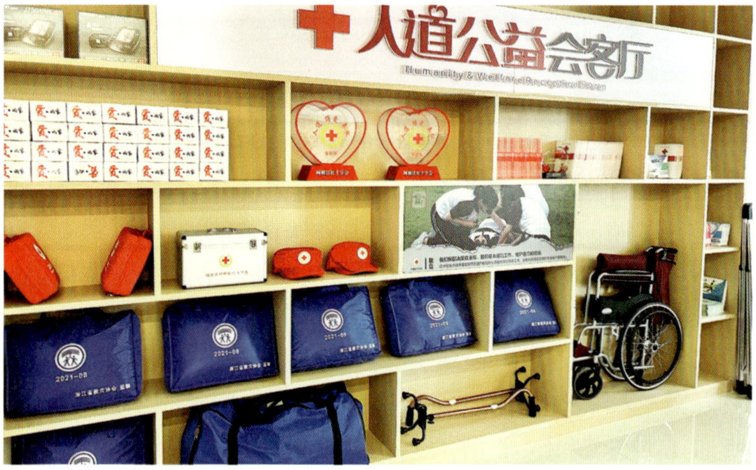

2021年，钱清街道红十字工作总站　　（区红十字会　提供）

【抗击台风“烟花”】 2021年7月，柯桥区受台风“烟花”影响，区红十字会紧急出动救援队24次，出动队员261人，参与转移、救援群众4000余人。

2021年7月，柯桥区红十字战狼救援队持续在湖塘、夏履、王坛等地开展救援 （区红十字会 提供）

向区内受困家庭紧急调拨家庭应急生活包542个，发放至湖塘街道、夏履镇等受灾较重地区。

【红十字救援队建设】 2021年，柯桥区组建红十字专业救援队2支，为“风之谷”户外救援队和越安救援队，主要救援方向为山地救援和灾害救援，并为其配备2批救援专业设备，如攀岩头盔、下降器、攀岩安全带、锁扣等，开展救援训练演练6次。（丁 璐）

执行编辑 韩兰芳

外事 · 侨务 · 涉台事务

外 事

2021 年 10 月 27 日，“绍兴印象——2021 外国驻沪总领馆官员走进浙江”代表团考察柯桥区漓渚镇国兰家庭农场 （区府办 提供）

【概况】 2021 年，受新冠肺炎疫情影响，柯桥区因公出国（境）、外事接待、企业邀请外国人到华审核等常规外事工作都处于停止状态，全年无因公出国（境）报批团组；受理商务目的“特殊通道”外籍入境人员 3 批 12 人；接待外国使领馆人员和记者代表团 3 批 32 人；处理涉外事件 21 起；处置答复外国使领馆照会 3 起。柯桥区人民对外友好协会由社会团体变更为人民团体。保持与日本静冈县菊川市、菲律宾卡加扬省拉尔洛市、斐济塔武阿区等 11 个国际友城的友好交流和合作，通过邮箱发送国内疫情防控宣传资料，向国际友城表达慰问。参与“绍兴印象——国际友人美丽乡村行”活动、2021 中国绍兴柯桥国际纺织品面辅料博览会（春秋两季）、第四届布商大会、柯桥时尚周等涉外活动，协助举办“鉴湖涉外讲堂”，参与柯桥区第一个官方微信平台英文栏目“IN KEQIAO”的建设和维护。

【重大外事接待】 2021 年 4 月 2 日，阿富汗驻华大使贾维德 · 卡伊姆一行 4 人到绍兴考察，看望在柯桥的阿富汗籍人员，并进行座谈和餐叙，贾维德 · 卡伊姆大使针对阿富汗籍人员办理信用卡、子女就学、疫苗接种和签证问题询问相关政策，柯桥区外事办人员作了详细解释，大使就柯桥区政府对阿富汗籍人员的照顾表示感谢，愿推荐阿富汗相关城市与柯桥区结为友好城市。10 月 27 日，“绍兴印象——2021 外国驻沪总领馆官员走进浙江”代表团到柯桥参观考察，代表团一行考察柯桥区漓渚镇国兰家庭农场，参观科技兰培育基地，听取企业负责人介绍。代表团一行对科技培育兰花表达浓厚的兴趣，希望能与柯桥区在科技培育花卉植物方面开展合作。

【涉外疫情防控】 2021 年，柯桥区外事办联合大数据、公安、统战、教体、商务等部门及相关镇街，精准摸排境外入柯人员信息，统筹做好来柯外籍人员、柯桥籍出国境人员信息梳理研判和报送工作，协助实施新冠肺炎疫情防控期间到柯桥外籍人员、柯桥籍出国境人员转运全程受控机制和全流程闭环管理。做好浙江境外服务码有关工作，排查注册境外企业 324 个，确定有境外经营活动企业 23 家，协助企业注册“浙外防”境外服务码小程序，每周进行境外企业和员工疫情相关情况上报，在“浙外防”社区发帖102篇，被省里置顶7篇。7月6—7日，柯桥区外事办配合卫生检疫部门，对在柯外籍人员进行全面防疫检测，共检测外籍人员1690人，结果均为阴性。走访柯桥区涉外企业，宣传疫情防控政策，根据疫情变化，配合柯桥区防控办做好在柯境外人员和在境外柯桥区企业及人员的疫情防控宣传。通过媒体、网络等各种方式宣传发布中央、省、市、区有关疫情防控信息。（马国峰）

侨务

【概况】 2021年，柯桥区加强对涉侨人员政治引领，借党史学习之际，通过组织青年侨商、归国留学人员参观柯桥非物质文化遗产馆、区档案馆革命历史陈列馆激发他们对祖国的热爱和对中国共产党、中国特色社会主义的理解认同，传承和弘扬中华优秀文化。组织中青年侨商代表参加《中国共产党统一战线工作条例》讲座培训。参与新冠肺炎防疫抗疫，通过进驻专班，组织镇街基层等形式，摸排境外人员。推进海外侨务工作联络站建设，在英、美、加拿大以及一带一路沿线国家设立15家海外侨务工作联络站。通过侨务工作联络站，了解在外华人华侨疫情状况，为柯桥区引资引智牵线搭桥。

【侨法宣传】 2021年《中华人民共和国归侨侨眷权益保护法》颁布30周年之际，柯桥区开展侨法宣传工作。将《涉侨法规政策选编》寄送到各镇（街道）统战分管领导及联络员，将《中华人民共和国归侨侨眷权益保护法》以及实施办法和浙江省实施《中华人民共和国归侨侨眷权益保护法》翻印成册发放柯桥街道柯福社区、兰亭街道紫洪山等重点基层侨组织。制作11幅侨法宣传展板，在重点侨乡兰亭街道紫洪山村侨文化馆内专题展出。在柯桥街道大渡社区、柯福社区等地通过卷轴，宣传墙等形式宣传为侨政策、侨务工作亮点。

【为侨服务】 2021年，柯桥区开展稳侨、安侨、暖侨工作，“侨资企业年服务年”活动，对重点涉侨企业走访帮扶，了解企业生产经营转型发展中遇到的问题，组织侨商参加省、市统战部组织的侨企面对面活动。利用中秋节、春节等节假日慰问海外重点人士家属，受理3名“三侨生”（归侨、华侨子女、归侨子女考生）身份认定工作，解答华侨子女就学养老保险有关问题等来信来访，及时向华侨宣传有关涉侨政策法规，保护其合法权益。新冠肺炎疫情防控期间，区委统战部、区侨联、区慈善总会侨爱基金联合筹集20余万元防疫物资，发往美国、加拿大、日本、意大利、荷兰、奥地利、南非、印度尼西亚等地的9个柯桥籍海外华侨华人社团，给他们提供支持和帮助。（杨春燕）

2021年7月23日，柯桥区组织青年侨商、归国留学人员参观柯桥非物质文化遗产馆 （区侨办　提供）

涉台事务

【概况】 2021年，柯桥区接待、慰问台胞40余人，走访台企10余次，赴台企指导复工复产3次。1月13日，台湾永丰金融控股股份有限公司总经理办公室大陆公共事务小组参观安昌古镇。6月18日，台湾中华统一促进党主席张安乐一行8人到柯桥区考察。12月20—31日，柯桥区行政中心大厅举办“情系中华”绍兴·台湾两地书画展，展出书画作品70余幅。开展在柯台商“品柯桥”活动，全年组织活动2次，参与人数50余人。因新冠肺炎疫情原因，柯桥区无赴台商务、公务考察团组。

【台资项目引进】 2021年，柯桥区引入台资企业7家，注册总资本47万美元，总投资131万美元，涉及纺织、电子商务领域。5月20日，柯桥区组织在柯台商参加电商培训活动，邀请优秀电商企业为广大台商做电子商务讲座。

【柯桥籍学生被台湾各类大学录取3人】 2021年，柯桥区有1名新生被台湾大学录取、2名新生被辅仁大学录取，3人均为硕士研究生。（沈建庆　钱之源）

执行编辑　高　锋

法　治

政法委及综治

【概况】 2021年,柯桥区坚持和发展新时代“枫桥经验”,探索创新基层治理模式,防范化解各类社会风险。自2006年起,第十六年成功创建省“平安区”。围绕“五个过硬”(政治过硬、业务过硬、责任过硬、纪律过硬、作风过硬),突出“四项任务”(筑牢政治忠诚、清除害群之马、整治顽瘴痼疾、弘扬英模精神),抓好“三个环节”(学习教育、查纠整改、总结提升),落实从严管党治警要求,推进政法队伍教育整顿查纠整改工作。全年组织各类学习教育活动220余场,开展谈心谈话1633人次,出台便民惠民措施65项,解决群众实际问题7635件,选树表彰先进个人55人。构建以“1337+6+N”为主要内容的数字法治系统,深化政法一体化办案、综合行政执法、风险闭环管控的大平安机制“三大体系”(政法一体化办案体系、综合行政执法体系、社会矛盾纠纷调处化解体系)。围绕“三张清单”(重大需求、多跨场景、重大改革),研究谋划具有柯桥特色的多跨场景应用项目,推动数字法治场景应用走在前列,严重精神障碍患者管理服务“一件事”“浙里律动”“版权AI智审”“AI智能分析预警”4个项目被列入省、市试点。发挥“一中心四平台一网格”的“141”基层治理体系新冠肺炎疫情防控作用。发挥社会治理中心牵引作用,突出感知、研判、预警能力,利用基层治理四平台枢纽作用,搭建疫情防控精密智控体系,建设疫情防控精密智控“无缝圈”,组织动员全区2400余名专兼职网格员履行信息核查、政策宣传、协助管控、服务群众等职能。(黄志坚　沈晨璐)

·小资料·　“1337+6+N”

构建以“1337+6+N”为主要内容的数字法治系统,即建设1个数字法治综合应用;承接3+3+7个省定应用,包括完善政法一体化办案体系、完善综合行政执法体系、完善社会矛盾纠纷调处化解体系3个重点任务,深化政法一体化办案集成应用、深化综合行政执法集成应用、深化社会矛盾纠纷调处化解集成应用3个集成应用,提升“云上公安、智慧警务”大数据应用、建设智慧检察监督平台、提升法院智能办案应用、建设智慧矫正应用、提升“基层

2021年12月11日,柯桥区1名网格员在核酸采样点协助做好全员核酸检测工作　（区委政法委　提供）

治理四平台”综合信息系统、提升基层社会治理基础支撑能力、提升网格工作智能辅助能力7个基础应用;推进市定6个分领域特色应用落地,包括建设提升智慧治理、智慧公安、智慧检察、智慧法院、智慧司法、智慧执法6个分领域系列特色应用;探索N个智治柯桥系列特色应用,包括综合指挥类场景应用、预警预判类场景应用、管理服务类场景应用、法治柯桥“123”场景应用。(韩春红)

【全市首创社会治理三级指挥协同体系】 2021年,柯桥区出台《柯桥区社会治理综合协同体系建设方案》。以数字化改革为牵引,联动“区镇一体、条抓块统”改革试点,迭代升级“基层治理四平台”功能模块,以综合信息指挥平台为龙头,建立健全线上线下实时联动、常态化管理和应急管理有效衔接的社会治理综合协同机制,提升全区基层治理和服务群众的能力水平,构建数字化、一体化、现代化整体智治格局,优化升级区、镇、村三级联动指挥协同体系。自5月1日起,对社会治理每日运行情况进行汇总分析,共编制《柯桥区社会治理日报》274期。新冠肺炎疫情防控期间,开设涉疫涉稳专版。(黄志坚)

【基层治理体系建设】 2021年,柯桥区增设基层治理“一件事”模块,破解跨层级、跨部门协同处置难题。通过“基层治理四平台”处置各类事件35.5万件,处置完成率99.44%。深化网格全生命周期管理,出台《柯桥区全科网格建设迭代升级二十二条措施》,实现网格员管理全流程数字化考评。

2021年2月19日,柯桥区社会治理指挥中心大屏展示“基层治理四平台”运行图 (沈晨璐 摄)

【平安宣传活动】 2021年,柯桥区开展“平安校园”“平安社区”等十大系统创建工作,“平安三率”提升专项行动,运用广播、电视、“平安柯桥”微信公众号等宣传载体开展平安宣传,发动网格员、平安志愿者进村入户开展“面对面”宣传。全年发放平安宣传页88万份,推送平安短信55万条,张贴平安海报8.5万张。(沈晨璐)

2021年3月10日,柯桥区平安志愿者在柯桥银泰商圈开展平安宣传活动 (沈晨璐 摄)

法治政府建设

【概况】 2021年,柯桥区落实党中央关于法治建设的重大决策部署,贯彻中央依法治国工作会议精神,组织专题学习习近平法治思想,印发习近平总书记重要讲话精神分工方案,把学习宣传习近平法治思想列入普法依法治理工作要点。编印《习近平法治思想》画册1000册,赠送区管领导干部。组织全区3800余名公务人员参加习近平法治思想问答活动，落实习近平法治思想集中宣讲。编制印发《法治柯桥建设规划(2021—2025 年)》《2021 年法治柯桥(法治政府)建设重点工作清单》等，落实《法治柯桥建设六大抓手实施方案》。组织新任命工作人员宪法宣誓仪式。组织全区 83 所中小学 10 万余名师生参加法治知识竞赛、“学宪法讲宪法”演讲比赛、“宪法晨读”等活动。宣传习近平法治思想和法治柯桥建设成绩亮点、法治浙江建设十五周年系列活动等，在中央级媒体刊发相关报道 35 篇，在省级媒体刊发报道 26 篇，通过《柯桥日报》、“笛扬新闻”APP、“柯桥发布”等区级全媒体平台刊发报道 69 篇。

2021 年 6 月 18 日，柯桥区委全面依法治区委员会召开第三次会议（韩春红　摄）

2021 年 9 月 22 日，绍兴首档普法访谈节目《师爷说法》第八期“生活中的知识产权”在安昌古镇天官第文创园完成录制（朱文革　摄）

【法治建设第一责任人职责履行】 2021 年，柯桥区委、区政府主要领导履行推进法治建设第一责任人职责，全年 9 次批示法治建设相关领域具体工作，组织召开法治政府建设推进会、全区行政争议化解工作专题会，依法治区办第三次会议、法治政府建设工作例会，开展“百日攻坚”专项行动等。开展专题学法 11 次，内容涵盖习近平法治思想和《政府督查工作条例》《浙江省数字经济促进条例》《中华人民共和国行政处罚法》等具体法律法规。新增区政府常务会议及区长办公会议议题审查制度，共进行该类审查 185 件。各单位完成党政主要负责人年度述法，撰写并公开法治政府年度报告等，在门户网站新增年度报告专栏等。

【法治建设机制健全】 2021 年，柯桥区编制全市首部法治政府建设工作指引，组织 100 余人参加领导干部法治思维和法治能力提升培训班。查补法治政府建设问题短板，召开行政诉讼、行政复议、裁执分离等领域工作协调会，解决全区法治建设疑难复杂问题。推进镇街法治政府建设进程，开展镇街法治建设重点指标过程性赋分考核，结果纳入年终岗位目标责任制考核。印发法治柯桥简报 19 期。落实行政规范性文件备案审查工作，全年审查区级拟印发文件 41 件，区人大及时审查完成区政府报备的规范性文件。落实《绍兴市柯桥区突发事件总体应急预案》《绍兴市柯桥区突发公共卫生事件应急预案、突发急性呼吸道传染病事件应急预案》，建立 5 支卫生健康应急机动队，全年开展新冠肺炎疫情防控应急演练 2 次。开展法治队伍建设，更新明确各单位分管负责人和联络员，发挥各单位政府法律顾问作用，区政府部门公职律师配备率提升至 69.23%，居全市第一。

2021年8月6日，柯桥区法治政府建设工作推进会暨府院府检联席会议召开 （区司法局 提供）

余家，注销退出1900余家。明确60项告知承诺制证明事项和139项保留证明事项。全区各部门、镇街均落实合法性审查全覆盖工作，制定重大行政决策事项目录并公开。开展非法金融专项排查整治，全年排查相关企业380家。注册并发布全国律师行业首个党建商标“律动纺都”。聘请6名外籍调解员参与涉外商事纠纷调解。建设全国首个（纺织）知识产权快速维权中心。5月，柯桥区入选浙江省“最多跑一次”改革成效突出县（市、区）、推进质量和知识产权保护工作成效明显县（市、区），获得两项省政府督查奖励。

【“大综合一体化”行政执法改革】 2021年，柯桥区推进“县乡一体、条抓块统”改革试点，完善镇街、部门权力清单，推进区级执法事项划转集中。构建全闭环行政执法体系，在666项执法事项的基础上，把住建、教育、科技等无专业执法队伍、无基层站所的区级部门共508项处罚事项向区综合执法局集中，综合行政执法事项占整体执法事项20%以上。梳理乡镇（街道）有需求的执法事项33项，在齐贤街道探索执法赋权镇街，深化乡镇（街道）“一支队伍管执法”。全区掌上执法检查率100%；信用规则应用率91.31%，跨部门监管率20.71%。推进行政执法监督制度规范、协作联动和数字系统应用，推进镇街行政执法监督全覆盖。开展疫情防控和民生领域专项联合执法监督4次，通报反馈问题36处。开展行政复议“以案治本”专项行动，1—12月，共办结行政复议案件91件，行政复议调撤结案51件，调撤率59.3%，列全市第一。开展行政诉讼案件收案量和败诉率“双降”百日攻坚，启动个案监督，开展败诉案件追责问责。推行行政诉讼立案前调解机制，1—12月，全区一审新收行政诉讼案件222件，结案218件，调撤72件，败诉21件，败诉率9.63%，行政机关负责人出庭应诉率100%。

【营商环境法治化】 2021年，柯桥区出台《绍兴市柯桥区优化营商环境“10+N”便利化行动任务清单》，“企业全生命周期一件事”改革政策落地，上线“浙江企业在线”服务平台，囊括173项涉企服务事项，全区通过线上平台申请设立企业8700

【基层社会治理法治化】 2021年，柯桥区出台《柯桥区社会治理综合协同体系建设方案》，优化升级区、镇、村三级联动指挥协同体系，增设基层治理“一件事”模块，破解跨层级、跨部门协同处置难题，建设社会治理数字化平台，提升处置效率。实现社区社会组织党建全覆盖，完善行业协会商会收费长效监管机制。开展“僵尸型”社会组织专项整治行动，梳理出“僵尸型”社会组织89家，注销10家，整改8家，行政撤销12家。开展基层矛盾纠纷排查化解专项行动，完成人民调解协会换届，全年各级调解组织共调处各类矛盾纠纷8370件，涉及金额21.84亿元。发挥区矛盾纠纷调处化解中心作用，全年通过非诉方式化解行政争议102件。启动“八五”普法，推进法治宣传进科技园、“法护青春”系列普法活动，累计覆盖企业1万余家、群众14万人次。打造五大平台新媒体宣传矩阵，制作民法典小视频35个，全网累计点击突破百万次。全区有公共法律服务人工智能自助机33台，全年受理法律援助案件967件，解答法律咨询5880次，为困难群众挽回或避免经济损失2800万元。开展镇街法治化综合改革试点，打造安昌法治小镇。实现区级民主法治村（社区）全覆盖，全年培育“尊法学法守法用法示范户”4612户，“法治带头人”1163人，“法律明白人”4570人。

【区域依法治网体系建设】 2021年，柯桥区出台《绍兴市柯桥区构建区域依法治网体系实施方案》

《柯桥区加强网络安全整体能力建设行动方案》《柯桥区打造安全清朗网络空间三年行动方案》等。建立健全瞭望哨体系，依法治网、舆情风险会商研判机制等，促进“纺城笛扬哨”智慧监管平台与民生直通车平台的深度融合。强化属地自媒体长效管控，化解重大舆情风险。整合各级网络媒体资源，构建“柯桥发布”三微一端（“三微”为微信公众号、微信视频号、微博，“一端”为今日头条客户端。）宣传平台，加强“网络安全宣传周”普法宣传。推进市网络安全协调指挥平台项目延伸建设，监测整改相关漏洞5批次。重点推进“之江净网”等网络生态治理行动，电商领域专项监测覆盖全区1.5万家电商经营主体，共立案查处涉电商平台的直播带货、不正当竞争等各类网络违法案件163起，移送公安机关1件，其中查办全省首例网店跨平台盗图不正当竞争案。开展电信网络诈骗犯罪系统治理。聚力“断卡”行动，发挥检察监督职能作用，打击非法开办贩卖电话卡、银行卡等违法犯罪活动，斩断买卖链条，共办理网络诈骗犯罪案件167件259人。

【数字法治建设】 2021年，柯桥区以“1337+6+N”为主要内容构建数字法治系统。建立全区数字法治改革场景应用一本账，把严重精神障碍患者管理服务、“苍穹”禁毒应用试点、“律动·浙里”、法律咨询服务、版权AI智审5个场景列入《全省数字化改革重大应用“一本账S1”目录》，17个场景应用列入区级重点应用清单。推进统一行政处罚办案系统应用，升级应用“互联网＋监管”平台，互联互通省级各网络平台，推广应用“浙政钉·掌上执法”。完善政法机关一体化办案体系，应用数字卷宗单轨制协同办案模式。深化“云上公安、智慧警务”大数据应用，应用省公安厅执法办案系统智能执法监督平台和市公安局“阅卷精灵”辅助审核工具。利用全区政法云，推进以态势感知和智能算法为核心的智能运维模式，云上部署涉黄团伙打击、智安小区管控、市场主体风险预测预警等6个模型。

·小资料· “律动·浙里”

是柯桥区司法局“律动纺都”品牌在数字化改革中的创新应用。“律动·浙里”以“每一次法律服务都能让人感动”为服务宗旨，建设“滴滴打车式”法律服务、“学习强国式”线上学法、“谁执法谁普法”部门普法三大应用场景，推动“全业务、全时空”的公共法律服务网络早日落地。（韩春红）

2021年11月13日，柯桥区召开“律动·浙里”数字赋能法律服务主题论坛

（姒承泳　摄）

公　安

【概况】 2021年，柯桥区公安部门有内设机构和派出机构51个，其中内设机构、直属机构32个，派出所19个。有民警918人，其中大学及以上学历813人、专科及以下学历105人。接警总量37.51万起，其中有效接警总量21.09万起，分别比上年上升8.8%、21.8%。全年打处各类刑事犯罪嫌疑人3115人，比上年上升21.8%；治安拘留3691人，比上年上升8.7%。5起现发命案实现全破，破获当地命案积案3起，在册命案逃犯全部“清零”，“雷霆”打击行动总体绩效全市第一。有20个集体、139名民警立功受奖。出入境管理大队获全国“青年文明号”，安昌派出所被命名为“全省最美警队”，柯桥区拘留所被评为“浙江省教育感化规范监所”，刑事科学技术室获评2021年度公安部示范技术室，侦查中心获评全省县级侦查中心示范点。

2021 年，柯桥区公安分局召开新闻发布会，就“8·10”命案侦破暨命案积案攻坚专项行动进行新闻发布　（朱敏锐　摄）

【涉网犯罪侦查大队成立】 2021 年 4 月 3 日，柯桥区按照“专业警种立足网络战攻坚战，派出所立足阵地战速决战”的理念，成立涉网犯罪侦查大队，构建新型网络犯罪打防新模式，治安、经侦、禁毒等部门研判岗常态入驻，实现涉网犯罪领域研判打击全覆盖，全市涉网犯罪侦查体系建设现场会在柯桥召开，区侦查中心被列为全省县级侦查中心示范点。

·小资料·　涉网犯罪侦查大队

2019 年，柯桥区公安局主动适应犯罪形势变化，整合分局数侦、图侦、技侦、网侦、刑事技术、警企协作等全部技术手段资源，成立涉网犯罪侦查大队，将刑侦治安禁毒等 9 个打击警种研判岗的民警全部入驻，打造分局统一研判平台，提升专业打职业的能力。2021 年被评为全省示范点。

【电信网络案件侦破】 2021 年，柯桥区坚持打防并举、综合治理，推进电信网络诈骗打防战，共抓获电信网络诈骗犯罪嫌疑人 588 人。在域内打掉一个为境外诈骗提供洗钱帮助的犯罪团伙，在外省连续打掉多个老中医诈骗团伙，20 起百万元以上案件全部侦破，全区受理电信网络诈骗案件 2746 起，比上年下降 11.5%。

【失踪被拐人员找回 25 人】 2021 年，柯桥区开展疑似被拐人员、身份不明人员排查工作，运用 DNA 比对、人像识别、大数据侦查等技术，开展全方位比对查找，共找回失踪、被拐人员 25 人，并组织全市首例认亲仪式。（刘康达）

检　察

【概况】 2021 年，柯桥区检察机关办结“四大检察”领域各类案件 2910 件。批准逮捕各类犯罪嫌疑人 546 人，提起公诉 1477 人。组织柯检新冠肺炎抗疫小分队，下沉稽东镇，支援该镇抗疫 150 余人次，协助检查卡口，巡查管控隔离落实情况，配合该镇党委政府做好疫情防控工作。

2021 年 12 月，柯桥区检察院抗疫小分队深入稽东镇协助检查卡口　（区检察院　提供）

【“前期拦截”获评全市优秀政法改革案例】 2021 年，柯桥区检察机关助推法治政府建设，结合监督办案发现问题，向各类执法司法机关发送检察建议 10 余份。落实区域诉源治理，在全省率先开展捕诉案件必要性审查，对无报捕、起诉必要性的案件进行拦截，防止进入下一司法办案环节。全年拦截相关案件 160 余件，该创新成果获评全市优秀政法改革案例。

【民营经济健康发展护航】 2021 年，柯桥区检察机关向特定行业企业发送经营风险提示函，保障企业创新驱动发展，依法严惩侵犯商业秘密、商标权等知识产权犯罪 7 件 10 人。在办理外省一企业假冒“绍兴老酒”商标案件中，探索推进知识产权刑事、民事、行政检察职能集中统一履行，强化综合司法保护。用足用好宽严相济刑事司法政策，减少办案负面产出。履行无逮捕必要不批准逮捕、认罪认罚

2021 年 11 月 23 日，柯桥区检察院与区工商联联合举办“服务两个健康，保障民企发展”——柯桥区检察开放日暨亲清直通车活动
（区检察院　提供）

量刑建议、抗诉、检察长列席审委会等监督职能，推动检法形成司法共识，对犯罪情节较轻的涉企人员作出不批准逮捕 8 人，不起诉 35 人。

【“少捕慎诉慎押”刑事司法政策落实】 2021 年，柯桥区检察机关面对刑事犯罪结构发生变化，重罪比例下降，轻罪占比上升，各类新类型犯罪持续增长的新情况、新特点，以落实认罪认罚从宽制度为抓手，对情节轻微、社会危险性较小的刑事犯罪，促成刑事和解，引领“少捕慎诉慎押”刑事司法政策落实，全年不捕、不起诉人数分别为 253 人、699 人。

【群众安全保障】 2021 年，柯桥区检察机关针对网上犯罪蔓延态势，专设检察办案组，联合公安机关开展打击新型电信网络诈骗、P2P 平台非法集资、“套路贷”等专项行动，依法批捕 81 人，起诉 219 人，协同公安机关成功追赃挽损 6000 余万元。针对高空广告牌、道路窨井盖、老旧小区电梯、无障碍设施等公共安全领域，开展公益诉讼专项监督，排查问题线索 80 余条，督促有关部门进行综合整治，消除安全隐患。起诉制售有毒有害食品、假药劣药等犯罪 45 人，办理食品药品安全领域公益诉讼案件 8 件，督促相关部门对近 3000 家网络餐饮单位开展“网上阳光厨房”建设，相关工作获《人民日报》报道。办理全市首例非法灌装液化石油气案件，针对办案发现的安全隐患，向有关部门制发检察建议。贯彻个人信息保护法，起诉侵害公民个人信息犯罪 4 人。

【未成年人保护】 2021 年，柯桥区检察机关贯彻落实新修订未成年人保护法、预防未成年人犯罪法，严惩性侵、虐待等侵害未成年人犯罪，起诉 25 人。对未成年人犯罪坚持宽容不纵容，对情节严重的依法惩戒，起诉 37 人，对情节轻微、悔罪表现较好的，不起诉 22 人，开展日常关护帮教和心理疏导。牵头联合多个部门，出台侵害未成年人案件强制报告等工作制度。开展“护苗”专项监督，对涉未成年人抚养费、抚养权纠纷支持起诉 15 件，均获法院判决支持。

2021 年年底，柯桥区检察官金霏雯在杨汛桥永利梦想书院为留守儿童宣讲未成年人保护法、家庭教育促进法相关内容
（区检察院　提供）

【涉法涉诉信访矛盾化解】 2021 年，柯桥区检察机关落实“群众来信件件有回复”制度，累计接访群众 426 人次，100% 做到在 7 日内告知“收到了，谁在办”，3 个月内办理过程或结果答复率 100%，其中一名外省商户 8 年投诉“无门”，在柯桥区得到依法办理。优化完善“12309”检察服务中心驻矛调中心平台职能，建设“检察蓝(来)”调解品牌，运用领导包

案、公开听证等方式，化解涉法涉诉信访矛盾，办结省院交办的13件信访积案，办结率100%，相关工作做法获浙江省检察院领导批示肯定。对因案致贫、因案返贫被害人及近亲属的司法救助，探索“1+N”多元救助帮扶，累计救助帮扶困难群众49人次，发放司法救助金及爱心捐助款72.5万元。

2021年9月8日，柯桥区委召开加强新时代检察机关法律监督工作会议，贯彻落实《中共中央关于加强新时代检察机关法律监督工作意见》精神 （区检察院 提供）

【刑事检察监督】 2021年，柯桥区检察机关对“立的对不对、抓的该不该、判的对不对、执行的严不严”等问题的监督，让人民群众在每一个司法案件中感受到公平正义。对公安机关应当立案而不立案、不应当立案而立案的，监督立案、撤案37人，对应当逮捕而未提请批准逮捕、应当起诉而未移送起诉的，追捕、追诉8人；纠正侦查活动违法4件次，其中对一民营企业控告不当刑事立案案件依法监督撤案，该案获评最高人民检察院涉非公经济控告典型案例。对应收监执行的社区矫正对象未收押、判处实刑罪犯未执行刑罚情况开展全面清理，纠正43人，防止“纸面服刑”，监督办理的朱某某收监执行案入选全省检察机关精品案例。

【公益诉讼检察拓展】 2021年，柯桥区检察机关聚焦“红色基因”，开展“守护红色军事文化史迹”检察公益诉讼专项行动，深入田间地头挖掘革命“遗珠”，推动区史志研究室和属地乡镇建立抗日革命烈士陶祖全事迹陈列室。办理的督促综合保护浙东运河环境行政公益诉讼系列案获评最高人民检察大运河公益诉讼保护典型案例。

2021年6月28日，经柯桥区检察机关公益诉讼监督助推，陶祖全事迹陈列室在王坛镇青坛六岸村内正式开馆 （区检察院 提供）

【民事检察监督】 2021年，柯桥区检察机关以民事类案监督为导向，实现“办理一案、治理一片”。办理的公民违法代理、法院法律文书虚假邮寄类案监督案，均入选最高检典型案例，相关经验做法在全国推广，并获《检察日报》整版报道。针对辖区内中国轻纺城花样版权恶意注册维权乱象，主动牵头引导公安机关依法予以打击，获得区委主要领导肯定。

【行政检察监督】 2021年，柯桥区检察机关发挥行政检察“一手托两家”双重监督作用，促进司法公正和依法行政。以行政非诉执行监督为抓手，解决国土领域违法案件“裁执分离”执行难、司法裁定“白条化”问题，发出检察建议9份，督促拆除违法建筑1.6万平方米。以行政争议实质性化解为重点，加强与法院、行政机关的配合协作，化解行政争议8件。

【数字检察办案】 2021年，柯桥区检察机关贯彻省委数字化改革重大决策部署，完成无纸化会议系统、检察听证系统、公益检治一件事等数字化建设项目。依托政法一体化办案系统，实现刑事检察办案数字化送达。探索“个案解析、要素梳理、数据分析、类案监督”的大数据检察监督路径，搜集各类执法司法案件文书16万余份，办理未成年人个人信息保护、异常解除房屋买卖合同等类案监督案件，数字检察办案绩效考核位居全市首位。

【开展队伍教育整顿】 2021年，柯桥区检察机关组织开展党史教育、政治教育、警示教育、英模教育活动，组织干警深入开展个人自查，规范填报自查事项报告表，自查问题覆盖率100%。评查2018年以来刑事、民事、行政、公益诉讼案件2041件，自查1990年以来减刑、假释、暂予监外执行案件1400余件。通过谈心谈话、开展涉法涉诉信访案件清查、涉黑涉恶案件（线索）倒查、重点案件质量评查等方式，深入查找六大顽瘴痼疾2个。对顽瘴痼疾整治过程中暴露出的相关问题，健全监督制约机制。出台检务公开实施细则，看守所在押人员认罪认罚实施办法、刑事案件会商制度等，提高办案质效。构筑风险内控机制，出台进一步加强内部监督制约实施办法、加强认罪认罚从宽案件办理廉政风险防控若干意见、规范落实“三个规定”重大事项报告制度工作细则等。（何家鸣　严奇彪）

法　院

【概况】 2021年，柯桥区法院受理案件19587件，办结19668件（含旧存），未结案件2089件。加强平安柯桥建设，开展“断卡”行动，重点打击专门从事非法收购、贩卖电话卡、信用卡犯罪，共审结83件128人，涉案金额2.73亿元。扫黑除恶斗争常态化，省高院指定柯桥法院为个人债务集中清理工作重点突破法院。探索行政争议调解中心与矛调中心联动运作，全市率先发布行政争议实质性化解八大典型案例，获浙江省高级人民法院批示肯定。起草《全区行政机关一审败诉分析报告（2018—2020年）》。深化府院联动，与37个行政机关明确“浙政钉”府院联络员，推动行政机关负责人出庭应诉，出庭应诉率100%。

【刑事案件审理】 2021年，柯桥区受理一审刑事案件937件，比上年上升0.32%；审结858件，比上年下降4.24%；判处罪犯1348人。审结全市首例危险作业犯罪案件，2人因非法储存、私自分装煤气获刑。保持惩治腐败高压态势，审结贪污贿赂、渎职等职务犯罪案件4件5人。

【弱势群体司法援助】 2021年，柯桥区关注弱势群体司法保护，发出人身安全保护令9份，被全国妇联授予“维护妇女儿童权益先进集体”称号。健全司法救助机制，派驻律师提供法律咨询2656件次，为困难当事人缓减免诉讼费2002.2万元，发放执行救助金40.88万元。化解一起执行信访积案，通过司法救助、乡贤捐资、慈善救助等渠道，向车祸致瘫的申请执行人支付68万元，中央电视台《新闻直播间》对此案作专题报道。

【诉源治理新格局构建】 2021年，柯桥区注重协同治理，团队式入驻社会矛盾纠纷调处化解中心，建立一窗受理、分类分流、诉前调解、简案速裁的工作闭环，民商事收案比上年下降9.6%。落实《关于加强新时代调解工作的意见》，试点成立“天平调解团队”，诉前引调7563件，调解成功2891件，诉前化解率38.2%。作为全省试点法院，探索买卖合同纠纷类案诉源治理，促进收案比上年下降12.7%，相关做法在全省诉源治理工作会议上作经验介绍。出台金融纠纷多元化解机制实施意见，成立“工会工作室”，健全多元解纷平台。

2021年8月21日，柯桥区开庭审理一起敲诈勒索罪案件
（胡剑飞　摄）

【营商环境纳入法治化】 2021年，柯桥区加强金融债权保护，审结金融案件880件，一篇关于不良金融债权转让的调研报告获《浙江审判》“平阳杯”二等奖。推

进破产审判工作，通过破产程序盘活企业存量资产12.03亿元，释放土地389.91亩、厂房23.12万平方米。“龙禧案”入选浙江法院破产审判十大典型案例。推进个人债务集中清理，受理17件，审结15件，累计清偿标的近3500万元。

【综合治理化解执行】 2021年，柯桥区制定《立审执破兼顾工作指引》，自动履行率比2019年上升19.72个百分点（省高院认为，因疫情原因，2020年全省法院收案等数据不正常，故采取疫情发生的前一年即2019年作为参照）。加强综合治理，从源头切实解决执行难，开展执行领域突出问题集中整治专项行动，聚焦六大突出问题，共排查案件90件。开展“春猎”专项执行行动，共拘传29人，拘留7人，罚款9人，执行到位金额共178.8万元。推进执行领域“一件事”改革，出台《关于全面推进司法拍卖“一件事”改革的意见》，开展轻纺城营业房使用权及优先续租权司法拍卖，25个纺织市场、15家市场业主纳入营业房改革。建立社区矫正协助执行制度，执行到位标的额3000余万元。

【“版权AI智审”系统发布】 2021年，柯桥区发布“版权AI智审”（全国司法领域首个图案查重系统）系统，通过图案查重和创新性比对等技术解决司法痛点，先后被浙江省委政法委、省高院、区委列为“数字法治系统重大应用”“浙江全域数字法院”改革重点项目、区数字化改革首批重点建设项目。4月上线发布试运行，10月亮相第八届中国国际版权博览会，11月正式在全省法院推广应用，入选“2021年浙江法院知识产权司法保护工作十件大事”。

2021年柯桥区“版权AI智审”工作室运营现场 （胡剑飞 摄）

【“共享法庭”建成116家】 2021年，柯桥区建成“共享法庭”116家，实现所有镇街全覆盖，提供诉讼服务35次，诉前调解15件，开展法治教育55人次。其中，聚焦行业领域设立31家特设“共享法庭”，对接合作社会组织、服务网点43个。建立常态化培训使用机制，组织调解员专业培训30人次。

·小资料· “共享法庭”

“共享法庭”是不增编、不建房，以“一块显示屏、一条数据连接线、一台电脑终端”为标准配置，集成浙江解纷码、移动微法院、庭审直播系统、裁判文书公开平台等软件模块，具备调解指导、网上立案、在线诉讼、普法宣传、基层治理等功能。（徐少华）

司法行政

【概况】 2021年，柯桥区司法局被绍兴市司法局评为年度工作考评优胜单位，被评为浙江省实施妇女儿童发展规划成绩突出集体，荣获2016—2020年全省普法工作先进单位、2021年度全省司法行政系统政务信息考核优秀单位。钱清司法所被司法部评为“全国模范司法所”，齐贤司法所被评为“全市模范政法基层集体”。区司法局被司法部列为行政执法协调监督工作体系建设试点单位，社区矫正禁止令数字化改革项目被列为省级试点，安昌街道被省委全面依法治省办列为首批全省法治化综合改革试点乡镇（街道）。

【“律动纺都”基层法律服务“云”应用建设】 2021年，“律动纺都”基层法律服务“云”应用建设被列入柯桥区2021年度第一批数字化改革项目、绍兴市11个重点数字化项目之一，被省司法厅浙里公共法律服务“一件事”应用列为子场景应用，也是全省6个、绍兴唯一被列入的子场景应用项目。“滴滴打车式”我要用法、“学习强国式”我要学法、“谁执法谁普法式”我要普法三大场景完成建设。“律动纺都”法律服务浙里办（“律动纺都”法律服务“云”应用）上线运营，被浙江省数字化改革领导小组列入全省数字化改革重大应用“一本账S1”目录。自运行以来，注册量近4万人次，日均点击量过万人次，浏览量超87万人次，处理法律服务846件，群众满意度100%。

2021年6月19日，柯桥区举办“律动纺都 唱响党建”品牌发布会 （区司法局 提供）

·小资料· “律动纺都”基层法律服务“云”应用

“律动纺都”基层法律服务“云”应用是柯桥区“律动纺都”品牌在数字化改革中的创新应用，以“把方便留给群众，把困难留给自己”为设计初心，通过打造“滴滴打车式”抢单、派单法律服务场景，“淘宝服务式”全流程闭环监管场景以及“学习强国式”线上学法场景，实现法律服务一件事的全流程网上服务。

【社区矫正“矫共体”建设】 2021年，柯桥区在全省率先实现区、镇两级矫正委全覆盖，钱清街道等8个镇街主要领导担任矫正委主任。出台《关于加强社区矫正和法院执行协助的若干规定》《关于建立侵害未成年人案件强制报告制度的实施细则》《关于进一步规范暂予监外执行工作的意见》等文件，加强教育监管质量。开展“一镇(街)一品”创建工作，培育“安昌古镇好声音”“华舍热心河小二”等16个特色品牌公益基地。开发“心愿矫”公益活动小程序，累计组织开展公益活动、教育学习171场，6200余人次参与。

【“律动纺都”品牌建设】 2021年，柯桥区“律动纺都”建设在前期规划部署8类393个法律服务网格的基础上，遴选98位资深律师组团服务，覆盖全区市场+楼宇+园区+特色小镇共计近15万家市场主体。共生成有效法治体检报告1.32万份，帮助各市场主体解决各类法律问题7210个。为33个高端项目引进工作提供全方位法律评估，为区内12家印染企业提供系统性法律论证，累计参与协议谈判157场次，参与专项立法、课题调研等会议77场次，出具法律意见书287份。“律动纺都”志愿服务团队以72名农村(社区)法律顾问提供集法律咨询、法律援助、律师调解和信访化解的“一站式”公益法律服务。共解答法律咨询1.75万人次，开展法律援助185次，参与信访矛盾化解570余次。该项工作被《人民日报》报道。

【司法所“一所一品”建设】 2021年，柯桥区开展基层法治工作品牌建设和“你最感兴趣的‘一所一品’项目”网络评选活动，累计访问5.8万人次，投票7.3万余票。开展“司法所开放日”活动，全区17个司法所共开展各类开放日活动127场，参与群众25.4万人。联合网易新闻绍兴平台，在钱清司法所开展“司法所‘云’开放”网络直播主题活动，吸引20余万人次在线观看。(王一依)

2021年8月12日，钱清司法所开展“云”开放网络直播主题活动 （区司法局 提供）

执行编辑 高祖钿

军 事

国防教育

【概况】 2021年，柯桥区庆祝中国共产党成立100周年，利用八一中国人民解放军建军节、国庆、全民国防教育日、国家公祭日、征兵宣传等时机，以学习贯彻中共十九届六中全会精神、开展“六讲六做”（讲好党的百年奋斗历程，做红色根脉的坚定守护者；讲好新时代的辉煌成就，特别是“两个确立”对新时代党和国家事业发展、对推进中华民族伟大复兴历史进程的决定性意义，做“两个维护”的示范引领者；讲好百年奋斗的宝贵经验，做新时代“重要窗口”的优秀建设者；讲好总书记深厚的为民情怀，做人民至上的不懈奋斗者；讲好总书记在浙江的故事，做“八八战略”的忠实践行者；讲好总书记赋予浙江的重大历史使命，做高质量发展促进共同富裕的先行探路者）宣讲活动为契机，组织形式多样的国防教育宣传活动，推动国防教育和双拥宣传进机关、进学校、进企业、进农村、进社区。

【民兵思想政治教育】 2021年，柯桥区推出基干民兵思想政治教育APP系统，优化微课、视听课等课程体系，走民兵在线学习理论、在线开展教育、在线交流讨论、在线考核测试路子，推动“万人百镇一网联”，破解民兵学习教育抓不住人、落不了地的难题。

【“八一芳华”系列活动】 2021年5月7日，柯桥区开展“八一芳华”系列国防教育活动，庆祝中国共产党成立100周年、纪念“5·7”绍兴城解放。由退伍老兵组成“八一芳华”宣讲团，赴各镇（街道）巡回演讲，讲述亲身经历与英烈故事，并开展走访慰问、公益救援演习、老兵红色游等八大系列活动。

【学生军训】 2021年，柯桥区下发《关于进一步规范学生军训等活动的通知》，对军训教官的培训考核、资格认证、签订安全责任状等作出明确规定，统一教学内容，规范组训管理，派出军训教官，组织指导7600余名高一新生进行军事训练。（张一弛）

军民共建

【概况】 2021年，柯桥区把军民共建工作融入经济社会发展全局，做到有机贯通、一体推进。发挥产业优势，着力项目招引，引导社会资源与国防建设需求精准对接。

【人武部职工遗留问题解决】 2021年，柯桥区出台《关于解决区人武部职工遗留问题的通知》，将人武部职工纳入机构编制实名制管理系统，按机关工勤人员身份予以管理，解决人武部职工编制未落实的历史遗留问题。

【基层规范化建设】 2021年，柯桥区按照“三室一库”（办公室、资料室、民兵活动室和物资器材库）和“一部一室”（民兵连部、民兵活动室）要求，组织全区11个街道、5个镇、338个村居社区，按相关功能要素施建，符合达标要求。10月，在华舍、钱清、柯岩和杨汛桥街道4个基层单位召开规范化建设推进会。华舍街道、王坛镇、柯岩街道被绍兴军分区评为基层规范化建设先进单位。

·小资料· 按相关功能要素施建

民兵连连长、政治指导员办公室，悬挂“民兵连连部”标牌;门口悬挂“民兵连连长”“民兵连指导员”标牌;合用办公室的,办公桌上设立“民兵连连长”“民兵连指导员”标牌。室内分别悬挂“行政村(社区)民兵连职责”“村(社区)民兵连政治指导员职责”职责牌;资料柜主要存放历年民兵组织建设、思想政治工作、战备工作、军事训练、征兵工作、参建共建等资料,按年度装订成册;民兵活动室悬挂“青年民兵之家”标牌及“青年民兵之家管理规定”,在适当位置设置“十位英雄画像”“民兵誓词”“中国民兵之歌”“优秀民兵风采”等相关标语、图片,浓厚武装工作氛围。

【“一人参军 全村观影”活动】 2021年5月7日,由柯桥区人武部、区委宣传部联合主办的“一人参军 全村观影”活动在福全街道幸福广场启动。放映队共走进90个村、社区,放映电影90场次,使军人军属有实实在在的获得感,树立起一人参军、全村光荣的荣誉感,深化了拥军优属活动。(张一弛)

2021年5月7日,柯桥区开展“一人参军 全村观影”活动

(夏先龙 摄)

兵役工作

【概况】 柯桥区落实“一年两征”改革任务,针对“两季征兵、全年准备”的特点,建章立制、优化流程、创新方法、厚实基础,全年完成新兵、直招士官征集任务,实现大学生征集比例和征集规模“双提高”。柯桥区人武部被省军区评为征兵工作先进单位。

【应征优待政策出台】 2021年,柯桥区出台《关于提高应征入伍大学毕业生相关待遇的通知》,在大学毕业生入伍奖励金标准38522元的基础上,专科毕业生增发比例由10%提高到30%,本科毕业生由20%提高到50%;每年安排预计招聘数的8%落实国有企业岗位,报销部分近视激光手术费。(张一弛)

民兵预备役

【概况】 2021年,柯桥区人武部聚集国防动员主责主业,对专武干部、民兵干部、民兵教学组训骨干等进行军事训练。人武部在军分区组织深化民兵调整改革工作落实情况“回头看”考评中,得分居全市第一。

【民兵陆上情报】 2021年,柯桥区民兵陆上报情常态化,联系地方公安、国安、应急、消防等部门,加强信息交流与情报会商,民兵情报信息网火眼系统上报信息获省级三等奖2条、四等奖59条。

【新装备购置】 2021年,柯桥区根据森林防火、水上抢险、重要目标防卫和应急维稳任务需要,投入经费购置完善医疗急救物资等新装备,组织区应急连进行操作使用和维护保养训练。

【民兵疫情防控执勤】 2021年,柯桥区民兵参与新冠肺炎疫情防控工作,在绍兴高铁北站、各镇(街)核酸检测站、防疫隔离点和主要交通干道等场所,对进入绍兴地区人员开展身份核查登记、体温监测、秩序维护等执勤任务。

【民兵抢险救灾】 2021年7月,柯桥区出动民兵应急力量,支援台风“烟花”中受灾严重的夏履、平水、王坛和稽东等地,疏散转移群众336人,解救被困群众220人,转移运送物资117件,拓挖泄洪道泥土110余立方米,填装沙袋15800余个,加固堤坝6处160余米。(张一弛)

2021 年 7 月 24—26 日，柯桥民兵抗击台风“烟花”

（夏先龙　摄）

武　警

【概况】 2021 年，武警柯桥中队被武警绍兴支队评为“四铁”（铁一般信仰、铁一般信念、铁一般纪律、铁一般担当）先进中队，在创破纪录比武竞赛中夺得团体第一名，4 人获得单科目第一。沈聪立三等功一次，10 人获嘉奖。中队持续开展“军营开放日”活动，与湖塘街道湖中村、湖塘中学、中心医院、中医医院、第二医院签订军民共建协议书，开设柯桥区图书馆武警分馆，深化军地共建。（慎泽非）

人民防空

【概况】 2021 年，柯桥区人防系统履行“战时防空、平时服务、应急支援”使命，根据人员变化及时调整指挥部成员单位，强化人防指挥部办公室建设，定期召开全区人防指挥部会议；响应省数字化改革号召，配合推进“智慧人防 1.0”建设，实现“智慧服务、智慧管理、智慧指挥”。根据省市文件精神，成立柯桥区人防工程综合产权制度改革领导小组，召开综合改革推进会，推进人防专项规划融入国土空间规划。优化城市控规人防设施配置标准，至年底，强化在规划设计条件和土地供应环节中落实人防指标。

【竣工人防工程管理】 2021 年，柯桥区人防系统对所有竣工人防工程实行赋码管理和属地管理，竣工人防工程标识标牌提升项目完成招标并开工建设。对华舍中学改扩建工程、迎驾农贸大厦、学府新城二期等多个项目开展“双随机、一公开”检查，对 2 个项目实施行政处罚。（徐志君　朱春祥）

【人防应急保障】 2021 年，柯桥区人防系统按照实案、实兵、实装要求，组织参加全市警报试鸣活动，警报完好率、鸣响率均达 100%。完成人防三类队伍整组工作，新建人防指挥信息保障、指挥工程维护管理保障、平战转换和人防工程维护 4 支专业队伍，组织人防专业队参加全省人防专业队拉动点验行动，组织人防应急救援队参加应急支援工作。

【全省首个人防文化村建成】 2021 年，柯桥区人防系统规划建设福全街道徐山村疏散基地，将绍兴农耕文化与人防文化紧密结合，编制完成徐山村疏散基地建设规划。以粮仓为主建设场景，布置多媒体人防警报器、人防宣传场馆、物资储备区及应急疏散指挥部。该项目成为全省首个人防文化村，于当年 12 月完工。（徐志君　谢抑非）

【人防宣传教育】 2021 年，柯桥区人防系统以庆祝中国共产党成立 100 周年为契机，发挥《浙江日报》《柯桥日报》等主流媒体作用，开展人防宣传教育，推进人防宣传教育“五进”（进机关、进学校、进社区、进企业、进网络）活动，全区 20 所初中和 22 所小学都开设人防课程的学习，营造出人防利民、惠民、为民的良好氛围。（徐志君　周　英）

执行编辑　高祖钿

应急管理

安全生产监管

【概况】 2021 年，柯桥区提升应急管理数字化水平，夯实基层应急管理基础，全区安全生产和防灾减灾形势总体平稳。1—12 月，全区累计发生各类生产安全事故 6 起、死亡 10 人、受伤 4 人，事故起数与上年持平，死亡人数比上年上升 42.86%，发生 1 起较大事故。其中，工矿企业发生事故 3 起、死亡 3 人、受伤 2 人，事故起数比上年上升 200%、死亡人数比上年上升 50%；生产经营性道路交通发生上报事故 3 起、死亡 7 人、受伤 2 人，事故起数比上年下降 40%、死亡人数比上年上升 40%。消防火灾事故 127 起，经济损失 645 万元。事故起数比上年下降 33.16%，经济损失比上年上升 49.32%。

【安委会“1+16+16”组织体系建设】 2021 年，柯桥区构建安委会“1+16+16”（1 个安委会 +16 个专业安委会 +16 个专业安委办）组织体系，建立“自查自管”“巡查督办”和“分级约谈”等机制。在全区 18 个领域开展“平安护航建党百年”安全隐患大排查、大整治行动，共检查企业（市场主体）2901 家，发现隐患 3522 个，全部完成整改。

【第二轮安全生产综合治理三年行动】 2021 年，柯桥区开展第二轮安全生产综合治理三年行动，组织各类督导检查 18854 次，累计排查问题隐患 7649 条，责令停产整顿 125 家次，关闭取缔 6 家次。10 月 16 日起，5 个巡察组对全区 8 个镇（街道、开发区）和 7 个部门（单位）开展安全生产巡查，实地检查企业 49 家，与

2021 年 6 月 29 日，柯桥区委副书记、区长陈豪（右二）带队开展“平安护航建党百年”安全生产大检查 （李元佳 摄）

2021 年 10 月 19 日，柯桥区召开第二轮安全生产巡查工作动员部署会 （蔡可欣 摄）

68位干部开展谈话。共发现并整改问题隐患343条，所有问题隐患均完成整改或落实管控措施。

【危化品领域专项治理】 2021年，柯桥区开展危化品领域专项治理，完成安全风险评估并重新测评，推进“低、小、散”专项整治，发现非法违法“小化工”5家，立案查处5家。

2021年，柯桥区安全生产数字化智慧监管系统界面（蔡华军　摄）

【危险作业罪案件为全国首判】 2021年，柯桥区发出行政处罚决定书277份，处罚没款1107.04万元，罚款总数、非事故类罚款、年度目标完成率均列全市第一。全区办理行刑衔接案件7起，实现刑事办案数全省第一、典型案例公布数全市第一，其中陈某某私自分装瓶装液化石油气，构成危险作业罪案件为全国首判。

2021年5月18日，柯桥区召开安全生产行刑衔接工作首次联席会（李元佳　摄）

【纺织品仓库双自系统安装1517家】 2021年，柯桥区对纺织品仓库进行专项执法整治，全区双自系统上报单位应装1623家，已装1517家，完成率93.47%；上报安装面积417.15万平方米，已装397.32万平方米，完成率95.25%。（李　成）

【安全生产数字化监管】 2021年，柯桥区开发完成基础信息库、综合监管体系、风险防控体系、监测预警体系、应急处突体系的“一库四体系”功能平台，通过第三方监管服务验收。监测预警体系对接各类企业（园区）245家，接入视频、传感、门禁系统、一键报警。

【有限空间安全信息化建设】 2021年，柯桥区推进有限空间场所门禁、气体监测、视频监控、一键报警等信息化建设，实现24小时监管。全区102家印染企业完成信息化建设，探索有限空间数字孪生的智慧监管模式，印染企业有限空间安全智治项目入选省大数据局数字孪生建设首批试点名单，印染行业5家试点企业建成。按照“5+X”标准开展100个“智安园区”建设并接入区安全生产数字化智慧监管平台，全区100个“智安园区”建成，由第三方完成检测工作，通过验收。

·小资料·　“5+X”

“5”：每个工业小区必须建设的项

2021年12月8日，柯桥区100个“智安园区”之一瑞雪创意园园区物业管理室通过智慧平台进行监管（徐　晔　摄）

目，智慧用水、智慧用电、安控室在岗监管、电瓶车充电监管、消防救援通道监管。“X”：根据工业小区自身特点增设的建设项目，高位监控，危化品贮存仓库（点）监管，装有双自系统的纺织品仓库监管。

【基层应急管理建设】 2021年，全区16个镇（街道）均已成立由原挂牌在事业综合服务中心转变为单设的内设机构——应急管理办公室（挂应急管理站牌子），增加相应的股级领导职数，全面厘清应急管理站工作职责，建设基层应急管理提质增效“升级版”。完成“15分钟应急救援圈”建设，健全应急预案体系，全区“1+58”（1个总体预案，即绍兴市柯桥区突发事件总体应急预案；58个专项预案）个预案修编率100%，共开展区级演练10场，部门、镇街演练1080余场次。（李　成）

消防救援

【概况】 2021年，柯桥区消防救援大队完成两会、国庆中秋双节安保任务，处置“11·14”四海氨纶在建工地火灾、“11·19”会稽山绍兴酒业股份有限公司火灾等各类急难险重任务。接处警1935起（其中火灾122起），抢救被困人员221人，疏散被困人员506人。大队明珠路消防救援站通过浙江省消防救援总队示范基层党组织复评，明珠路消防救援站被浙江省消防救援总队评为先进消防救援站。大队获第四届越州红门运动会团体第二名，其中明珠路站获中心站第三名，湖塘特勤站获非中心站第二名；在全市消防行业职业技能竞赛六大项21个科目中，获3项总分第一、2项总分第二、1项总分第四，有11人获得个人名次。区消防救援大队分别获“永远跟党走”主题合唱比赛一等奖、全市宣传和后勤岗位练兵比武第二名。

落实“双随机、一公开”“每日一查”要求，共检查单位2195家，督改隐患1317处，保持对消防违法行为的高压打击震慑。推进消防领域“遏重大控较大”攻坚战行动，部署开展平安护航建党百年、纺织品仓库消防安全风险管控等专项行动，治理重点镇街、重大隐患，压降火警总量。234家消防安全重点单位深化星级达标创建管理模式。宣传“五进”，在全市率先开展消防安全“大篷车”“进企业”巡回宣传。

【枫桥式消防队站创建】 2021年，柯桥区探索镇街派驻制，设立便民服务处，安排32名队员到镇（街道）协助开展消防宣传、火灾隐患排查。协调镇（街道）配套落实办公设施，购置6辆电动四轮车、12辆电动自行车，配发12个执法记录仪、38个佩戴式运动摄像机，实现基层消防安全治理闭环。（赵　天）

2021年，柯桥区举行紧急避险训练　（区消防救援大队　提供）

自然灾害防治

【概况】 2021年，柯桥区成功防御梅雨、“烟花”“灿都”台风以及各类强对流天气；推进基层防汛体系标准化建设，开展基层防汛责任人员培训，常态化抽查履职情况。在全省率先编制镇级《防汛手册》，打通防汛“最后一公里”。开展全国自然灾害综合风险普查、防汛防台应急演练、城镇地下空间防汛隐患排查整治。落实森林防灭火责任，开展森林防火联合督查和火灾隐患排查整治，查处违规动火行为。

【避灾安置工作】 2021年，柯桥区共开放避灾安置场所252处，转移49931人，集中安置9740人。先后3次调拨救灾物资，完成灾后物资增补、灾情统计上报与核查工作。累计建成规范化避灾安置场所158处，完成综合减灾示范社区创建申报工作。

2021年11月12日，柯桥区在漓渚镇六峰村大牛岭举行第二届森林消防技能比武活动 （李元佳 摄）

2021年7月24日，柯桥区应急管理局召开“烟花”防御部署会议 （高 洁 摄）

【森林防火工作】 2021年，柯桥区4000余台应急广播每日15次轮播森林防火安全提醒，宣传森林防灭火知识，在进山入口及主要交通干道布置、张贴防火宣传横幅标语，确保防火宣传到位。强化森林消防技能比武和日常巡查、值班值守制度。11月12日，在漓渚镇六峰村举行全区第二届森林消防技能比武活动。（李 成）

执行编辑 高祖钿

农业农村经济

综　述

【概况】 2021年，柯桥区建成高标准农田208公顷，补建高标准农田167.1公顷，认定高标准农田131.27公顷，提升改造高标准农田514.8公顷，完成“非粮化”整治优化2087.76公顷。承办全市春耕生产暨“非粮化”整治现场推进会。水稻良种覆盖率97%以上，创建市级优质稻米示范方1个，培育优质稻米产销一体化示范点3个，“乐田农业”生产的稻米获得2021年市级“越香好稻米”称号。

全年生猪总饲养量16.22万头，其中存栏生猪7.24万头，能繁母猪存栏0.64万头，出栏8.98万头。完成科盛生态养殖有限公司和天圣农业生态两大生猪场主体工程，产能15万头。创建2个省级高品质绿色科技示范基地。全区清洁能源利用率85%，农作物秸秆综合利用率96.94%。回收农药废弃包装物38.09吨，处置率100%。绿色优质农产品比率58.46%，重大动物疫病强制免疫病种免疫密度均为100%。

建成区级及以上示范性农民专业合作社23家、区级及以上示范性家庭农场40家、区级及以上认定“农家乐”36家。20家养殖场成为省级或部级健康养殖示范场，7家养殖主体被浙江省农业农村厅授予省级健康养殖示范场称号。至年底，全区有各类农民专业合作社234家，注册家庭农场129家，区级以上“农家乐”村点36家。

全区村级集体经济年收入20.48亿元，村社平均624.45万元；村级集体经济经营性收入10.32亿元，村社平均314.51万元；所有村集体经济年收入均100万元以上，村集体年经营性收入均50万元以上；农村常住居民人均可支配收入48029元，比上年增长10.5%，增速居全市第一。实施“闲置农房激活2.0”，全年新增闲置农房激活项目367个，激活农房建筑面积10.95万平方米，激活土地、山林224.84公顷，引入社会资本4.32亿元。柯桥区村居“三务”公开平台入选浙江省“三农”数字化改革应用场景典型案例。254个村居成功创建为区级清廉村居，占总村居数的75.37%。农村集体资产资源公开交易709宗，交易金额10202.41万元。（章　琪）

农业产业化经营

【概况】 2021年，柯桥区农业产业化发展保持基本稳定。有区级及以上示范性农民专业合作社23家，其中国家级2家、省级2家、区级19家；区级及以上示范性家庭农场40家，其中省级23家、区级17家；区级及以上认定“农家乐”36家，其中省级8家、市级13家。

【农民专业合作社建设】 2021年，柯桥区引导合作社规范提升内部运作机制和管理机制，提高农民专业合作社运营规范水平和服务成员、参与市场竞争、带动产业发展的能力。开展合作社负责人培训，鼓励农民专业合作社做大做强。当年新注册农民专业合作社3家。至年底，全区有各类农民专业合作社234家，行业覆盖全区主导产业和农机、植保等农业服务业。绍兴市柯桥区山娃子香榧专业合作社被认定为国家农民专业合作社示范社。

【家庭农场规范发展】 2021年，柯桥区把家庭农场的发展和提升作为培育新型农业经营主体的一项重要措施，提高家庭农场的经营管理水平和生产社会化水平。把培育农场主作为培养职业农民的一项重要工作，继续开展对示范性家庭农场的认定和规范，当年新注册家庭农场5家。全区累计注册家庭农场129家，其中省级示范性家庭农场23家、区级示范性家庭农场17家。

【“农家乐”休闲旅游业建设】 2021年，柯桥区按照“提升发展、农旅融合”思路，全面提升“农家乐”休闲旅游发展水平，丰富休闲业态和休闲产品。香林花语·冬酿醉香精品线路（田园村韵）、日铸茶文化休闲精品线路（茶事体验）被列入2021年全省休闲农业和乡村旅游精品线路100条名单。至年底，全区有区级以上“农家乐”村点36家，其中省级特色村3个、特色点5个。全年接待各类游客90.09万人次，直接营业收入9160万元，带动游客购物收入3056万元。（胡　萦）

种植业

【概况】 2021年，柯桥区粮食作物统计监测面积和产量分别为1.3万公顷和8.91万吨，面积比上年增长3.54%，产量增长8.90%。其中，单季晚稻8273.9公顷、连作晚稻714.5公顷、早稻715.2公顷、小麦889.1公顷。蔬菜播种面积8864.1公顷，比上年减少0.07%；总产量28.52万吨，比上年增长0.08%；总产值9.74亿元，比上年增长0.68%。（张惠泽　徐晓鹭）

【粮食生产稳定发展】 2021年，柯桥区完成粮食播种面积1.3万公顷，较上年增长3.54%，其中大小麦面积928.4公顷、早稻面积715.2公顷、晚稻面积8988.4公顷，粮食总产量8.91万吨，实现新冠肺炎疫情之年不减产，稳中有增的态势。

【菜篮子基地改造提升】 2021年，柯桥区完成蔬菜基地建设项目1个，改造提升基地面积8.71公顷，实际完成投资270.5万元。持续推进养猪场项目2个，全面完成项目主体工程建设。

【粮功区“非粮化”整治】 2021年，柯桥区承办全市春耕生产暨“非粮化”整治现场推进会，开展粮食生产功能区“非粮化”情况调查，持续推动粮食生产功能区“非粮化”整治行动。当年完成粮食生产功能区“非粮化”整治优化2087.76公顷，其中清理腾退面积1245.06公顷，居全市第一，扭转“非粮化”趋势。（倪　攀）

【粮食作物技术示范与推广】 2021年，柯桥区强化突出粮食作物高效示范工作。创建水稻新优品种展示点2个，共计展示早晚稻新优品种18个。评选出水稻高产攻关田4方，最高亩产879.8千克，创柯桥区单季晚稻高产纪录，并评选出粮食作物示范方12方。加强粮油生产新技术、新模式的集成应用，发布主导品种和主推技术；推进农业生产结构布局优化，推动良种良法良制相配套，水稻良种覆盖率97%以上。开展优质稻米建设，创建市级优质稻米示范方1个，培育优质稻米产销一体化示范点3个，延伸稻米产业链，提高农户种粮效益。组织种粮主体参加省、市好稻米比赛，“乐田农业”生产的稻米获得2021年市级“越香好稻米”称号。（张惠泽）

【农作物病虫害防治】 2021年，柯桥区根据区域特点，以区病虫测报站为龙头，在福全、兰亭、安昌等地建立8个病虫观测点，开展病虫定期调查监测。根据调查情况，全年发布《病虫情报》16期，对重大病虫预测准确率接近100%。通过寄送纸质情报，发送农民信箱短信，举办植保培训，开展电视、报纸、微信宣传等多种途径方式，及时向农户传递病虫情报和防治信息，指导农户开展科学防治。柯桥区主要粮油、蔬菜作物全年发生病虫草鼠面积13.8万公顷，实施防治面积18.8万公顷，挽回产量损失73836.6吨。

【农作物绿色防控】 2021年，柯桥区新建省级绿色防控示范区、市级绿色防控示范区和区级绿色防控示范方各1个，续建省级绿色防控示范区1个、区级绿色防控示范方3个；推广绿色防控技术应用面积9514公顷；实施病虫害专业化统防统治7839公顷，主要农作物统防统治备案面积9514公顷，培育认定统防统治示范性服务组织5家。实现农药减量7.3吨，有效控制农业面源污染。（金　亮）

【储备种子工程】 2021年，柯桥区开展2020年度储备种子检查工作，细化种子检测项目，3个储备种子的检测项目均合格。根据镇（街道）申请，细化早稻种子市场供需情况调查工作，及时申请动用储备种子(中早39)2.3万千克,其中区级储备种子1万千克、省级储备种子1.3万千克,确保春耕备耕生产有序进行。10月完成2021—2022年两年度储备种子招投标工作,80.365吨农作物储备种子全部入库。(张惠泽)

【农业“两区”土壤污染防治监测】 2021年,柯桥区继续对19个农业“两区”(粮食生产功能区和现代农业园区)土壤污染防治监测点开展监测,共采集土壤样品19个,灌溉水10个、农产品10个,完成年度总结报告。

【受污染耕地安全利用】 2021年,柯桥区开展受污染耕地安全利用工作,对划分为安全利用类耕地,综合采取低积累品种替代、土壤酸化治理、土壤改良、肥水调控、叶面阻控等技术措施,集中采购叶面肥、石灰、钙镁磷肥、土壤调理剂等专用物资和服务,做到技术全覆盖。加强农产品质量安全检测,在受污染耕地安全利用区域采集184个(其中省级26个)土壤、农产品样品,依据检测结果全区受污染耕地安全利用率94.3%。

【耕地保护与质量提升】 2021年,柯桥区全面开展耕地质量保护提升取土测土工作,在新建粮功区提标改造和高标准农田上采集土样10个,更新测土配方施肥数据库系统,增加氮、磷、钾等土壤养分指标114项次以上。

【中央环保督察整改】 2021年,柯桥区根据中央环保督察整改工作要求,共采集362个土样,完成化验4702项次;开展化肥减量试验示范4个,分别为兰亭任家畈肥料利用率和氮素研究试验示范、福全兴联村商品有机肥对比试验示范、福全胜利村缓控释肥对比试验示范、平水会稽村氮肥增效剂试验示范;上线柯桥“浙样施”APP,包含种粮主体113个,蔬菜主体6个,同时更新土样测试结果;出台配方肥、商品有机肥补贴政策,申请补贴数量475.65吨,补贴资金37.745万元。(陶娟花)

【高标准农田建设】 2021年,柯桥区在柯岩、平水、王坛、稽东等4个镇(街道)开展高标准农田建设,计划总投资800.66万元,补建高标准农田面积167.1公顷。至年底,完成工程进度的30%。

【农田质量提升工程】 2021年,柯桥区在钱清、福全、兰亭、平水实施高标准农田和粮食功能区“退苗还粮”地块质量提升工程,计划总投资3263.43万元,实施面积514.8公顷。至年底,完成工程进度的50%。

【耕地质量管理】 2021年,柯桥区审核标准农田占补(置换)16个批次154.94公顷,其中一等田112.35公顷、二等田42.59公顷,补入农田等级数量符合要求。(李国华)

养殖业

【概况】 2021年,柯桥区生猪总饲养量16.22万头,其中存栏生猪7.24万头,能繁母猪存栏0.64万头,出栏8.98万头;家禽总饲养量75.15万羽,其中存栏31.44万羽,出栏43.71万羽。兔饲养量0.58万只,羊饲养量0.86万头。禽蛋产量2447.25吨,肉类总产量7103.65吨。系统化开展养殖场和定点屠宰场畜禽产品质量安全抽样,全年开展监督、风险抽样47家次,抽取生猪尿液样品33个、猪肝样品25个、猪肉样品22个、禽肉禽蛋样品19个、蜂蜜样品1个;协同部、省、市相关部门到规模养殖场、定点屠宰场开展监督、风险、例行等形式的抽样49家次,抽取各类样品90个。全区重大动物疫病强制免疫病种免疫密度均达100%,散养畜禽免疫密度继续保持在97%以上。

【猪场建设项目】 2021年,柯桥区开展猪场建设项目2个,分别是2020年科盛生态农业有限公司年出栏10.2万头生猪“六化”养殖建设项目和天圣集团农业生态产业链生猪养殖项目。至年底,2个项目均通过产能验收,其中科盛项目于8月投产。

【抗体监测】 2021年,柯桥区共检测禽流感等免疫抗体5804份,其中禽流感H5亚型抗体2445份,合格率96.03%;H7亚型抗体1222份,合格率95.82%;新城疫抗体160份,合格率83.13%;O型口蹄疫抗体1001份,合格率94.01%;猪瘟抗体661份,合格率89.86%;猪高致病性蓝耳病抗体105份,合格率93.33%;小反刍兽疫抗体105份,合格率78.09%;布病非免疫抗体105份,均为阴性。

【家禽流行病学调查】 2021年,柯桥区组织开展家禽流行病学调查,调查走访家禽养殖户185户,其中规模场31户。采集家禽咽肛拭子1715份开展禽流感核酸检测，结果全部阴性。

【畜禽检疫】 2021年，柯桥区共完成畜禽产地检疫13万头（羽），完成生猪屠宰检疫27.8万头，完成生猪宰前瘦肉精抽检1.6万余份。（杨鸣洲）

【渔业健康养殖示范场创建】 2021年，柯桥区在马鞍、兰亭、湖塘、安昌4个街道开展渔业健康养殖示范场创建活动，有7家养殖主体被浙江省农业农村厅授予省级健康养殖示范场称号。至此，通过连续三年创建，柯桥区有20家养殖场企成为省级或部级健康养殖示范场。

【柯桥区完成部省级水产养殖种质资源普查】 根据《浙江省农业农村厅关于加快推进全省水产养殖种质资源普查工作的通知》要求，2021年9月，柯桥区委托浙江省海洋水产研究所对全区水产养殖开展种质资源普查工作，共普查122个对象，面积8792.54亩，主要养殖品种为7类，普查到水产养殖种质资源19种，其中分布面积最广、数量最多的是凡纳滨对虾。未发现历史上没有过的新种质资源，也未发现濒危物种进行养殖等。（朱　迪）

林　业

【概况】 2021年，柯桥区有重点公益林地面积232142亩。完成营造林面积2199亩，新增万亩国土绿化面积2199亩。清理枯死松树（退化林修复）面积7342亩，清理枯死松树1.622万株，投入劳力12000余人。

【新增“一村万树”示范村5个】 2021年，柯桥区新增“一村万树”示范村5个，分别为柯桥区马鞍街道宝善桥村、杨汛桥街道展望村、安昌街道九鼎村、华舍街道西蜀阜村、湖塘街道香林村。

【4个村被认定为省级森林人家】 2021年，柯桥区有4个村被认定为省级森林人家，分别为平水镇岔路口村、稽东镇占岙村、王坛镇新联村以及夏履镇莲东村。夏履镇双叶村被授予“浙江省生态文化基地”称号。

【五地被评为浙江森林氧吧】 2021年，柯桥区有五地被评为浙江森林氧吧，分别为绍兴市柯桥区大香林森林氧吧、绍兴市柯桥区雪窦岭森林氧吧、绍兴市柯桥区王化村森林氧吧、绍兴市柯桥区小舜江森林氧吧及绍兴市柯桥区丹家村森林氧吧。

【“我为亚运种棵树”义务植树活动】 2021年3月11日，柯桥区在杭州亚运会攀岩场馆（上方山大道）开展“我为亚运种棵树”义务植树活动，市、区两级总林长及区绿委会成员单位100人参加，种植各类树种150余株。（朱　颖）

【松木检疫执法行动】 2021年，柯桥区开展林业检疫执法专项行动，针对全区木材加工利用企业、涉木市场、涉及松木包装材料生产（经营）的企业（个人）、使用松木包装材料的单位和房前屋后松疫木清理情况，按镇（街道）自查、区核查形式，对各单位、个人进行实地核查。出动执法人员30人次，检查涉木企业23家，总体检查情况良好，未发现违反植物检疫法规进行加工、经营、使用的松木及其制品和擅自存放、使用染疫松科植物及制品的行为。

【野生动物救护】 2021年，柯桥区开展野生动物救护工作，共出动人员救护88起，救助野生动物92只，其中鸵鸟7只、鹭鸟22只、鹰7只、黑天鹅2只、猫头鹰14只、刺猬6只、鳄龟4只、孔雀2只、鸦雀2只、斑鸠4只、画眉22只。（尉月琴）

农业服务

【概况】 2021年，柯桥区农业机械总动力19.30万千瓦。其中，柴油机4.80万千瓦、汽油机0.40万千瓦、电动机14.10万千瓦。全区水稻生产耕、种、收综合机械化率85.16%，水稻、油菜、小麦耕种收机械化率86.63%。全区清洁能源利用率85%，农作物秸秆综合利用率96.94%。发布农业主导品种67个，主推技术44项。其中，种植业主导品种48个，主推技术17项；畜牧业主导品种11个，主推技术10项；渔业主导品种8个，主推技术7项；综合类主推技术10项。新建2条氮磷生态拦截沟渠，汇水面积均在600平方米以上。（胡广洲　陈培仙）

【19人入选全市第二批乡村振兴“领雁计划”】 2021年，柯桥区按照高端引领、分类开发、示范先行、整体推进的原则，开展乡村振兴“领雁计划”人才选拔推荐，有19人入选第二批绍兴市乡村

振兴“领雁计划”，累计入选44名，排名全市第一。共涉及现代农业龙头企业负责人、乡村新产业领头雁、农业科技领军人才、乡村文化能人和能工巧匠、“五星3A”创建带头人、优秀乡贤、乡村专业技术服务人才和乡村双创型青年人才八方面。

【2人获评市“名士之乡”特支计划乡村振兴拔尖人才】 2021年，柯桥区2人被评为绍兴市“名士之乡”特支计划乡村振兴拔尖人才，分别为浙江海丰生物科技股份有限公司董事长兼总经理吴海峰和绍兴市秦望茶业有限公司总经理汤帅亮。

【2个基地被认定为省级高品质绿色科技示范基地】 2021年，柯桥区有2个基地被认定为省级高品质绿色科技示范基地，分别为绍兴田源梦生态农业有限公司和绍兴市柯桥区如山农业发展有限公司。（胡广洲）

【培训乡村振兴带头人】 2021年，柯桥区以高素质农民培育工程为载体，培训乡村振兴带头人404人。其中，以新任村“两委”成员为培训对象，实施“成雁计划”，计划通过三年轮训，普遍提升新入职村“两委”成员的服务意识和履职能力，当年培训101人；以创业创新人员为培训对象，开展电商直播、休闲农业、民宿旅游等新产业新业态技能培训，培训高素质农民303人。

【农民技能培训】 2021年，柯桥区以千万农民素质提升工程为载体，开展农民技能培训，培训农民3455人。其中，农村实用人才培训50期2569人、农业实用技术培训12期886人。

【招收农业专业中专生70人】 2021年，柯桥区开展职业农民学历教育，首次招收直播电商服务（农产品方向）专业中专生70人。6月，70名2019级中专生毕业。至年底，有在校农业中专班学员140人，其中，2020级观光农业经营专业学员70人、2021级直播电商服务专业学员70人。

【2名职业农民被浙江农林大学录取】 2021年，柯桥区2名职业农民被浙江农林大学本科录取，成为浙江省现代农业经营领军人才培养人员。其中，柯桥滨海金秋家庭农场杨铁汉考取农林经济管理专业，柯桥区安昌浩建蛋鸭专业合作社张康颖考取电子商务专业。

【农技人员知识更新培训】 2021年，柯桥区分9批组织区、镇（街道）两级53名农业产业团队专家和农技指导员到浙江省农科院、浙江大学、浙江农林大学、金华职业技术学院等培训基地进行集中培训，更新专业技术知识，提升农技服务能力。组织全区农技人员参加农业农村部农业技术人员知识更新远程培训12期1284人次。（寿绍贤）

【农业机械总投入资金528.41万元】 2021年，柯桥区有享受补贴的农业机械92台，总投入资金528.41万元，其中享受中央补助133.11万元、省级补助10.96万元、区级补助91.12万元、农户自筹293.22万元。报废更新农业机械6台（套），获中央报废更新补贴7.25万元。

【变型拖拉机报废清零】 2021年1月，柯桥区在全市率先完成变型拖拉机报废清零，提前报废车辆645辆，共计补偿739.7万元。

【秸秆综合利用】 2021年，柯桥区推进秸秆综合利用，新建1个市级秸秆收储利用点，建设完成1个900平方米的连栋大棚仓储中心，实行收储运一体化模式，全年收储秸秆1500吨以上；新建2个秸秆综合利用示范点实施秸秆全量利用，两家各实现秸秆离田面积6.7公顷以上。（陈培仙）

【农产品质量安全监测】 2021年，柯桥区完成蔬菜农残快检11808批次，完成各级各类定量抽检862批次，其中区级监测445批次、市级监测193批次、省部级监测224批次，省级例行风险监测合格率98.9%，监督抽查发现不合格农产品4批次。

【绿色优质农产品比率58.46%】 2021年，通过主体申报、产品检测、现场核查，感官品质鉴评等程序，柯桥区夏履“麻园笋”农产品地理标志通过农业农村部专家评审。平水日铸茶省级精品绿色农产品基地创建通过验收，整建制推进区域内平水日铸茶生产主体绿色食品认证、可追溯管理和标准化生产，全区13家平水日铸茶生产主体442.34公顷茶园全部获得绿色食品证书。全年新申报绿色食品2个、续展5个，新申报无公害农产品1个、复查换证13个，全区绿色优质农产品比率58.46%。

【食用农产品整治三年行动启动】 2021年，柯桥区确定重点治理品种和重点关注药物，部署开展食用农产品治违禁、控药残、促提升整治三年行动。全年出动人员912人次，检查主体1701家次，开展药残快速检测76105批次，监督抽查935批次，发现并查处问题34个。

【农产品承诺达标合格证制度试行】 2021年，柯桥区试行食用农产品承诺达标合格证制度。根据食用农产品产地准出与市场准入有效衔接工作机制倒逼生产主体自觉开具承诺达标合格证。全年新增可追溯主体8家，全区164家可追溯主体累计打印"一证一码"信息码137667张。（张美平）

【东湖农场建设】 2021年，农场投入445万元，完成东湖农场核心区块15.41公顷耕地的标准化改造（即退苗还粮），其中8.04公顷种植传统粮油，收获油菜籽38400千克、稻谷78000千克，完成营业收入412.63万元，比上年增长23%。注册"柯农优品"农产品区域公共品牌商标，被省农业农村厅列为全省首批10家"省重点国有农场建设单位"。

【东湖农场场史馆开馆】 2021年12月31日，绍兴东湖农场场史馆正式建成开馆。该馆总投资105万元，通过对闲置的170平方米原良种仓库进行整体改造装修，收集展陈有关历史老照片80余张、农场相关报纸报道及历史文献40余件、小型农业生产器具20余件，集中展现农场建场伊始至2021年的农业生产发展史，展示60多位党和国家领导人对农场的关怀，体现"五百亩为六十万亩服务"的办场方针，提炼老一辈农场人艰苦创业、科学种田的精神。（方建国）

2021年12月31日，绍兴东湖农场场史馆建成开馆

（楼立伟 摄）

农村经营管理

【概况】 2021年，柯桥区实现村级集体经济年收入20.48亿元，村级集体经济经营性收入10.32亿元。农村集体资产资源公开交易709宗，村集体大宗物资采购交易1207宗。实施"闲置农房激活2.0"（指除了激活闲置农房和村集体房屋之外，推动农村闲置土地、山林、水域、文化、旅游、人才资源全面激活），全年开发闲置农房项目367个，激活农房建筑面积10.95万平方米。全市首宗农房财产权（宅基地使用权）抵押贷款在柯桥区办理，王坛镇在全市率先开展宅基地镇域跨村有偿竞拍。328个村集体上线应用浙江省农村集体经济数字管理系统；开展农村集体"三资"管理专项治理，村居"三务"公开平台入选浙江省"三农"数字化改革应用场景典型案例。建成103个省级善治示范村，占全区行政村总数的48.13%，占比率居全市首位。（章 琪）

【村级集体经济稳步发展】 2021年，柯桥区村级集体经济年收入20.48亿元，村（社区）平均624.45万元；村级集体经济经营性收入10.32亿元，村（社区）平均314.51万元。所有村集体经济年收入100万元以上，村集体年经营性收入50万元以上，村级集体经济稳步发展。（宣吉华）

【浙江省农村集体经济数字管理系统上线】 2021年5月19日，柯桥区作为绍兴市上线应用浙江省农村集体经济数字管理系统整县推行试点单位，在柯岩街道试点的基础上，全区推进应用。6月底，328个村集体上线应用浙江省农村集体经济数字管理系统。截至12月底，完成基础数据归集，财务管理、运行管理、审批中心、银农直联、统计分析、阳光公开等模块上线应用，在该系统网上审核审批支出39997笔，金额163908.81万元。

【农村集体"三资"管理专项治理】 2021年5月19日开始，柯桥区开展农村集体"三资"管理专项治理，印发《关于开展农村集体三资管理专项治理的通

知》，重点对合同管理、“三资”公开、产权交易、民主管理、非生产性支出、大额资金存放等六方面开展专项治理，采用村自查自纠、镇（街道）全面参与检查指导、镇（街道）之间交叉检查，设立举报电话，坚持检查与治理提升相结合，每月上报专项治理进度。截至11月底，全区合计追缴合同欠缴款1674.73万元，整改长期合同7份，金额232.24万元；低价合同3份，金额1.64万元；不规范合同4份，金额24.66万元。

2021年4月22日，浙江省农业农村厅副厅长孙飞翔（左三）调研柯桥区农村集体“三资”数字化改革　　（柯岩广电　提供）

【农村集体“三资”管理培训】 2021年8月9日至13日，柯桥区在绍兴文理学院教育培训中心举行农村集体“三资”管理业务培训，镇（街道）农经站、农村“三资”代理服务中心人员以及区经营管理总站人员92人参加。

【村居“三务”公开】 2021年，柯桥区实行村居三务公开制度。集成党务、村务、财务，开发建立柯桥区村居三务公开平台，全区336个村（居委会），于年初全面上线应用。截至12月底，全区发布信息37209条，村民反映547条。柯桥区村居“三务”公开平台入选浙江省“三农”数字化改革应用场景典型案例。

【农村集体资产公开交易】 2021年，柯桥区农村集体资产资源公开交易709宗，交易金额10202.41万元；村集体大宗物资采购交易1207宗，交易金额5539.47万元，供应商增至875家。（王国根）

【村级集体财务审计】 2021年，柯桥区按照“三年一轮审”要求，采用社会化服务方式，委托4家会计师事务所开展农村集体财务审计，审计174个村级集体经济组织，出具审计报告174份。（宣吉华）

【农村宅基地管理制度改革】 2021年3月，柯桥区出台《绍兴市柯桥区农村宅基地制度改革试点实施方案》，成立农村宅基地制度改革试点领导小组，建立农村宅基地制度改革试点先行镇（街道）区领导联系指导制度，确定福全街道、钱清街道、王坛镇为绍兴市宅基地改革试点先行镇（街道），成立区宅基地改革试点工作专班。7月，王坛镇在全市率先开展宅基地镇域跨村有偿竞拍，探索宅基地资格权跨村实现，首批推出喻宅村5宗宅基地，占地总计445平方米，拍卖总金额109万元，所得收益专项用于村级建设发展。8月，全市首宗农房财产权（宅基地使用权）抵押贷款在柯桥区办理，宅基地抵押额度30万元。11月，在全市率先完成宅基地基础信息项目招标，全面推进调查工作。（戴天豪）

2021年8月4日，绍兴市委书记马卫光（中）带队在王坛镇调研农村宅基地制度改革试点工作　　（区农业农村局　提供）

【闲置农房激活】 2021年，柯桥区引入优质项目，通过“乡愁网”等平台宣传推介，推动农村闲置土地、山林、水域、文化、旅游等资源全面激活。全区引入社会资本4.32亿元，开发项目367个，激活农房建筑面积10.95万平方米，激活土地、山林224.84公顷，增加农户收入2972.60万元，增加村集体收入2430.49万元，新增农创客93人，带动农户就业983人。（洪　锋）

农业行政执法

【概况】 2021年，柯桥区共查处各类渔业违法案件102起，收缴行政罚款19.15万元。完成农产品和初级水产品抽样616批次，样品全部通过定量检测。非洲猪瘟PCR检测达到全覆盖标准，屠宰环节未检测出非洲猪瘟阳性样本。完成饲料抽样29个，核实查处宠物诊疗纠纷案23件，办理禽蛋及兽用药案件6起。承办全市重大农业植物疫情应急预案演练暨防控现场会。南部三镇32种、其他22种限用农药全面退市。回收农药废弃包装物38.09吨，处置38.09吨。（章　琪）

【查处渔业违法案件102起】 2021年，柯桥区查处各类渔业违法案件102起，收缴行政罚款19.15万元。其中，禁渔期联合公安部门查处非法捕捞52起，依法移送司法机关追究刑事责任，最终提起非法捕捞水产品罪刑事诉讼10起12人，查处“三无”船舶6艘，累计清理销毁地笼5574只。（李　敏）

【“绿剑”执法行动】 2021年，柯桥区组织开展“绿剑”春季、夏季、秋季集中执法和农资打假行动各1次。开展日常巡查稽查，出动执法人员274人次，检查农资经营主体82家和农产品生产主体120家，受理投诉举报3起，立案查处农业投入品农产品案件7起（其中假农药案2起、劣质农药案1起、劣质种子案3起、农产品检测不合格案1起），全部办结。检查初级水产品养殖单位130家，督促养殖户严禁在生产过程中乱用和滥用农业投入品，严格落实安全间隔期（休药期）制度，杜绝不合格产品上市。

2021年9月，柯桥区开展农产品“绿剑”执法行动
（区农业农村局　提供）

2021年，柯桥区开展春季市场渔业巡查
（区农业农村局　提供）

【农产品和初级水产品抽检】 2021年，柯桥区抽检农产品和初级水产品，完成本级农产品抽样200批次，配合上级开展农产品抽样186批次，完成省、市、区各级初级水产品抽检230批次，样品全部通过定量检测。（许春水　陈　甫）

【生猪屠宰监管】 2021年，柯桥区组织生猪屠宰环节执法检查85次，出动执法人员466人次，其中联合执法12次，查处群众举报30件。屠宰环节非洲猪瘟PCR（聚合酶链式反应）防控情况良

好，非洲猪瘟 PCR 检测达到批批检、头头检、全覆盖标准，屠宰环节未检测出非洲猪瘟阳性样本。（俞　峰）

【重大农业植物疫情防控】 2021 年，柯桥区完成红火蚁、黄瓜绿斑驳花叶病毒等 12 家疫情监测点的设置调整工作，组织各镇（街道）开展加拿大一枝黄花春秋两季防控工作和植物疫情日常监测。4 月，在漓渚镇举办全市重大农业植物疫情应急预案演练暨防控现场会，市、区动植物疫病防控指挥部成员单位、各县（市、区）植物检疫机构负责人、全体专职检疫员、相关疫情检测点负责人、绍兴花市部分经营户 80 多人参加会议。演练模拟绍兴市柯桥区漓渚花市发现大量习性凶猛的蚂蚁，主动攻击人畜现象，经柯桥区农业农村工作人员调查采样，并送相关机构鉴定，确认为红火蚁疫情，柯桥区立即启动农作物生物灾害三级应急预案，开展红火蚁现场防控扑杀。在处置现场，防疫人员结合现场演练对红火蚁疫情防控与处置、传播、识别、危害范围、扑灭等知识进行讲授。

【南部三镇 32 种限用农药全面退市】 2021 年，为加强饮用水水源地保护，柯桥区推进禁限用农药管控替代，对平水、王坛、稽东等南部三镇 32 种限用农药实施情况进行验收评估，三镇 22 家农资店全部验收合格，未发现有经营 32 种禁限用农药情况。

【农药废弃包装物回收处置 38.09 吨】 2021 年，柯桥区开展农药废弃包装物回收、处置工作。至 12 月 31 日，完成农药废弃包装物回收 38.09 吨，回收率 91.2%，处置 38.09 吨，处置率 100%。（许春水）

执行编辑　陈飞燕

工业经济

综 述

【概况】 2021年，柯桥区规模以上工业产值2304.45亿元，比上年增长12.7%；规模以上工业增加值517.77亿元，比上年增长19.6%，增速居全市第二。制造业增加值占GDP比重40.8%，居全市第二。规模以下工业增加值比上年增长13%，居全市第一。柯桥区在全市数字经济系统建设考评中获优秀，被评为全省淘汰落后产能工作先进区。纺织印染产业集群被列入全省产业集群新智造试点，区经信局被评为全省中小微企业培育工作成绩突出集体。（喻伟祥）

数字经济

【概况】 2021年，柯桥区出台数字经济发展"十四五"规划，承建省级数字经济试点示范项目6个，贯通省级重大应用11个，在省数字经济门户网上线省级地方特色应用13个。织造印染产业大脑、浙里工程师、纺织印染新智造集群（未来工厂板块）"多杆合一"等4个数字经济省级试点项目获浙江省"揭榜挂帅"试点，产业化追踪应用场景被纳入省网上技术市场3.0应用的应用模块试点，"节水在线"应用被列入省数字经济"浙企减碳"跑道"浙水减碳"子跑道的项目试点，浙里工程师获省数字经济系统第一批优秀省级重大应用，纺织品花样"版权数治"获省数字经济系统第一批优秀地方特色应用。36家企业被认定为省级及以上信息化示范（试点）企业。

【织造印染行业产业大脑建设】 2021年，柯桥区推进织造印染行业产业大脑建设。从政府端、企业端需求出发，开发集成云诊断、云排产、智能生产、管理运维、质量管理等核心应用场景14个、APP应用16个；搭建织造印染行业大脑架构、织造印染数据仓、织造印染行业大数据中心，提供行业决策分析；编制织造印染产业大脑建设方案。织造印染产业大脑被列入浙江省第一批行业产业大脑建设试点，上线浙江省数字经济系统产业大脑门户，获浙江省优秀细分行业产业大脑。

【5G基站建设"一件事"集成改革】 2021年，柯桥区推进5G基站建设"一件事"集成改革，印发5G基站建设"一件事"集成改革实施方案，精简审批事项，优化审批流程，缩短审批时间，规范基站建设，解决疑难站点建设50个。（杨　君）

企业服务

【概况】 2021年，柯桥区完善中小企业梯度培育体系建设，增加国家专精特新"小巨人"企业1家，省"隐形冠军"企业2家，省专精特新中小企业43家，"小升规"企业191家。深化"亩均论英雄"改革，1958家工业企业（小微企业园）参与区级评价。新增省级小微企业园7家，累计30家。柯桥区科技园入选省五星级小微企业园，浙江壹迦科技产业园入选省数字化示范小微企业园，区纺织工业创意设计基地入选工信部首批示范园区。

【工业厂区"低散乱污"整治提升】 2021年，柯桥区启动工业厂区"低散乱污"整治提升，包括淘汰落后产能及违反能源法律法规企业整治、无环保措施及高污染企业整治、无安全保障及高危企业整治、无合法场所及违法建筑企业整治、无证无照及产品不合格企业整治、低效厂区整治、现场管理整治、推进项目审批等工作，制定涉及准入标准、环保标准、安全标准、管理标准、效益标准5方面的工业厂区治理标准和19条涉及小微企业的治理标准；区派驻企服务员240人下沉柯岩、华舍、湖塘等6个重点镇（街道）。整治“低散乱污”企业872家，涉及纺织、卫浴、家具加工等行业。

【专精特新企业培育】 2021年，柯桥区加强专精特新（专业化、精细化、特色化、新颖化）企业培育，筛选216家成长性好、创新性强的企业建立企业培育库。至年底，入选省专精特新中小企业（省隐形冠军培育企业）43家，有“小升规”企业191家，数量均居全市第一。浙江捷众科技股份有限公司、三力士股份有限公司入选全区首批省“隐形冠军”企业，浙江格洛博机械科技股份有限公司入选国家级专精特新“小巨人”企业，浙江东进新材料有限公司入选国家重点“小巨人”企业。

【“亩均效益”综合评价】 2021年，柯桥区出台《柯桥区深化“亩均论英雄”改革促进高质量发展实施办法》，开展工业“亩均效益”综合评价工作。规模以上工业企业按印染、化纤、织造、服装、化工、装备制造、金属加工、文化用品、其他9个行业分类评价，规模以下工业企业不分行业统一评价，建筑工业化企业参照规模以上工业评价，省级小微企业园按生产性服务类、生产制造类2个类别评价。全年，规模以上工业企业参评1192家，占地2000.01平方米以上规模以下工业企业参评735家，建筑工业化企业参评8家，省级小微企业园参评23家。累计盘活低效工业用地1162.21亩。

【增加7家省级小微企业园】 2021年11月和12月，柯桥区增加绍兴德美科技园、绍兴建和科技创业园、越峰纺机园、天朗工业园、天实小微企业园（二期）、驰达小微企业园、一叶小微企业园等7家省级小微企业园，累计通过省级认定小微企业园30家，数量居全省第七。柯桥区科技园入选省五星级小微企业园和省小微企业园运营机构最佳实践案例，浙江壹迦科技产业园被认定为省数字化示范小微企业园。（吴晗青）

2021年柯桥区科技园　（韩　炜　摄）

化　纤

【概况】 2021年，柯桥区印染行业总产值335.46亿元，比上年增长8.1%。浙江天圣化纤有限公司一分厂纺丝车间被评为全国纺织工业先进集体，绍兴柯桥恒鸣化纤有限公司总投资60.5亿元的60万吨功能性纤维智能生产线项目投产。浙江天圣化纤有限公司一分厂纺丝车间被评为全国纺织工业先进集体。（张　伟）

织　造

【概况】 2021年，柯桥区规模以上织造企业总产值338.26亿元，比上年增长17.6%；利润16.93亿元，比上年增长52%；税金8.19亿元，比上年增长27.5%。（张　伟）

印 染

【概况】 2021年,柯桥区印染行业产值503.54亿元,比上年增长12.9%。跨区域整合集聚五大印染组团项目推进,其中七色彩虹印染组团、国周印染组团、宜滨印染组团、一川印染组团试生产;鸿大印染组团车间主体结顶。浙江迎丰科技股份有限公司登陆上海证券交易所,并被评为全国纺织工业先进集体。浙江屹男印染有限公司被工信部评为第四批印染行业规范企业。

【印染产业全域提升行动】 2021年,柯桥区出台《印染企业全域提升行动方案》,从提升设备工艺、加强技术创新、加快智能化改造、推进生态治理、强化安全生产、提高综合效益6个方面提出改造要求。至年底,213家企业完成智能化改造目标任务,共投资49.32亿元。亩均税收23.5万元,比上年增长55.6%;亩均工业增加值211.94万元,比上年增长21.1%。(张 伟)

服装家纺

【概况】 2021年,柯桥区规模以上服装家纺企业产值12.36亿元,比上年增长26.2%;销售11.61亿元,比上年增长34.7%;税金0.32亿元,比上年增长29%。(沈 秋)

装备制造

【概况】 2021年,柯桥区有规模以上装备制造业企业135家,平均从业人员16696人,资产总额258.16亿元,固定资产原值82.75亿元,所有者权益129.28亿元。企业产值313.38亿元,销售收入267.16亿元,利润18.45亿元,上缴税金6.85亿元,工业增加值48.07亿元,产值、销售、工业增加值分别比上年增长13.4%、23.2%和23.3%。其中,属于高端装备制造企业88家,产值151.84亿元,销售收入134.29亿元,工业增加值29.11亿元,产值、销售收入、工业增加值分别比上年增长22.4%、35.6%、56.8%。(祁大忠)

【重大工业项目动态管理】 2021年,柯桥区加强重大工业项目动态管理,按月统计总投资5000万元以上的当月开工、投产项目及下月计划开工、投产项目,及时掌握项目最新进展。全年,73个实施类项目被列入市重点工业项目计划,40个项目被列入市智能化改造项目计划,投资分别完成目标任务的103.5%和109.3%。

【工业企业资金兑现模式创新】 2021年,柯桥区创新工业企业资金兑现模式,跳过镇(街道)流转直接拨付至企业,提升兑现速度。向区内工业企业兑现激励资金3.98亿元,其中推进工业项目建设财政激励资金分5批次拨付,共1.08亿元,惠及项目99个。加大工业机器人购置奖励力度,在上年10%的基础上提升5个百分点,向17家企业兑现工业机器人购置奖励资金110.97万元,为历年最高。(田小琴)

金属制品

【概况】 2021年,柯桥区有规模以上金属制品企业23家,职工2583人。以金、银饰品深加工,铜板、带、箔、管技生产,铝(镁)、合金材料生产为主。规模以上企业实现产值72.01亿元,比上年下降13.8%;销售57.16亿元,比上年下降2.9%;利润3.56%,比上年增长19.5%;税金1.87亿元,比上年下降25.4%。(刘 弘)

医药制造

【概况】 2021年,柯桥区有规模以上医药制造企业6家,职工779人,产值6.90亿元,比上年下降47.9%;销售6.16亿元,比上年下降40.4%;利润0.03亿元,比上年下降94.9%;税金0.22亿元,比上年下降66.8%。全年,落实中央财政补助资金1450.72万元,用于物资储备的采购、轮换、管理及利息费用支出等,防护物资和救治药品由区疾控中心委托浙江华通医药股份有限公司采购、存储、管理和配送,救治设备由区疾控中心采购,各使用单位存储、管理。(刘 弘 金 丹)

【防疫物资调配】 2021年12月,上虞区新冠肺炎疫情突袭而至后,柯桥区快速启动应急物资保障机制,累计调拨出库医用防护服3.4万件、隔离衣

6.3 万件、手套 27.8 万副、口罩 63.7 万只、采样管 42.7 万支。(金　丹)

2021 年 12 月 9 日，柯桥区领导带队到区防疫物资应急储备库检查医疗应急物资储备情况　（区经信局　提供）

黄酒酿造

【概况】 2021 年，柯桥区有黄酒企业 17 家，产值 20 亿元。其中，行业龙头骨干企业 2 家（会稽山绍兴酒股份有限公司、浙江塔牌绍兴酒有限公司），米酒企业 1 家（绍兴元祖酿酒有限公司）。(金　丹)

盐业管理

【概况】 2021 年，柯桥区完成食盐执法权力事项移交，15 项盐业执法事项由区经济和信息化局划归区市场监督管理局。5—6 月，组织各镇（街道）对辖区内 88 个食盐销售点和 30 个公示的未加碘食盐指定供应点进行检查，未发现非法售卖未加碘食盐情况。向全区发放宣传册 5000 份、海报 850 张、宣传伞 1300 把，动员社会力量参与食盐安全监督。

【食盐储备采购方式变更】 2021 年，柯桥区变更食盐储备采购方式，由公开招投标转为指定采购。绍兴市盐业有限公司成为全区政府食盐储备指定单位，储备规模 700 吨，储备服务费 35 万元。同步完成 2020 年度全区食盐储备季度检查、年度审计和储备资金拨付，共兑现财政补贴 36.30 万元。(陈　霞)

能源工业

【概况】 2021 年，柯桥区有热电企业 5 家，装机容量 131.2 万千瓦。其中地方公共热电企业 4 家，装机容量 42.4 万千瓦，供热量 1168.52 万吨，供电量 22.4 亿千瓦时。省统调热电企业 1 家（浙江浙能绍兴滨海热电有限责任公司），装机容量 88.8 万千瓦，供热量 1481 万吨，供电量 48.58 亿千瓦时。地方公共热电企业中资源利用热电企业 1 家（浙江龙德环保热电有限公司），装机容量 10.2 万千瓦，供热量 446.01 万吨，供电量 5.52 亿千瓦时。

柯桥区规模以上工业综合能源消费量 761.8 万吨标煤，比上年增长 5.5%。规模以上工业增加值综合能耗比上年下降 11.7%。规模以上工业原煤消费总量 474.8 万吨（不含浙江浙能绍兴滨海热电有限责任公司统调发电用煤），比上年下降 1.9%。全社会用电量 178.41 亿千瓦时，比上年增长 12.55%，其中工业用电量 153.09 亿千瓦时，比上年下降 12.64%，占全社会用电量的 85.81%。全社会（不含福全、兰亭、漓渚、平水）用气量 97903.20 万立方米，比上年增长 25.81%。热电厂供热量 3721.94 万吨，比上年下降 13.18%。

柯桥区验收光伏发电项目 4 个，装机容量 4.35 兆瓦的分布式太阳能光伏电站并网发电。投放新能源公交客车 12 辆，新能源公交车辆占总客车数的 96%。

【用能企业节能监察】 2021 年，柯桥区加强能源监察力度，全面推行“双随机”（监察对象、监察人员均随机抽取）抽查监管办法，采取省、市、区联动模式，对 45 家重点用能企业开展节能监察，对问题企业下达整改通知书，对 109 家印染企业开展应淘汰落后机电设备检查。(诸旷怡)

上市企业

【概况】 至2021年年底，柯桥区累计实现上市22家，当年新增2家，为浙江迎丰科技股份有限公司、浙江瑞丰农村商业银行股份有限公司。

【浙江迎丰科技股份有限公司】 浙江迎丰科技股份有限公司成立于2008年，主要从事纺织品的印染加工业务，致力于提供专业化、一体化、个性化的印染综合服务。2021年1月29日在上海证券交易所主板上市。2021年营业收入12.62亿元，净利润8324.34万元。

【浙江绍兴瑞丰农村商业银行股份有限公司】 浙江绍兴瑞丰农村商业银行股份有限公司前身为绍兴县信用联社，成立于2005年。以吸收公众存款，发放短期、中期和长期贷款为主业，致力于建设以人为核心的全方位普惠金融。2021年6月25日在上海证券交易所主板上市。2021年营业收入33.1亿元，净利润12.71亿元。（黄　琳）

2021年6月25日，瑞丰银行在上交所主板上市　（区府办　提供）

招商引资

【概况】 2021年，柯桥区组织开展浙江投资贸易洽谈会柯桥营商环境推介、省商务厅专场推介、布商大会专题推介等各类推介活动15场次。签约引进重大招商项目50个，其中5亿～20亿元项目38个，20亿～100亿元项目10个，100亿元以上项目1个，内资到位134亿元，比上年增长6.02%。实际利用外资2.99亿美元，其中报市2.85亿美元。商务部核准实到外资2.57亿美元，比上年增长23.6%，完成市定目标的114.2%，外资完成实绩和完成率连续12个月居全市第一。

【外商投资项目审批】 2021年，柯桥区批准外商投资项目123个，合同利用外资7.1亿美元，比上年增长25.36%。计划利用外资1亿美元以上重大项目3个，其中泛半导体制造项目当年注册，当年累计到资2000万美元；新宜临空项目当年注册开工，当年到资2100万美元；光学级功能性膜材料制造（绍兴柯桥）项目被列入省领导联系项目。（李　佳）

执行编辑　王　翊

建筑业

综　述

【概况】 2021年，柯桥区建筑业完成总产值1381亿元，比上年增长2.83%，产值居全省第二、全市第一；建筑业省内产值881亿元，比上年增长9.6%，居全省第一；完成建筑产业现代化产值843亿元，比上年增长8%；建筑业实缴区内税收16亿元，占全区税收总额的8.1%，纳税超1000万元企业35家，其中5000万元以上5家、1亿元以上2家。省级以上优质工程73项，其中国家级优质工程24项，包括鲁班奖2项（参建）、国优工程7项（主承建2项、参建5项）。（陈晔华）

勘察设计

【概况】 2021年，柯桥区组织开展全区勘察设计质量检查2次，抽查项目13个，涉及图审机构8家、设计单位13家。审查新建民用建筑建筑节能41项，实施绿色建筑284.11万平方米，其中二星级以上绿色建筑占73.17%；改造既有公共建筑节能4.90万平方米；实施太阳能等可再生能源建筑应用284.11万平方米；实施高星级绿色建筑和建筑节能示范工程2项；实现工程建设全过程咨询项目落地8项。主编或参编地方标准10项；获得发明专利17项、实用新型专利87项、国家级QC（质量控制）成果5项、全国BIM（建筑信息模型）应用比赛3项；创建省级工法12项，获浙江省数字建造新技术创新应用奖5项。（陈晔华）

市场拓展

【概况】 2021年，柯桥区新签工程业务合同额1355亿元，承接境外业务1.89亿美元。宝业建设集团中标项目合同额210亿元，其中10亿元以上重大项目3个、EPC项目15个；精工钢构签下卡特尔世界杯两大体育场项目。

【组织区内企业赴江苏考察】 2021年10月14—16日，柯桥区委常委马海明率区有关部门负责人和区建筑业协会常务理事、法律顾问和保险顾问等专程到江苏苏州、太仓等地进行学习考察，了解当地建筑市场和投资环境，并与苏州市建设局进行交流。（陈晔华）

质量管理

【概况】 2021年，柯桥区开展商品砼质量专项检查、人防工程专项检查、安装工程专项检查、全装修质量专项检查等各项检查6次，检查工程39个，总建筑面积432万平方米，出具整改意见200余条，整改率100%。实行三级差别化管理，在项目差别管理上，将施工质量差、内部管理薄弱的工程作为监督重点；在地域差别化管理上，将高层建筑密集的城区作为监督重点；在领域差别化管理上，将幕墙、民用建筑节能、住宅工程作为监督重点，保障全区工程整体质量可控。

【建筑工程质量验收把关】 2021年，柯桥区执行《关于进一步加强建筑工程质量管理的通知》《绍兴市建筑工程质量通病防治暂行规定》《柯桥区全装修住宅工程分户质量检验管理暂行规定》相关内容，对香湖印小区、大越府小区三期、雍荣华府二期等项目进行竣工验收，验收后投诉量较往年略有下降。

【工程集成验收数字化改革】 2021年，柯桥区推进“工程建设项目集成验收”数字化改革，入选浙江省数字化改革重大应用“一本账S1”目录，该应用平台通过智能比对、主动预警、分阶段确认等功能，可缩短工程验收时长79.4%，减少工程验收材料72.4%，提高工程数字化率至47.6%。（谢伟力）

行业管理

【概况】 2021年，柯桥区新批建筑业企业资质116项，收购兼并区外特级企业1家、重组本土特级企业1家，引进一级企业1家。入围中国民营企业500强2家、入围中国建筑企业综合实力100强1家、入围浙江省企业100强1家、入围浙江省民营企业100强2家、入围浙江省制造业百强企业1家、入围浙江省成长性最快百强企业1家。（陈晔华）

建筑工业化

【概况】 2021年，柯桥区新增省级装配式建筑产业基地和省级建筑工业化示范企业7家。新建装配式建筑185万平方米，占比40.5%；新建钢结构装配式住宅12万平方米；中心城区实现装配式建造、住宅全装修全覆盖。实施绿色建筑284万平方米，其中二星级以上绿色建筑占73%，实施高星级绿色建筑和建筑节能示范工程2个；完成既有公共建筑节能改造4.9万平方米。柯桥区获评浙江省建筑工业化优秀县（市、区）。（陈晔华）

安全生产

【概况】 2021年，柯桥区出台《绍兴市柯桥区建设工程文明施工管理细则》《关于进一步加强全区建设工程安全防护、文明施工措施费使用管理的通知》《绍兴市柯桥区建设工程施工安全生产标准化管理优良工地考评实施办法》《关于进一步加强全区建筑起重机械安全管理的通知》等文件。召开全区建筑工地安全质量工作会议、建设施工领域安全隐患大排查大整治暨安全生产风险普查部署动员会、全区建筑工地文明测评动员会议、全区扬尘整治工作会议、柯桥区第二轮安全综治三年行动工作会议、柯桥区建筑起重机械管理工作座谈会等会议。开展春季安全检查、节前安全检查、节后复工检查、新冠肺炎疫情防控检查、起重机械专项检查、文明测评专项检查、重点时期维稳安保检查、“平安护航建党百年”检查等安全文明施工检查14次，联合其他部门开展专项执法检查3次，累计检查城乡工地950余项次，涉及建筑面积约800万平方米，出具整改意见310余条，整改率100%；对31项工地提交行政处罚，对1家机械一体化单位处以暂停承接业务资格。（汤杨毅）

【重点时段建筑安全管理】 2021年，柯桥区在极端天气、重大活动期间，分组开展重点时段安全隐患排查，重点落实工地围墙、深基坑、脚手架、临时设施、起重机械等关键环节，累计出动200余人次，排查工地围墙100余项、施工工棚100余项、深基坑20余项、悬挑脚手架50余项、临时设施120余栋、起重机械（包括塔吊、人货梯）180余台。

【建筑业责任保险】 2021年，柯桥区出台《柯桥区建设施工领域安全生产风险普查工作方案》，督促各企业加快推进建设领域安全生产风险普查进程，科学评估安全生产风险状况，依托数字化系统平台按时完成风险普查，推进安全生产责任保险制度，构建完善建筑施工安全生产风险防范长效机制，督促企业做到应保尽保。柯桥区在建工程317项，风险普查完成率100%，参保安责险项目77项，合计保费600余万元。（汤杨毅）

执行编辑　高　锋

房地产业

综　述

【概况】 2021年，柯桥区贯彻落实国家房地产调控政策，立足“房住不炒”的政策定位，坚持稳房价、稳地价、稳预期，分类指导、精准施策，加强房地产市场供需双向调节，推进保障性住房建设。新建商品房成交13498套，比上年下降14.48%；成交面积159.85万平方米，比上年下降18.20%；成交金额317.71亿元，比上年下降11.83%；成交均价19875元/平方米，比上年上涨7.79%。新建商品住宅成交12596套，比上年下降14.65%；成交面积149.72万平方米，比上年下降17.30%；成交金额305.73亿元，比上年下降12.27%；成交均价20421元/平方米，比上年上涨6.08%。

【商品房交易量“前高后低”】 2021年，柯桥区房地产市场运行从先扬后抑到趋于平稳。商品房网签面积为159.85万平方米，比上年减少18.20%；商品住宅网签12596套，比上年下降14.65%；网签面积149.72万平方米，比上年下降17.30%；网签金额305.73亿元，比上年下降12.27%。

【全年商品住房供应量下降明显】 2021年，柯桥区商品房新上市面积比上年大幅下降，降幅超30%。截至12月底，可供销售商品房17566套，面积259.75万平方米，其中可供销售商品住宅8499套，面积111.33万平方米。新增供应住宅9976套，面积123.63万平方米，套数和面积比上年同期分别下降46.97%和44.01%。按面积段分，住宅供应套数主要集中在100～120平方米和120～144平方米，分别占住宅供应总套数的22.43%和20.19%。（杨学敬　包一娜）

开发投资

【概况】 2021年，柯桥区完成房地产投资200.15亿元，比上年下降18.57%；商品房累计新开工面积236.29万平方米，比上年下降25.82%；商品房累计竣工面积57.74万平方米，比上年上涨27.94%。房地产税收累计上缴66.63亿元，占全区税收的33.73%。

【商品房预售资金监管系统上线】 2021年，柯桥区进一步规范商品房预售资金监督管理，维护商品房交易双方的合法权益，保障商品房预售资金安全，启用柯桥区商品房预售资金监管系统，将商品房预售资金纳入数字化监管模式。在全市率先设置资金大额出账预警功能，对出账金额和支付对象存疑的款项，向监管银行书面发函，要求进行核查并及时反馈。（包一娜　王晓莹）

交易市场

【概况】 2021年，柯桥区二手房累计成交6728宗，比上年下降25.46%；成交面积79.82万平方米，比上年下降27.46%；成交金额94.71亿元，比上年下降23.85%。其中住宅成交5765宗，比上年下降26.73%；成交面积67.91万平方米，比上年下降28.26%；成交金额87.13亿元，比上年下降24.4%。（喻　芳）

住房保障

【概况】 2021年,柯桥区完成省定棚改目标任务,实现2018年年底前开工建设的棚改安置房竣工率100%、交付入住率100%,实现竣工2年以上的棚改安置房分配使用率100%。开工建设人才租赁住房1546套,发放公租房租赁补贴537户。加强公租房保障对象动态监管,对不符合保障资格的对象进行腾退通知,对保障家庭进行上门核查,清退违规转租71户。(童　林)

【城镇危旧房监管】 2021年,柯桥区采用腾、修、拆等实质性解危方式,排查城镇既有房屋建筑3643处,面积1096.57万平方米。C级危房11处,面积16855.9平方米;D级危房3处,面积2750.28平方米;治理改造113处,面积86665.18平方米。加强对存量危房的日常监管,定期对存量城镇危房的监测和防控措施落实情况进行检查。重点加强对柯福小区7处C级危房专业动态监测措施数据的检查,监测报告每月备案存档,落实专人每日巡查,确保第一时间发现和处理可能发生的危险情况。(喻　芳)

物业管理

【概况】 2021年,柯桥区贯彻落实《绍兴市物业管理条例》,组织各镇(街道)、社区、业委会和物业服务企业代表开展《绍兴市物业管理条例》培训。制作《绍兴市物业管理条例》政策解读手册。加强高层住宅小区消防安全检查和新冠肺炎疫情防控检查,做好高层住宅小区消防平安暗访和疫情防控工作,下发《关于开展高层住宅小区消防安全隐患专项检查工作的通知》《关于加强新冠肺炎疫情防控工作的通知》,会同属地镇(街道)和柯桥区物业协会开展督查,检查55个高层住宅小区消防安全隐患排查工作,复查187个住宅小区疫情防控工作。规范业主委员会与物业选聘运作,制定《柯桥区业主大会和业主委员会指导规则》并下发各镇(街道),提高属地镇(街道)、社区对业主大会和业主委员会选举工作业务指导能力,会同属地镇(街道)指导和参与业委会物业选聘工作和纠纷调解工作,规范选聘程序,减少物业矛盾纠纷。加强党建引领和共建共治,联合柯桥区公安局成立物业联盟,引导物业企业开展自律管理,规范从业人员服务行为。督促属地镇(街道)开展党建引领红色物业工作,其中柯桥街道蝶庄、侨都一品,华舍街道坂湖景园3个小区获省级“红色物业”项目称号。

【既有住宅电梯加装】 2021年,柯桥区开展既有住宅加装电梯连片整体加装试点摸排,确定柯桥街道精工广场小区为连片整体加装试点小区。推进既有住宅加装电梯联合审批建设工作,完工电梯69台,在建电梯11台,完成率106.2%(市对区考核目标为65台)。深化既有住宅加装电梯工作数字化改革创新,推动“既有住宅加装电梯一件事”应用系统开发建设工作,开发完成“加梯E网通”应用端并上架浙里办。

【无障碍社区建设】 2021年,柯桥区召开2021年度无障碍社区建设工作部署会议,指导相关镇(街道)调整无障碍社区建设计划。联合柯桥区残联下发《关于调整2021年至2022年柯桥区无障碍社区建设工作计划的通知》,督促相关镇(街道)启动无障碍社区建设,25个社区完成无障碍社区改造。指导相关镇(街道)开展绿色社区建设工作,40个绿色社区完成市级有关部门联合评审。(杨水良)

住房公积金管理

【概况】 2021年,柯桥区归集住房公积金184859.03万元,提取公积金144356.21万元,归集余额416703.93万元。发放住房公积金贷款31148万元,收回贷款37611.87万元,贷款余额288789.93万元,存贷率69%。业务收入12394.11万元,其中委托贷款利息收入9568.71万元;业务支出6322.15万元,其中住房公积金利息支出5903.96万元。新增扩面职工20542人,净增职工8340人,净增率10.5%。贷款逾期率0.007%。实现公积金增值收益6071.96万元,收益率1.56%。提取贷款风险准备金3643.18万元,提取管理费用598.55万元,提取城市廉租住房建设补充资金1830.23万元。

【长三角住房公积金服务一体化】 2021年,柯桥区通过长三角“一网通办”专窗系统开展跨地区购房信息协查合作，实现信息核查协作广覆盖。开展长三角地区异地贷款证明信息互认，解决纸质证明防伪问题。将提取住房公积金等服务事项接入长三角“一网通办”平台，实现业务全程网办。

【公款竞争性存放公开招标】 2021年7月23日，柯桥区完成5亿元住房公积金存款竞争性存放公开招标工作，资金存放期限为1年。浙江绍兴瑞丰农村商业银行股份有限公司中第一标段，可存储资金1.2亿元；中国农业银行股份有限公司绍兴柯桥支行中第二标段，可存储资金1.1亿元；中国银行股份有限公司柯桥支行中第三标段，可存储资金1亿元；中国工商银行股份有限公司绍兴支行中第四标段，可存储资金9000万元；中国建设银行股份有限公司柯桥支行中第五标段，可存储资金8000万元。（朱明智）

房产中介服务

【概况】 2021年，柯桥区登记房地产经纪机构数量339家，从业人员900余人，大型直营中介公司3家，加盟店27家。通过房地产经纪机构成交房产3941套，成交面积44.72万平方米，成交金额634429万元。（王立菊）

执行编辑　高　锋

商贸业

综 述

【概况】 2021年，柯桥区组织轨道交通开通促消费活动，吸引杭州游客到柯桥。出台重点商贸流通企业招引培育政策，招引供应链企业入驻柯桥，新增批发销售额100余亿元。引导传统商业模式转型升级，推进数字生活新服务，开展网上年货节专项活动。加快直播电商新业态应用，推动传统企业通过抖音、快手等新平台开展直播带货。建设"多看看"等大型直播基地。直播场次5133场，累计观看1625.7万人次，销售额4.51亿元。美团、饿了么线上销售额13.04亿元，比上年增长45.17%。销售散装水泥134.59万吨，比上年增长3.3%，水泥散装率88.2%。供应预拌混凝土806.59万立方米，比上年减少1.0%；生产供应预拌砂浆76.02万吨，比上年增长63.2%。宣传《浙江省促进散装水泥发展和应用条例》，加强企业日常清洁生产督查管理，推进重型车辆污染排放控制，督促12家预拌混凝土生产企业安装车载尾气自动诊断系统，督促2家砂浆生产企业完成省级清洁生产改造。社会消费品零售总额383.6亿元，比上年增长8.3%，其中限额以上社会消费品零售额133.8亿元，比上年增长13%。（陈 瑛 许胜男）

批发零售业

【概况】 2021年，柯桥区批发零售业销售额4498.5亿元，比上年增长34%，其中批发业销售额3995.3亿元，比上年增长36.1%;零售业销售额503.2亿元，比上年增长19.6%。限额以上批发零售业销售额1847.2亿元，比上年增长32.8%，其中限额以上批发业销售额1737.5亿元，比上年增长34.6%；限额以上零售业销售额109.7亿元，比上年增长9.6%。

【城市购物节】 2021年9月25日至10月30日，柯桥区举办以"畅享消费，美好柯桥"为主题的2021柯桥城市购物节，参与商贸企业50余家，举办线上线下深度融合、商品服务同步促销、商旅文游购娱一体的系列促消费活动15场。国庆7天，17家重点监测的商贸流通企业实现销售额1.17亿元，比上年增长17.5%。万达广场等8家商超实现客流102万人次，销售总额6687万元，比上年增长40.4%。（许胜男 徐 洁）

粮油购销

【概况】 2021年，柯桥区有粮油批发市场1家，应急供应网点34个，应急加工企业3家。轮换出库粮食28651吨，增加区级粮食储备3800吨，其中晚粳谷占40.2%。加强6个粮油批发和零售点价格监测力度，及时反馈粮油价格异动信息。推进粮食依法行政，对粮油市场、放心粮油配送企业与示范店开展定期不定期执法检查。举办2021年世界粮食日和粮食安全宣传周浙江主会场活动。

【救灾物资和冻猪肉储备体系完善】 2021年，柯桥区建立应急救灾物资管理和救灾救援储运体系，确保救灾物资在最短时间内抵达受灾地区，保障人民生命财产安全。台风"烟花"影响期间，调拨出库应急生活包、防潮垫、毛毯等物资6060件。确定杭州

金信食品有限公司为柯桥区冻猪肉代储企业，该企业将为柯桥代储冻猪肉 240 余吨。（诸旷怡）

供销合作商业

【概况】 2021 年，柯桥区深化“三位一体”改革，承办市产业农合联建设启动仪式，完成农合联指标建设两年翻倍计划，完成示范创建项目 1 个、试点创新项目 1 个。举办市级、区级产业农民合作经济组织联合会 8 家，协助组建市级产业农民合作经济组织联合会 14 家，涉及产业类目 20 个。立足茶叶、香榧等优势产业，构建农资供应、产品展示、农技培训、农业公共服务功能于一体的现代农业综合服务中心和庄稼医院。储备农药 3.6 吨、化肥 860 吨，保障全区农资供应。承担对口帮扶和山海协作工作消费扶贫任务，通过优化配送服务、开辟展示展销中心、增设合作销售网点等举措拓宽销售渠道，完成扶贫产品采购 800 万元。柯桥区供销社总资产 4.24 亿元，所有者权益 4.04 亿元，利润 2086 万元，缴纳税金 504 万元，在系统综合业绩考评中获全市第一。

【“村村通”工程建成】 2021 年，柯桥区山区农村电商物流“村村通”工程建成运行，解决农产品进城和消费品下乡难题，被浙江省发展改革委员会列入 2021 年度物流创新发展试点名单。工程有区域中转站 2 个，村级综合服务站 88 个，邮政、圆通、申通、韵达等 8 家快递企业进入“村村通”系统，快递总量 89 万余件，日均配送量 2500 余件，单月快递量 12 万余件。村民平均取件距离缩短至 1 千米以内。

【合作社经济稳中求进】 2021 年，柯桥区完成全系统清产核资工作，盘活资产存量。加强与浙农控股集团有限公司合作，培育新增长点。新供销供应链公司利用系统流通渠道和电商平台优势，开展农产品进机关项目，开拓机关部门和企事业单位食堂配送业务，启动网上商城 APP 项目，拓展电商渠道。（洪益炯）

住宿餐饮业

【概况】 2021 年，柯桥区住宿餐饮业营业额 52.3 亿元，比上年增长 32.4%。其中住宿业营业额 7.1 亿元，比上年增长 22.3%；餐饮业营业额 45.2 亿元，比上年增长 34.2%。限额以上住宿餐饮业营业额 11.1 亿元，比上年增长 30.2%。其中，限额以上住宿业营业额 3.7 亿元，比上年增长 18.7%；限额以上餐饮业营业额 7.4 亿元，比上年增长 37.0%。

【疫情防控物资供应】 2021 年，柯桥区为新冠肺炎疫情管控期的上虞区东关街道、曹娥街道配送防疫生活保障物资 104596 份，金额 1963.5 万元；为滨海集中医学观察点隔离人员提供配餐 17560 份，金额 46.5 万元；采购其余隔离点日常生活物资 36.2 万元。（许胜男）

汽车服务业

【概况】 2021 年，柯桥区有成品油经营企业（点）55 家、油库 1 家，其中加油站 48 家、民营加油点 6 家、管理公司 1 家。销售成品油 31.56 万吨，比上年增长 13.6%，其中汽油 22.44 万吨，比上年增长 11.8%；柴油 9.12 万吨，比上年增长 18.1%。审批鑫发加油站改扩建、万里加油站改造项目 2 个，完成海光加油站、国际加油站、钱清供销社江桥商场加油点等成品油零售经营批准证书事项变更、到期换证、注销等审核转报 27 件。在 5 家年销售汽油 5000 吨以上加油站安装油气回收在线监测设施，全区累计安装 15 家。受新冠肺炎疫情影响，重点监测的 24 家限额以上汽车销售企业销售汽车 21521 台，销售额 49.16 亿元，有备案二手车市场 4 家，二手车交易 39999 辆，成交额 12.1 亿元。（阮忠意　徐　洁）

会展业

【概况】 2021 年，中国轻纺城国际会展中心举办各类会展活动 24 场，总展览面积 22 万平方米，吸引参观客商近 14 万人次。

【2021 中国绍兴柯桥纺织品面辅料博览会（春季）】 2021 年 5 月 6—8 日，2021 中国绍兴柯桥国际纺织品面辅料博览会（春季）在中国轻纺城国际会展中心举行。这届展会由中国商业联合会主办，中国纺织品进出口商会协办，中国轻纺城建设

管理委员会、区会展业发展中心、中国轻纺城展会有限公司、上海歌华展览服务有限公司共同承办，设展位1360个，展览面积2.5万平方米，参展企业505家，分纺织面料、时尚设计、数码印花三大展区，主要展品为纺织面料(辅料)、家用纺织品等。入场53259人次，线上直播平台观看248093人次。

【第23届中国绍兴柯桥国际纺织品博览会(秋季)】 2021年10月26—28日，第23届中国绍兴柯桥国际纺织品博览会(秋季)在绍兴国际会展中心举行。这届展会由中国纺织工业联合会、中国商业联合会指导，中国国际贸易促进委员会纺织行业分会、绍兴市柯桥区中国轻纺城建设管理委员会、绍兴市柯桥区会展业发展中心、绍兴市柯桥区国际赛会服务中心主办，中国纺织品进出口商会协办，绍兴市柯桥区中国轻纺城展会有限公司承办。设展位1532个，展览面积2.6万平方米。主要展品为纺织面料、纺织辅料、家用纺织品等。展会吸引申洲国际、魏桥纺织等全国纺织业前20强企业参展。展会开设线上"数字纺博"，线上参访客商34万余人次。

【2021第八届绍兴柯桥中国轻纺城窗帘布艺墙布展览会】 2021年3月24—27日，2021第八届绍兴柯桥中国轻纺城窗帘布艺墙布展览会在中国轻纺城国际会展中心举行。这届展会由中国家用纺织品行业协会、绍兴市柯桥区中国轻纺城建设管理委员会主办。以"领航成品·链聚产业"为主题，设展位1200个，展览面积2.2万平方米，参展企业247家，吸引客商39107人次。展会相关配套论坛活动近10场。

【浙江(绍兴)机床展暨国际智能制造及工业机器人展览会】 2021年5月15—17日，2021浙江(绍兴)机床展暨国际智能制造及工业机器人展览会在中国轻纺城国际会展中心举行。这届展会由绍兴市商务局、中国国际贸易促进委员会绍兴市委员会、上海华墨展览集团有限公司主办，绍兴市智能制造产业协会、绍兴市协同智造促进中心、绍兴市机械工程学会、绍兴市工业科学设计研究院、浙江云佐科技股份有限公司协办，绍兴市外经贸服务中心、台州市华普工商展览有限公司承办。展会以"智能制造，创新发展"为主题，内容包括工业自动化、数控机床与金属加工、机器人、工业配套、新材料、新一代信息技术等，全方位展示智能制造全产业链各个关键环节，为上下游企业搭建供需对接桥梁。现场参观人数近3.2万人次，意向成交额1.56亿元。

【2021年首届绍兴国际纺织机械智能智造展览会】 2021年10月26—28日，2021年首届绍兴国际纺织机械智能制造展览会在中国轻纺城国际会展中心举行。这届展会由中国机械国际合作股份有限公司、绍兴市商务局、中国国际贸易促进委员会绍兴市委员会、中国国际商会绍兴商会主办，中国纺织品进出口商会、中国国际贸易促进委员会浙江省委员会指导，西麦克国际展览有限责任公司承办。展会以"智能纺织，赋能未来"为主题，参展面积1.1万平方米，吸引参展企业150余家。

2021年中国轻纺城国际会展中心会展情况表

表9

序号	展会名称	时间	主办单位	承办单位	展览面积(平方米)	展位数量(个)
1	柯桥迎新春年货展销会	2020年12月25日至2021年1月3日	杭州百纳展览有限公司	杭州百纳展览有限公司	2000	100
2	首届中国春兰节	2021年3月3—31日	中国花卉协会、柯桥区人民政府	绍兴市柯桥传媒集团有限公司	—	—

续表 9

序号	展会名称	时间	主办单位	承办单位	展览面积（平方米）	展位数量(个)
3	2021 第八届绍兴柯桥中国轻纺城窗帘布艺展览会	2021 年 3 月 24—27 日	中国家用纺织品行业协会、绍兴市柯桥区中国轻纺城建设管理委员会	绍兴市柯桥区中国轻纺城窗帘布艺协会	17000	769
4	绍兴第三十九届中国轻纺城(春季)汽车博览会	2021 年 4 月 2—5 日	绍兴市柯桥传媒集团有限公司	绍兴市柯桥传媒集团有限公司	18000	1440
5	2021 绍兴春季房交会	2021 年 4 月 2—5 日	绍兴市柯桥传媒集团有限公司	绍兴市柯桥传媒集团有限公司	2000	100
6	柯桥第八届建材家居家装博览会	2021 年 4 月 17—18 日	上海红星美凯龙品牌管理有限公司绍兴柯桥分公司	上海红星美凯龙品牌管理有限公司绍兴柯桥分公司	5000	232
7	2021 中国绍兴柯桥国际纺织品面辅料博览会(春季)	2021 年 5 月 6—8 日	中国商业联合会	绍兴市柯桥区中国轻纺城建设管理委员会、绍兴市柯桥区会展业发展中心、中国轻纺城展会有限公司、上海歌华展览服务有限公司	25000	1360
8	2021 时尚周(春季)	2021 年 5 月 6—8 日	柯桥区人民政府	绍兴市柯桥区中国轻纺城建设管理委员会		
9	2021 中国柯桥纺织品印花工业展览会 &2021 中国柯桥国际纺织工业展览会	2021 年 5 月 6—8 日	艾特怡(亚洲)展览有限公司、上海歌华展览服务有限公司、上海艾歌展览服务有限公司	艾特怡(亚洲)展览有限公司、上海歌华展览服务有限公司、上海艾歌展览服务有限公司	6000	235
10	荣安观江园开盘	2021 年 5 月 30 日	绍兴市思谊文化传播有限公司	绍兴市思谊文化传播有限公司	3000	166

续表 9

序号	展会名称	时间	主办单位	承办单位	展览面积（平方米）	展位数量（个）
11	浙江（绍兴）机床展暨国际智能制造及工业机器人展览会	2021年5月15—17日	绍兴市贸促会	上海华墨展览集团有限公司、台州市华普工商展览有限公司、绍兴市外经贸服务中心	15000	624
12	2021第九届绍兴柯桥中国轻纺城窗帘布艺展览会	2021年9月11—13日	中国家用纺织品行业协会、绍兴市柯桥区中国轻纺城建设管理委员会	绍兴市柯桥区中国轻纺城窗帘布艺协会	15000	865
13	绍兴第四十届中国轻纺城（秋季）汽车博览会	2021年9月18—21日	柯桥传媒集团有限公司	柯桥传媒集团有限公司	18000	1440
14	2021浙江（绍兴）国际大健康产业博览会	2021年9月28—30日	绍兴市商务局	浙江时代国际展览服务有限公司	15000	584
15	2021绍兴国际服装供应链博览会	2021年10月19—21日	绍兴市商务局	绍兴市贸促会、绍兴博达商务会展有限公司	15000	795
16	第23届中国绍兴柯桥国际纺织品博览会（秋季）	2021年10月26—28日	中国国际贸易促进委员会纺织行业分会、绍兴市柯桥区人民政府	绍兴市柯桥区中国轻纺城建设管理委员会、绍兴市柯桥区会展业发展中心		
17	2021中国纺织知名企业创新成果展	2021年10月26—28日	中国纺织工业联合会、中国商业联合会、中国纺织品进出口商会、绍兴市人民政府	中国纺织信息中心、国家纺织产品开发中心、中国纺联社会责任办公室、绍兴市柯桥区人民政府	26000	1315
18	2021中国轻纺城进口精品面料展	2021年10月26—28日	中国纺织工业联合会、中国商业联合会、中国纺织品进出口商会、绍兴市人民政府	中国纺织信息中心、国家纺织产品开发中心、中国纺联社会责任办公室、绍兴市柯桥区人民政府		

续表 9

序号	展会名称	时间	主办单位	承办单位	展览面积（平方米）	展位数量(个)
19	2021 中国绍兴柯桥国际纺织贸易服务展览会	2021 年 10 月 2—28 日	中国国际贸易促进委员会浙江省委员会、绍兴市人民政府	柯桥区人民政府、绍兴市商务局、中国国际贸易促进委员会绍兴市委员会	26000	1315
20	2021 时尚周(秋季)	2021 年 10 月 26—28 日	柯桥区人民政府	绍兴市柯桥区中国轻纺城建设管理委员会		
21	2021 第四届世界布商大会	2021 年 10 月 26—29 日	中国纺织工业联合会、中国商业联合会、中国纺织品进出口商会、绍兴市人民政府	中国纺织信息中心、国家纺织产品开发中心、中国纺联社会责任办公室、中国印染行业协会、中国流行色协会、长三角创意经济专委会、清华大学中意设计创新基地、绍兴市柯桥区人民政府等	—	—
22	2021 年首届绍兴国际纺织机械智能智造展览会	2021 年 10 月 26—28 日	中国机械国际合作股份有限公司	西麦克国际展览有限责任公司	11000	645
23	2021 柯桥国际纺织工业展 &2021 柯桥国际纺织品印花工业展	2021 年 10 月 26—28 日	艾特怡(亚洲)展览有限公司、上海歌华展览服务有限公司、上海艾歌展览服务有限公司	艾特怡(亚洲)展览有限公司、上海歌华展览服务有限公司、上海艾歌展览服务有限公司	4000	215
24	中国轻纺城国际物流中心关停折迁工作动员会	2021 年 11 月 16 日	浙江中国轻纺城集团股份有限公司	浙江中国轻纺城集团股份有限公司	2000	100

（金明高 施 斌）

执行编辑 高 锋

商务服务

法律服务

【概况】 2021年，柯桥区有律师事务所14家，法律服务所8家，执业律师226人，公职律师75人，法律援助律师2人，法律服务工作者55人。全区律师事务所办案9418件，担任法律顾问1109家，收费1.7亿元；法律服务所办案2093件，担任法律顾问113家，收费1070万元。参与社会政治生活律师5人，市人大代表1人，区人大代表1人，区政协委员3人。法律服务实现全区各镇（街道）全覆盖、全国民主法治示范村（社区）全覆盖、有条件的村（居、社区）全覆盖的公共法律服务蓝图。印发《关于进一步加强和规范法律援助经费使用管理的通知》《关于加强民事检察与法律援助工作的协作配合意见》，建立柯桥区行政诉讼和刑事辩护律师库。受理法律援助案件967件，受援人数967人，其中刑事案件590件、民事案件377件。解答法律咨询5902次，其中"12348"热线电话咨询4992人次，来人咨询910人次。为困难群众免除法律服务费300万元，为受援人挽回或避免损失2500余万元。"12348"公共法律服务热线满意度98.55%，法律援助案件受理满意率100%、法律援助案件投诉率为零。

【市场主体法律顾问服务网格化全覆盖行动】 2021年，柯桥区出台市场主体法律顾问服务网格化全覆盖工作规范、工作手册及考核办法，明确服务内容、参与形式、反馈评价等环节要求，落实定期走访、定期联系、每月通报等工作机制。涵盖全区5万余家企业、9万余家个体工商户近15万个市场主体。建设市场主体网格393个、律师事务所14家、2家基层法律服务所承担法律顾问工作，16名律师（法律服务工作者）作为单位网格联系人组建法律服务团队，通过"地毯式"走访、"一对一"服务、"1+X"团队服务及党建共建等多种模式开展法律顾问服务论坛、市场主体矛盾纠纷摸排、法律服务成效评估等活动。开展"法雨春风"等法律进企业专项活动480余场，组织大规模法律讲座36次，开展企业家刑事风险防范巡回宣讲21场；参与各类矛盾纠纷调处297件，为当事人挽回损失约3000万元。为5.6万家市场主体提供"法治体检"服务，生成有效法治体检报告3.7万份，对存在中高法律风险的1.15万家市场主体提出风险防范建议。

【律师行业学习教育】 2021年，柯桥区成立工作组，确定浙江德顺律师事务所、浙江乾盛律师事务所为工作联系点，督导各律所组织全体律师学习党史、新中国史等10次，开展专题党课11次、职业道德专题课15次、政治规矩学习会15次，全区律师提交学习心得体会211篇。安排督导员实地走访律所和柯桥公证处，督查行业突出问题专项治理学习教育阶段档案台账，查看单位全体人员党史学习教育心得体会，抽查应知应会，收回试卷70余份，答题平均正确率90%。开展律师行业投诉处理"回头看"专项督查，对律所档案管理、收案结案程序等方面进行再清理、再核查、再规范。

【法律服务系统审批服务】 2021年，柯桥区按照"最多跑一次"改革要求，树立"真心服务、诚信政府"理念，精简材料，采用多样化受理模式，做好律师事务所、法律服务所、律师、法律服务工作者年度注册工作，申报年检注册各项材料，完善律师执业年度档案，对15家律师事务所、8家法律服务所、224名执业律师、55名法律服务工作者进行年检注册。受理律师执业申请41起、律师实习申请16起、律师变更执业机构申请15起、律师执业证注销申请5起、律师事务所变更申请3起、基层法律服务工作者执业申请3起、基层法律服务工作者执业注销申请4起、基层法律服务所变更申请2起。（潘晨斐）

公证服务

【概况】 2021年，柯桥区接受各类公证咨询5870人次，办理各类公证事项4028件，其中国内公证事项3240件，涉外类公证事项800件；案款清理3096件，赋强公证18件。协同办理银行抵押登记、注销抵押登记事务6459件。浙江省绍兴市柯桥公证处入驻农业银行、中国银行、工商银行、建设银行、瑞丰银行五大银行，为五大银行办理抵押登记2345件，注销抵押登记4114件，找出各类问题2018起，为瑞丰银行办理登记138件。办理继承公证1108件（其中小额遗产继承75件），委托公证883件，声明124件，遗嘱8件，婚姻状况、亲属关系、收养关系45件，身份、经历、学历、学位、职务、职称5件，公司章程9件，签名、印鉴139件，合同（协议）241件，现场监督568件，文本相符公证166件，有无违法犯罪记录125件，保全证据146件，证书、执照211件。

【政府中心工作公证】 2021年，柯桥区办理政府采购现场监督公证269场303件、招投标公证156场156件、现场监督公证67场67件、国有建设用地使用权出让合同公证71场71件、现场监督公证14场457件。

【农村农房工作公证】 2021年，柯桥区设立农房业务部，下设遗产继承公证专项办证组4个，机动组4个，赴平水等16个镇（街道）开展培训、辅导、咨询、调查、统计、建档、受办等工作。接受咨询201次，受理公证案件158件，下基层76次，办结送达继承公证案件143件。新拓展分家析产协议书公证及代办代批事项，推进农房确权登记发证相关工作，初步建档6869件，完整建档3801件，查询复制档案12058件，实地核实1237件，初步确权4202件（其中涉及补批1910件，涉及申报2285件），内部联审702件，提交镇（街道）753件，镇（街道）联审653件，公告447件，登记发证556件。

【司法辅助公证服务】 2021年，柯桥区公证处参与送达司法文书1727件；参与知识产权保护164件，其中调解1034件，调解成功329件；调查取证75件，财产保全14件，司法文书辅助1304件。（周倩倩）

会计服务

【概况】 2021年，柯桥区有会计师事务所5家（兴业会计师事务所、集财会计师事务所、宏泰会计师事务所、中审会计师事务所、中景会计师事务所），其中有限责任事务所2家，普通合伙事务所3家。会计师事务所从业人员112人，其中注册会计师37人。会计师事务所业务收入合计2204.78万元，其中审计收入1289.81万元、其他收入914.97万元。至年底，共有会计人员30895人，其中硕士及以上学历168人、本科学历6895人、大专学历8997人，具有高级及以上职称128人、中级职称1913人、初级职称6149人。（郑　英）

广告服务

【概况】 2021年，柯桥区新增广告经营单位251家，累计1323家，经营额6300万元，其中房地产广告经营额3500万元、汽车广告经营额1400万元。中国轻纺城广告创意产业园有广告专业企业68家，园区关联类企业313家，广告创意人才超1000人。（姚晓琳）

商标服务

【概况】 2021年，柯桥区申请商标7528件，成功注册商标6712件，比上年增长19.25%，注册商标增量居绍兴市第一，累计注册商标34194件。开展企业商标权质押融资，商标权质押贷款2.7亿元。新建绍兴市柯桥区跨境电子商务行业、商贸服饰行业、危险化学品行业、印染产业品牌指导服务站开展行业品牌培育，助推"柯桥产品"走向"柯桥品牌"。开展机油类商标侵权、酒类商标侵权、轻纺城市场商标侵权等专项执法行动，打击侵犯知识产权和制售假冒伪劣商品违法行为，保障人民群众生命财产安全。（姚晓琳）

人力资源市场

【概况】 2021年，柯桥区派出"引才"专员多次赴西安、兰州等地，与当地高校院所、科研机构、人力资源平台寻访对接，开展宣讲231次，组织用人单位820家，举办招聘会61场，引入博士201人、硕士956人、大学生3万余人。走访高校就业部门81家，开展校园宣讲76场，参加学生2200余人，开展线上专场招聘活动50场，累计收到简历1200余份，开展线下招才引智活动50场，达成初步意向5899人，其中博士147人、硕士1319人。全年新增就业大学生3万余人。

【大学生见（实）习】 2021年，柯桥区推进大学生实习实践基地和创业园建设，建成大学生见（实）习基地100家，实习实践示范工场50家，接收见（实）习大学生1万人。7月，首批见（实）习活动推出优质见（实）习岗位1500余个，涵盖重点单位108家。首批大学生就业见（实）习示范基地正式挂牌，宝业集团等18家单位被认定为区级示范基地。

【2021绍兴柯桥·长三角高校秋冬季人才招引活动】 2021年10月24日，"才聚柯桥·筑梦未来"2021绍兴柯桥·长三角高校秋冬季人才招引活动在绍兴文理学院启幕。宝业集团、精工钢构、三力士、天圣控股、化安安全、懿纱纺织、美华鼎昌等50家优质企业设摊招才，推出就业和实习岗位1500余个，达成意向200余人，其中硕士58人。（李　栋）

2021年10月24日，2021绍兴柯桥·长三角高校秋冬季人才招引活动在绍兴文理学院启幕　（盛超男　摄）

执行编辑　高　锋

开放型经济

综　述

【概况】 2021年，柯桥区对外贸易结构不断调整，跨境电子商务综合试验（以下简称跨境电商综试）、市场采购贸易方式两项国字号试点快速发展。全区外贸出口较快增长，自营进出口1111.80亿元，比上年增长24.5%。组织984家次企业参加129届、130届广交会，浙江出口网上交易会，上海面料展，中东欧国家博览会等展销会54场次。利用各种线上线下平台抢抓新订单，首次尝试线上线下联合举办美国拉斯维加斯国际服装及面料展，自办2021中国绍兴柯桥国际纺织贸易服务展，首创“2021柯桥外商集市”等集会。全年与199个国家和地区有贸易往来，其中出口超1000万元的国家和地区138个。

在全区落实“订单+清单”预判管理制度，运用好商务运行调查监测系统，以政策激励提高企业填报的时效性和准确性。2021年累计兑现上年度支持扩大出口、鼓励参展、化解风险、服贸创新等各项政策资金6388.34万元，惠及企业4004家次。实施小微企业出口信用政府联保项目，为出口额300万美元以下的3279家小微企业投保出口信用保险，实现政府全额补助。鼓励企业参加出口信用保险，中国出口信用保险公司绍兴办事处为柯桥企业开拓市场承保25.17亿美元，比上年增长10.42%，为柯桥企业挽回损失1145万美元。区商务部门累计走访企业300余家次，调研分析印度、缅甸、越南等境外局势对出口影响情况，为上级决策提供依据；组织1200家次企业参加线上线下培训25场次，帮助协调解决企业实际困难。

顺应数字化改革，优化线上新企业注册指导服务，“一对一”现场指导帮办，点对点远程指导跟踪办，特殊人群全程代办，累计线上注册351家，占新注册企业总数的96%，同比提升12%。优化原产地证自主打印申请流程，实现全链线上办，累计签发一般原产地证书68587份，比上年增长29.6%。其中自主打印66549份，占总量的97.03%，比上年提升20%，涉及出口额32.63亿美元，占全区出口额的19.4%。（陈　瑛　孟舒璐）

对外贸易

【概况】 2021年，柯桥区自营进出口1111.80亿元，比上年增长24.5%。其中出口1088.49亿元，比上年增长25.9%，增速分别高于全国、全省、全市4.7、6.2个、10.4个百分点，总量、增速继续位居全市首位，出口占全国份额为5.01‰；进口23.31亿元，比上年下降19.2%。一般贸易进出口额979.61亿元，比上年增长11.2%；加工贸易进出口额17亿元，比上年增长41.3%。纺织品出口额862.63亿元，比上年增长36.1%，占全区出口总额的79.2%。

对外贸易进出口实绩企业5142家，其中出口实绩企业5016家，比上年增加291家。出口实绩企业中，贸易型出口企业4255家，比上年增加298家；出口额902.84亿元，比上年增长25.9%。其中轻纺市场出口企业2225家，比上年增长218家；出口额470.09亿元，比上年增长54.2%。生产型出口企业761家，比上年减少7家；出口额185.65亿元，比上年增长26.1%。对外贸易进出口国家和地区总数

199个,其中出口国家和地区197个,出口超1000万元的国家和地区138个。"一带一路"沿线国家和地区出口额615.84亿元,比上年增长32.5%,占全区出口总额的56.6%。出口额前三大洲为亚洲、非洲、拉丁美洲,分别出口561.1亿元、168.66亿元、151亿元;出口增幅前三大洲为拉丁美洲、亚洲、欧洲,分别比上年增长55.3%、29.1%、21.9%。出口额居前五位国家分别是阿联酋、美国、越南、印度尼西亚、印度,分别出口60.9亿元、58.96亿元、58.92亿元、55.69亿元、53.29亿元,分别比上年增长91.3%、-12%、12.6%、67.3%、88%。

2021年8月,柯桥区委副书记、区长陈豪在2021浙江(绍兴柯桥)网上出口交易会暨美国拉斯维加斯国际服装及面料展轻纺城展团开幕式上致辞
(区商务局　提供)

确定2021年度境内重点展会目录,立足产业发展和品牌培育需求,鼓励企业开拓国际国内市场。组织316家企业参加第129届、130届广交会;近400家企业参展中国国际纺织面料及辅料(春夏)博览会,累计成交额4100万美金;101家企业参加中东欧国家博览会暨国际消费品博览会;组织77家次企业参加44场次2021浙江出口网上交易会。

【外贸资金网上兑现】 2021年,柯桥区出台《2021年鼓励支持开放型经济发展若干政策》,围绕扩大出口、参展拓市、化解贸易风险等方面开展政策支持,全年累计兑现2020年外贸各项财政资金约6250万元,惠及企业3995家。全面上线外贸资金网上兑现,11项外贸政策全部在绍兴市经济高质量发展产业政策兑现系统上线。

【首次开具出口信用证不符点不成立证明】 2021年,柯桥区充分运用商事法律服务手段,通过法律咨询、经贸摩擦应对、商事争议解决、商事法律培训等多种方式,为企业开展国际贸易投资提供专业指导和精准服务。首次成功协调省国际商会为外贸企业开具出口信用证不符点(指用证本身不规范及信用证项下相关单据不符合)不成立证明。

【线上线下联合办展】 2021年,柯桥区首次尝试线上线下联合举办美国拉斯维加斯国际服装及面料展,国内参展企业以线上参展为主,美国本土企业线下参展。展会共展示产品3000余款,浏览量8万余次,对接客户1200余次,累计意向成交额481万美元。

【区域出口品牌培育】 2021年,柯桥区加大出口主体培育,引导品牌"出海",承接中国国际进口博览会溢出效应,鼓励企业加大技术装备引进力度。推进"柯桥优选"区域纺织品面料公共品牌建设和出口名牌培育,首批80余款优选产品、20家企业在第四届布商大会期间集中参展,累计培育省级及市级出口品牌10家、15家。

【公共海外仓推广】 2021年,柯桥区鼓励企业上线公共海外仓线上服务系统,通过足不出户线上租仓,实现产品海外直销,以低成本和当地配送提高客户体验和品牌价值。全年上线海外仓企业360家。(孟舒璐)

市场采购

【概况】 2021年,柯桥区推出"一址多户"政策,解决个体工商户注册难题;建立由商务、建管委、海关、公安、税务、应急管理、市场监管等部门联合的应急处置机制,联动防范风险;拟定"市采贷"战略协议,对接试点银行以信用方式提供信贷融资,解决企业资金难题。柯桥区通过市场采购出口19557票,共计货值17.8亿美元。

【中国轻纺城联网信息平台建成】 2021年,柯桥区建成有主体备案、组货装箱、出口申报、免税申报等的中国轻纺城联网信息平台，覆盖市场采购贸易全流程，实现源头可溯、风险可控、责任可究，推进市采贸易便捷化。至年底，平台备案市场主体1738家，其中供货商1589家、外贸公司132家、报关行17家。建立货柜预约机制，确保有限空间内日通关120柜，实现货柜日清。

【市场采购贸易方式主体培育】 2021年，柯桥区加快市场采购贸易方式主体培育，对20余个专业市场开展撒网式市场地推和精准入户宣传，开通政策直播，召开经营者面对面交流会。建成坯布市场和中国轻纺城国际面料采购中心两个中国轻纺城市场采购贸易方式基地市场并授牌。累计走访经营户700余家，发放中英文资料4万余册，举办业务辅导10余次，覆盖900余家企业1300余人。(朱兰萍)

对外经济合作

【概况】 2021年，柯桥区新批(备案)境外投资企业7家，总投资1507万美元，其中中方投资额1507万美元，比上年增长27%。完成对外承包工程实际营业额4390万美元，比上年增长49%。全区累计有获批准(备案)的境外投资企业517家，分布于68个国家和地区。

【对外承包工程逆势三连增】 2021年，在境外新冠肺炎疫情持续蔓延、对外承包工程不断萎缩的国际大背景下，柯桥区企业新拓展印度尼西亚等境外工程市场，完成工程营业额1224万美元。全年完成对外承包工程营业额4390万美元，比上年增长49.0%，完成市定目标任务219.5%，完成率、增长率连续3年(2019—2021年)全市第一。

【境外项目风险防控网建设】 2021年，柯桥区根据“浙外防”工作要求，开展浙江省境外项目新冠肺炎疫情防控精密智控体系建设工作，摸排23家外经企业入库，根据省市区疫情防控要求每周一次督促企业开展“境外码”疫情打卡。修订柯桥区处置境外经贸类纠纷和突发事件应急预案操作手册，召集相关部门和华舍街道举办处置境外经贸类纠纷和突发事件应急演练桌面推演，织牢境外项目风险防控网。

【境外投资合作专业对接】 2021年，柯桥区通过政府搭台，为区内已经或拟赴境外开展投资合作的企业提供专业对接平台。全年组织100余家企业参加日本静冈推介会、驻沪领事访问团座谈会、第二届中非经贸博览会、第三届中非经贸合作发展绍兴峰会、第四届浙江国际工程联盟拓市对接会等线上线下活动10场次。

【外经企业奖补资金发放】 2021年，柯桥区有13家外经企业获得2020年度“柯桥区进一步助力市场主体纾困、促进高质量发展财政专项资金”，共241万元。其中齐贤街道3家、福全街道3家、华舍街道2家、安昌街道2家、柯桥街道1家、兰亭街道1家、钱清街道1家。

·小资料· 外经企业

外经企业就是指在海外投资办厂、承包境外工程业务等对外资本、劳务输出的企业。(王小玲)

服务贸易

【概况】 2021年，柯桥区服务贸易进出口43.32亿元，比上年增长6.8%，其中服务贸易出口41.07亿元，比上年增长7.9%，进出口额、出口额均居全市第一。服务贸易总额占对外贸易总额比重3.8%。运

2021年10月26—28日，2021中国绍兴柯桥国际纺织贸易服务展览会在绍兴国际会展中心举办　　(区商务局　提供)

输、旅行、个人文化娱乐服务位列服务贸易进出口前三位,分别占比 54.1%、17.4%、17.2%。承接国际服务外包离岸合同 4172.9 万美元,完成服务外包离岸执行额 4108.49 万美元,比上年增长 0.2%;发包地主要来自美国、日本等;有服务外包认定企业 118 家。

【统计监测服务化】 2021 年,柯桥区运用商务部业务系统统一平台,利用 QQ、微信等即时通信工具,开展服务出口合同登记"即时在线咨询、同步系统填报"服务,主动走访服贸企业,上门提供文化出口重点项目、技术贸易创新示范案例申报等指导服务。全年服务贸易重点监测企业直报管理应用审核通过合同 1006 份,实现服务出口执行金额 2.30 亿美元;服务外包管理应用审核通过合同 701 份,完成服务外包离岸执行额 4108.49 万美元。

【国际市场开拓】 2021 年,柯桥区组织 9 家企业分别赴上海、大连、北京,参加中国国际技术进出口交易会、中国国际数字和软件服务交易会、中国国际服务贸易交易会等服务贸易展会 4 场次。举办 2021 中国绍兴柯桥国际纺织贸易服务展览会,53 家金融、物流、质检等五大板块服务企业通过展览及论坛等方式,与货物贸易企业实现精准对接。举办柯桥首届外商集市,来自土耳其、韩国、埃及等 14 个国家的 40 余名外籍采购商选品直采,达成意向交易额 1300 万元。

2021 年 9 月 16 日,柯桥首届外商集市在屺男中心开市

(区商务局　提供)

【服务贸易产业基础建设】 2021 年,柯桥区组织 86 家企业参加全市国际服务贸易及数字贸易业务培训、全省 2021 年数字服务贸易领域系列培训等 6 场次培训。协调解决服务贸易企业新冠疫苗接种、国际货运代理备案等问题 12 个。帮助 8 个服务贸易创新发展项目获 2021 中央外经贸发展专项资金支持,其中"精工工业"的钢结构深化设计项目获技术出口资金支持(全市唯一)。9 家服务外包企业获柯桥区商务经济高质量发展政策支持。(卢耀华)

跨境电商

【概况】 2021 年,柯桥区实现跨境电商监管方式出口 1.77 亿美元,其中"9610"方式出口 8876 万美元(结关 7613 万美元),"9710"方式出口 8394 万美元,"9810"方式出口 451 万美元。2021 年下半年实现政策兑现资金 636 万元,惠及企业 295 家。全年新增 B2B 平台本地新签店铺 269 个,"deconovo""subrtex""miulee""jinchan"4 个品牌入选 2021 年度浙江跨境电商出口知名品牌。

·小资料· "9610""9710""9810"

"9610"是境内个人或电子商务企业通过电子商务交易平台实现交易,并采用清单核放、汇总申报模式办理通关手续,海关监管方式代码为"9610"。

"9710"简称"跨境电商 B2B 直接出口",指国内企业通过跨境电商平台开展线上商品、企业信息展示并与国外企业建立联系,在线上或线下完成沟通、下单、支付、履约流程,实现货物出口的模式,海关监管方式代码为"9710"。

"9810"简称"跨境电商出口海外仓",指境内企业通过跨境物流将货物出口至海外仓,通过跨境电商平台实现交易后从海外仓送达购买者,海关监管方式代码为"9810"。

【跨境电商扶持】 2021 年,柯桥区对跨境电商提高扶持力度。1 月 15 日,全区实现"9810"首单业务,业务金额 2616 美元;3 月下旬,引进落地省级外综服务

企业“融易通”〔中国(杭州)跨境电子商务综合试验区首批试点企业〕;8月5日开始在柯桥开展天猫海外“9610”出口业务申报,引入“天猫出海‘9610’出口”项目。全年“9610”方式出口8876万美元;开通柯桥至宁波、福建马尾的转关通道。

【跨境电商B2B培训推广会议】 2021年5月25日,柯桥区商务局首次联合绍兴海关柯桥监管点、国家税务总局柯桥分局、绍兴市外汇管理局等部门,共同举办2021绍兴柯桥跨境电商直播季暨跨境电商出口业务培训推广会议。引进落地深圳跨境电子商务协会(以下简称“深跨协”)绍兴城市运营中心项目,借助深跨协海内外分站、分会资源,为柯桥跨境电商提供服务资源链接,正式发布跨境电商B2B出口申报系统、跨境电商B2B出口业务操作指南,实现企业跨境电商B2B出口由代理申报向自主申报转变。

2021年5月25日,深圳跨境电子商务协会绍兴城市运营中心正式启动 (区商务局 提供)

【跨境电商公共服务中心体系完善】 2021年,柯桥区跨境电商公共服务中心进一步完善跨境电商服务体系。开设“好货中心”展示窗口,完善多平台孵化课程体系,搭建抖音、视频号等线上内容,全年举办跨境电商培训活动31场,累计开店173家,孵化企业30家,其中5家线上交易额超20万美元。(陈炯宇)

外商服务

【概况】 2021年,柯桥区接待临时出入境外商27344人次,比上年增长15.8%;办理居留许可2127人,比上年增长5.9%。增加国(境)外企业常驻代表机构17家,累计1584家;增加外商投资商业企业75家,累计1072家,出口28.12亿元,占全区出口额的2.6%。区商务局联合区教体局审核外籍子女入学49人,比上年增长75%。邀请50余名外商参加2021世界布商大会主题论坛、IN KEQIAO栏目采风、柯桥纺博会、绍兴印象——国际友人美丽乡村行等各类政务活动。

【联合区法院聘请6名外籍调解员】 2021年5月14日,柯桥区商务局联合区法院举行涉外商事纠纷诉调对接工作机制签约暨中外调解员聘任仪式,聘请新一期外籍调解员6人,涉及韩国、也门、阿富汗、印度、巴基斯坦5个国家。

【疫情防控期间外国人来华入柯邀请函初审核准办法出台】 2021年,柯桥区进一步畅通邀请函办理快捷通道,率先在全市商务系统出台《疫情期间外国人来华入柯邀请函初审核准办法》,确保急需入境返岗的外国人应返尽返,全年办理邀请函96人次。其中启动特殊类情况办理程序1次,为1名韩商的3位家属办理邀请函,是全市商务系统首份面向普通类外国人家属转报核签的邀请函。

【外国人延长居留许可有效期限资格条件放宽】 2021年,柯桥区商务局与区公安局出入境管理大队联合完善境外人员居留许可延期工作,全年签发居留许可延期建议联系单321人次,比上年增长7.4倍。(宋国煜)

执行编辑 陆 杨

中国轻纺城

综　述

【概况】 2021年，中国轻纺城市场保持持续向好的发展态势，举办2021第四届世界布商大会、2021第十届柯桥时尚周、2021第二十三届秋季纺博会三大纺织盛会。实施“丝路柯桥·布满全球”行动，组团赴深圳、石狮、于都、青岛、常熟等纺织服装产业集群参展。推进纺织品区域公共品牌建设，注册“柯桥优选”集体商标，出台两项团体标准。坚持以数字化改革撬动市场转型升级，实施中国轻纺城环境秩序再提升、无证无照整治、花样版权整治等专项行动，市场经营环境和经营秩序得到明显提升。

轻纺城市场群全年成交额2338.88亿元，比上年增长8.12%；轻纺城网上成交额701.68亿元，比上年增长15.59%；新注册市场主体5084家，其中新注册企业2099家。（沈　力）

轻纺市场

【概况】 2021年，中国轻纺城市场不断深化改革、扩大开放、优化服务、招商隆市，全面推动中国轻纺城新一轮提升与发展，在建设数字轻纺城、推进市场采购贸易方式试点等方面取得成绩。推进轻纺数字物流港先行区块的工程建设，轻纺数字物流港项目完成先行区块土地摘牌并动工建设。

【市场采购贸易方式试点】 2021年，柯桥区加快推进中国轻纺城市场采购贸易方式国家级试点，建成投运联网信息平台，创新推出“网上轻纺城外综服务平台”预约小程序、“一址多户”注册方式等配套服务体系。联网信息平台共备案供货商1589家、外贸公司192家、报关行17家。全年全市通过试点结关24371票、22.12亿美元，其中柯桥区19533票、17.77亿美元。

【“柯桥优选”品牌计划】 2021年，柯桥区升级推出“柯桥优选”品牌计划，成立工作专班及领导小组，开展“柯桥优选”商标注册和标准制定，建设纺织品区域公共品牌。选出首批品牌服务的20家柯桥优质面料企业，进行流行趋势资讯传达、产品开发体系建设指导、新产品开发规划、品牌策划与营销、设计师培训、供应链精准对接、推广宣传等一系列服

2021年5月7—9日，“柯桥优选”品牌推进计划在第九届柯桥时尚周期间正式启动，图为“柯桥优选”品牌计划新闻发布会现场

（轻纺城建管委　提供）

务项目。在秋季纺博会会场设立 500 平方米柯桥优选馆。

【数字轻纺城建设】 2021 年,柯桥区坚持以数字化改革撬动中国轻纺城市场转型升级,数字轻纺城项目一期和二期完成建设,集数据采集存储、市场服务、日常管理、智能预警、市场监督、智能决策于一体,内容包括 19 个分系统、94 个子系统。建立网上轻纺城、全球纺织网和市管通三大 APP 作为市场服务主平台、线上拓市主平台和市场管理平台,上线“金蚕宝宝”门店管理系统小程序。

【轻纺市场营商环境优化】 2021 年,柯桥区实施中国轻纺城环境秩序再提升、无证无照整治、花样版权整治等专项行动,市场经营环境和经营秩序得到明显提升。轻纺城东市场、北联市场、坯布市场、服装市场 4 个市场被认定为浙江省第二批“五化”市场,东升路市场获批省级知识产权保护示范市场称号。(沈　力)

2021 年 4 月 28 日,“丝路柯桥 · 布满全球”——走进深圳暨中国轻纺城流行面料与深圳服装品牌新品对接会在深圳大浪时尚小镇举行
(轻纺城建管委　提供)

丝路柯桥

【概况】 2021 年,中国轻纺城推动柯桥纺织企业和市场经营户走出去,提升中国轻纺城国际品牌和影响力。“丝路柯桥 · 布满全球”行动组织开展泉州石狮、深圳大浪、常熟等 8 次活动。

【参展第二十四届海峡两岸纺织服装博览会】 2021 年 4 月 18—20 日,“丝路柯桥 · 布满全球”走进第二十四届海峡两岸纺织服装博览会在福建石狮举办,展会展览面积 300 余平方米,有“中多控股”“嘉利隆纺织”等 20 家柯桥纺织企业携 4000 余款优质面料参加,产品涵盖高档衬衫面料、优质 TR(混合)面料、时尚针织面料、醋酸竹莱尔功能性面料等。

【中国轻纺城流行面料与深圳服装品牌新品对接会】 2021 年 4 月 28 日,“丝路柯桥 · 布满全球”——走进深圳暨中国轻纺城流行面料与深圳服装品牌新品对接会在深圳大浪时尚小镇举行。柯桥区近 40 家优秀面料企业展示近 4000 款优质产品,与“影儿”“马天奴”等深圳服装品牌企业及服装设计师进行面对面专场对接。

【参展 2021 中国(青岛)国际面辅料及纱线展】 2021 年 6 月 28—30 日,“丝路柯桥 · 布满全球”走进 2021 中国(青岛)国际面辅料及纱线展在青岛国际博览中心举行,30 家中国轻纺城经营户携 6000 余款面料参加展会。

【柯桥常熟纺织产业对接会活动】 2021 年 9 月 27 日,“丝路柯桥 · 布满全球”走进常熟活动举办。柯桥区“中多控股”“凤凰庄”“金晟纺织”等 30 家优

2021 年 9 月 27 日,“丝路柯桥 · 布满全球”走进常熟精准产业对接会举办
(轻纺城建管委　提供)

质面料企业，展出5000余款特色面料，与“公爵蜻蜓”“阿仕顿”“魔方”等常熟100余家知名服装品牌、设计师工作室、面料批发商进行深度精准对接。

【参展2021中国国际家用纺织品及辅料(秋冬)博览会】 2021年10月9—11日，2021中国国际家用纺织品及辅料(秋冬)博览会在上海国家会展中心举行。“丝路柯桥·布满全球”柯桥展团展示面积近600平方米，18家窗帘布艺品牌企业参展，展出铂奢系列、时尚流行系列等300余款新品，展现柯桥家纺产业绿色、时尚、科技的最新面貌。

【参展2021中国国际纺织面料及辅料(秋冬)博览会】 2021年10月9—11日，中国轻纺城展团参加2021中国国际纺织面料及辅料(秋冬)博览会，共有20余家参展商参会，以颠覆传统的精装展位和前沿的宣传模式，展出针织面料、印花面料、天丝、棉麻、人棉、毛呢等5000余件面料，首日观展商3000余人次。

【“丝路柯桥·布满全球”尼日利亚线上精准对接会】 2021年11月17—19日，“丝路柯桥·布满全球”首场线上精准对接会——尼日利亚专场举行。以“盎唯纺织”“乐正纺织”“锦尚纺织”为代表的25家柯桥面料企业和以BisAba textile company、Muzi collection、Samtex collections为代表的25家尼日利亚买家展开“一对一”速配，进行在线贸易沟通。

【“丝路柯桥·布满全球”俄罗斯线上精准对接会】 2021年11月23—26日，“丝路柯桥·布满全球”线上精准对接会——俄罗斯专场举行，36家柯桥企业与俄罗斯买方“一对一”速配。(金钜锋)

世界布商大会

【概况】 2021年10月26—29日，2021第四届世界布商大会、2021第二十三届中国绍兴柯桥纺博会(秋季)、2021第十届柯桥时尚周三大纺织盛会在柯桥同期举行。“申洲国际”“魏桥纺织”“太平鸟”“华孚时尚”等国内纺织行业前30强企业参加。

【第四届世界布商大会】 2021年10月26—29日，2021第四届世界布商大会以“数字赋能·绿色共生”为主题，通过主题大会、圆桌会议、平行论坛、纺博会、时尚周、“柯桥优选”品牌展、创新成果展、进口精品面料展、参观考察等18项会议及配套活动，从数字化转型、绿色可持续、产业共同体、文化价值链等维度，破局新方向，求解新思路，共有来自60个国家和地区的纺织行业协会、研究机构、设计院校、知名企业、电商平台、境内外知名媒体代表及其他行业代表通过“线上+线下”方式参加会议，线下规模500余人，线上观看累计124.65万人次。

2021年10月26—29日，2021第四届世界布商大会在柯桥举行
(轻纺城建管委　提供)

【秋季纺博会】 2021年10月26—29日，第二十三届中国绍兴柯桥国际纺织品博览会(秋季)举办。此届纺博会坚持“国际、时尚、绿色、高端”主题和“国际化、专业化、市场化、信息化”理念，设展位1532个，展览面积3万平方米。“柯桥优选”品牌展、中国纺织知名企业创新成果展、中国轻纺城进口精品面料展、纺织贸易服务展等五大“展中展”链接纺织上下游产业。开设线上“数字纺博”，34万余名客商线上参观访问纺博会。

【第十届柯桥时尚周】 2021年10月26日，第十届柯桥时尚周启幕。以“优选·绿风”为主题，分为七大板块50余项活动，包括秀演11场、柯桥优选设计展1个、经纬计划人才展1个、直播20场、设计论坛6场、线上课程8堂、走进市场活动2个和清华中意基地合作子活动3个。结合秀、展、播、赛、论，整合各种平台资源扩大时尚周传播影响力和覆盖面，累计线上线下参与、观摩人数6万人次（其中线上参与5.4万人次，线下参与6000人次），人气较上年有较大上涨。（沈　力）

2021年10月26日，第十届柯桥时尚周启幕（轻纺城建管委　提供）

创意产业

【概况】 2021年，柯桥区纺织工业创意设计基地被工业和信息化部认定为第一批纺织服装创意设计示范园区（平台）。基地企业设计服务性营收3.51亿元，比上年增长8.4%；带动服务对象形成销售收入415.12亿元，比上年增长8.7%。基地入驻企业417家，其中工业设计企业157家，集聚签约网上纺织服务设计师7200人，年均设计花型4万幅。兑现提升时尚创意产业政策资金807.52万元。

浙江精功机器人智能装备有限公司工业设计中心、浙江东进新材料有限公司工业设计中心、浙江建业幕墙装饰有限公司工业设计中心、浙江精功科技股份有限公司工业设计中心、会稽山绍兴酒股份有限公司工业设计中心、浙江大树纺织科技有限公司工业设计中心、浙江宝纺印染有限公司工业设计中心、绍兴柯桥姝画花型设计有限公司等8家企业被认定为绍兴市市级工业设计中心；浙江朗贝尔纺织科技有限公司被授予"国家无差别化纤维时尚女装面料产品开发基地"称号；浙江懿纱纺织科技有限公司、浙江大树纺织科技有限公司等两家企业分别被认定为国家新合纤时装面料流行趋势研究中心和国家醋酸及聚酯时装面料流行趋势研究中心。

中国轻纺城建设管理委员会被授予"中国纺织工业联合会产品开发推动奖"荣誉称号。在2021第八届中国（绍兴）工业设计国际邀请赛绍兴市工业设计国际邀请赛中，柯桥企业参赛作品获金奖1件、银奖2件、铜奖2件。

【创意设计人才"经纬计划"实施】 2021年，柯桥区评审"经纬计划"高层次人才专家两批次，入选创意设计人才27人，其中包括中央美院教授吕越、东华大学教授陈建辉等，累计入选45人。兑现人才政策三批次，兑现金额202.04万元，其中包括创业项目11个和创新项目1个。

【引进中意未来时尚创新中心】 2021年4月，柯桥区与清华大学中意设计创新基地合作，引进中意未来时尚创新中心。10月26日，中意青年时尚设

2021年5月6日，第九届柯桥时尚周暨中意青年未来时尚设计大赛启动仪式在中纺CBD东方米兰国际时尚发布中心举行
（轻纺城建管委　提供）

计大赛举行决赛,大赛由清华大学联合米兰理工大学与柯桥区人民政府共同举办,征集到12个国家1331件作品,评审出3个赛道3个金奖和27个单项奖。获奖选手直接入选柯桥“经纬计划”,落户柯桥可获100万元以内的政府扶持。

【创意时尚活动】 2021年,柯桥区持续推进实施“2021天天时尚”活动计划,推出“时尚大讲堂”“柯桥优选”品牌推进计划和“走进市场”三大系列活动。全年举办第九届、第十届柯桥时尚周等各类时尚活动166场次,其中包括线下活动66场次,线上直播、课程等活动100场次。(冯佳娣)

执行编辑 陆 杨

旅游业

综　述

【概况】 2021年，柯桥区围绕全省“大景区”“大花园”建设部署，开展全域旅游示范区创建、“百千万”景区化发展建设，实施“微改造、精提升”试点，推进文旅产业融合发展。先后获评浙江省首批全域旅游示范区、浙江省首批AAAAA级景区城。全年接待国内外游客总人数675.86万人次、旅游总收入76.88亿元，分别比上年增长7.21%、7.81%。（杨兴红）

2021年5月15日，柯桥古镇夜景　　（翁林军　摄）

景区建设

【概况】 2021年，柯桥区推进绍兴龙之梦、东方山水乐园二期、柯桥历史文化街区改造（一期）等各类文旅项目46个，其中100亿元以上文旅项目1个，50亿元以上项目2个，超1亿元项目24个，总投441.43亿元，计划完成投资58.38亿元，实际完成投资额75.75亿元，完成率129.75%。根据省文旅厅《2021年全省文化和旅游项目投资情况通报》，柯桥区文旅项目投资推进综合指数评价得分93.44分，在全省90个县（市、区）中列第一。统计在册乡村民宿61家，客房737间，床位11289床，宛如云上（王坛镇）、南山小院（王坛镇）、平水相逢生态园田园雅居（平水镇）、棠棣驿站（漓渚镇）、石苍山·隐（稽东镇）获评浙江省银宿级民宿。开展浙江省万村景区化建设工作，全区累计打造省A级景区村庄190个。

【AAA级以上景区镇（街道）获评2个】 2021年，柯桥区推进省“百千万”景区化建设工程，开展A级景区镇（街道）建设。经绍兴市文广旅游局评定，福全街道、钱清街道获评浙江省AAA级景区镇（街道）。柯桥区16个镇（街道）实现AAA级以上景区镇（街道）全覆盖。

【香林村获评全国乡村旅游重点村镇】 2021年，经文旅部审核批准，柯桥区湖塘街道香林村被评为全国乡村旅游重点村。至年底，柯桥区有漓渚镇棠棣村、湖塘街道香林村2个全国乡村旅游重点村。（严绍南）

旅游营销

【概况】 2021年，柯桥区推出文旅产品网络消费季直播活动，建设文旅夜经济柯桥模式，提升金柯桥文化旅游节等节庆活动，推广“跟着小百花·享游金柯桥”戏曲+旅游推介模式，建设“诗画浙江·百县千碗”——鉴湖食汇柯桥美食品牌。参加省、市文旅交易会，开展系列推介活动，提升“老绍兴 金柯桥”品牌在国内外的知名度。

【文旅融合活动】 2021年，柯桥区继续做好“跟着小百花·享游金柯桥”城市文旅IP综合推介活动，全年赴上海、杭州、宁波等地开展活动24场次，1.5万观众参与，通过微信朋友圈影响目标人群50万人以上。组织策划2021鉴湖食汇·柯桥美食主题夜活动，柯桥区特色小吃、冷盘展评活动。编制“鉴湖食汇 柯桥十碗”宣传册，开通“柯桥贪吃舌”美食视频号，全年开展探店27家，观看量5.5万人次。组织KOL（旅游领域意见领袖）自媒体旅游达人，开展“稽山鉴水唐诗路·悠然自在柯桥城”3天2夜深度游活动，推出诗路网红打卡点9个；与浙江电台城市之声107电台共同主办“稽山鉴水唐诗路·运动酷玩黄酒源”柯桥区全域旅游之鉴湖旅游度假区酷玩之旅，全省38辆私家车相聚柯桥。

2021年10月9日，2021柯桥区鉴湖食汇十佳小吃展评举行
（区文广旅游局　提供）

【“老绍兴·金柯桥”品牌推介】 2021年，柯桥区在2021年春季和秋季纺博会中设置“老绍兴·金柯桥”展示馆。以全省美丽城镇建设现场会为契机，开展“3+3”柯桥文旅宣传推广工作，布置展馆、沿途小品等，宣传推介“老绍兴·金柯桥”城市品牌形象。启动“稽山鉴水行”全域旅游摄影采风活动，拍摄各大景区、乡村旅游、唐诗之路、黄酒小镇、一镇一品、古道、夜游等十二大类的全域照片；完成柯桥区全域旅游手绘地图合集和《遇见柯桥》宣传手册。获2020浙江文化融合高质量发展十佳县（市、区）、2020浙江文旅促消费创新优秀案例等奖项。组织柯桥文旅企业参加2021年上海旅游产品博览会、第16届义乌旅游商品博览会等活动。

·小资料· “3+3”

沿路的3个点位宣传小品设置（基金小镇入口、金柯桥大道和柯海路口、安昌古镇入口）+“老绍兴·金柯桥”品牌展示3个点位〔天马大酒店（文创）、安昌古镇广场（文旅资源）、安昌古镇天官第（“非遗”活态展示）〕。

【旅游品牌宣传】 2021年，柯桥区增加在长三角地区的硬广宣传投放，扩大“老绍兴·金柯桥”城市品牌影响力。在上海南京路，省内中石化加油站，杭州地铁2、4、5号线和绍兴地铁1号线（柯桥段）等区域投放品牌宣传广告。与《浙江日报》合作推出“五一来柯桥怎么玩？浙江新闻记者带你探营”报道活动，宣传柯桥的重要景区和

2021年4月1日，央视10套《味道》栏目拍摄“诗画浙江 百县千碗”——柯桥十碗头
（区文广旅游局　提供）

重要活动，6条推送阅读量均突破10万人次；配合央视10套《味道》栏目，拍摄2集《我的家乡菜·柯桥篇》，推广柯桥传统美食，推介柯桥十碗头。与OTA（在线旅行社）平台同程合作，启动“老绍兴·金柯桥”线上品牌推广活动。组织开展“诗路柯桥·假日游你”高校学生高铁游线上优惠活动；开展“桥首以盼 享游柯桥”第二届柯桥文旅产品消费季直播活动，数百万人次参与直播互动，销售额超10万元，土特产美食销售累计超650千克。（徐志海）

旅游接待

【概况】 2021年，柯桥区接待国内外游客总人数675.86万人次、旅游总收入76.88亿元，分别比上年增长7.21%、7.81%。（杨兴红）

行业管理

【概况】 2021年，柯桥区有省级旅游度假区1个，国家AAA级以上旅游景区11个，三星级以上旅游饭店4家。落实各项常态化防控举措，要求各文化旅游企业落实好“守小门”措施，对进入人员实行“测温、亮码(健康码、行程码)、戴口罩”管控，对未接种疫苗人员进行引导登记；A级景区坚持“限量、预约、错峰”工作举措，动态控制瞬时接待人数；结合推行公勺公筷、限制一次性消费用品等开展多轮督查。强化对旅行社的管控，做好组团、地接及游客信息的收集统计报送，落实协查管控风险排查。开展新冠肺炎防疫专项检查108批次，约谈疫情防控措施不到位的文旅企业7家，临时关停10家次。受理各类旅游类信访投诉78件次，全部得到妥善处置，结案率100%。

【旅游行业安全生产】 2021年，柯桥区开展文旅领域遏重大、控较大安全事故整治攻坚，制定责任清单、绘制风险链鱼骨图，检查文旅经营单位84家次，发现问题隐患114处，责令限期整改38家次，全部整改到位。开展旅游领域安全生产风险隐患排查，召开风险隐患排查培训会议，邀请普查专家现场讲解，现场示范操作。全区23家A级景区按时按要求开展安全排查，查清风险点数量、种类、分布及相关风险信息。推进“平安护航建党百年”文旅领域安全隐患大排查大整治专项行动，开展专项检查195次，检查文旅企业756家次，排查新业态场所51家，发现和整改隐患261处，约谈存在重大消防安全隐患的单位2家；2家A级景区被挂牌整改并完成整改摘牌；1家景区被撤销AA级景区称号。

【旅游行业培训22场次】 2021年，柯桥区组织文化旅游行业培训22场次，参训人员2200余人次。开展特种设备应急演练、广电安全播出演练、文化市场消防演练、文物消防应急演练等演练5场次。（沈琛幸）

执行编辑　韩兰芳

财政·税务

财政

【概况】 2021年,柯桥区完成财政总收入223.46亿元,比上年增长10.6%,其中一般公共预算收入147.14亿元,比上年增长7.2%。完成一般公共预算支出132.92亿元,比上年增长2.5%,财政收支执行情况良好。推进预算管理改革,拓展预算管理范围,依法依规把部门及所属单位取得的各项收入、政府债务、政府投资项目、国有平台等纳入全口径预算管理,统筹各类资金参与共建、推进共治、实现共享。

【"1+9"扶持政策资金兑现10亿元】 2021年,柯桥区开展"集中兑现攻坚月"活动,成立工作专班,按照"成熟一批、审核一批、兑付一批"的原则,运用"即时兑、提前兑、比例兑、网上兑"等方式,简化兑现流程,通报兑现进度,兑现"1+9"政策资金10亿元。

·小资料· "1+9"扶持政策

"1+9"扶持政策,"1"即《关于民营经济高质量发展的若干意见》;"9"即农业、工业、服务业、建筑业、科技、文化、人才、金融和开放型经济9个专项政策,政策实行"一年一评估、一年一修订"。

【产业扶持资金落实15.49亿元】 2021年,柯桥区以供给侧结构性改革为主线,筹措7.37亿元经济高质量发展资金,重点支持工业项目建设、市场主体纾困以及跨境电商和市场采购贸易国家级试点等,加快推进传统产业改造提升、新兴产业培育集聚。实施人才强区、创新强区首位战略,落实8.12亿元资金支持科技进步发展。

【产业基金项目招引5个】 2021年,柯桥区围绕整体产业布局,锚准新兴产业、科技创新、重大项目等关键领域,推动基金与产业、资本深度融合。全年新设基金3个,引进总部1家、新兴产业4家,直接投资项目2个。

【民生支出105.1亿元】 2021年,柯桥区民生支出105.1亿元,比上年增长3%,占一般公共预算支出比重79.1%。建立常态化新冠肺炎疫情防控经费保障机制,筹集资金1.14亿元重点保障集中隔离点和新冠疫苗接种等。安排12.18亿元支持卫生健康事业发展,城乡居民基本医疗保险财政补助标准从1030元提高到1100元,基本公共卫生服务人均补助标准从87元提高到92元。聚焦"学在柯桥",落实31.3亿元支持教育事业发展,保障全区教师待遇和学校运转,支持鲁迅外国语学校华齐路校区、华舍中学扩建改建等项目建设。保障困难群众基本生活,城乡最低生活保障标准由850元提高到890元,首次向6674名低保对象、孤儿和低保边缘等困难群众发放春节临时生活补助,全年发放各类困难群众救助补助资金1.1亿元。

【专项资金绩效目标管理】 2021年,柯桥区加强专项资金绩效目标管理,累计审核82个部门(单位)962个项目5841条绩效指标,涉及资金104.44亿元。首次开展十大民生实事项目全过程预算绩效管理,制定出台具体实施方案,完成绩效目标设定,并对项目实施进度、预算执行进度和绩效目标实现程度持续跟踪监控。

【政府隐性债务化解101亿元】 2021年,柯桥区按照财政部浙江监管局最新要求,以"一企一策"

形式，研究制定政府隐性债务化解工作方案，在综合运用项目转型、财政资金拨付等化债举措的基础上，统筹推进政府隐性债务化解和国有企业注资增流工作，全年累计化解政府隐性债务 101 亿元。

【政府专项债券储备】 2021 年，柯桥区筹划、储备政府专项债券项目，与省、市上级部门沟通对接，争取地方政府债券额度 40.6 亿元，其中再融资债券 19.4 亿元、一般债券 3 亿元、专项债券 18.2 亿元。

【财政支出关口压缩】 2021 年，柯桥区落实党政机关“过紧日子”的要求，严把财政支出关口，全年非刚性、非重点支出压减 12.8%，“三公”经费〔政府部门人员因公出国（境）经费、公务车购置及运行费、公务招待费产生的消费〕和会议费、培训费压减 10%，把节约的资金用于保障重大战略、重大部署、重大政策和重大项目实施。提高预算执行质量，建立通报、评估、定期收回机制，全年压减收回经常性、一次性项目支出 2.4 亿元，统筹用于经济社会发展的重点领域。

【财政数字化改革】 2021 年，柯桥区在财政领域探索创新，重点推进“基财 e 码通”应用建设。该应用被列入全省数字化改革重大应用“一本账 S1”目录，相关经验做法得到省政府领导批示肯定。9 月 7 日，浙江省财政厅在柯桥召开现场展示会，联合成立工作专班，在全省逐步试点推广。财政数字化改革多点开花，预算管理一体化系统建设列入全省第三批试点，财政电子票据实现全覆盖。（王森剑）

税　务

【概况】 2021 年，柯桥区完成税收收入（财政口径）201.7 亿元，完成一般公共预算收入 125.4 亿元。全年办理出口退税 104.03 亿元，其中生产企业 14.16 亿元、外贸企业 89.87 亿元；审核通过免抵税额 5.69 亿元，比上年同期减少 2.23%；办理免抵调库 6.89 亿元，比上年同期减少 17.98%。组织社保费收入 78.54 亿元，新划转 10 个非税收入 26.15 亿元。

【各类税款减免 56.55 亿元】 2021 年，柯桥区贯彻落实小规模纳税人增值税起征点提高、制造业企业研发费用加计扣除比例提高等减税降费政策，减免各类税款 56.55 亿元，其中促进小微企业发展类减免 16.17 亿元、鼓励高新技术类减免 8.41 亿元、改善民生类政策减免 14.45 亿元。办理各类延缓缴纳税费 14.83 亿元，惠及 1.15 万户次纳税人。

【城乡居民医疗保险费集中征缴 1.79 亿元】 2021 年，柯桥区借助“税务征缴区—街道—社区”三级平台，从参保源头开展银行签约批扣、支付宝微信在线缴费等非接触式缴费宣传。全区缴费 32.72 万人，征收 1.79 亿元，征缴率 100%。

【“云税中心”建设】 2021 年，柯桥区搭建新概念智慧税务空间——“云税中心”，整合全区税务系统涉税咨询电话，统一设立“0575-88012366”咨询热线，推动税费咨询集中一站式解决，月均咨询量从 8600 次下降到 8000 次以内，电话接通率从 62% 上升到 83%。

【增值税专票电子化】 2021 年，柯桥区加快推行增值税专票电子化，开具电子专票 7.7 万份，占比 64.16%；开具电子专票户数占核定户数的 63.50%；点对点网格化服务 1.21 万户次，纳入电子档案试点户数 1 户。

【出口退税“整体智治”】 2021 年，柯桥区探索建立出口企业“信用＋风险”动态分类监管体系，实行“绿码不打扰、黄码强研判、红码快处置”出口退税管理和服务，评定绿、黄、红码出口企业 4308 户、59 户、21 户，开展风险应对 148 户，查补（含追回）税（费）款 2864.19 万元。

【“柯税经纬网”基层税收治理多跨应用场景建成】 2021 年，柯桥区实施“1+4+N+2”税源分类分级管理，“柯税经纬网”基层税收治理多跨应用场景初步完成。其中，“印染行业亩均税收、能耗税收贡献综合评价”“针织行业能耗评价”子场景实现；“工业园区综合评价”子场景初步实现。

·小资料·　“1+4+N+2”

“1”是指一个税收数据集成平台；“4”是指重点税源企业、重点特色行业、重点特色经济区域、重点风险项目；“N”是指轻纺城市场综合管理、工业园区综合评价、商务楼宇经济综合管理等 N 个子场景；“2”是指“条状”信息归集分析、“面状、块状”属地税源状况分析。

【全国税收普法教育示范基地升级】 2021 年，柯桥区在原来 1100 平方米基础上改造升级全国税收普法教育示范基地，以轻纺城大事记为切入点，设铢积丝累话沧桑、条分缕析普税法、富民强国筑伟业三大主题，细分新中国税收发展历程、税收意义、税收知识、复兴伟业税为基、经济腾飞布托起等9部分内容。

【“税务园长制”实施】 2021年，柯桥区创新实施“税务园长制”，通过定期入园走访、例会交流，掌握园区内租户数量、出租面积等数据。全年走访252人次，解决企业难题50余件。

【留抵退税管理】 2021年，柯桥区按照“应退尽退、风险可控”原则，审核退还280户次纳税人的留抵增量增值税税款9.54亿元，平均审核时限2.44天。对36户企业开展增值税即征即退，退税7416.43万元。

【税收风险应对任务完成2247户】 2021年，柯桥区针对低中高三类风险等级，采取提示提醒、纳税评估、移送稽查局等措施，完成税收风险应对任务2247户，补缴税费滞纳金2.85亿元，调整退税和调减留抵385.44万元。

【出口退(免)税企业分类管理11808户】 2021年，柯桥区根据《退税规范2.0版》和《出口退(免)税企业分类管理办法》，分类管理评定全区11808户备案且正常开业出口退税资格认定企业，符合评定条件的一类企业47户(占比0.4%)，二类企业5277户(占比44.69%)，三类企业3813户(占比32.29%)，四类企业2671户(占比22.62%)。按照分类管理办法，对四大类企业实施差别化出口退税申报受理和退税管理，鼓励企业规范申报、诚信纳税。

【司法途径入库税款2.21亿元】 2021年，柯桥区通过司法途径入库2.21亿元。其中，通过组织核实破产企业欠税费情况，向区法院申报破产债权31户次，申报破产债权6680.42万元(含滞纳金)，受领破产分配款4192.61万元；通过司法拍卖“一件事机制”，向区法院申请参与分配司法拍卖款158户次，受领法院拍卖分配款158户次，入库税费17872.48万元。有1户破产僵尸企业的资产全部或部分处置，缴纳交易环节税费745.39万元。

【汇算清缴入库企业所得税14.4亿元】 2021年，柯桥区对45095户企业开展企业所得税汇算清缴工作，对55户企业开展后续审核，补缴企业所得税2188.49万元，全年汇算清缴入库企业所得税14.4亿元，比上年增长50.2%。

【土地增值税入库税额22.81亿元】 2021年，柯桥区通过出台清算团队管理办法、建立清算例会工作制度、明确案卷质量考评办法等措施，完成土地增值税“三必清”项目(非正常企业项目、应清算项目、达可清算条件5年以上且销售比例85%以上项目)37个，全年入库土地增值税22.81亿元。

【纳税信用管理】 2021年，柯桥区对5.48万户参评纳税人开展纳税信用等级评价工作，评定A级纳税人1.22万户，比上年增长32.26%；对5.14万户参评个体工商户和其他类型纳税人开展纳税信用评价工作，评定A级纳税人635户；依纳税人申请信用修复10户次。(倪红霞)

执行编辑　韩兰芳

金融业

综　述

【概况】 2021年，柯桥区完成金融保障、企业上市、金融监管目标任务，搭建省级金融机构对接平台，获国开行、中国银行等6家省级金融机构资金授信支持1800亿元。招引金融机构落户，宁波通商银行绍兴分行、稠州银行柯桥支行获批筹建。全区银行存贷款余额5466.19亿元，增速16.25%，其中贷款增速21.64%，存贷款增速、贷款增速均列全市第一。

召开"凤凰行动"计划2.0版推进会，出台《柯桥区全面落实促进经济高质量发展"凤凰行动"计划(2021—2025年)实施意见》，创新构建上市工作服务机制，建立100家上市后备企业库。全年新增上市2家、过会1家，列全市第二；上市报会辅导5家次，新增股份公司40家。其中，瑞丰银行为浙江省首家上市农商行，浙江迎丰科技股份有限公司为全市首家境内上市印染企业，浙江金道科技股份有限公司创业板上市过会，为柯桥区首家创业板上市企业。全区累计实现上市22家，上市融资226.77亿元。推进资本助力人才，浙江迅实科技有限公司、浙江材华科技有限公司、浙江美华鼎昌医药科技有限公司、深迪半导体(绍兴)有限公司等企业引入股权投资超5亿元。

加大对实体、科创与小微企业的金融支持。制造业贷款余额473.34亿元，比上年增长14.94%。小微贷款余额805.35亿元、信用贷款余额152.91亿元，分别比上年增长33.45%和25.56%。"无还本续贷"产品余额160亿元，比上年增长75.67%。推进区文化金融改革知识产权融资示范点创建，落地全省首笔花样版权质押融资1500万元。区内银行商标权、专利权、版权等知识产权质押贷款余额5.87亿元。人才企业贷款余额7077.43万元，16家人才企业研发保险保额合计3369万元。政府性融资担保余额2.11亿元，超额完成市对区考核任务。

全区金融保持稳定。各银行全年处置不良贷款21.65亿元，不良贷款余额13.33亿元，不良率0.47%；关注类贷款余额17.63亿元，关注类贷款率0.63%。助力企业平稳发展，帮助相关重点企业出具协调协商函件11家次。

12月，瑞丰银行出台"抗疫服务六条"，组织51支抗疫志愿者队伍，服务群众5.6万人次，选派青年党员干部3人参加绍兴市抗疫战时青年突击队。上海银行绍兴分行与企业对接，通过"上行e链"(线上供应链，中小企业融资的重点产品)为集中隔离点建造企业放款43笔，资金支持1300万元，助力首批600套隔离医学安置房建设。(黄　琳)

银　行

【概况】 2021年，柯桥区有银行28家，分别为瑞丰银行、浙商银行、上海银行、天津滨海银行、泰隆银行、工商银行、农业银行、中国银行、建设银行、交通银行、绍兴银行、中信银行、招商银行、华夏银行、浦发银行、民生银行、村镇银行、邮储银行、义乌农商行、杭州银行、民泰银行、宁波银行、北京银行、广发银行、嘉兴银行、平安银行、台州银行、兴业银行。其中4家银行为分行级机构，分别为浙商银行、上海银行、天津滨海银行、泰隆银行，2家银行为一级法人银行，分别为瑞丰银行、柯桥联合村镇银行。全区银行存贷款余额5466.19亿元，增速16.25%。其中，贷款余额2814.09亿元，比年初增加500.73亿元，增速21.64%。

【瑞丰银行上市】 2021年1月7日，浙江绍兴瑞丰农村商业银行股份有限公司首发上市获中国证监会第十八届发审委2021年第4次会议审核通过；5月7日，获证监会核发IPO批文；6月25日，正式登陆上交所主板，成为浙江首家上市农商银行。瑞丰银行在上交所首次公开发行A股1.51亿股，发行后总股本15.09亿股，募集资金总额12.26亿元。

【瑞丰银行全省首笔花样版权质押融资】 2021年4月26日，柯桥区举行知识产权发布会暨全省首笔花样版权质押融资签约仪式，瑞丰银行现场与浙江爱漫时壁纸有限公司举行“全省首笔花样版权质押融资签约仪式”，融资协议金额1500万元。

【金融“两员一顾问”服务】 2021年4月28日，柯桥区举行“金融‘三驻三服务’助力‘领跑竞跑’”部署会。柯桥区委组织部与瑞丰银行联合选派驻村金融指导员111名、党建联盟金融特派员21名，聘任普惠金融顾问300余名，现场发布“普惠服务十条”，推出“三帮一扶”机制。

【瑞丰银行向南部三镇提供30亿元“共富贷”】 2021年9月16日，柯桥区举行南部三镇抓党建促乡村共同富裕大会，瑞丰银行与平水镇、王坛镇、稽东镇签订党建共富结对协议，提供共同富裕信贷30亿元，搭建共富服务体系。

【瑞丰银行向经济薄弱村授信10亿元】 2021年11月11日，柯桥区举行抓党建促强村共富大会暨强村公司签约仪式，瑞丰银行向柯桥区经济薄弱村授信10亿元，现场签订授信仪式。

【瑞丰银行“三助慈善”】 2021年12月，瑞丰银行各类慈善捐助金额累计9435万元。其中，“瑞丰助困”补助低保户4.7万余户次，捐赠金额2900余万元。“瑞丰助村”捐助190个美丽乡村建设项目，捐赠金额超过3200万元，“瑞丰助学”以专项助学金、“微心愿”等形式帮扶贫困学子，受益学子3700余人次。

【上海银行绍兴分行“上行e链”反向保理业务】 2021年1月，上海银行绍兴分行通过“上行e链”为浙江亚厦装饰股份有限公司发放供应商放款31.82万元，实现“上行e链”反向保理（指保理商所买断的应收账款的对家是一些资信水平很高的买家）业务首单落地。

【上海银行绍兴分行客户海外债发行5亿美元】 2021年3月，上海银行绍兴分行重点客户上虞国资成功发行5亿美元海外债，带动国际结算量、衍生品代客交易量、结售汇收益、衍生品收益等多项重要业务指标。

【上海银行绍兴分行网银远期结汇业务】 2021年8月，上海银行绍兴分行客户浙江欣禾生物股份有限公司通过外汇新版网银系统成功办理首笔远期结汇业务，是杭州分行首笔线上远期结汇业务。

【上海银行绍兴分行贷款码扫码完成率221%】 2021年11月8—14日，上海银行绍兴分行贷款码扫码188户，完成率221%，排名居绍兴市44家银行金融机构首位。

【柯桥联合村镇银行获评2020年度全国支农支小优秀村镇银行】 2021年10月16日，第十四届中国村镇银行发展论坛暨中国县镇经济交流促进会公布2020年全国村镇银行综合业务发展情况排名，柯桥联合村镇银行获评“全国支农支小优秀村镇银行”。

【柯桥联合村镇银行随借随还小额贷款卡发卡增幅239.7%】 2021年，柯桥联合村镇银行发展随借随还小额贷款卡业务，通过数字赋能，外派开卡、PAD（智能移动办卡终端）放款，实现客户“一次都不用跑”。通过整村授信、批量发卡等扩量增面，节省小微企业融资成本。全年发卡新增2687张，增幅239.7%。至年末，通过随借随还小贷卡形式普惠小微企业2279户，授信金额5.04亿元。

【柯桥联合村镇银行“0123”工作法】 2021年，柯桥联合村镇银行落实“0123”工作法。规定存量客户0天完成转贷手续；支行权限内贷款在受理后1个工作日内放款；总行有权审批人权限内贷款受理2个工作日放款；需经审贷会审议发放的贷款受理3个工作日内放款。全年累计发放存量贷款2383户15.95亿元，发放新增贷款667户5.63亿元。

【柯桥联合村镇银行PAD线上放款】 2021年8月，柯桥联合村镇银行探索把移动开卡和PAD放款相结合，通过上门服务，提升客户便捷度。全年累计通过PAD放款1261户3.17亿元。

【柯桥联合村镇银行机打合同启用】2021年10月，柯桥联合村镇银行启用机打合同，累计通过机打合同发放贷款230笔5956万元，机打合同规范合同填制，减少合同抄写时间，提高放款效率，缩短客户等待时间。

【柯桥联合村镇银行中小企业服务】2021年7月8日，柯桥联合村镇银行与轻纺城转移印花协会召开授信对接会，签署战略合作协议，柯桥联合村镇银行向轻纺城转移印花协会会员单位总体授信2亿元。

【柯桥联合村镇银行行庆月专项活动】2021年11月，柯桥联合村镇银行开展行庆月专项主题活动，当月开展户外活动及固定厅堂活动106场，报名人数3380人，客户回访率90%。

【建行柯桥支行支持退役军人创业创新】2021年9月，建行柯桥支行支持绍兴市"东盛杯"退役军人创业创新大赛，比赛由绍兴市退役军人事务局与柯桥区人民政府共同主办。建行柯桥支行现场向参赛企业、人员宣传推介退役军人个人专属金融产品、企业普惠贷款、"建行生活"APP等产品，分别向比赛一等奖、二等奖获得者意向授信2000万元和1000万元。

【建行柯桥支行投放科创贷200万元】2021年10月，建行柯桥支行走访柯桥科技园盖科(浙江)生物科技有限公司、绿洋(浙江)海洋装备技术开发有限公司等科创型企业。12月，为盖科(浙江)生物科技有限公司投放科创精英贷200万元。

【建行柯桥支行发放"浙担贷"150万元】2021年，建行柯桥支行支持服务特色农业、助力乡村产业发展，为小微农业企业绍兴山娃子农产品开发有限公司发放"浙担贷"(建行与省农担融资担保公司合作的面向涉农企业的担保贷款产品)贷款150万元，用于支持其种植、收购香榧和茶叶。

【建行柯桥支行发放"共富贷"48325万元】2021年6月16日，建行浙江省分行正式推出个人乡村振兴"共同富裕示范区"贷款(简称"共富贷")，至12月底，建行柯桥支行发放"共富贷"48325万元。

【建行柯桥支行与稽东镇政府举办党建共建暨政银合作授信仪式】2021年7月16日，建行柯桥支行与稽东镇政府联合举办党建签约仪式以及共富贷授信仪式，为24个行政村以及青创联盟12家企业进行整镇整村授信，同时举办绍兴分行系统乡贤卡首发仪式。

【北京银行绍兴柯桥支行文化科技类贷款】2021年，北京银行绍兴柯桥支行向柯桥区内文化科技类企业累计发放贷款2.53亿元，支持柯桥区主导产业和支柱产业，发放首笔"京信链"(区块链产品)贷款1000万元，助力纺织行业转型升级。

【北京银行绍兴柯桥支行发放"银税贷"646万元】2021年，北京银行绍兴柯桥支行依托"银税贷"特色产品，累计发放贷款646万元，支持实体企业复工复产及经营周转。

【广发银行柯桥支行党支部扶贫】2021年，广发银行柯桥支行党支部成立"党建+扶贫"小组，到青田万山乡定点帮扶扶贫村走访群众，开通信贷绿色通道，6个工作日完成审批，落地个人农户贷款2笔。

【广发银行柯桥支行"抵押易新版"实施】2021年，广发银行柯桥支行推出房屋抵押贷款升级产品"抵押易新版"，支持小微企业，额度最高1500万元，期限最长10年，成数最高七成，还款方式6种，实施151笔。

【广发银行柯桥支行"科信贷"签约】2021年，广发银行柯桥支行推出"科信贷"(针对科技型中小微企业轻资产、高成长性的特点，以"科信贷"业务评分表作为客户辅助评价工具，以免抵押方式办理的短期授信产品)，以"科信贷"业务评分表作为客户辅助评价工具，以信用方式办理。额度最高1000万元，期限最长3年，签约1笔。

【华夏银行绍兴柯桥支行绍兴基础设施项目授信】2021年12月1日，华夏银行绍兴柯桥支行参加绍兴市基础设施项目授信签约对接会，与绍兴市柯桥区建设集团有限公司签署授信合作协议，支持绍兴国际会展中心一期B区项目建设。

【嘉兴银行绍兴柯桥支行股权并购贷款】2021年，嘉兴银行绍兴柯桥支行签约首笔大额并购贷款4亿元，助力绍兴市柯桥区金融控股有限公司与省产业基金股权并购。

【嘉兴银行绍兴柯桥支行认购专项公司债券1.4亿元】2021年11月8日，嘉兴银行绍兴柯桥支行认购绍兴兰亭文化旅游发展公司专项公司债券项目1.4亿元(发行规模4亿元,票面利率4.69%)。

【农行绍兴柯桥支行存贷余额保持四大行首位】 2021年,农行绍兴柯桥支行各项存款330.43亿元,各项贷款301.30亿元,存贷余额保持四大银行首位。各项贷款余额301.30亿元,比年初增加40.87亿元。其中,个人贷款133.80亿元,比年初增加20.52亿元;对公贷款167.50亿元,比年初增加20.35亿元。年末,农行绍兴柯桥支行个人定期存款余额84.6亿元,比年初增加31亿元,增幅57.6%,个人定期存款占个人存款占比较上年增长16.1%,其中大额存款比年初增加16.5亿元。1月1日,农行绍兴柯桥支行发放贷款总额超过15亿元,其中项目贷款3个,金额13.13亿元;房贷89笔,金额1.30亿元;个人助业贷款24笔,金额2728万元;农户生产经营性贷款5笔,金额1580万元;房抵贷18笔,金额2577万元。7月,农行绍兴柯桥支行与柯桥区农业农村局签订战略合作协议,未来五年内向区域内日工不少于200亿元的融资贷款,并创新推出乡村共同服务十六条意见,为平水镇农业企业增批授信1800万元。启动"深耕乡村"计划,升级优化辖区内307个"惠农通"服务点和4个惠农服务站。

【农行绍兴柯桥支行"打击治理电信网络诈骗宣传月"活动】 2021年,农行绍兴柯桥支行开展"打击治理电信网络诈骗宣传月"活动,全年开展各类宣传40余次,在商超、市场、居民楼等设摊解答,发放宣传资料1万余份。

【农行绍兴柯桥支行国际增收创收】 2021年,农行绍兴柯桥支行国际业务中间业务收入2478万元,比上年增长14.72%;四行份额35.06%,比上年增长2.03%。全年新营销国际业务客户139户,年末国际结算客户总数783户,实现结售汇量96459万美元,比上年增长17.14%;对公结售汇业务收入1345万元,比上年增长10.79%。全年开立国内证30笔,金额7.2亿元,办理国内证项下融资20笔,金额8.13亿元。全年贸易融资及国内证产品手续费收入909万元,比上年增长21.69%。

【浦发银行绍兴柯桥支行小微企业贷款】 2021年,上海浦东发展银行股份有限公司绍兴柯桥支行发放无还本续贷贷款35户,发放金额19530万元;支持小微企业户数41户,贷款金额27549万元,户均贷款672万元,新冠肺炎疫情防控期间向小微企业降低贷款利率,为小微企业贷款降低贷款利息188万元;探索新的贷款担保方式,向2家企业发放排污权质押贷款6684万元。

【兴业银行绍兴柯桥支行绿色融资余额53.31亿元】 2021年,兴业银行绍兴柯桥支行绿色融资余额53.31亿元,比年初增加14亿元;绿色贷款余额16.16亿元,比年初增加5.37亿元。

【兴业银行绍兴柯桥支行民营企业授信】 2021年,兴业银行绍兴柯桥支行获批民营企业授信37户,金额17.3亿元。落地民营企业授信客户54户,金额10.05亿元,其中制造业33户,金额7.87亿元。全年普惠贷户数102户,金额5.35亿元。

【兴业银行绍兴柯桥支行市场商户服务59户】 2021年,兴业银行绍兴柯桥支行针对柯桥轻纺城商户发放普惠经营贷款,全年投放商户59户,金额1.5亿元,户均250万元。

【浙商银行绍兴分行超短期融资券发行2.5亿元】 2021年1月11日,浙商银行绍兴分行创新公投联动模式,推出亚厦控股超短期融资券业务,金额2.5亿元。

【中信银行绍兴轻纺城支行助力"迎丰科技"成功IPO】 2021年1月26日,中信银行绍兴轻纺城支行支持浙江迎丰科技股份有限公司IPO(首次公开募股)募集资金监管账户,金额2亿元,为募集资金最大监管行。该项目是绍兴分行首次承接的IPO募集资金。

【中信银行绍兴轻纺城支行城市更新项目贷款发放5.97亿元】 2021年1月,中信银行绍兴轻纺城支行为绍兴柯桥经济开发区开发投资有限公司发放一级开发阶段城市更新项目贷款5.97亿元,该笔贷款为杭州分行全辖首笔城市更新项目。至年末,通过债券投资方式为区内平台公司引入资金20.63亿元。

【中信银行绍兴轻纺城支行普惠金融业务拓展】 2021年,中信银行绍兴轻纺城支行普惠金融业务余额31976万元,净增户数12户,金额净增7505万元。至年底,个贷普惠余额7.58亿元,余额占比为全行的22.3%,考核年度新增7395万元,完成率101%。

【中信银行绍兴轻纺城支行不良贷款处置总额3577.28万元】 2021年,中信银行绍兴轻纺城支行累计处置不良贷款总额3577.28万元,其中核销金额37.45万元、现金清收3358.5万元、化解181.33万元。至年底,不良贷款余额435.57万元,不良率0.05%。

【工行绍兴支行本外币各项贷款余额突破200亿元】 2021年,工行绍兴支行本外币各项贷款余额215.74亿元,当年增加54.64亿元。其中普惠贷款净增13.53亿元,制造业贷款净增8.05亿元。

【天津滨海农商银行绍兴支行首笔授权审批"房易贷"投放】 2021年2月9日,天津滨海农村商业银行绍兴支行推动普惠金融,投放"房易贷"100万元,为小微企业提供多样化金融需求。

【天津滨海农商银行绍兴支行晨间持续营销活动新增存款1亿元】 2021年2月22日,天津滨海农村商业银行绍兴支行在周边农贸市场等区域开展一、三、五晨间持续营销活动,活动期间累计发放宣传传单3000份,新增存款1亿元。

【天津滨海农商银行绍兴支行学雷锋志愿服务活动】 2021年3月2日,天津滨海农村商业银行绍兴支行在柯桥街道下市头社区开展"3·5"学雷锋金融志愿服务活动,发放宣传防范电信诈骗资料150余份。

【天津滨海农商银行绍兴支行跨境人民币宣传活动】 2021年3月,天津滨海农村商业银行绍兴支行组织人员对周边外贸公司开展跨境人民币金融知识宣传活动,累计走访客户30户,其中15户获得授信6000万元,放款3000万元。

【天津滨海农商银行绍兴支行国际业务拓展】 2021年5—6月,天津滨海农村商业银行绍兴支行走访外贸客户50余户,投放小微企业贷款7000余万元。6月2日,首笔出口议付〔指银行根据客户(出口商)的要求,以提交以其为受益人的信用证及信用证项下全套单据为条件,将该套出口单据项下应收货款(扣除议付利息费用)先行解付给客户,然后凭单据向开证行索汇的融资行为〕业务投放,首笔欧元结算业务投放。

【天津滨海农商银行绍兴支行首笔非公开发行公司债券投资1亿元】 2021年8月19日,天津滨海农村商业银行绍兴支行完成首笔非公开发行公司债券投资1亿元,获得2.17亿元结算存款。

【天津滨海农商银行绍兴支行电信诈骗案件堵截1起】 2021年9月1日,天津滨海农村商业银行绍兴支行成功堵截1起电信诈骗案件,为客户挽回损失4万元。

【天津滨海农商银行人民币兑换服务】 2021年10月16日,天津滨海农村商业银行绍兴支行为客户兑换硬币2000余枚,全年为群众兑换零钱和残损币2万余枚(张)。

【邮储银行柯桥区支行小额贷款净增55307万元】 2021年,邮储银行柯桥区支行助力脱贫攻坚,小额贷款净增55307万元(含小额贷款37792万元和网商贷17515万元),住房贷款净增10.08亿元。

【中国银行柯桥支行中期票据注册25亿元】 2021年,中国银行柯桥支行为绍兴市柯桥区国有资产投资经营集团有限公司注册25亿元中期票据,年初、年末完成两次发行合计18.1亿元。

【中国银行柯桥支行普惠金融业务】 2021年,中国银行柯桥支行发展普惠业务,至年底,普惠金融"两增两控"(增贷款增速、增户数;合理控制小微企业贷款资产质量水平和贷款综合成本)口径贷款余额69.69亿元,比年初增加21.03亿元。推广普惠线上产品,至年底,线上公司普惠授信客户数174家,比年初增加153家;贷款余额5.41亿元,比年初增加5.34亿元。

【中国银行柯桥支行无还本续贷贷款余额7.15亿元】 2021年,中国银行柯桥支行无还本续贷贷款余额7.15亿元,比上年增长7.02亿元。

【中国银行柯桥支行代发业务】 2021年,中国银行柯桥支行发展代发薪业务,全年代发薪客户突破57762户,累计代发量25.53亿元。

【中国银行柯桥支行"惠风和畅"党建品牌建设】 2021年,中国银行柯桥支行辖内22个党支部累计开展"惠风和畅"党建共建活动72次,走进农村、社区、企业、学校、园区,向共建单位提供金融服务。(黄　琳)

保险

【概况】 2021年，柯桥区有保险机构23家，其中产险和寿险机构分别为14家、9家。（产险有人保财险、太保产险、平安产险、天安财险、中华联合、华安财险、太平财险、大家财险、都邦保险、阳光财险、国寿财险、长安责任、安诚保险、浙商保险，寿险有中国人寿、太保寿险、平安人寿、泰康人寿、新华人寿、太平人寿、富德生命、人保人寿、信泰保险）。实现保费收入22.53亿元，比上年增加0.17亿元。其中财险保费收入10.75亿元，比上年增加0.22亿元；寿险保费收入11.78亿元，比上年减少0.06亿元。各项赔款支出8.52亿元。

【电子送达合作备忘录签约仪式举行】 2021年1月26日，柯桥区人民法院与中国人民财产保险股份有限公司绍兴市分公司、中国太平洋财产保险股份有限公司绍兴中心支公司、中国平安财产保险股份有限公司绍兴中心支公司、中国人寿财产保险股份有限公司绍兴中心支公司举行电子送达合作备忘录签约仪式，落实无纸化办案要求，简化诉讼案件办案流程。

【人保财险柯桥支公司首单生猪“保险＋期货”投放】 2021年3月15日，人保财险柯桥支公司投放全区首单生猪期货价格保险，首单承保生猪规模22.5吨，共150头生猪，保障金额63.87万元。

【人保财险柯桥支公司中标小微企业出口信用保险项目】 2021年4月15日，人保财险柯桥支公司中标2021年柯桥区商务局小微企业出口信用保险政府统保项目，为柯桥区内一半符合条件的小微企业提供保障，小微保费规模超200万元。

【人保财险柯桥支公司灾后农险理赔超百万】 2021年5月14日，柯桥区遭遇大范围大风雷雨强对流天气，部分乡镇大棚、苗木和农作物不同程度受灾。人保财险柯桥支公司做好查勘定损理赔服务工作，至5月16日15时，完成全部受灾农户的查勘工作，累计受理农户报案16起，查勘受灾面积超800亩，赔付金额100余万元。

【人保财险柯桥支公司签出柯桥首单“乡村振兴保”】 2021年5月29日，人保财险柯桥支公司签出柯桥首单“乡村振兴保”，为某街道股份经济合作社提供702万元的风险保障。

【人保财险柯桥支公司出口交易额保额8.8亿美元】 2021年，人保财险柯桥支公司为辖内2020年出口规模在300万美元以下的2572家小微出口企业保障出口收汇安全，较上年的347家增加6倍，出口交易额风险保障8.8亿美元，保额比上年上升18.9%。

【人保财险柯桥支公司新型经营主体保费收入超72万元】 2021年7月，人保财险柯桥支公司完成区新型农业经营主体综合险项目承保工作。全区有44家新型农业经营主体参保，保费收入72万余元，为主体提供风险保障4.4亿元。

【人保财险柯桥支公司住宅全装修质量保险（IDI）首单业务签发】 2021年7月21日，人保财险柯桥支公司与绍兴富悦置业有限公司合作，签发全市建筑工程质量保险首单，为总建筑面积6.17万平方米的住宅项目投保，收入保费512.7万元。

【人保财险柯桥支公司首批两笔大棚蔬菜保险赔付结案】 2021年7月25日，人保财险柯桥支公司首批两笔大棚蔬菜保险赔付结案。7月26日，4.9万元的理赔款汇入2名农户账户中，这是台风灾后柯桥区政策性种植业保险支付的第一笔赔款。

【人保财险柯桥支公司中标全区特色农业（香榧）采摘人员救助保险】 2021年8月31日，人保财险柯桥支公司中标区特色农业（香榧）采摘人员救助保险，收入保费33.8万元。

【人保财险柯桥支公司政府救助类保险保费突破百万元】 2021年9月3日，人保财险柯桥支公司与区农业农村局、相关街道办事处合作政府救助类保险，收入保费87.33万元。至此，柯桥人保开办政府救助类保险业务保费收入突破百万元大关，计117.33万元。其中，柯桥人保与安昌、齐贤2个街道办事处签订合作协议，为2个街道在册户籍人8.4万人及街道（村、居、社）干部提供保障。

【人保财险柯桥支公司2021年学平险收取】 2021年9月30日，人保财险柯桥支公司完成2021年学平险保费收取工作，共承保城区、乡镇学校54所，实现保费收入258万元，同比增长7%。

【人保财险柯桥支公司中标柯桥区年度公路财产损失综合险项目】 2021年12月30日，人保财险柯

桥支公司中标柯桥区年度公路财产损失综合险项目，为柯桥区公路提供3.7亿元风险保障服务，保费超55万元。（黄　琳）

典　当

【概况】 2021年，柯桥区有典当行6家（天业、盛兴、兴发、汇银、瑞兴、鼎盛柯桥分公司），合计实收注册资本7058万元。全年累计提供典当融资服务209笔，典当总额31384.20万元；典当余额6306.63万元，其中动产3649.63万元、房地产2357万元、绝当300万元。（黄　琳）

证券期货

【概况】 2021年，柯桥区有证券机构23家，分别为财通柯桥、财通钱清、财通福全、财通柯北、中信证券、国元证券、浙商柯桥、浙商钱清、银河证券、山西证券、华林证券、光大证券、东北证券、天风证券、东吴证券、东方财富证券、联储证券、长城证券、方正证券、国信证券、华福证券、开源证券、兴业证券。有期货公司1家，为大越期货。全年交易839.27亿元；年末客户权益0.35亿元，比上年增长1.18%。期货交易累计1326.99亿元，比上年增长58.11%。（黄　琳）

企业上市

【概况】 2021年，柯桥区累计实现上市22家，有上市公司15家，其中境内13家（上海主板8家，轻纺城、精工钢构、会稽山、梅轮电梯、越剑智能、西大门、迎丰股份、瑞丰银行；深圳主板5家，精功科技、三力士、亚太药业、明牌珠宝、浙农股份），境外2家（宝业集团、浙江永安），累计上市融资226.77亿元。累计实现新三板挂牌14家，有新三板挂牌企业7家（古纤道、百思寒、沐家家居、鼎峰科技、正昕智能、富米丽、吉麻良丝）。全年累计直接融资315.79亿元。浙江股权交易中心挂牌企业402家，其中成长板93家、创新板309家。（黄　琳）

小额贷款

【概况】 2021年，柯桥区有小额贷款公司10家（汇金、永利、富邦、华联、贤盛、日月、宏泰、兴发、屹男、振东），注册资本18.2亿元。全年累计发放贷款965笔，金额33.57亿元。（黄　琳）

融资担保

【概况】 2021年，柯桥区有融资担保公司2家（经济技术融资担保、中轻融资担保），合计实收注册资本1.4亿元。全年累计提供担保100笔，合计金额22277万元。年末在保95笔，在保余额3.09亿元。（黄　琳）

民间融资管理创新试点

【概况】 2021年，柯桥区有民间融资管理创新试点单位8家，其中民间资金管理企业1家（稽山力合），民间融资信息服务企业6家（汇普、振东、荣生、越商、万国、耀光）；民间融资服务中心1家。1家金融服务公司转贷业务发放146笔，累计发放23.29亿元。（黄　琳）

执行编辑　韩兰芳

自然资源管理

综 述

【概况】 2021年,柯桥区加强耕地保护管理、矿产资源管理、土地执法巡查等工作,开展土地整治工程,推行耕地保护补偿机制,发放耕地保护补偿资金797.09万元。持续推进农村乱占耕地建房问题清查整治工作,开展土地矿产卫片执法监督检查和第三次全国土地调查。至年底,完成土地征收60宗1341.89亩,办理被征地农民"即征即保"(只要征地就可以买失地农民保险)审核3479人,完成柯桥区2021年度土地征收成片开发方案编制。办理不动产抵押登记1597件,涉及企业国有建设用地面积34477.64亩,抵押金额269.48亿元,查处自然资源违法案件96件。

通过精简申请材料,优化办件流程,实现一般登记2个工作日内办结,其中涉及普通商品房抵押登记及个人普通商品房(一手房、二手房)转移登记1小时办结,查解封登记、抵押权注销登记等事项即时办理;借助"互联网+政务",开展网络司法协作与不动产登记"一件事";加强数字化改革,推行不动产登记"网上办、掌上办",推行首月网办率17.3%,网办量、网办率均居全市第一;化解历史遗留问题,解决办证难题,共解决26宗,涉及住宅2003套(5个小区)、惠及6.9万人;开展自然资源确权登记,率先试点完成兰亭森林公园自然资源项目确权登记;探索农房(宅基地使用权)抵押登记,全面推进农村住房释放产权价值。

继续推进"跑小青"(青年文明号等青年集体助推"最多跑一次"改革的品牌)队伍建设,开展特殊上门服务15件。(*屠世泽*)

土地资源管理

【概况】 2021年,柯桥区继续实施存量建设用地盘活,推动批而未供土地消化利用和存量土地盘活,全年消化利用批而未供土地1836亩,盘活存量土地2335亩,完成城镇低效用地再开发项目供地2263亩。受理不动产登记123637件,制发不动产权证81736本,其中不动产权证书34821本、登记证明46915份,办结司法查解封业务3085件,抵押注销业务17109件。完成土地征收60宗1341.882亩,办理被征地农民"即征即保"审核3479人,完成柯桥区2021年度土地征收成片开发方案编制。马鞍街道飞跃闸村、长虹闸村2个全域土地综合整治与生态修复项目竣工并完成验收。

【土地整治】 2021年,柯桥区推进土地整治工程,全年完成垦造耕地307.9亩,旱地改水田187.2亩,完成农村土地综合整治(建设用地复垦)434.2亩。

【土地成交67宗】 2021年,柯桥区严格履行招拍挂审批程序,全年完成土地成交67宗3023.08亩,成交金额134.57亿元。其中,经营性用地出让18宗1039.03亩,出让金额123.3亿元;工业用地出让49宗1984.05亩,出让金额10.55亿元。划拨供地41宗827.16亩,集体使用5宗33.25亩。

【农村乱占耕地建房问题清查整治】 2021年,柯桥区结合卫片执法检查、信访举报、日常动态巡查等滚动摸排问题线索,再次排查出自2013年起的存量农村乱占耕地建房问题25宗。继续做好新增违建管控工作，全年巡查发现新增农村乱占耕地建房问题58宗，全部停工或拆除。

【用地空间拓展】 2021年，柯桥区按照“项目跟着规划走，要素跟着项目走”的过渡期规划空间额度管理要求，争取新增建设用地指标额度3305.93亩。

【建设用地计划指标争取】 2021年，柯桥区争取各类新增建设用地计划指标3866亩。其中，盘活奖励和重大产业项目等计划指标991亩，单独选址项目专项指标2827亩，跨省增减挂钩指标28亩，农房专项国家指标20亩。争取跨省增减挂钩新增建设用地指标1494亩。实际完成农转用审批12个批次新增建设用地3846.2亩。

【工业用地出让改革】 2021年，柯桥区全面落实工业用地“标准地”出让改革，在省级及省级以上平台实行工业项目用地全部“标准地”出让。全年出让“标准地”47宗，面积1954.54亩。

·小资料· 工业用地“标准地”

工业用地“标准地”，是指在城镇开发边界内、工业园区内具备供地条件的区域，对新建工业项目先行完成区域评价、先行设定控制指标，企业拿地即可开工建设，且在出让后按照约定接受监管的工业用地。

【永久基本农田占补平衡】 2021年，柯桥区因重大基础设施项目柯桥至诸暨高速公路工程（柯桥段）拟占用永久基本农田517.28亩，天圣牧业有限公司柯岩生猪养殖项目拟占用永久基本农田49.00亩，经论证并落实补划数量、质量和空间布局相当的永久基本农田568.94亩，发放耕地保护补偿资金797.09万元。

【不动产抵押登记】 2021年，柯桥区为帮助企业解决融资难题，办理不动产抵押登记1597件，涉及企业国有建设用地面积34477.64亩，抵押金额269.48亿元。为企业、银行提供抵押、查封信息查询71966次。

【土地矿产卫片执法监督检查】 2021年，柯桥区完成1—12月土地卫片执法整改工作，立案查处违法用地17宗，面积22.57亩，移交其他部门处理13宗。

【自然资源违法行为查处】 2021年，柯桥区加强“掌上执法”等技术手段运用，组织开展巡查2155次。全年查处自然资源违法案件96件，其中土地矿产违法案件72件，涉林违法案件24件，查处违法用地面积87.15亩，收缴罚没款217.95万元。（屠世泽）

地质环境保护

【概况】 2021年，柯桥区地质灾害类型主要为滑坡、崩塌和泥石流，规模以小型为主，主要分布于南部山区，短时强降雨及人类不规范工程活动是引发地质灾害主因。全区有地质灾害突发性易发区面积594.22平方千米，占全区面积的55.74%；所有发现排查的地质灾害隐患均落实综合治理措施，设置专业监测点7处进行永久监测。

【地质灾害防治】 2021年，柯桥区完成《2021年度地质灾害防治方案（报批稿）》《柯桥区地质灾害防治“十四五”规划》编制，修编《柯桥区突发地质灾害应急预案》，更新《突发地质灾害应急操作手册》。组织召开2021年柯桥区地质灾害防灾知识培训会，印发新《柯桥区地质灾害防治手册》。组织开展区地质灾害防灾知识进文化礼堂宣传月活动。5月，在王坛镇新华村开展地质灾害防治知识进文化礼堂活动。梅汛期间对风险防范区累计检查18组158人次，巡查累计194处。发现险情13处，即查即治应急排险，避让地质灾害1起，转移受威胁农户4户16人。启动应用“地灾智防”APP进行全域风险管控，与气象、应急等部门建立联合会商机制，共同发布地质灾害气象风险预警。启动地质灾害气象风险红色预警3次，橙色预警2次，黄色预警15次；防汛Ⅰ级应急响应2次，防汛Ⅱ级应急响应1次，防汛Ⅲ级应急响应3次，防汛Ⅳ级应急响应14次，累计发送短信12620余条。全年参与防灾主题宣传活动1100人次，分发宣传资料3200张；开展地质灾害隐患治理工程7处，完工2处。完成即查即治地质灾害应急排险小规模工程治理87处，发放财政治理资金1000余万元。全年没有发生一起因地质灾害形成的人员伤亡事故。（屠世泽）

矿产资源管理

【概况】 至2021年年底，柯桥区具有探矿权的单位

1家，具有采矿权的单位3家，其中2家金属矿产、1家建筑石材矿。继续推进绿色矿山建设专项行动。至年底，全区经营性生产矿山均完成绿色矿山建设工作。

【矿产资源勘查开采监督管理】 2021年，柯桥区依法规范矿产资源勘查开采和监督管理工作，落实矿业权人信用监管制度。全年统一组织开展矿山储量动态检测12次，定期进行矿山动态巡查260余次。结合浙江省地矿综合监管系统和浙江省地矿信用信息公示平台，对矿业权人矿产资源勘查开采信息公示工作进行督促指导与服务，监督检查矿业权人公示信息的真实性、完整性，规范开展实地核查，确保矿产资源勘查开采和信用公示监管工作落实到位。

【废弃矿山生态修复】 2021年，柯桥区对2处废弃矿山提升生态修复标准。至年底，原绍兴县福全中祥石料场、原绍兴县广佳建材有限公司废弃矿山通过验收。

【矿山环境粉尘专项整治】 2021年，柯桥区重点开展矿山环境粉尘专项行动。在2015年建立矿山粉尘防治长效管理机制的基础上，将经营性露天矿山纳入检查范围。根据《浙江省矿山粉尘防治管理暂行办法》《浙江省矿山粉尘防治技术规范（暂行）》等文件要求，每月定期联合对矿山粉尘防治情况进行检查打分，对重点环节的粉尘防治措施提出问题、强调整改，并建立矿山粉尘防治管理台账。（*屠世泽*）

执行编辑　韩兰芳

生态环境

综　述

【概况】 2021年，柯桥区国家考核断面（曹娥江大闸闸前断面）水质为Ⅱ类，达到Ⅲ类水环境功能区目标要求。5个省控及以上断面Ⅰ～Ⅲ类比例为100%；在28个市对区考核断面中，Ⅰ类水断面1个、Ⅱ类20个、Ⅲ类7个，断面水质全部满足功能要求，达标率100%；跨行政区域10个交接断面中，水质为Ⅱ类的断面6个、Ⅲ类4个，全部满足功能要求，跨行政区域考核继续保持优秀。空气质量优良率为89.9%，比2020年上升0.6个百分点；$PM_{2.5}$均值30微克/立方米，比2020年下降1微克/立方米，达有纪录后历史最好水平。6家火电、造纸行业企业自动监测数据标记工作纳入全市试点，成功创建柯桥区省级生态文明示范区，“数智蓝网”建设取得初步成效。（赵晓丰）

【重点行业生态环境统计与排污许可管理列入全国试点】 2021年8月，柯桥区重点行业生态环境统计与排污许可管理试点工作列入全国试点。该试点工作以排污许可证为载体，全面理顺排污许可证制度与生态环境统计制度的关系，从管理上、程序上、内容上实现两项制度的有效衔接，加强排污许可证执行报告质量管理，逐步将排污许可证执行报告作为固定污染源统计数据的主要来源，构建排污许可和生态环境统计一体化应用平台。（严　涛）

环境监察与稽查

【概况】 2021年，柯桥区强化涉水、涉气案件查处，依法从重从严打击各类环境违法行为，维护区域环境安全。组织开展印染企业生态环境专项执法检查，电镀、医药废水处理专项执法，环境污染问题排查见底百日攻坚专项行动。开展执法大练兵，推动跨部门“双随机”执法，抽调执法人员参加市级交叉执法检查工作。加强应急管控，区域内无重大环境突发事件发生。

【第二轮中央环保督察问题整改】 2021年，柯桥区第二轮中央环保督察问题中，整改销号信访件80件（含重点件4件）全部整改销号。柯桥区牵头问题1个（若耶山居），整改销号；配合市级主办单位开展整改问题10个。（赵晓丰）

【环境违法案件查处】 2021年，柯桥区立案查处环境违法案件130件，处罚金额1296万元。涉嫌环境污染移送公安案件2件，刑事拘留6人。（钱林峰）

【工业厂区“低散乱污”联合执法检查】 2021年，柯桥区累计出动执法人员360余人次，对主城区内小微企业开展摸排，组织现场核查，共认定主城区内“低散乱污”（暂定为不符合国家产业政策、当地产业布局规划，相关审批手续应办而未办理，或无污染防治设施、不能对产生的污染物进行有效收集处理、无组织而排放严重、不能稳定达标排放的工业企业）企业437家，其中要求关停整改企业370家，全部停产退出。

【环境信访群众满意率95%以上】 2021年，柯桥区继续设立夜间应急值班小组，应对和处置各类突发环境污染事件。全年受理信访投诉1145件，比上年下降1.04%，调处回复率100%，群众满意率

95% 以上。(赵晓丰)

环境监测及管理

【概况】 2021 年,柯桥区监测考核断面水质、发布与预警 AQI(空气质量指数)日报、监督监测和在线比对重点污染源、开展区域环境质量监测及分析评价等工作,强化突发性事件的快速响应能力和应急监测能力。完成年度岗位责任制各项任务和检验检测机构资质认定复查扩项评审。全年提交各类监(检)测报告 469 份,获手工监测数据 15358 个,其中常规政府指令性监测报告 47 份、重点污染源监督性监测报告 77 份、执法监测 245 批次、其他报告 100 份。参加应急演练 6 次,实战化应急监测 1 次。对 6 个边界核查点、30 个动态核查点按要求进行核查记录、拍照、系统上报。

【水环境质量预警】 2021 年,柯桥区继续推行镇(街道、开发区)环境质量预警机制,对河道断面水质状况超过预警值或者排名落后的镇(街道、开发区)及时发出信函督促整改。全年发出水环境质量预警函 8 份。

【区域大气质量优良率 89.9%】 2021 年,柯桥区空气质量优良率 89.9%,比 2020 年上升 0.6 个百分点;$PM_{2.5}$ 年均值 30 微克 / 立方米,比 2020 年下降 1 微克 / 立方米;臭氧均值 95 微克 / 立方米,比上年上升 1 微克 / 立方米,增幅 1.1%;二氧化氮均值 31 微克 / 立方米,比上年上升 2 微克 / 立方米,增幅 6.9%;二氧化硫均值 7 微克 / 立方米,与上年持平;PM_{10} 均值 53 微克 / 立方米,比上年上升 2 微克 / 立方米,增幅 3.9%;一氧化碳均值 0.6 毫克 / 立方米,与上年持平。(任洁琼)

【环境质量自动监测点新增 4 个】 2021 年,在原有水、气自动监测网络的基础上,新增柯桥妇幼保健院国控点周边网格化监测点 4 个(分别为柯岩街道办事处、浙江国际赛车场、凤凰创新园、炎中工业园),实施“柯桥区平水江水库水质自动监测站运维服务采购项目”“柯桥区环境质量自动监测站运维服务采购项目”“柯桥区城市大气网格化微控系统暨空气质量综合改善服务项目”“柯桥区省控环境质量自动监测系统辅助设施建设项目”,提升环境质量自动化监测能力。

【农村集中式饮用水水源地水质达标率 100%】 2021 年,柯桥区重点开展平水江水库 63 项指标检测,确保县级饮用水水源地水质安全。检测结果达到饮用水水源地二类水功能区要求。4 个农村集中式饮用水水源地水质每月均保持在Ⅱ类及以上,农村集中式饮用水水源地水质达标率 100%。(丁志峰)

污染防治管理

【概况】 2021 年,柯桥区以改善和提升环境质量为工作核心,坚持“水、气、土”合治,推进区域环境空气质量提升和污染防治工作。开展印染企业废气整治提升,完成染化料储存间及浆料调配间密闭管控、定型机及废气处理设施管线清洗摸排、定型机印花机集气罩安装督查三大专项整治行动,完成 109 家印染企业集气罩安装、排风扇拆除任务。全年检测车辆 158199 辆。

2021 年 2 月,柯桥区开展印染企业定型机废气治理设施清理专项检查行动　　(市生态环境局柯桥分局　提供)

【“数智蓝网”(一期)建成】 2021 年,柯桥区“数智蓝网”(一期)建成,污染源监控涉气企业 114 家、工况在线112家、雷达遥感1套、空气微站24个、道路扬尘监控23个、高空瞭望114个、黑烟抓拍2个等大气环境监测类数据接入系统。实现涉气、涉废印染行业为主的重点污染源相关监管数据整合，以数据驱动发现相关环境问题及快速预警闭环机制。(梁丽青)

【土壤污染排查管控】 2021年，柯桥区督促18家土壤环境重点监管单位落实污染防治责任。开展用途变更地块开发利用情况排查；落实建设用地调查评审制度，评审地块数54块。柯桥区未发生污染地块被开发利用情况，区污染地块安全利用率100%。

【工业固废“大排查”“大整治”】 2021年，柯桥区开展工业固废“大排查”“大整治”，编印环保《政策制度与问题咨询手册》6500册；编印所需排查表、告知书及回执单8000份。共现场宣传贯彻核查企业总数5948家，无废城市数字化系统注册入网3473家，排查发现各类隐患问题1300个，均完成整改。(沈铁佳)

【全域水质持续巩固】 2021年，柯桥区深度排查重点断面，借助无人机航拍、无人船巡航、声呐暗管探测及水质自动监测等技术手段，排查分析重点河道区域，开展举一反三排查整改工作，各镇街根据排查结果落实水污染防治措施，断面水质均在Ⅲ类水以上。整治提升8个“污水零直排”工业园区，截至年底，8个工业园区均完成提升验收。(茅一航)

【排污权交易】 2021年，柯桥区健全排污权基本账户制度，开展排污权有偿使用和交易。全年废水指标通过二级市场交易成交22宗，废水交易成交量973.6吨，成交金额2157.95万元。开展废气排污权储备指标交易34宗，涉及二氧化硫指标159.95吨、氮氧化物指标385.99吨，总交易金额1325.26万元。(赵晓丰)

节能减排

【概况】 2021年，柯桥区继续做好污染物减排工作，促进柯桥区环境质量的持续改善。2021年市环保局对柯桥区四项主要污染物指标(化学需氧量、氨氮、氮氧化物、挥发性有机物)的减排任务分别为265吨、15吨、170吨、110吨。柯桥区通过管网建设改造项目、“低散乱污”小微企业整治工作及推进大气治理工程项目等措施，确保各项减排目标任务完成。实施绍兴水处理发展有限公司(生活端)生活管网的建设改造项目，使生活污水接入污水管网经处理后再进行排放，改善居民生活环境。

【低氮锅炉改造企业2家】 2021年，符合污染物减排测算条件，纳入2021年度污染物减排测算的低氮锅炉改造企业共计2家。通过更换低氮燃烧器并配套烟气再循环方式，减少氮氧化物排放。绍兴柯桥三杰纺织品有限公司排量为1.128吨，绍兴咸亨酒业有限公司排量为2.995吨。

【结构关停企业9家】 2021年，柯桥区推进工业小区“低散乱污”整治提升工作，淘汰关停一批“低散乱污”小微企业。其中符合污染物减排测算条件，纳入2021年度污染物减排测算的结构关停企业9家。(许 瑾)

2021年4月20日，柯桥区召开《排污许可管理条例》内容解读及排污许可证证后工作培训 (市生态环境局柯桥分局 提供)

2021 年 5 月 13 日，绍兴市生态环境局柯桥分局执法人员检查小微企业无组织废气收集情况及废气治理设施运行情况

（市生态环境局柯桥分局　提供）

生态建设

【概况】 2021 年，柯桥区开展美丽绍兴建设（生态文明示范创建行动），制定《2021 年度柯桥区美丽绍兴建设（生态文明示范创建行动）工作任务书》，完成 12 所区级绿色学校验收。全区生态环境质量公众满意度调查结果为 84.54 分。开展各类生态宣传活动，加大与新闻媒体合作宣传力度，报道生态环保工作的先进典型，曝光破坏生态环境的违法行为。发布生态环境保护“十四五”规划，《深化生态文明示范创建高水平建设新时代美丽柯桥规划纲要（2021—2035 年）》通过专家评审。开展美丽柯桥建设，评选出 6 个镇街为 2020 年度美丽柯桥建设优胜单位。

【省级生态文明建设示范区创建成功】 2021 年 7 月 27 日，省政府发文命名第五批省级生态文明建设示范区市、县（市、区），柯桥区榜上有名。自 2017 年启动创建以来，柯桥区致力印染行业整治提升，印染企业由 212 家整合减少至 108 家，建成全国最大的绿色印染基地；确立“5 带 16 片 32 个核心村 264 个村居点”的全域创建格局，推进全区 12 个小城镇建设新时代美丽城镇。

【气候变化应对】 2021 年，柯桥区开展 2020 年度温室气体清单报告编制工作，涉及八大行业的 10 家企业纳入碳交易名单，补报 2018—2019 年度碳交易纳入企业的碳报告；对 143 家能耗 5000 吨以上重点企业开展碳账户建设工作；4 家发电企业完成全国碳排放权交易市场第一个履约周期配额清缴工作；3 个村（社区）入选首批省级低（零）碳试点村（社区）名单。（茅金娣）

【生态环保宣传】 2021 年，柯桥区组织开展国际生物多样性日和“6·5”环境日主题活动。在柯岩风景区举办活动主题展，联动广播 FM106 开设“小环保·大生态·主播说”栏目，在早晚高峰及定点时间段开展生物多样性日、碳达峰碳中和、“6·5”世界环境日公益宣传。组织拍摄的短视频《保护一棵古树 传承一段历史》获省厅“保护生物多样性 共建美丽浙江”短视频评比一等奖。“柯桥生态环境”微信公众号等新媒体，发布推文 44 次，阅读量 3 万余次。开展生态满意度模拟调查 4 次，4600 人次参与。（赵晓丰）

2021 年 6 月 5 日，柯桥区开展“6 · 5”世界环境日主题宣传活动

（市生态环境局柯桥分局　提供）

执行编辑　高祖钿

水 利

综 述

【概况】 2021年，柯桥区贯彻习近平总书记“十六字”治水方针，全区谋划新建项目8个，总投资32.1亿元。完成曹娥江综合整治工程（柯桥段）建设，兰亭江综合治理和型塘江综合治理工程完成初步设计批复，新三江闸排涝配套河道拓浚工程（柯桥片）和西小江流域综合治理工程前期顺利开展。提前完成省民生实事项目6项，创建市级“美丽河湖”3个、“水美乡镇”2个。推进水管理平台建设，完成水利六大核心业务事项梳理和水利数据仓体系构建并投入运行。实施农村饮用水“清洁供水”提升项目，农村供水管网漏损监测分析项目被列入省水利厅首批数字化改革试点名单，完成供水管网漏损监测场景应用。落实最严格水资源管理制度，完成211处取水工程整改，开展取水许可延续评估，完成存量取水许可电子证照转换，征收水资源费3762.7万元。完成10家节水标杆单位及5家节水型机关创建。水环境综合执法累计巡查河道长度超过1100千米，联合整治涉水违建4处，恢复水域面积830余平方米，“四乱”问题清单整改率100%。完成水土流失治理面积1.06平方千米，完成109个遥感疑似违建图斑复核工作。经受台风“烟花”考验，实现水库山塘不失事、山洪灾害零伤亡。柯桥区获评小型水库系统治理和水利工程管理“三化”改革成绩突出集体，柯桥区河湖管理所获评浙江省“十三五”实行最严格水资源管理制度成绩突出集体，海塘安澜项目获评2021年度海塘安澜千亿工程优秀组织工作成果。柯桥区获省级农业水价综合改革工作绩效考评优秀。（章　琪）

水资源管理

【概况】 2021年，柯桥区落实最严格水资源管理制度，强化用水计划管理，完成节水行动实施方案的年度各项任务，编制并印发《绍兴市柯桥区节约用水“十四五”规划》，完成绍兴市平水江水库饮用水源安全保障达标评估工作，实行最严格水资源管理制度考核继续保持优秀。开展企业水平衡测试8家，创建节水型企业8家、节水型公共机构4家、水利行业节水型单位5家，完成企业清洁生产审核31家。推进实施节水“六大工程”（农业节水增效工程、工业节水减排工程、城乡节水降损工程、非常规水利用工程、节水标杆示范工程、全民节水宣传教育工程），发挥节水标杆示范引领作用，创建节水标杆10个，其中节水标杆酒店2个、节水标杆校园2个、节水标杆小区2个和节水标杆企业4个。谋划实施城区“幸福河湖”建设工程，计划通过3年时间，投资1亿元对柯桥城区涉及华舍、齐贤等街道的大坂湖直江、瓜渚湖东直江等城区主要河道进行整治，对未达到规划河道宽度的进行拓浚、砌磡，沿河绿化提升、改建景观桥梁等。批复建设项目水土保持方案报告表15件，报告书17件，按要求以水土保持项目的后续设计、方案落实、水土流失监测、竣工验收等作为重点，抓好动态跟踪落实。（俞圣达　张书廷　阮亭颜）

【水资源宣教活动】 2021年，柯桥区利用第29届世界水日和第34届中国水周、城市节水周、宪法宣传日，开展水资源宣传活动，通过传统纸媒、公交移动新媒体、社区设摊宣传等方式，向社会公众开展水情教育，提高公众节水、护水、爱水的意识。开展以“惜水护水 相约瓜渚”为主题的环瓜渚亲子健步走活动，践行低碳环保、节水护水的理念。全年发放宣传资料和宣传品1000余份。

【取用水管理专项整治行动】 2021年，柯桥区通过取水工程（设施）核查登记，全面摸清取用水管理现状，排查取用水行为不规范问题204项，对照相关法律法规，建立问题整改台账，分类制定整改措施。204项问题全部整改销号，整改完成率100%。（阮亭颜）

【水资源费减免政策实施】 2021年，柯桥区根据浙江省助力市场主体纾困水资源费减免政策，从2020年7月1日延续至2021年6月30日，全区所有取水企业的水资源费按原标准的80%征收，累计减免水资源费1000万元。按照浙江省节水型企业水资源费减免办法，全区有3家企业从8月1日起享受该政策，至12月底累计减免13万元。

【企业取水许可延续评估】 2021年，柯桥区按照“企业申请、中介评估、专家评审、职能科室（审批）把关”的思路，科学核定新批水量。共对33家取水许可证到期的企业开展评估，其中30家完成延续，3家注销，累计核销取水许可水量达2100万立方米。落实省水利厅关于取水许可电子证照发放要求，全区155家取水企业，全部完成取水许可电子证照转换工作。

【取水口标准化建设】 2021年，柯桥区拓展水资源监管综合改革试点，完成20个点的取水口标准化建设，全区取水口标准化建设点增至60个。开展取水标识牌提档升级，按造型仿古、地貌兼容、标识醒目的要求，完成古鉴湖周边5家企业的取水标识牌提档升级工作。（濮永金）

【河道水事执法】 2021年，柯桥区开展河道巡查169次，累计巡查河道长度超过4200千米，出动执法人员342人次，出动车辆139车次、船只30航次。移交区综合行政执法局立案查处20件，查处违法侵占水域面积1500余平方米。申请法院强制执行案件7件，强制清理涉水违法建筑1处，恢复水域面积30平方米。

2021年，柯桥区水政执法巡查现场　　（区农业农村局　提供）

【河湖“清四乱”攻坚战】 2021年，柯桥区开展河湖“清四乱”（清理整治乱占、乱采、乱堆、乱建）攻

2021年，柯桥区水政执法拆除现场　　（区农业农村局　提供）

坚战，专项河道巡查60余次，巡查河道长度650余千米，建立问题清单7处。开展联合执法行动3次。共计出动人员30余人，挖机6台、运输船只5艘和自卸车6辆，清除位于漓渚镇四亩坝水库、柯桥街道廿二房横江等河道内违法搭建的木桩、船棚和违规修建的景观台等，恢复水域面积共计90余平方米。

【水土保持遥感图斑现场复核查处】 2021年，柯桥区完成水利部、省水利厅遥感发现的71个图斑复核，每个图斑都确认生产建设项目扰动情况，核查项目属性信息，拍摄现场照片，复核完成率100%。按考核要求全部完成复核和问题项目的查处工作。（俞圣达）

【饮用水和农田灌溉供水保障】 2021年，柯桥区平水江水库向绍兴市制水有限公司供水3440.9万立方米，为计划取水的99.3%，完成饮用水供水保障工作。平水江水库向下游（柯桥区平水镇，越城区鉴湖街道、富盛镇和皋埠街道）1139公顷农田灌溉供水473.65万立方米，完成2021年农田灌溉用水保障工作。（李红波）

【农业水价综合改革“五个一百”示范工程建成】 2021年，柯桥区开展农业水价综合改革工作。当年投入193万元，在马鞍、柯岩、福全、兰亭、王坛建成农业水价综合改革“五个一百”示范点（泵站机埠、堰坝水闸、灌区灌片、农民用水管理主体、基层水利站所5类中各创建100处示范点位）9处，其中5个案例获评省级改革优秀典型。完成平水江水库灌区供水计量设施9处，全区农田有效灌溉利用系数0.626，获2021年度省级农业水价综合改革年度工作绩效考评优秀。（李国华）

【美丽水乡系列创建】 2021年，柯桥区马山闸西江、王化溪、兰若寺水库被评为“美丽河湖”；华舍街道、安昌街道被评为“水美乡镇”；余渚池塘、和园池、陈家溇、河塔潭池塘、大山池、陶里池塘、光明居池塘、徐家灶池塘、栅溪大塘、梅坞池塘、万公池、庙池头池塘、方家桥社区内湖、黄牛湖、木枝湖15个池塘被评为“美丽池塘”；西蜀阜村、安华村、光明居、齐贤村、蒲荡夏村、园里湖居、寺桥村、湖安村、童家塔村、国庆村、莲东村、棠二村、上王村、新联村、冢斜村15个村被评为“水美乡村”。

【河道河磡疏浚修复】 2021年，柯桥区完成瓜渚湖直江部分河段疏浚工程和古运河鲁南段坍塌河坎修复工程。其中，瓜渚湖直江部分河段疏浚工程造价共计64.31万元；古运河鲁南段坍塌河磡修复工程投资178.38万元。（张书延）

【渔业资源增殖放流】 2021年7月和11月，柯桥区在柯岩鉴湖、大小畈湖及平水江水库等水域增殖放流鲢鱼、鳙鱼、草鱼等滤食性鱼类935万尾，维护渔业生态，改善水域生态环境。（陈 甫）

2021年6月24日，柯桥区“增殖渔业资源 建设生态柯桥”活动在柯岩风景区举行 （胡飞珍 摄）

水利工程建设

【概况】 2021年，柯桥区实施以“百项千亿防洪排涝工程”为重点的水利工程建设，小舜江北溪综合治理工程（大桥至冢斜段）开工，工程主要建设内容包括治理河道3.608千米，改造堰坝7座，改建农桥2处、过道3处，对2处桥梁进行整修加固，重建2处引水渠等。绍兴市曹娥江综合整治工程（柯桥段）工程基本完成，钱塘江一线海塘加固工程通过竣工验收。制订柯桥区水安全保障“十四五”规划，提出“十四五”期间，柯桥区将规划重大项目10个，总投

资97.3万元，其中“十四五”期间投资78.8万元。（董利斌 祝 娟）

【水利工程长效管护政策实施】 2021年，柯桥区开展池塘整治、河道水域综合整治，对实施农村池塘整治达到标准的按投资额的95%、最高50万元进行补助；实施河道水域综合整治按单边700元/米进行补助；实施河道清淤的按40元/立方米进行补助。（张书廷）

【海塘安澜工程项目建议书获省发展改革委受理】 2021年10月12日，柯桥区海塘安澜工程项目建议书获得省发展改革委受理。该项目位于滨海工业区，东起曹娥江大闸，西至萧山交界，地处钱塘江河口强涌潮地段。项目总用地面积为39.37公顷，预计总投资5.88亿元，建设工期为30个月。该项目把防洪御潮设计标准由原100年一遇提升至300年一遇，建设成“安全+”“生态+”以及文化、交通、产业等综合功能于一体的现代化海塘。（祝 娟）

【曹娥江综合整治工程（柯桥段）基本完工】 2021年，绍兴市曹娥江综合整治工程（柯桥段）被列为浙江省重点工程，工程概算投资4.45亿元，主要建设内容包括护岸工程4.97千米，提升堤顶道路12.62千米，提升巡查通道24.28千米，提升沿河配套绿化景观19.45公顷，堤防沿线水闸、桥梁改建等。工程防洪标准为100年一遇。2021年完成12.62千米的堤顶道路提升项目，12月30日试通车运行。完成护岸工程4.97千米，建成24.28千米的巡查通道，配套绿化景观提升工程基本完成。（董利斌）

【钱塘江一线海塘加固工程通过竣工验收】 2021年9月29日，钱塘江一线海塘加固工程通过竣工验收，工程累计完成投资8700万元。工程完成板桩堤脚防冲2.6千米，集装箱段护坦补强3.2千米，修复挡浪墙5.8千米。该项目于2019年8月1日开工，施工单位为宁波龙元盛宏生态建设工程有限公司和浙江围海建设集团股份有限公司。（董利斌）

【滨海2闸通过安全鉴定】 2021年10月，柯桥区滨海节制闸、丰收闸通过市、区水利专家组评审。其中绍兴市水利局同意滨海节制闸属“一类闸”。滨海节制闸位于新开环塘河首端，规模为4孔，每孔净宽8米。丰收闸属“四类闸”。该闸是柯桥区小型节制水闸，位于绍兴市西北部新、老三江闸间的马海围堤上，系马海垦区的一座节制闸，工程于1988年3月动工，同年12月竣工。（沈闻雄）

【山塘水库整治】 2021年，柯桥区长征水库加固改造工程开工建设，由浙江良辰建设有限公司承建，总投资约880万元。整治里裘、外湾等11座山塘，整治重点包括大坝除漏、坝坡护砌、重建溢洪道和放水设施的整修加固。（韩越峰）

【山区溪流整治】 2021年，柯桥区整治钱清、漓渚、杨汛桥、平水、兰亭、湖塘、夏履等镇（街道）山区溪流10条，治理总长度13.98千米，计划投资1299.44万元，提升山区溪流防洪、灌溉能力。（李国华）

2021年12月30日，曹娥江综合整治工程（柯桥段）堤顶道路全线试通车运行 （赵 炜 摄）

【水旱灾害防御】 2021年，柯桥区有效防御“6·12”梅雨强降雨和强台风“烟花”。“烟花”台风防御期间，应急响应提升至最高级别Ⅰ级，无山塘水库等水利工程出险。全年开闸排涝15.59亿立方米。开展水利领域自然灾害风险普查，实现水文测站通信双保障全覆盖，构建水利数字化水平台。（韩越峰）

【区水文防汛“5+1”工程（二期）完工】 2021年5月，柯桥区水文防汛“5+1”工程（二期）开工，11月完工，总投资570余万元。工程主要内容为在平水江水库新建1个库下站，在稽东、福全、厦履、马鞍新建4个水位站，在安昌、兰亭等地改建54个水位站，改建桑盆殿站标准化雨量场自动蒸发站等。项目建成后使15个国家站点、7个重要水库站和4个新建水位站升级实现“双传输、双测量、双终端”，44个水库站实现“双传输”，实现在极端暴雨洪水下，仍能够“测得到、传得出、算得准、报得及时”。

【稽东雨量站迁建工程完工】 2021年12月底，柯桥区稽东雨量站迁建工程完工，总投资9万余元。该工程由杭州楷萍自动化科技有限公司承建，2021年11月19日开工。迁建后的稽东雨量站观测场规格为6.5米×6.5米，周围安装不锈钢护栏，场内修建混凝土观测道路并种植草皮。相比于老测站，新测站更符合国家雨量站观测标准。（傅永平）

【平水江水库灌区新山头渡槽重建工程完工】 2021年4月30日，柯桥区平水江水库灌区新山头渡槽重建工程完工。工程实际投资66.7万元。项目于2020年12月29日开工，由浙江中凰建设有限公司承建。建设内容有拆除原渡槽、排架及基础，新建新山头渡槽、上下游渠道连接段，修复沥青路面，设置波形护栏，砌筑溪流挡墙和设置排水设施等。

【平水江水库大坝安全监测系统项目完工】 2021年10月12日，柯桥区平水江水库大坝安全监测系统完工，10月19日通过专家验收。此项工程于2021年8月13日开工，由浙江智沄科技有限公司承建，项目实际投资84.36万元。完成主副坝变形观测和主坝渗流观测自动化升级改造，大坝安全监测由人工观测提升到自动化观测。（李红波）

2021年4月30日，平水江水库灌区新山头渡槽完成拆除重建
（李红波 摄）

2021年10月12日，柯桥区平水江水库大坝安全监测系统完工
（李红波 摄）

执行编辑 高祖钿

经济管理

发展改革管理

【概况】 2021 年,柯桥区被列入 2021 年度全国综合实力百强区。争取到上级补助及其他支持资金 4480 万元,大渡社区在全省率先落地文化多跨场景,“大渡社区文化应用”被列入全省数字社会第一批最佳应用。柯桥区推进数字社会文化多跨场景落地大渡未来社区的主要做法、柯桥区积极探索印染行业“碳达峰、碳中和”实现路径获省政府分管领导批示肯定。

全年生产总值总量 1747.98 亿元,全市第一;增速 9.6%,全市第二;人均生产总值增量 11381 元,全市第一。全体及城乡居民人均可支配收入分别增长 10.7%、9.9% 和 10.5%,居民收入差距持续缩小,城乡居民收入比由上年的 1.66 调整到 1.65。服务业增加值增速 7.8%,全市第二。

【项目建设】 2021 年,柯桥区抓住长三角一体化和杭绍甬一体化发展机遇,把握项目扶持政策,争取更多资源要素纳入国家和省级规划“盘子”。有 43 个项目被列入浙江省“六个千亿”产业投资工程 2021 年实施计划,总投资 1106 亿元,投资额全市第一;11 个项目被列入 2021 年省重点建设项目,总投资 351.3 亿元,新增项目 3 个,均为全市第一。

【东西部协作】 2021 年,柯桥区完成东西部协作消费帮扶 10870 万元。开展援建项目 15 个,全部启动建设。开展四川省农村劳动力培训 4717 人次,其中包含脱贫人口 1227 人次;帮助四川省农村劳动力 24116 人到柯桥区就业,其中包含脱贫人口 808 人。

【山海协作】 2021 年,柯桥区山海协作产业合作到位资金 1.73 亿元,完成年度目标任务的 173%。消费帮扶金额 806.24 万元,完成年度目标的 134.37%。规范提升柯桥—江山“消薄飞地”建设,招商招租工作全部完成,年度保底受益 354 万返利资金于 9 月拨付,带动 50 个经济薄弱村,年均返利 7.08 万元。

【高质量经济政策兑现】 2021 年,柯桥区出台 2021 年高质量发展经济政策,2020 年高质量经济政策落地,提高网上兑现率,兑现 7.2 亿元,兑现率 123.9%,超额完成 33.9%,均居全市首位。印发《绍兴市柯桥区优化营商环境“10+N”便利化行动任务清单》,提升营商环境。(诸旷怡)

国有资产管理

【概况】 2021 年,柯桥区国有资产管理部门依法履行政府出资人职责,增资产、降负债,拓经营、扩收入,不断提升区域国资国企发展质量。至年底,资产总额 3424 亿元,净资产 791.2 亿元,资产负债率 76.89%,国有资产总量 759.6 亿元;营业收入总额 47.9 亿元,利润总额 -22.5 亿元。年末国有企业从业人数 6379 人,其中职工数 6045 人。

【“提质增效”专项行动】 2021 年,柯桥区成立工作专班,实施国有企业“提质增效”专项行动,通过优质资产注入、公司股权划转、特许经营权注入等举措,为国有企业增加资产 65 亿元和现金流 8.5 亿元。

【AA 级国有企业新增 3 家】 2021 年,柯桥区以增资产、降负债为抓手,制定国有企业信用等级提升

"一企一策"方案。研究解决各类难题126个,3家国有企业成功获评AA级,其中兰亭文旅主体信用等级从AA-级提升到AA级,是2021年全国第一家信用评级提升的国有平台;区旅发集团和轨道交通集团通过AA级评级。至年底,全区有5家AA级国有企业、3家AA+级国有企业。

【国有企业注销整合15家】 2021年,柯桥区按照突出主业、集聚发展的要求,实行合并一批、注销一批、处置一批,对同质经营、上下游配套企业整合和内部归并,对空壳公司和长期无经营业务的公司或经营效益不高、有效资产不多、处于停业半停业状态的企业注销整合,对经营收益不高的闲置资产公开处置。摸排梳理拟注销整合国有企业19家,其中完成15家。

【高端人才引育】 2021年,柯桥区推进国有企业人才引育工作,研究出台《关于柯桥区国有企业人才引进和培育若干意见的操作细则》,组织7家区直属国有企业制订人才发展规划、人才目录、人才引育和管理办法,打破薪酬、职数等限制,设置高端人才职数24人、紧缺人才52人和首席技术官职数9人。(王森剑)

市场监督管理

【概况】 2021年,柯桥区优化营商环境,新增市场主体2.72万家,累计有在册市场主体15.98万家,其中公司等企业6.18万家,居全市第一;个体工商户9.8万余户。新增"个转企"(个人工商户转型升级成企业)709家,新增科技型小微企业389家。发放浙江省首笔花样质押融资1500万元,发布浙江省首个知识产权领域司法行政数字化协作应用系统"AI智审"。创建各类放心消费单位2586家,柯桥区市场监督管理局获2020年度浙江省"放心消费在浙江"成绩突出集体。

全区36家农贸市场完成数字化自动道闸"技防"安装,"浙冷链"备案激活414家,累计入库扫码50074次、溯源赋码10987次,立案查处51件,查封进口冷链食品4805.72千克。组建全区首支抗疫轻骑志愿队,开展物资配送、提供跑腿服务。(洪　彬　宋若莞)

【证照审批服务】 2021年,柯桥区以"浙江企业在线"为服务新通道,落实"企业全生命周期服务"一件事改革,便利市场主体开办登记,提升电子营业执照发放率。深化证照分离改革,按照直接取消审批、审批改备案、推行告知承诺、优化审批服务"四扇门"标准,减少办证环节,降低准入门槛,提高市场主体办事的便利度。市场主体数量持续提升,至年底,在册企业数首次突破6万家,达6.18万家,居全市第一。(李　尧)

【小微企业培育】 2021年,柯桥区继续推进"小微企业三年成长计划",新增小微企业7558家,其中八大重点产业小微企业1744家,完成"个转企"709家,新增股份公司40家,新增科技型小微企业389家,发放科技创新券669万元,完成小微企业职业技能培训4360人次。柯桥区民营企业协会获浙江省"小微企业三年成长计划"工作领导小组颁发的"市场环境建设成绩突出集体"荣誉称号。(范晓波)

【放心消费在柯桥行动】 2021年,柯桥区实施放心消费在柯桥行动。至年底,创建各类放心消费单位2586家,其中放心工厂800家和无理由退货承诺单位1390家,创建数量均位列绍兴市第一,柯桥区市场监督管理局获2020年度浙江省"放心消费在浙江"成绩突出集体称号。新培育柯桥宝龙广场和绍兴兰亭景区管理有限公司2个放心消费商圈。通过"12345"信访平台、浙江省"12315"行政执法系统、全国"12315"互联网平台,全年受理并调处各类投诉、举报、咨询9715件。(高　波)

质量技术监督管理

【概况】 2021年,柯桥区黄酒产业标准化试点项目成果获得国家标准化委员会批准建设,成为第二批国家级重要消费品标准化试点项目。新增"品字标"企业8家、"浙江制造"标准9项,新增丽水山耕获证单位2家,有5家企业成为绿色产品获证企业。加大品牌企业培育资金奖补,向29家企业兑现2020年度相关财政激励资金695万元,涉及企业数比上年增加107%,奖励资金比上年增长44.8%,应兑现资金兑现率100%。与市特检院联合制定的浙江省首个既有住宅加装电梯团体标准通过专家评审。推进国家检验检测高技术服务业集聚区绍兴园区柯桥辐射区建设，新增机构6家，总营收2.24亿元，比上年增长9.8%。（洪　彬）

【“品牌强区”建设】 2021年，柯桥区以品牌服务产业发展为导向，出台《柯桥区推动本地企业品牌化建设工作方案》，从品牌基础建设、品牌培育行动、品牌应用和推广等多维度推动本地企业品牌化建设。推动“品字标”品牌建设提质拓面，在原有工业制造业领域基础上，积极推动“品字标”品牌建设向农业、服务业延伸。绍兴柯桥东方茶业有限公司、绍兴市柯桥区玉龙茶业有限公司2家农业企业成为绍兴市2021年度“品字标浙江农产”品牌企业（全市共2家）；绍兴天马大酒店有限公司通过浙江省第一批“品字标浙江服务”专家答辩，为全市唯一。

2021年5月25日，柯桥区在天马大酒店开展餐饮食品安全你我同查活动　（区市场监管局　提供）

【“质量强区”建设】 2021年，柯桥区19家企业的39个课题参评绍兴市优秀QC（质量控制）活动小组成果，获评一等奖11个、二等奖12个、三等奖16个，一等奖数和获奖课题总数自2019年起第三年居绍兴市第一。三力士股份有限公司被评为2020年绍兴市市级表彰奖励项目（质量类）获奖企业（原市长质量奖），成为柯桥区第八家获此荣誉的企业。由柯桥区市场监督管理局编制的《“十四五”柯桥区质量发展规划》正式发布，成为绍兴市首个“十四五”质量发展规划。以线上线下相融合的形式，推动“一站式”质量服务平台建设，累计新增线上注册企业用户5300余家，注册数绍兴市第一、全省第三。

【“标准强区”建设】 2021年，柯桥区主导制定国家标准1项、行业标准4项、全国性团体标准4项，参与制定国家标准8项。柯桥区人民政府申报的黄酒产业标准化试点项目成果获得国家标准化委员会批准建设，成为第二批国家级重要消费品标准化试点项目。以数字化改革推动标准化管理水平提升，新增“标准在线”企业应用1830余家，应用企业数全市第一。（寿　叶）

【检验检测技术服务】 2021年，柯桥区推进国家检验检测高技术服务业集聚区绍兴园区柯桥辐射区建设，新增机构6家，总营收2.24亿元，比上年增长9.8%。柯桥区质量计量检验检测中心建成可降解材料实验室，新建保障民生的基础计量强制检定项目4项、质量检验项目17项。围绕纺织印染特色传统企业高耗能、同质化等产业痛点，构建并不断强化一站式服务平台优势，组织76家纺织印染企业针对输欧产品质量、节能降耗技术推广开展专项培训2次，为4家企业获得国际质量认证提供服务。加大减负惠企力度，累计为柯桥区215家企事业单位提供免费法定计量器具强制检定共计3万余台（套），提供纺织印染产品免费国标标准检验800余批次。（黄　华　童珈珈）

【特种设备安全监管】 2021年，柯桥区市场监督管理部门出动执法人员2915人次，检查特种设备使用单位1831家，检查特种设备3387台（套），发出《安全监察指令书》85份，消除安全隐患855处，全区未发生特种设备安全责任事故。

【“智慧电梯”运行管理】 2021年，柯桥区完善“智慧电梯”运行管理，做好平台及第一、二批1961台公共场所（安置小区、保障房）垂直乘客电梯，及2021年新安装的1027台住宅电梯物联网监控系统的日常维护和管理，实现困人故障第一时间报警，应急人员第一时间发现，维保人员第一时间处置。全年监测故障报警258327起，不文明乘梯现象超147万起,发生困人报警1422起,解救被困人员2213人,平均救援时间缩短至9.7分钟,远低于国家规定的30分钟时限,比未接入信息化系统时平均救援时间提速一倍以上,协助处置“110”“119”接入报警49起。(赵建刚)

食品药品监督管理

【概况】 2021年,柯桥区食品安全工作投入经费1.31亿元,成功创建浙江省首批食品安全示范区,3家镇(街道)食安办创建成为浙江省四星级食安办,创建数量居绍兴市第一。建设食品生产企业“阳光工厂”33家,新增全程可追溯的食品生产经营主体385家,建成121家农村家宴“阳光厨房”并接入一体化平台,建成网络餐饮“阳光厨房”1587家。完成食品检验4975批次,合格率97.88%。组织开展各类“食药械化”专项整治,办结食品药品医疗器械化妆品案件1223件,移送案件17件,罚没款225.97万元。全年未发生重大食品药品安全事件。(洪 彬 娄 婷)

2022年1月,柯桥区市场监管执法人员在天虹商场实施“阳光餐饮”街区食品安全“数字化”监管 (区市场监管局 提供)

【食品企业规范化管理】 2021年,柯桥区推进高风险食品生产企业导入关键控制点风险防控措施,96家获证食品生产企业完成风险等级评价及调整。16家名特优食品作坊和亮化达标小微食品生产企业开展“5S”现场管理创建,创建率100%;8家规模以上企业实施HACCP(食品安全保证体系)和ISO 22000(食品安全管理体系)认证,覆盖率100%;12家规模以下食品生产企业开展CCP(可将某一项食品安全危害防止、消除或降低至可接受水平的控制点)风险防控试点并通过验收。

【网络餐饮监管】 2021年,柯桥区建立网络餐饮月查月通报制度,线上巡查+线下现场检查网络餐饮单位831家,发布红黑榜6期,曝光问题单位152家,发现并责令整改问题180个。推进“外卖在线”落地,探索“文明轻骑兵”规范监管,成立外卖行业工会,探索推广“智能取餐柜”试点应用,全方位强化外卖从业规范。

【药品质量管理试点】 2021年,柯桥区提升药品质量水平,试点药品安全智慧监管“黑匣子”应用、中药配方颗粒质量标准研究和规范管理,分别入选浙江省数字药监“最佳应用”创新试点育选清单、药品安全治理创新“最佳实践”项目。(洪 彬)

【校园食品安全智治行动】 2021年,柯桥区全覆盖建设校园食品安全云守护平台,开展线上线下2次全区学校食堂负责人智治行动业务培训,学校食堂“众食安”APP记录台账及管理100%全覆盖。扩面学校食堂“阳光厨房”,实现覆盖率100%。(楼 琪)

【民生药事服务站运行】 2021年,柯桥区6家“民生药事服务站”揭牌运行,结合医保大数据为13.2万顾客建立个人用药档案,覆盖慢性病用药人员4.6万名,提供“一对一”药师服务,自动推送用药指导1400余次。(王 樱)

【食药械化安全专项治理】 2021年,柯桥区组织开展民生领域“铁拳”行动、“亮剑2021”消费安全综合执法、冷链食品、农村假冒伪劣食品、快餐服务行业、现制现售饮品、保健食品、无合法来源进口食品、餐饮业扎啤非法添加、药品网络销售等专项整治20余次,全年办结食品药品医疗器械化妆品案件1223件,移送案件17件,罚没款225.97万元。查处的刘某销售假药案被国家药监局评为典型案例,是浙江省唯一入选药品案件;查处的张某某、刘某某销售有毒有害食品团伙案被评为浙江省市场监督管理局“铁拳”行动第一批典型案例，是绍兴市唯一入选案例；查处以食品添加剂为原料制售假海蜇丝、粉丝系列案入选浙江省市场监管综合执法典型案例巡回演讲，是入围案例中两件食品案例之一，也是绍兴市唯一入选案例；查处某医疗器械有限公司销售未经注册假冒医疗器械系列案被浙江省药品监督管理局评为2021年典型案例。柯桥区市场监督管理局被浙江省“双打办”评为市场监管执法成绩突出集体，柯桥区市场监管综合行政执法队被浙江省药品监督管理局评为药品稽查执法工作成绩突出集体。（王珊珊）

知识产权管理

【概况】 2021年，柯桥区新增注册商标6712件，比上年增长33.49%；新增专利授权7115件，比上年增长18.9%，其中发明专利1162件，比上年增长33.4%；全年登记花样版权9008件，比上年增长79.59%，占绍兴市总量的96.97%、浙江省总量的19.69%，居浙江省县（市、区）登记量第一。推动出台《柯桥区知识产权保护行动计划》等文件，兑现知识产权扶持资金2530万元，推动每万人高价值发明专利拥有量7件以上，完成知识产权质押融资31.24亿元。

【“花样数治”上线】 2021年，柯桥区以数字化改革为引领，在“浙江知识产权在线”总体构架下，上线地方应用——柯桥区纺织品“花样数治”，实现花样版权快速确权和有效查重，入选浙江省数字经济系统第一批优秀地方特色应用。

【“快维中心”投运】 2021年9月15日，柯桥区市场监督管理局（知识产权局）下属副科级事业单位——柯桥区知识产权保护中心承建的中国绍兴柯桥（纺织）知识产权快速维权中心通过国家知识产权局现场验收，实现专利、商标、版权、商业秘密等知识产权全门类保护和服务，获国家知识产权局授权，可实现面料花型外观设计专利7个工作日内授权。12月10日，通过该“快维中心”申请的首个外观专利，历时5个工作日经国家知识产权局审查授权。全年完成花样版权登记9008件，浙江省第一。（汪国林 姚晓琳）

2021年9月，中国绍兴柯桥（纺织）知识产权快速维权中心正式通过国家知识产权局验收并投入运行 （区市场监管局 提供）

价格管理

【概况】 2021年，柯桥区做好重要民生商品、“菜篮子”等民生价格重点监测，每周公布部分重要民生商品价格及变化趋势，确保全区市场价格稳定有序。完善主要民生商品价格信息公开工作，邀请专业媒体协助，在媒体网站、微信公众号等端口，线上专题推送宣传，在大润发超市、大渡社区等地点发放宣传资料和宣传品，进行推介讲解，提升e价通2.0的群众知晓度。

【污水处理费调整】 2021年，柯桥区在全市率先建立非居民污水处理费标准动态调整机制，5月1日起正式实施。明确每3年动态调整非居民污水处理费标准，分3年调整非居民污水处理费基准价。此次污水处理费标准调整，为两家污水处理企业增收6.43亿元。聚焦民生开展污水处理成本监审等5项成本监审，共核减不合理定价成本费用1.4亿元。（诸旷怡）

审 计

【概况】 2021年，柯桥区安排审计项目28个。审计查出主要问题金额25985万元，其中管理不规范金额25940万元、违规金额45万元;移送处理事项17件,移送处理金额1362万元。撰写《审计提醒您》8期、《审计专报》22期,审计报告、审计专报等获得领导批示49篇次,审计信息被各级刊物采用83篇次。柯桥区审计局获评全省审计机关考核先进单位,村级集体经济发展情况专项审计调查项目获2020年度省优秀审计项目一等奖。

【政策跟踪审计】 2021年,柯桥区实施科技创新平台财政扶持资金管理使用情况专项审计调查、营商环境建设情况专项审计调查等项目,关注优化政务服务、投资贸易环境、产业发展环境、社会信用环境等方面的政策落实和制度建设情况,就资金安排、使用和管理情况等,提出审计专业意见建议。

【财政审计】 2021年,柯桥区实施区财政局具体组织的2020年度本级预算执行情况和决算草案审计、区级部门2020年度预算执行情况专项审计等项目,以财政资金使用跟踪为主线,通过数据分析+现场核查方式,对65家一级预算单位实现预算执行审计全覆盖,提升了财政资金绩效。

【经济责任审计】 2021年,柯桥区安排涉及镇(街道)、部门、国有企业的16名领导干部经济责任审计项目,同步开展1项自然资源资产审计。指导完成37位领导干部的离任交接。出台《区经济责任审计工作联席会议议事规则和办公室工作规则》,推进联席会议规范有序运行。

【政府投资项目审计】 2021年,柯桥区完善《柯桥区公共投资项目建设单位工程结算审查操作规程(试行)》《柯桥区公共投资项目工程结算审计操作规程(试行)》,精细化监管工程结算审核中介机构。实施亚运会场馆建设管理情况跟踪审计、公共投资项目工程总承包管理情况专项审计调查、拆迁专项审计等项目,加强对工程质量安全、工程进度等方面的审计监督。完成抽审政府投资项目工程结算审计项目(标段)87个,送审价11.14亿元,净核减金额271万元,1家房地产评估公司因评估报告质量问题被移送区建设局处置。

【内部审计监督指导】 2021年,柯桥区实行内审定点联系制度,对41家内审机构的困惑难题开展一对一指导解决。实行清单督导,指导区开发经营集团、水务集团等内审机构编制审计发现问题负面清单。至年底,有1个内审项目获省优、1个项目获省表彰,2个项目获市优、2个项目获市表彰。

【审计长效整改】 2021年,柯桥区出台《关于推动完善审计发现问题长效整改工作的意见》,汇总梳理近5年中各领域审计发现的10方面90类2147个问题,编制《近五年来审计发现问题清单》《审计发现问题长效整改清单》《审计发现问题长效整改建议方式清单》3张清单,明确责任单位和行业主管部门责任,提出强化政策引导、加强行业监管等3方面9条长效整改建议方式。联合区纪委、区委组织部、区人大财经工委、区政府督查室等部门开展4次审计整改督查,推动相关单位出台各类政策制度34项,开展各类专项检查或督查186次、专题培训59次。(邵凯瑜)

统 计

【概况】 2021年,柯桥区推进法治统计,保障数据质量,提升统计分析研判和服务水平,积极服务基层治理能力现代化。平稳有序推进人口普查工作,完成数据处理、汇总、评估,摸清全区人口数量、结构、分布等情况,对外发布《人口普查主要数据公报》。组织开展统计执法监督检查,落实统计执法“双随机、一公开”抽查制度,提升执法检查威慑力,全年对80家单位进行执法检查,立案6件。

【统计服务经济】 2021年,柯桥区出台《投资项目入库现场核实办法》,推进投资项目入库。建立固定资产投资项目入库信息共享机制,统计、发展改革、经信、建设等部门共同推进,每月通报新增统计入库固定资产项目情况,促进投资项目应统尽统。统计部门关注主要经济指标、主要行业、龙头企业运行情况,加强统计预警预测,撰写统计分析39篇,获区委、区政府主要领导批示20篇。

【基础统计精细化管理】 2021年,柯桥区统计部门围绕生产总值基础性指标开展精细化培训。坚持数量和质量并重,效率优先工作基调,加强对部门、镇(街道)统计工作分管领导关于各项指标的内涵、填报周期以及对生产总值核算影响等的相关培训,指导统计人员精准工作。规范源头数据填报,督促企业建立健全原始台账、原始凭证等基础资料,提高统计数据质量。

【统计业务培训】 2021年,柯桥区统计部门以年报业务培训为起点,以统计继续教育为基础,以下基层入企指导为重点,采用全面培训和重点培训相结合的方式,提升镇(街道)和企业统计人员业务能力,组织业务培训10次,2420人完成网上继续教育相关课时并通过考试,取得证书。(刘 弘)

执行编辑 陆 杨

城镇建设与管理

综　述

【概况】 2021年，柯桥区轨道交通1号线柯桥段投入运营，在全市率先开启“地铁时代”。实施华墟、阮社、小赭等重点片区有机更新，完成拆迁面积171.5万平方米、“三改”面积387.67万平方米，排名全市第一。实施老小区改造，完成改造老旧小区4个。开展美丽城镇建设，30个项目开工建设，完成投资12.74亿元，总体投资完成率100%。在5月20日召开的全省美丽城镇现场会上，柯桥区被评为浙江省新时代美丽城镇建设2021年度优秀单位，齐贤街道、兰亭街道被评为2021年度新时代美丽城镇建设省级样板。（潘朝霞）

规划编制

【概况】 2021年，柯桥区聚焦统筹布局优化空间，以加强过渡期规划空间保障为目标，完成两轮生态保护红线、永久基本农田和城镇开发边界三条控制线统筹试划工作，过渡期城镇开发边界通过省政府批复。完成柯桥未来之城、柯西小赭等重点片区城市设计，完成沙地王片区、阳嘉龙片区控制性详细规划编制；开展三湖慢行系统规划。启动全区10%村庄规划，完成省级村庄规划编制试点工作。（屠世泽）

城区建设

【概况】 2021年，柯桥城区建设政府性投资项目8个，其中续建2个、新建6个，完成投资额1.54亿元；国有投资项目1个，完成投资额0.75亿元。3月，中国轻纺城体育中心亚运会排球馆改造升级工程竣工；9月，通过赛事功能验收。

【湖门路建成】 2021年9月，湖门路（越州大道—育才路）建成。该路是柯桥区联网路主要建设项目之一，东起华舍街道育才路交叉口，西至越州大道交叉口，全长321米，总投资约0.1亿元。

2021年9月，柯桥区湖门路（越州大道—育才路）建成
（张文波　摄）

【老小区改造】 2021年，柯桥区根据《柯桥区老旧小区综合改造提升工作实施方案》三年改造计划安

2021年，柯桥区完成管墅小区改造　（张文波　摄）

排，改造老旧小区4个，分别是柯桥街道的裕民西区、梅川小区、碧水苑西区、管墅小区。改造内容主要包括小区外墙立面、场外绿化、小区道路、公共设施改造、地下强弱电管线、雨污水管线等。项目总投资1050万元，涉及房屋84幢，户数1999户，建筑面积24.84万平方米。

【省级绿道2号线工程完工】 2021年7月，柯桥区实施省级绿道2号线（柯桥段）工程，于10月竣工。全长约17.8千米，沿钱清街道施家金桥进入柯桥区内，由西向东延伸，经浙东古运河与104国道进入越城区，途经2个二级驿站（柯桥古镇驿站、官塘河公园驿站）。合同造价350.25万元，由绍兴日尚建设有限公司施工。绿道贯穿柯桥区东西，主要利用古纤道、滨水公园园路、人行道、非机动车道和机动车道实现全线贯通，将运河风貌、轻纺城市场和钱清街道风貌串联，建设具有运河风情的“古越风韵线”。（张文波）

【绍兴国际会展中心B区建成】 2021年10月，绍兴国际会展中心一期B区工程全面建成。工程由柯桥区建设集团投资建设，总投资27亿元，占地面积12.36万平方米（185亩），总建筑面积17.48万平方米（地上13.54万平方米、地下3.94万平方米），可设2500个标准展位，2019年2月开工。主要由1号展厅、2号多功能展厅、会议中心3个主要单体，以及秀场、景观连桥等配套设施构成。

2021年10月，绍兴国际会展中心一期B区工程全面建成
（区建设集团　提供）

2021年10月，柯桥区完成省级2号线柯桥绿道工程　（张文波　摄）

【轻纺大桥维修改造工程开工】 2021年，由柯桥区建设集团投资建设的轻纺大桥维修改造工程开工，至年底完成进度的60%。轻纺大桥是柯桥区金柯桥大道跨越萧绍运河的航道桥，路线总体呈南北走向。改造包括老桥拆除、新建轻纺大桥、改造两侧接线范围北至万商路，南至104国道，路线全长553米，总投资2亿元。该工程样式与现大桥基本保持一致，将拆除现96米跨大桥，新建主跨144米系杆拱桥，桥梁全长177.4

米，总宽 41 米，配跨 16+144+16 米。工程新增东升路地道，使道路两侧人员从东升路地道通行，实行人车分离，缓解道路拥堵情况。（吴　剑）

【兴越路改造升级完工】 2021 年 12 月，由柯桥区建设集团投资建设的兴越路（越州大道—区界段）改造升级工程完工。整治提升工程西起越州大道，东至区界（瓜渚湖东直江），道路长度 4 千米，总投资 2.3 亿元，改造范围为道路路面及两侧空间，面积 35 公顷。改造内容包括道路改造、景观提升以及设施配套完善。道路改造后，将 23 米沥青路面（2 条非机动车道加 4 条机动车道）调整为双向六车道加中央绿化隔离带，在轻纺城学校路段建设柯桥区首座人行天桥，破解上下学行人横穿马路影响交通困境，同时在天桥道路两侧设立多个“熊猫车位”，允许学生家长即停即走。

2021 年 12 月，兴越路（越州大道—区界段）改造升级工程完工
（区建设集团　提供）

【禹会路、双渎路提升改造工程完工】 2021 年年底，由柯桥区建设集团投资的禹会路、双渎路提升改造工程完工。该项目总投资 1.4 亿元，于 2021 年 6 月开工建设。禹会路、双渎路提升改造工程为会展中心周边环境提升工程，该项目为双渎路、绸缎路、禹会路以及客运中心周边、高铁沿线等提升改造。内容主要包括道路工程、景观工程以及道路附属工程等。其中道路工程是对双渎路、禹会路、绸缎路等相关路段的提升改造，分别为双渎路南起纺都路交叉口、北至柯袍线交叉口，设计总长度 914.58 米；禹会路西起金柯桥大道，东至镜水路，设计总长度 1705 米；绸缎路西起广场西路，东至镜水路，设计总长度 1534.786 米。景观工程对双渎路、绸缎路、禹会路以及客运中心周边、高铁沿线景观绿化公共道路铺装进行修复和提升改造。（吴　剑）

城市管理

【概况】 2021 年，柯桥区以数字化改革为契机，推动智慧城管迭代升级，建成城市管理数字化指挥平台，赋能城市治理。柯桥区“大综合一体化”行政执法改革工作的经验做法获得浙江省分管副省长高兴夫批示肯定，“桥头跳车”整治工作得到绍兴市分管副市长陶关锋批示肯定并全市推广。柯桥区综合行政执法局获评省级文明规范公正综合行政执法基层队所示范工作成绩突出集体，柯桥区综合行政执法大队柯桥中队被评为全省 2021 年度“枫桥式”综合行政执法中队。全年完成普通程序案件 2634 件，简易程序案件 421 件，共处罚没款 1502.4 万元。

【城市安全运行保障】 2021 年，柯桥区强化对城市雨污管网等设施的日常维护，对城区易涝区进行“一点一策”改造，抓实台风期间内涝防御。开展道路塌陷、“桥头跳车”等专项治理，全市“桥头跳车”整治工作现场会在柯桥区召开，经验做法得到绍兴市副市长批示肯定。（楼军凯）

【“无违建”创建】 2021 年，柯桥区围绕“无违建”创先争优目标，建立无人机航拍巡查、执法队员挂牌巡查机制，不断完善“人防”+“技控”手段，严格落实新建违建即查即拆、涉违商品住宅“四不予”等举措，持续保持对新建违建“零容忍”的高压态势。全年累计拆除违建 80.2 万平方米，处置违建 94.76 万平方米，处置总量全市第一。

【柯桥城区智慧停车管理项目试运营】 2021 年 12 月底，金扬路、明珠路、港越路、双周路、泽国路等柯桥主城区 28 条道路近 2000 个路内停车泊位和 8 个封闭式停车场近 1000 个停车位实现智慧停车。项目于

2021年9月底启动建设，运用移动互联网+物联网+云计算+大数据等信息技术，通过高位视频、地磁、ETC（全自动电子收费系统）天线等前端物联网设备的使用，实时获取停车数据，建立感知、分析、服务、指挥、监察“五位一体”的城市智慧停车云平台，对全区路内泊位、路外停车场进行一体化运营监管。（吴　剑）

2021年12月底，柯桥主城区近3000个停车位实现智慧停车
（区建设集团　提供）

环境卫生管理

【概况】 2021年，柯桥区以全国文明城市创建、蓝天保卫战、旅游双创为载体，开展市政绿化养护提档，推进道路精细化保洁，全链条规范渣土处置管理；以数字化改革为契机，推动智慧城管迭代升级，全市率先建成城市管理数字化指挥平台，赋能城市治理。提升城市亮化，多措并举开展商圈、地铁沿线等市容环境整治。

【全链条生活垃圾分类】 2021年，柯桥区实施城区235个小区生活垃圾“桶换桶”分类清运项目，开展示范系列创建、达标镇（街道）创建，补齐源头投放、中段清运、末端处置短板，全链条开展生活垃圾分类。强化垃圾分类领域执法，全年累计立案处罚422起。全区生活垃圾分类覆盖率100%，无害化处理率100%，柯桥区被授予“全省农村生活垃圾分类处理工作优胜县（市、区）”称号。（楼军凯）

【资源再生利用绿色综合体项目开工】 2021年12月，由柯桥区建设集团投资建设的柯桥区资源再生利用绿色综合体项目开工建设。该项目位于马鞍街道滨海工业区，用地77亩，总投资1.3亿元。新建综合办公楼、厂房以及相关配套工程建筑面积52370.09平方米，包括1条每年30万吨装修垃圾资源化处理线、1条每年3万吨大件垃圾分选处理线、1条每年3万吨园林垃圾资源化处理线、2套移动式工程渣土处理站。年处理垃圾能力100万立方米，计划2024年9月完工。（吴　剑）

城区交通管理

【概况】 2021年，柯桥区实行一路口一方案管理模式，落实民警站高峰岗工作制度，提高路面见警率、管事率。做强铁骑警队，实现巡逻、处警、疏道、管理相结合，加快突发事件响应及处置速度。建成分局情指行合成作战交管分中心，强化主动勤务，深化网格勤务，破解与巡特警、派出所联动的机制体制问题，提升对交通警情、舆情的处置效能。推进事故“一件事”改革工作，完成警保力量入驻交警大队和交通事故调解纳入镇（街道）矛调中心。

【智能交通系统改造升级】 2021年，柯桥区构建集管理、防范、控制于一体的停车场安防保障体系，整合85个封闭停车场数据，建成兼具治安管理功能的车位管控应用“柯易停”系统，并接入浙里办—浙里畅行模块，日均收集统计进出数据15万余次，余位准确率、使用率均提升60%以上。

【交通违法行为查处】 2021年，柯桥区从严查处酒驾毒驾、无牌无证、“三超一疲劳”等重点违法行为，从严管理“两客一危”车辆（指从事旅游的包车、三类以上班线客车和运输危险化学品、烟花爆竹、民用爆炸物品的道路专用车辆）、中重型货车、工程运输车、电动自行车等重点车辆。全年现场查处违法行为29.1万起，其中酒驾2271起、中重型货车违法3.8万起、非机动车违法12.8万起、“两客一危”车辆违法1286起。（刘康达）

拆迁安置

【概况】 2021年,柯桥区完成拆迁面积171.5万立方米。其中完成新增拆迁项目25个,面积141.6万立方米;完成遗留拆迁项目7个,面积29.9万立方米,完成区自定拆迁目标任务数的171.5%。实施三改面积387.67万立方米,其中城中村115.92万立方米、旧住宅244.37万立方米、旧厂区27.38万立方米。(金泳涛)

【限价房(湖悦名庭)完工交付】 2021年,由柯桥区建设集团投资的柯桥城区(G-50、G-51)限价房(湖悦名庭)交房,是柯桥区首个实施装配式建造的限价房工程,惠及安置华舍街道湖门村、绸缎路拓宽工程等的拆迁户。项目位于柯桥区华舍街道,总投资30.5亿元,建设内容包括住宅建筑、配套管理用房、地下停车库、人防工程、室外道路及绿化工程等。总建筑面积14.4万平方米(其中住宅9.8万平方米、地下室4.27万平方米、地上车位110个、地下车位732个),容积率2.2,占地70.4亩,建筑密度19.62%,绿化率30%,共计864套住宅。2018年11月26日开工建设,2021年2月5日竣工。

2021年,柯桥城区(G-50、G-51)限价房(湖悦名庭)交房
(区建设集团　提供)

【限价房(华隆府)完工交付】 2021年12月31日,柯桥城区(G-22)限价房建设项目完工交付。限价房(华隆府)项目位于东至投醪路,南至华墟路,西至大坂湖直江,北至瓜渚东路,总建筑面积6.5万平方米,总投资约27亿元,由6幢房屋组成。(吴　剑)

供排水

【概况】 2021年,柯桥区启动实施智慧水务应用与数字化发展三年行动计划,谋划数字化应用场景,初步搭建城乡清洁供水、数字排水、智控水处理等六大应用场景,城乡供水管网漏损监测分析列入全省第一批水利数字化改革试点项目。全年安全供水2.74亿吨,实际供水能力96.6万吨/日;收集污水2.09亿吨,截污能力100万吨/日;污水达标处理3.1亿吨,污水处理能力110万吨/日。5月20日和8月17日,浙江省美丽城镇建设现场会、绍兴市城镇燃气和农村生活污水运维管理现场会暨城镇生活污水垃圾分类工作联席会先后在柯桥区召开,柯桥区获得全省农村生活污水治理工作优秀县(市、区)称号。柯桥区农污运维实行“自管+代管”管理模式,完成40座终端设施达标提标,生活污水终端出水合格率83.03%。绍兴水处理发展有限公司获全国第十届“母亲河”奖——绿色贡献奖,全省唯一。丁卫松成为浙江省首位破格评为正高级职称的技术工人。

【柯桥区给水、排水专项规划编制完成】 2021年,柯桥区给水专项规划、排水专项规划正式编制完成。规划提出柯桥区给水规划、污水处理总体思路,合理布局与优化自来水厂、工业水厂以及配套管网系统,优化污水处理、污水管网、污水再生利用设施建设布局。规划范围与绍兴市域总体规划范围一致。规划年限近期为2025年,远期为2035年。

【供水普及率提升至99.87%】 2021年,柯桥区夏履、王坛、稽东等镇13个行政村32个“一站多源”供水站实现县级统管,投资1500万元实施农村饮用水“清洁供水”信息化提升项目,对区域范围内单村供水站实施信息化提升和监控系统建设,供水普及率提升至99.87%。

2021 年，王坛镇丹家岭供水站　　（马旭东　提供）

【机器人、无人机智能巡检】 2021 年，柯桥区实现 282 座供电开关站智能巡检机器人覆盖，提升巡检效率，实现巡检运维工作无人值守、智能管控。马鞍街道辖区实现电力配电网线路无人机自主巡检全覆盖，减少人力运维成本，提升隐蔽缺陷发现率。马鞍供电所获国家电网公司百强供电所称号，在全市 39 个供电所里排名第一。

【非居民污水处理费政策调整】 2021 年 5 月 1 日，柯桥区非居民污水处理费标准动态调整机制及调整非居民污水处理费标准正式执行。政策明确分 3 年调整非居民污水处理费基准价，并根据工业企业排放污水中主要污染物种类、浓度等指标，分类分档制定差别化收费标准。按照补偿成本的原则，每 3 年动态调整污水处理费标准。（马旭东）

2021 年，柯桥区马鞍街道实现电力配电网线路无人机自主巡检全覆盖　　（柯桥供电分局　提供）

供　电

【概况】 2021 年，柯桥区投资电网建设 1.7 亿元，开工建设 110 千伏及以上间隔扩建工程 2 个，投产项目 5 个，投产线路长度 13.44 千米，投产容量 24 万千伏安。全社会用电量 178.41 亿千瓦时，比上年增长 12.55%。全年柯桥区全社会最高用电负荷 262.62 万千瓦，创历史新高。12 月新冠肺炎疫情防控期间，电力部门 48 小时内抢建滨海医学隔离点配套电力工程，持续为 7374 间隔离房可靠用电提供坚强保障。台风“烟花”期间，快速实现金笛等受淹老旧小区 1304 户 4434 名居民在一楼浸水情况下二楼以上恢复用电，其间未发生涉电安全事故。

【供电可靠性升至 99.9958%】 2021 年，柯桥区优化电网结构，新增线路 278.07 千米，投运公变 309 台，新增容量 221655 千伏安。成立全市首个发电保电班，取消 B 类网格计划停电，试点应用储能式应急充电车保电，大力引入 5G、量子加密改造等自动化技术，提升供电可靠性。供电可靠性升至 99.9958%，居绍兴市首位。

【能耗双控】 2021 年 9 月起，柯桥区实行能耗双控政策（能源消费总量和强度双控），区发展和改革局和区供电分局成立工作专班，对企业有序用电分类管控，实现柯桥区 9—12 月连续 4 个月全社会用电量负增长，有效保障全区电网供电安全。

【第二轮用电消费券发放】 2021 年，柯桥区持续实行电力惠企政策，地方政府拨付财政专项资金，发放第二轮用电消费券 3302.33 万元，惠及 320 家企业，支持企业留工稳增、促产增产。（沈　钰）

鉴湖旅游度假区建设

【概况】 2021 年，鉴湖旅游度假区累计完成政府性投资 29.62 亿元，接待游客约 320 万人次，旅游总收入约 45 亿元。5 月，浙江省文化和旅游厅公布旅游业“微改造、精提升”行动试点市、县（市、区）和单项试点单位名单，鉴湖旅游度假区被列入浙江省旅游业“微改造、精提升”行动单项试点单位。9 月 16

日,鉴湖旅游度假区绍兴乔波冰雪世界在2017—2020年度全国群众体育先进单位先进个人、全国体育系统先进集体先进个人表彰大会中获“全国群众体育先进单位”称号。

【“空中唐诗之路”开启】 2021年1月1日,鉴湖旅游度假区鉴湖直升机场举行首飞仪式,正式开启“空中唐诗之路”,形成一条贯穿浙东运河、会稽山、曹娥江、剡溪、天姥山、天台等节点的唐诗之路空中游线。绍兴鉴湖直升机场以柯桥为中心,辐射环柯桥200千米开辟空中旅游航点、省内城市间互飞航线,开展空中紧急救助、空中游览、体验飞行、直升机私商驾照培训、空中婚礼、亲子活动、航空关联产业等功能。

【鉴湖旅游度假区成立酷玩联盟】 2021年3月27日,鉴湖旅游度假区成立酷玩联盟。联盟共有成员单位30家,推动各景区和旅游企业相互支撑、活动联动。全年组织活动3次,开发联动产品8个。推出唐诗之旅、酷玩之旅、黄酒之旅、乡愁之旅、养生之旅等精品游线,和鲁镇夜集市、东方山水夜场、乔波冰雪夜市等夜游活动,形成鉴湖度假整体形象。

2021年3月27日,鉴湖旅游度假区成立酷玩联盟

(鉴湖旅游度假区　提供)

【2020浙江文化和旅游总评榜颁奖仪式】 2021年4月21日,由浙江省文化和旅游厅、浙江省旅游协会、浙江日报报业集团指导,《浙江日报》、《钱江晚报》、浙江在线、天目新闻客户端和《江南游报》共同主办的2020浙江文化和旅游总评榜颁奖仪式暨“数智赋能文旅发展新时代”分享会在绍兴市柯桥区鉴湖旅游度假区内鲁镇举行。全省十一市的获奖单位代表、各地市文旅局代表、新闻媒体等150余人参加。鉴湖旅游度假区夜鲁镇周末市集获2020浙江文旅促消费创新优秀案例,一湖酒场·朴筑黄酒文化主题民宿获2020浙江十佳文化遗产民宿。

【5G景观塔完工】 2021年7月初,鉴湖旅游度假区投资建设的浙江省首个5G景观塔完工亮灯。该5G景观塔集5G通信、亮化、宣传、监控、视频播放功能于一体,由边长不一的立方体通过旋转一定角度相互叠合而成,全塔可实现亮化,每一层魔方4个方向能呈现不同的广告、宣传需求。融入度假区酷玩小镇元素,集柯桥东方山水游乐、酒店、餐饮、研学、商业于一体,旨在建成数字基建的网红打卡点及景区宣传重要窗口。

2021年7月初,鉴湖旅游度假区投资建设的浙江省首个5G景观塔完工亮灯

(鉴湖旅游度假区　提供)

【中国国家地理《风物鉴湖》出版发行】 2021年10月,中国国家地理《风物鉴湖》由北京联合出版有限公司出版发行。《风物鉴湖》是一本深入解读浙江绍兴鉴湖的文化读本,由中国国家地理团队实地采写。本书以“鉴”为纲,提挈各章。鉴,既为鉴湖之称,又含品鉴细赏之意。全书分为“鉴·水”“鉴·山”“鉴·物”“见·旅途”“见·酷玩”“见·未来”六章。梳理呈现鉴湖度假风景区山水人文景

观的历史文化与今昔风貌，以轻盈笔调描摹稽山鉴水风光，从历史地理角度阐述鉴湖因数次水利工程而形成的山会平原水乡景观，以新视野表现当地独特物产及勃兴的旅游业态。

【鉴湖水庄四期交付】 2021年11月，鉴湖旅游度假区国有投资项目鉴湖水庄四期安置小区交付。该工程位于柯岩街道永进村、红旗村，柯南大道以北，育才路以东，项目用地面积64276平方米，净用地面积53519平方米，总建筑面积21万平方米，由10栋20～26层高层和1个大地下室组成，住宅总套数1370套，用于安置红旗村、永进村等地块拆迁户，建安投资6.3亿元。

【定山家园交付】 2021年11月，鉴湖旅游度假区国有投资项目定山家园安置小区建成交付。小区位于湖塘街道湖塘村，余渚路以西、兴工路以东、南复线以北，主要安置湖塘村拆迁安置户，总用地66695平方米，总建筑面积162518平方米，其中地上建筑面积约115520平方米、地下建筑面积46998平方米。主要规划建设9栋9层住宅楼、18栋11层住宅楼，及相应社区、物管、物业经营、配电房、养老用房等配套用房。配建机动车位989个（地面停车位119个、地下停车位870个），容积率1.732，建筑密度24.1%，绿地率25.1%，总户数1004户。项目投资估算83537.97万元，建安投资3.68亿元。项目2018年12月开工建设，施工单位浙江凤山建设工程有限公司。

【香樊路新建工程开工】 2021年1月31日，柯桥区柯岩街道香樊路新建工程开工。香樊路南北连接春望路和柯南大道，长度748米，宽度18米，合同价2192.61万元。施工单位龙晟建设有限公司。

【柯岩区块城市景观提升工程开工】 2021年12月5日，柯桥城区柯岩区块城市景观提升工程开工。工程涉及拼宽4座桥梁，由北向南分别为大杆江桥、小杆江桥、西泽大桥、南塞桥，工程合同金额4197.7281万元，道路等级为城市次干路，开工日期2020年4月16日。施工单位百思特建设股份有限公司。

【牛角湾规划支路工程竣工】 2021年12月27日，柯桥区柯岩街道牛角湾规划支路工程竣工。该工程北起南闲路、南至高尔夫路，长500米，宽22米，工程合同金额972.6856万元，道路等级为城市支路，开工日期2020年10月10日。施工单位浙江有色建设工程有限公司。

【阮社路工程开工】 2021年1月25日，柯桥区柯岩街道阮社路新建工程开工，工程南起柯南大道，北至彪佳路，长779米，宽18米，工程合同金额2340.34万元，道路等级为城市支路。施工单位浙江高胜环境建设有限公司。

【绍兴鉴湖概念规划与方案设计国际竞赛正式发布】 2021年12月8日，鉴湖旅游度假区面向全球正式发布开展绍兴鉴湖概念规划与方案设计国际竞赛的公告，开展线上宣传活动，全球256家单位和个人报名参加。（吴嘉颖）

兰亭文化旅游度假区建设

【概况】 2021年，兰亭度假区完成拆迁签约33.99万立方米，新征土地约300亩，完成做地800余亩，公开出让土地15宗、总面积428亩、出让金20.19亿元。1月22日，省文化和旅游厅对兰亭文化旅游度假区开展资源价值评估与基础评价。9月10—12日，由中国网旅游频道支持，中国东方文化研究会对外经济文化工作委员会主办的“2021美丽中国文旅经济发展论坛”在西安举行，兰亭文化旅游度假区被授予“美丽中国·文旅融合创新发展示范区”称号。9月18日，绍兴兰亭文化旅游度假区可行性研究报告通过市、区两级联合审查。

2021年9月16日，兰亭文化旅游度假区举办旅游巴士发车仪式暨文化旅游资源专场推介会　　（兰亭旅游度假区　提供）

【兰亭度假区旅游巴士发车仪式暨文化旅游资源专场推介会】 2021年9月16日，兰亭文化旅游度假区举办旅游巴士发车仪式暨文化旅游资源专场推介会。兰亭度假区旅游巴士精选兰亭街道、漓渚镇、平水镇、王坛镇、稽东镇等地的热点文旅资源，采取双环并行、区域串联的方式设计线路。共有两条环线，设置4辆大巴，分为兰漓专线和平王稽专线。兰漓专线单趟里程57千米，全程180分钟；平王稽专线单趟里程75千米，全程220分钟。

2021年，兰亭度假区动物园一期地块西晋纪年墓考古现场
（兰亭旅游度假区　提供）

【绍兴二院兰亭院区（康复医院）建设】 2021年，绍兴二院兰亭院区（康复医院）项目启动，项目由兰亭度假区负责出资建设，3月底进场施工，列入2021年度省、市两级重点工程项目库。项目总用地面积111亩，总建筑面积20.9万平方米，计划总投资28.9亿元。

2021年3月底，绍兴二院兰亭院区（康复医院）项目进场施工
（兰亭旅游度假区　提供）

【地下文物勘探与保护】 2021年，兰亭文化旅游度假区完成地下文物勘探1145亩，完成考古发掘2000余平方米。兰亭国际文化演艺中心（一期）地块通过前期考古勘探，发现存在古墓葬遗存。3—6月，浙江省考古研究所联合柯桥区博物馆对该区域范围进行考古发掘，清理墓葬60座，出土随葬品50件（组）。其中2座体量庞大的是西晋纪年墓。M3号墓为穹隆顶双室砖墓，开口距现地表2.1米，开口层位距后室券顶2.9米，南北全长10.4米（不含排水沟），方向为190°，自南向北依次为墓道、封门、甬道、前室、过道、后室。封门前为墓道，墓道北宽2.3米，南宽1.7米，底为排水沟。封门墙已被扰乱，双层砖封砌，其上有高耸并延伸至两侧的翼墙。前室形制为横长方形，四边券进穹隆顶。墓砖纹饰较单一，模印几何纹，纪年砖铭文为“元康九年太岁在己未八月十日造作”，正范模印在长方砖、刀形砖和楔形砖的侧面。M26位于M3东北，西隔M25与M3相望，为穹隆顶双室砖墓，形制与M3相近，规模稍小，但埋藏远深于M3。开口距现地表1米，开口层位距后室券顶5米，南北全长9.5米（不含排水沟）。M26墓砖形制、纹饰与M3相同，铭文为“元康九年太岁在己未八月十日造作”。两墓砖铭采用悬针篆和隶书字体，花纹砖饰有青龙白虎纹、兽面纹、三钱菱形纹等，这两座墓葬是绍兴地区少见的纪年明确的大型西晋墓。（徐　军）

古镇保护开发

【概况】 2021年，柯桥古镇完成建设投资25亿元，传统建筑修缮、笛里广场、“非遗”馆新馆、古玩花草市场等建筑工程竣工，董希文纪念馆工程主体结顶并完成中间结构验收。完成总体开业率80%（其

中传统建筑片区开业率50%),落户总建筑面积5万平方米。新增金石博物馆、盘古科普馆等文化类体验场馆,隐石悦庄、状元红酒楼、寻宝记、十里锦香等品牌餐饮店开业,下市头文创主题特色街和集文创、书吧、音乐、西餐、陶艺等业态的龙舌嘴艺术休闲区初步形成,文化类、人气类业态进一步集聚。柯桥古镇步行街被确认为首批"绍兴市高品质步行街",全市共4个。

2021年,柯桥古镇文化历史街区 (凌 斌 摄)

【泛光照明工程完工】 2021年1月27日,柯桥古镇泛光照明工程竣工。工程投资金额3500万元,夜景通过"梦起笛扬""霓光水巷""流光水塔""千古胜景""醉花陈酿""庭前静柳""碧沼浮舟"七大主题灯光秀,以雅、静,韵,趣为理念,建设音、光、影、动共存的2小时动态画卷。建设单位为绍兴柯桥历史文化街区开发利用投资建设有限公司,2020年10月20日开工。

2021年10月23日,柯桥古镇北入口广场水秀项目工程完工 (凌 斌 摄)

【北入口广场水秀项目工程完工】 2021年10月23日,柯桥古镇完成北入口广场水秀的设备安装调试,总造价3080万元,项目引入法国国际水秀公司技术,在七大主题灯光秀基础上,融合白墙黛瓦的江南水乡街景和精美巧妙的跨河拱桥群,添加彩虹水特效,建设大型主题音乐水秀、艺术水雕塑,建设以"锦"为主题的"魔幻水秀",艺术再现古镇的悠久历史和人文特色。建设单位为绍兴柯桥历史文化街区开发利用投资建设有限公司,工程于2021年10月11日开工。

【中国·柯桥古镇艺术季】 2021年10月16日,中国·柯桥古镇艺术季在柯桥古镇融光寺广场启幕,为期1个月。在艺术季16日至18日,举办"大美江南"海报艺术展和中国艺术产业发展论坛,国内百余位顶尖设计师、艺术家会聚柯桥古镇,共同探讨中国设计的未来与艺术产业的美好愿景。其间进行文创服装秀、数字海报光影秀、水秀、"非遗"文化活动、"忆柯桥"吴冠中的艺术足迹展览、李平野的电影海报作品展、"在水"姚建伟作品展等相关活动。

【"大美江南"海报艺术展】 2021年10月16日,由中国美术家协会平面设计艺委会与柯桥区人民政府共同主办的"大美江南"海报艺术展,在柯桥古镇笛里广场正式开幕。展览以"大美江南"为主题,国内知名设计师、专业院校、设计机构围绕主题以及对中国江南的历史、人文与自然风貌等进行广泛创作,具有高度的专业性、原创性与广泛的观众参与性,最终选出的100幅作品在柯桥古镇进行为期1个月的展览。

【中国艺术产业发展论坛在柯桥开幕】 2021年10月17日,中国艺术产业发展论坛在柯桥区开幕,论坛由中国文艺评论家协会艺术产业研究委员会与绍兴市柯桥区人民政府主办,绍兴市柯桥区文学艺术界联合会与绍兴市柯桥区柯桥古镇保护利用管理服务中心共同承办。论坛邀请国内知名设计师、艺术家以及全国高校的专家教授共同探讨区域文化与创新经济的学术交流与发展路径。

【绍兴市2021年中秋祭月活动暨绍兴曲艺传承演出】 2021年9月20日，绍兴市2021年中秋祭月活动暨绍兴曲艺传承演出在柯桥古镇举行，活动由绍兴市文化广电旅游局主办，绍兴市“非遗”保护中心、柯桥区文化广电旅游局、柯桥古镇保护利用管理服务中心承办，柯桥区“非遗”保护中心、柯桥古镇保护利用管理服务中心执行承办。绍兴中秋习俗于2020年3月列入第七批绍兴市非物质文化遗产代表性项目名录。自2013年起，柯桥区连续举办八届汉服传统古礼中秋祭月仪式，柯桥古镇为首次承办。通过宣传普及传统特色民俗文化，展示中秋节的文化内涵和独特魅力，引导广大群众礼敬传统节日。活动由省级直播平台进行同步直播，观看点击量10万余人次。（盛孟婷）

执行编辑　陆　杨

乡村振兴

综　述

【概况】 2021年,柯桥区贯彻落实各级农村工作会议精神,紧扣领跑全市、竞跑全省工作主题,坚持以数字化改革为引领,以“五星3A”迭代升级为抓手,全力推进新时代美丽乡村建设,推动乡村全面振兴。获中国高质量发展十大示范县、全省深化“千万工程”建设新时代美丽乡村(农村人居环境提升)工作优胜县、全省首批新时代美丽乡村标杆县和全省农村生活垃圾分类处理工作优胜县等荣誉称号,在2021年度全市农村人居环境整治提升综合测评中排名第一。(沈伟娟)

美丽乡村建设

【概况】 2021年,柯桥区持续深化“千万工程”,推进美丽乡村建设迭代升级。新创五星达标村18个、AAA示范村5个、乡村振兴先行村2个;新创省级美丽乡村示范镇1个、省级精品村4个、新时代美丽乡村达标村58个;新增市级精品村6个、市农村生活垃圾分类示范片区1个、市农村生活垃圾分类示范村7个、市垃圾分类准确村44个,创美丽庭院3600户,美丽河湖3个、水美乡镇2个。农村人居环境整治常态化评估综合排名2019年起连续3年保持全市第一。(章　琪　沈伟娟)

【农村人居环境整治提升】 组建区城镇环境整治专职考核组和区农村环境整治专职考核组,分别由区文明办和区农办牵头,专门负责对各城镇(含工业园区)、农村环境(包括所辖区域内的道路、河道)进行实地检查考核,全年检查16个镇(街道)的339个村(居、社区),列出问题数874个,整改836个,整改率95.65%,其中集镇组前三位分别为马鞍街道、柯桥街道、华舍街道,农村组前三名分别为马鞍街道、华舍街道、平水镇。在全市农村人居环境整治提升常态化评估中,柯桥区年度综合成绩排名全市第一。开展农村公厕服务大提升活动,创建省级星级公厕40座(其中示范性公厕3座)。(王奇军)

特色农业发展

【概况】 2021年,柯桥日铸茶中心项目完成建设,越茶博物馆开馆。全区兰花种植面积48.91公顷,举办2021首届中国春兰节。菊花鲜切花种植面积93.8公顷,销售3500万支,销售额4400万元。创建全省首个省级菊花种质资源圃,完成投资1.65亿元。五百岗农场鹅峰牌香榧被评为第14届义乌国际森林产品博览会金奖。增加柯桥农产品进机关、进企业、进超市等活动,多方打开销路。开设“平水日铸”专卖店28家,进入鲁迅故里、柯岩等知名景区,在上海、山东等地也有分布。(章　琪)

【茶叶产业集聚区建设】 2021年,柯桥区现代农业园区(茶叶产业集聚区)项目通过验收,建成兰亭花坞茶谷、平水日铸茶业园、王坛大越山农风情茶园、丹家高山茶叶公园、稽东茶韵广场五大核心美丽茶园。至年底,柯桥区创建省级生态茶园7家、市级美丽茶园7家、市级生态茶园11家、区级美丽茶园10家。

【越茶博物馆开馆】 2021年3月15日,位于平水日铸茶品牌管理服务中心的越茶博物馆开馆。展示面积1000平方米，是绍兴市首个综合性茶博馆，集茶文化历史、茶文化成就、茶文化实践、茶文化交流、茶文化研究等功能于一体。（王卓琴）

【首届中国春兰节】 2021年3月4日，首届中国春兰节在柯桥开幕，中国春兰研究院同时揭牌。春兰节为期1个月，其间推出“云上精品春兰展”“春兰会客厅”“踏春寻兰”“云上直播间”等活动。全年兰花种植面积48.91公顷，销售110万盆，销售额7600万元。

【第三届湖塘杨梅文化旅游节】 2021年6月12日，柯桥区第三届湖塘杨梅文化旅游节在绍兴黄酒小镇(湖塘片区)开幕。开幕式上发布“湖塘红”杨梅品牌，并由专业评委评选出品相及口感均佳的“杨梅王”，进行公开拍卖，所得资金作为公益款，为湖塘街道124名50年以上党龄的老党员送上礼品。现场公布黄酒小镇之旅、“香”见恨晚之旅、十里湖塘之旅、美丽乡村之旅等6条杨梅节精品旅游路线和湖塘全域旅游电子地图。（李忆龙）

农村文化礼堂建设

【概况】 2021年，柯桥区在“智慧礼堂”建设全覆盖基础上，建设农村文化礼堂升级版，将文化礼堂总堂与文明实践区级中心融合，借助“智慧礼堂”系统实现区域管理融合，推动智慧礼堂服务内容资源由在地向在线拓展、由PC端向手机端转移，建设农村群众的“云上家园”。至年底，有包括文艺志愿者在内的志愿者12.5万人、志愿团队1674支，开展志愿服务活动20900余场。对全区文化礼堂和文化家园进行星级考核评定，评选出区五星级文化礼堂30家。推广“精准评价”运行体系。依托数智云平台在线申报、科学分析、精准供给的闭环式活动运行体系，通过数智礼堂平台，实现礼堂活动即时填报、实时测评、随时掌握，实时呈现反馈各个礼堂的活跃度、各类群体的参与度、各项活动的欢迎度。

【“两文融和”三级体系建设】 2021年，柯桥区将文化礼堂总堂与文明实践区级中心融合，建设“文智大脑”数据管理平台，实现数据归集、后台分析、资源整合、协调指挥的功能定位；将文化礼堂分堂与文明实践所融合，借助“智慧礼堂”系统实现区域管理融合；将文化礼堂与文明实践站融合，实现人员、队伍、活动融合，构建网上网下一体化的基层思想政治建设主阵地。

【“云上家园”服务体系建设】 2021年，柯桥区推进建设“智慧礼堂”和“掌上礼堂”等数字平台，建设以礼堂风采、云上讲堂、云端秀场、在线管理等为主要内容的指尖智慧文化大脑，推动智慧礼堂服务内容资源由在地向在线拓展、由PC（个人计算机）端向手机端转移。投入40万元向腾讯、爱奇艺、华数等国内一线供应商购买影视、教育、科技等近600部数字资源使用和更新授权。利用网络直播平台，将党史学习、周末剧场、文艺晚会等内容进行线上直播。至年底，直播45场，分享1200余场次。

【文化礼堂星级考核】 2021年，柯桥区做好浙江省农村文化礼堂数据管理平台推广，结合在线化管理，数据化排名、实地化考评，对全区295个文化礼堂和文化家园进行星级考评。评选出区五星级文化礼堂30家、四星级47家、三星级218家，推荐上报省五星级文化礼堂6家、市四星级文化礼堂18家、最美礼堂人5人。

家宴中心建设

【概况】 2021年，柯桥区实施农村家宴中心提档升级，确保全区农村家宴中心布点建设更合理，受益覆盖群众更全面。新建项目41个，其中完工32家，完成率106.7%。建成农村家宴“阳光厨房”121家，并接入一体化平台，完成率263%，居全市第一。（沈伟娟）

村级工业物业改造

【概况】 2021年，柯桥区探索存量村级集体建设用地再利用路径，梳理历年来涉及村级工业物业、村级资产管理和收益分配等方面政策，整合出台《加快推进村级老旧工业物业更新改造工作实施意见》，明确更新模式和流程，加大政策激励和要素资源保障，将土地出让金净收益区级留成部分全额返还镇(街道)。完成16个镇(街道)338个村(居委会)

700 多处村级物业的现场调查及相关数据汇总、核对，形成《全区村级工业物业更新改造专项规划》。

【村级物业改造】 2021 年，柯桥区实现村级物业改造多种类型首个项目的突破。在全市率先开展村级物业“工改工”“工改商”“工改宅”项目，福全街道福全山村 2020–01、04 号地块作为首个“工改工”项目，完成土地出让，盘活土地 46.6 亩，引进亩均税收 40 万元以上的现代产业项目 2 个。杨汛桥街道展望村 2021–01 地块作为首个“工改商”项目，完成公开挂牌出让，盘活低效用地 6.3 亩，建成投运后村集体每年租金收益约 120 万元，比更新改造前增加 4 倍。王坛镇喻宅村原圆珠笔厂作为首个“工改宅基地”项目，完成公开竞拍；福全街道峡山村 22.95 亩村级物业更新改造项目，作为宅基地进行开发建设。

【更新改造项目融资】 2021 年，柯桥区组织召开中国工商银行、中国农业银行、中国银行、中国建设银行、宁波银行、瑞丰银行、绍兴银行等多家银行参与的更新改造项目融资对接会。福全街道与多家银行合作，信贷资金授信额度 50 亿元，其中瑞丰银行发放 2000 万元信贷资金推进福全街道容山村更新改造项目。

【村级物业更新改造项目新增 10 个】 2021 年，柯桥区新增 10 个村级物业更新改造项目。钱清街道梅东村更新改造项目办理相关征地审批手续，安昌街道大和村齐大公路东侧更新改造地块完成拆迁，安昌街道大和村钱滨线北侧更新改造地块完成规划设计，平水镇若耶村更新改造地块完成拆迁交地，华舍街道小赭村、钱清街道岭湖村以及福全街道容山村更新改造项目完成拆迁，福全街道峡山村及齐贤街道朝阳居委会村级物业更新改造项目通过区级联审并启动，稽东镇车头村村级物业更新改造项目在建。（马雅莉）

执行编辑　陆　杨

交通运输 · 邮政

综合交通建设

【概况】 2021 年，柯桥区完成综合交通项目投资 67.8 亿元，完成全年计划的 100%，在绍兴市各县(区、市)中排名第一。杭州至绍兴城际铁路开通运营、镜水路南延工程建成通车，杭绍甬高速公路柯桥段、杭金衢高速至杭绍台高速联络线、杭州中环高架桥改建工程、杭州湾环线高速公路(杭甬段)柯桥互通改扩建工程、杨绍线福全段改建工程、尹大线改造工程、杨江西路接 03 省道东复线等一大批综合交通建设重点项目加速推进，104 国道绍兴柯桥钱清至柯岩段改建工程、329 国道上虞至临安公路柯桥钱清至萧山界段改建工程等项目开工建设。

2021 年，杭州中环轻纺城大道高架段施工现场

（区建设集团　提供）

“融杭接沪”交通建设加快脚步。杭州中环高架桥形象进度至 52%、地面道路开工建设；杭甬高速北互通形象进度至 78%；杨绍线福全段改建工程形象进度至 32%、洋江西路接 03 省道东复线形象进度至 31%。

【杭金衢高速至杭绍台高速连接线开工建设】 2021 年 3 月，杭金衢至杭绍台高速连接线工程开工。该连接线起于杭金衢高速杨汛桥联众村，终于杭绍台高速柯桥区福全街道新迪埠村，全长约 23 千米，高速公路标准，设计时速 100 千米 / 时，双向六车道，路基宽度 33.5 米，总投资 75.9 亿元。

【杭州至绍兴城际铁路开通试运营】 2021 年 6 月 28 日，杭州至绍兴城际铁路工程(绍兴轨道交通 1 号线柯桥

2021 年 6 月 28 日，杭州至绍兴城际铁路工程(绍兴轨道交通 1 号线柯桥段)试运营

（轨道集团　提供）

段)试运营。该项目起于杭州市萧山区姑娘桥站,与杭州地铁5号线叠岛换乘,终于绍兴市柯桥区笛扬路中国轻纺城站,与绍兴轨道交通1号线贯通运营。线路全长20.3千米,设站10座,其中地下站6座、高架站4座。车辆采用6辆编组B型车,最高运行速度100千米/时,设车辆段1处、停车场1处,控制中心1座,项目总投资128亿元。(包明敏)

2021年6月28日,绍兴地铁1号线柯桥段开通初期运营后的首趟列车从中国轻纺城站驶出。图为地铁站门口,等待乘坐地铁的市民们排起长队
(绍兴在线 提供)

【镜水路南延工程完工通车】 2021年9月23日,由柯桥区建设集团投资建设的镜水路南延工程正式通车。该项目投资9.2亿元,沿线连接杭绍台高速福全出入口,南连绍诸高速兰亭出入口。工程主线起于镜水路与杨绍线交叉口,沿杭绍台高速桥下,终于绍大线和S32省道交叉口,全长8.86千米。项目采用双向四车道一级公路标准,设计速度80千米/时,路基宽度为30~42米,沿线设置(优化)交通安全设施、绿化、照明等配套设施。由福建第一公路工程集团有限公司中标施工。(包明敏 吴 剑)

2021年9月23日,柯桥区镜水路南延工程正式通车
(柯桥区建设集团 提供)

【杭州湾环线高速(杭甬段)柯桥互通北收费站启用】 2021年,由柯桥区建设集团投资建设的杭州湾环线高速(杭甬段)柯桥互通改扩建工程全面推进,施工单位中铁十局集团第二工程有限公司。工程在柯桥互通原位基础上扩建改造,新增的北侧互通拥有5进5出10个车道,其中出入口各有3个纯ETC车道、2个人工加ETC混合车道。9月10日,北收费站(连接杭州湾大道、原钱滨线)正式试运行。

【104国道绍兴柯桥钱清至柯岩段改建工程开工】 2021年12月,104国道绍兴柯桥钱清至柯岩段改建工程开工。起点位于柯桥与萧山交界的顾家荡附近,终点柯岩街道红旗村附近,全长13.6千米,一级公路标准,设计速度80千米/时。起点至钱陶公路相交段长2.4千米,采用高架桥,桥宽28米;钱陶公路拓宽段及杭金衢高速绍兴连接线拓宽段长7.3千米,采用地面道路,路基宽度39.5米;杭金衢高速绍兴连接线至终点段长3.9千米,采用地面道路,路基宽度39米。项目总投资19.97亿元,由中国建筑第八工程局有限公司中标。

【329国道上虞至临安公路柯桥钱清至萧山界段改建工程开工】 2021年12月,329国道上虞至临安公路柯桥钱清至萧山界段改建工程开工。起于华舍街道大西庄村湖安路交叉处,终于夏履镇莲东村,全长16.45千米(实际实施长度12.3千米),按一级公路标准,设计速度80千米/时,双向六车道。起点至现状104国道段路长约4.1千米(完全利用段),现状104国道至湖塘街道宾舍村段长约2.4公里,以上路基宽39.5米;湖塘街道宾舍村至五丰段长约0.8千

米，采用高架桥，桥宽28米；五丰至终点段约9.1千米，整体式路基宽33米，分离式路基16.5米 ×2。项目总投资22.92亿元，由中铁十四局集团有限公司中标。（鲁兴华）

公共交通发展

【概况】 2021年，柯桥区公共交通以城乡公交、中长途班线和出租客运为主，至年底，有一级客运站1个（柯桥客运中心），城区及镇（街道）公交站场25个，场地面积243770.3平方米，建筑面积40768.52平方米。分别为湖光桥公交站、马鞍公交站、平水公交站、柯东公交站、柯南公交站、柯北公交站、柯华公交站、湖东公交站、安昌公交站、漓渚公交站、兰亭公交站、钱清公交站、之江学院公交站、柯桥客运中心公交站、绍兴西站公交站、秋湖公交站、稽东公交站（新）、稽东公交站（老）、轻纺城体育中心公交站、湖塘公交站、华舍公交站、夏履公交站、杨汛桥公交站、齐贤公交站、王坛公交站。

全区有道路旅客运输经营业户13家，其中公交企业1家（绍兴市公共交通集团第二有限公司）、客运站（场）经营业户1家（柯桥客运中心）、班车客运企业2家，包车客运企业4家，巡游出租车客运企业5家。共有营运客车582辆（不含公交），其中班线客车21辆、省内外旅游包车96辆、巡游出租汽车465辆。

全区（绍兴市公共交通集团第二有限公司）有公交车辆740辆，其中新能源车717辆，占总运营车辆的96.89%。有公交线路105条（不含65条学生通勤公交），其中跨区29条、区内35条、二级41条。受新冠肺炎疫情影响，营运里程比上年下降，客运量比上年上升，全年营运里程3938.49万千米，日均里程10.79万千米；全年客流量3548.26万人次，日均载客量9.72万人次；全年累计发班153.92万趟次，平均日发班次4218趟。至年底，有从业人员1186人，其中公交驾驶员860人，公交人车比1.16:1。

柯桥客运中心共有进站班线44条，其中始发班线31条、补员13条；进站车辆合计68辆，其中始发46辆、补员22辆，最长线路723千米（柯桥至临泉）。按线路类别，有县际客运班线3条，分别为柯桥至嵊州、诸暨、新昌；市际客运班线（含途径）15条，分别为柯桥至杭州、萧山机场、东阳、义乌、磐安、兰溪、石浦、仙居、丽水、沈家门、平湖、安吉、临安、新安江、浦江；跨省（市）的长途客运班线（含途径）26条，分别为柯桥至无锡、江阴、张家港、淮阴、盛泽、靖江、海门、宿迁、吴江、德兴、乐平、亳州、浦城、商丘、临泉、祁门、周口、扬州、南通、姜堰、黄桥、启东、安庆、上海、玉山、川沙。客运中心全年日均发送355人次，单日最高1394人次(5月1日)。全年运送旅客12.97万人次，旅客周转量1824万人千米。（包明敏）

【绍兴地铁1号线柯桥段运营】 2021年6月28日，绍兴地铁1号线柯桥段开通，由京越地铁运营分公司负责运营。使用PR2107运行图，全天运行间隔9分钟，运用车组数8组，热备车2组，开行216列次。自开通初期运营以来所有指标均满足国标要求，部分指标远高于国标。全年计划开行列车39960列，实际开行39960列，无停运列车，兑现率100%；2分钟到晚16列，到达正点率99.96%；掉线17列，掉线率0.2列/万列千米；发生5分钟及以上延误事件2次，列车服务可靠度42.59万列千米/次。受线路首开市民新鲜感、“1元乘车”活动、台风“烟花”以及新冠肺炎疫情的影响，年度客流总体变化较大。年度线路总客运量415.96万人次，日均客运量2.25

2021年，绍兴轨道交通1号线（柯桥段）车辆基地

（区轨道集团　提供）

万人次；线路出行量（即进站客流）267.25万人次，日均线路出行量为1.44万人；总换入客流148.71万人次，日均换入客流0.80万人次。线路最高日客运量出现在7月4日，为8.28万人次；线路最低日客运量出现在12月12日，为0.5万人次。（吴定双）

【公交基础设施建设】 2021年，柯桥区自筹资金19.53万元改建秋湖公交站，占地面积6500平方米。另新建公交候车亭34个（累计1891个）、新增电子站牌14个（累计82个）。（包明敏）

【夏履公交站异地新建启动】 2021年7月14日，夏履公交站确定异地新建，12月31日完成施工招标。新建地址位于夏履桥村高塍头地块（即西南大通道起点段西侧），设有办公、调度、食堂、宿舍、例检、修理等功能，配有洗车机、充电桩等设施，用地面积8268平方米，项目总投资约3100万元。由区建设集团下属绍兴市柯桥区城乡公交站场建设管理有限公司负责建设。（吴　剑）

【湖光桥充电站投运】 2021年11月20日，浙江省绍兴市柯桥区湖光桥公交站8座充电桩箱变投运，总容量5040千伏安，为全市容量最大的公交充电站。站内装有28套一机双枪式直流充电桩，有56支快充充电枪，可满足56辆电动汽车同时充电需求。充电功率最高120千瓦，家用电动汽车在快充模式下充电30分钟，就可上路行驶400千米。

【新能源公交车占比超90%】 2021年，柯桥区投入资金6752.7万元，购置85辆纯电动公交车。至年底，清洁及新能源公交车总量717辆，占总运营车辆的96.89%。

【高校返校公交专线】 2021年，柯桥区定制高校开学返校公交专线，以“点对点”接驳模式，实现车站到校园的一站式无缝接驳，接驳专线开行时间3天，投入车辆36辆，接驳地覆盖至柯桥区内各重要交通枢纽，方便1万余名学生出行。

【学生通勤公交线路】 2021年，柯桥区投运56条学生通勤公交线路，累计投放78辆新能源公交车，满足1万余名中小学生的乘车需求，实行“一人一座”政策。

【融杭公交专线】 2021年3月28日，柯桥区开行安昌至萧山姑娘桥地铁站公交专线。线路单程29千米，全程票价4元，是柯桥区第7条融杭公交。该线途经金城路、104国道、钱陶公路、金柯桥大道，沿途停靠轻纺贸易中心、粮食市场、会展中心、之江学院、新农农产品市场、钱清原料市场、衙前镇政府等18个站点。

【地铁接驳微公交】 2021年8月28日，柯桥城区新开微1101路、微1102路两条地铁接驳公交线路。微1101路自之江学院至柯桥客运中心，微1102路自柯南公交站至轻纺城体育中心，两线接驳地铁中国轻纺城站。

【特色公交专线】 2021年9月16日，柯桥区新开行兰亭文化旅游度假区特色公交环线2条，分别为平王专线和兰漓专线。平王专线起止点为鲁迅故里（沈园），绕行平水、王坛两镇；兰漓专线起止点为鲁迅故里（沈园），绕行兰亭、漓渚两镇（街道）。

【调整、新增线路22条】 2021年，柯桥区累计优化（调整、新增）线路22条，其中新开线路4条（平王旅游环线、微1101路、微1102路、567路钱清公交站至里枢线路）。调整线路18条，1月对公交545路、817路、536路3条线路进行优化调整；2月4日对公交快106路进行优化调整；6月28日对公交微1001路、565路、563路、808路、861/861A路、860路、专1003路、专1002路8条线路进行优化调整；7月26日调整158路，8月20日调整微1002路，9月30日调整806路、566/566A/566B路2条公交线路，10月25日调整802路，11月18日调整506路。（包明敏）

交通运输管理

【概况】 2021年，柯桥区共有货运企业3626家（其中危货企业4家），货运车辆4557辆（其中危货车56辆），计64449载重吨，全年运送货物5030.17万吨、周转量403108.98万吨千米。有维修企业427家，其中一类维修企业18家、二类维修企业98家、三类维修企业（含快修）311家，维修从业人员4913人。共有驾校16家，教练车1141辆，教练员1679人，全年汽车驾驶学员报名人数37753人（其中大型客车26人、通用货车半挂车牵引车51人、城市公交车10人、中型客车17人、大型货车610人、手动挡轿车36398人、自动挡轿车641人）。

共有定级航道46条，通航里程320.12千米。其中四级航道2条(柯甬运河、曹娥江)，通航里程50.52千米，五级航道1条(绍海甲线)，通航里程12.8千米；六级航道5条(萧余线、南塘线、钱陶线、钱海线、柯海线)，通航里程99.8千米；七级航道13条，通航里程80.6千米；准七级航道25条，通航里程76.4千米。货运码头11个，泊位29个，其中500吨级泊位14个、300吨级泊位15个。浙能绍兴滨海热电有限公司码头年进港电煤约380万吨，为全市进港量最大的码头。取得港口经营许可证的客运码头1个，11月未续期许可。水上游线7条。全区有货船126艘、客船19艘，计67066载重吨、929客位，货船平均吨位532.3吨。有水运企业6家，其中水路普通货物运输企业4家，有货船72艘，运力36153载重吨。水路客运企业2家，有客船19艘，运力929客位。完成水路货运量227.1万吨，比上年增长9.31%；水路货物周转量3.2838亿吨千米，比上年增长0.29%。完成水路客运量41.83万人次，比上年增长6.87%；水路旅客周转量54.37万人千米，比上年上升23.65%。港口吞吐量765万吨，比上年增长9.6%。

全年向卡点派出新冠肺炎防疫人员7300余人次，核查人员270.93万人次，转运核查685人次。

【春运客流增长41.6%】 2021年春运期间(1月28日至3月8日)，柯桥区投放1324辆营运客车，累计客位数27526个。探亲、旅游、商务出行等弹性客流上升，返岗返学等刚性客流大幅回升，运送旅客358.5万人次，比上年增长41.6%。客运中心完成跨区以上长途班线旅客1.107万人次，比上年下降34.83%。

【鉴湖直升机场运营】 2021年1月1日，鉴湖直升机场举行首飞仪式并正式运营。该机场为A2级表面直升机场，起降区40米×40米，机坪142米×96米，设有13个停机位，过站航空器机库125.5米×21.5米，建设有6层业务综合楼19998平方米。机场由柯桥鉴湖旅游度假区管委会投资建设，全泰(绍兴)机场有限公司负责运营，从业人员19人。全年完成直升机起降2618架次。

【客车交通安全整治】 2021年，柯桥区推进10座(含)以上客车交通安全“铁腕”整治专项行动。淘汰重点大型老旧客车29辆(其中57座及以上营运客车8辆)，2013年以后登记的57座(含)以上营运客车淘汰9辆。

【纯电出租车】 2021年，柯桥区更新纯电巡游出租车24辆，新增纯电网络预约出租车528辆。50名驾驶员被评为绍兴市三星及以上驾驶员，15辆车加入绍兴市“孺子牛”爱心车队，累计参与爱心送考等公益活动30余辆次。

【两家危货运输企业合并】 2021年，绍兴远顺物流有限公司与绍兴速至物流有限公司两家危货运输企业合并经营，同时注销绍兴远顺物流有限公司危货经营资质。

【驾培学时审核】 2021年，柯桥区加大驾培学时人工审核力度，比例提高至80%，审核学时406400条，不通过占比29.8%，推送疑似违规数据2108条。

【船舶生活垃圾污水上岸处置常态化】 2021年，柯桥区113艘100总吨以上货运船舶全部安装生活污水接收装置。港口码头、锚泊服务区污染物接收点全部安装污染物接收二维码，运输船舶通过手机扫码处置船舶污染物。落实防污染主体责任，与环卫、危废处置单位签订污染物转运处置协议。全年接收船舶污染物7339艘次，接收船舶生活污水289立方米，接收船舶油污水3.34立方米，接收处置垃圾9.89吨，船舶生活垃圾、污水上岸处置实现常态化。

【码头防污治理】 2021年，柯桥区重点督促区内4家厂矿企业码头(浙能滨海热电、美佳热电、宝业新型建材、永和建材)开展码头环境现状评价并提交报告。5月20日，区内厂矿企业码头全部完成码头现状环境核查报告，并通过交通、生态环境、属地街道等部门认可。对进港的1500余艘次运输船舶开展防污染执法监管，查处违规排放污染物船舶1艘，罚款1万元。开展清港巡河专项整治行动，对11家码头开展专项检查，出动执法人员20人次，整改问题9个。

【船舶碰撞桥梁隐患治理】 2021年，柯桥区完成杭甬运河、曹娥江、南塘线、萧余线、钱陶线、钱海线、柯海线、绍海乙线等主要航道扫测和航道上桥梁隐患排查。扫测航道99.8千米，排查桥梁199座。其中杭甬运河柯桥段有桥梁40座(铁路桥5座、公路桥梁8座、城市桥梁20座、机耕桥梁7座)，曹娥江上有城市桥梁3座，南塘线、萧余线（包括内环线）、钱陶线、钱海线、柯海线桥梁156座（公路桥梁20座，城市桥梁99座，其他非桥梁37座）。47座存在隐患的非公路桥梁由有关镇（街道）、文保单位落实整改。杭甬运河及曹娥江43座桥梁桥区水域航道、水上交通安全隐患排查信息录入交通运输部船舶碰撞桥梁隐患信息系统。

【船舶集中停泊点新增1处】 2021年，柯桥区投资400万元在杭甬运河杨汛桥河西岸航段设船舶集中停泊点1处。设置应急系缆桩15个，疏浚浅滩2.3万立方米，改善航道基础设施，解决船舶集中停泊难点问题。

【港口码头建设】 2021年，柯桥区在建（含前期）、改扩建内河码头项目8个，其中公用码头项目1个，计划投资31495万元，使用岸线260米，建设500吨级（结构按1000吨级设计）泊位4个，年设计吞吐量150万吨。永利热电码头2个500吨级泊位（结构按1000吨级设计）扩建项目、润昇新能源码头3个500吨级泊位（结构按1000吨级设计）新建项目基本完成，美佳热电渣土码头改造项目投运。远东热电码头新建3个500吨级泊位（水工结构按1000吨级设计）项目于5月初动工。

【全市首个渣土码头投产】 2021年10月，绍兴美佳热电有限公司渣土码头建成投入营运，系全市第一个专用渣土装卸码头。该渣土码头投入资金1200余万元，使用岸线长度63米，建设500吨级泊位（结构按1000吨级设计）1个，硬化陆域场地12223平方米，装卸设施采用环保电动挖机，设计年通过能力130万吨。（包明敏）

交通设施管养

【概况】 2021年，柯桥区境内公路总里程为1565.243千米，其中国道53.361千米（含国家高速公路12.287千米、普通国道41.074千米）、省道90.374千米（含苏台高速34.805千米）、县道416.063千米、乡道315.989千米、专用公路11.438千米、村道678.018千米。全区桥梁1009座，其中国家高速23座、普通国道62座、省道76座（含绍诸、苏台高速43座）、县道347座、乡道151座、村道350座。有隧道31道〔青坛隧道、王城隧道、元宝山隧道左侧、元宝山隧道右侧、兰亭隧道左侧、兰亭隧道右侧、古博岭隧道左侧、古博岭隧道右侧、日铸岭隧道、凤凰山隧道左侧、凤凰山隧道右侧、型塘岭隧道、坝头山隧道左侧、坝头山隧道右侧、杨汛桥隧道、大岩头山隧道左侧、大岩头山隧道右侧、平水隧道（左、右）、黄大罗山隧道（左、右）、泉井山隧道（左、右）、洋中隧道（左、右）、车头隧道（左、右）、玄风岭隧道（左、右）、铜盘山隧道（左、右）〕。214个建制村公路通达率100%。按公路技术等级划分：高速58.237千米、一级136.58千米、二级241.918千米、三级108.272千米、四级1020.236千米。

2021年，柯桥区国省道及重要县道，高压冲洗每天1次，机械清扫每天不少于2次，洒水不少于每天4次。在空气指标出现较大波动时，延长作业时间，提高机械清扫冲洗频率。针对雨雪冰冻等恶劣天气，完善应急抢险工作方案，调整应急抢险队伍，落实应急抢险物资及抢险设备，确保物资储备充分。开展自然灾害综合风险公路承灾体普查，加大重点路段、临水临崖、可能发生水毁等路段巡查监测力度，发展问题及时处置。

【“四好农村路”改建养护】 2021年，柯桥区完成新（改）建农村公路12千米，区内200人以上自然村公路通达率100%。完成农村公路亮化工程36千米，完成市民生实事工程新改建农村公路20千米（其中12千米列入省民生实事工程），完成省民生实事工程农村公路养护62千米，区内农村公路中等路以上比例85%，在全省农村公路省级抽检中（抽检比例40%），被评定为优、良、中三个等级的公路里程总和占抽检里程的85%。（包明敏）

交通运输执法

【概况】 2021年，柯桥区先后组织开展超限超载整治、道路运输打非治违、大气污染治理等专项整治行动160余次，累计查处公路管理案件3464件，处罚金额1395.99万元；道路运输案件1128件，处罚金额362.7万元；港航管理案件200件，处罚金额26.84万元；交通工程案件6件，处罚金额27万元，行政执法成效列全市首位。

【数字治运】2021年，柯桥区运用数字打非平台、治运天网协同应用，建立完善重点车辆监管数据库，累计分析研判异常数据、重点监管车辆237辆次，组织实施精准布控打击18辆次，查处非法组客点3个。推进综合监管3.0平台闭环应用，研判客运行业监测异常143个、危货行业监测异常研判201个，生成工单79个。

【数字治超】2021年，柯桥区完成治超非现场设备升级改造，非现数据直传省治超平台，新增非现治超点位3处12车道。全区累计建成公路治超非现场电子检测系统31个点位148个车道，实现区内县道以上公路、超限运输违法行为较多路段和重要交通节点全覆盖。全年审核告知超限非现数据3963条，抄告交警遮挡车牌621辆、磨磅车辆282辆，移交跨道压线12条。

【交通运输执法“双随机、一公开”监管】2021年，柯桥区交通执法部门按照“双随机、一公开”（即在监管过程中随机抽取检查对象，随机选派执法检查人员，抽查情况及查处结果及时向社会公开）工作要求，制定“双随机、一公开”工作计划，实现“双随机”事项覆盖率100%。全年检查行业企业127家次，开展部门联合“双随机”4次，检查企业4家；100%完成“掌上执法”行政检查事项599项。

【“两客一危一重”专项治理】2021年，柯桥区交通执法部门联合约谈“两客一危”（指从事旅游的包车、三类以上班线客车和运输危险化学品、烟花爆竹、民用爆炸物品的道路专用车辆）企业25家次，检查客运危货车辆1224辆次，淘汰308辆国三货车，淘汰43辆19座以上营运客车，清理注销1650余家普货经营户，2家危货运输企业合并。

【交通运输执法领域突出问题整治】2021年，柯桥区开展交通运输执法领域突出问题整治，查摆分析整改问题21项，新制定执法规范制度9项，交通违法停车场实现标准化管理。组织开展执法能力提升“春训班”、案卷“好差评”研讨会、“交通执法大讲堂”等执法业务培训23场次。全年走访行业企业56家次，征集意见建议21条，对33起首次轻微违法案件推行“轻微免罚”和告知承诺制。（包明敏）

交通安全监管

【概况】2021年，柯桥区交警部门共办理机动车注册登记23487件、注销登记1339件，核发机动车检验合格标志179625件，核发机动车临时号牌6162件，核发机动车驾驶证34685件，注销机动车驾驶证78件；办理电动自行车上牌15037辆。落实农村公路临水临崖、桥路衔接及桥梁等安全隐患排查整治。处置路域环境问题277个，清理桥下空间问题46处。聚焦长陡下坡、平交道口等重点路段，完成1个市级、3个区级挂牌事故黑点专项整治。全年发生道路交通事故100017起，其中亡人事故67起，比上年下降10.67%；死亡71人（发生2人以上亡人事故2起，死亡6人），比上年下降5.33%；受伤269人，比上年上升39.38%。

【交通安全隐患排查】2021年，柯桥区排查公路客运车辆、危险品运输车、学生接送车和公路危险路段的安全隐患。查获酒驾2211起，其中醉驾162起。现场查处交通违法29.1万起，查处超限车8497辆。

【交通安全宣传教育】2021年，柯桥区以进农村为主线，针对老年人及电动自行车驾乘人员，坚持劝导、教育、处罚并举，精准宣传。建成交通安全宣传站16个，购置交通安全宣传VR（虚拟现实）眼镜16副，开展宣传563次，制作宣传展板14800块，悬挂条幅15000幅，张贴海报16000张，发放宣传资料250000份。（刘康达）

邮政　快递

【概况】2021年，柯桥区完成快递业务10618.5万件，比上年增长15.7%；业务收入10亿元，比上年增长25.6%。其中，港澳台快递业务8.06万件，业务收入620.32万元；国际业务量44.86万件，业务收入10832.3万元。全区有以邮政EMS和顺丰、德邦、“四通一达一天”为代表的国有及民营快递品牌11个，国际快递企业10家，以直营或加盟方式参与柯桥快递经营业务的企业28家（含柯桥分公司），营业网点106个。

【快递物流行业党委成立】 2021年8月27日,柯桥区快递物流行业党委正式成立,按照品牌单建、企业联建、区域组建、行业统建等方式,分类建立快递物流领域党组织7个,摸排党员140人,流动党员99人,通过社区党建契约化共建,选派联系领导和驻企服务员19人。

【快递小哥党员先锋队成立】 2021年12月新冠肺炎疫情防控期间,柯桥区快递企业自发成立快递小哥党员先锋队,招募46名快递小哥加入抗疫机动队,2小时内将15万只口罩送至全区18个高校点位。把877套防疫、生活物资快速送达全区13家实行全封闭管理的养老机构,多次连夜向上虞运送防疫物资和群众生活必需品。

【邮政快递行业监管】 2021年,柯桥区累计检查邮政快递企业及分支机构网点412家次,立案处罚14起,处罚金额19.2万元。利用警犬对全区邮政快递处理场地开展突击检查,协助破获涉毒案件2起,抓获涉毒人员4人,缴获毒品5千克。

【快递助力农产品销售】 2021年,柯桥区快递行业依托"快递+电商"建设农产品销售新渠道,线上线下联合销售茶叶、香榧、上菜等特色农产品。全年销售额超100万元,受益农户2000余户。(孟丽莎)

2021年8月,柯桥区快递物流行业党委正式成立　(方丽美　摄)

2021年12月,柯桥区快递小哥党员免费运输防疫物资
(孟丽莎　摄)

执行编辑　陆　杨

科技 · 信息化

高新技术

【概况】 2021年,柯桥区认定高新技术企业194家,累计470家;新增省科技型中小企业289家,累计2039家。规模以上高新技术产业增加值222.58亿元,比上年增长20.7%;高新技术产业投资63.51亿元,比上年增长20.4%。浙江省索密克汽车配件企业研究院、浙江省墙煌金属涂装企业研究院、浙江省精工工业钢结构企业研究院、浙江省绍兴电力设备新型输配电产品企业研究院、浙江省精工绿筑装配式集成建筑企业研究院被认定为省级企业研究院;浙江省精功机器人智能装备高新技术企业研究开发中心等17家企业研究开发中心被认定为省级高新技术企业研究开发中心;紫竹梅天然丝麻产品市级研究开发中心等24家企业研发中心被认定为市级企业研发中心。搏亚众创空间被认定为省级众创空间,中纺跨境电商众创空间等3家众创空间被认定为市级众创空间。

2021年柯桥区新增国家高新技术企业一览表

表10

序号	企业名称
1	绍兴艾艺纺织科技有限公司
2	绍兴柯桥铂林科技有限公司
3	绍兴飞梭纺织科技有限公司
4	浙江汇纤纺织科技有限公司
5	绍兴迈宝科技有限公司
6	绍兴市柯桥区中国轻纺城纺织创意产业服务有限公司
7	绍兴力聚信息科技有限公司
8	绍兴傲宇汽车电子有限公司
9	绍兴柯桥姝画花型设计有限公司

续表 10

序号	企业名称
10	绍兴乾雍纺织有限公司
11	绍兴布凡科技有限公司
12	绍兴精功装备检测科技有限公司
13	绍兴龙锦苑家纺有限公司
14	绍兴友机针织有限公司
15	绍兴柯桥明山针纺有限公司
16	绍兴柯桥孙氏拉毛针织有限公司
17	绍兴市嘉诚感光材料有限公司
18	绍兴达能钢结构详图设计有限公司
19	绍兴欣业机械有限公司
20	浙江森予文化创意有限公司
21	绍兴柯桥君博纺织品有限公司
22	绍兴佐纳纺织科技股份有限公司
23	浙江飞达纺织科技有限公司
24	绍兴君合新材料科技有限公司
25	浙江尤利尔纺织有限公司
26	绍兴庆洲达纺织品涂层有限公司
27	绍兴如多纺织有限公司
28	绍兴高洁木屋建筑科技有限公司
29	绍兴柯桥嘉好钰定型股份有限公司
30	绍兴柯桥越琦纺织有限公司
31	绍兴华清化纤纺织有限公司
32	浙江鸿瑞针纺服饰有限公司
33	绍兴市柯桥区悦含化纤有限公司
34	绍兴桂名纺织品整理有限公司
35	绍兴柯桥绍帆纺织有限公司

续表 10

序号	企业名称
36	绍兴柯桥钱清筛网有限公司
37	绍兴柯桥腾宇纺织有限公司
38	绍兴市柯桥区向阳潭实业有限公司
39	绍兴精凯纺织有限公司
40	浙江鹏越纺织有限公司
41	绍兴众杰屹自动化设备科技有限公司
42	浙江天壹重石建设科技有限公司
43	绍兴闻翔远丰机械制造有限公司
44	浙江闻翔家纺服饰有限公司
45	绍兴鼎峰水泥有限公司
46	绍兴华阳塑胶有限公司
47	绍兴柯桥天宝纺织有限公司
48	绍兴剑峰布艺有限公司
49	绍兴涵洁环保科技有限公司
50	绍兴柯桥楚柔纺织有限公司
51	绍兴铭源机械有限公司
52	浙江德为建材科技股份有限公司
53	绍兴锐意环保科技有限公司
54	浙江扭熊科技有限公司
55	浙江中绒实业有限公司
56	绍兴捷策针纺有限公司
57	绍兴开航数码纺织有限公司
58	绍兴迅越科技有限公司
59	绍兴柯桥巨伦纺织有限公司
60	绍兴兆丽新材料科技有限公司
61	华准科技(绍兴)有限公司

续表 10

序号	企业名称
62	浙江海士电子科技有限公司
63	绍兴柯恒医疗技术有限公司
64	绍兴赤兔龙机械科技有限公司
65	浙江紫竹梅印染有限公司
66	绍兴富强宏泰印染有限公司
67	绍兴泽平印染有限公司
68	浙江绍肖印染有限公司
69	绍兴恒利印染有限公司
70	浙江威格尔传动股份有限公司
71	浙江屹男印染有限公司
72	浙江大拓印染有限公司
73	绍兴泰谱环保科技有限公司
74	浙江弘利新材料有限公司
75	浙江爱漫时智能家居有限公司
76	绍兴山海纺织有限公司
77	天龙数码印染科技有限公司
78	浙江众华家纺集团有限公司
79	绍兴华夏印染有限公司
80	浙江震东新材料有限公司
81	绍兴日月新材料有限公司
82	绍兴伽瑞印染有限公司
83	绍兴东龙针纺织印染有限公司
84	浙江硕实机械有限公司
85	浙江华帝纺织印染有限公司
86	浙江爱利斯染整有限公司
87	浙江技立新材料股份有限公司

续表 10

序号	企业名称
88	绍兴蝶羽印数码科技有限公司
89	绍兴市柯桥区雅思戈洁具有限公司
90	绍兴恒辉布业有限公司
91	绍兴市柯桥区久晖针纺织品有限公司
92	绍兴浙日纺织有限公司
93	绍兴良丰纺织有限公司
94	推想(浙江)智能技术有限公司
95	盈峰智环(浙江)科技有限公司
96	绍兴精宸智能科技有限公司
97	绍兴金熊针纺有限公司
98	企鹅范氏(浙江)智能技术有限公司
99	绍兴仁昌酱园有限公司
100	绍兴韩优针纺织有限公司
101	绍兴芯动半导体有限公司
102	浙江思密达智能装备有限公司
103	浙江数研医疗健康科技有限公司
104	浙江正友汽车部件有限公司
105	绍兴柯桥万韵纺织有限公司
106	绍兴宽裕机械股份有限公司
107	绍兴俞记纸业有限公司
108	浙江余承幕墙装饰有限公司
109	绍兴佰迅卫生用品有限公司
110	绍兴翼洪线业有限公司
111	绍兴柯桥春生水务科技有限公司
112	绍兴舒洁雅无纺材料有限公司
113	绍兴得顺机械有限公司

续表 10

序号	企业名称
114	绍兴双创智能科技有限公司
115	绍兴锐创金属材料有限公司
116	浙江圣力家具制造有限公司
117	浙江海丰花卉有限公司
118	绍兴中集包装有限公司
119	浙江越体科技文化有限公司

2021年柯桥区重新认定国家高新技术企业一览表

表 11

序号	企业名称
1	浙江中国轻纺城网络有限公司
2	浙江亚太药业股份有限公司
3	浙江原色数码科技有限公司
4	浙江凯利新材料股份有限公司
5	绍兴前进齿轮箱有限公司
6	绍兴巴菲酒店用品制造股份有限公司
7	浙江雷贝斯散热器有限公司
8	绍兴驰达汽车配件制造有限公司
9	精工工业建筑系统有限公司
10	绍兴水墨印象数码印花有限公司
11	浙江长泰机械有限公司
12	绍兴恒元机械制造有限公司
13	绍兴顶力新材料科技有限公司
14	绍兴兴科元管业有限公司
15	绍兴柯桥科强化纤有限公司
16	绍兴东升新材料科技有限公司

续表 11

序号	企业名称
17	绍兴柯桥永寅宸数码印花股份有限公司
18	绍兴柯桥恒松针纺有限公司
19	绍兴柯桥金隆机械有限公司
20	浙江八达铜业有限公司
21	浙江新乐纺织化纤有限公司
22	绍兴钱江亚润家居用品有限公司
23	浙江国正安全技术有限公司
24	绍兴环思智慧科技股份有限公司
25	浙江迅实科技有限公司
26	浙江梅轮电梯股份有限公司
27	浙江津膜环境科技有限公司
28	绍兴柯桥方腾针织有限公司
29	绍兴市一洲线业有限公司
30	绍兴市越秀带业有限公司
31	浙江越剑智能装备股份有限公司
32	浙江杭一电器有限公司
33	浙江永杰汽车电子有限公司
34	绍兴美之涂植绒有限公司
35	绍兴海成化工有限公司
36	浙江华越印染有限公司
37	浙江乐高实业股份有限公司
38	浙江东盛印染有限公司
39	浙江永盛科技有限公司
40	绍兴柯桥天宇印染有限公司
41	浙江万丰化工有限公司
42	浙江优创材料科技股份有限公司
43	浙江普天集成房屋有限公司

续表 11

序号	企业名称
44	绍兴南燕染整有限公司
45	绍兴佳彩印染有限公司
46	绍兴兴隆染织有限公司
47	绍兴市柯桥区振拓纺织有限公司
48	绍兴圣苗针纺有限公司
49	浙江雅琪诺装饰材料有限公司
50	浙江东进新材料有限公司
51	浙江维艺实业股份有限公司
52	绍兴华裕纺机有限公司
53	绍兴明宇印染有限公司
54	绍兴士林印染有限公司
55	绍兴星发印染有限公司
56	浙江嘉业印染有限公司
57	绍兴宝庆印染有限公司
58	绍兴市柯桥区众诚印染有限公司
59	浙江越新印染有限公司
60	浙江中环铜业有限公司
61	绍兴明煌建材科技有限公司
62	浙江沃莱菲装饰材料有限公司
63	绍兴恒阳制线有限公司
64	浙江昌丽家居有限公司
65	浙江西大门新材料股份有限公司
66	浙江华清新材料有限公司
67	浙江墅标智能家居科技有限公司
68	绍兴红良铸业股份有限公司
69	绍兴柯桥精良机械有限公司
70	绍兴徐业模具有限公司

续表 11

序号	企业名称
71	绍兴万佳器械有限公司
72	绍兴开源机电科技有限公司
73	绍兴市博亚服饰有限公司
74	浙江康瑞器械科技股份有限公司
75	绍兴金阳纺织有限公司

2021 年柯桥区新增省级科技型中小企业一览表

表 12

序号	企业名称
1	浙江华章建设有限公司
2	绍兴鹏昊建筑劳务有限公司
3	绍兴力聚信息科技有限公司
4	浙江柯林清洁有限公司
5	绍兴众恩纺织科技有限公司
6	绍兴隆芙力智能科技发展有限公司
7	绍兴凡君新材料科技有限公司
8	绍兴最越文化传播有限公司
9	绍兴探息智能科技有限公司
10	绍兴品诚网络技术有限公司
11	绍兴臣工新材料科技有限公司
12	绍兴市柯桥区晨露纺织科技股份有限公司
13	绍兴市柯桥再晨纺织品有限公司
14	绍兴凌科智能技术有限公司
15	绍兴金辉久研科技有限公司
16	浙江国粤纺织科技有限公司

续表 12

序号	企业名称
17	浙江汇纤纺织科技有限公司
18	浙江小芃科技有限公司
19	绍兴艾艺纺织科技有限公司
20	绍兴市晶远花型设计有限公司
21	绍兴迈宝科技有限公司
22	绍兴飞梭纺织科技有限公司
23	绍兴鹿鸣网络科技有限公司
24	绍兴异想科技有限公司
25	绍兴搜绣供应链管理有限公司
26	绍兴柯桥培杰纺织有限公司
27	绍兴市柯桥区宝林印纸印花有限公司
28	绍兴市缤珂纺织品有限公司
29	绍兴柯桥同美绣品有限公司
30	绍兴市柯桥君朋绣品有限公司
31	绍兴柯桥豪诚家电有限公司
32	绍兴柯桥亮吉绣品有限公司
33	绍兴柯桥鑫波纺织有限公司
34	绍兴市轲棋纺织有限责任公司
35	绍兴市颖兴绣品有限公司
36	绍兴永懋绣品有限公司
37	绍兴柯桥鼎旺纺织有限公司
38	绍兴柯桥灵恩绣品有限公司
39	绍兴一叶电子股份有限公司
40	绍兴市柯桥区才翔纺织品有限公司
41	绍兴柯桥睦发纺织有限公司

续表 12

序号	企业名称
42	绍兴柯桥福铼纺织科技有限公司
43	绍兴柯桥盛浚绣品有限公司
44	绍兴市柯桥区浩丞绣品有限公司
45	绍兴柯桥摩贝纸业有限公司
46	绍兴柯桥易浙纺织有限公司
47	绍兴云然科技有限公司
48	绍兴柯桥助腾纺织有限公司
49	绍兴通纺云电子商务有限公司
50	绍兴质凡包装材料有限公司
51	绍兴蒲公英电子商务有限公司
52	绍兴风云电子商务有限公司
53	绍兴阪曲网络科技有限公司
54	绍兴华伦体育用品有限公司
55	绍兴初十网络科技有限公司
56	浙江森予文化创意有限公司
57	绍兴云梭纺织品有限公司
58	浙江搏亚信息技术有限公司
59	浙江中多纺织科技股份有限公司
60	浙江精恒数据管理有限公司
61	天昇物业服务集团有限公司
62	绍兴宏易信息科技有限公司
63	绍兴柯桥聚衫绣品有限公司
64	绍兴美度纺织有限公司
65	绍兴柯桥首康针织有限公司
66	绍兴江绵纺织品有限公司

续表12

序号	企业名称
67	绍兴市爱丘科技有限公司
68	绍兴勤仁信息科技有限公司
69	绍兴花思纪花型设计有限公司
70	浙江长宽数字科技有限公司
71	绍兴秀朗光电科技有限公司
72	浙江立尚文化传播有限公司
73	绍兴兰卡智能科技有限公司
74	浙江普娜拉纺织科技有限公司
75	浙江依云纺织科技有限公司
76	绍兴达能钢结构详图设计有限公司
77	浙江弘康半导体技术有限公司
78	绍兴柯桥好橙电子商务有限公司
79	绍兴布凡科技有限公司
80	浙江三川纺织科技有限公司
81	绍兴市柯桥区裕璋木业有限公司
82	绍兴炫炽针纺有限公司
83	绍兴月溢针纺有限公司
84	绍兴布吉针织有限公司
85	绍兴同烨针纺有限公司
86	绍兴奕航纺织有限公司
87	绍兴柯桥君博纺织品有限公司
88	绍兴佐纳纺织科技股份有限公司
89	绍兴栩汐绣品有限公司
90	绍兴宏优纺织有限公司
91	绍兴柯桥马翠侠纺织绣品有限公司

续表 12

序号	企业名称
92	绍兴得然针纺有限公司
93	绍兴柯桥大风车纺织绣品有限公司
94	绍兴洛春家纺有限公司
95	绍兴柯桥兰基家纺有限公司
96	绍兴本韩纺织有限公司
97	绍兴高肯数码纺织有限公司
98	绍兴昌杰机械有限公司
99	绍兴柯桥友人纺织品有限公司
100	绍兴柯桥后召绣品有限公司
101	绍兴豪霖机械有限公司
102	绍兴缤拓化纤有限公司
103	绍兴光易纺织科技有限公司
104	绍兴众杰屹自动化设备科技有限公司
105	绍兴柯桥绍帆纺织有限公司
106	绍兴绣驰纺织科技有限公司
107	绍兴柯桥腾宇纺织有限公司
108	绍兴市柯桥区陈氏彩印有限公司
109	绍兴市柯桥区向阳潭实业有限公司
110	绍兴柯桥嘉好钰定型股份有限公司
111	绍兴柯桥越琦纺织有限公司
112	绍兴柯桥晗顺绣品有限公司
113	绍兴曹绣纺织有限公司
114	绍兴蓝远针织有限公司
115	浙江天壹重石建设科技有限公司
116	绍兴君合新材料科技有限公司

续表 12

序号	企业名称
117	绍兴诚邦高新纤维科技有限公司
118	绍兴如融化纤有限公司
119	浙江申华针纺服饰有限公司
120	绍兴科普织造有限公司
121	浙江鹏越纺织有限公司
122	绍兴柯桥瑞丽化纤有限公司
123	浙江金恒泰服饰有限公司
124	绍兴柯桥神六针织摇粒有限公司
125	绍兴如多纺织有限公司
126	绍兴众满纺织有限公司
127	绍兴迅隆纺织有限公司
128	绍兴柯桥佳隆针纺有限公司
129	绍兴鑫俐纺织有限公司
130	绍兴晨鹏纺织有限公司
131	绍兴宏刚针纺有限公司
132	绍兴柯桥沃呢纺织有限公司
133	绍兴市杰诺纺织有限公司
134	绍兴柯桥英航纺织有限公司
135	绍兴柯桥锋达纺织有限公司
136	绍兴亚东布艺有限公司
137	绍兴普轩纺织有限公司
138	绍兴南鹰纺织印染有限公司
139	浙江弘利新材料有限公司
140	绍兴市柯桥区柯桥印染有限公司
141	绍兴斯慧尔新材料有限公司

续表 12

序号	企业名称
142	绍兴建伟包装材料有限公司
143	绍兴柯桥达胜针织有限公司
144	绍兴律顺针纺有限公司
145	绍兴蓝之印家纺有限公司
146	绍兴华阳铁路器材有限公司
147	绍兴柯桥锦博皮革有限公司
148	绍兴飞达钉业有限公司
149	绍兴欣亚行汽车配件有限公司
150	绍兴泽平印染有限公司
151	浙江屹男印染有限公司
152	浙江佶龙机械有限公司
153	浙江华普环保材料有限公司
154	浙江伟仕新材料有限公司
155	绍兴大鱼包装有限公司
156	浙江大鱼造纸有限公司
157	绍兴市园方标准件有限公司
158	绍兴海滨皮革有限公司
159	绍兴市城投建筑工业化制造有限公司
160	绍兴锦发印染有限公司
161	浙江震东新材料有限公司
162	绍兴万昂针织有限公司
163	绍兴柯桥荣邦纺织有限公司
164	绍兴柯桥皖桥针纺有限公司
165	浙江大树纺织科技有限公司
166	浙江大麦纺织有限公司

续表 12

序号	企业名称
167	绍兴柯桥迎贵纺织有限公司
168	绍兴市柯桥区超琦针纺有限公司
169	浙江望安科技有限公司
170	绍兴迅越科技有限公司
171	绍兴环迅数码印花有限公司
172	绍兴柯桥巨伦纺织有限公司
173	浙江妩曼纺织科技有限公司
174	浙江杰卡德智能科技有限公司
175	浙江广通环境建设有限公司
176	绍兴市柯桥区润丽天鹅绒有限公司
177	浙江诺派建筑系统有限公司
178	浙江芯云家居科技有限公司
179	绍兴柯桥洁越纺织设计有限公司
180	绍兴市柯桥区阿虎机械有限公司
181	浙江千禾网络科技有限公司
182	绍兴兆丽新材料科技有限公司
183	绍兴柯桥兰嵋数码纺织科技有限公司
184	绍兴纤蓝纺织科技有限公司
185	新基(绍兴)生物科技有限公司
186	绍兴鼎界科技有限公司
187	森曼泰冷链科技(绍兴)有限公司
188	绍兴柯恒医疗技术有限公司
189	浙江智识电子科技有限公司
190	绍兴泰纶印花有限公司
191	浙江赛尚医药科技有限公司

续表 12

序号	企业名称
192	绍兴布后针纺有限公司
193	浙江圣润纳米科技有限公司
194	绍兴无相智能科技有限公司
195	华准科技(绍兴)有限公司
196	绍兴庞纳微电子科技有限公司
197	绍兴海兰劳雷智能科技有限公司
198	绍兴得地为业纺织有限公司
199	绍兴市夏亚智能科技有限公司
200	瑞创生物技术有限公司
201	绍兴丝诚纺织品有限公司
202	绍兴柯桥普利欣精密仪器有限公司
203	绍兴开航数码纺织有限公司
204	绍兴市柯桥区江云针织有限公司
205	绍兴米托梦纺织有限公司
206	浙江易百珑科技有限公司
207	浙江德为建材科技股份有限公司
208	绍兴敏动科技有限公司
209	浙江多派纺织品有限公司
210	绍兴心和陇纺织有限公司
211	浙江材华科技有限公司
212	绍兴华放新材料有限公司
213	绍兴柯桥昊普纺织有限公司
214	绍兴晨浩包装材料有限公司
215	浙江诺昂科技有限公司
216	绍兴柯桥科诺纺织有限公司

续表 12

序号	企业名称
217	绍兴柯桥仁庄针纺有限公司
218	绍兴柯桥标举针织有限公司
219	绍兴市柯桥区久晖针纺织品有限公司
220	浙江技立新材料股份有限公司
221	绍兴优辰科技有限公司
222	绍兴柯桥冠准纺织品有限公司
223	绍兴杰成减速机械有限公司
224	绍兴周盛针纺有限公司
225	绍兴蝶羽印数码科技有限公司
226	绍兴柯桥亿顺针纺有限公司
227	绍兴迪飞新材料有限公司
228	浙江水管家环境服务股份有限公司
229	绍兴千和绣品有限公司
230	绍兴芯动半导体有限公司
231	绍兴精宸智能科技有限公司
232	盈峰智环（浙江）科技有限公司
233	深安智能技术（浙江）有限公司
234	推想（浙江）智能技术有限公司
235	绍兴乐古古纺织科技有限公司
236	企鹅范氏（浙江）智能技术有限公司
237	绍兴铋华科技有限公司
238	绍兴格正纺织有限公司
239	绍兴道远针织有限公司
240	绍兴锦远化纤有限公司
241	绍兴富鑫防护用品有限公司

续表 12

序号	企业名称
242	绍兴柯桥蓝翔环保科技有限公司
243	绍兴欣耀机电科技有限公司
244	绍兴市夏铨纺织有限公司
245	绍兴嘉越纺织机械有限公司
246	绍兴京越智能科技有限公司
247	绍兴玖越智能装备有限公司
248	绍兴芙好纺织科技有限公司
249	浙江正友汽车部件有限公司
250	绍兴森哥家纺有限公司
251	绍兴柯桥骏隆针纺有限公司
252	绍兴泰禾自动化设备有限公司
253	浙江余承幕墙装饰有限公司
254	绍兴飞俊纺织刺绣有限公司
255	绍兴力煌机械有限公司
256	绍兴柯桥松青纺织有限公司
257	绍兴柯桥安泰针纺科技有限公司
258	绍兴精立机械有限公司
259	绍兴九头牛纺织有限公司
260	绍兴市慧融臻合新能源科技有限公司
261	绍兴帅腾制衣有限公司
262	绍兴市尊铖自动化设备有限公司
263	绍兴雄劲针织有限公司
264	浙江精东环境建设有限公司
265	绍兴佰迅卫生用品有限公司
266	浙江耀江玻璃有限公司

续表 12

序号	企业名称
267	绍兴翼洪线业有限公司
268	绍兴柯桥盛林针纺有限公司
269	杭州电子科技大学绍兴柯桥智慧农业研究院有限公司
270	绍兴蓝利建筑工程有限公司
271	绍兴蓝欣建筑工程有限公司
272	绍兴理格化纤有限公司
273	绍兴弘峰纺织有限公司
274	绍兴盈顺机电科技有限公司
275	绍兴宏名轩针纺有限公司
276	绍兴京瑞电子科技有限公司
277	绍兴柯桥寺山茶业有限公司
278	浙江圣力家具制造有限公司
279	绍兴市柯桥区畅潮纺织有限公司
280	绍兴平近服饰有限公司
281	绍兴合茂环境建设有限公司
282	浙江水沐清清环保科技有限公司
283	绍兴富声科技有限公司
284	绍兴兴裕门窗有限公司
285	绍兴中炜环境建设有限公司
286	浙江越体科技文化有限公司
287	绍兴市柯桥区月恒房屋烟道有限公司
288	浙江青城生态农业发展有限公司
289	浙江一菩茶文化有限公司

2021年柯桥区新增省级企业研究院一览表

表13

序号	研究院名称	依托单位
1	浙江省索密克汽车配件企业研究院	索密克汽车配件有限公司
2	浙江省墙煌金属涂装企业研究院	墙煌新材料股份有限公司
3	浙江省精工工业钢结构企业研究院	精工工业建筑系统集团有限公司
4	浙江省绍兴电力设备新型输配电产品企业研究院	绍兴电力设备有限公司
5	浙江省精工绿筑装配式集成建筑企业研究院	浙江绿筑集成科技有限公司

2021年柯桥区新增省级高新技术企业研究开发中心一览表

表14

序号	研究开发中心名称	依托单位
1	浙江省精功机器人智能装备高新技术企业研究开发中心	浙江精功机器人智能装备有限公司
2	浙江省鼎峰科技建筑新材料高新技术企业研究开发中心	浙江鼎峰科技股份有限公司
3	浙江省欣明家居窗帘花型高新技术企业研究开发中心	绍兴市欣明家居有限公司
4	浙江省佳彩印染新材料高新技术企业研究开发中心	绍兴佳彩印染有限公司
5	浙江省百丽恒清洁印染高新技术企业研究开发中心	绍兴百丽恒印染有限公司
6	浙江省城交工业桥梁预制构件智能制造高新技术企业研究开发中心	绍兴市城投建筑工业化制造有限公司
7	浙江省高峰仿数码雕印高新技术企业研究开发中心	绍兴市高峰印染有限公司
8	浙江省华东绿色印染高新技术企业研究开发中心	浙江华东纺织印染有限公司
9	浙江省环发绿色印染高新技术企业研究开发中心	浙江环发纺织印染有限公司
10	浙江省乐高绿色染整高新技术企业研究开发中心	浙江乐高实业股份有限公司
11	浙江省普天集成房屋高新技术企业研究开发中心	浙江普天集成房屋有限公司
12	浙江省新舒纺织高效短流程印染技术开发高新技术企业研究开发中心	浙江新舒纺织有限公司
13	浙江省永通印花高新技术企业研究开发中心	绍兴永通印花有限公司
14	浙江省远大勤业装配式建筑高新技术企业研究开发中心	浙江远大勤业住宅产业化有限公司

续表 14

序号	研究开发中心名称	依托单位
15	浙江省红良精密铸造高新技术企业研究开发中心	绍兴红良铸业股份有限公司
16	浙江省金阳航空机舱用品及防护服高新技术企业研究开发中心	绍兴金阳纺织有限公司
17	浙江省康瑞兽用器械高新技术企业研究开发中心	浙江康瑞器械科技股份有限公司

2021 年柯桥区新增省级众创空间一览表

表 15

序号	众创空间名称	依托单位
1	搏亚众创空间	浙江搏亚信息技术有限公司

（应洁敏）

科技创新

【概况】 2021 年，柯桥区完成研发经费 66.66 亿元。实施各级科技计划项目 377 项，其中省级新产品试制计划 289 项，区级“揭榜挂帅”科技计划项目 18 项，区级社会发展项目 70 项。三力士股份有限公司橡胶 V 带高柔性智能生产线研发等 18 个项目列入区级重点项目攻关“揭榜挂帅”项目。云平台个性化健康管理在体检人群的应用效果等 70 个项目列入区级社会发展类经费自筹科技计划项目。（张珊珊）

科技合作

【概况】 2021 年，柯桥区推进各类科技创新平台建设，出台《绍兴市柯桥区重点共建创新平台建设运营管理办法（试行）》，实施《柯桥区重点共建创新平台认定细则》等政策，开展第一批柯桥区重点共建创新平台认定工作。高能级平台浙江省现代纺织技术创新中心（鉴湖实验室）入选全省首批省级技术创新中心，为全市唯一。东盛慧谷、恒生・凤凰数字经济产业园等民营科技园投入运营，依托谢赫曼特诺贝尔奖团队、俞书宏院士团队、陈文兴院士团队，引进西安理工大学柯桥研究院、中国科技大学绍兴新材料产业技术研究院、浙江理工大学绍兴研究院等高水平校地合作平台。

【产业创新服务综合体建设】 2021 年，柯桥区以“技术 +、设计 +、标准 +、人才 +、服务 +”为重点，按照“一核引领、三园联动”总体布局，建设高能级综合体平台，形成金柯桥大道十分钟创新服务链，增强产业发展创新服务动能。按照“政府引导、市场主导、企业主体”建设方向，推进人才链、创新链、金融链、产业链、服务链深度融合。现代纺织产业创新服务综合体连续两年获得绍兴市产业创新服务综合体考评优秀单位。现代建筑产业创新服务综合体列入省级创建名单，为全省建筑领域唯一。（寿佳莹）

科技成果

【概况】 2021 年，柯桥区围绕智能制造领域，与天津理工大学签订共建天津理工大学浙江智能制造研究院战略合作协议。推进浙江理工大学绍兴柯桥研究院、东华大学绍兴创新研究院、中国科技大学绍兴新材料产业技术研究院、绍兴工业互联网学院(研究院)等创新平台建设,组织成立绍兴柯桥现代纺织技术创新联盟。推进科技大市场建设,发挥科技大市场"科技红娘"牵线搭桥功能,聚焦现代纺织、智能制造、生物医药等重点领域,打造技术需求库和成果供给库,通过"线上+线下"联动推介模式搭建校企信息桥梁,提升科技成果转化率。2021年,柯桥区实现技术交易额35.8亿元,实施发明专利产业化项目40个,登记科技成果项目393个。发布成果信息1058项,收集企业技术需求205项,举办绍兴工业互联网学院(研究院)实验室落成典礼暨数字化发展与工业互联网应用论坛等科技对接活动26场,达成产学研合作项目35项。

【"科技成果转化追踪"数字化应用】 2021年,柯桥区加强科技成果转化,委托专业团队建设开发"成果转化追踪"应用场景,该应用包括成果转化政策激励系统、绩效分析系统、风险控制系统3个子场景,实现科技成果转化(产业化)体制机制创新、技术交易政策激励流程重塑和风险控制流程构建,被列入省级试点建设项目。(傅玲红)

电信通信

【概况】 2021年,中国电信柯桥分公司践行云改数转战略,推动柯桥数字经济发展,为亚运会提供保障。签约多个产业数字项目,如城市生命线、亚运会攀岩馆信息化建设、明厨亮灶项目、智慧环卫等,夯实网络基础,推进千兆网络建设,提升千兆接入能力,建设光纤终端设备接口896个,实现柯桥区全区域光纤终端覆盖,完成光纤接入割接改造重点小区41个。做好疫情防控通信保障及信息化服务,通过"云监控""云监工""云验码""智能门磁"等技术支持,助力新冠肺炎疫情防控。拓展数字化信息化业务,完成羊山亚运攀岩中心智能化项目安装调试,完成体育工艺专项工程采购。(单爱萍　陆易琛)

移动通信

【概况】 2021年,中国移动柯桥分公司加快转型升级,深化改革创新,参与柯桥区智慧停车、智安园区、智慧电梯、智慧亚运等民生重要领域,承建滨海医学隔离点,配送防疫产品,协助发送新冠肺炎疫情防控信息。推进5G建设,对城区、乡镇区域进行5G网络补点。建设5G基站330个,累计建设5G基站1540个;建设4G基站135个,累计建设4G基站1860个。完成光纤改造小区44个,千兆宽带覆盖用户450436户。做好新冠肺炎疫情防控期间区政府视联网24小时值班保障,完成各级视联网会议保障97次。完成滨海方舱、布商大会、纺博会、车博会、东方山水烟花表演等重要活动通信保障工作。(沈　鸿　单申佳)

联通通信

【概况】 2021年,中国联通柯桥分公司新增5G网络基站(含室分)83个,累计开通617个,覆盖城区、重点乡镇和部分热点工业园区,5G网络人口覆盖率62.5%;新开通4G基站121个,累计开通1078个,覆盖城区、二、三类校园交通干线、乡镇、部分热点行政村及4G网络人口覆盖率93%,4G全网良好覆盖率98%。千兆宽带覆盖用户166710户。(俞璐云)

通信工程

【概况】 2021年,铁塔柯桥分公司推进5G通信基站布局部署,累计建成5G基站1990个,实现核心城区、乡镇、风景区、亚运场馆等重点区域5G高质量覆盖。累计建设高空瞭望点170个,其中镇(街道)71个、行业类99个。

【铁塔应急支持】 2021年,柯桥区组织成立防疫党员突击队投身抗疫通信保障一线,24小时内建成马鞍隔离点5G基站2个,完成隔离区通信站址建设和应急保障工作。在抗击台风"烟花"期间,铁塔柯桥分公司将170多路关键场景高位监控集中接入省市区防指中心,为防汛抗台筑起智慧堤坝。(魏冠群)

数字政府

【概况】 2021年,柯桥区构建基础设施、数据资源、应用支撑、业务应用、政策制度、标准规范、组织保障、网络安全八大体系，建设一体化智能化公共数据平台，实现省、市、区三级贯通。至年底，平台已归集 49 个部门 35 亿条数据，承接省市回流数据 8000 余万条，所有回流数据按类别切分给 45 个数源部门，实现一体管控。建设数字化改革五大门户任务仓、城市大脑五大应用数据仓、省市回流数据仓。入选省级试点项目 5 个，分别是省级组件共建共享试点、省“数字孪生”试点、省一体化数字资源系统(IRS)市县公共数据平台试点、省一体化数字资源系统(IRS)政务云平台市县贯通项目、第二批应用目录编制市县贯通项目，入选数居全市第一。

【智慧城市建设获奖】 2021 年，柯桥区“一脑一中心、多端多应用——数据驱动的中国基层治理现代化样板”项目获 2021 世界智慧城市治理中国区大奖，被评为浙江省城市大脑（智慧城市）场景应用优秀案例。

【首席数据官制度建立】 2021 年，柯桥区在全省率先建立首席数据官制度，统筹管理公共数据资源、组件资源和应用资源。21 个镇（街道、开发区）和平台、71 个区级党政机关（含事业单位、国有企业）完成备案。《浙江日报》以《全面推进数字化改革，CDO 应运而生——首席数据官的一天》为题进行整版报道。

【“两端”应用】 2021 年，柯桥区以数字化改革项目为重点，挖掘政府侧改革应用，“柯桥城市频道”“柯桥 e 证通”“浙里工程师”“文明轻骑兵”“律动纺都”“数字柯桥”“基财 e 码通”“加梯 e 网通”等应用上架“浙政钉”，实现数字化改革成果一端集成。有“浙里办”注册用户 27.75 万人，每百万人口日均活跃用户数 2.6 万人；“浙政钉”注册用户 13834 人，日均活跃率 86.08%。（夏丹琪）

广播电视传输

【概况】 2021 年，柯桥区以保障中国共产党成立 100 周年安全播出为中心任务，落实主体责任，召开专题动员会，对建党百年安播保障工作进行专项部署，与各级部门签订安全责任书，确保安全责任到人、到岗；完善制度，提升保障水平，编制推行安保手册 3 部，提前预警各类突发情况，明确处置方法和操作流程；对安全检查台账进行不定期抽查，做到查漏补缺，组织培训 29 次和应急演练 67 次；投入专项资金，消除安全隐患，全年投入资金 600 余万元，整改安全隐患 30 余项，实现安全播出零事故目标。（沈　衍）

执行编辑　高　锋

教 育

综 述

【概况】 2021年,柯桥区有各级各类学校205所,其中全日制普通高校2所、普通高中8所、职业高中2所、初中19所、小学53所、幼儿园103所、特殊学校1所、社区学院1所、成人教育中心16所。有教职员工11176人,其中专任教师9056人。专任教师中任教于普通高中1352人、职业学校649人、初级中学1923人、小学2990人、幼儿园2121人、特殊教育21人。

推进49个项目建设,总投资13亿元。六一幼儿园坂湖园区等12个新扩建项目秋季投用,华舍中学扩建等10个项目年底完工,柯东小学等7个项目开工。新组建柯岩中心小学、杨汛桥中心幼儿园等3个教育集团,新增学位5670个。

以习近平总书记对柯桥区少先队员“牢记昨天、珍惜今天、把握明天”的回信寄语为指引,在50所中小学校接力开展“一校一党史事件”的红色教育,得到团中央专题调研组和省委党史学习教育第一巡回指导组的高度肯定。中国轻纺城小学“牢记习爷爷嘱托 争当红色接班人”做法入选全国“一校一案”德育工作典型案例。

严守不跨区流动纪律,全体师生员工做到学习、工作、生活在柯桥区内,完成14.2万名师生员工全员核酸检测。在学校全封闭管理期间,教师为居家隔离学生提供线上教学服务,为柯桥籍在上虞学子转运爱心包裹650个。

通过全国义务教育优质均衡发展区、浙江省首批体育现代化区创建验收。柯桥中学成为北京大学首批“博雅人才共育基地”,柯桥中学、鲁迅中学成为清华大学生源学校,新增省级现代化学校7所,区职教中心入选省首批“双高”建设(中国特色高水平高等职业学校和专业建设计划)名单,华舍中心幼儿园创建成为省一级幼儿园,柯桥成人学校“柯桥领读者”上榜全国终身学习品牌项目,华舍成人学校“幸福家庭华舍人”学堂入选省社区教育进农村文化礼堂学习品牌项目。

普通高校招生考试报名4421人,普通高校招生录取4313人,录取率97.56%。其中上特殊类控制线1250人,上线率28.8%,超全省平均8.3个百分点。14名学生被北京大学、清华大学录取,59名学生被浙江大学录取,12名学生被“强基计划”(基础学科招生改革试点)录取,574名学生被“双一流”大学录取。

2021年3月,中国轻纺城小学“重温总书记寄语 重走光辉百年路”主题教育启动仪式举行 (区教体局 提供)

柯桥区获东部战区空军招飞先进单位、浙江省职业教育发展考核优秀单位、浙江省教育领域数字化改革典型案例等荣誉。

【全国推广普通话宣传周】 2021年9月，柯桥区举行第24届全国推广普通话宣传周活动，以“普通话诵百年伟业 规范字写时代新篇”为主题。其间，开展推广普及国家通用语言文字和传承弘扬中华优秀语言文化的相关活动，举行“红色经典诗文诵讲写”“小手拉大手同讲普通话”“规范汉字书写”等线上、线下活动。

【全民终身学习活动周】 2021年10月28日至11月3日，柯桥区举办以“庆建党百年华诞 谱终身学习新篇”为主题的柯桥区第十届全民终身学习活动周，参与活动周人数10万余人次。其间，开展各类教育、培训、讲座等活动400余场次。其中进农村文化礼堂教育活动150余场次，老年人智能技术普及培训80余场次。

【中小学生“百年潮涌 红星闪闪放光彩”主题演讲比赛】 2021年11月，柯桥区举行中小学生“百年潮涌，红星闪闪放光彩”主题演讲比赛，分小学组和初中组。小学组参赛22人，其中获一等奖7人、二等奖7人、三等奖8人；初中组参赛19人，其中获一等奖5人、二等奖8人、三等奖6人。赛后，选送4名选手参加市级比赛，获市一等奖1人、二等奖2人、三等奖1人。

【艺术教育】 2021年11月，柯桥区实验小学、鉴湖小学等学校的8个表演类节目在浙江省中小学艺术节中获一等奖，有4个节目入围2021年省中小学艺术节现场展演名录，有3个节目参加艺术节颁奖晚会。中国轻纺城小学原创舞蹈《热干面，加油！》参加庆祝建党百年全国少儿晚会，柯岩阮社小学学生第四次登上央视曲艺舞台。

2021年11月18日，柯桥区鲁迅外国语学校戏曲《陆文龙·归宋》参加省中小学生艺术节 （区教体局 提供）

【全国学前教育普及普惠区创建通过省级评估】 2021年，柯桥区对标全国学前教育普及普惠县（市、区）评估标准，公办幼儿园劳动合同制教师实行全区统一招考，公办、民办幼儿园每班配齐“两教一保”，提高劳动合同制教师收入待遇，公办幼儿园劳动合同制教师平均工资不低于当地在编幼儿教师的平均工资（基本工资＋绩效工资）。11月，通过全国学前教育普及普惠区创建省级实地督导评估。

2021年11月24日，柯桥区通过全国学前教育普及普惠区省级督导实地评估 （区教体局 提供）

【义务教育阶段课后服务】 2021年，柯桥区义务教育阶段学生课后托管服务小学、初中学生参加率分别为96.6%、95.8%，小学、初中教师参与率分别为97.38%、96.71%，压减128家营利性学科类校外培训机构。课后服务工作“学校用心、学生开心、家长放心”的特色亮点被央视综合频道《朝闻天下》、央视中文国际频道《中国新闻》报道点赞。

【校企合作产教融合工作】 2021年，柯桥区推进校企合作、产教融合工作。至年底，全区职校与688家企业签订人才培养协议，设立47个企业冠名班、订单班。《中国教育报》《浙江日报》相继报道柯桥区开展校企合作、产教融合工作的典型做法。“双向赋能 同频共振——乡村振兴和共同富裕视域下建‘沉浸式’校企合作模式的探索实践”入选省职业教育改革典型案例。

【教育援助】 2021年，柯桥区选派1位教师援藏，5位教师援疆，5位教师援川。与金川、峨边结对援助薄弱学校21所，招收四川省贫困学生163人，吸收峨边职校学生到柯桥培训41人。12名四川金川籍学生继续在柯桥就读。

【县管校聘人事管理制度改革】 2021年，柯桥区出台《关于进一步完善柯桥区中小学教师“县管校聘”工作的实施意见》《绍兴市柯桥区教师调配工作意见(2021年修订)》,50所学校开展“县管校聘”工作。首轮竞聘6414人参加，落聘15人。在聘任的6399个岗位数中，直聘1058人，选聘2995人，竞聘2346人，跨校竞聘221人。首轮落聘15人在后续二轮竞聘中，竞聘成功10人，组织调剂2人，辞职3人。(钟建宇)

学前教育

【概况】 2021年，柯桥区有幼儿园103所，其中公办幼儿园82所、民办幼儿园21所。在园幼儿2.93万人，学前三年入园率100%。幼儿园专任教师2121人，其中公办幼儿教师415人，教师学历合格率100%，教师资格证持有率100%。新创建省一级幼儿园1所、省二级幼儿园4所。省二级及以上在园儿童覆盖率78.54%。

漓渚镇中心幼儿园获省教科研先进集体，漓渚中心幼儿园孙菊英获省教科研先进个人，区中心幼儿园王秀华获省优质课一等奖。

【优质学前教育资源扩充】 2021年，柯桥区新建成或在建的幼儿园13所，其中5所秋季正式投入使用，扩充公办学位3240个。6月，成立柯岩中心幼儿园教育集团、杨汛桥中心幼儿园教育集团，深化“名园+”“强园+”集团化办学模式，优质教育资源总量扩大。

【学前教育第四轮行动计划实施】 2021年12月，柯桥区印发《柯桥区加快学前教育优质发展第四轮行动计划》，加大幼儿园创建奖励力度，提高普惠性民办幼儿园财政补助经费，提升特殊群体保教费减免标准、保教人员专项补助，增设公办园教师培训专项经费、公办园提档专项经费。

【幼儿园共同体教育资源共享】 2021年，柯桥区建立9个区域性园际发展共同体，实现区属幼儿园、镇(街道)中心幼儿园共同体建设全覆盖。12月23日，结对共同体在柯桥教育资源公共服务平台的优课平台和名师工作室平台进行在线园本课程的样

2021年9月1日，中国轻纺城中心幼儿园新园开园

(区教体局　提供)

2021年12月23日，柯桥区举行幼儿园名师(青年教师成长)工作室展示活动

(区教体局　提供)

态探讨、儿童立场的集体教学活动观察与支持等展示。(傅丽芳)

小学教育

【概况】 2021年,柯桥区有小学53所,其中区属小学2所、镇(街道)小学51所。在校班级1321个,学生53703人;在编专任教师2990人。开展拓展性课程开发和实施探究,评出区级精品课程(课程群)50余门。探索开展义务教育阶段学校课后服务工作。

【两名小学生获浙江省小金桂金奖】 2021年5月,柯桥区华舍小学小梅花戏曲社团黄志鹏、马紫瑜两名学生,参加第六届浙江少儿戏曲小金桂荟萃暨第二十五届中国少儿戏曲小梅花荟萃浙江选拔比赛,以一曲《我老六今年活了三十多》获浙江省小金桂金奖。

【小学教育工作会议】 2021年11月,柯桥区小学教育工作会议在实验小学召开。会议以"聚焦'双提'致力'双减'"为主题,围绕我们需要一个什么样的校长、我们需要一所什么样的小学、我们要许孩子一个什么样的未来展开研讨,并对小学教育的"基础性"作深入地阐述。会议就课后服务工作、小学学业质量进行主题报告。

【区少工委十一届三次全体(扩大)会议】 2021年11月,柯桥区少工委十一届三次全体(扩大)会议在区委党校召开。区教体局、团区委、区少工委等单位20余位少工委委员参加会议。审议通过《绍兴市柯桥区少工委十一届三次全体(扩大)会议关于区少工委委员、主任卸职替补(增补)的确认案》。

【柯桥小学获2021年度"全国百佳校园大课间优秀单位"称号】 2021年,柯桥区柯桥小学参加"2021年千万学生跳动啦啦操大课间活动"。该活动在教育部体育卫生与艺术教育司指导下,由中国蹦床与技巧协会啦啦操分会主办。柯桥小学《红领巾心向党》特色体育大课间活动获"全国百佳校园大课间优秀单位"和"优秀大课间精神风貌"两项大奖。(钱纪江 钱钰萍)

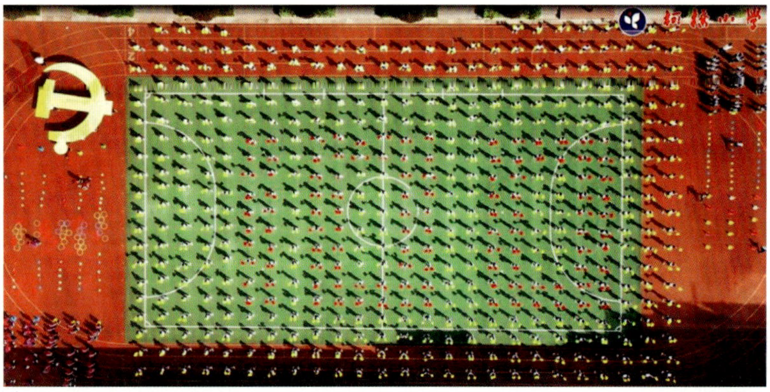

2021年9月,柯桥小学以"红领巾心向党"体育大课间活动获评"全国百佳校园大课间优秀单位" (区教育局 提供)

2021年11月,柯桥区小学教育工作会议在实验小学召开 (区教体局 提供)

初中教育

【概况】 2021年,柯桥区有初中19所,其中区属3所、镇街道初中15所、民族中学1所。在编专任教师1977人;初中班级585个,在校学生2.33万人,其中西藏民族中学3个年级15个班级,在校学生600人。立足思维课堂和基础性课程分层走班教学改革,教育质量总体呈良好发展态势。初中升高中升学率99.8%。

【初中教育工作会议】 2021年11月，柯桥区以“聚焦‘双提’致力‘双减’”为主题召开初中教育工作会议。会议要求全区各初中坚定教育初心，把学校做强、做全、做美；提升教育绩效，加强校长引领力、班子凝聚力、教师执行力，提升学生学习力；扩大教学成果，五育并举，全面提高教育质量，为领跑全市，竞跑全省贡献柯桥教体力量。要求各初中树立优质均衡意识和五育并举意识重塑全面质量观，从作业公示、分层和全批等重塑科学作业观，致力“双减”，聚焦“双提”，写好教育助力发展的新时代柯桥答卷。

2021年11月，柯桥区召开初中教育工作会议 （区教体局 提供）

【民族教育获省领导批示肯定】 2021年，绍兴西藏民族中学教育援藏30余年，累计为西藏培养优秀初中毕业生4000余人，先后被评为全国教育援藏先进集体、全国民族团结进步模范单位。各项工作和做法相继在“学习强国”学习平台、浙江卫视、《浙江日报》《西藏日报》《绍兴日报》报道，其中省级媒体报道47则。学校工作获省委书记袁家军、省长郑栅洁、省委副书记黄建发等批示肯定，中共十九届中央委员、西藏自治区党委副书记洛桑江村到校实地调研并作签阅。（盛建兔）

普通高中教育

【概况】 2021年，柯桥区有普通高中8所，教学班317个，在校学生13518人，在编专任教师1483人，毕业学生4673人，招收新生4720人。修订普高学校岗位责任制考核细则。出台普高新课程新教材实施工作指导意见。

柯桥中学、鲁迅中学被清华大学授予“2020年生源中学”称号。柯桥中学被北京大学授予“博雅人才共育基地”。全区浙大线以上学生人数209人，2名学生分别被录取为海军、空军飞行学员，6人录取为民航飞行学员。柯桥中学2名学生进入全省前10，鲁迅中学1人被北京大学录取为双学籍空军飞行学员。体艺一批录取学生80人，体育类特招39人，其中录取进入全国知名体艺类特色高校的有55人。鲁迅中学、鲁迅高级中学、鉴湖中学的3个艺术节目获省艺术节一等奖；语、数、英、地、史等学科类竞赛获全国一等奖289人次，5项科技成果获省一等奖以上，钱清中学15项学生小发明获国家实用新型专利证书。

2021年6月，“博雅人才共育基地”授牌仪式在柯桥中学报告厅举行 （区教体局 提供）

【柯中、鲁中两校实验班招生制度修订】 2021年1月，柯桥区修订柯桥中学、鲁迅中学实验班招生制度。两校实验班招生总数的50%名额分配到各初中学校，另50%名额通过考试按分数高低择优录取，同时建立各学科命题团队，培育自主命题的专家队伍。

【特色高中分类建设试点改革启动】 2021年3月，柯桥区根据省教育厅颁布的“普通高中学校实施分类办学促进特色发展改革试点工作方案”，制订普通高中学校分类办学促进特色发展试点工作方案初稿，以“试点先行、全面推进”的原则，根据学校申报，确立柯桥中学、钱清中学为特色发展试点学校，计划经过三年努力，总结经验扩大试点学校数量，到2035年初步形成支撑高中学校特色发展的分类办学机制。

2021年10月，“中日韩同上一堂课”活动以线上直播互动的形式举行　（区教体局　提供）

【省新锐学校联盟校际交流活动在钱清中学举行】 2021年4月，浙江省新锐学校联盟校际交流活动在钱清中学举行。活动以“锐意进取，校际交流促专业成长”为主题，旨在建设成为互联网时代的新型教育协作共同体，面向普通高中教育段锐意进取的城镇、乡村学校构建协作平台，整合全省普高教育段各学科特级教师、学科带头人资源，形成一个基于互联网实时协作、定期线下活动的教育协作共同体。嘉兴海宁中学、桐乡第二中学、永嘉罗浮中学、乐清柳市中学、温岭泽国高级中学、上虞崧厦中学、钱清中学等7所普通高中领导及相关学科教师20余人参加。

【钱清中学被评为省教育机器人应用试点示范学校】 2021年7月，柯桥区钱清中学被浙江省教育厅评为浙江省级教育机器人试点示范学校。学校开发10门机器人相关选修课程，其中有2门课程获市级精品课程，4门获区级精品课程。学校设有2个机器人相关的社团，选拔优秀学生参加全国各类机器人比赛。

【中日韩学生同上一堂《故乡》课】 2021年10月，“中日韩同上一堂课”活动以线上直播互动的形式，在绍兴鲁迅中学、日本福井芦原中学和韩国京一观光高等中学同步举行。绍兴鲁迅中学现场由教师潘颂一执教。这是为纪念鲁迅先生140周年诞辰及鲁迅名作《故乡》发表100周年之际，作为“东亚文化之都”中国绍兴活动年的组成部分。绍兴以鲁迅《故乡》作为链接世界文化的符号，与日本、韩国的文化作交流和文明互鉴，重构东方文化的精神故乡。（李国权）

中等职业技术教育

【概况】 2021年，柯桥区有2所职业学校，均为国家级重点职业学校、省一级重点职业学校，其中柯桥区职教中心为国家首批中职教育改革发展示范校。在校学生9568人，校均规模4784人。专任教师649人，其中专业教师（包括实习指导教师）383人，“双师型”教师（同时具备教师资格和职业资格的教师）381人，占专业教师的99.5%。职校校园占地面积30.11万平方米，建筑面积20.04万平方米。

设轻纺食品类、土木水利类、加工制造类、交通

2021年8月建成的柯桥区职教中心楼宇实训室（区教体局　提供）

运输类、信息技术类、财经商贸类、旅游服务类、文化艺术类、农林牧渔类、公共管理类10个大门类34个专业，有4个省级高水平专业、4个省级名专业、11个省级示范专业，有1个国家级职教集团、8个省级实训基地（含综合性实训基地1个）、3个省级校企合作共同体、2个省级产学研联合体、1个省级职教集团。校企深度合作，设立冠名班、订单班，订制活页教材，建设精品技能资源库，开设实训课堂，开设企业课堂，引入大师课堂，校企双栖培养，现代学徒培养，生涯规划教育，多元技能考评，企业文化进校园。柯桥区获评省职业教育发展考核优秀县区。

【区第十五届职业学校学生技能大赛】 2021年11月20日，柯桥区在区职教中心、绍兴财经旅游学校两个赛区同时举行第十五届职业学校学生技能大赛。大赛分16个大类，设70个赛项，1127名学生参赛，115名选手获一等奖。

【多个项目被列入省职业院校产教融合项目】 2021年12月17日，柯桥区“三教”（教师、教材和教法）改革视域下的装配式建筑施工专业企业课堂建设、“美丽员工私人订制”轻纺商贸人才产学共育的探索与实践2个项目被列入省职业院校产学合作协同育人项目。绍兴市商贸旅游业产教融合联盟入围省职业院校产教融合联盟。

【参加省技能大赛和全国职业院校技能大赛试点赛】 2021年，柯桥区学生参加浙江省技能大赛，获5项第一，居全省职校首位；参加全国职业院校技能大赛试点赛，获1金2银1铜。

2021年6月，柯桥区学生参加在山东举行的全国职业院校技能大赛
（区教体局　提供）

2021年柯桥区职业学校学生省级及以上技能竞赛（职业能力大赛）获奖情况表

表16

获奖项目	获奖级别及等级	获奖学生
全国中等职业学校学生技能大赛建筑设备安装与调控（给排水）项目	国家级一等奖	马柳浩　赵鑫源
全国中等职业学校学生技能大赛建筑智能化系统安装与调试项目	国家级二等奖	冯帅琪　马麒瑞
全国中等职业学校学生技能大赛建筑CAD项目	国家级二等奖	俞迪彬　张羽琦
浙江省中等职业学校职业能力大赛虚拟现实（VR）制作与应用项目	省级一等奖	李一博　王泽屹　王郑宇
浙江省中等职业学校职业能力大赛电梯维修保养项目	省级一等奖	郑昕杰　袁家辉

续表 16

获奖项目	获奖级别及等级	获奖学生
浙江省中等职业学校职业能力大赛计算机检测维修与数据恢复项目	省级一等奖	林涵斌 陈　扬
浙江省中等职业学校职业能力大赛电子商务技能项目	省级二等奖	陈　栋 沈依婷 张天笑 张一涛
浙江省中等职业学校职业能力大赛建筑装饰技能项目	省级二等奖	孙梓豪 何家熠
浙江省中等职业学校职业能力大赛焊接技术项目	省级二等奖	江跃阳
浙江省中等职业学校职业能力大赛制冷与空调设备组装与调试项目	省级二等奖	王镐杰
浙江省中等职业学校职业能力大赛机器人技术应用项目	省级三等奖	王　吉 蒋梓恒
浙江省中等职业学校职业能力大赛制冷与空调设备组装与调试项目	省级三等奖	王　标
浙江省中等职业学校职业能力大赛分布式光伏系统的装调与运维项目	省级三等奖	黄智东 常煜洋 朱吉成
浙江省中等职业学校职业能力大赛创新创业项目	省级三等奖	孔昊祺 倪艳翠
浙江省中等职业学校职业能力大赛创新创业项目	省级一等奖	边宸雪 李娅妍 洪佳杰
浙江省中等职业学校职业能力大赛蔬菜嫁接项目	省级二等奖	徐静柔
浙江省中等职业学校职业能力大赛沙盘模拟企业经营项目	省级二等奖	孙　超 赖晨威 陈荐柳 郑　懿
浙江省中等职业学校职业能力大赛创新创业项目	省级二等奖	王耀全 王京浩 赏超颖
浙江省中等职业学校职业能力大赛手工制茶项目	省级三等奖	蒋隆基 方吉辉 屠炜青 周均豪
浙江省中等职业学校职业能力大赛酒店服务项目	省级三等奖	方梦艺 陈雨晴
浙江省中等职业学校职业能力大赛创新创业项目	省级三等奖	徐淑妮 何鸿依 陆雨灿
浙江省中等职业学校职业能力大赛创新创业项目	省级三等奖	湛峻杰 王焌杰 周诗雨
浙江省中等职业学校职业能力大赛创新创业项目	省级三等奖	钟　裕 鲍烨奇 劳李美

【职业教育专项经费政策】 2021年，柯桥区出台和修订《关于进一步促进职业教育校企合作的实施办法》《职业教育发展专项经费使用管理办法》，每年安排校企合作专项经费800万元、专业建设经费300万元、职业教育专项奖补资金200万元。

【省高职考试】 2021年，柯桥区职校学生参加浙江省单招单考，升入高等院校1847人，升学率68%，升学人数连续10年逾千人，其中本科上线136人。学前教育专业学生方贝、文秘专业学生闻梦婧单招单考总分均居全省第一名。（沈益农）

高等教育

【概况】 2021年，柯桥区有浙江工业大学之江学院和浙江树人学院杨汛桥校区2所全日制普通高校，有浙江广播电视大学柯桥学院、浙江工业大学之江学院、绍兴柯桥新时代培训中心、柯桥区依米培训学校4个成人高等教育函授站（点）、现代远程教育校外学习中心。浙江工业大学之江学院有11个二级学院、1个教学部，有40个本科专业，涉及工学、理学、文学、法学、管理学、经济学、艺术学七大学科门类。全日制在校本科学生9900余人。有教职工626人，其中专任教师476人。

浙江树人学院杨汛桥校区有学院、教育中心8个，设专业40个，其中本科33个、专科7个。全日制在校学生8520人，其中本科学生6890人、专科学生1630人。有教职工786人，其中专任教师639人。获批研究生招生单列指标，与浙江工业大学、浙江师范大学、浙江中医药大学等高校联合培养研究生。浙江树人大学杨汛桥校区二期工程获2021年度浙江省建设工程钱江杯（优质工程）、2020—2021年度第二批国家优质工程奖。

浙江广播电视大学柯桥学院注册人数1568人，其中本科629人、专科933人、高（高中）起本（本科）6人。学院获“2020—2021年度全省开放大学系统思想政治工作先进单位”称号。

审核和拨付浙江工业大学之江学院、浙江树人学院杨汛桥校区高校人才生活补助及一次性资助等资金533人次，发放资金948.7万元。（孙　俊　刘　俊　王　芳　娄华军）

【绍兴工业互联网学院（研究院）实验室启用】 2021年5月28日，绍兴工业互联网学院（研究院）实验室落成典礼暨数字化发展与工业互联网应用论坛在浙江工业大学之江学院举行。浙江工业大学、绍兴市、柯桥区、绍兴工业互联网学院（研究院）等有关领导、专家出席典礼。绍兴工业互联网学院（研究院）实验室为柯桥区重点共建创新平台，入选绍兴市重点实验室建设项目。

2021年5月31日，点亮绍兴工业互联网学院（研究院）实验室启用仪式在浙江工业大学之江学院举行　　（之江学院　提供）

【之江学院内部治理体系改革】 2021年，浙江工业大学之江学院建立健全师生常态化沟通、校地联动、应急处突、疫情防控、继续教育合作办学等机制，构建校园综合治理联动机制，多部门（单位）联动推进平安校园、绿色校园、智慧校园建设。之江学院先后与柯桥区委宣传部（网信办）建立属地联动机制，组建网络评论员（信息员）队伍，与柯桥区公安分局签订警校合作共建协议，构建警校共建服务平台。

【之江学院学科专业建设】 2021年，浙江工业大学之江学院开展浙江省一流学科验收工作和绍兴市重点学科中期验收，修订《学院研究所组建与评估认定办法》，完成第三轮评估。新增浙江省一流本科专业建设点1个，完成浙江省一流本科专业建设点中期检查4个、浙江省一流本科专业建设点实施方案论证1个、市级重点专业中期检查2个和院级星级专业5个验收。推进工程教育专业论证，启动机械工程、计算机科学与技术2个专业认证工作。

【之江学院课程教学改革】 2021年，浙江工业大学之江学院打造线上、线下、线上线下混合、虚拟仿真和社会实践五大类“金课”，获省级一流课程认定11门。省级“十三五”新形态教材建设项目结题验收8部；立项省高教学会高等教育研究课题4项、独立学院分会研究课题2项。7名教师入选新一届省高校本科教学指导委员会。学院教师获浙江省高校青年教师教学竞赛一等奖1项、二等奖1项，获浙江省教学创新大赛二等奖1项、优胜奖4项、优秀基层教学组织奖1项。

【之江学院师资队伍建设】 2021年，浙江工业大学之江学院有5名教师入选绍兴“名士之乡”特支计划拔尖人才，面向省高校领军人才、青蓝工程结对、辅导员等开展教师成长沙龙3期。出台《关于加强辅导员队伍建设的实施意见》《兼职辅导员管理考核办法（试行）》，推进辅导员队伍的专业化、职业化。教师发表学术论文122篇，以第一作者在中央级出版社出版学术著作4部。

【之江学院融入区域经济社会发展】 2021年，浙江工业大学之江学院获国家社科基金年度重点项目立项1项、年度项目立项1项，国家自然基金年度项目青年基金立项1项，省部级项目立项14项，纵向科研项目立项总经费204.3万元。政产学研合作签约22家，新签横向合同119份，合同总金额2200万元，学院横向科研到款2418.2万元。绍兴、柯桥“揭榜挂帅”关键核心技术攻关项目4项、科技攻关项目1项。获各类职务专利授权294件，比上年增长10%，其中发明专利32件，比上年增长200%。以技术拍卖形式转化技术成果1件，转化金额90万元。教师团队获国务院领导批示1篇、浙江省主要领导批示3篇。学院获浙江省科技进步奖、第21届浙江省哲学社会科学优秀成果奖青年奖、中国产学研合作促进会创新成果奖、中国石油化工联合会科技进步奖等省部级成果奖5项。

【之江学院创新创业教育体系构建】 2021年，浙江工业大学之江学院学生参加学科竞赛（一类赛事）33项，获国家级奖项11项、省级奖项128项。承办首届绍兴市大学生乡村振兴竞赛，获在绍高校积分排名第一。构建“之江杯—运河杯—‘互联网+’大赛”三级大学生创新创业体系，学生在省、校、院三级课外科技立项1619项，参与学生7342人次，获浙江省第十七届“挑战杯”大学生课外学术科技作品竞赛三等奖2项、红色专项百优团队2支，浙江省第七届“互联网+”大学生创新创业大赛铜奖3项。获全国大学生创新创业训练计划项目立项15项。

2021年6月28日，《中国轻纺城发展口述史》新书发布会在之江学院举行（之江学院　提供）

【之江学院毕业生就业服务】 2021年，浙江工业大学之江学院发布《浙江工业大学之江学院关于鼓励2021届毕业生签约就业、报考研究生、出国留学、自主创业的通知》，举办个性化就业指导服务活动50余场、小型专场系列招聘会14场、线上招聘会10余场、优质企业宣讲招聘活动30余场，提供就业实习岗位3万个，参会学生1万人次。2021届毕业生一次性就业率95.41%，创业率3.71%，继续深造率7.02%。

【之江学院对外合作交流】 2021年，浙江工业大学之江学院有21名教师参加社会实践锻炼项目,“双师双能型”教师比例53.78%。国(境)外访学3个月以上人员占专任教师的12.8%。14名专家在绍兴社科人文讲堂、之江大讲堂、师友讲堂等平台宣讲24场。

【之江学院参加第20届中国大学生田径锦标赛】 2021年7月31日至8月4日,浙江工业大学之江学院参加在浙江大学紫金港校区举行的第20届中国大学生田径锦标赛。周佳慧获女子甲组标枪冠军,杨羽辰获女子甲组铅球亚军、铁饼第五名,朱梦洁获女子甲组5000米第六名,胡彬涵获女子甲组100米栏第七名。学院以一金一银的成绩位列女子团体总分第八,并获全国体育道德风尚奖。(孙 俊)

【孙景淼到浙江树人学院杨汛桥校区调研】 2021年5月7日,浙江省政协副主席、党组副书记孙景淼到浙江树人学院杨汛桥校区调研,肯定学校建设发展成效,鼓励学校发挥专业优势和学科特色,服务和融入地方经济社会发展大局,为浙江建设“重要窗口”贡献力量。

2021年9月,浙江树人学院管理学院学生姚攒获第16届夏季残疾人奥林匹克运动会男女混合4×50米自由泳接力20分项目金牌 (姚 攒 提供)

2021年5月7日,浙江省政协副主席、党组副书记孙景淼(前排左三)到浙江树人学院杨汛桥校区调研 (刘 俊 摄)

【浙江树人学院杨汛桥校区教育成果】 2021年,浙江树人学院获省先进基层党组织、省高校先进基层党组织及省“最受师生喜爱的书记”提名奖等6项荣誉;入选全省高校党建工作标杆院系1个、样板支部2个;获全国“活力团支部”、全国“大学生自强之星”称号等8项荣誉;获批省教育厅第一批高校智慧思政特色应用试点单位、省级首批课程思政示范课程5门、省级首批课程思政研究项目3项;获第二届全国高校思想政治理论课教学展示二等奖1项;获第四届“卡尔·马克思杯”浙江省大学生理论知识竞赛一等奖、浙江省“学习强国”年度优秀供稿单位。

获批家政学本科专业,国际经济与贸易等9个专业入选浙江省一流本科专业建设点,109门课程实施教考分离;获首届全国高校教师教学创新大赛二等奖、浙江省首届高校教师教学创新大赛特等奖各1项;获省第十二届高校青年教师教学技能大赛理科组、工科组二等奖和优秀组织奖各1项;获国家、省级甲等学生各类竞赛奖励26项。学生姚攒获第16届残奥会男女混合4×50米自由泳接力金牌、女子100米蛙泳SB4级铜牌;校男篮队获第二十三届浙江省大学生篮球联赛男子甲组第一名;获教育部中国大学生在线2021暑期社会实践成果征集展示活动“红色寻访十佳社会实践团队”称号;获教育部第五届“全国大学生网络文化节”一等奖;学校官方视频号被中国青年报评为2021年度影响力高校视频号。

【浙江树人学院杨汛桥校区"线上＋线下"混合式教学模式】 2021年,浙江树人学院杨汛桥校区在线课程55%以上,31%课程实施"线上＋线下"混合式教学模式,新增"翻转课堂"(指学生在课前或课外观看教师的视频讲解,自主学习,教师不再占用课堂时间来讲授知识,课堂变成老师与学生之间和学生与学生之间互动的场所,包括答疑解惑、合作探究、完成学业等。)教学课程26门。

【浙江树人学院杨汛桥校区科研】 2021年,浙江树人学院杨汛桥校区获批国家社科基金项目2项、国家自然科学基金项目2项、全国高校古籍整理研究项目1项、高端外国专家引进计划项目3项、外国青年人才计划项目1项;签订科研合同240项,经费7000万元;6项社会科学要报(省社会科学界联合会《浙江社科要报》)获省级及以上领导批示,其中1项获国家领导人批示,批转中央有关部门研究吸纳;科研成果获省部级二等奖、厅级一等奖各1项;获省部级以上项目立项43项,其中国家级项目10项。签约博士113人,培养浙江省"万人计划"科技创新领军人才1人、入选1人;有"双师双能型"教师313人,占专任教师数的37%。

【浙江树人学院杨汛桥校区产教融合】 2021年,浙江树人学院杨汛桥校区"浙江家政服务业联盟"入选浙江省"五个一批"省级产教融合联盟,智慧康养产业学院入选浙江省首批现代产业学院。有校外实践教学基地245个,其中国家级大学生校外实践教育基地1个、省级3个。由学校牵头申报、浙江大学参与的"浙江省污染暴露与健康干预重点实验室"获批省重点实验室培育建设立项。

【浙江树人学院杨汛桥校区对外交流】 2021年,浙江树人学院与加拿大约克大学等12所国外著名大学新签、续签合作备忘录和项目合作协议书;获批教育部面向港澳台地区招收本科学生资格备案;选派10名学生赴日本、韩国等国家的友好院校学习。(刘　俊)

【浙江广播电视大学柯桥学院招生全市第一】 2021年,浙江广播电视大学柯桥学院春季招生216人,秋季招生225人,共招生441人,超额完成原定400人的招生任务,名列全市第一。

【浙江广播电视大学柯桥学院规范化教学】 2021年,浙江广播电视大学柯桥学院制定《浙江电大柯桥学院面授导学课程管理的补充规定》《浙江电大柯桥学院学生形成性考核、管理补充规定》,加强一村一专业集中实践教学和本科集中毕业辅导,整合国家开放大学在线和省电大的教学资源,创建微信导学群,开启云教室。(王　芳)

特殊教育

【概况】 2021年,柯桥区有3～17周岁残障少儿364人,特殊学校1所。学前段儿童49人,其中幼儿园随读25人,康复机构康复24人,入园(康复)率100%。义务教育段适龄残障少儿211人,通过特殊学校就读、随班就读、送教上门服务等方式,入学率100%。中学段学生104人,其中特殊教育学校就读46人,随班就读25人,送教上门26人,初中毕业7人,入学率93.27%。

柯桥区育才学校有在校学生73人,教学班8个,其中义务教育班5个(含卫星班1个)、学前班1个、职教班2个;专任教师23人,其中在编21人。投入100余万元,改建大拇指艺术社团演艺厅,开发拓展性课程,开设"'非遗'剪纸、书法、绘画、文创"等精品社团。配置自闭症精准康复平台、海豚屋、动感虚拟教室,建设自闭症儿童教育康复实践研究基地。

【"柯·黔特盟"入选2021年度浙江省特殊教育十大特色亮点】 2021年,"柯·黔特盟"新征程"东·西联盟"谱新篇入选2021年度浙江省特殊教育十大特色亮点工作。2018年11月,由柯桥区教体局发起,柯桥区育才学校与贵州省特殊教育资源中心联合贵州省27所(2021年年底发展到32所)培智类学校结成特殊教育教学帮扶联盟——"柯·黔特盟"。2019年4月,在六盘水市盘州市特殊教育学校签约成立。2021年,柯桥区育才学校示范引领"柯·黔特盟"学校办学,以"柯·黔特盟"为平台,开设专题报告培训分管局长,讲座辅导培训教务主任,蹲点跟班培育种子教师。

【育才学校办学文化在省内外教育培训班介绍】 2021年,柯桥区育才学校办学理念、文化成果"圆融适性——特殊教育的诗与远方"分别在浙江省名师名校长(园长)培训班和贵州省教育厅举办的特殊教育管

2021 年 7 月，柯桥区育才学校唐茂盛在贵州省特殊教育管理干部（分管局长）培训班上作专题报告　　（区教体局　提供）

理干部（分管局长）培训班上作专题报告。育才学校的办学宗旨是为全区智障儿童提供教育教学服务；核心理念是圆融适性；培养目标是教育学生树立自信心，学会自理生活，有一项特长加一种技能；校训是博爱、乐观、感恩、笃行。（姚　斌）

成人教育

【概况】 2021 年，柯桥区有社区学院 1 所、镇街成校（社区学校）16 所。均为省级标准化成校，其中省现代化成校 13 所、省现代化社区学校 6 所。全年培训 22.15 万人次，其中培训农民 7.23 万人次、培训企业职工 6.42 万人次。完成社区教育培训 8.41 万人次，其中培训老年人 3.90 万人次。657 名农村成人获高中学历、技能双证。通过成校培训取得职业资格 4510 人，其中中级、高级证书 2660 人。全年培训创收 861.77 万元。

【社区教育进农村文化礼堂】 2021 年，柯桥区根据《关于印发〈推进社区教育进农村文化礼堂三年行动计划（2019—2021）实施方案〉的通知》，推进社区教育进农村文化礼堂工作，全年培训服务 1265 场次，对 300 个文化礼堂培训服务全覆盖。华舍街道"'幸福家庭华舍人'学堂"获全省社区教育进农村文化礼堂学习品牌。

【省级及以上创建成果】 2021 年，柯桥街道"用书香浸润柯桥，以阅读美化生活——柯桥领读者"获全国终身学习品牌项目，成为柯桥区第 4 个国字号品牌项目。柯桥成校创建为 2021 年浙江省现代化社区学校。浙江老年开放大学柯桥学院钱清分院上榜 2021 年浙江省优质示范老年学堂。安昌成校"绍兴酱文化传承体验基地"、平水成校"绍兴海卉生态农业发展有限公司"上榜 2021 年"在浙学"浙江省市民终身学习体验基地。

【老年人智能技术普及行动】 2021 年，柯桥区印发《关于开展柯桥区老年人智能技术应用普及行动的通知》，在全市率先实现区域内成人学校开展老年人智能技术普及 5 学时专项培训全覆盖。全年培训服务 492 场次，服务 11783 人次。柯桥区的做法和经验在省社区教育处长工作会议上作典型交流。（张宏泰）

2021 年 4 月 10 日，柯桥区社区学院举行老年人智能技术培训
（区教体局　提供）

招生考试

【概况】 2021 年，柯桥区有 13758 名学生通过招生考试被高一级学校录取。其中，被高中段学校录取

7544 人，被普通高校录取 4313 人，被高职单招单考录取 1032 人，被中高职一体化培养及高职技能保送等其他渠道招生录取 869 人。

普通高校招生考试报名 4421 人，上特殊类控制线 1251 人，上线率 28.8%；上一段分数线 3086 人，上线率 69.8%；上二段分数线 4364 人，上线率 98.71%；被录取 4313 人，录取率 97.56%。高职院校单招单考报名 1062 人，上线 1045 人，上线率 98.40%；被录取 1032 人，录取率 97.18%。初中毕业生学业水平考试报名 7556 人，高中段学校录取新生 7322 人，其中普通高中录取 4700 人、职业高中录取 2622 人。

成人高考报名 3211 人，录取 2555 人，录取率 79.57%；自学考试报名 1326 人，申请并办理毕业 21 人。报名参加全国英语等级考试 2259 人、全国计算机等级考试 1306 人。

【中考标准化考点建设】 2021 年，柯桥区根据《绍兴市教育局 绍兴市财政局关于开展中考标准化考点建设工作的通知》，落实专项资金 721.26 万元，建成标准化考点 19 个、标准化试场 670 个，标准化配置考务室、试卷保管室、视频监控室、英语听力播放室等功能室和考务专用通道，达到考点试场、功能室、考务专用通道监控"全覆盖"和市、区、考点三级视频巡查及考务管理互联互通。

【西藏民族中学学考组考】 2021 年，柯桥区按照西藏自治区关于其他省市西藏班（校）在当地设考点参加西藏自治区组织的统一考试的工作要求，规范设置 1 个标准化考点和 7 个标准化试场，362 名考生参加考试。6 月 22 日开考，历时 6 天完成实验操作考试和文化课考试共 12 科次的学考组考工作。

【招飞工作】 2021 年，柯桥区鲁迅中学 1 名学生和越崎中学 1 名学生被中国人民解放军空军航空大学飞行技术专业录取。其中，1 名学生获清华、北大"双学籍"飞行学员资格。另有 7 名学生被中国民航大学、中国民用航空飞行学院、南京航空航天大学飞行技术专业录取。自 1989 年实行在高中生中招收飞行员制度以来，柯桥区累计选送民航飞行学员 86 人。柯桥区高校招生办公室被中国人民解放军东部战区空军政治工作部授予"2021 年度空军招收飞行学员工作先进单位"称号。（杜国平）

师资管理

【概况】 2021 年，柯桥区教育体育系统有教职员工 11176 人，其中有高级职称教师 1654 人、中级职称教师 3411 人、初级职称教师 3186 人。普通高中、职业学校（含成人学校）、初级中学、小学、幼儿园专任教师的学历合格率均为 100%。普通高中专任教师中研究生 238 人，占 17.6%；本科 1113 人，占 82.32%。职业学校专任教师中研究生 100 人，占 15.41%；本科 542 人，占 83.51%。初级中学专任教师中研究生 94 人，占 4.89%；本科 1785 人，占 82.82%；专科 44 人，占 2.29%。小学专任教师中研究生 72 人，占 2.41%；本科 2574 人，占 96.09%；专科 326 人，占 10.9%；高中 18 人，占 0.06%。幼儿园专任教师（含园长）中研究生 20 人，占 0.09%；本科 1460 人，占 68.84%；专科 627 人，占 29.56%，高中 14 人，占 0.06%。

招聘 121 名优秀毕业生入编，其中研究生 31 名。招录公办幼儿园编外教师 121 人。

【名优教师培育】 2021 年，柯桥区评出 2020 学年特级教师、名师工作室一等奖 43 个、二等奖 46 个、三等奖 19 个；青年教师成长工作室一等奖 67 个、二等奖

2021 年，西藏民族中学组考点一角　　（区教体局　提供）

70个、三等奖33个。评比表彰郑建荣等10人为卓越教师，胡志丹等10人为星火教师，何尧荣等12人为深耕教师。评出区三星级教师33人、二星级教师75人、一星级教师231人，局级乡村美丽教师95人，局级师德优秀教师100人，局级优秀班主任100人，局级优秀青年教师100人。评审通过2名正高级教师。

2021年9月9日，中共绍兴市柯桥区委书记赵如浪（后排中）在柯桥中学慰问优秀教师代表　　（区教体局　提供）

【教育干部队伍建设】 2021年，柯桥区提任学校领导干部29人，其中学校党政正职4人、学校副职24人、校长兼任党委书记1人；交流调任机关干部2人、学校干部27人，其中学校正职10人、学校副职17人，退任学校干部15人，其中正职4人、副职11人。新提任"80后"干部25人，占比80.6%，党外干部7人，女干部9人。开展卓越校长、中青年校长、源头干部3个专题培训，90名教育干部参加。

【关爱互助基金管理办法修订】 2021年，柯桥区修订《绍兴市柯桥区教体系统关爱互助基金管理办法》，更新明确基金的募集和使用等。每年发动教体系统干部教职员工捐助2次，平时可接受其他形式捐款；基金支出要量入为出，原则上每年不高于当年捐助款。使用历年结余，需经管理小组讨论决定，且当年使用额度不超过总结余额度的10%。

【民办学校党组织建设】 2021年，柯桥区向22所民办学校（幼儿园）委派22名兼职党建指导员，指导开展"五星育人、三名争创"活动。至年底，1所民办学校党支部被评为绍兴市"五星双强"党组织，2所民办学校党支部被评为绍兴市三星级党组织。（操梅霞）

教育研究

【概况】 2021年，柯桥区完善制度建设，创新研训方式。普高段推动课程、教学、评价等各项改革稳步前进，创新培养指导教师，研究考试命题。初中段落实"双减"政策，聚焦课堂增效和作业提质。小学段打造"活力课堂"品牌，以学校现场会形式推出学校课改典型案例，用课堂教学、经验分享、学生展能等方式，梳理提炼学校课改成果。幼教段注重促进教师专业发展，依托课题探方法，孵化成果促成才。

中职教育开展"重素养、强技能"为核心的教育教学改革。艺术教育推进"素养课堂促发展、学生社团展风采"等活动。分解体质测试项目到体育课中，在课堂中学习技术，通过"课课练"提高学生的身体素质。教育技术以"互联网＋教育"建立学校"CIO"（首席信息官）体系。

出台《柯桥区学校校本研修项目绩效评估制度》，修订《柯桥区中小学（幼）校本研修常规管理考核细则》。新建普通话测试机房，安装人脸识别系统。1588名考生参加国家普通话水平等级测试，比上年增长58.8%。

教育科研区级课题立项981个，区级课题结题862个；市级课题立项105个，市级课题结题104个。教师在省级以上教育教学报刊上公开发表论文1891篇，其中高中教师发表234篇、初中教师发表409篇、小学教师发表510篇、幼儿园教师发表738篇。教师公开出版教育教学书籍38部。教师在省级以上公开发表、获奖、展出音乐、美术、文学作品116件，其中音乐舞蹈作品3件，书画、摄影作品74件，文学作品39件。学生在省级以上公开发表、获奖、展出音乐、美术、文学作品3686件，其中音乐舞蹈作品36件，书画、摄影作品2467件，文学作品1183件。

2021 年柯桥区学生在省级及以上学科竞赛中获奖情况表

表 17

竞赛名称	获奖情况
全国高中数学联赛(浙江赛区)	全国一等奖 1 人、二等奖 10 人、三等奖 2 人
全国中学生物理竞赛(浙江赛区)	省赛区二等奖 4 人、三等奖 2 人
全国高中化学竞赛(浙江省赛区)	省赛区一等奖 2 人、二等奖 3 人
全国中学生生物学联赛(浙江赛区)	全国二等奖 1 人、三等奖 6 人
全国青少年信息学奥林匹克竞赛(浙江省赛区)	省一等奖 1 人、二等奖 4 人
“地球小博士”全国地理科普知识大赛	全国一等奖 114 人、二等奖 205 人
浙江省中小学艺术节	省一等奖 21 个、二等奖 21 个、三等奖 18 个

2021 年 4 月 20 日，柯桥区基于学校发展性评估的校长领导力提升项目启动仪式在社区学院举行　　（区教体局　提供）

【提升学校领导力主题培训】 2021 年 4 月 20 日，柯桥区在社区学院举行基于学校发展性评估的校长领导力提升项目启动仪式。全区 26 名卓越校长、30 名中青年校长、34 名源头干部参加，培训 33 天。培训活动采取理论提升与实践浸润相结合的形式，提高校长专业领导力。

【人工智能教育授课教师进阶培训】 2021 年 9 月，柯桥区开展人工智能教育授课教师进阶培训活动，40 余人参与。活动邀请多位国内专家学者分享人工智能发展趋势的见解和实践经验，围绕人工智能和智慧教育领域重点、热点问题，为教师答疑解惑并提供解决方案。

【入选中央电化教育馆在线教育应用创新典型案例】 2021 年，柯桥区选送的《云上创客空间的建设与应用研究》案例入选全国在线教育应用创新典型案例名单。全国有 31 个区域和 74 所学校被列入名单。云上创客空间是柯桥在线教育创新应用的一部分，包括特色课程、项目学习、智创作品、直播课堂、PBL 工作坊等功能模块，是一个支持师生进行在线学习、课堂展示、互动研讨、资源共享的网络学习空间，融通线下实体创

2021 年 5 月 21 日，柯桥中学在美术新型教学空间开展教学活动　　（区教体局　提供）

客空间。(吴　鸿)

校外培训

2021 年 7 月，柯桥区教体局党工委书记、局长徐迅(左)带队检查校外培训机构　　(区教体局　提供)

【概况】 2021 年，柯桥区有合法(有证有照)的校外培训机构 256 家，其中学科类 128 家、文化艺术类 105 家、体育类 2 家、科技类 3 家、其他 18 家。对全区 16 个镇街道划分 23 个网格，严格实行网格监管，建立“三张网”，即基层网格“一对一”检查、成教学校区域巡查、局机关联系镇街道督查。投入 298 万元，建设全区校外培训机构远程视频监管系统。

【区“双减”工作领导小组成立】 2021 年 9 月，柯桥区成立“双减”工作领导小组，区委副书记、政法委书记、区委教育工作领导小组组长诸剑明任组长，组员由区教体局等 28 个部门负责人兼任，领导小组负责统筹协调全区各成员单位开展“双减”工作；加强风险研判，研究制定相关配套政策；定期召开工作例会；完成省、市及区委、区政府交办的其他工作。下设专班工作组，区教体局党工委书记、局长徐迅任组长。

【区“双减”工作专班成立】 2021 年 9 月，柯桥区成立“双减”(全面压减作业总量和时长，减轻学生过重作业负担)工作专班，主要由学科类和体育类、艺术类、科技类校外培训机构的 3 个审批主管部门，以及两个法人登记部门、维稳部门、执法部门以及新闻传媒部门选派人员组成，成员 12 人。

【学科类校外培训机构转登】 2021 年 10 月，柯桥区对 128 家学科类校外培训机构进行“双减”转型登记工作，转型登记为非营利性学科类的 44 家，转型登记为非学科类的 70家，停办注销的 14家。(倪国根)

执行编辑　徐炳荣

文化·传媒

专业文化

2021 年 6 月 28 日,“百年铸辉煌,永远跟党走”绍兴小百花越剧团庆祝中国共产党成立 100 周年主题晚会在百花剧场公演(邵 柏 摄)

【概况】 2021 年,绍兴市柯桥区小百花越剧艺术传习中心(以下简称绍兴小百花越剧团)有演出剧场 1 个,从业人员 88 人(编外合同制用工 24 人),其中正高职称 13 人、副高职称 18 人、中级职称 24 人。在元旦、国庆期间,由梅花奖获得者吴凤花、吴素英、张琳带队赴安昌古镇开展“古镇连城·好戏连台”小百花精品巡演。策划慰问新柯桥人、劳动模范、公安干警、医护人员专场,演出《云水渡》《穆桂英挂帅》《何文秀》等剧目。组织“跟着小百花·享游金柯桥”全域旅游长三角推广活动,共推介 24 场,涉及上海、杭州、宁波、宁海、舟山、黄岩等地。全年在百花剧场、蓝天大剧院举办文化惠民演出 24 场。原创越剧《王阳明》《云水渡》《一钱太守》入选浙江省文旅厅庆祝中国共产党成立 100 周年百场优秀舞台艺术作品。浙江省吴凤花越剧表演导师工作室入选浙江省首批文旅导师工作室。

【“百年铸辉煌,永远跟党走”越剧演出】 2021 年 6 月 28 日,“百年铸辉煌,永远跟党走”绍兴小百花越剧团庆祝中国共产党成立 100 周年主题晚会在百花剧场公演。吴凤花、吴素英、陈飞、张琳等出演《革命自有后来人》《永不消逝的电波》《红梅赞》《公仆》红色经典折子戏,回顾中国共产党百年历史,有 243 人到场观看。

【10 名青年演员入围绍兴市戏曲折子戏大赛获奖名单】 2021 年 8 月 24—26 日,“东亚文都、绍兴有戏”2021 绍兴市戏曲折子戏大赛在绍剧艺术中心剧场举行。该活动由绍兴市文化广电旅游局举办,旨在搭建艺术展示平台,创排一批优秀折子戏,培养青年艺术表演人才,来自绍剧艺术研究院、绍兴小百花越剧团、上虞越剧团、诸暨市文化中心、嵊州越剧团、新昌调腔保护传承发展中心共 50 余名青年演员参赛。绍兴小百花越剧团选派 11 名青年演员参赛,有 10 人获奖,其中孙琴菲、陈丽、钱世颖、韩梦莎获金奖,5 人获银奖,1 人获铜奖。

【《狸猫换太子》入选浙江省经典保留剧目名单】 2021 年 11 月 29 日起,浙江省传统戏曲演出季暨经典保留剧目展演活动启动。该活动由浙江

2021 年 12 月 6 日,《狸猫换太子》剧目在杭州市红星剧院演出
（邵　柏　摄）

省文化旅游厅主办，浙江京昆艺术中心承办，全省各大戏曲院团参演，汇集京剧、昆曲、越剧、绍剧、瓯剧、甬剧、话剧等经典剧目。绍兴小百花越剧团《狸猫换太子》成为 14 出大型保留剧目展演之一，于 12 月 6 日在杭州市红星剧院演出。该剧由绍兴小百花越剧团“三朵梅花”吴凤花、吴素英、陈飞联袂主演。

【越剧小戏《回乡偶书》入选绍兴市精神文明建设“五个一工程”创作扶持项目】 2021 年 11 月，越剧小戏《回乡偶书》入选 2021 年度绍兴市精神文明建设“五个一工程”创作扶持项目。越剧小戏《回乡偶书》由绍兴小百花越剧团创作、演出，以诗人贺知章故事为创作蓝本，推介柯桥“唐诗之路”文化内涵。

2021 年 4 月 21 日，越剧小戏《回乡偶书》在柯岩风景区演出
（邵　柏　摄）

【越剧电影《李慧娘》获评第十届浙江电影“凤凰奖”提名影片】 2021 年 11 月 30 日，越剧电影《李慧娘》获评第十届浙江电影“凤凰奖”提名影片。浙江电影“凤凰奖”是浙江省最高电影奖项，由浙江省文学艺术界联合会、浙江省电影家协会主办。越剧电影《李慧娘》投资 320 余万元，由中国戏剧家协会、绍兴市柯桥区小百花越剧艺术传习中心、绍兴市加东文化传播有限公司联合出品。该剧由越剧吕派花旦、中国戏剧梅花奖得主吴素英，越剧范派小生、中国戏剧二度梅花奖得主吴凤花主演，国家一级编剧钱勇担任导演，讲述南宋末期，奸相贾似道携歌妓李慧娘游湖玩乐，书生裴舜卿拦船痛斥，李慧娘因赞赏裴舜卿惨被贾似道杀害，后得判官允许重返人间，放走被贾所囚裴舜卿，火烧半闲堂的故事。影片于 2019 年 2 月 28 日在横店影视城开拍，3 月 13 日杀青，2020 年 9 月 25 日在柯桥蓝天国际影城首映。（钱斌斌）

社会文化

【概况】 2021 年，柯桥区组织“云上好戏”文艺贺新春、“百年风华·唱响柯桥”、“幸福水乡才艺秀”、绍兴莲花落喜迎建党百年原创作品演唱会等活动，举办第七届中国曲艺绍兴(柯桥)高峰论坛、2021 中国(宁波)大运河国际钢琴艺术节暨朗朗杯钢琴大赛开幕式绍兴柯桥分会场活动，参与承办“文艺播撒乡镇行”柯桥区安昌街道安华村展演，组织王星记扇、圆木制作技艺、扯白糖等 10 个“非遗”项目作活态展示。启动“幸福水乡才艺秀”活动，吸引近万名群众参加。组织“群众文化带头人”培训班 10 期，“精品曲艺下基层”文艺巡

演活动 16 场。柯桥区有两个莲花落节目入围第十二届中国曲艺牡丹奖比赛。绍兴莲花落《龙山星火》获第十一届浙江省群众曲艺大赛银奖，小品《骆驼刺》获第三十二届浙江省群众戏剧小品大赛入围奖，作品《祝福》《长江之歌》获浙江省群众（乡村）合唱大赛入围奖，作品《乡》被评为第四届全国新钢笔画学术展览入会资格作品，作品《记忆》获浙江省第七届群星视觉艺术综合大展优秀作品展银奖，摄影作品《掌上“名珠”》获浙江省“非遗”摄影大赛优秀奖。华舍街道舞蹈节目《一条大河》获首届浙江乡村文化艺术节暨乡村舞蹈大赛三等奖。

2021 年 4 月 6 日，“明珠课堂”公益培训班现场　（陈淑娴　摄）

柯桥区图书馆服务读者近 126 万人次，外借图书近 107 万册次，新增借阅卡 4842 张，累计有效读者卡 85887 张。新建主题书房 1 家、城市书房 11 家，累计 36 家，居全市第一。启用全区智慧云图书馆服务管理集成平台，“柯好阅”应用服务上架浙里办。启用 24 小时自助借阅柜，推出“你挑书我买单”图书荐购服务。组织开展线上、线下公益讲座、展览、阅读推广、培训等活动 429 场次，服务读者 20 余万人次。“妈咪暖心小屋”母婴室被浙江省工会女职工委员会授予五星级“妈咪暖心小屋”称号。全区第一家企业分馆——滨海越新印染分馆完成升级改造，被全国总工会授予“职工书屋”称号。（沈建萍　陈银倩）

【“群众文化带头人”培训活动】 2021 年，柯桥区举办“群众文化带头人”培训活动，开设戏曲、曲艺、音乐、化妆、摄影等课程，派出对口业务干部赴文化礼堂、文化分馆进行培训辅导，全年共举办 10 次课程，培训文艺骨干 600 人次。

【“明珠课堂”线上线下公益活动】 2021 年，柯桥区文化馆免费开放音乐剧场和莲花书场，举办活动 100 余场次，服务观众约 3 万人次。组织“明珠课堂”线下公益培训活动 3 期，开设培训课程 35 门，培训学员近 1000 人次，线上录制培训视频课程 100 余期。

【“莲花颂党恩”原创作品演唱会】 2021 年 6 月 25 日，柯桥区在莲花书场举办“莲花颂党恩”绍兴莲花落喜迎建党百年原创作品演唱会。演唱会展演《龙山星火》《崇高》《本色》《老虎搬家》等绍兴莲花落剧目，200 余人观演。

2021 年 6 月 25 日，柯桥区在莲花书场举办“莲花颂党恩”绍兴莲花落喜迎建党百年原创作品演唱会　（余其斌　摄）

【承办第七届中国曲艺绍兴（柯桥）高峰论坛】 2021 年 10 月 20 —22 日，第七届中国曲艺绍兴（柯桥）高峰论坛在柯桥区举行。该论坛是中国曲艺界最具规模和影响力理论研讨会，每两年举办一届，已历 6 届，并于 2019 年起永久落户柯桥。此次高峰论坛由中国曲艺家协会、浙江省文学艺术界联合会、绍兴市柯桥区人民政府主办，浙江省曲艺家协会、柯桥区文化广电旅游局、柯桥区文学艺术界联合会承办，专家学者、曲艺工作者及媒体人士80余人参会。活动包括开幕式、主旨授课、主论坛、“艺道馨声·鉴湖论艺”曲艺名家访谈、“文化进万家”中国曲协学雷锋文艺志愿服务团走进浙江柯桥、主论坛分组讨论、闭幕式。绍兴莲花落《兰亭序》参加“文化进万家”中国曲协学雷锋文艺志愿服务团走进浙江柯桥以及“牡丹花开心向党”中国曲艺牡丹奖艺术团“送欢笑”走进齐贤村专场，绍兴莲花落《借大衫》参加“牡丹花开心向党”中国曲协曲艺名家新秀“送欢笑”走进柯岩专场。（沈建萍）

2021年，齐贤街道下方桥水街城市书房　（章　勇　摄）

2021年10月20日，第七届中国曲艺绍兴（柯桥）高峰论坛开幕式在柯桥区鉴湖大酒店举行　（赵　炜　摄）

【全区首家文博主题分馆建成】 2021年年底，柯桥区首家文博主题分馆建成开放。文博主题分馆位于柯桥古镇百匾馆内，系社会力量合作共建形式创办，建筑面积250平方米，投资10万元，于2021年8月建设开工，12月竣工，收藏鉴赏类及文博图书1000余册。

【城市书房建设】 2021年，柯桥区新建城市书房11家，累计36家，数量居全市第一。城市书房年服务量54.6万人次，图书借、还量21.3万册次。齐贤街道下方桥水街城市书房在“2021年长三角及全国部分城市最美公共文化空间大赛”中连获“最美公共文化空间奖”“百佳公共文化空间奖（公共阅读空间）”“年度十佳设计师/机构奖”3个奖项。

【红色阅读系列活动】 2021年，柯桥区推出红色专题书柜、绍兴党史人物展、红色诗词展，举办“与党史对话　讲好党的故事”庆祝中国共产党成立100周年基层巡讲和“红色影视展播月”系列活动，利用微信推送红书荐读、党建听书、红色故事绘等数字资源130余篇。（陈关根）

文博事业

【概况】 2021年，柯桥区实施文物安全排查整治攻坚行动，继续开展乡村文物资源振兴三年行动计划2021年度工作，加强文物修缮工程日常监管，推进全国重点文物保护单位舜王庙基础抢险加固二期工程等文物修缮工程，保护地下文物，打击盗墓犯罪。依托馆藏文物和红色遗存，开展红色研学游。“绍兴兰亭野生动物园一期墓地”入选2021年度浙江省考古重要发现。柯桥区博物馆举办“金牛纳祥——迎春剪纸作品展”“重华绮芳——宋元明清漆器艺术陈列图片展”“文长流风——纪念徐渭500周年诞辰馆藏名家书画展”“盛世风雅——浙东唐诗之路越州段出土文物精品展”“借我一眼，还你万年——博物馆的演变史”“红色百年 柯桥印记——庆祝建党100周年柯桥区党史回眸”“立心铸魂——红色精神谱系中的绍兴基因”“金石永寿——会稽金石博物馆藏越国礼兵器及拓片名家题跋展”“红船从浙里起航——中国共产党在浙江(1921—1949)”“风好正扬帆——中国古代航海科技展”展览,全年接待各类参观团体及参观者6.17万人次,其中未成年人参观者4.16万人次。(吴树瑾 虞智明 何 旷)

2021年9月25日,柯桥区文物“护宝”志愿者队伍成立现场
(过伟明 摄)

2021年6月15—21日,“光辉历程——庆祝中国共产党建党100周年巡展”在湖塘中心小学型塘校区举行 (张 依 摄)

【文物“护宝”志愿者队伍成立】 2021年9月25日,柯桥区文物“护宝”志愿者队伍成立。志愿者队伍由柯桥区博物馆组建,成员47人,职能为开展文保单位安全巡查、宣传身边文物,为绍兴市首个文物保护领域志愿者队伍。(朱佩雯)

【善庆学校旧址修缮保护工程竣工】 2021年8月28日,柯桥区启动省级文物保护单位善庆学校旧址(位于柯岩街道州山村)修缮保护工程,总投资约480万元,工程包括第一进门楼、第二进座楼及南北厢房屋面、石门框、石柱、石匾额、钟楼、窗台、砖墙腰线、罗马柱等砖、石文物本体修

【文博单位文物安全直接责任人制度建立】 2021年,柯桥区建立文博单位文物安全直接责任人制度,落实文物安全直接责任人和文物安全管理人共计366人,树立公告公示牌192块,实现全区各级文物保护单位(点)“一对一”专人专管。(吴树瑾)

【舜王庙基础抢险加固二期工程竣工】 2021年6月10日,全国文物保护单位舜王庙基础抢险加固二期工程竣工。工程于2020年11月30日开工,总投资约520万元,包括舜王庙建筑本体修缮加固、北侧边坡及堡坎加固、建筑地基基础加固、植被清理及复种、步道维护及监测工程,施工单位为北京凯莱斯建筑工程有限公司。2021年8月30日,工程通过浙江省文物局专家验收。(孟青青)

2021年,浙江省级文物保护单位善庆学校旧址修缮现场
(孟青青 摄)

缮保护,施工单位为山东鸿扬文物保护工程有限公司。11月27日,工程竣工。(孟青青)

【绍兴越国贵族墓群保护】 2021年,柯桥区推广省文物安全智慧监管平台,加强全国文物保护单位绍兴越国贵族墓群保护,新增15个监控点位,选取400万像素黑光智能球机,全天候监控越国贵族墓,编制"绍兴越国贵族墓群智慧监控系统"建设方案(初稿)和"绍兴越国贵族墓群总体保护规划"(初稿)。(周红燕)

【绍兴兰亭野生动物园一期墓地抢救性考古发掘】 2021年3—7月,柯桥区博物馆会同浙江省文物考古研究所对绍兴兰亭野生动物园一期墓地用地进行抢救性考古发掘,共发现古代墓葬55座,年代自战国至明清,其中西晋纪年墓2座、明代万历年间(1573—1620)夫妻合葬砖室墓1座、土坑墓3座、灰隔墓1座、砖室墓48座。2座西晋纪年墓均为元康九年(299),墓葬形制保存基本完好,规模巨大,墓内满饰纪年文字和青龙白虎纹、兽面纹,为绍兴地区发现最大六朝墓葬。1座明代万历年间夫妻合葬砖室墓,墓顶浇筑厚石灰浆,墓主位于东室,西室放置2件青花盖罐和一块"石烂人来"墓志石。此次考古出土鼎、罍、碗、钵、杯、罐、鸡笼、盘口壶、灯等陶瓷器和金环、银簪、铜矛、铁券等金属器及墓志、猪握等玉石器共计66件。此次发掘入选2021年浙江省重要考古发现之一。(王　策)

2021年,绍兴兰亭野生动物园一期项目抢救性考古发掘现场

(王　策　摄)

非物质文化遗产保护

【概况】 2021年,柯桥区有各级非物质文化遗产代表性项目123个,各级代表性传承人78人,各级"非遗"保护传承基地35个,省级"非遗"旅游景区2个,市级"非遗"旅游景区5个,市级"非遗"研学游基地3个。张琳、孔莲芝、陈华春、林寿堂、孙国昌5位传承人入选第六批浙江省非物质文化遗产代表性传承人名单,至此柯桥区省级"非遗"代表性传承人增至21人。新增"王阳明的故事"等10个区级"非遗"代表性项目和22名区级代表性传承人。绍兴安昌哈哈香肠食品厂哈啦喇香肠环保礼盒与绍兴市柯桥区玉龙茶业有限公司小釜平水日铸茶两件商品入选第三批浙江省优秀"非遗"旅游商品名单。绍兴日铸茶业有限公司(平水日铸茶制作技艺)、绍兴中国酱文化博物馆(绍兴传统酱油酿造技艺)、天官第文创园"非遗"体验基地(扯白糖技艺、剪纸等)入选第一批绍兴市乡村"非遗"体验基地名单。安昌古镇景区、景岳中医药文化研学游基地、中国酱文化博物馆入选首批绍兴市"非遗"研学游基地名单。升级柯桥区"非遗"网、柯桥区"非遗"数据库。

柯桥区开展传承人抢救性记录工程,完成对绍兴莲花落国家级代表性传承人胡兆海和倪齐全记录拍摄。对5个省级"非遗"代表性项目及9个省级"非遗"代表性传承人开展年度传承评估。开办《学说绍兴话》广播节目,每天播出普及推广绍兴方言节目10次。举办"潮玩'非遗',活力宝龙"——柯桥"非遗"助力宝龙广场跨年专场活动,组织"非遗"年俗线上宣传活动,举办第三期绍兴摊簧公益传习班,举办中秋祭月暨绍兴曲艺传承演出活动。组织10余个省、市、区级"非遗"代表性项目在安昌街道西扆村文化礼堂开展"非遗"活态传承展示活动。举办"2021绍兴有戏——'非遗'兴乡大巡游(柯桥站)"暨"潮领马鞍·情暖金秋"马鞍街道文化旅游节活动。在漓渚镇九板桥村举办"敬老孝亲、温情重阳——九九重阳"民俗文化活动。组

2021年9月12日，柯桥区第三期绍兴摊簧公益传习班结业仪式暨汇报演出在莲花书场举行 （沈 莹 摄）

织国遗项目绍兴摊簧传承演出活动，举行绍兴摊簧国家级代表性传承人宋小青收徒仪式。在第七届中国曲艺绍兴（柯桥）高峰论坛期间举办展览和“非遗”活态展示。在“国遗盛会 舜德王坛”2021绍兴虞舜文化旅游节期间举行“‘非遗’三进”活动和“文化共富背景下虞舜文化的传承与发展”学术研讨会。全年累计开展“非遗”展示活动40余场次，受众10万余人。

【柯桥区“非遗”馆新馆开馆】 2021年1月1日，柯桥区非物质文化遗产馆新馆开馆仪式在柯桥历史文化街区举行。浙江省文化和旅游厅党组成员、副厅长叶菁，浙江省“非遗”保护中心主任郭艺，市文化广电旅游局领导，柯桥区委、区政府主要领导出席活动。仪式上，举行王星记扇、安昌扯白糖、平水日铸茶等代表性“非遗”项目活态展示，区文广旅游局向“非遗”传承基地、保护单位和“非遗”传承人代表颁发展品捐赠证书。非物质文化遗产馆新馆占地面积2975平方米，总建筑面积5000平方米，投入资金3000万元，于2020年12月底完成装修布展，2021年2月入选第二批“浙江省华侨国际文化交流基地”名单，4月入选第十批浙江省社会科学普及基地名单。

【绍兴舜王庙会入选国家级“非遗”代表性项目名录】 2021年6月10日，绍兴舜王庙会项目入选第五批国家级非物质文化遗产代表性项目名录，至此，柯桥区有国家级“非遗”项目3个，省级“非遗”项目12个。绍兴舜王庙会在每年秋季举行，以祭祀舜帝为中心，依托柯桥区王坛镇双江溪舜王庙展开，内容包括神灵崇拜、传说、仪式、民间艺术、经贸活动，于2007年列入浙江省第二批非物质文化遗产代表性项目名录。

【红色主题“非遗”作品展】 2021年3月24日，柯桥区组织红色主题“非遗”作品展征集活动，征集范围包括红色工美类作品、红色演艺作品、红色民间文学类作品，征集作品100件。6月30日至7月22日，举办“红色百年·‘非遗’印记”线上展7期，11月在安昌古镇天官第台门举办线下展1期，观展游客2000余人次。

【“文化和自然遗产日”“非遗”宣传展示系列活动】 2021年5—6月，柯桥区组织“文化和自然遗产日”“非遗”宣传展示系列活动，分为“‘非遗’五进”“遗路有爱”“品味端午”等15项子活动。绍兴民歌《一片河水白洋洋》参加2021年“文化和自然遗产日”浙江省主场城市（嘉善县）“唱支歌儿给党听”“非遗”民歌主题展演。绍兴清音班、白神会2支

2021年1月1日，柯桥区“非遗”馆（新馆）开馆仪式上，浙江省文化和旅游厅党组成员、副厅长叶菁（左）和柯桥区委书记沈志江（右）为新馆揭牌 （赵 炜 摄）

2021 年 6 月 3 日，柯桥区"文化和自然遗产日""非遗"宣传展示活动走进秋瑾小学（沈　莹　摄）

队伍参加"文化和自然遗产日"绍兴市主场（嵊州市）活动暨第三届绍兴市"非遗"兴乡大巡游首站活动。

【"立心铸魂——红色精神谱系中的绍兴基因"图片巡展】 2021 年 9 —12 月，柯桥区举办"立心铸魂——红色精神谱系中的绍兴基因"图片巡展。图片展在柯桥"非遗"馆、柯岩中心小学育才路校区、柯桥实验小学坂湖校区、轻纺城第二小学举行，介绍一批绍兴文化先驱、革命烈士、战斗英雄、抗疫先锋、科学巨匠及"草根"标杆先进事迹，吸引2 万余人次观展。

【第五届"非遗"嘉年华活动】 2021 年 11 月 27—28 日，柯桥区第五届"非遗"嘉年华在安昌古镇举行。活动以"美好'非遗'，共享共富"为主题，邀请 50 余名"非遗"传承人、60 余个"非遗"项目参会，涉及传统技艺、传统美食、传统医药、传统戏剧（曲艺）等门类，开设互动体验项目、现场品尝美食、"非遗"文创展示，建设体验式文化旅游。首次推出柯桥区省级"非遗"旅游商品水上巡游、汉服秀，增设"挑战绍兴老话"总决赛，线上线下观看人数 13.5 万人次。以安昌古镇内 7 家"非遗"点作为打卡活动，盘活古镇全景区资源。"非遗"嘉年华活动期间，游客量 2.5 万人次，特色"非遗"商品销售额 12 万元。（沈　莹）

2021 年 11 月 28 日，第五届柯桥"非遗"嘉年华活动现场（封　景　摄）

2021 年 10 月 14 日，"立心铸魂——红色精神谱系中的绍兴基因"图片巡回展在柯岩中心小学育才路校区举行（沈　莹　摄）

文化产业

【概况】 2021 年，柯桥区出台"十四五"文化产业发展规划，实现规模以上文化产业增加值 84.2 亿元，比上年增长 31.3%，总量和增速均居全市第一。激励区内重点文化产业项目、文化产业园区和基地建设，培育重点和特色文化企业发展，全年共计拨付文化产业专项资金870余万元，惠及14家企业的20个项目。有18个项目被列入绍兴市文创大走廊名单，投资额50.2亿元，完成率130%，投资额和完成率均居全市第一。绍兴风火文化传媒有限公司、绍兴市柯桥区轩尼诗装饰材料有限公司、浙江金点子纺织有限公司、浙江森予文化创意有限公司4家企业获评浙江省第六批成长型文化企业，浙江雅琪诺装饰材料有限公司入围培育名单，入选数量居全市首位。

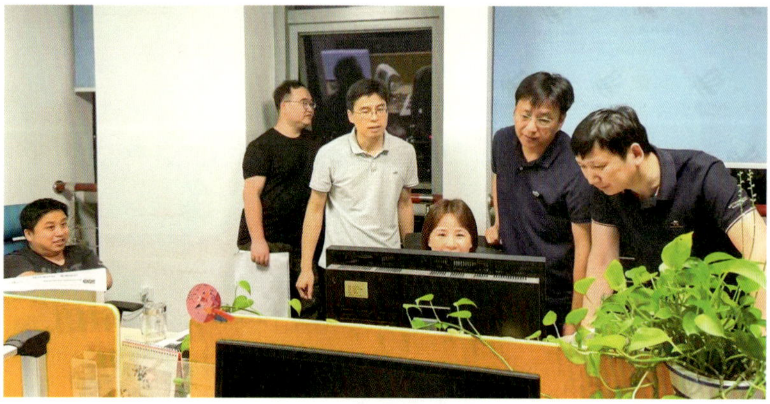

2021年6月30日，柯桥传媒集团董事长邹文伟与新闻编辑一起探讨“中国共产党成立100周年庆祝大会”报纸排版事宜

（柯桥传媒集团　提供）

【“诗e柯桥”数字诗路文化体验馆建成开馆】 2021年5月22日，“诗e柯桥”数字诗路文化体验馆建成开馆。体验馆面积约1000平方米，利用人工智能、短视频、虚拟现实、增强现实、全息投影等前沿技术手段，建成“唐诗日历”“唐诗灵感地”“诗路明珠”“人文鼎盛四时风物”“挑战李白”“诗路互动长卷”“下一站”7大展区，是浙江诗路文化带上首座数字化诗路文化体验馆，入选浙江省文化产业优秀创新案例名单。（沈靖靖）

2021年5月22日，“诗e柯桥”数字诗路文化体验馆建成开馆

（区委宣传部　提供）

报　纸

【概况】 2021年，《柯桥日报》每周出版76版，策划“奋斗百年路 启航新征程”等系列栏目报道，推出专栏、专版等100余篇（组），组织“领跑竞跑 我在现场”和“学习《习近平在浙江》奋力领跑竞跑”全媒体主题报道，策划“地铁来了”“众志成城抗台风烟花”“我们的24小时（抗击疫情防控）”系列报道。创建《柯桥日报》村（社区）92个，总发行量5万份，成为轻纺市场报刊类最大发行量报纸。50余件作品入选各类新闻奖，其中《夏履女儿李兰娟为家乡人民带来“母亲节的礼物”》获浙江省新闻工作者协会县级融媒体工作委员会颁发2020年度省县市新闻奖（党报县报报刊类、综合类）通讯一等奖，《待我凯旋归来补你一个热烈拥抱》获2020年度省县市新闻奖（党报县报报刊类、综合类）新闻摄影一等奖，《“海归”回乡当村官》获2020年度省县市新闻奖（党报县报报刊类、综合类）消息三等奖。《柯桥日报》获2020年度浙江省县（市、区）年度十佳报纸。（陈　凯）

广播电视

【概况】 2021年，柯桥主打新闻栏目《柯桥区新闻》，播出时长23分，全年开设40余个主题栏目，播发相关新闻报道近千篇。舆论监督类栏目《笛扬关注》改版为《焦点关注》，每周两档，时长5分，通过舆论监督推进各项工作，各类问题有效整改率85%。在《柯桥区新闻》开设《奋斗百年路启

2021年11月27日，柯桥区在柯桥新时代文明实践中心举行学习贯彻中共十九届六中全会精神“六讲六做”大宣讲——红色故事我来说“柯桥少年说红色故事”（吕　鹏　摄）

航新征程》《筑梦共同富裕庆祝建党百年》《初心故事》《指导员来了》等栏目。安排《我的故乡晋察冀》《启航》《毛泽东》《百炼成钢》等红色影视剧和公益广告。柯桥广播推出《柯桥百年百事》《柯桥革命文物有话说》等节目，《亚红热线》节目列入“强服务、优形象”行风提升活动项目清单，制作《文明城市创建 人人关注 全民参与》公益广告，推出“清凉有礼柯桥有爱”关爱文明轻骑兵专场活动，组织“百棵珍果献给党”和“我的妈妈是党员”特别活动，策划“柯桥少年说红色故事”活动，推出《文明城市大家拍》线上活动。

【台风“烟花”登陆过程直播】 2021年7月，柯桥区直播台风“烟花”登陆过程，时长近53个小时，采取音视频联动，拉通对农广播，滚动播出防汛抗台动态信息2000多条，一线记者连线40多次，制作抗击台风宣传带、暖心小故事88条。

2021年7月26日，柯桥传媒集团电视制作人员在演播室录制台风“烟花”特别节目（裘筱洪　摄）

【《我不认识你 但我谢谢你》获省级奖项】 2021年，由柯桥融媒体中心制作《我不认识你 但我谢谢你》入选浙江省广播电视局2021年度广播电视公益广告扶持项目电视作品类三类扶持项目名单。该公益广告利用同期声、现场画面，展现台风“烟花”登陆过程中，柯桥区众志成城、抗击台风事迹。（陈　凯）

网络媒体

【概况】 2021年，柯桥区网络媒体新媒体平台转型，客户端、微信公众号及抖音短视频平台流量持续高位，微信视频号、小红书、哔哩哔哩等平台流量大幅增加。各类门户网站较为齐全，其中包括官方新闻综合门户网站中国柯桥网，商务网站全球纺织网、网上轻纺城，行业专题类网站落伍者站长论坛、瓦栏网等。区属地互动社区网站及论坛3家，各区级机关、企事业单位、社会团体、学校有微博、微信公众号、微信视频号、抖音号、小红书号、哔哩哔哩账号及移动客户端等平台180余个。“柯桥发布”“老绍兴金柯桥”“柯桥贪吃舌”等政务新媒体视频号影响力持续增长，“柯桥古镇”“才聚柯桥”等账号在小红书、哔哩哔哩等平台人气渐增。“在柯桥”“我爱大柯桥”“透明售房网绍兴站”“百味柯桥”等为代表的区域性影响较大自媒体4个。

【柯桥融媒】 2021年，柯桥区各个发布平台推出《深入学习贯彻六中全会精神》《筑梦共同富裕 庆祝建党百年》《从严从紧！加强疫情防控》《共同富裕柯桥行》等专栏专版80余个（组），采制播发相关报道5000余篇，视频图文直播80余场，制作各类防疫公益短视频近20个、公益宣传广告300余条。新媒体用户总数超过180万个，阅读量超过10万人次文章100余篇。7月防御“烟花”台风报道各类平台阅读点击总量近1亿人次。其中“柯桥发布”视频号推送短视频《稽东镇村干部你扎猛子的样子真帅》全网累计转发量和阅读量破千万，刷新浙江省县市媒体官方视频号阅读量纪录。

【“笛扬新闻”APP“粉丝”数超15万人】 2021年，“笛扬新闻”APP“粉丝”超15万人，日活跃度近6000人，推出《关注台风“烟花”》《“烟花”很冷柯桥很暖——来自防台一线的暖心故事》等专栏，通过文字、图片、视频、音频等方式，动态融合报道防御台风“烟花”过程。全天候滚动直播“柯桥区众志成城万众一心防御‘烟花’”，直播时长超100个小时；在线阅读量超过200万人次，留言点赞近50万人次；原创短视频106条，其中《村干部屏气扎猛积水公路畅通》《小手大伞》《全区上下一心众志成城防御台风》《一抹柯桥红 温暖整座城》等短视频阅读量累计突破20万人次，被中央电视台、《浙江日报》、浙江卫视等主流媒体转载。

【网上轻纺城(全球纺织网)】 2021年，柯桥区网上轻纺城完成数字轻纺城项目一期、二期技术开发工作，开发19个大系统94个子系统，建立3个APP、1套小程序、2个PC平台及7套展示智控大屏等应用终端。通过平台改版，拓展线上市场。8月上线“好面料”频道，筛选轻纺城核心商家群入驻，累计入驻产品3万余件，发展买家3.2万家；9月上线“金蚕宝宝”门店管理系统小程序，具备样品管理、展示、条码管理、二维码/小程序分享、在线交易、发货管理等功能，经营户注册1.3万家经营户注册使用，产品上传量超5万件；12月，热词库项目采集热词近19万个，在平台正式上线应用。至年底，平台全站日均访问量432万次，累计注册会员230万人，建立商铺10万余家。(程佳琪)

执行编辑　董思思

卫生健康

综　述

【概况】 2021年，柯桥区有医疗机构530家，其中三级乙等综合医院2家，二级甲等中医医院1家，二级乙等综合医院1家，妇幼保健院1家，皮肤病专科医院1家，皮肤病防治所1家，民营医院10家（民营综合医院1家、民营口腔医院6家、民营中医骨伤医院1家、民营眼科医院1家、民营护理院1家），妇幼保健技术服务中心1家，社区卫生服务中心10家，卫生院5家，社区卫生服务站（村卫生室）323家，门诊部18个，企事业单位、社团医务室70个，诊所85家，影像诊断中心1家。有"120"急救分站4家、急救点5家。另有疾病预防控制机构1个，卫生健康行政执法队1个，卫生进修学校1所，计划生育协会机关1个，党建服务中心1个，老龄健康服务中心1个，卫生健康信息中心1个。启动马鞍医院建设工程、绍兴市柯桥区齐贤医院重建工程、稽东镇卫生院改造工程，加快绍兴二院兰亭院区（康复医院）、第三医院易地新建、区卫生应急指挥中心、王坛镇卫生院门诊综合楼新建项目和湖塘街道社区卫生服务中心改造等项目建设，完成区集中留置点建设、华舍分院原门诊楼改造及平水分院外墙工程。健康浙江建设在2020年度省级考核中被评为优秀。新建村级卫生室（医务室）7家，新审批社会办医疗机构24家。

全年出生人口4656人，死亡人口4528人，人口自然增长率为0.18‰。县域内就诊率90.68%，基层就诊率66.18%。医疗机构总诊疗10133749人次（不包括健康检查423691人次），其中门急诊8568238人次，出院122376人次。全区有床位6315张、医生3318人、护士3332人，每千人床位数、医生数、护士数分别为5.74张、3.01人、3.03人。

柯桥区卫生健康局党工委书记、局长傅超被绍兴市委组织部评为绍兴市担当作为好干部。漓渚分院方舟、齐贤分院陆勇刚获评绍兴市第二批乡村振兴"领雁计划"人才，第二医院唐欧杉、绍兴市中心医院屠传建、柯桥区中医医院陈丽娜获评首批绍兴"名士之乡"卫生健康拔尖人才，绍兴市中心医院方斌获评首批绍兴"名士之乡"青年拔尖人才。绍兴市柯桥区中医医院潘瑜萍获"2020—2021年浙江省青年岗位能手"称号。绍兴市新冠疫情防控期间，全系统有29人获得绍兴市委组织部抗击新冠肺炎疫情表扬。

【共建浙大二院柯桥院区】 2021年4月6日，绍兴市柯桥区人民政府与浙江大学战略合作共建浙江

2021年4月6日，浙江大学医学院附属第二医院与绍兴市柯桥区人民政府合作协议签约仪式在鉴湖大酒店举行　　（徐　晔　摄）

大学医学院附属第二医院柯桥院区签约仪式在鉴湖大酒店举行。浙江大学党委书记任少波，浙江大学医学院附属第二医院党委书记王建安，绍兴市委书记马卫光，柯桥区委书记赵如浪，柯桥区委副书记、区长陈豪等出席签约仪式。浙大二院柯桥院区项目选址位于柯桥区华舍街道沙地王地块，计划总投资65亿元，用地面积358亩，规划建筑面积50万平方米，功能区块主要包括临床医疗、医学研究、临床教学、世界医学博物馆四部分，实行一体化管理，规划床位1500张。

【医疗援助】 2021年，柯桥区派遣绍兴市中心医院医共体总院麻醉科副主任医师王京军(服务时间7个月)、绍兴第二医院医共体总院妇产科主治医师王莹(服务时间7个月)、绍兴市柯桥区中医医院医共体总院妇产科斯琳琳(服务时间7个月)至四川省峨边县人民医院进行医疗援助。另派8名专业技术人员分2批次开展东西部医疗援派协作。

【卫技人员招录】 2021年，柯桥区卫生健康系统招录编内卫技人员178人，其中硕士研究生26人，引进高层次人才3人。招生(招聘)定向培养村级卫生服务站工作人员10人，新毕业本科定向培养生7人、村社区卫生服务站定向培养生51人。招录非卫技人员22人，编外人员95人。(朱敏芝)

新冠肺炎疫情防控

【概况】 2021年，柯桥区报告新冠肺炎无症状感染者(均为境外输入病例)，无确诊病例。处置可疑阳性事件。处置新冠肺炎疫情物品类防控应急事件。监测冷链物防样本8347份，检测结果均为阴性。接种新冠病毒疫苗244.6万剂次。改造柯桥区疾控中心实验室和6个传染病院(病)区。拥有具备实验室资质检测人员96人。全区核酸日检测能力2万份。开展发热病人全程闭环管理。

【成岳冲督查柯桥区新冠疫情防控及疫苗接种工作】 2021年7月31日，浙江省副省长成岳冲带队赴绍兴市中心医院医共体总院、华舍分院和方舱接种点，督查新冠肺炎疫情防控及疫苗接种工作，了解发热患者预检分诊(转诊)、接种异常反应医疗保障情况，要求医疗机构严格落实预检分诊、发热门诊和院感防控措施，做到及时发现、快速处置、精准管控、有效救治。

【柯桥区启动Ⅰ级应急响应】 2021年12月8日22时至12月9日9时，绍兴市报告新增新型冠状病毒本土感染者。为阻断新冠肺炎疫情传播途径，有效遏制疫情扩散和蔓延，根据国家、省、市疫情防控有关规定，经绍兴市疫情防控工作领导小组研究决定，从2021年12月9日16时起，绍兴全市启动Ⅰ级应急响应，柯桥区同步启动Ⅰ级应急响应。12月11—12日，柯桥区组织16个镇(街道)设置379个检测点开展全员核酸检测，完成检测110万余人次。开设14个市级集中隔离医学观察点，观察上虞区分流密接人员。柯桥区卫生健康系统有635人赴上虞区支援。

2021年2月10日，柯桥区委副书记、区长陈豪(左三)带队督查疫情防控工作
(柯桥传媒集团　提供)

【新冠疫苗接种】 2021年，柯桥区设置新冠疫苗接种点23个，开设接种门诊临时接种点5个、区级方舱临时接种点2个。全年接种新冠疫苗244.6万剂次，其中第一剂接种113.34万人，全程接种111.71万人，加强针接种13.87万人。

【医疗机构疫情防控】 2021年，柯桥区实行医疗机

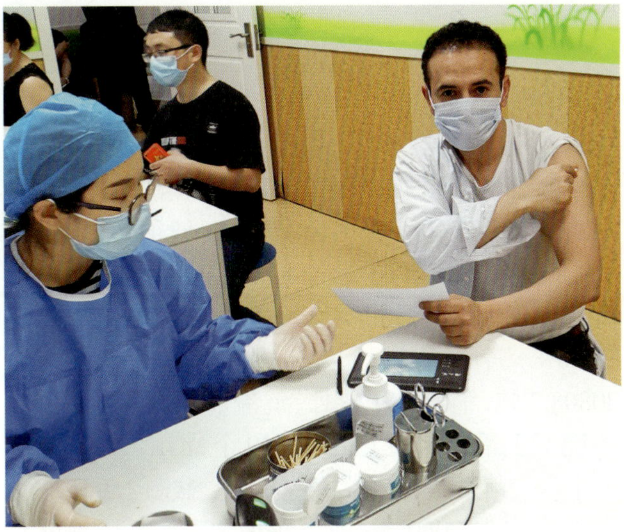

2021年4月26日，绍兴市中心医院医共体柯桥分院医护人员为外籍人士接种新冠疫苗

（绍兴市中心医院柯桥分院　提供）

构预检分诊、查验健康码和行程码，提醒戴口罩、测体温，询问流行病学史。严格病区管理，遵循非必要不陪护、1名病人只有1个陪护原则。所有公立医疗机构工作人员实行2天1次核酸检测。建立医疗机构网格化监管制度，卫生健康局领导班子为网格长，中层为一级网格员，医共体总院为二级网格员，医共体分院为三级网格员，每周督查1次医疗机构，对存在问题的医疗机构负责人进行约谈、处罚、关停、不良执业计分。全年因新冠肺炎疫情防控不力行政处罚96家、关停32家、约谈34家、不良计分62家（累计124分）。（杨黎静　朱敏芝）

基层卫生

【**概况**】 2021年，柯桥街道社区卫生服务中心和柯岩街道社区卫生服务中心获国家卫生健康委员会办公厅、国家中医药管理局办公室联合组织2021年“优质服务基层行”活动通报表扬。全区302403人参加居民健康体检，其中65周岁以上老年人参检97428人。家庭医生签约人数483170人，常住人口签约率48.04%，重点人群签约覆盖率93.61%。

【**未来社区健康场景建设模式探索**】 2021年，柯桥区规划柯桥街道大渡未来社区健康场景，从“知健康（健康小屋、健康指数运用）、享健康（智能随访、贴心诊疗）、保健康（健康评估及疫情精准防控重点人群全程闭环）”3个维度，实施实体化应用场景，为社区居民提供全生命周期健康服务。该实体化应用场景——智慧健康站（大渡社区卫生服务中心）分成上下两层，建筑面积350平方米，设24小时胶囊微诊室、药房、心理辅导室、乡贤名医工作室等。

【**建设村卫生室（社区卫生服务站）14家**】 2021年，柯桥区建设村卫生室（社区卫生服务站）14家，分别为安昌街道安华村第二卫生室、马鞍街道新二社区卫生服务站、华舍街道华墟龙湾府社区卫生服务站、夏履镇莲中村卫生室、杨汛桥街道王家塔村卫生室、兰亭街道张家葑村卫生室、齐贤街道梅林村卫生服务站、华舍街道湖门社区卫生服务站、钱清街道梅东村卫生室、兰亭街道谢家坞村卫生室、兰亭街道古筑村卫生室、齐贤街道丈午村卫生服务站、安昌街道海盐村卫生服务站、钱清街道前梅村卫生室。卫生服务站为村级医疗卫生机构，是集体非营利性医疗机构，产权为集体所有，建筑面积平均约110平方米，设置全科门诊室、治疗室、输液室等，配备血压计、听诊器、身高体重器等设备，总补助金额11.2万元。

【**基层医疗卫生机构补偿机制改革**】 2021年，柯桥区改革基层医疗机构补偿机制，指定基础医疗机构考核方案，加快卫生健康数字化治理，启用区级补偿机制改革系统平台，实施基层医疗机构内部绩效改革方案和区级绩效考核系统方案，平水镇卫生院和漓渚镇卫生院的内部绩效改革方案通过省级验收。（朱敏芝）

疾病预防控制

【**概况**】 2021年，柯桥区累计报告甲乙丙类传染病5679例，报告发病率516.81/10万，比上年下降41.60%。处置疫情100起，其中报告未定级突发公共卫生事件1起。新确诊报告HIV/AIDS 90例，艾滋病病人及感染者治疗率96.23%。报告肺结核患者328例，报告耐多药肺结核病3例，筛查发现2例学生活动性肺结核病。全年未发现疟疾。完成70岁以上老年人免费接种流感疫苗和肺炎疫苗各

30305 人次。开展重点人群结、直肠癌筛查 27918 人，结肠镜检查 1731 人。完成 2757 名中小学生近视筛查，近视率 55.02%，比上年下降 1.86%。柯桥区被重新确认为浙江省慢性病综合防控示范区。在全市率先推广使用“浙江省学生健康状况综合监测评价系统”，开展中小学生健康体检。柯桥区粗死亡率（即当年死亡人数 / 当年辖区平均人口数）6.58‰，居民期望寿命 82.13 岁。

【区疾控中心通过检验检测机构资质认定复评审】 2021 年 10 月，柯桥区疾控中心经浙江省检验检测机构资质认定评审专家组现场评审，符合《检验检测机构资质认定能力评价检验检测机构通用要求》（RB/ T 214—2017）和《食品检验机构资质认定条件》要求，通过评审。扩项评审后具备 288 项检测能力，其中食品类 200 项、非食品类 88 项。

【查螺工作】 2021 年，柯桥区对有钉螺历史的 9 个镇（街道）开展查螺工作，投工 762 工，查螺面积 22.75 万平方米，均未查到钉螺。

【疫苗接种 38.58 万剂次】 2021 年，柯桥区报告免疫规划预防接种 20.51 万剂次，开展 20 种非免疫规划疫苗接种 18.07 万剂次，以镇（街道）为单位 8 苗（卡介苗、乙肝、脊灰、百白破、流脑、麻疹、乙脑、甲肝）单苗接种率 90% 以上。

【慢性非传染性疾病防治】 2021 年，柯桥区实现糖尿病档案自动评估，创建慢性病患者体检标准模板。当年报告死亡个案 5143 例。累计登记高血压患者 94648 例、糖尿病患者 28296 例。新增严重精神障碍患者 638 人，累计登记在册 5012 人，报告患病率 5.01‰。入校开展二年级学生口腔检查 8600 人次，沟窝封闭 2216 颗牙齿，开展三年级学生口腔复查 7326 人次，为 500 名学生提供补封服务。随机抽取 5 个镇（街道）辖区内 210 名学生和 105 名孕妇开展家中食用盐随机尿碘检测，碘盐覆盖率、尿碘中位数均达到消除碘缺乏病目标要求。

【食品等样本监测】 2021 年，柯桥区采集水样 136 份，其中饮用水 126 份，水质监测合格率为 100%。通过哨点医院采集食源性疾病病例样本 275 份，报告、处置 1 起食源性疾病暴发事件。采集食品安全风险监测样品 1109 份，致病菌检出率 1.93%、化学污染物超标率 2.41%。（朱敏芝）

爱国卫生

【概况】 2021 年，柯桥区通过国家卫生城市复审。至年底，漓渚、夏履、平水、王坛、稽东等 5 个镇均达到省级健康镇标准，华舍街道、湖塘街道、王坛镇等 12 个镇（街道）的 34 个村全部通过省卫生村复审。实现无烟党政机关全覆盖，居民健康素养水平 38.86%。全区清扫垃圾 693914.8 吨，清理堆积物 20808.7 吨，消毒 19146 处，整治市场点位 3113 个，环境卫生治理督查点位 43359 个，消杀 2908.43 平方千米。清理积水容器 183689 个、盆罐 159242 个、下水道沟渠 9060 条、地下车库 2840 个、屋顶露台 2674 个。

【全民健康素养促进行动】 2021 年，柯桥区围绕新型冠状病毒防控、新冠疫苗接种、中国公民健康素养等内容，开展全民健康素养促进行动，举办“进农村、进学校、进社区、进机关、进企事业单位”健康讲座 2575 场，开展健康活动 380 场，利用电视、广播、报刊、微信公众号、网站等宣传健康科普信息 1445 条，完成健康素养进礼堂 297 个。

【健康促进学校创建】 2021 年，柯桥区 5 个镇 95 个村、8 个社区全域开展健康村（社区）建设，至年底经区、市两级评审，全部达到 80 分建设标准。新建 16 家健康促进学校，其中金牌 1 家（华舍小学）、银牌 1 家（钱清中学）、铜牌 14 家，另有 2 家银牌学校（马鞍中学和马鞍中心小学马鞍校区）通过复评。至此，全区有健康促进学校 68 家，创建率 83.95%。健康促进学校涉及校园政策和环境、教学环境、健康教育、健康服务、食品安全等内容。（朱敏芝）

卫生监督

【概况】 2021 年，柯桥区作出卫生行政处罚 963 件，移送公安机关追究刑事责任 3 件。完成“双随机”任务 821 户次，执法效能监测全省排名第一。完成全区 344 家企业年度职业健康信用等级申报，其中 A 级 15 家、B 级 131 家、C 级 198 家。柯桥区卫生健康行政执法队被浙江省卫生健康委评为浙江省 2021 年度卫生健康行政执法监督工作规范化建设单位。

【卫生监督精密智控平台建立】 2021年，柯桥区建立卫生监督精密智控平台，实现省市县大数据互通共享。建成柯桥区口腔医疗机构在线监测预警系统、医疗机构医疗行为智能监管平台、区级医疗机构AI监测系统、区级医务人员AI职业管理系统、住宿场所消毒保洁智能监管系统、职业健康安全监管平台。应用游泳场所水质监测系统、学校试点直饮水机滤芯更换警报系统等2套在线监测系统。升级省级医疗废物AI在线监测系统、区级卫生监督“云平台”、区级职业健康综合监测平台、区级医疗机构污水在线监测。

2021年6月4日，柯桥区召开印染行业职业病危害专项整治行动部署会
（区卫生健康行政执法队　提供）

【胡光调研柯桥卫生监督执法工作】 2021年10月19日，国家卫生健康委卫生健康监督中心主任胡光调研指导柯桥区卫生监督执法工作，重点关注职业卫生、规范化建设、队伍建设、“双随机”等问题，召开基层座谈会，听取柯桥区卫生健康行政执法情况汇报，与基层卫生执法一线人员面对面交流，提出加强卫生健康行政执法意见。

【非法行医查处】 2021年，柯桥区出动卫生监督员333人次，检查非法行医场所74户次，查处非法行医25件，移送公安3件，罚没款138万元。

【立案处罚非法医疗美容机构11家】 2021年，柯桥区开展非法医疗美容专项行动，检查医疗美容机构7家，生活美容场所280家次，出动执法人员770人次，立案处罚11家，罚没款共计43万元。

【托育机构卫生专项整治】 2021年9月，柯桥区开展自《中华人民共和国人口与计划生育法》新修订实施后，首个针对托育机构专项整治行动，摸排托育机构35家，开出柯桥区首张托育机构应备案未备案罚单，立案处罚托育机构16家。

【印染行业职业病危害专项整治】 2021年6月，柯桥区结合《柯桥区印染行业职业危害专项治理工作清单》，开展印染行业职业病危害专项整治，摸排印染企业110家，查处违法行为，督促问题整改，下达整改指令30余份，立案处罚11家，罚款40万元。评定3家印染企业为示范单位。（朱敏芝）

妇幼保健

【概况】 2021年，柯桥区完成婚前医学检查3914人，婚检率99.59%。完成再生育孕前优生健康检查1291对；完成Torch（优生检测）〔即风疹病毒IgG（病原体特异）抗体、巨细胞病毒IgM（免疫球蛋白）抗体、巨细胞病毒IgG抗体、弓形虫IgM抗体、弓形虫

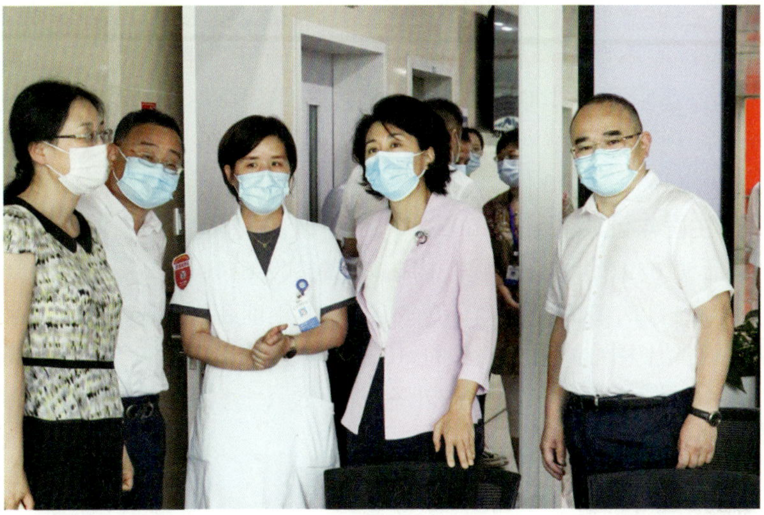

2021年6月10日，国家卫健委妇幼司司长宋莉（前排右二）到柯桥区妇幼保健院调研指导工作
（金哲楠　摄）

IgG抗体五项检测]2778人次，营养素发放2202份。完成产前筛查6194人，筛查出高风险孕妇191例。户籍产妇总数4534人，活产数4589人，早孕建卡率97.68%，产后访视率98.56%，孕产妇系统管理率96.40%，住院分娩率100%，围产儿死亡9人，围产儿死亡率1.96‰。新生儿疾病筛查6098例，筛查率99.87%；新生儿听力筛查6060人，筛查率99.25%。7岁以下儿童37380人，健康管理人数36139人，健康管理率96.68%；3岁以下儿童15579人，健康管理人数15124人，保健覆盖率97.08%；系统管理人数(3岁以下儿童和产妇)14977人，系统管理率96.14%。5岁以下儿童死亡率1.96‰，婴儿死亡率1.31‰，新生儿死亡率0.65‰。纯母乳喂养率85.31%，新生儿访视率99.74%。

【高危孕产妇及产科管理】 2021年，柯桥区管理高危孕产妇2438人，救治危重症孕产妇10例。接产单位接产妇6068人，剖宫产2577例，剖宫产率42.47%。在绍兴市启动新冠肺炎疫情防控1级应急响应期间，及时掌握辖区内所有孕产妇信息，对68名有流行病学接触史孕产妇进行“一对一”健康管理，有就医需求孕产妇及时送医，3名居家隔离孕产妇安全分娩。

【妇幼重大公共卫生服务项目建设】 2021年，柯桥区推进妇幼重大公共卫生服务项目。落实免费增补叶酸预防神经管缺陷项目，发放叶酸2202人份。产妇艾滋病、梅毒、乙肝检测率100%，筛查管理艾滋病感染孕产妇1例、梅毒感染孕产妇28例、乙肝表面抗原阳性孕产妇378例，按要求实施母婴阻断措施，总阻断率100%。柯岩、湖塘、安昌、华舍、杨汛桥、夏履6个镇(街道)完成宫颈癌筛查10889例、乳腺癌筛查11640例。

【出生医学证明管理】 2021年，柯桥区签发出生医学证明6493份。其中，机构内首次签发6110份，机构内首次签发率100.07%（含2021年前出生但未办理出生医学证明）；换证102份；妇技中心补办出生医学证明279份；机构外签发2份。（朱敏芝）

人口家庭

【概况】 2021年，柯桥区出生人口4656人，死亡人口4528人，人口自然增长率0.18‰。至年底，户籍总人口69.81万人，其中60周岁及以上老年人口17.62万人，占总人口的25.23%，比上年上升0.17个百分点。办理生育登记4557例，出台《柯桥区计划生育协会改革实施计划》。启动柯桥街道溇梅社区基层计生协会试点、杨汛桥街道竹园童村暖心家园规范化建设试点、区妇幼保健院医疗机构计生协会试点。柯桥区创建区级示范性老年友好型社区，柯桥街道大渡社区等15个村(社区)入选。漓渚镇棠棣村作为绍兴市村级社区代表获“全国示范性老年友好型社区”称号。

【人口家庭优抚补助】 2021年，柯桥区落实人口家庭优抚政策，奖扶对象13080人、特扶对象1109人，两项优抚资金2452.6万元；独生子女家庭社会养老保险补贴37022户，补助资金1241.21万元；计划生育公益金补助对象71户，补助资金40.46万元。

【全面“三孩”政策执行】 2021年，柯桥区执行全面“三孩”政策，取消再生育审批，取消社会抚养费征收，取消计生案件强制执行，严格落实入户、入学、入职与计划生育全面脱钩。

【暖心家园建设16个】 2021年，柯桥区承接中国计生协会暖心家园项目，争取国家资金10万元用于建设暖心家园16个，开展一日游、集体庆生、手工制作、生活聚餐、健康讲座、心理辅导、上门慰问等各类暖心活动157场次，参加5000余人次。

【失独家庭住院护理保险】 2021年，柯桥区投入资金9.13万元，为507户失独家庭参加住院护理补贴保险。全年申请理赔68人，获赔13.49万元。

【老年电视大学教学点开展“智慧助老”】 2021年3月起，柯桥区在老年电视大学教学点开展“智慧助老”工作，开设线上课堂，邀请专家线上讲授健康养生知识。至年底，有74个教学点开设智能手机应用课程，惠及老人超3700人次。

【老年友善医疗机构建设】 2021年，柯桥区建设老年友善医疗机构，“为老服务”医疗机构创建完成率90.5%，其中公立医院完成率100%，全区率先完成省、市两级部署目标任务。老年友善医疗机构是浙江省卫健委应对人口老龄化、优化老年人就医环境、提升老年人看病就医便利性和满意度所开展的

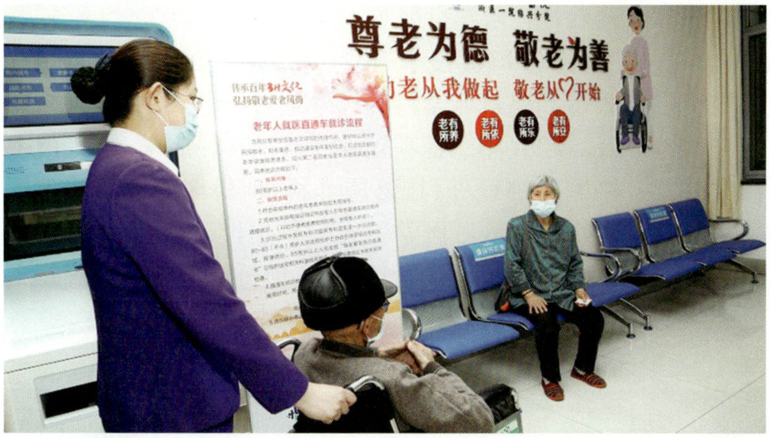

2021 年 4 月 1 日起，绍兴第二医院推出高龄老人就医“直通车”服务 （绍兴第二医院 提供）

省级创建工作。（朱敏芝）

医政管理

【概况】 2021 年，柯桥区推进县域医共体建设，健全公立医院医疗费用监测分析通报制度，全区公立医院门急诊均次费用 216.72 元，比上年增长 1.36%；住院均次费用 9039.99 元，比上年下降 1.93%。全区公立医院门诊 422 万人次，手术 40747 台，其中三、四类手术占比 37.84%。基层医疗机构门诊 577.9 万人次、比上年增长 14.18%；出院 0.84 万人次，比上年下降 8.95%。绍兴市中心医院和绍兴第二医院通过三级乙等综合医院复评，综合 CMI 值(综合病例组合数值)排名分别居全省县级医院第 16 位和第 17 位。县域内就诊率 90.68%，基层就诊率 66.18%。绍兴市中心医院医共体启动医共体医保行业自律试点建设。新增社会办医 24 家，新增床位 120 张。委托第三方调解医疗纠纷 29 起，调解成功率 100%。医疗纠纷赔款额 399.5 万元，有 21 家单位未发生重大医疗纠纷。全区有 6420 人次无偿献血，献血量 223.1 万毫升。全国首台物联网无人值守血液冷藏箱在柯桥区妇幼保健院上线运营。第二医院建立全市首个国家级肿瘤患者营养指导中心。全区首个高压氧治疗中心在区中医医院启用。

2021 年 9 月 23 日，绍兴市中心医院医共体总院召开医保行业自律示范点建设动员大会 （单明铭 摄）

【医疗卫生领域“最多跑一次”改革】 2021 年，柯桥区深化医疗卫生服务领域“最多跑一次”改革，区级医疗机构门诊智慧结算率 84.66%、住院智慧结算率 79.8%，基层医疗机构加快“互联网 + 医疗”“互联网 + 护理”、智慧药房等建设，实现医后付、移动付、云影像共享等服务全覆盖。

【院前医疗急救服务体系建设】 2021 年，柯桥区建成区急救分中心，该中心为独立事业单位，核定编制 4 人。有院前急救车辆 8 辆(其中 5 辆为防护型)，在绍兴市中心医院试点 5G 院前急救。（朱敏芝）

医教科研

【概况】 2021 年，柯桥区有 58 个卫生健康科研项目通过省、市、区级评审，其中 31 个项目居国内领先水平，12 篇论文在国家级医学杂志上发表，22 篇医学论文被美国《科学引文索引》收录。加强与浙江大学医学院附属第一医院、浙江大学医学院附属第二医院、浙江省肿瘤医院和浙江大学医学院附属妇产科医院等省级院校合作，新建名医工作室 9 个。

【卫生健康科技项目立项】 2021 年，柯桥区有 92 个卫生健康科技项目获国家、省、市、区级立项，其中 28 个获省级以上立项，聚焦超声增强检查点抑制剂对晚期肝癌疗效的概念验证试验被列入 2021

年度超声医学工程国家重点实验室开放课题第一批项目名单，"二次脱细胞法"制备矿化肌腱并促进骨－肌腱界面愈合的应用基础研究软骨细胞外基质凝胶负载蜂毒肽对骨关节炎的修复及作用机制研究被列入浙江省自然科学基金项目名单，基于 OEC 管理法的精准护理模式在血液净化中心的临床应用等 7 个项目被列入浙江省卫生健康科技计划。

【承办各级继续教育项目 156 项】 2021 年，柯桥区承办各级继续教育项目 156 项，其中国家级继续教育项目为基层医院慢性病规范化管理及实践论坛，省级继续教育项目为"互联网＋智慧医共体慢性病管理"、"互联网＋护理服务"背景下护理人员照护能力提升班、新冠肺炎疫情常态化防控下县域医共体急性脑梗死的规范化诊治及流程改进、"三六九"伤科治疗脊柱病变的应用进展、医共体模式下中西医结合慢性病规范化管理等 26 个项目，市级继续教育项目为基于老龄化背景下阿尔茨海默病护理能力提升学习班、中医药适宜技术在基层医院中的应用与疗效评价、现代产房管理模式及助产技术新进展等 129 个项目。

【重点学科建设】 2021 年，绍兴第二医院第二批省市共建重点学科肿瘤学通过验收，验收结果为良好。绍兴第二医院心血管病学、肿瘤学，绍兴市中心医院神经外科、泌尿外科，柯桥区中医医院中医骨伤科列入区医学领先学科建设计划，柯桥区中医医院中西医结合老年病科、柯桥区妇幼保健院妇产科列入区医学领先学科培育计划。（朱敏芝）

2021 年 10 月 27 日，绍兴市中心医院举行浙江省名中医沈钦荣工作室签约授牌仪式　（单明铭　摄）

2021 年柯桥区新建名医专家工作室一览表

表 18

创建单位	省级名医专家工作室名称	专家姓名	专家单位	科室	成立时间	期限
绍兴第二医院	浙医妇院妇科谢臻蔚教授工作室	谢臻蔚	浙江大学医学院附属妇产科医院	妇科	2021 年 3 月	2 年
绍兴第二医院	浙大二院小儿神经冯建华主任工作室	冯建华	浙江大学医学院附属第二医院	儿科	2021 年 3 月	2 年
绍兴第二医院	杭州妇产科医院产科胡文胜教授专家工作室	胡文胜	杭州市妇产科医院	产科	2021 年 4 月	2 年
绍兴第二医院	浙江医院万曙脑血管病名医工作室	万曙	浙江医院	神经外科	2021 年 7 月	2 年

续表 18

创建单位	省级名医专家工作室名称	专家姓名	专家单位	科室	成立时间	期限
绍兴市中心医院	浙二张建民神经外科专家工作室	张建民	浙江大学医学院附属第二医院	神经外科	2021 年 3 月	2 年
绍兴市中心医院	浙二张茂急诊科专家工作室	张　茂	浙江大学医学院附属第二医院	急诊科	2021 年 3 月	2 年
柯桥区妇幼保健院	浙江省肿瘤医院妇科肿瘤朱滔名医工作室	朱　滔	浙江省肿瘤医院	妇科	2021 年 3 月	3 年
柯桥区中医医院	杭州市中医院何嘉琳妇科专家工作站	何嘉琳	杭州市中医院	妇科	2021 年 7 月	3 年
柯桥区中医医院	浙江大学医学院附属第一医院林建江肛肠科专家工作室	林建江	浙江大学医学院附属第一医院	肛肠科	2021 年 9 月	3 年

中医中药

【概况】 2021 年，柯桥区中医医院业务收入 3.06 亿元，同比增长 15.37%，10 个病种进入三级中医院 DRGS〔(疾病)诊断相关分类〕排名前 30。医院深入推进中医特色护理，常规开展中医护理方案 44 个，实施中医护理技术 37 项，服务住院病人 212240 人次。

开展“践行百年初心、弘扬中医国粹”献礼建党百年系列主题实践活动，传承中医药文化，创新中医药发展。柯桥区中医医院被列入全省中医日间诊疗服务试点单位。柯桥区中医医院傅金汉获评全国基层名老中医药专家传承工作室建设项目专家，绍兴市中心医院医共体总院陈圣华、柯桥区中医医院医共体总院吴天泉被列为浙江省中青年临床名中医项目培养对象。(朱敏芝)

执行编辑　董思思

体 育

综 述

【概况】 2021年,柯桥区建设“体育+公园”项目15个,新增体育公园2个、体育设施进公园3个、社会足球场2个、村级全民健身广场2个、多功能运动场4个、百姓健身房16个、健身步道85千米,人均体育场地面积2.88平方米。实验中学1名学生入选攀岩国家集训队,钱清中学、浙光中学2名女生入选校园足球国家队,柯桥中学获全国中学生青少年乒乓球锦标赛团体冠军。柯桥区体教融合做法得到《人民日报》肯定,在全省体育局局长会议上作经验介绍。柯桥区获浙江省竞技体育突出贡献奖。

【体育人才引进】 2021年,柯桥区设立每年1000万元的体育产业发展专项引导资金,部分用于引进高水平教练员、省优秀运动队退役运动员以及具有博士学历学位的高层次体育专业人才。对特别优秀的体育人才,采取“一事一议”方式加以引进,实施住房补贴、子女入学、医疗服务等优惠政策。至年底,引进优秀体操运动员5人、省优秀退役运动员8人、优秀教练员2人。(董依娜)

竞技体育

【概况】 2021年,柯桥区在全国、省级各类比赛中获金牌70枚,其中全国级11枚、省级59枚。柯桥籍运动员谢震业从2012年伦敦奥运会开始连续参加三届奥运会,在东京奥运会上进入男子200米半决赛,获亚洲男子运动员奥运会最好成绩;在4×100米男子接力项目中获第三名。

2021年柯桥区籍运动员在全国和省级比赛中获金牌情况表

表19

姓名	比赛名称	比赛时间	比赛地点	项目	组别
谢震业	第十四届全运会	9月	陕西	田径	男子4×100米
	2021全国田径锦标赛	6月	重庆	田径	男子100米
	2021全国田径锦标赛	6月	重庆	田径	男子200米
	2021年全国田径冠军赛	6月	绍兴	田径	男子200米

续表 19

姓名	比赛名称	比赛时间	比赛地点	项目	组别
陆敏佳	2021 年全国田径冠军赛	6 月	绍兴	田径	女子跳远
徐娅妮	2021 年全国帆船锦标赛	6 月	日照	帆船	帆船 470 米场地赛
张庭翌	第二十一届全国中学生乒乓球锦标赛	7 月	济宁	乒乓球	高中组男子团体
张晨鲲	第二十一届全国中学生乒乓球锦标赛	7 月	济宁	乒乓球	高中组男子团体
陈奕帆	第二十一届全国中学生乒乓球锦标赛	7 月	济宁	乒乓球	高中组男子团体
吴宇凯	第二十一届全国中学生乒乓球锦标赛	7 月	济宁	乒乓球	高中组男子团体
徐子涵	“瑞丰银行”杯全国国际跳棋业余棋王争霸赛	5 月	柯桥	国际跳棋	100 格甲组团体
俞杭凯	2021 年浙江省青少年柔道锦标赛	7 月	兰溪	柔道	男子甲组 66 公斤
	2021 年浙江省青少年柔道冠军赛	11 月	萧山	柔道	男子甲组 81 公斤
谭　鑫	2021 年浙江省青少年柔道锦标赛	7 月	兰溪	柔道	男子乙组 50 公斤
钱思竹	2021 年浙江省青少年击剑锦标赛	5 月	金华	击剑	女子佩剑乙组个人
	2021 年浙江省青少年击剑锦标赛	5 月	金华	击剑	女子佩剑乙组团体
张家烨	2021 年浙江省青少年击剑锦标赛	5 月	金华	击剑	女子佩剑丙组个人
	2021 年浙江省青少年击剑锦标赛	5 月	金华	击剑	女子佩剑丙组团体
陈　阅	2021 年浙江省青少年击剑锦标赛	5 月	金华	击剑	女子佩剑丙组团体
赵铭浩	2021 年浙江省青少年击剑锦标赛	5 月	金华	击剑	男子佩剑丙组团体
姚卓岑	2021 年浙江省青少年击剑锦标赛	5 月	金华	击剑	男子佩剑丙组团体
陈暐尔	2021 年浙江省青少年击剑锦标赛	5 月	金华	击剑	男子佩剑丙组团体
蒋凌宸	2021 年浙江省青少年击剑锦标赛	5 月	金华	击剑	女子佩剑丁组团体
陈俊杰	2021 年浙江省青少年击剑锦标赛	5 月	金华	击剑	男子花剑丙组个人
徐娅露	2021 年浙江省青少年击剑锦标赛	5 月	金华	击剑	女子重剑甲组团体
唐　喆	2021 年浙江省青少年高尔夫锦标赛	7 月	杭州	高尔夫	甲组团体
王　坷	2021 年浙江省青少年高尔夫锦标赛	7 月	杭州	高尔夫	甲组团体

续表 19

姓名	比赛名称	比赛时间	比赛地点	项目	组别
白翊岑	2021 年浙江省青少年高尔夫锦标赛	7 月	杭州	高尔夫	甲组团体
倪笑坤	2021 年浙江省青少年高尔夫锦标赛	7 月	杭州	高尔夫	甲组团体
韩美妍	2021 年浙江省青少年高尔夫锦标赛	7 月	杭州	高尔夫	女子丙组个人
唐　喆	2021 年浙江省青少年高尔夫冠军赛	9 月	横店	高尔夫	男子甲组个人
张庭翌	2021 年浙江省中小学生乒乓球冠军赛	5 月	东阳	乒乓球	0304 组男子单打
任浙琰	2021 年浙江省青少年(儿童)乒乓球锦标赛	10 月	金华	乒乓球	A 组男子团体
陈奕帆	2021 年浙江省青少年(儿童)乒乓球锦标赛	10 月	金华	乒乓球	A 组男子团体
吴俊涵	2021 年浙江省青少年(儿童)乒乓球锦标赛	10 月	金华	乒乓球	A 组男子团体
张庭翌	2021 年浙江省青少年(儿童)乒乓球锦标赛	10 月	金华	乒乓球	A 组男子团体
	2021 年浙江省青少年(儿童)乒乓球锦标赛	10 月	金华	乒乓球	A 组男子单打
	2021 年浙江省青少年(儿童)乒乓球锦标赛	10 月	金华	乒乓球	A 组混合双打
吴吉娜	2021 年浙江省青少年(儿童)乒乓球锦标赛	10 月	金华	乒乓球	A 组女子双打
徐欣然	2021 年浙江省青少年(儿童)乒乓球锦标赛	10 月	金华	乒乓球	A 组女子双打
朱好好	2021 年浙江省青少年(儿童)乒乓球锦标赛	10 月	金华	乒乓球	A 组混合双打
方钰鑫	2021 年浙江省男子排球冠军赛	4 月	宁波	排球	乙组
尹博涵	2021 年浙江省男子排球冠军赛	4 月	宁波	排球	丙组
杨鸿铭	2021 年浙江省男子排球冠军赛	4 月	宁波	排球	丙组
何振宇	2021 年浙江省男子排球锦标赛	7 月	湖州	排球	乙组
	2021 年浙江省男子排球冠军赛	4 月	宁波	排球	乙组
张宇锋	2021 年浙江省青少年摔跤锦标赛	7 月	兰溪	摔跤	自由式女子甲组
	2021 年浙江省少年(儿童)羽毛球锦标赛	7 月	龙港	羽毛球	丁组男子团体
王　直	2021 年浙江省少年(儿童)羽毛球锦标赛	7 月	龙港	羽毛球	丁组男子团体
胡　雪	2021 年浙江省武术散打锦标赛	9 月	金华	散打	女子乙组

续表 19

姓名	比赛名称	比赛时间	比赛地点	项目	组别
李雅文	2021 年浙江省青少年跆拳道锦标赛	10 月	台州	跆拳道	女子甲组
张尚宇	2021 年浙江省青少年国际跳棋锦标赛	7 月	常山	国际跳棋	100 格男子丙组
毛京京	2021 年浙江省青少年攀岩冠军赛	7 月	宁波	攀岩	女子速度
吴　涛	2021 浙江省青少年田径(儿童)冠军赛	7 月	宁波	田径	14 岁男子 100 米
李奥杰	2021 浙江省青少年田径(儿童)冠军赛	7 月	宁波	田径	14 岁男子 100 米
肖烨铭	2021 年浙江省青少年皮划赛艇锦标赛	4 月	常山	双人划艇	男子甲组
徐卓伟	2021 年浙江省青少年皮划赛艇锦标赛	4 月	常山	双人划艇	男子甲组
杨彦满	2020 年浙江省青少年皮划赛艇锦标赛	8 月	宁波	皮划赛艇	男子甲组 1000 米 C2
黄李万林	2021 年浙江省青少年射击冠军赛	7 月	长兴	射击	男子丙组 10 米气步枪 60 发个人
叶鼎侗	2021 年浙江省青少年赛艇锦标赛	4 月	衢州	赛艇	男子乙组 2000 米双人
	2021 年浙江省青少年赛艇锦标赛	4 月	衢州	赛艇	男子乙组 6000 米双人
吕　越	2021 年浙江省第 41 届“迎春杯”青少年游泳锦标赛	2 月	宁波	游泳	女子 14 ~ 16 岁组 100 米自由泳
	2021 年浙江省第 41 届“迎春杯”青少年游泳锦标赛	2 月	宁波	游泳	女子 14 ~ 16 岁组 200 米混合泳
	2021 年浙江省第 41 届“迎春杯”青少年游泳锦标赛	2 月	宁波	游泳	女子 14 ~ 16 岁组 100 米蝶泳
樊丁旭	2021 年浙江省青少年田径锦标赛	4 月	浦江	田径	13 岁以下组男子铁饼
	2021 年浙江省青少年田径(儿童)冠军赛	7 月	奉化	田径	13 岁以下组男子铅球
潘　瑜	2021 年浙江省青少年田径锦标赛	4 月	浦江	田径	业余组男子 100 米
盛超棋	2021 年浙江省青少年田径锦标赛	4 月	浦江	田径	业余组男子 1500 米
吴　涛	2021 年浙江省青少年田径锦标赛	4 月	浦江	田径	14 岁组男子 200 米
	2021 年浙江省青少年田径锦标赛	4 月	浦江	田径	14 岁组男子 100 米

【竞技专项经费设立】 2021年，柯桥区出台《深化体教融合加快新型体校建设实施方案》，设立竞技体育专项经费1960万元，提升新型体校设施设备建设标准。

【阳光系列学校体育竞赛】 2021年，柯桥区组织举办13场阳光系列学校体育竞赛。

2021年8月3日，谢震业(右)在东京奥运会参加男子200米半决赛
(区教体局 提供)

2021年柯桥区组织举办学校体育竞赛情况表

表20

名称	时间	获奖情况
柯桥区中小学阳光体育运动会小学生足球赛	3月22—26日	轻纺城小学、柯桥小学、鉴湖小学、安昌中心小学、轻纺城第二小学获男子甲组一等奖，管宁实验小学、轻纺城小学、柯桥小学、鉴湖小学、安昌中心小学、轻纺城第二小学获男子乙组一等奖，安昌中心小学、管宁实验小学、浙光小学、轻纺城小学、杨汛桥中心小学、柯岩街道阮社小学获女子甲组一等奖，浙光小学、管宁实验小学、轻纺城小学、柯岩街道阮社小学、华舍小学、杨汛桥中心小学获女子乙组一等奖
柯桥区中小学阳光体育运动会小学生五子棋赛	3月30—31日	稽东镇中心小学、华舍小学、浙光小学获象棋团体一等奖，轻纺城小学、浙光小学、柯岩中心小学获国际象棋团体一等奖，杨汛桥中心小学、轻纺城小学、柯桥小学获围棋团体一等奖，浙光小学、柯岩中心小学、王坛镇中心小学获国际跳棋团体一等奖，浙光小学、柯岩中心小学、夏履镇中心小学获五子棋团体一等奖
柯桥区中小学阳光体育运动会小学生篮球赛	6月8—11日	轻纺城小学、轻纺城第二小学、柯岩中心小学、马鞍中心小学获男子团体一等奖，安昌中心小学、马鞍中心小学、轻纺城小学、实验小学获女子团体一等奖
柯桥区中小学阳光体育运动会初中生篮球赛	9月22—25日 9月26—30日	柯岩中学、实验中学、鲁迅外国语学校、兰亭中学、西藏民族中学、齐贤中学获男子团体一等奖，安昌中学、实验中学、秋瑾中学、兰亭中学、柯岩中学、鲁迅外国语学校获女子团体一等奖
柯桥区中小学阳光体育运动会中小学生乒乓球比赛	9月29—30日 10月9—11日	实验中学、柯岩中学、浙光中学获初中男子团体一等奖，秋瑾中学、实验中学、马鞍中学获初中女子团体一等奖，浙光小学、轻纺城小学、柯桥小学获小学男子组团体一等奖，柯桥小学、轻纺城小学、秋瑾小学获小学女子组团体一等奖

续表 20

名称	时间	获奖情况
柯桥区中小学阳光体育运动会校园足球技能测试赛	10 月 10—13 日	安昌中心小学、管宁实验小学、浙光小学、柯桥小学、柯岩中心小学育才路校区、轻纺城小学、平水镇中心小学、实验小学获小学组一等奖，浙光中学、实验中学、安昌中学、齐贤中学、杨汛桥中学、鲁迅外国语学校获初中组一等奖，钱清中学、职业教育中心、柯桥中学获高中组一等奖
柯桥区中小学阳光体育运动会高中生篮球比赛	10 月 18—22 日	鉴湖中学、财经旅游学校、钱清中学获得高中男子组一等奖，钱清中学、职业教育中心获得高中女子组一等奖
柯桥区中小学阳光体育运动会高尔夫比赛	11 月 1 日	柯岩中心小学获男子甲组团体第一名，轻纺城小学获乙组团体第一名，实验小学获丙组团体第一名
柯桥区中小学阳光运动会击剑比赛	11 月 1—2 日	轻纺城小学、管宁实验小学、实验小学获团体一等奖
柯桥区中小学阳光体育运动会游泳比赛	11 月 4—5 日	华舍小学、轻纺城小学、实验小学、柯岩中心小学获小学组团体一等奖，鲁迅外国语学校获初中组团体一等奖
柯桥区中小学阳光体育运动会攀岩比赛	11 月 8 日	轻纺城小学、实验小学获团体一等奖
柯桥区中小学阳光体育运动会校园足球比赛高中组比赛	11 月 8—12 日	柯桥中学、鉴湖中学获高中男子组一等奖，钱清中学、职业教育中学获高中女子组一等奖
柯桥区中小学阳光体育运动会校园足球比赛初中组比赛	11 月 16—20 日	实验中学、鲁迅外国语学校、西藏民族中学、柯岩中学、平水镇中学、安昌中学获初中男子组一等奖，浙光中学、安昌中学、齐贤中学、杨汛桥中学、平水镇中学、夏履镇中学获初中女子组一等奖

2021 年 10 月 18—22 日，柯桥区中学生阳光体育运动会篮球比赛高中男子组在鉴湖中学举行决赛，图为区职教中心篮球队与区财经旅游学校篮球队在比赛 （区教体局　提供）

群众体育

【概况】 2021年,柯桥区开展新春千人登高、世界水日环湖健行等“周周有赛事、天天有活动”群体活动300余项。16个镇街道设立基层国民体质监测站,常态化测定体质。培训“体医融合”、太极拳、健身排舞等社会体育指导员超千人。5月20日,柯桥区群众体育工作案例《多样化发展群众体育,打造全民健身活动城市》在《浙里改(竞跑者)》专栏推荐。柯桥区教育体育局、绍兴乔波冰雪世界获评2017—2020年度全国群众体育先进单位,齐贤街道成诚获评2017—2020年度全国群众体育先进个人。(蒋建英)

2021年9月16日,柯桥区教育体育局和绍兴乔波冰雪世界在中华人民共和国第十届运动会中获评2017—2020年度全国群众体育先进单位 （区教体局　提供）

2021年柯桥区基层体育场地建设情况表

表21

类别	数量	地址
社会足球场	2个	齐贤街道玉屏山、柯桥街道万达广场
村级全民健身广场	2个	湖塘街道宾舍村、钱清街道清风村
多功能运动场	4个	钱清街道钱清村、江墅村,兰亭街道山下村,福全街道峡山村
百姓健身房	17个	华舍街道龙城社区、齐贤街道兴齐居委会、安昌街道盛陵村、齐贤街道下方桥社区、马鞍街道兴海社区、柯岩街道里庄村、湖塘街道夏泽村、福全街道富强村、钱清街道遗风村、杨汛桥街道合力居、马鞍街道湖安村、漓渚镇黄山畈村、兰亭街道张家葑村、夏履镇莲东村、平水镇梅园村、王坛镇王坛村、稽东镇越北村
体育公园	2个	马鞍绿心体育公园、齐贤村体育公园
体育设施进公园	3个	马鞍街道宝善桥公园、漓渚镇中义村、杨汛桥街道展望村

2021年6月建成的齐贤街道齐贤村体育公园内“百年党史之路”主题健身步道 （区教体局　提供）

体育产业

【概况】 2021年,柯桥区举办承办2021中国赛艇大师赛浙江·绍兴柯桥站暨国内名校赛艇挑战赛、“拳星出击”中外自由搏击职业联赛、浙江省第五届冰雪运动嘉年华、浙江省第六届太极拳公开赛、浙江省“网协杯”青少年短式网球公开赛、2021 浙江省青少年啦啦操锦标赛等大型赛事和活动。培育省级体育特色小镇“酷玩小镇”,发展竞赛表演业、体育服务业和体育彩票业。创建省级运动休闲旅游精品线路 1 条、优秀项目 2 个。

【全民健身体育消费增长】 2021 年 8 月 8 日起,柯桥区投入 400 万元,参与绍兴市“迎亚运 悦健身”全民健身体育消费季,带动 300 家本土体育关联店家接入支付宝页面,推出满减优惠,刺激体育消费。全市累计发放消费券 113 万张,带动消费 7176 万元。

【第五届运动休闲时尚周】 2021 年,柯桥区举办第五届运动休闲时尚周,举行开幕式、赛艇、游泳、龙舟、健身排舞、网球等 10 余项活动和比赛。新华社、腾讯网、新浪网、《体坛报》等 30 多家媒体对时尚周进行专题报道。

2021 年 5 月 2—3 日,“拳星出击”中外自由搏击联赛柯桥万达站比赛现场 （区教体局　提供）

【体育示范创建】 2021 年,绍兴乔波冰雪世界被评为全国群众体育先进单位,东方山水乐园—浙江国际赛车场—鉴湖直升机场及会稽山峡洞漂流、乔波冰雪世界被省体育局、省文化和旅游厅联合授予“浙江省运动休闲旅游精品线路”和“浙江省运动休闲旅游优秀项目”荣誉称号。

2021 年 10 月,游客在鉴湖直升机场体验直升机 （区教体局　提供）

【酷玩小镇活动】 2021 年,柯桥区东方山水乐园接待游客 113 万人次,营业额 1.3 亿元。乔波冰雪世界承办浙江省第五届冰雪运动嘉年华,举办第十一届夏日欢乐冰雪季暨长三角首届冰雪音乐节,接待游客 21.1 万人次,营业额 4070 万元。浙江国际赛车场接待游客 3 万人次,营业额 5100 万元。

【体育场所监管】 2021 年,柯桥区根据国家体育总局令第 17 号《经营高危险性体育项目许可管理办法》及省体育局文件精神要求,对 32 家游泳、滑雪和攀岩等高危险性体育项目场馆进行安全检查,排查安全隐患 17 处,现场整改 4 处,要求限期整改 13 处。6 月,通过国务院安全生产委员会暗访组对乔波冰雪世界的安全检查。有 5 家游泳馆获得高危险性体育项目行政许可。

【体育彩票销售】 2021 年,柯桥区有体育彩票门店 215 家,销售中国体育彩票 2.4018 亿元,完成市体彩中心下达指标的 114.37%,筹集体育彩票公益金 1171.92 万元。(董依娜)

执行编辑　徐炳荣

区人著述

综　述

2021年,《区人著述》收录对象为柯桥区籍人士和在柯桥区工作、离休、退休的区外籍人士所编著、创作、表演的作品。篇目选辑限收在省级以上报刊发表和在省以上展出的作品,仅收录文学艺术类,教育、卫生等系统的大量业务性学术论文,在有关编目汇总提及,不予一一收录。书目提要收录经正式出版社公开发行的书籍。

篇目选辑

2021年柯桥区在省级及以上报刊发表的艺术作品情况表

表22

作品	类别	作者	发表情况
《闻袁隆平院士仙逝》	诗歌	代凤杰	《诗词世界》2021年7月总第159期
《闻吴孟超院士仙逝》	诗歌	代凤杰	《诗词世界》2021年7月总第159期
《高考有感》	诗歌	代凤杰	《诗词世界》2021年8月总第160期
《南京中山陵抒怀》	诗歌	代凤杰	《诗词世界》2021年9月总第161期
《屈原》	诗歌	代凤杰	《诗词世界》2021年9月总第161期
《贺东京奥运会首金得主杨倩》	诗歌	代凤杰	《诗词世界》2021年10月总第162期
摄影作品《感谢有你》+拍摄过程文字+赏析	摄影	傅金可	2021年5月,入选《人民摄影》主办的《回眸·经典》人民摄影报头版大照片精选一书
《中医物语》	摄影	傅金可	2021年10月《健康浙江》封底

2021年柯桥区在省级及以上展出的艺术作品情况表

表 23

作品	类别	作者	展出情况
《感恩》	摄影	傅金可	2021年7月，入选浙江省文联、浙江省摄影家协会主办的“百年担当”庆祝中国共产党成立100周年浙江艺术特展
《抗击“烟花”》	摄影	傅金可	2021年9月，入选浙江省摄影家协会主办的2021浙江抗击台风“烟花”主题摄影作品
《呵护》	摄影	傅金可	2021年10月，入选中国文联艺术中心、中国摄影家协会、浙江文化馆主办的庆祝中国共产党成立100周年“一带一路·美好生活”第五届手机摄影展
篆书	书法	钱志海	2021年1月，入展浙江省书协主办的“万山红遍”庆祝中国共产党成立100周年浙江书法篆刻百家系列大展
篆书	书法	梁浩毓	2021年1月，入展浙江省书协主办的“万山红遍”庆祝中国共产党成立100周年浙江书法篆刻百家系列大展
行书	书法	洪朝阳	2021年1月，入展浙江省书协主办的“万山红遍”庆祝中国共产党成立100周年浙江书法篆刻百家系列大展
行书	书法	唐君龙	2021年1月，入展浙江省书协主办的“万山红遍”庆祝中国共产党成立100周年浙江书法篆刻百家系列大展
行书	书法	魏国浩	2021年1月，入展浙江省书协主办的“万山红遍”庆祝中国共产党成立100周年浙江书法篆刻百家系列大展
隶书	书法	周关洪	2021年1月，入展浙江省书协主办的“万山红遍”庆祝中国共产党成立100周年浙江书法篆刻百家系列大展
隶书	书法	王文彬	2021年1月，入展浙江省书协主办的“万山红遍”庆祝中国共产党成立100周年浙江书法篆刻百家系列大展
隶书	书法	肖慧	2021年1月，入展浙江省书协主办的“万山红遍”庆祝中国共产党成立100周年浙江书法篆刻百家系列大展
隶书	书法	周英杰	2021年1月，入展浙江省书协主办的“万山红遍”庆祝中国共产党成立100周年浙江书法篆刻百家系列大展
隶书	书法	田国华	2021年1月，入展浙江省书协主办的“万山红遍”庆祝中国共产党成立100周年浙江书法篆刻百家系列大展
隶书	书法	陈伟	2021年1月，入展浙江省书协主办的“万山红遍”庆祝中国共产党成立100周年浙江书法篆刻百家系列大展
楷书	书法	李亲惠	2021年1月，入展浙江省书协主办的“万山红遍”庆祝中国共产党成立100周年浙江书法篆刻百家系列大展
楷书	书法	倪小婷	2021年1月，入展浙江省书协主办的“万山红遍”庆祝中国共产党成立100周年浙江书法篆刻百家系列大展

续表 23

作品	类别	作者	展出情况
楷书	书法	闻伟强	2021年1月,入展浙江省书协主办的"万山红遍"庆祝中国共产党成立100周年浙江书法篆刻百家系列大展
楷书	书法	裘阳	2021年1月,入展浙江省书协主办的"万山红遍"庆祝中国共产党成立100周年浙江书法篆刻百家系列大展
篆刻	书法	陈巍	2021年1月,入展浙江省书协主办的"万山红遍"庆祝中国共产党成立100周年浙江书法篆刻百家系列大展
楷书	书法	厉钊杨	2021年6月,入展浙江省书协主办的笔墨颂清风子陵杯浙江省书法大赛
篆刻	书法	陈巍	2021年6月,入展浙江省书协主办的"艺心向党"浙江省书法篆刻刻字大展
隶书	书法	周关洪	2021年6月,入展浙江省书协主办的"艺心向党"浙江省书法篆刻刻字大展
隶书	书法	王文彬	2021年6月,入展浙江省书协主办的"艺心向党"浙江省书法篆刻刻字大展
隶书	书法	肖慧	2021年6月,入展浙江省书协主办的"艺心向党"浙江省书法篆刻刻字大展
楷书	书法	李亲惠	2021年6月,入展浙江省书协主办的"艺心向党"浙江省书法篆刻刻字大展
楷书	书法	倪小婷	2021年6月,入展浙江省书协主办的"艺心向党"浙江省书法篆刻刻字大展
篆书	书法	梁浩毓	2021年6月,入展浙江省书协主办的"艺心向党"浙江省书法篆刻刻字大展
隶书	书法	周英杰	2021年6月,入展浙江省书协主办的"艺心向党"浙江省书法篆刻刻字大展
楷书	书法	沈语	2021年8月,入展浙江省书协主办的浙江省第二届新人书法篆刻作品展
楷书	书法	沈语	2021年8月,入展浙江省书协主办的年浙江省第一届大学生书法篆刻大赛
楷书	书法	沈语	2021年8月,入展浙江省书协主办的"陆维钊奖"——浙江省第九届中青年书法篆刻展
行书	书法	蔡东方	2021年8月,入展浙江省书协主办的"陆维钊奖"——浙江省第九届中青年书法篆刻展

续表 23

作品	类别	作者	展出情况
篆刻	书法	朱亳挥	2021 年 8 月，入展浙江省书协主办的浙江省第二届新人书法篆刻展
篆刻	书法	朱亳挥	2021 年 8 月，入展浙江省书协主办的“陆维钊奖”浙江省第九届中青年书法篆刻展
篆刻	书法	朱亳挥	2021 年 8 月，入展浙江省书协主办的贺知章杯全国书法篆刻主题大展
《秋幕村居》	油画	王银飞	2021 年 3 月，入展浙江省美协、浙江展览馆、浙江省油画院、浙江省油画家协会联合主办的“万象更新——浙江省油画作品展”
《浮香绕曲岸》	国画	马丹妮	2021 年 3 月，入展浙江省美术家协会、浙江省女花鸟画家协会主办的“丹青美育 · 国风永传——第二十届浙江省女花鸟画家作品展”
《古城乡愁系列》	国画	蒋雪平	2021 年 5 月，参加省文联浙江画院主办的“走进绍兴美术作品展”
《越剧速写》	国画	蒋雪平	2021 年 5 月，入展省文联浙江画院主办的“走进绍兴美术作品展”
《乡》	钢笔画	成志勇	2021 年 4 月，入展由中国美术家协会主办的第四届新钢笔画展览
《回乡》	色粉	赵海	2021 年 8 月，入展浙江省美术家协会主办的浙江省“传心 · 传薪——浙江省第十六届水彩粉画展”
《儿时的那片海》	布面油画	赵海	2021 年 3 月，入展浙江省美术家协会主办的“乡村振兴 · 童话云和”浙江省美术作品展
《云水渡》《一钱太守》《王阳明》	越剧	绍兴小百花越剧团	2021 年 7 月，入选浙江省庆祝中国共产党成立 100 周年百场优秀舞台艺术作品展演
《王阳明》、《云水渡》、《苏秦》、越剧电影《李慧娘》	越剧	绍兴小百花越剧团	2021 年 8 月，参展第四届中国舞台美术展

书目提要

【《柯桥百年百事》】 柯桥区史志研究室主编，中国广播影视出版社出版，2021 年 7 月第一版第一次印刷。该书遴选建党百年间，柯桥区发生的 100 件具有影响力、感染力和凝聚力的历史事件，通过历史回眸、历史记忆、历史报道和历史档案，多维度、全方位展现事件本身的跌宕起伏。全书 498 页、53.8

万字、252张图片，定价118元，印数2000册。

【《大和村志》】 属“柯桥区村志丛书”，中国广播影视出版社2021年12月出版。上限为唐代在大和山上设烽堠、驻瞭军，下至2019年年底。分为村庄、村民、村政、党群团体、农业、工业、商贸服务业、教育、医疗卫生、文化、人物、丛录等12章。真实记录先辈筑海塘、产鱼盐、养蚕桑、建村庄的历史，把大和村位于多元文化、经济交叉点，搞活经济、发展生产、建设新农村的过程进行全方面展示。全书48万字、450页，定价280元。

【《桑渎志》】 属“柯桥区村志丛书”，中国广播影视出版社2021年12月出版。上限起于南宋嘉泰元年(1201)平氏、张氏开族定居，下限至2020年底。分为境域、城市化建设、村民、农业、工商业、金融税收、基层组织、教育、医疗卫生、文化、人物、方言习俗、传闻逸事等十三章。翔实记载桑渎的平原风貌，社会经济和风土人物，真实展现桑渎人民在建设家乡、发展经济过程中的曲折与辉煌。全书6万字、444页，定价260元。

【《柯桥年鉴(2021)》】 地方综合年鉴。中共绍兴市柯桥区委、柯桥区人民政府主办，绍兴市柯桥区地方志编纂委员会编，主编马良。方志出版社出版，2021年12月第1版第1次印刷，是该鉴创刊以来的第21卷。按事物属性和主次，分总情、政治、经济、文卫、建制镇(街道)、统计资料选刊、附录和索引8个板块，设特载、专记、大事记、中共绍兴市柯桥区委员会、工业经济、社会事务、建制镇与街道等47个类目，有297个分目、1231个条目、18个小资料、290幅图照、57张表格，全面、系统、翔实地反映2020年柯桥区在自然、政治、经济、文化、社会、生态文明建设等方面取得的新进展新成就和新经验。全书86.6万字、421页，定价280元，印数1100册。

【《向年年》】 小说。作者陈三月，本名陈月芳，浙江文艺出版社出版，2021年3月1日第一版。全书讲述一个“80后”女孩从打工妹到纺城风云布商的成长史，主人公尝尽人情冷暖，依然向阳而生，展现改革开放浪潮中新生代创业者百折不挠的奋斗精神，契合后疫情时代人的精神重塑。全书23万字、378页，印数6000册，定价68元。

【《四十不错》】 作者陈三月，本名陈月芳，北方文艺出版社出版，2021年4月1日第一版。全书用理性而成熟的笔触，描述人到四十的感悟。全书8.9万字、146页，印数3000册，定价46元。(沈嵩妮)

执行编辑　陈飞燕

社会事务

民政事务

【概况】 2021年，柯桥区新增注册登记社会组织33家，变更登记55家，注销32家，全区有注册登记社会组织839家，备案管理社区社会组织3470家，完成659家社会组织年检工作。开展向困难群众送温暖慰问活动，发放慰问金1078.6万元，受惠群众11111人次。全年发放低保金3942.57万元，发放临时救助金117.85万元。发放各类助学金376.93万元，救助学生2577人次。建立全天候救助工作机制，为流浪乞讨人员提供临时性救助，依托全国救助寻亲网，发布滞留受助人员寻亲公告，通过人脸识别、DNA检验等手段，查清流浪精神障碍患者身份信息，全年救助134人次，通过自主返乡、接领护送返乡等方式妥善安置64人。办理结婚登记2196对、离婚登记682对、补办登记1596对，登记合格率100%。组织1419人参加全国社会工作职业水平考试。新增柯桥区华舍街道情暖夕阳社会工作服务中心、仁馨社会工作服务中心、尚霞社会工作服务中心3家社会工作服务机构。新增社会工作专业岗位81个。全年福利彩票总销量1.94亿元，其中电脑彩票15141万元、即开彩票4295万元，筹集区级公益金748.7万元。柯桥街道瓜渚湖社区滕文燕、玉兰社区王佳梦、管墅社区管慧丽3人获绍兴市第四届城市社区工作领军人才称号；华舍街道人利社区朱琼丹《从心出发齐帮扶 重见希望迎未来》入选2021年绍兴市优秀社会工作案例。（田刚强 许敏智 刘 婷 陈 斌 劳钢梁 贺 英）

【村(居、社区)慈善服务点建设】 2021年，柯桥区在区、镇、村三级慈善公益平台基础上，开展基层慈善服务点建设，引导慈善资源合理流动。制定发布全市首个村(居、社区)慈善服务点建设与运行标准，内容涉及6个大项28个小项，提出“5个有”(有场地、有制度、有资金、有服务、有成效)任务目标，建设首批村(居、社区)慈善服务点40个。(刘 婷 沈伊娴)

【品牌社会组织培育】 2021年，柯桥区开展首届区级品牌社会组织和领军人物评选活动，确定10家品牌社会组织和10名社会组织领军人物。至年底，1人获评浙江省社会组织领军人物，1家组织获评绍兴市品牌社会组织、1人获评绍兴市社会组织领军人物、3个项目获评绍兴市品牌项目。补助67家社会组织经费6.9万元。实施公益创投项目36项，涉及资金79万元。开展150余场活动，有700人次参与志愿服务，累计服务居民约5000人次。(鲁海江)

【低保及边缘对象管理】 2021年，柯桥区动态管理低保对象，开展专项核查清理工作，通过社会救助家庭经济状况核对信息系统，定期核查低保对象家庭经济状况，完善低保审批流程，新增低保对象经镇(街道)初审，业务科室审核，分管负责人审批，所有低保对象名单进行网上公示，接受社会监督。全区新增低保对象267户423人、注销237户446人，新增低保边缘对象47户148人、注销202户541人。至年底，有低保对象3268户4531人，低保边缘对象580户1534人。(许敏智)

【殡葬管理】 2021年，柯桥区针对公墓超面积建设违规现象作出行政处罚1次，罚金49.1万元，平毁违建坟墓291穴，整治裸露坟墓68处，治理率

95%。发放惠民殡葬补助及生态葬奖励资金610.2万元，其中惠民殡葬补助534.7万元，生态葬奖励75.5万元。全区死亡人员，全部实行火化。绍兴市柯桥区夏履镇西山安息堂创建第一批省级公益性节地生态安葬示范点。（王军林）

【地名信息管理】 2021年，柯桥区在省区划地名综合平台录入新增地名数据50个、地址数据5357个。规范化命名住宅、建筑物32处，道路17条。安装建筑物门（楼）牌860块。清理不规范地名1处，清理不规范道路地名标志102块。

【第四批农村示范社区创建】 2021年，柯桥区创建第四批农村示范社区，构建新型乡村治理机制，增强农村社区自治和服务功能。至年底，王坛镇沙地村、上王村、东村村，稽东镇大桥村，平水镇梅园村，漓渚镇九板桥村、棠二村，福全街道大生村被评为省级引领型农村示范社区；王坛镇越联村、丹家村等35个村（社区）被评为市级完善型农村示范社区（详细名单附后）；王坛镇青坛村，平水镇若耶村、五联村、新横溪村、福全街道梅三村被评为区级提升型农村示范社区。

2021年绍兴市完善型农村示范社区（柯桥区入围名单）一览表

表24

序号	镇（街道）	村（社区）
1	王坛镇	越联村
2	王坛镇	新建村
3	王坛镇	蒋相村
4	王坛镇	南岸村
5	王坛镇	丹家村
6	漓渚镇	红星村
7	漓渚镇	黄山畈村
8	安昌街道	前畈村
9	安昌街道	大和村
10	安昌街道	长乐村
11	钱清街道	江墅村
12	钱清街道	钱清村
13	福全街道	协兴村
14	福全街道	五洋村
15	福全街道	福全山村
16	稽东镇	袁村村
17	稽东镇	金山村
18	稽东镇	营口村
19	稽东镇	占岙村

续表 24

序号	镇(街道)	村(社区)
20	稽东镇	稽江村
21	稽东镇	石岙村
22	稽东镇	竹田头村
23	稽东镇	官桥村
24	稽东镇	高阳村
25	稽东镇	雄鹰村
26	稽东镇	顺利村
27	稽东镇	越北村
28	稽东镇	龙西村
29	稽东镇	陈村村
30	稽东镇	龙东村
31	稽东镇	金丰村
32	稽东镇	新上王村
33	稽东镇	尉相村
34	平水镇	下灶村
35	平水镇	中眉岙村

【第三轮五星和美社区创建】 2021 年,柯桥区开展全市第三轮五星和美社区创建评比,成功创建“五星达标社区”7 个(柯岩街道竹林社区、柯岩街道梅墅水庄社区、柯岩街道高尔夫社区、华舍街道温渎社区、华舍街道华墟社区、安昌街道安昌社区、马鞍街道新海社区),“和美家园社区”4 个(柯桥街道玉兰社区、管墅社区,华舍街道金城社区,柯岩街道高尔夫社区)。

【镇(街道)社会工作站建设】 2021 年,柯桥区钱清、齐贤、福全、漓渚、夏履、平水 6 个镇(街道)建成社会工作站,并开展实体化运营。向 2020 年创建社会工作站的柯桥、柯岩、华舍、马鞍、王坛、稽东 6 个镇(街道)拨付补助资金 10.3 万元。镇(街道)社工站旨在为辖区困难群众提供服务,培育发展社区社会组织和志愿服务队伍,引导

2021 年 9 月,钱清街道社会工作站场景　　（区民政局　提供）

居民参与基层社会治理，配备有相关服务设施和活动场所。（劳钢梁）

退役军人事务

【概况】 2021 年，柯桥区平均每月向重点优抚对象发放抚恤优待金及门诊医疗补助、向农村籍退役士兵发放生活补助。在春节、建军节、清明节、烈士纪念日期间，向驻地部队发放慰问品，向重点优抚对象、最美退役军人、困难退役军人发放慰问金及物品。首次组织全区义务兵父母和部分烈属参加免费体检。完成营职以下军转干部和政府安排工作退役士兵安置任务。组织专场招聘会，帮助多名退役军人求职就业，为多名退役军人提供高校复学复读、学历教育提升等学费补助。是年，中央军委政治工作部主任助理兼退役军人事务部副部长方永祥调研柯桥区退役军人工作。

【柯桥区首家退役军人就业创业孵化基地建设】 2021 年，柯桥区退役军人事务局联合东盛实业建设柯桥区首家退役军人就业创业孵化基地。孵化基地位于安昌街道柯海大道 1299 号，经营面积 12 万平方米，累计入驻退役军人创业实体数 8 家。8 月 13 日，浙江省副省长王文序对孵化基地助推退役军人就业创业工作给予批示肯定。9 月 26 日，柯桥区承办绍兴市“东盛杯”退役军人创业创新大赛，有 58 家企业（团队）参赛，柯桥区有绍兴红创文化创意有限公司、杭州康赛医疗科技有限公司、绍兴旗王工艺服饰股份有限公司、绿洋（浙江）海洋装备技术开发有限公司、绍兴柯桥佑彩纺织股份有限公司 5 家企业入围获奖，其中绍兴红创文化创意有限公司获一等奖。

【“八一芳华”系列活动】 2021 年，柯桥区开展“八一芳华”系列活动。5 月 7 日，启动仪式暨首场宣讲活动在轻纺城小学举行，浙江在线、浙江新闻客户端、今日头条、柯桥新闻等均作报道，省级媒体点击率超 10 万次。启动仪式后，组织红色宣讲团入社区、入学校，举行宣讲活动百余场。

2021 年 5 月 7 日，柯桥区“八一芳华”启动仪式暨首场宣讲活动在轻纺城小学举行
（区退役军人事务局　提供）

2021 年 9 月 26 日，浙江省退役军人事务厅副厅长郭国松（前排左七）出席绍兴市“东盛杯”退役军人创业创新大赛
（区退役军人事务局　提供）

【退役军人全生命周期数字化管理】 2021 年，柯桥区完善退役军人全生命周期管理保障信息化系统，上架部分农村籍退役士兵认定及老年生活补助给付等多跨应用场景。至年底，累计受理军人全生命周期“一件事”2000 余件，办结率 98%。12 月 15 日，柯桥区退役军人事务局被浙江省退役军人事务厅评为浙江省退役军人全生命周期管

理保障工作成绩突出集体。

【退役军人服务保障体系建设】 2021年,柯桥区深入推进新时代"枫桥式"退役军人服务站建设,完善服务站办事、服务、征兵等职能。至年底,建成区级军人服务中心1个、镇(街道)"军人之家"16个、村居退役军人服务站338个,形成区、镇、村三级服务保障体系。区退役军人服务中心获评全省退役军人服务保障体系建设先进单位。(许雪琦)

劳动保障

【概况】 2021年,柯桥区接收劳动争议案件859件、欠薪线索2274起。其中行政处罚案件15起,处罚金18.4万元;行政处理案件3起,处理金额94.7万元;以拒不支付劳动报酬罪移送公安案件11起,劳动仲裁结案率96%,劳动仲裁调解成功率88%。劳动仲裁案件累计结案经济标的2977.88万元。关注新业态从业人员,出台单工伤参保政策,全年受理工伤认定案件3518件,办结案件3116件,结案率88.58%,调解成功11件,案件涉及劳动者3700余人。承办全省劳资员技能比武大赛。

【新业态从业人员单工伤参保政策出台】 2021年,柯桥区出台《关于在快递企业等新业态从业人员试行职业伤害保障有关事项的通知》,在网报系统"参保身份"中新增"新业态参保"选项,方便企业自主参保,全年有7家区内新业态企业审批通过单工伤参保资格。

【"仲裁进基层、普法惠民生"活动启动】 2021年6月,柯桥区响应全省"仲裁进企业(社区)"活动,启动"仲裁进基层、普法惠民生"活动,通过讲解法律知识、解答群众疑惑、发放宣传资料等方式向社区、企业宣传劳动争议相关法律法规,全年累计进企业(社区)服务5次,服务居民、职工280余人。

【"绍兴无欠薪"平安考核第一】 2021年,柯桥区完成浙江省年度"无欠薪"平安考核指标,在建工程信息全部录入浙江省企业工资支付监管平台,全年新增项目210个,线上发薪104639人,累计金额33.44亿元,在"绍兴无欠薪"平安考核中排名第一。

【柯桥区获评全国根治拖欠农民工工资工作先进集体】 2021年,柯桥区检查全区所有在建工程项目落实"六项制度"(即工资支付保证金制度、用工实名制管理制度、人工费用与其他工程款分账管理制度、委托总包代发工资制度、按月足额支付工资制度、施工现场维权信息公开制度)情况,约谈企业30家,所有问题项目完成整改,通过省根欠办和国务院根欠办考核,并被国务院根欠办评为全国根治拖欠农民工工资工作先进集体。(周 帅)

2021年11月,柯桥区人力和社会保障局、区建设局等根欠办成员单位在区矛调中心集中接待群众来访 (徐建木 摄)

社会保障

【概况】 2021年,柯桥区基本养老保险参保人数增至56.06万人,其中区籍人员基本养老保险参保率99.65%。企业职工基本养老保险参保人数增至39.18万人,比上年净增1.92万人,居全市第一。自2004年起第18年调高企业退休退职人员基本养老金标准。完成19052名被征地农民社保参保,向7167名被征地农民发放待遇,清算413名原统筹非编人员

2021年12月4日，柯桥区公共服务大楼社保窗口办理业务现场
（丁丽莎　摄）

养老保险，重新核定111名退休非编人员待遇。

【退休人员春节补贴发放】 2021年2月5日，柯桥区以每人500元标准，向全区22.36万名享受职工养老待遇人员和城乡养老待遇人员发放春节一次性补贴1.12亿元。以每人50元标准，向16.13万名企业职工退休人员发放节日慰问费806.5万元。

【基本养老保险省内转移“一次跑”】 2021年4月，柯桥区实现全省范围内基本养老保险转移“一次跑”，参保人员省内跨区域就业，无须实时转移，只需退休前到退休地申请省内一次性归集。至年底，办结省内一次性归集业务2645笔，其中转出1442笔、转入1203笔。

2021年12月，群众在柯桥区公共服务大楼社保窗口咨询基本养老保险省内转移业务事宜　（丁丽莎　摄）

【灵活就业人员参保户籍限制放开】 2021年12月1日起，柯桥区根据《浙江省人力资源和社会保障厅关于进一步做好灵活就业人员参加企业职工基本养老保险工作的通知》，规定在辖区内法定劳动年龄段内灵活就业人员按照自愿原则，可以以个人身份参加企业职工基本养老保险，由个人缴纳养老保险费，打破灵活就业参保户籍限制。

【企业退休退职人员基本养老金调高】 2021年6月，柯桥区对16.18万名企业退休退职人员进行养老待遇调整，调整后月人均（不含被征地整改人员）养老金2447.67元（含社区补贴），人均增资107.48元。

【城乡居民养老保险参保人员基础养老金调整】 2021年1月1日，柯桥区根据《绍兴市人力资源和社会保障局、绍兴市财政局关于调整城乡居民基本养老保险基础养老金标准的通知》，将全区城乡居民基本养老保险基础养老金标准由每人每月215元调整为245元，完成6.5万人的调资工作，增资总发放金额2284.3万元。

【“社银合作”】 2021年，柯桥区与中国工商银行、瑞丰银行续签“社银合作”协议，与中国邮政储蓄银行达成首次合作，新增职工参保登记、城乡居民养老保险待遇核准支付等5个社保事项和5个就业事项，实现19个人社事项在56个银行网点办理（16个工商银行网点、19个瑞丰银行网点、21个邮储银行网点）。

【社保基金追缴400余万元】 2021年，柯桥区追缴社保基金400余万元，其中追缴违规发放养老费用303.6万元、追缴违规发放工伤费2.17万元，有95万余元通过逐月抵扣、分期退款形式进行追缴。办理工伤先行支付案件14件，追回1件，共4.74万元。

【退休人员重阳节补贴发放】 2021年10月12日，柯桥区以每人400元标准，向全区16.59万名2021年10月前退休人员发放重阳节补贴6638万元。（丁丽莎）

医疗保障

【概况】 2021年，柯桥区户籍人口基本医疗保险参保率99.96%，列全市第二。职工医保参保人数50.24万人，城乡居民医保参保人数36.97万人。职工基本医疗保险基金收入28.81亿元，支出17.98亿元，当年结余10.83亿元；城乡居民医疗保险基金收入5.96亿元，支出5.76亿元，当年结余0.20亿元。推动医保电子凭证全覆盖，激活率90%以上。全区"越惠保"参保人数57.52万人，参保率70.12%，列全市第一，累计赔付对象11061人，赔付金额4687.43万元。深化医保支付方式改革，实行总额预算管理，建立"结余留用、超支分担"激励机制，推进住院医疗服务按DRGs点数法付费，规范医药服务价格管理，降低药品、医用耗材和检查检验收入占比。成立绍兴市柯桥区医疗保障协会，形成行业自律。柯桥区被评为全省医疗保障县级局先进单位，自2019年起第三年被评为全市医疗保障工作综合先进单位。

·小资料·　DRGs点数法付费

按照疾病种类、严重程度、治疗手段等因素，把疾病分为若干组，根据历史数据设定每组的点数，医院每收治一个病人就能得到相应点数，每个点数的价值是根据医保基金年度支出总额除以本统筹区所有医院的总点数得出的，年底医保部门根据各家医院得到的总点数乘以点值，计算得出每个医院实际应得费用。

【国家医保基金监管信用体系建设试点验收通过】 2021年，柯桥区探索"医保＋云上智治"监管模式，全区202家医保定点零售药店均纳入远程监控智能可视化平台；构建信用监管应用平台，根据信用记分对定点零售药店进行分级管理。区公安、区卫生健康、区审计、区市场监管等部门建立综合监管长效机制，推动纪检联合共治机制。实行医保医师记分制度，成立柯桥区医疗保障协会，组建社会监督员队伍。6月通过国家医保基金监管信用体系建设试点验收。

【全省基本医疗保险市级统筹现场推进会在柯桥区举行】 2021年5月26日，浙江省基本医疗保险市级统筹现场推进会在柯桥区鉴湖大酒店召开。浙江省副省长成岳冲，绍兴市委常委、常务副市长杜旭亮，柯桥区委副书记、区长陈豪，副区长祝静芝参加会议。会议总结交流全省基本医疗保险市级统筹阶段成果，安排部署下阶段重点任务，区委副书记、区长陈豪在会上作典型经验交流。与会人员实地考察漓渚镇棠棣村、湖塘街道香林村医保经办服务点，观摩市域一体化同城通办医保服务。

【医共体医保行业自律省级示范点建设】 2021年，柯桥区启动县域医共体医保行业自律省级示范点建设，绍兴市中心医院医共体被列入全省第一批医保行业自律示范点试点医共体名单。绍兴市医疗保障局柯桥分局指导医院建设医共体内部监管平台，完善基金监管事前、事中预警环节。健全医共体医保组织体系，加强人员配置，形成纵横医保管理网络。

【三级医保经办服务网点设立416个】 2021年，柯桥区深化医保经办"15分钟服务圈"，完善医保经办区、镇(街)、村(社区)三级联动机制，部分经办事项延伸至基层银行网点、医院，全区设立三级医保经办服务网点416个。医保事项实现24小时网上办，网办率93.88%，25家定点医疗机构接入跨省异地就医住院、门诊直接结算平台，联网接入率100%。

【药械集中采购】 2021年，柯桥区强化药械集中采购监管，全年落实228个国家和省级集中带量采购中选药品管理，集中带量采购中选产品按时结算率90%以上，节省药品费用超1亿元。(沈　龙)

民族工作

【概况】 2021年，柯桥区有苗族、壮族、土家族、布依族、彝族、回族、维吾尔族等少数民族49个，常住少数民族人口7.5万人，其中流动少数民族人口6.8万人、户籍少数民族人口7611人。绍兴西藏民族中学教育援藏经验做法获浙江省委书记袁家军批示肯定。柯桥街道鉴湖园社区被绍兴市委统战部确定为2021年市级民族团结进步重点培育单位。柯桥区委政法委副书记沈洋被省民宗委授予"全省民族团结进步工作成绩突出个人"称号。

【金伟到柯桥调研】 2021年3月24日，浙江省民宗委副主任金伟一行到柯桥区调研民族团结进步创建工作。调研组走访柯亭社区，参观民族团结宣传长廊、阿凡提工作室、民族馆、国家通用语言培训教室、城市民族书房，探讨柯桥区开展民族团结进步创建工作。

【全国人大民族委员会调研组到柯桥调研】 2021年6月24日，中共十九届中央委员，全国人大常委会委员、全国人大民族委员会副主任委员、西藏自治区党委副书记、西藏自治区人大常委会主任洛桑江村，全国人大常委会委员、全国人大民族委员会副主任委员乃依木·亚森一行10人调研组到柯桥调研，赴绍兴西藏民族中学看望慰问全校师生，向全体藏族学生发表讲话，回顾中国共产党成立100周年、西藏和平解放70周年历程，介绍社会主义新西藏社会稳定、民族团结、人民幸福现状，对学生提出要铸牢中华民族共同意识，继承和发扬“老西藏精神”，共同维护祖国稳定、民族团结的前沿阵地。

【鲍秀英到柯桥调研】 2021年7月7日，浙江省委统战部副部长、省民宗委主任鲍秀英一行到柯桥区调研民族工作。调研组走访民族文化馆布展项目、柯亭社区，了解柯亭社区“阿凡提工作室”、少数民族志愿服务、民族文化交流、石榴籽爱心基金会等城市民族工作开展情况，听取柯桥区城市民族工作数字化建设情况汇报。鲍秀英对柯桥区民族工作取得成绩予以肯定，强调要完善民族工作数据库建设，加强部门协同和数据共享，提高少数民族服务管理水平。

2021年7月7日，浙江省委统战部副部长、省民宗委主任鲍秀英（左二）到柯桥区柯桥街道柯亭社区调研民族工作　　（徐　萍　摄）

【石榴红家园建成】 2021年11月，柯桥区将明珠广场原非物质文化遗产馆重新布展建成石榴红家园，为全省首个建成投用、全市唯一“石榴红家园”。场馆占地面积1400平方米，总投资800万元，按照“一馆一中心”总体布局，分为序厅、前厅、柯桥工作纪实、民族团结小院、民族文化展示区、文化讲堂、民族服务中心等功能区域，旨在宣传民族政策、展示民族风情、服务全区少数民族。

2021年11月，柯桥区石榴红家园场馆内景　　（凌　玲　摄）

【区少数民族联谊会第二届一次会员大会召开】 2021年11月10日，柯桥区少数民族联谊会第二届一次会议在鉴湖大酒店召开，来自全区57名各民族会员代表参加会议，选举产生新一届联谊会领导班子。新一届有理事21人，其中会长1人、副会长5人、秘书长1人。绍兴朝领进出口有限公司董事长赵春光当选为会长。会议审议并通过《绍兴市柯桥区民族团结进步促进会章程》，会议决定将区少数民族联谊会更名为区民族团结进步促进会。（凌　玲）

宗教工作

【概况】 2021年，柯桥区有佛教、道教、伊斯兰教、天主教、基督教五大宗教。登记在册宗教活动场所 85 处，其中佛教场所 60 处、道教场所 1 处、天主教场所 1 处、基督教场所 23 处。纳入登记编号管理的民间信仰场所 225 处，其中甲类 55 处、乙类 170 处。有经批准许可伊斯兰教礼拜点 4 处，其中国内礼拜点 1 处、国外礼拜点 3 处。有经认定且通过备案宗教教职人员 170 人。区委统战部（民宗局）与各宗教团体及场所签订宗教工作责任书，明确属地联系领导、网格员和镇村干部联系驻点场所管理。指导各宗教场所开展“安全生产月”活动，开展安全工作培训，组织安全隐患排查，排查各类安全隐患 175 个，教育约谈教职人员 8 人，下发整改通知 5 张，全部问题整改到位。完成宗教领域、消防领域风险普查和场所危房排查工作。永兴寺创建为省级平安宗教活动场所。平阳寺被评为省级宗教法治宣传教育基地。

【宗教场所疫情防控】 2021 年，根据新冠疫情防控需要，柯桥区于 2 月 1 日至 3 月 12 日、8 月 17—30 日、12 月 8—31 日暂时关闭全部宗教场所，其他时间在执行严格防控措施前提下有序恢复开放，评估合格一处开放一处，实行常态化管理。12 月 5 日，上虞区新冠疫情突袭而至后，柯桥区佛教协会和区基督教三自爱国会、区基督教协会募集善款 77 万元，其中佛教界 57 万元、基督教界 20 万元，捐赠物资累计 15.9 万元。

【宗教场所标准化管理】 2021 年，柯桥区按照宗教场所标准化管理要求，围绕人员、财务、活动和消防安全等要素，培育柯桥基督教堂、安康寺、永兴寺、狮林寺、龙华寺、香山寺 6 处示范场所，将标准化管理规范印制成册发至每个场所，并纳入镇（街道）统战工作考核。7 月 22 日，组织宗教场所负责人和教职人员培训会，解读宗教场所标准化管理条款。11 月 24 日，柯桥基督教堂作为绍兴市宗教场所标准建设现场点，承办《绍兴市宗教活动场所建设与管理规范》地方标准发布会，接待观摩“互学互促”活动与会人员。

2021 年 7 月 22 日，柯桥区组织宗教场所负责人和教职人员参加全区宗教场所标准化管理工作推进会，解读宗教场所标准化管理条款
（徐　敏　摄）

【宗教场所消防安全标准化管理“百优争创”活动】 2021 年，柯桥区按照省民宗委和省消防救援总队统一部署，根据《浙江省宗教活动场所消防安全标准化管理规范（试行）》要求，开展宗教场所消防安全标准化管理“百优争创”活动，加强消防安全管理、用火用电安全、消防设施和器材、安全疏散、宣传教育培训五方面工作，通过市、区考评和省级抽考复查，安康寺被评为全省“百优争创”优秀单位。

2021 年 12 月，柯桥区佛教协会向区红十字会捐款 57 万元，用于抗击新冠肺炎疫情
（徐　敏　摄）

【“三爱”教育系列活动】 2021年，柯桥区开展“三爱”（爱党、爱国、爱社会主义）教育系列活动。4月27日，组织宗教界人士开展《中国共产党简史》学习教育会议，区委统战部副部长、民宗局局长陆建祥，区政法委副书记沈洋，各镇（街道）统战干事、各宗教团体及宗教场所负责人110余人参加活动。11月4日，召开全区宗教界人士培训会，邀请柯桥区委党校教务科科长、讲师沈丽丽，围绕习近平总书记“七一”重要讲话精神，回顾柯桥区发展历程，解读宗教界如何开展“三爱”教育，各宗教团体及宗教场所负责人100余人参加。

【李卫宁到柯桥调研】 2021年7月7日，浙江省人大常委会副主任李卫宁一行到柯桥调研，走访柯桥基督教堂和安康寺，肯定柯桥区执行《浙江省宗教事务条例》工作。

【宗教中国化讲座】 2021年4月27日，柯桥区在区党外人士之家举办宗教中国化讲座1期，全区宗教界代表人士110余人与会。区委统战部副部长、民宗局局长陆建祥授课讲解世界三大宗教中国化的历史实践，解析各个宗教在不同历史时期传播成功与失败的原因，提出只有坚持中国共产党的领导，宗教中国化才能保证正确方向，保持长久动力，不断与社会主义社会相适应。

【宗教领域非法出版物专项清查行动】 2021年，柯桥区委统战部（民宗局）联合区委宣传部、区文广旅游局组成工作组，于6月17日、6月30日，开展宗教领域非法出版物专项清查行动。检查宗教场所7处，清理标注不明出版物200余册并全部销毁，未发现有制售和传播非法出版物及宣传品等情况。

（陶伟元　徐　敏）

流动人口服务管理

【概况】 2021年，柯桥区有流动人口656818人，比上年增加30627人，增幅4.89%。开展居住出租房屋安全隐患排查整治行动，开展网约房精密智控管理。全区流动人口登记率99%，信息准确率97%；出租房屋登记率100%，同户人员关系采集率100%。

【居住出租房屋安全隐患排查】 2021年，柯桥区开展居住出租房屋安全隐患排查整治行动，排查居住出租房屋239871间，对存在安全隐患出租房屋及企业员工宿舍，由属地镇（街道）牵头联合各职能部门进行综合整治。

【居住出租房屋“旅馆式”多元化管理】 2021年，柯桥区推进居住出租房屋“旅馆式”多元化管理，建成25个“旅馆式”总台、139个分部、165个分站。

【网约房精密智控】 2021年，柯桥区开展网约房精密智控2.0建设，有241间网约房安装“安心宿”智能门锁，通过“安心码”上报入住信息7万余条。

2021年年底柯桥区各镇街流动人口总数一览表

表25　　单位：人

序号	单位名称	总数
1	马鞍街道	154420
2	柯桥街道	98556
3	钱清街道	75988
4	华舍街道	73040
5	柯岩街道	54374
6	齐贤街道	48579

续表 25

序号	单位名称	总数
7	安昌街道	46578
8	杨汛桥街道	35858
9	福全街道	18021
10	湖塘街道	17830
11	兰亭街道	10830
12	漓渚镇	7320
13	平水镇	7582
14	夏履镇	5939
15	轻纺城建管委	1567
16	稽东镇	202
17	王坛镇	134
总计		656818

2021 年年底柯桥区流动人口流出地人数 1 万人以上的市一览表

表 26　　单位 :人

序号	单位名称	总数
1	安徽省阜阳市	53297
2	贵州省六盘水市	23095
3	贵州省毕节市	19956
4	浙江省温州市	18507
5	河南省信阳市	17723
6	重庆市县	17160
7	重庆市市辖区	16502
8	浙江省杭州市	16498
9	四川省宜宾市	15147
10	江西省上饶市	14694

续表 26

序号	单位名称	总数
11	四川省绵阳市	12888
12	河南省驻马店市	11989
13	河南省平顶山市	11286
14	河南省周口市	11270
15	安徽省亳州市	10965
16	浙江省绍兴市	10308
总计		281285

2021年年底柯桥区流动人口流出地人数5000人以上的县(市、区)一览表

表 27　　单位：人

序号	单位名称	总数
1	安徽省阜阳市临泉县	24037
2	安徽省阜阳市阜南县	15396
3	贵州省六盘水市盘州市	14572
4	浙江省温州市乐清市	12203
5	四川省宜宾市筠连县	10131
6	重庆市忠县	8390
7	河南省驻马店市泌阳县	7451
8	河南省信阳市固始县	7142
9	浙江省杭州市萧山区	6995
10	河南省平顶山市汝州市	5863
11	安徽省亳州市蒙城县	5768
12	贵州省毕节市大方县	5696
13	重庆市涪陵区	5686
总计		129330

2021年年底柯桥区流动人口就业情况表

表 28　　单位：人

单位名称	合计	农林牧渔生产	生产制造加工	工程施工装修	个体经商	教师学生	物流运输网约车	餐饮销售服务	休闲娱乐服务	家政物管保安	其他职业
总计	656818	1393	300198	52232	3186	3095	16372	15980	7015	4730	252617

说明：1. 统计数据包括儿童。
2. 儿童的从事职业归入“其他”。

2021年年底柯桥区流动人口居住结构一览表

表 29　　单位：人

单位名称	合计	旅店	医院	学校	培训机构	单位内部	集中公寓	居民家中	自购房	租赁房屋	工地现场	水上船舶	其他
总计	656818	68	16	10505	73	130701	8510	6211	63505	419320	16770	11	1128

说明：统计数据包括儿童。

2021年年底柯桥区流动人口居住时间情况表

表 30　　单位：人

单位名称	合计	半年以下	半年至1年	1年至5年	5年以上
总计	656818	130608	214029	213973	98208

说明：统计数据包括儿童。

2021年年底柯桥区流动人口文化结构一览表

表 31　　单位：人

单位名称	合计	博士	研究生	本科	专科	中专	技工	高中	初中	小学	其他
总计	656818	103	911	24595	22801	16070	1507	59579	370935	113516	46801

说明：统计数据包括儿童。

（包建忠）

慈善事业

【概况】 2021年，柯桥区慈善总会募集款物5766.92万元，其中“慈善一日捐”捐款294.21万元，接收社会各界捐赠款物5472.71万元，发放各类救助款物3686.56万元，惠及困难群众70554人次以及非营利机构75个次。助困支出901.78万元，救助5451人次；助医支出361.33万元，救助60303人次；助学支出333.23万元，救助2410人次；助老支出72.32万元，救助2334人次；助孤支出11.20万元，救助56人次；其他公益事业支出2006.70万元，惠及非营利机构75个次。

柯桥区慈善组织参与推进共同富裕示范区建设做法获浙江省副省长王文序批示肯定。区慈善基地被评为全省示范性慈善基地，区慈善总会创建为AAAAA级社会组织，会长马芳妹获“全国慈善总会系统基层慈善工作者先进”称号。柯桥区位居2020年度“浙江城市慈善发展指数”区（县、市）级第3，华舍慈善分会获评全省示范慈善分会，柯桥街道福东社区、柯岩街道仁让堰社区、稽东镇竹田头村获评全省示范慈善工作站。区慈善总会、元垄集团、华天集团等7个集体和天圣集团董事长孙永根等8人，被评为绍兴慈善事业突出贡献集体（个人）。

【全市首个慈善信托成立】 2021年4月16日，柯桥区成立绍兴市首个慈善信托——爱利斯慈善信托。该信托由柯桥区慈善总会联合浙江爱利斯染整有限公司发起，主要开展特定困难人群以及其他符合信托目的的捐助项目。柯桥成为浙江省除杭州市、宁波市外第三个开展慈善信托的城市。

【“申洲·横江”初心基金成立】 2021年6月16日，柯桥区慈善总会会同区委组织部、申洲国际集团联合发起成立“申洲·横江”初心基金。该基金以先进党员、困难党员、老党员、特色党建活动等为资助对象，以全省首批“示范慈善工作站”蜀阜村为试点，表彰慰问华舍街道194名村级优秀共产党员。

2021年6月16日，“申洲·横江”初心基金成立仪式在华舍街道举行　　（区慈善总会　提供）

【“慈善公益之星”评选表彰】 2021年，柯桥区委宣传部、区民政局、区慈善总会联合开展全区“慈善公益之星”暨新时代文明实践特色志愿服务项目评选表彰活动，共计121个单位（个人）和10个特色项目获奖。9月3日，全区举行第六个中华慈善日之“汇聚慈善力量 助力共同富裕”主题活动。活动

2021年9月3日，柯桥区区长陈豪（左一）在第六个中华慈善日主题活动中为部分获奖代表颁奖　　（区慈善总会　提供）

现场，浙江四海氨纶纤维有限公司、浙江金典印染有限公司、绍兴融欣房地产有限公司、绍兴柯桥宝红房地产开发有限公司和浙江宝仁和中科技有限公司5家企业向慈善总会共捐款2200万元，成立5个慈善基金（项目）。（刘　婷　沈伊娴）

老龄事业

【概况】 2021年，柯桥区户籍总人口698109人。其中，60周岁及以上老年人口176164人，占总人口的25.23%。全区有养老机构13家、镇（街道）级居家养老中心20家、城乡社区居家养老服务照料中心295家，均纳入政策性养老服务机构综合责任保险范围，参保率100%。出台《关于做好困难老年人能力评估的通知》，由柯桥区颐乐园评估困难老年人196人。在柯桥区突发公共卫生事件1级响应期间，13家养老机构实施全封闭管理，工作人员与入住老人只出不进，出台加强养老机构新冠疫情防控措施，定期组织养老机构工作人员开展核酸检测和环境核酸检测。至年底，全区有百岁老人57人，发放百岁老人长寿保健金21.45万元，慰问金23.4万元。

【推进智慧养老"一键通"项目】 2021年，柯桥区推进智慧养老"一键通"项目，惠及老年人1800余人，为866名老年人发放养老服务补贴89.93万元，上门服务3.84万人次，累计服务时间9万小时。监管、考核"一键通"项目平台商和服务商，设立奖励机制，开展老年人满意度测评，提升智慧养老服务质量。城乡社区居家养老服务照料中心视频监控系统覆盖率100%，实时监管区内居家养老服务照料中心。

【15分钟居家养老服务圈建设】 2021年，柯桥区按照15分钟居家养老服务圈理念，以政府为主导，社区和社会力量为依托，新建、提升"十个有"居家养老服务照料中心69家。至年底，全区建成镇（街道）级居家养老中心20家、社区级照料中心295家。全区开展城乡社区居家养老服务照料中心星级评定，评选出三星级54家、二星级25家、一星级177家，发放运营补助1004.51万元。

·小资料· "十个有"居家养老服务照料中心

是指有视听娱乐、医疗康复、培训活动（多功能）、阅览书画、社工志愿（心理疏导）、日托休息、管理办公、助餐、助浴、助洁（洗）等十项功能空间的服务照料中心。中心总面积不少于150平方米，可以单独建设，也可按多合一模式与党群服务中心、文化礼堂等整合使用，资源共享。

2021年11月9日，杨汛桥街道横山村居家养老服务照料中心

（区养老服务指导中心　提供）

【居家适老化改造400户】 2021年，柯桥区按《浙江省2021年困难老年人家庭适老化改造实施方案》要求，从如厕洗澡安全、室内行走便利、居家环境改善、智能监测跟进、辅助器具适配等5个方面，提出20条居家适老化改造需求，统一设计采购，设定基础改造服务包和拓展改造服务包，招投标确定由浙江宏爱助老为老养老服务有限公司实施改造400户。

【华舍金色年华养老服务中心康养联合体建成】 2021年，柯桥区建成华舍金色年华养老服务中心，实现康养一体化养老需求。该中心有5个70平方米以上康复训练室及实操场地，配备10余种康复设备，有全科医生、护士、康复治疗师、高级护理员共计20人。至年底，为99名入住老年人提供康复训练200余人次。

【养老机构安全管理】 2021年，柯桥区成立民政专业安委会，签订安全生产责任状，开展"平安护航建党百年"安全隐患大排查大整治、养老机构燃气安

2021 年 5 月 21 日，柯桥区开展养老机构消防安全演练
（区养老服务指导中心　提供）

全专项整治活动，开展消防安全、食品安全培训与演练，消防、市场监管等部门联合开展养老机构安全生产检查。

【海岛支老活动】 2021 年，柯桥区派出两批共 4 名护理人员支援舟山市岱山县长涂岛。护理人员了解岛上特困老人基本情况，定期为岛上养老机构护理员开展护理技能培训，结合节假日开展端午节、庆祝建党百年等主题活动。6 月 2—3 日，区民政局局长喻光耀带队赴长涂岛开展“海岛支老·一起安好”慰问活动。

2021 年 6 月 2 日，柯桥区组织民政干部赴长涂岛开展“海岛支老·一起安好”慰问活动　（区养老服务指导中心　提供）

【养老护理人员职业技能等级培训】 2021 年 10 月 12 日起，柯桥区分批组织养老护理人员职业技能等级培训。至年底，完成养老护理员职业技能等级培训和家庭照护者培训 1306 人次，开展护理知识宣讲进家庭活动 50 场次。

【“一证一卡”办理】 2021 年，柯桥区与浙江省老年优待证制证单位嘉兴市瀚海电子科技有限公司和老年公交 IC 卡制卡单位绍兴市公交信息科技有限公司签订协议，通过“双控”（镇街控制和制卡单位控制），把“一证一卡”办理制作出错率控制在 1/1000 以内。至年底，全区办理老年优待证 19252 张、老年公交 IC 卡 22159 张，下发至各镇（街道）。（王方亮　陈晟滨）

【老年友好型社区创建】 2021 年 3 月起，柯桥区响应国家创建工作要求，开展区级示范性老年友好型社区创建工作，通过社区自荐、镇（街道）推荐、区级评审，命名柯桥街道大渡社区等 15 家村（社区）为区级示范性老年友好型社区。漓渚镇棠棣村作为绍兴市村级社区代表获评“全国示范性老年友好型社区”称号。

【老年人保险】 2021 年，柯桥区老年人出行平安保险和特殊老人意外伤害保险共计保额 27 万元，受益老年人增加至 18 万人。

【“智慧助老”】 2021 年 3 月起，浙江老年电视大学柯桥区分校在全区教学点中开展“智慧助老”工作。至年底，全区有 74 个教学点开设智能手机应用的相关课程，涉及老人超 3700 人次。各村（社区）干部开展“智慧助老”教学培训。老龄健康服务中心开设线上课堂，以网络教学的模式开展电视课程外的补充教学，并邀请专家对老年人进行健康养生类的线上辅导。（朱敏芝）

关心下一代工作

【概况】 2021 年，柯桥区承办绍兴市关心下一代基层组织建设现场培训会，齐贤龙山星火党团队红色基地被评为浙江省关心下一代教育基地，区“五老”（老干部、老战士、老专家、老教师、老模范）宣讲团成员葛美芳、王云根被省关工委授予“红船精神优秀五老宣讲员”称号，绍兴财经旅游学校2018级城市轨道交通专业学生边宸雪被评为“2021年度浙江省青少年英才·红船好少年”。12名初三毕业生获得绍兴市关工委初中励志奖学金，50名中小学生获得“炉峰慈联·天天向上”奖学金，其中3人入围“十佳精英奖”。

2021年1月6日，柯桥区“五老”宣讲团聘任仪式在浙江工业大学之江学院举行 （戴青青 摄）

【绍兴市关工委基层组织建设现场培训会在柯桥举行】 2021年10月22日，绍兴市关心下一代基层组织建设现场培训会在柯桥区委党校举行。浙江省关工委主任徐宏俊，省关工委专职副主任朱小龙，绍兴市政协副主席、市关工委主任陈国阳，绍兴市委组织部副部长、老干部局局长邢南艳到会，各县（市、区）关工委领导、“五老”代表等110余人出席活动。与会人员参观柯桥街道大渡社区关工委、浙江中设建工集团关工委，了解建设情况，交流未来发展。

2021年10月22日，浙江省关工委主任徐宏俊（中）在参加绍兴市关心下一代基层组织建设现场培训会期间，赴柯桥街道大渡社区调研 （戴青青 摄）

【省关工委领导到柯桥调研】 2021年9月16日，浙江省关工委副主任徐全升、王强等一行到柯桥调研，走访齐贤街道齐贤村，调研村级关工委及青少年思想道德教育基地创建等情况。

【区“五老”宣讲团开展巡回宣讲】 2021年1月6日，柯桥区“五老”宣讲团聘任仪式在浙江工业大学之江学院举行。宣讲团成员包括韩国良、葛美芳、李为民、黄锡云、王云根、祝安钧、张尚明、任苗兴、倪齐全等9人。宣讲团成员赴浙江工业大学之江学院、浙江树人大学杨汛桥校区、鲁迅中学、钱清中学、鉴湖中学、区职教中心等校开展党史学习、传统文化、“四千精神”、“围涂精神”等主题宣讲71场次，受教育9600人次。

【区关心下一代·爱心基金设立】 2021年5月，浙江元垄控股集团有限公司、浙江华天实业有限公司、浙江四海氨纶纤维有限公司、浙江东盛慧谷科技有限公司、绍兴柯桥恒元纺织有限公司5家企业各出资100万元，通过区慈善总会共同设立总额500万元柯桥区关心下一代·爱心基金。该基金是柯桥区首支专项用于关心下一代事业基金，为区关工委开展关爱助学、关爱奖学、关爱“五老”等活动提供资金保障。

【第二季劳模工匠精神进校园巡回宣讲】 2021年，柯桥区组织开展第二季劳模工匠精神进校园巡回宣讲活动。浙江塔牌绍兴酒有限公司副总经理、浙江省劳动模范潘兴祥于10月13日、11月11日，到绍兴财经旅游学校、浙江工业

2021 年 11 月 11 日,“劳模工匠”精神进校园巡回宣讲活动在浙江工业大学之江学院举行 （戴青青　摄）

大学之江学院为千余名师生作“匠心传承绍兴黄酒”“绍兴黄酒——中国传统文化的重要符号”专题宣讲。

【发放困难生助学金】 2021 年 8 月 20 日,柯桥区关工委 2021 级大学生结对签约暨欢送会在区委老干部局举行。14 名“双特生”(家庭遇到突发性困难、成绩特别优秀的准大学生)和 1 名“双结对生”(即孤儿大学生)逐一签约,获得帮困助学金,其中“双特生”每人每年 8000 元、孤儿大学生每人每年 5000 元,结对助学直到大学毕业。

【2 所高校成立关工委】 2021 年 9 月,浙江树人大学杨汛桥校区成立关工委。11 月 11 日,浙江工业大学之江学院召开关工委成立仪式暨第一次全体成员会议,学院党委书记彭松波与区关工委主任吴晓共同为之江学院关工委揭牌。至此,区内高校关工委实现全覆盖。建立两所高校关工委旨在动员退休教师参与全区关心下一代各项工作,教育、服务、关爱青少年健康成长。

【关心下一代志愿服务团队成立】 2021 年 4 月 15 日,柯桥区关心下一代志愿服务团队授旗仪式在区委党校举行。柯桥区委宣传部、政法委、老干部局等 15 家成员单位成立 15 支关心下一代志愿服务团队,有成员 130 人,服务对象为全区广大青少年学生,内容包含普法教育、心理疏导、困难援助等。

【“五老”工作经验交流】 2021 年 4 月 15—16 日,柯桥区关工委在区委党校组织党史学习教育专题培训,交流“五老”工作经验。各镇(街道)关工委常务副主任、“五老”代表、各中小学校关工委工作联络员等 124 人参加会议。(戴青青)

执行编辑　董思思

柯桥新风

柯桥英才

【李军配上《焦点访谈》】 2021年5月5日晚，中央电视台《焦点访谈》播出主题为“奋斗的青春 生逢盛世 肩负重任”节目，介绍两位科技工作者，其中第一位是浙江材华科技有限公司创始人李军配，详细报道他如何选择自主创业、转化科技成果的精彩篇章。

“85后”创业者李军配是中国科学技术大学和伦敦大学国王学院联合培养的博士生、清华大学博士后。其团队研究的大分子着色剂，是食品级的新型染料，一种具有自主知识产权的新型环保染料，在彩妆日化、油漆涂层、光电材料、生物医学等领域都有较大的应用前景。“材华科技”也是国内第一家专业从事大分子着色剂研发和推广的创新型科技公司。2018年，李军配完成博士后研究工作后，没有选择高校、科研机构，拒绝外企高薪聘请，选择创业，专攻色彩化学材料应用。2019年，他带着大分子着色剂项目参加第四届海创大赛，获一等奖。通过大赛，他了解到柯桥重磅人才政策、良好的创业环境，就把公司总部从北京搬到柯桥。

“柯桥是我们的福地！真的来对了！”李军配说，落户后，公司拿到绍兴市政府2000万元的扶持基金，经营逐步步入正轨，销售额从28万元提高到2020年的800万元。2021年第一季度销售额超上年全年。李军配团队有71人，其中70人都是新柯桥人，平均年龄仅27岁。

【边宸雪上《人民日报》】 2021年5月，绍兴财经旅游学校的师生们被一则喜讯刷屏，2018级城轨运营专业边宸雪入选《人民日报》中等职业教育国家奖学金获奖学生代表名录，浙江省共6名学子夺得“国字号”荣誉，边宸雪是绍兴市唯一一人。

从成绩平平的学生，到成果颇丰的网红达人，边宸雪感受颇深。这背后是天赋、灵感还有不懈的坚持。边宸雪加入学校“财智众创”创新实验团队也是机缘巧合，在指导老师的帮助下，很快她便脱颖而出，成为创新团队队长。浓厚的校园创新氛围，丰富有趣的创新创业课程，让18岁的她不仅摘得RoboCup机器人世界杯中国赛、全国中小学信息技术创新与实践活动等多个一等奖，也因此获得国家奖学金、柯桥区少年英才等奖项荣誉。在边宸雪的众多发明创造中，有一款被称之为“一个成本仅九块九的小发明”尤为亮眼，从区级比赛一路过关斩将，直至拿下第34届浙江省青少年科技创新大赛一等奖，成为绍兴市唯一获此殊荣的中职学校小发明。

【谢震业亚洲200米飞人第二名】 2021年6月，亚洲200米飞人大排行出炉，中国短跑运动员谢震业排名第二。

谢震业于1993年出生，毕业于柯桥中学，老家在湖塘街道。作为中国短跑新一代的领军人物，他在2010年就以21秒22毫秒的成绩夺得青奥会男子200米金牌，是首位进入世锦赛男子200米决赛的中国运动员。谢震业的成功不仅来源于他的天赋，更来源于他不懈的努力和不断的奋斗。谢震业身上肩负着中国男子短跑的多重任务和期许，兼顾100米和200米的个人项目，还有4×100米接力。谢震业心无旁骛，珍惜每一天的训练和每一次提高的机会，创造属于自己的奇迹。谢震业还是一个学霸。他在2012年进入浙江大学读本科运动训练专业，2016年以年级第二的成绩被保送进入浙大教育学院体育学系读研究生。谢震业还应邀兼任柯桥团区委副书记，有时，还会到柯桥的校园内，面对面指导学生短跑，柯桥青年们亲切地称他为“全国‘跑得最快’的团委副书记”。

【蔡安妮圆梦柯桥】 2021年6月，蔡安妮入选绍兴柯桥“经纬计划”创意设计A类人才，作为市场型创意设计人才为绍兴柯桥纺织市场创新注入新活力。

蔡安妮小时候跟随经商的父母到绍兴柯桥，对绍兴柯桥有着深厚的感情。小学、初中都在柯桥读书，高中去香港求学。蔡安妮从小喜欢好看的衣服，或许是母亲从事服装行业让她耳濡目染爱上服装，但在上大学时，她还是听从父母的建议选择经济类专业。梦想是激发活力的源泉。大学毕业之际，她重新正视自己的梦想，说服父母后，准备出国学习服装设计。但跨专业申请学校难度不小，蔡安妮夜以继日学习3个月，完成申请入学作品集，并申请成功。在高等学府她学到丰富的服装设计知识，为后来的发展奠定基础。蔡安妮喜欢不同文化，不同风格。她接受能力强，在创作上灵感碰撞，设计风格亦是多变，尤其擅长对一个图像进行变形，设计出各种不同图案。作为布码头首席服装设计师，她平均每月会设计上百款服装，以款式卖布带动新市场，主要以休闲女装为主。

星创享国际设计师平台由“品牌孵化器”之称的“前浪”设计师蔡佩桦与“后浪”“90后”海归新锐设计师蔡安妮，加上布码头面料平台的资源投入联合打造，于2021年5月落地绍兴柯桥。

【唐海峰想构建数字化“种粮王国”】 2021年11月下旬，绍兴农业界的“年轻偶像”——唐海峰在福全街道胜利村用收割机收割晚稻。

1986年出生的唐海峰曾就读于浙江农林大学园艺专业，上学时便对“农业”有着浓厚兴趣。毕业后，他不顾全家反对，放弃在上海的白领工作，选择到故乡当现代“新农人”。去农资公司实习，对农作物生长情况有了一个比较全面的认知。2010年，唐海峰成立绍兴新青马农场有限公司，开启“农创客”之路。当时的收割机比较落实，都是他进田背谷，每袋重约40千克，一天要背几百个袋子。他一直告诉自己，无论再苦再累，都要挺下去。每天早上5点多扛着锄头在田头劳作的日子过了半年，唐海峰便将播种、施肥、治虫、灌水等种粮环节的要领掌握得清清楚楚，形成一套自己独特的种粮方法。经过10年积淀，唐海峰成为绍兴新农人“领头羊”。其公司种植面积2300余亩，主要进行水稻种植，其中越城区富盛镇1300余亩，柯桥区福全街道1000余亩，年粮食复种生产面积4600余亩，每年投售粮食184万千克，多次被评为“绍兴市优秀种粮大户”。他计划3年内种植面积上1万亩，从水泵远程控制到日常水肥管理、病虫监控等一系列作物种植步骤全部采用智慧化改造，构建一个数字化的“种粮王国”。（摘选自《柯桥日报》）

百姓故事

【鲁志良无偿捐献“宝卷”】 2021年2月20日，绍兴宣卷民间艺人鲁志良的女儿鲁彩娣，将父亲生前手抄和收集的绍兴宣卷卷本以及其演出用具等尽数捐赠给柯桥区非物质文化遗产馆，完成老先生生前遗愿。大部分宣卷卷本保存完好，有《太平宝卷》《卖花龙图》《双花宝卷》等33部62本。

20世纪70年代起，鲁志良着手收集宣卷，手抄本则由鲁志良妻子用针线装订成仿古线装本。两位老人的共同心愿，就是将绍兴宣卷文化代代相传。柯桥区“非遗”保护中心相关负责人表示，这批宣卷具有较高的研究价值和历史价值，他们将对这批珍贵的“宝卷”手抄本及时进行整理归档和收藏，并将不定期在区“非遗”馆、绍兴宣卷馆进行更替展示。绍兴宣卷是绍兴地区的五大曲种之一，被列入第二批国家级“非遗”项目。1977—2020年，鲁志良以鲁天生为艺名，以演唱绍兴宣卷为业，活跃在绍兴、杭州、嘉兴等地，并组建宣卷班，在2010年首届绍兴宣卷交流演唱会中获得优秀奖。

【董百成交10万元“特殊党费”】 2021年6月28日，84岁的老党员董百成自愿上交10万元“特殊党费”。

董百成1959年12月入党，曾担任东湖区卫生院副院长、绍兴县卫生防疫站站长。自参加工作以来，他以身作则，任劳任怨，勇于改革创新，经常深入基层开展工作。1984年创办改水服务公司，加快改水步伐，减轻农民负担，曾被绍兴县人民政府授予三等功，多次被评为先进工作者。在他的带领下，县卫生防疫站先后获得全国、全省计划免疫先进单位称号。退休后，董百成依然心系疾病预防控制事业发展，通过报纸等途径及时学习党的新理论、新知识，践行着一个卫生防疫工作者的初心。他生活勤俭朴素，与老伴一直住在60平方米的老房子里。这次上交的“特殊党费”，是他计划很久的事情，得到家人一致支持。

【任晓让本土红茶“走出去”】 2021年3月，平原地带的茶叶大面积开始采摘，平水王化村的埃码尖古道，深山气温低，老茶树的嫩芽还要过几天采摘，任晓在招募采茶工，对茶厂里的设备进行清洁、保养，就等嫩芽采下、杀青。任晓的茶厂，寺山茶业有限公司坐落在王化村的五一自然村。

任晓是寺山红茶的品牌创始人。在传承创新的基础上生产制作寺山红茶，越地黄茶，恢复历史文化名茶日铸兰雪。此举盘活了平水，王坛等几个自然村荒废几十年的老茶园，带动当地茶农走上致富之路。五一自然村原名寺山里，过去这里曾经是越红工夫茶的产地，这里的红茶因为口感醇厚，茶香四溢而受到茶友们的喜爱，二十世纪六七十年代还出口国外。但是近几年，这里出产的红茶逐渐没落，任晓看着非常心痛，觉得不能让这样好的红茶默默无闻，于是他创建寺山红茶品牌，在茶园、自己的茶叶店甚至家里，广邀茶友前来品茶、论茶。在初春时节，梅花绽放，茶园冒出新芽，在梅树下铺上一张茶席，放上一盏盏茶盅，邀上茶友，煮水品茗，意境悠远绵长。近年来，在任晓的不断努力和地方各级部门的支持下，寺山红茶知名度不断提升，多次获中华茶奥赛银奖等荣誉，并入选中国茶叶博物馆馆藏标准茶样，还获“浙茶杯”红茶评比银奖，茶叶品质受到茶友们的广泛好评。

【胡阿寿坚守越塑艺术】 在党徽的照耀下，一艘红船在波澜的水面乘风破浪，远方，掀起的水浪与中共一大会址巧妙相融，画面显眼处，一个身着军装、白发苍髯的老红军正深情敬礼，而这一幅作品，似油画，又是雕塑……这是民间艺术家胡阿寿的新作《致敬一百零五岁老红军闫俊杰》，正是这个普普通通的柯桥农民，用一辈子的心血，将酒坛雕塑工艺成功地移植到版画上，独创一门越塑艺术。

1952年，胡阿寿出生在湖塘街道陌坞村一个农民家庭，从事过木工、竹编、油漆等诸多行业。早年受当地学者胡世庆的艺术启蒙，在胡先生的鼓励下，二十世纪七八十年代，到浙江美术学院拜师学艺。其间，看到集雕、塑、绘、刻于一身的“女儿红”酒坛制作色彩鲜艳，立体感强，具有较强的艺术欣赏价值，这给胡阿寿的越塑创作带来很大的灵感。在钱君匋、王伯敏、肖峰、丁正献、宋忠元、吴山明、陈长庚等众多前辈老师的鼓舞激励下，他踏上研发越塑的探索之路。他的作品曾获首届中国国际民间艺术博览会金奖、国家山花奖等。联合国教科文组织曾授予其“民间工艺美术家”称号。2021年，生活清贫的胡阿寿计划回到老家湖塘，腾出一间工作室，公益收徒、免费教学，把越塑艺术传承下去。（摘选自《柯桥日报》）

城乡新篇

【“退苗还粮”再现农民种粮热】 2021年3月，福全街道徐山村的一片麦田里，种粮大户董海青用机械为小麦施尿素，以弥补油菜被冰冻损失。2020年1月，他在徐山村承包917亩农田，两季粮食共收550多吨稻谷。在胜利村，来自富盛镇的大学生农场主唐海峰在田头清理苗木和翻耕土地，2020年10月，他承包村里的962亩苗木田，加上其他地方承包的，总承包农田2100亩，向规模种粮要效益。2021年，福全街道种粮大户由原来的29户2509亩增加到37户约6500亩。福全街道农民素来有热爱种粮的传统，2020年起，街道开展“退苗还粮”工程，这些退出来的苗木田全部被种粮大户承包后用于种粮。种粮大户们勤劳淳朴，国家粮食安全的警钟，区政府对粮食生产的重视，区、街道农技部门的贴心服务，成为他们热爱种粮的动力。

【立新社区“轻轨”上楼】 柯桥街道立新社区居家养老服务照料中心老年活动室设在二楼，给行动不便的老年人上下楼带来诸多不便。2021年年初，立新社区在养老中心安装一部自动爬楼座椅电梯，方便行动不便的老年人上下楼。爬楼座椅就是一部座椅电梯，导轨沿着楼梯铺设。座椅或平台连着导轨，人坐在座椅上，椅子沿着轨道前行就可以达到自动上下楼的目的。启动时可以遥控操作，也可以手动操作，使用方便，运行速度平稳。运行两个多月，老年人普遍反映良好。每天到养老中心来活动的老年人更多了。

【"深迪半导体"一天办好全部迁移手续】 2021年正月初七，为了项目早日落地投产，深迪半导体（绍兴）有限公司相关负责人从上海赶到柯桥，前往区行政服务中心办理工商、税务等变更手续，当天办结，把总部从上海迁到柯桥，工作人员将常驻柯桥，装修厂房后下半年可投产。

办理的所有资料春节前通过联络员和相关工作人员沟通，避免办理过程中上海、柯桥来回跑。在柯桥经开区，每个招商项目从土地摘牌、动工建设到最终投产，都有招商项目联络员全程跟踪服务。"深迪半导体"是全区首家办理长三角跨省市税务迁移业务的企业，柯桥经开区牵头建立"深迪迁入工作服务群"微信工作群，包括市场监管、税务等工作人员，企业有任何疑问，都可以在微信群上反映，工作人员看到信息后第一时间处理。深迪半导体MEMS芯片项目于2020年7月签约落户柯桥经济技术开发区"数智港"，原先总部位于上海，该公司是中国首家研发设计商用消费级和汽车级微机电系统（MEMS）陀螺仪系列传感器的公司，投产后将引领和带动柯桥芯片产业的培育发展，加快推进柯桥高端制造业做大做强。

【外来务工者子女入学报名"一个不落下"】 7月是入学报名时节，在柯桥，办理随迁子女中小学、幼儿园入学，必要的条件之一是居住证。2021年6月28日，安昌派出所民警在走访中发现，不少"粗心"家长因未办理居住证、办理居住证忘记签注、因春节返乡导致居住登记未满6个月而无法申请办理居住证，有的还不清楚入学条件，很容易使自己的子女错失求学机会。安昌派出所践行"最多跑一次"改革，开辟"绿色通道"，切实保障流动人口随迁子女平等接受教育。当晚，安昌派出所立即梳理和排查出这年可能需要入学人员底数747人，发动全所36名流动人口专管员以电话、短信等形式对其通知、宣传，对一些在工业园区打工、对居住证政策不了解的外来人口，专管员利用晚上休息时间上门服务，向有办理入学需求的家长告知居住证办理条件，进行现场办理。也有一些特殊情况，有一些流动人口家属居住在安昌，本人长期在萧山工地打工，居住登记在萧山，经常半个月不回安昌，这种情况不符合领取柯桥区居住证的条件，考虑到他们的小孩2022年就要入学的实际情况，派出所特事特办，解决其子女入学问题。

【大学生激活"非遗"传承】 2021年6月，"绍兴舜王庙会"入选第五批国家级非物质文化遗产名录。7月，绍兴文理学院大学生组成"吴越文化研究会绍兴舜王庙会兴乡"小组，到舜王村实地走访，利用现代数码技术记录受访人的陈述内容，最大程度地保存完整信息，制作图文并茂的绍兴舜王庙会口述史影像。虞舜是中华文明的始祖之一，舜德文化延绵千年，崇德的本质不变。对于家庭，舜孝文化能够起到和谐家庭，文明家风的作用；对于社会治理，虞舜文化有利于化解矛盾、敦睦乡邻；对于每个人，可修身润心。当今的虞舜文化是如何代代相传，为何能历久弥新、千年不绝，掌握了怎样的时光密钥？在绍兴市虞舜文化研究会的牵线搭桥下，绍兴文理学院大学生吴越文化研究会与舜王村达成合作协议——共同推动创建舜王庙会首个村级传承基地，助力振兴舜孝农耕文化。将把舜皇村传承基地建设成为吴越文化研究会研究性学生团体"振兴乡村"的实践基地，展示舜王庙会"巡游"过程中的各项"非遗"表演项目道具和巡货队伍使用的会货，通过VR技术，给游客带来沉浸式体验。计划建立大学生舜德耕读文化宣讲团，走进学校村落宣讲虞舜文化，参与舜王庙会"巡会"活动创新设计，创建官方公众号、抖音、微博等传播平台。（摘选自《柯桥日报》）

执行编辑　宋如玲

人　物

新闻人物

【耿醒本】 男,1985年12月出生,绍兴柯桥人,中共党员,本科学历,柯桥区齐贤街道办事处社区管理服务办公室四级主任科员。

耿醒本于2005年9月入伍。在部队期间,工作成绩突出,带领中队人员高效、安全、可靠开展警卫工作,及时发现并有效化解10余次险情。2016年在参加联合国维和行动中,带领中队人员妥善处理恐怖分子汽车炸弹袭击事件,避免人员伤亡。因2016年维和任务中的突出表现,2017年他被联合国授予"二级和平荣誉勋章",被陆军某集团军记个人"二等功"。2021年3月转业。(刘晓慧)

【俞和军】 男,1971年12月出生,绍兴柯桥人,中共党员,柯桥区华舍中学教师。

俞和军2000年开始兼职担任学校心理辅导老师,利用业余时间公益解答家长、学生的来电来信,至2021年回复来信、来电3000余人次。2015年加入柯桥区青少年阳光心灵驿站并担任站长,组织30余位心理老师面向广大家长、学生开展心理健康公益活动,至2021年接听电话700余人次,接待当面咨询350余人次。结对帮助盲童孤儿17年,结对帮助贫困学生多人。参与志愿活动1700余次,组织活动280余次,个人服务累计1万个小时以上。累计献血4000毫升,是中国造血干细胞志愿者、中国遗体捐献志愿者、中国器官捐献志愿者,曾获浙江省无偿献血奉献奖、绍兴好人、绍兴市最美教师等荣誉。2021年1月,获评柯桥区"十佳志愿者"。2月,入选中宣部发布的第六批全国岗位学雷锋标兵名单。

【李斌】 男,1977年12月出生,江苏省盐城市大丰区人,中共党员,大专学历,柯桥区马鞍街道蓝印突击队队长。

2020年3月30日中午,马鞍街道某印染公司发生严重火灾。面对5楼上的大火,李斌带着两名队员佩戴空气呼吸器,带上水枪冲上5楼进入火场。在满是有毒高温气体的环境中,李斌判明情况排兵布阵,将火势控制在500平方米内。在柯桥区滨海消防救援中队的合围下,大火在2个多小时后被扑灭,公司主体建筑、价值四五百万元的定型机和成品布免遭大火吞噬。两年中,他带队参加灭火救灾121次,义务治安巡逻730余次,协助抓获违法犯罪嫌疑人25人。2020年11月,获评全省见义勇为先进人物,被省政府记一等功;2021年1月,获评"浙江好人";4月,入选中央文明办发布的"中国好人榜";9月,入选中共浙江省委、省人民政府发布的第七届浙江省道德模范名单。(陈　飞)

逝世人物

【肖兰凯】 男,1926年11月出生,山东昌邑人,原绍兴县国资系统离休干部。2021年3月3日在北京逝世,享年96岁。

肖兰凯,1945年7月参加革命,1945年9月加入中国共产党。1956年,到南京军事学院学习。1969年11月,担任某后勤部管理局办公室主任。1978年5月转业至绍兴矿冶厂担任副厂长。1987年1月离休,享受副师级政治、生活待遇。

【谢德胜】 男，1934年1月出生，浙江绍兴人，原绍兴县副县级调研员、劳动局局长。2021年2月6日在绍兴逝世，享年88岁。

谢德胜，1952年12月参加工作，中共党员。在袍谷公社历任干部、副书记。1960年，任绍兴县梅山公社党委书记，兼任绍兴县委委员、绍兴县东湖区委副书记。1977年，任绍兴县海涂区委书记。1981年，任绍兴县皋埠区委书记。1985年调任绍兴县劳动局局长。1993年，任副县级调研员。1995年10月退休。

【宋汉章】 男，1937年3月出生，浙江绍兴人，原绍兴县人大常委会副主任。2021年8月27日在绍兴逝世，享年85岁。

宋汉章，1956年2月参加工作，1980年9月加入中国共产党。1953年，在绍兴卫校学习。1956年参加工作后，被分配至绍兴第二医院，历任医士、医师、主治医师、副主任医师、主任医师、浙医大兼职教授。1979年，任绍兴第二医院副院长，1985年，任绍兴第二医院院长。1981年，任第七届绍兴县人大常委会常委。1984—1997年，连续担任第八、第九、第十届绍兴县人大常委会副主任。1999年4月退休。1982年被评为浙江省劳模，1989年被评为全国先进工作者，1992年享受国务院授予专家特殊津贴，2019年8月获得绍兴市“医师终身荣誉”奖。

【罗树群】 男，1930年12月出生，辽宁海城人，原绍兴县文广系统离休干部。2021年9月28日在绍兴逝世，享年92岁。

罗树群，1949年7月参加革命，1954年9月加入中国共产党。16岁在青岛《民言日报》上奋笔疾书，声讨日本侵略者的暴行。1949年7月，参加革命考入浙江财经干校。同年10月，加入中国人民解放军，先后在某军政治部文训队及某师司令部作战科、政宣科工作。1952年参加抗美援朝，1954年先后在某师某团政治处、师教导营任干事。曾立三等功1次、四等功1次，多次受到部队的嘉奖和通报表彰。1958年3月转业，至黑龙江虎林县856农场工作，历任政治指导员、干事、小学校长。1966年5月，调虎林县第二中学任副校长，后调县委调研组工作。1970年冬，调虎林县人武部。1971年3月，任虎林县文教科副科长。1973年6月，任虎林县卫生科副科长、党组成员。1976年6月起，历任绍兴县电影管理站负责人、党支部副书记，文化馆党支部书记、协理员等职。曾获县级先进工作者、县级优秀党员和“五好民兵”等荣誉称号。1991年2月离休，享受县(处)级政治、生活待遇。

【陈岳扬】 男，1931年4月出生，浙江诸暨人，原绍兴县司法局离休干部。2021年10月8日在绍兴逝世，享年91岁。

陈岳扬，1948年10月参加革命，1949年3月加入中国共产党。1948年5月加入金萧支队武工队。1949年5月，参加解放杭州、萧山等战斗。1950年8月，至中国人民解放军某师教导队某中队任副区队长。11月，调任绍兴独立营新兵连排长。1952年3月，调浙江省某军分区警备团某连任排长。1952年7月转业至绍兴县越南区工作，先后任人武部助理员、党支部书记兼任两溪、王城乡党支部书记。1954年9月调绍兴县人武部工作，先后任助理员、秘书。1958年3月，调任绍兴县两溪乡党委委员、书记。同年11月，任越南公社副主任、党委委员、党总支书记兼任红专学校校长、书记。1961年9月，调绍兴县平水区，先后任人武部部长、团委书记、宣传委员、平水江渠道工程建设常务副主任等职。1978年10月，调绍兴县委落实政策办公室主持工作。1979年11月，任绍兴城关镇“革委会”副主任、党委委员。1981年，任绍兴县司法局副局长、党组成员。1985年5月离休，享受县(处)级政治、生活待遇。立三等功2次、四等功2次，多次被评为县级先进工作者。1964年作为民兵工作先进代表，受邀赴京参加庆祝中华人民共和国成立15周年活动。

【孔玉衡】 男，1931年3月出生，河南省孟津县人，原绍兴县工商局离休干部。2021年10月13日在绍兴逝世，享年91岁。

孔玉衡，1949年6月参加革命，1956年9月加入中国共产党。1949年6月从洛阳中学考入三野干校(后并入华东军政大学)走上革命道路。1963年3月转业，分配至绍兴县供销社任秘书股副股长。1972年起，调绍兴县工商局工作，历任支部委员、党组成员、党组副书记、书记、副局长、局长、正局级巡视员等职。曾多次被评为县级先进工作者和优秀党员。1991年4月离休，享受县(处)级政治、生活

待遇。（董国华）

省部级及以上先进个人名录

陆静安　2021年1月，被公安部、国家外汇管理局评为2017年度至2019年度打击非法买卖外汇先进个人。

范云军　2021年1月，被中共浙江省委、省人民政府评为"森林浙江"建设工作特出贡献个人。

于　军　2021年1月，被中共浙江省委、省人民政府评为"森林浙江"建设工作特出贡献个人。

俞和军　2021年2月，入选中宣部发布的第六批全国岗位学雷锋标兵名单。

高翔宇　2021年2月，被国家税务总局评为全国税务系统精神文明建设先进工作者。

胡家英　2021年5月，被共青团中央评为全国优秀共青团干部。

蔡芝斌　2021年6月，被人力资源和社会保障部评为全国技术能手。

娰承泳　2021年6月，被司法部评为"法援惠民生 扶贫奔小康"品牌活动表现突出个人。

张晓鸿　2021年6月，被中共中央评为全国优秀共产党员；10月，被中共浙江省委评为浙江省担当作为好支书。

刘建明　2021年6月，被中共中央评为全国优秀党务工作者。

丁卫松　2021年6月，被中共浙江省委评为浙江省优秀共产党员。

宋文龙　2021年9月，被国务院第七次全国人口普查领导小组评为第七次全国人口普查先进个人。

李　斌　2021年9月，入选中共浙江省委、省人民政府发布的第七届浙江省道德模范名单。

马芳妹　2021年10月，被中华慈善总会评为2020年度全国慈善会系统优秀基层慈善工作者。

葛虹岚　2021年10月，被浙江省人民政府第七次全国人口普查领导小组评为浙江省第七次全国人口普查省级成绩突出个人。

徐民江　2021年12月，被中共中央组织部、人力资源和社会保障部评为全国优秀老干部工作者。

曹　俊　2021年12月，被全国妇联评为全国维护妇女儿童权益先进个人。

郑新胡　2021年12月，被生态环境部评为重点行业企业用地土壤污染状况调查表现突出个人。（王伟峰）

执行编辑　宋如玲

经济开发区

柯桥经济技术开发区

【概况】 柯桥经济技术开发区地处杭州湾南岸湾区经济带的核心区域，为绍兴市柯桥区的北大门。西临杭州市，距萧山国际机场25千米；东连宁波，北接上海；杭州湾环线高速公路、沪杭甬高架铁路、嘉绍跨海大桥和浙东大运河贯穿互通。2021年区域面积165.8平方千米，辖齐贤、安昌、马鞍3个街道，常住人口12.93万人。开发区有全国生产规模最大、产业链最完整、市场销量最大、设备最先进的大纺织产业集群，基本形成化纤、纺织印染、新材料（薄膜、碳纤维）、金属制造（装备机械、汽车核心配件）、环保能源等主导产业。综合排名居绍兴市第一、浙江省第五，全国第四十五，首次进入浙江省国家级经济开发区前五强；蝉联绍兴市省级以上功能区考核"四连冠"。获浙江省"两业"（先进制造业、现代服务业）融合发展试点单位、浙江省开发区产业链"链长制"（产业链主体责任制度）示范试点单位、浙江省先进开发区称号。

2021年，规模以上工业企业产值1413.75亿元，比上年增长10.37%；限额以上商贸企业批零销售额375.93亿元，比上年增长29.65%；固定资产投资139.66亿元，比上年增长7.42%，其中工业投资117.27亿元；规模以上工业企业增加值366.22亿元，比上年增长22.66%；财政收入69.31亿元，比上年增长25.99%；自营出口248.45亿元，占柯桥区工业产值的1/2、税收的1/3。辖区内入驻企业1.5万家，其中规模以上工业企业544家，国家重点扶持的高新技术企业315家。

引入致景科技有限公司等数字平台、日本东伸工业株式会社、浙江绍兴福元科技有限公司、三技工业等纺织印染智能装备制造项目，助力现代纺织产业提质增效；实施印染产业全域提升，推进市区印染企业跨区域集聚提升工程建设，五大印染组团完成固定资产投资20亿元，4个项目投入试生产，1个主体结顶。浙江省产业类特色小镇蓝印时尚小镇商业综合体启动建设，区域数字化运行全面启动；时尚纺织产业"链长制"通过省级评审。

2021年，柯桥经济技术开发区浙能热电及周边工业一角
（柯桥经济技术开发区　提供）

建设"数智港""健康岛"和功能性新材料集群三大新兴产业平台，开展对外招商推介会5场，新签约引进投资5亿元以上的大项目36个，其中20

亿元以上的3个、50亿元以上的1个、100亿元以上的1个，实到外资1.15亿美元；招商项目、现代产业项目居柯桥区项目竞赛第一。引进高端人才项目7个，引进工程院院士1人，国家、省级引才计划人才6人。投资68亿元，加快项目落地建设，被列入市、县长项目的旗滨集团（绍兴）新材料产业园、新宜中国物流园入库并动工建设，新开工现代产业项目14个，竣工投产15个。

2021年6月10日，柯桥经济技术开发区在浙江省山区26个县开放平台共建发展对接会上作经验交流（柯桥经济技术开发区　提供）

加大柯北城市建设，提升上方山大道和羊山区块环境综合项目工程，完成滨海北12路、杭州湾大道沿线绿化工程、健康岛一期区块配套路网建设。盘活存量土地41万平方米，完成做地56.7公顷，土地出让金14.88亿元；投资23亿元，实施国有投资项目21个。K–34、L–41地块安置房主体结顶，羊山拆迁安置房、柯北高中、马鞍医院等重点民生配套工程，品质楼盘、星级酒店、商贸综合体等新业态项目相继推进。

开展“三问”（与以前比，我们干部的作风是进步还是退步？与周边比，我们干部作风处在怎样的位置？与企业和群众的愿望、要求比，我们干部的作风还有哪些差距？）干部作风建设大讨论2场，化解中泰华府小区等难题3个，协调解决各类需求110条。成立党员抗洪先锋队，组建新冠肺炎“疫”战突击队，完成马鞍医学隔离基地建设，党建工作获绍兴市先进基层党组织称号。

【“江山—柯桥山海协作”在省级会议上作经验交流】 2021年6月10日，在浙江省山区26个县开放平台共建发展对接会上，柯桥经济技术开发区作“江山—柯桥山海协作”经验交流。柯桥—江山自2002年首次开展协作以来，两地按照“资源共享、优势互补、友好协商、协作共赢”的原则，在人才交流、产业经济、社会发展等方面开展广泛深入协作，取得成果。完成投资75.2亿元，开发建设7.8平方千米，2020年入园规模以上工业企业总产值62.5亿元，比上年增长38.2%；2016—2020年，连续5年获省级工业类产业园绩效评价一等奖。2021年6月13日，产业园内企业浙江宇越新材料有限公司投资100亿元，用地面积64.67公顷的光学级功能性膜材料制造项目正式启动，预计年营业收入80亿元。

【跨区域集聚印染组团陆续投产】 2021年，柯桥经济技术开发区跨域集聚提升五大印染组团项目建设提速。浙江七色彩虹科技有限公司、绍兴国周纺织整理有限公司、浙江一川纺织科技有限公司、浙江宜滨印染有限公司4个组团完成试生产，浙江鸿大印染集团有限公司组团主体结顶，完成固定资产投资28.5亿元。

【迎丰科技股票上市】 2021年1月29日，浙江迎丰科技股份有限公司在上海证券交易所上市，成为绍兴市首家上市印染企业，为A股近20年首家以印染服务为主营业务的上市公司。公司主营印染综合服务，包括针织面料印染和梭织面料印染两大系列。迎丰股份自2008年成立起，一直以科技创新、绿色环保为宗旨，建设节能环保型和智能型印染企业。2020年年底总资产16.1亿元，净资产7.4亿元，营业收入7.8亿元，净利润8064.25万元。

【人才双激计划实施】 2021年，柯桥经济技术开发区深化以赛引才，实施“项目＋人才”双激计划，举办全国第10届药物毒理学年会暨“柯桥英才”生物医药专场评审会，引进迈亚塔菌检、君万微电子、耘芯医联等高端人才项目7个；引进工程院院士1人，国家、省级计划人才6人；自主申报入选省“引才计划”人才名单1人。引育的浙江联芯致康生物科技有限公司项目领军人物教授郭劲宏获区长奖。（陈　燕）

执行编辑　孙阿络

建制镇与街道

2021年柯桥区镇(街道)基本情况快览

2021年柯桥区镇(街道)基本情况表

表32

镇(街道)名称	行政区划面积(公顷)	总人口(户籍)(人)	生产总值(万元)	财政收入(万元)	常住居民人均可支配收入(元)	村委会(个)	居委会(社区)(个)
柯桥街道	1595	90383	1195471	247834	156233		27
柯岩街道	4532	58678	726259	124298	81049	3	27
华舍街道	2305	58518	925112	435602	291410	6	17
湖塘街道	6628.2	34503	328113	50781	28496	13	3
齐贤街道	3248	53199	1723906	111606	72290	4	16
安昌街道	2405	36766	592489	121947	75713	9	4
福全街道	3987	42204	2483830	65124	39540	22	2
兰亭街道	8285	32212	1583352	34298	20841	20	1
钱清街道	5742	63715	685699	114503	71236	20	3
杨汛桥街道	3767	36025	768998	105287	68002	11	11
马鞍街道	13409	39351	386613	459560	262073	11	5
夏履镇	5101	18293	195338	16159	11889	11	1
漓渚镇	3664	21523	322548	16728	10110	11	2
平水镇	17339	51847	283588	60034	39179	25	4
王坛镇	13769	31013	134221	9157	4663	24	1
稽东镇	11150	29879	93043	9009	4784	24	1

(刘　弘)

柯桥街道

【概况】 柯桥街道因桥得名，位于柯桥区核心区域。东邻越城区东浦街道，南接柯岩街道，西连华舍街道，北与华舍、齐贤街道接壤。交通区位优越，沪杭甬铁路、104国道横穿境内，有浙东运河古纤道、东汉蔡邕取竹椽制笛的柯亭、柯桥古镇、亚洲最大的布匹集散中心——中国轻纺城，为柯桥区政治、经济、文化中心，素有"金柯桥"之称。2021年区域面积16.5平方千米，下辖27个社区，户籍人口9.9万人，流动人口9万人，在册党员3784人。辖区内有规模以上工业企业9家，限额以上商贸服务企业265家，商贸楼宇39幢，分布在轻纺市场、国贸世贸、蓝天聚银和万达红星四大板块。

2021年，柯桥街道财政收入24.78亿元，一般公共预算收入15.62亿元，规模以上工业企业产值45.10亿元，自营出口238.65亿元。

启动全员招商引资，落户投资50亿元以上的旅悦集团总部项目1个，20亿元的规模供应链经济项目1个，5亿元以上的总部经济项目3个。新增高新技术企业16家，省科技型中小企业26家；新建专家工作站1个，入选国家级领军人才名单4人，完成落户2人；入选省级领军人才名单3人，完成落户1人。启动全市首个楼宇社区建设，牵头举办"走进旅悦·政企对接"等助企服务活动，解决企业"急、难、愁、盼"事项441件。

通过全国文明城市各级测评及国家卫生城市复审，创建垃圾分类"定时定点"投放小区20个，落实维护失管道路22条，生活垃圾"桶换桶"收运全覆盖，城市管理工作经验在绍兴市作典型交流。小区楼道电梯加装23台，签订公示29台。空气质量创历史最好水平，$PM_{2.5}$年平均浓度26.22微克/立方米，低于全区平均线。完成亚太药业地块拆迁、柯东邻里中心主体建设，配合做好兴越路、群贤路等拓宽改造工程，推进柯福社区危房解危项目，完成老旧小区改造4个、污水零直排工程5个、无障碍社区建设10个，鉴湖园社区创建为省级无障碍社区。

抓好新冠肺炎疫情防控，24小时全员核酸检测17.8万人。全员发力抗击台风"烟花"，协调整治城区内涝风险点30处。完成改造双渎、瓜渚湖、大渡社区居家养老服务照料中心，下市头居家养老照料中心开园，办结初信初访8664件、调解处理各类矛盾纠纷566起，受理各类欠薪投诉1381件，化解国家、省级重复治理件和市、区两级信访积案20件。建成运行社区调解中心27个，实现电信反诈市级摘牌，案件发生率比上年下降7.1%。在全区率先推行沿街店铺新型无线双色烟感报警器，推进安装纺织品仓库双自系统，排查整治瓶装燃气"非法窝点"，全年未发生一起责任生产安全事故。

在全区率先实现小区党组织全覆盖，试点推出楼道指导员制度，建立绍兴市首个党建协同共享中心，成立柯桥区快递物流行业党委，创建区级"小哥驿家"示范中心3个，新增"契约化共建"单位185家。开展特色群团工作，街道总工会在全市新业态、新就业群体工会工作现场会上作典型交流。

·小资料· "契约化共建"

以党建为引领，通过自发自愿签订互惠"契约"的方式，机关事业单位、非公有制企业党组织和党员参与社区共建。

【大渡未来社区获省社区场景运营"最佳实践"称号】 2021年8月，柯桥街道大渡未来社区为首批"浙里办"省级上线社区，入选浙江省数字社会系统"最佳应用"名单，获浙江省社区场景运营"最佳实践"称号。"大渡红"党建场景为全省首创，文化场景作为首个县(市、区)代表，在浙江省数字化改革推进会上作典型交流；教育、养老等5个场景入选省级试点。大渡未来社区文化场景以"有礼有爱·开放包容"为主题，利用社区一体化智能公共数据平台，围绕数字化文化生活、互助式志愿服务、专业性文娱活动，构建家头条、邻里帮、文E家三大场景，整合提升"家有礼""e课堂""邻里车位"等多个子场景，受益居民2万余人。

【"走进旅悦·政企对接"活动】 2021年7月28日，柯桥街道牵头举办"走进旅悦·政企对接"活动，邀请10多个部门、企业、学校负责人，就文旅发展、招商引智、科技创新、党群建设、志愿活动等方面与企业开展沟通交流与对接。旅悦集团为一家集酒店管理、信息技术服务、供应链采购贸易、文化旅游于一体的综合性旅游产业集团。5月，旅悦集团总部迁址柯桥，柯桥街道通过服务跟着项目走，及时开展深入沟通交流与对接，使政企双方在文旅产业合作、人才培养输送、驻企服务员派驻、相关政策落地等方面达成多项共识，为企业解决后顾之忧。

【台风“烟花”抗击】 2021年7月26日，台风“烟花”使柯福社区河水大面积倒灌，柯桥街道组织应急专业队伍354人，连夜走访3个小区居民1304户，在12小时内转移危房居民500余人，开创全省首例积水未退情况下安全送电，保障社区居民生命安全。

【“乐善码头”省级实验区项目发布会】 2021年4月26日，柯桥街道举办“乐善码头”省级实验区项目发布会。“乐善码头”为集公益品牌展示、慈善社会组织落地服务、社会资源整合、志愿服务等功能一体的公益慈善综合体。年初起，柯桥街道成立“乐善联盟”，遴选出社区试点码头16家、企业码头5家、吸纳“壹园公益”爱心商家40家、社区微心愿组织15个，促成政府、媒体、爱心企业、社会组织等跨界合作。

2021年4月26日，柯桥街道举办“乐善码头”省级实验区项目发布会 （柯桥街道　提供）

【港越社区创建为全国红十字会模范单位】 2021年1月18日，柯桥街道港越社区被中国红十字总会授予“全国红十字会模范单位”称号。自2015年起，柯桥街道港越社区创设“博爱港越·幸福港湾”党建主题，以基层党建为引领，设立红十字博爱基金、陈长庚博爱工作室、博爱示范廊、博爱救护广场等项目。至年底，发展会员52人，红十字志愿者500余人，开展各类志愿服务活动246次，受益5000余人次；免费发放家庭急救包586个，参与献血242人，接受社会各界爱心善款257222.47元，结对资助社会贫困大学生完成学业5人，救助因病致贫、老弱病残、低保困难人群77人次，支出红十字博爱基金125709.50元。

【柯亭社区阿凡提工作室入选省级“金牌调解室”】 2021年12月，柯桥街道柯亭社区阿凡提工作室入选省级“金牌调解室”。柯亭社区是一个多民族聚居社区，涉及满族、回族、蒙古族、维吾尔族等10个少数民族、200余人，有户口的维吾尔族居民3户19人。为促进民族融合，2017年10月，柯亭社区创新成立“阿凡提工作室”，为辖区内的少数民族居民提供常规化、专业化法治宣传、人民调解和法律咨询服务，促进基层民族自治，形成各族群众在居住地“联通共存”的生活新常态。至2021年年底，累计化解纠纷280起，开展各类普法活动55场。

2021年，柯桥街道柯亭社区阿凡提工作室 （柯桥街道　提供）

【"红色漂流书屋"被人民网报道】 2021年4月15日,柯桥街道浪琴社区的"红色漂流书屋"被人民网报道。自4月9日起,浪琴社区设"红色漂流书屋"10处,上架党史、红色书籍1000余册,与17家单位签订契约化共建"红色书香浪琴"协议书。浙江元垄控股集团有限公司、绍兴人文图书有限公司分别捐赠价值1万元和8000元红色书籍。上海农工商旺都物业管理有限公司绍兴柯桥分公司等6家物业公司捐款建设"浪琴红色漂流书屋",使社区成为居民的"红色充电站"。

2021年,柯桥街道"伊柯有约"工作室　　(柯桥街道　提供)

2021年,柯桥街道浪琴社区创设的"红色漂流书屋"
(柯桥街道　提供)

【"大爱玉兰"品牌被《人民日报》报道】 2021年11月2日,柯桥街道团委在玉兰社区创建的"大爱玉兰"品牌被《人民日报》报道。柯桥街道团委,把玉兰社区作为乡贤队伍建设的试点,在创建中,乡贤代表捐资改造玉兰花园二期消防通道,提升小区环境综合项目及社区协调工作室,乡贤王昌云捐赠之江学院1万只口罩。2017年至2021年年底,小区乡贤赴稽东、王坛等地,与当地儿童进行"一对一"结对帮扶助学,关爱帮助家庭困境儿童,累计结对贫困学子15人,结对资金6.8余万元。

【"伊柯有约"工作室获评省级品牌】 2021年3月12日,柯桥街道妇联"伊柯有约"工作室,被省妇联认定为首批"浙江省婚姻家庭纠纷化解品牌工作室"。2020年5月,柯桥街道妇联创设"伊柯有约"工作室,由浙江越光律师事务所16位女律师轮流"坐诊",通过维权热线、面对面咨询、线上课堂、上门调解等多种形式,提供妇女儿童维权、婚姻家事、家庭教育、心理健康等咨询服务,逐步打通维护妇女儿童合法权益的"最后一公里"。至年底,工作室受理线上咨询60起,接待来访10起,推出普法云课堂4期,受益女性100余人。(余梦娜)

柯岩街道

【概况】 柯岩街道因境内柯山之东山坡,经数百年开凿取石留下陡峭山岩得名。位于柯桥城区南面,与主城区仅一路之隔,为城区的重要组成部分。东接越城区鉴湖街道,南邻漓渚镇,西连湖塘街道,北傍柯桥街道、中国轻纺城。境内文旅资源丰富,有柯岩风景区、东方山水乐园、乔波冰雪世界3个国家AAAA级景区以及浙江国际赛车场、鉴湖高尔夫球场和鉴湖直升机场等时尚运动休闲场地。2021年区域面积46.48平方千米,辖3个行政村、13个居委会、14个社区,户籍人口5.9万人,流动人口13.6万人。

2021年,柯岩街道财政收入12.43亿元,比上年增长4.8%;实到外资750万美元,完成率140%。规模以上工业企业产值69.87亿元,比上年增长

11%；限额以上商贸企业批发销售额115.85亿元，零售商品销售额5.51亿元，分别比上年增长32%、40%；自营出口38.15亿元。

引进现代产业重点项目6个。轻纺城必维检测项目实行零土地招商，7月投产；投资50亿元的天圣生态食品产业链项目（国家地理标志产品“东辽黑猪”），当年引进、落户、建设，出栏生猪9万余头，列入浙江省共同富裕重大项目；投资20亿元的“亚马逊”窗帘类丝棠时尚软装产业基地项目，列入区长项目；投资10亿元的布创集团“云造棉”智能织造项目，为全球最大的人造棉产业链基地；投资50亿元的绍兴驭光科技项目，列入省重点建设项目和市长项目，落户柯岩城市经济数字产业园项目。被列入省“隐形冠军”企业名单1家、省“专精特新”企业名单3家、省数字化工厂名单1家。人才与项目双向互动，建立健全重点人才猎头公司协作战略，引进省海外工程师2人，申报国家、省级引才计划项目19个。

投资5000万元，改造提档路南园区。全域治理工业园区，关停搬迁主城区非法涉污企业342家，启动拆迁低效工业用地24.2公顷。

“基层治理四平台”（综治工作、市场监管、综合执法、便民服务）在浙江省“县乡一体、条抓块统”会议上作典型交流，“柯岩经验”在《浙江日报》《绍兴日报》《柯桥日报》等头版头条刊发；上线全省首个行政效能监察中心。

征收14个村（社区）土地93.67公顷，埠头居委会、绍兴柯利华汽车配件有限公司等拆迁面积16万平方米；投资1.5亿元，改造老小区等政府投资项目21个。育红新景园安置房交付1170套，办理河塔等村征地失土农民养老保险220人，发放房产权证新未庄社区919户、竹林苑小区169户。完成“微改造、精提升”项目12个，人居环境得到改善。

防控新冠肺炎疫情，常态化值守30个村（居、社区）“小门”，22小时全员核酸检测9万余人，接种新冠疫苗18万人次，完成率106.8%。挖掘新未庄社区习近平总书记两次视察的红色资源，提档升级“初心使命馆”和“乡村振兴馆”。新风居委会成功创建AAA级景区示范村，高尔夫社区成功创建“和美家园社区”、竹林社区和梅墅水庄社区成功创建五星达标社区。拓展“城市党建共享联盟”，吸纳联盟单位22家、社区党组织14个、社会组织329个，党员1400余人。

【北京冬奥会官方制服面料产自柯岩企业】 2021年5月11日，绍兴乾雍纺织有限公司生产的冬奥会制服，通过冬奥组委牵头组建的质检小组认可，开始批量生产。绍兴乾雍纺织有限公司，位于柯岩街道澄湾居委会，年产量1000万米；在尼龙数码印花行业深耕多年，为细分行业龙头企业，认定为“国家锦纶（尼龙）数码直喷印花研发生产基地”。2020年，公司与尼龙新材料巨头——东丽酒伊技术团队合作，尝试从时装面料领域向更高端的功能性运动面料领域转型，将功能性面料时尚化。冬奥会制服花型设计立体感强，颜色层层叠加，对印花的精细度要求极高，挑战性大。2021年1月至5月，经过反复打样对色试验，终于获得成功。

【沈跃跃到三佳、叶家堰调研】 2021年11月27日，全国人大常委会副委员长、全国妇联主席沈跃跃，到柯桥区调研三佳、叶家堰居委会。柯岩街道以“鉴湖里”品牌为载体，联合三佳、叶家堰居委会，建设乡村振兴先行村，落户文旅项目23个，吸引社会投资1.2亿元，抓党建促乡村共同富裕暨乡村振兴“五星3A”迭代升级；沈跃跃肯定三佳、叶家堰居委会取得的成绩。

【轻纺城必维检测开业】 2021年，柯岩街道引进轻纺城必维检测项目，由全球知名的必维国际检验集

2021年7月30日，轻纺城必维检测项目开业　　（何　明　摄）

团牵头，实现“零土地”招商，7月30日开业，至年底创税收1000万元。轻纺城必维检测全称为必维达诚（浙江）检测技术服务有限公司，成立于2021年3月15日，经营许可范围包括检验检测服务、室内环境检测、认证服务（依法批准的项目）。

2021年4月10日，“杜鹃花开江南红”浙江柯桥杜鹃文化旅游节在柯岩街道举行（图为领导与嘉宾在阿金杜鹃园参观）（何　明　摄）

【柯岩街道上线省首个行政效能监察中心】 2021年3月，柯岩街道上线浙江省首个行政效能监察中心。该中心以提高行政效能为目的，对行政机关及其公务员在行政管理活动中的行为、能力、运转状态、效率、效果、效益等方面进行监督检查。上线后对所有基层治理系统流转的事件进行全方位、全过程监督，收到相关事件196件，诫勉谈话7人，移送问题线索1条。

2021年3月，柯岩街道上线浙江省首个行政效能监察中心（何　明　摄）

【柯桥杜鹃文化旅游节】 2021年4月10日，柯岩街道在柯岩客厅，首次举行“杜鹃花开江南红”浙江柯桥杜鹃文化旅游节启幕仪式，之后在州山居委会开展为期1个多月的精品杜鹃展。免费向市民开放，展出品种2000余种，价值从几十元到上百万元不等，不少是从荷兰、日本等世界各地引进的优质品种。旅游节上宣布柯岩街道十大最美新农人，举行乡村振兴交流会，探讨农旅融合之旅和振兴乡村之道；旅游节活动在中央电视台播出。（张金莺）

华舍街道

【概况】 华舍街道地处柯桥城区核心区域之一，曾有“日出华舍万丈绸”“中国乡镇之星”之誉。东连柯桥、齐贤街道，南临浙东运河，与柯岩街道一河之隔，西邻钱清街道，北接安昌街道。为《开国大典》油画作者董希文的祖籍地。境内地势平坦，交通便捷、文化底蕴深厚，有东小江宋代水利古址南塘、坂湖公园、中国轻纺城国际会展中心、柯桥区体育中心、216米的地标性超高层建筑——柯桥国际中心，329国道、杭甬运河、柯袍快速干线、杭金衢连接线公路、杭甬高速铁路客运专线穿境而过，距绍兴市区15千米，杭州城区45千米，萧山国际机场28千米。2021年区域面积23.05平方千米，辖8个行政村、5个居委会、10个社区。户籍人口5.87万人，流动人口7.27万人。辖区内有规模以上工业企业59家，限额以上商贸服务企业205家，商务楼宇36幢，商圈3个。

2021年，华舍街道财政收入43.5亿元，比上年增长14%；一般公共预算收入29.2亿元，比上年增长4%，居绍兴市首位。规模以上工业企业产值88.7亿元，比上年增长22%；限额以上商贸企业批发销售额310亿元，比上年增长36%。自营出口169亿元，比上年增长13.4%，位列柯桥区第二；固定资产投资8.5亿元，比上年增长7.2%；实到外资5464万美元。

超高层建筑柯桥国际中心建成运行，龙之梦大厦、中国建筑节能检测中心、利佰家邻里中心推进建设，和天地邻里中心竣工，会稽山R-41地块出让，天圣大越府等3个楼盘交付，华天大厦等7个企业总部落户柯桥未来之城沙地王片区。发展楼宇、总部等城市新业态经济，引进税源8000余万元，完成禹洲集团全区最大单笔股权交割，入库税收5100万元；金地商业中心、永利大厦等3幢楼宇税收1亿余元，瑞丰银行成为全省首家上市农商行。

自主申报省级以上引才计划名单24人，国家高新技术企业13家，省、市级众创空间4家，新增省级创新企业研发机构4个，墙煌新材料股份有限公司设立省级博士后工作站，浙江弘康半导体技术股份有限公司实现国际人才板挂牌。全市最大的跨境电商产业园入驻企业495家，销售额50亿余元。华舍街道获评首批省级数字生活新服务特色镇（街道）。

征地93.33公顷，做地106.67公顷。小赭城中村改造整村拆迁清零，遗留近10年的张溇二期拆迁安置小区交房，湖门安置房基本交付。

开通杭绍轨道交通柯桥段，推进杭州中环高架、柯袍快速干线等融入杭州道路建设，提档兴越路，新建湖门路、横江路，改造修缮10个老旧小区地下空间，推进加装双亭小区电梯，改造蜀阜大桥危桥，综合提升工业园区公共环境，街道办事处迁入新址。

在全区率先推进垃圾分类“三定四分”撤桶并点，创建省级“水美乡镇”，西蜀阜村创建为省级“一村万树”示范村，马山闸西江、大山池被命名为市级“美丽河湖”，创建省级“污水零直排区”样板乡镇，$PM_{2.5}$年浓度均值下降，农村人居环境考核全市优胜。六一幼儿园坂湖园区建成开学，华舍中学二期竣工交付，六一幼儿园小赭园区主体完成。浙二医院柯桥院区完成方案设计，绍兴市中心医院医共体华舍分院改扩建工程竣工使用，绍兴三院主体结顶，新建村（社区）卫生服务站3个。在全区率先完成社会福利中心康养联合体试点，建成三星级以上居家养老服务照料中心3个、省级无障碍社区2个、区级无障碍社区3个。创建省四星级街道食品安全办公室，华舍农副产品综合市场完成省“五化”（便利化、智慧化、人性化、特色化、规范化）市场改造升级。推进慈善救助活动，开启华舍乡贤慈善关爱项目；助力华舍卫生院设立“胃肠镜”特色专科，组织一线工作人员和志愿者2000余人，18小时完成全员核酸检测12万余人，18周岁以上新冠疫苗全程接种率101.5%，新冠肺炎疫情零感染；发放各类抚恤救济金230余万元。

丰富群众文化生活，提升文化礼堂、文化家园活跃度，新建城市书房2个，新增健身游步道7千米，新建龙城城市百姓健身房。投入630万元，建成柯桥区新型体校攀岩馆、射击馆，在全运会射击比赛中获银牌2枚，省、市级射击比赛获金牌25枚。华舍街道被命名为省级体育现代化街道。

村（居委会、社区）级综合信息工作室和视联网系统全覆盖，金城社区提升改造数字化。街道司法所创建为省、市级“枫桥式”基层站所，全年调处纠纷819件，成功率92.8%。开展信访“百日攻坚”行动，完成“建党百年”任务。拆除屋顶阳光棚违章建筑94处，建筑面积5.6万平方米。

安装覆盖消防“双自系统”工业园区47个、纺织品仓库203个，检查工业企业、商贸楼宇、沿街店铺2864家次，整改隐患2757处，关停整顿31家。多形式常态化开展扫黑除恶、反电诈、道路安全宣传活动，电信诈骗、道路亡人事故市级重点乡镇摘牌脱帽。

【“小哥驿家”党支部建立】 2021年7月28日，柯桥区首个新就业群体功能型党支部“小哥驿家”，在华舍街道温渎社区党群服务中心成立，党支部全体党员在成立仪式上重温入党誓词，揭牌启用“小哥驿家”服务中心。驿站在近200平方米的场地配备冰箱、饮水机、Wi-Fi（无线通信技术）、书刊报纸等各类设施，为快递小哥等群体提供暂避风雨、疲倦休憩的场地和能量补充包、饮用水补给、便民百宝箱、急救医疗箱等专属服务。党支部将快递、外卖和互联网从业人员等新就业群体融入基层党建格局。

【浙江省首个党建初心基金成立】 2021年6月16日，柯桥区“申洲·横江”初心基金成立仪式暨华舍街道蜀阜村“十佳”优秀党员表彰活动，在蜀阜村举行。“申洲·横江”初心基金由区慈善总会和申洲国际集团控股有限公司联合成立，“申洲国际”集团控股有限公司董事长马建荣出资100万元作为基金初始资金，为绍兴市首个以先进党员、困难党员、老党员、特色党建项目等为资助对象的专项慈善基金，浙江省首个党建初心基金。

2021年，华舍街道成人文化技校持续开设“幸福家庭华舍人”学堂，进学校、社区授课 （华舍街道 提供）

【柯桥国际中心竣工】 2021年5月13日，位于中国轻纺城金柯桥大道与绸缎路交叉口的柯桥国际中心竣工。该项目由浙江元垄控股集团有限公司投资10.8亿元、建筑高度216米，大厦由48层超高层办公楼、4层商业裙房和2层地下室组成，总建筑面积12.8万平方米，自2017年9月开工，经过近4年建设完工，成为柯桥新地标。

2021年5月13日，柯桥国际中心竣工（华舍街道 提供）

【“幸福家庭华舍人”学堂创建成为省级品牌】 2021年11月，华舍街道成人文化技术学校开设的“幸福家庭华舍人”学堂，创建为学校、社区教育文化礼堂省级品牌项目。为浙江省入围30个项目之一，柯桥区首次获此奖项。“幸福家庭华舍人”学堂自2018年开设后，在华舍学校、街道社区文化礼堂，累计组织开展学习培训活动250余场，参与学生、群众21000余人次。

【《一条大河》获“金穗奖”三等奖】 2021年9月23—25日，在衢州龙游红木小镇举行的首届浙江省文化艺术节暨乡村舞蹈大赛上，华舍街道华墟社区齐韵舞蹈队《一条大河》获“金穗奖”三等奖。大赛持续3天，比赛舞种分为民族民间舞（舞台舞、广场舞）和当代流行舞（排舞），来自全省排舞组16支队伍290人、广场舞组27支队伍500人和舞台舞组26支队伍480人参赛。（盛佳欢）

湖塘街道

湖塘街道地处柯桥区西南部柯水源头，鉴湖旅游度假区；东临柯岩街道，南连福全街道、漓渚镇和诸暨市店口镇，西邻夏履镇，北接钱清街道。距中国轻纺城4千米、萧山国际机场15千米，104国道南复线、鉴湖水道、柯湖公路、杭甬铁路、104国道、萧绍运河六大水陆交通线，呈东西向在境内贯通互融。地势南部低山丘陵，北面平原水网地带，境内有岭下古城遗址、清代建筑府城隍庙等文物古迹，有香林花雨、兜率天宫、湖塘黄酒小镇等景点，素有“酒香”“桂香”“禅香”之誉。2021 年区域面积 66.3 平方千米，辖 13 个行政村、1 个社区、2 个居委会，户籍人口 3.4 万人，外来人口 1.8 万人。

2021 年，湖塘街道财政收入 5.4 亿元，一般公共预算收入 2.9 亿元，比上年分别增长 13.8% 和 5.3%；规模以上工业企业产值 70 亿元，销售 57 亿元，比上年分别增长 15%、20%；外贸出口 42 亿元，比上年增长 10%。民间投资 5 亿元、建筑安装工程投资 3.5 亿元、生态环境和公共设施投资 5000 万元、高新技术产业投资 2732 万元，引进内资 2 亿元、外资 500 万美元。

会稽山绍兴酒股份有限公司发布全国首款区块链黄酒“数字酒庄”，推出“八道酿”料酒新品，投资 1.5 亿元的传统酿造车间项目完工 95%；浙江塔牌绍兴酒有限公司启动上市进程，“本酒”系列开拓高端市场。以黄酒小镇促进经典复兴，引育非物质文化遗产大师，推动文旅融合。全年黄酒产值 20 亿元，销售额 13 亿元。

投资 1 亿元以上的绍兴三汉科技有限公司、绍兴市柯桥区同二纺织品有限公司等项目完成主体建设；绍兴炎永纺织有限公司、柯桥恒元纺织有限公司等入选技改项目库；推进绍兴时杰针纺有限公司、绍兴市永广植绒有限公司等二次开发项目；配合柯桥区法院推进绍兴中海投资发展有限公司解困重整，召开第一次债权人会议。引进注册资金 1.9 亿元的杭金衢联络线高速公路公司。完成实施“三驻三服务”2.0 版，小微企业规范升级规模以上企业 10 家，限额以下商贸企业发展为限额以上商贸企业 13 家，个体工商户转型升级为企业 19 家；认定为国家级高新技术企业 4 家，引进海外工程师 3 人、省级人才 1 人。整治工业厂区“低散乱污”、检查安全生产、纺织品仓库和危险化学品使用，督查工业集聚点 38 个、企业 1000 余家次，整改隐患 1500 处；整改销号第二轮中央环保督办件 12 件。“退苗还粮”签约面积 66.67 公顷，完成 33.33 公顷。

完成大香林索道、杭州中环、杭金衢、杭绍台联络线拆迁项目；征用湖塘、古城等 7 个村土地 27.61 公顷，迁坟 507 穴；办结型塘至永联通村道路征地遗留事项。荷塘景园小区交付使用，钱茅线至永联通村道路、永信村通村道路改造竣工；提升改造湖塘社区卫生服务中心和城市书房，推进型塘集镇建设。处置违章建筑 4.2 万平方米，完成率 127.7%，涉违信访销号率 94.77%。

实体化运作街道社会组织服务中心、社会工作站，改造湖塘社区、鉴湖居委会居家养老服务照料中心，提升五丰、永联等村居家养老中心星级，提档升级宾舍、湖中等 7 个村的家宴中心阳光厨房；创建退役军人服务站及民兵之家 5 家，发放各类军人优抚金 100 万元；调处劳资纠纷 155 起，涉及金额 500 余万元；落实残疾人共享小康工程资金 127 万元，动态管理在册困难对象 130 余户，办理失土农民社会保险 800 余人，“越惠保”参保率 70%。承办基本医疗保险市级统筹省级试点。文化走亲活动 30 场，组织村级文化礼堂演出 100 场。评选表彰湖塘街道“五十佳”优秀教师，设立教育成果奖。柯桥区首届老年大学湖塘分校开班，培训“红十字”应急救护员 140 人，组织献血 132 人次，开展健康服务活动 60 场、受益人数 2 万余人。夏泽村农村百姓健身房、宾舍村农村健身广场通过省级验收；获评浙江省体育现代化街道。开展“无废学校”“无废社区（乡村）”创建活动，空气质量优良天数率 92.6%，鉴湖江省控断面保持在Ⅱ类水质，63 个水质监测点整体良好；推行卫生保洁和垃圾分类数字化管理村（居委会）15 个，香林村和永信村分别被评为省、市级垃圾分类示范村，岭下村、永联村被评为绍兴市美丽乡村特色精品村。

建立全区首个本土疫情现场处置工作指引，首创疫苗接种数字化预约模式。办结 13 件国家级、1 件省级信访重复交办件，市、区两级信访重点积案 16 件；调解各类纠纷 192 件，涉及金额 1000 余万元。防御超强台风“烟花”，无人员伤亡；斥资 500 万元投入灾后重建。开展消防安全隐患大排查攻坚月活动，电信网络诈骗案件发生率比上年下降 11%，实现管控吸毒人员、社区矫正人员“零异常”。组织普法活动 72 次、受教群众 1.5 万人，在全市社区矫正执法评议中考核优秀。

【会稽山“数字酒庄”发布】 2021 年 8 月 25 日，会稽山黄酒产业园区举行“藏新酒·喝老酒”会稽山“数字酒庄”发布暨“人民·新国货”授牌仪式，为国内首个黄酒区块链产品。会稽山“数字酒庄”通过数字化赋能，让每一坛实体黄酒拥有唯一的“数字身份证”，享有原厂直供、原厂智能仓储、原厂发货、馈赠转让、一键质押、防伪保险、在线提货等多元化服务，成为在线可移动、可追溯、可保真、可交易的时尚便利型数字化产品，解决黄酒存储、收藏、流通、交易、投资难等痛点，迎合消费者在理性消费趋势下，对差异性及高性价比产品的直观需求。

2021 年 6 月 12 日，2021 年柯桥区第三届湖塘杨梅文化旅游节“杨梅王”评比举行　（湖塘街道　提供）

2021 年 8 月 25 日，会稽山数字酒庄美酒开坛　（吕　鹏　摄）

【香林村被命名为“全国乡村旅游重点村”】 2021 年 8 月 2 日，湖塘街道香林村，列入国家文化和旅游部公示的第三批全国乡村旅游重点村名单，为绍兴市首个入选村落。香林村旅游资源丰富，有 1.4 万棵古桂群、明清古建筑群等，依靠国家 AAAA 级景区的大香林景区生态资源优势，每年吸引国内外游客 20 余万人次。香林村先后创建为浙江省首批 AAA 级景区村、五星 3A 示范村、浙江省森林村庄、省级未来乡村和市级乡村振兴先行示范村。

【湖塘“杨梅王”争霸赛】 2021 年 6 月 12 日，柯桥区第三届湖塘杨梅文化旅游节开幕当天，举行湖塘“杨梅王”争霸赛，不少梅农带着自家的精品杨梅参赛。湖塘街道种植杨梅有 1000 余年历史，被国家林业局命名为“中国杨梅之乡”。在擂台赛上，桃源休闲农庄杨梅园种植大户陈雪梁赢得此届“杨梅王”金奖。“杨梅王”在拍卖环节中，金奖杨梅被绍兴青蓝紫针纺有限公司陈劲松以 1.2 万元的价格竞标。“湖塘杨梅王”拍卖所得资金，全部作为湖塘街道 50 年以上党龄的 124 位老党员慰问金。

【新冠疫苗接种数字化预约模式创建】 2021 年，湖塘街道建立柯桥区首个本土新冠肺炎疫情现场处置工作指引，首创全区疫苗接种数字化预约模式；启用 18 个核酸检测点，在 24 小时内完成全员核酸检测，加强针接种完成率 138%。

【浙江省基本医保市级统筹现场推进会与会人员考察香林村】 2021 年 5 月 26 日，在浙江省基本医疗保险市级统筹现场推进会召开前，副省长成岳冲，绍兴市委常委、常务副市长杜旭亮，省医保局党组书记、局长杨烨等带领与会人员到湖塘街道，考察香林村医保经办服务点，观摩市域一体化“同城通办”医保服务。自 2020 年 10 月起，湖塘街道被明确为全面做实基本医疗保险市级统筹省级试点，至 2020 年年底，基本医保从“人人享有”到“公平享有”。与会人员对香林村提高医保治理体系和现代化治理经验表示肯定。（唐飞崖）

2021年5月26日，浙江省基本医疗保险市级统筹现场推进会与会人员考察香林村 （湖塘街道 提供）

齐贤街道

【概况】 齐贤街道地处柯桥区西北郊，紧邻柯桥城区，东临马鞍街道，越城区斗门、东浦街道；南接柯桥街道；西连安昌、华舍街道；北与杭州市萧山区益农、瓜沥镇接壤。境内有隋唐羊山石佛、陶渊明故里等古迹；杭甬高速公路、杭甬高速铁路、钱江三通道、杭甬运河穿境而过，高架铁路绍兴北站，柯桥汽车客运中心依镇而建。为全国重点镇、中国乡镇投资环境100强、全国环境优美乡镇、中国纺织机械制造名镇，位列浙江省百强乡镇第八。获评国家级推动经济高质量发展典范街道荣誉，新时代美丽城镇省级样板和省级AAAA级景区镇称号。2021年区域面积32.47平方千米，辖20个村(居委会、社区)，户籍人口5.39万人，外来人口6.3万人。

2021年，齐贤街道财政收入11.2亿元，比上年增长12.9%。工业产值147亿元，比上年增长7%；规模以上工业企业产值107.4亿元，比上年增长25%；工业投资15.4亿元，规模以上企业战略性新兴产业增加值11.1亿元，规模以上企业高新技术产业增加值11.56亿元，自营出口83亿元。

投资146亿元，建设“柯桥健康岛”“杭州湾数智港”等招商项目22个。建成浙江壹迦科技产业园一期，推进美佳健康产业园、浙江优创科技产业园、青鸟(柯桥)产业园等新型产业项目。浙江金道科技股份有限公司在深圳证券交易所创业板过会，浙江材华科技有限公司在股交中心挂牌，浙江元筑住宅产业化有限公司启动上市；推进五大数字化改造项目，启动8个传统产业的数字化改造。新增规模工业企业21家，限额以下商贸企业升级为限额以上商贸企业15家，培育越剑大厦等楼宇经济2幢。

浙江杭一电器有限公司等25家企业获评国家高新技术企业，浙江杰卡德智能科技有限公司等50家企业获评省科技型中小企业。浙江格洛博机械科技股份有限公司认定为国家专精特新“小巨人”企业，浙江梅轮电梯股份有限公司入选省第一批制造业“云上企业”、浙江省绿色工厂名单，浙江元筑住宅产业化有限公司获评省级建筑产业基地，浙江壹迦科技产业园获评省级数字化示范小微企业园，浙江极客桥智能装备股份有限公司获评福布斯中国最具商业价值智能设计企业，浙江建科减震科技有限公司获全国防震减灾科学技术成果二等奖，浙江迅实科技有限公司、浙江绿筑住宅科技开发有限公司获省科技进步三等奖，浙江津膜环境科技有限公司参与制订并发布4项国家标准，浙江中绒实业有限公

2021年，齐贤街道新时代美丽城镇省级样板新貌（齐贤街道 提供）

司入库省高新技术产业统计目录。自主申报入选国家引才计划名单2人，引进省海外工程师3人、市“名士之乡”特支计划（高层次人才特殊支持计划）人才4人，“柔性引进”海外工程师10人。

投资1.1亿元，以羊山攀岩中心为核心，完成场馆主体建设及场馆周边环境提升工程；建设上方山景观大道，改造升级羊山公园，新增大型停车场3个；完成亚运场馆沿线环境提升（一期）工程，升级改造下大线LED（发光二极管）路灯，建设民生议事堂、人大代表联络站。投资1000万元，完成齐贤水街“微改造”。推进杭绍台高速、329快速线、杭甬北互通公路、亚运攀岩中心、上方山大道、国际会展中心等重点基础性项目16个。加快柯北城市建设，丈量评估企业8家，签约4家；丈量评估兴浦村拆迁房986户、亚运攀岩项目（羊山一期）签约住宅房屋33户、非住宅房屋18户。在全区率先完成耕地功能恢复工作，签约面积47.17公顷，落实建设用地45.69公顷。

2021年12月，亚运羊山攀岩中心主体竣工　　（齐贤街道　提供）

投资6000万元的齐贤中心幼儿园陶里幼儿园开园，完成“体育+公园”项目2个，启动绍兴市中心医院医共体齐贤分院医疗用房综合项目改建工程。新冠肺炎疫情防控宣传，采用无人机喊话与安装村级广播相结合，24小时完成全员核酸检测11.29万人，新冠疫苗接种16.6万剂次。

改善提升公路安全隐患交叉口18个。帮扶困难群众4373人次，发放各类救助金277万元。完成村（居委会）家宴中心建设4个，省级“五化”（便利化、智慧化、人性化、特色化、规范化）市场验收1个，完成阳嘉龙无障碍社区建设，排查房屋安全隐患1.2万处。创建市“双示范型”退役军人服务站，光明、陶里居委会获评省新时代“枫桥式”退役军人服务站。成立应急救援中队、齐贤“120”急救中心，建设10分钟应急救援圈。下方桥水街城市书房获长三角最美公共文化空间奖，八字桥村获评省五星级文化礼堂，齐贤村获评市新时代文明实践先行示范站，推选“浙江好人”1人、“省文明家庭”1户。

建立“下村接访日”制度，推广“村民说事”机制，化解国家、省级信访交办件8件，齐贤村获全国乡村治理示范村称号，兴浦村获评省级善治村。排查整改工贸企业安全隐患1044家、普查消防领域单位180家，“双随机”（随机抽取检查对象，随机选派执法检查人员）检查企业210家，创建智安园区17家，安装纺织品仓库“双自”系统190处。治理工业企业VOCs（挥发性有机物），开展渣土车专项整治行动31次，查处案件66件，检查劝导游摊、小餐饮1.1万家次，空气质量$PM_{2.5}$年均值28.02微克/立方米。整治企业49家，解决污水零直排事件250起，监测断面水质达标62个，Ⅱ～Ⅲ类水质断面占75%以上。建设全省首家垃圾分类智能云平台服务终端；人居环境测评居全市第三名，“齐贤经验”在浙江省人居环境现场会上作交流，获评省、市级垃圾分类示范单位的村（社区）5个，省级高标准垃圾分类示范小区1个，创建为AAA级景区村1个，新时代美丽乡村省级精品村1个。

·小资料·　“柔性引进”

打破国籍、户籍、地域、身份、档案、人事关系等人才流动中的刚性制约，在不改变和影响人才与所属单位人事关系的前提下，适应市场经济和人才社会化发展要求的政府引导、市场调节、契约管理的非本地户籍人才的人才引进方式。

【齐贤中心幼儿园陶里幼儿园开园】 2021年9月1日，新建齐贤中心幼儿园陶里幼儿园开园。该园由齐贤街道投资6000万元，中设建工集团有限公司承建，2020年5月28日开工建造，规模为18个班级，

2021 年 8 月竣工。

【杭绍台高速公路齐贤出入口建成通车】 2021 年 12 月,杭绍台高速公路齐贤出入口建成通车,杭绍台高速公路起于钱江通道南接线齐贤枢纽,经绍兴、金华、台州市,终于临海括苍镇附近括苍枢纽,连接台(州)金(华)高速公路,全长 162 千米。杭绍台高速公路绍兴金华段项目于 2015 年开工建设,2021 年年底建设完成,历时 7 年,总投资 293 亿元。为方便沿线镇村居民通行,沿线共设齐贤等 12 个互通出口。绍兴段工程由路桥集团第一公路工程局承建,采用《公路工程技术标准》(JTGB01—2014)中的高速公路标准,设计速度为 100 公里 / 小时,双向四车道,路基宽度 26 米。

2021 年,齐贤街道齐贤村建成百年党史路游步道(齐贤街道　提供)

【齐贤街道被列入全省新时代美丽城镇省级样板单位】 2021 年 12 月 21 日,齐贤街道在浙江省新时代美丽城镇建设考核中,列入新时代美丽城镇省级样板单位。自年初起,齐贤街道推进上方山大道、尹大线改造,亚运沿线环境提升,四平台迭代升级等重点工程建设,布局公园、球场、水街等民生基础设施,建成以攀岩场馆为主的各类体育设施,聚焦“环境美”,持续推进村居环境卫生整治,升级改造环镇南路、齐陶公路、齐马公路等主要道路,新建玉屏山路、龙山路,新增和规范停车位 1200 余个,创建羊山风景区 AAAA 级景区,建设光大渊明景区、壶瓶遗址、龙山星火等红色基地,配备玉屏山公园等多个“体育 + 公园”。

2021 年 12 月,杭绍台高速齐贤出入口建成通车(齐贤街道　提供)

【齐贤村百年党史路建成】 2021 年,齐贤街道齐贤村,在西海湖杂地投资 485 万元,新建起一条长 1000 米的百年党史路游步道,配套景观绿化改造,两旁以文字介绍、主题雕塑等多种形式,展示建党百年的光辉历程。中国共产党成立 100 周年庆祝大会后,齐贤村将习近平总书记的讲话,印到游步道的景观小品上,供村民学习。百年党史路建成后,成为周边村民新的打卡网红地,有党、团、队等群体 400 余批 1.3 万人次,在这里接受红色教育洗礼,成为革命精神和爱国主义的教育基地。

【下方桥水街城市书房获长三角最美公共文化空间奖】 2021 年 12 月,齐贤街道下方桥水街城市书房,获长三角最美公共文化空间奖。水街城市书房,位于水街核心区域,东起老轮船码头,西至龙王桥河沿,全长 800 米。由图书馆、咖啡馆、室外大台阶 3 部分功能区域组成。从 2020 年起,齐贤街道投资 1000 万元,启动水街“微改造”工程。为尊重水街原有的建筑风貌,项目以“微创手术”的方式推进,通过拆除其中部分危房,在危房原址上设计全新的建筑,融旧于新,不同年代的建筑在同一项目中交

相迭现，与周边建筑既融合又有差异，呈现出水街独特的人文风貌与时代印迹，让水街城市书房极具辨识度。（余洲洋）

安昌街道

【概况】 安昌街道因唐朝钱镠平定董昌之乱而命名，位于柯桥区北部，北与杭州市萧山区瓜沥新城毗邻，南接华舍街道，东西分别与齐贤、钱清街道接壤。紧邻环杭州湾高速公路南线，距萧山国际机场26千米。地理位置优越，水陆交通便利。境内有国家AAAA级景区安昌古镇，为第二批中国历史文化名镇、CCTV（中央电视台）中国魅力名镇、中国师爷文化之乡、浙江省首批"非遗"主题小镇、浙江省首批旅游风情小镇。AAAAA级景区镇，美丽城镇省级样板、省文化强镇。2021年，区域面积23.75平方千米，户籍人口3万余人，流动人口4万余人，辖9个行政村、4个居委会（社区）。财政收入12.19亿元，比上年增长43.8%，首次突破10亿元大关；一般公共预算收入7.57亿元，比上年增长42.1 %；规模以上工业企业产值130亿元，比上年增长20%以上，位列柯桥区第三；限额以上商贸企业零售销售额38亿元，占全区1/3以上，保持全区第一；自营出口78亿元，比上年增长35%，居全区第四；建筑业产值150亿余元。

创新"师爷故里、红色印记"党史学习教育品牌，挖掘中国共产党在安昌的早期足迹，提炼古镇红色故事，完成党建广场建设，探索党建联建机制，组建共富联盟，编撰《安昌拾璞》。以实施"红色根脉强基工程"为契机，开展党群服务中心迭代升级试点，推动基层党建全域提升。做好村（居委会、社区）换届"后续工作"，创新廉政保证金、驻村（居委会、社区）监督员等制度。

引进5亿元以上项目1个，1亿元以上项目3个。完成浙江东盛慧谷科技有限公司二期建设，培育发展恒汇数智园等重点民营科创园，绍兴柯北医院装修基本完毕。新认定国家高新技术企业19家、省科技型中小企业26家，浙江省"专精特新"企业4家。申报获批越峰纺织机械有限公司、浙江振越实业有限公司、浙江绍兴振亚印染有限公司等"二次开发"项目10个；投资13.9亿元，盘整土地30公顷；浙江捷众科技股份有限公司项目落成投产，林肯4S店引进开业。引进科技创新类企业35家，落户数字经济类企业76家。授权发明专利56个、实用新型专利179个，新增浙江股交中心国际人才板挂牌企业5家，申报国家引才计划8人、省级引才计划8人、绍兴"名士之乡"英才计划22人，建立专家工作站3个。

与萧山区瓜沥镇开展区域战略合作，探索美丽城镇建设集群式发展新典范。推动交通融杭道路建设，钱滨线安昌支线西延萧山成虎路竣工通车，和山桥建成，完成和山桥北延道路工程方案设计，开通安昌至钱塘新区下沙大学城的融杭公交专线。建立安昌—瓜沥跨区域联合执法模式，关停"散乱污"作坊8家，整治非法企业14家。

完成国际村、东昌居拆迁扫尾，腾出空间28.26万平方米；完成上方山大道西延一期工程拆迁项目，拆迁腾空28户；完成上方山南侧区块景观改造项目。集镇住宅小区燃气管道覆盖居民7800余户。拆除违章建筑面积6.1万平方米，完成率196.14%。以"景村融合"完成安华村AAA级创建、长乐村和安昌社区五星创建，实现街道五星创建全覆盖。实施村级集体经济"倍增计划"，申报村级物业更新项目5个；投资2700余万元，挖掘闲置农房潜能，激活农房项目45个。开展"碧水行动"，安昌古镇水体"截污纳管"工程投入运行，涉水污染闭环整改率100%。

举办第22届腊月风情节、柯桥区第五届"非遗"嘉年华等节会活动。推进景区数字化转型，完成智慧旅游和智慧安防二期工程，完成沉浸式文旅导览云平台。实施古镇"一河两岸"亮化工程，开元观堂酒店投入运营，获"首批绍兴市'非遗'研学游基地""第二批绍兴市文旅夜间消费集聚区""柯桥区十佳精品疗休养线路"称号。

提升医疗卫生服务，购置口腔全景机、CT机等先进医疗设备，提高医疗诊断能力。完成学校安防设施安装工程，启动安昌中心幼儿园大和园区新建工程，落实"双减"政策，整治规范校外培训机构。新冠疫苗接种14.52万剂次，18周岁以上人口全程接种率103.9%，加强针接种率128.3%。

智慧文化礼堂全覆盖，开展各类志愿服务活动70场、相约礼堂品牌活动130场次。建设新时代文明实践所，承接浙江省农村文化礼堂2.0版建设暨新时代文明实践中心建设工作现场考察点。街道先后获评为省文化强镇、浙江省农村文化礼堂建设示范乡镇、浙江省民间文化艺术之乡。街道综合文化站入围“浙江省公共文化场馆服务功能拓展先行先试（先实行先试验）”省级试点，被命名为浙江省特级文化站。

推进法治小镇省级法治化综合改革试点。“浙里兴村共富”应用场景为柯桥区首个试点，街道市级民主法治村（居委会、社区）全覆盖，在全区率先创建省级“枫桥式”公安派出所，国家、市级积案化解率100%，辖区电信网络诈骗发案率比上年下降12.7%。建设绍兴市首档普法访谈栏目《师爷说法》，创建“清廉六家”基层自治品牌，建立“律行慈舍”法治基地，安昌街道获评“2016—2020年全国普法工作先进单位”。

【浙江省美丽城镇建设工作现场会与会人员考察安昌古镇】 2021年5月20日，在浙江省美丽城镇建设工作现场会上，省美丽城镇办主任、省建设厅党组书记、厅长项永丹，省美丽城镇办常务副主任、省建设厅副厅长张奕，绍兴市副市长陶关锋及省市县（区）美丽城镇建设与会人员220余人，实地考察安昌古镇景区、安昌新客厅等地。与会人员对安昌的美丽城镇建设经验作出肯定。

【《安昌拾璞》出版】 2021年7月6日，由安昌历史文化爱好者与街道党工委合作编撰的红色史志《安昌拾璞》，举行出版首发仪式。《安昌拾璞》编撰工作于2019年秋启动，历时一年多结集出版。

2021年7月6日，安昌街道举行《安昌拾璞》首发仪式
（安昌街道　提供）

书籍广搜地域文献，分纂红色安昌、大禹文化、阳明文化、台湾文化、师爷文化、“非遗”文化6个篇章；包含古镇红色印记、史事纪实、人文故事。（详见《区人著述·书目提要》）

2021年5月20日，浙江省美丽城镇建设工作现场会与会人员实地考察安昌古镇景区
（安昌街道　提供）

【基层自治品牌建设】 2021年，安昌街道《师爷说法》《清廉六家》成为绍兴市首档普法访谈节目基层自治品牌。《师爷说法》栏目由市司法局和市新闻传媒中心联合多方力量组织开展，利用“律行慈舍”律师队伍优势，发挥“绍兴师爷”品牌效应，在安昌设置栏目场地，针对法治建设热点、难点问题，邀请律师、政府工作人员、学者、社会民众等作客栏目，通过互动问答、法律宣传，帮助群众理解法律、运用法律，依法保护自己的合法权益，把法治节目形式做到与时俱进、生动形象。《清廉六家》以安昌街

道大山西村为代表，深化“家文化”治村理念，以厚德传家、清白齐家、从严治家、规矩立家、亲善爱家、合力兴家的“清廉六家”为途径，深入推进清廉村居建设。

【安昌街道综合文化站暨区文化馆安昌分馆开馆】 2021年1月18日，安昌街道综合文化站暨柯桥区文化馆安昌分馆、柯桥区图书馆安昌分馆，在西岸村大禹广场举行开馆仪式。该馆于2018年3月动工改建，总投资400余万元，建筑面积2100平方米。开馆后，为居民免费开放阅览、书画、美术、音乐、手工、舞蹈、乒乓球等活动场所，提供书籍借还服务，满足各层次的文化需求。（赵　臻）

2021年，福全街道美丽乡村村貌　　（福全街道　提供）

福全街道

【概况】 福全街道因境内有“福全山”而得名，位于绍兴市柯桥区中部，东与越城区府山街道相邻，南接兰亭街道、漓渚镇，西、北分别与柯岩街道、越城区东浦街道相连。为鉴湖女侠秋瑾、著名教育家许寿裳的故乡。距绍兴市区4千米，柯桥城区11千米，104国道南复线公路穿境而过，地理位置和自然条件得天独厚，素有“金三角”之称。2021年区域面积39.83平方千米，大部分为平原水乡。辖22个行政村，1个居委会，1个社区，户籍人口4.2万人。

2021年，福全街道财政收入6.51亿元，一般公共预算收入3.95亿元；自营出口23.5亿元。规模以上工业企业销售收入85.26亿元，比上年增长31.82%；限额以上商贸企业批发销售额200.14亿元，比上年增长35%。新增国家高新技术企业3家，省“专精特新”中小企业2家，绍兴市百强企业3家，发明专利59个，兑现科技奖励资金340余万元。申报通过国家级引才计划5人，通过率居全区第一。

公开挂牌出让柯桥区首例村级物业更新改造项目，落户绍兴市最大冷链项目，签约落地项目5个，投资19亿元。通过二次开发，盘活地块3个，面积12公顷。峡山村“工改宅”项目被列入全国农村宅基地制度改革试点。“退苗还粮”277.67公顷，承办绍兴市春耕生产暨“非粮化”整治现场推进会。年出栏生猪10.2万头的浙江科盛农业有限公司新建项目竣工投产，街道办事处被浙江省人民政府表彰为省级生猪增产保供成绩突出集体。

开展城乡一体化建设，集中攻坚30天，杨绍线公路拓宽拆迁项目遗留23户全部签约。未来社区

2021年10月23日，福全街道举行消防救援站（应急管理站）桩基启动仪式　　（福全街道　提供）

单元一期签约腾空率100%。在省重点工程220千伏亭镜、亭湖高压线迁改工程项目中，完成17个塔基桩260棵，进度过半；投资6000万元的福全消防救援站桩基工程完工；拆除违章建筑5万平方米。投资1700万元，新建秋瑾中学食堂和田径场改造。空气质量优良率85%。创建污水零直排区，锦坞村、明月湾小区创建为省级高标准垃圾分类示范村和示范小区，街道创建为绍兴市农村生活垃圾分类示范片区。新建家宴中心2个，创建省级放心厨房3个。省级AAA级景区街道，省级美丽城镇达标镇（街）通过验收。

组织机关、村（社区）干部、党员群众志愿者1500余人，投身抗疫一线；在全区率先完成全员核酸检测。组建街道、村两级乡贤娘舅工作室，牛哥工作室（特殊调解室），受理、办结、回访率“3个100%”。化解重点信访积案21件，居全区第一。投入800万元，构建立体式消防防火墙，拆除企业消防通道违章建筑15家，面积3500平方米；整治工业园区13个。创建省级民主法治村1个，被评为“中国好人”1人，举办“幸福水乡才艺秀”走亲演出等各类文体活动722场次，街道文明实践所获“绍兴市新时代文明实践先行示范所”称号。

【首例村级物业更新项目挂牌出让】 2021年6月3日，福全街道福全山村公开挂牌出让2020－01、04号两块工业用地，为柯桥区首例村级物业更新改造项目。福全山村有6.67公顷村级建设用地，因历史原因，逐渐成为小微工业企业的集聚地。2020年，福全街道成为柯桥区村级老旧工业物业更新改造试点。街道从实际出发，采用拆除重建的方式进行更新改造，在不改变原工业使用功能的基础上，依法收储福全山村土地，以工业用地形式公开挂牌出让。至年底落户全市最大冷链项目，签约项目5个，投资19亿元。

【长三角区域首次申领居民身份证“跨省通办”在福全街道试点】 2021年10月20日，福全街道办理绍兴市首张“跨省通办”居民身份证。2021年，长三角区域申领居民身份证“跨省通办”在福全街道试点，上海、江苏、浙江、安徽四地公安决定自10月20日起，正式启动首次申领居民身份证“跨省通办”试点工作，相继推动长三角区域开具户籍类证明、工作调动户口迁移、夫妻投靠户口迁移、父母投靠子女户口迁移、大中专院校录取学生户口迁移、大中专学生毕业户口迁移等多项业务，实现一站式“跨省通办”。

【市春耕生产暨“非粮化”整治现场推进会在福全街道举行】 2021年4月14日，福全街道承办绍兴市春耕生产暨“非粮化”整治现场推进会。副市长陈德洪出席会议并讲话，市政府副秘书长孟志军主持；各区、县（市）政府分管领导，市、县有关部门负责人等40余人参加会议。会前，与会人员实地考察福全街道徐山、胜利村粮食生产功能区“非粮化”整治及春耕生产现场。自2020年6月至2021年年底，福全街道退苗还粮277.64公顷，规模种粮面积由133.33公顷增至466.67公顷。

2021年，福全街道在徐山村创建的农耕文化馆（福全街道 提供）

【浙江科盛农业有限公司数字化生态养猪场投入运行】 2021年9月4日，浙江科盛农业有限公司数字化生态养猪场竣工运行。位于福全街道容山村的数字化生态养猪场，自2020年8月开建，投资3亿元，占地4.67公顷，年出栏生猪10万余头。该公司实行生猪养殖行业数字生态化标准，高楼养猪集约利用土地资源，全场配套清粪系统、除臭系统、环控系统等先进的智能环保装置。（周嘉丽）

兰亭街道

【概况】 兰亭街道位于绍兴市柯桥区中南部，因春秋越王勾践植兰于此，汉代建有驿亭而得名。东至越城区鉴湖街道，南与诸暨市枫桥镇毗邻，西连漓渚镇，北接福全街道。31省道（绍大线）和杭绍台高速公路贯穿全境，绍诸高速公路在兰亭区域设有出口。境内有“兰亭风景区”“兰亭国家森林公园”“印山越国王陵”“阳明园”“徐渭墓”等名胜古迹，为全国环境优美乡镇、中国针织名镇、中国竹笋之乡、全国千强镇。2021年区域面积83平方千米，辖20个行政村，1个社区居委会；户籍人口3.22万人，流动人口1.07万人。

2021年，兰亭街道夜景 （徐罗杰 摄）

2021年，兰亭街道财政收入3.43亿元，一般公共预算收入2.08亿元；规模以上工业企业产值36.9亿元，规模以上工业企业增加值7.56亿元，自营出口25.97亿元，工业投资3.2亿元。

首次实施整村拆迁，完成联合整村、方特项目区块、兰渚大道（兰亭段）非住宅、阮港村分水桥自然村地块拆迁项目4个，拆迁村民528户，面积23.4万平方米，拆迁体量为历年之最。推进兰亭森林野生动物园项目出让地块迁坟扫尾及面上清理工作，完成征地12公顷，土地流转40.67公顷，迁坟151穴。

招商引资，盘活闲置厂房资源，新投资1亿元以上的雅恒动力科技（江苏）有限公司、绍兴集渔智能科技有限公司、杭州乾智坤达微纳晶新材料生态系统产业园3个项目签约落户；谢家坞村民宿集群、古筑村好时光梦幻花园项目签约落地；收储浙江新三印印染有限公司、浙江绿洲印染有限公司等闲置地块13公顷；新实施“二次开发”项目7个，投资5亿元，盘活闲置低效土地9公顷。认定国家高新技术企业6家，省级科技型中小企业14家。

创建成为新时代美丽城镇省级样板镇（街道）；推进工业园区路网改造提升、沿线景观提档升级等重点工程建设；实施“微改造、精提升”项目34个，总投资4000万元；新建再生资源回收站点1个；村级小微工程36个。配合实施兰亭江流域治理一期工程，有序推进小流域治理及秀才坞山塘除险加固项目，完成污水零直排提升及任家畈村生活污水扩面工程。持续开展垃圾分类，金色凤凰园小区创建为省级垃圾分类高标准示范小区，谢家坞村创建为市级垃圾分类示范村。落实城市管理“关键小事”，开展工程渣土运输车辆“集中整治月”专项行动，查扣违章车辆45辆，处置偷倒渣土案件22起，拆除违章建筑7.48万平方米，完成全年任务数的159.52%。

建设驻村指导员制度传承馆，谢家坞村成为中组部驻村指导员制度17周年论坛与会人员考察点，盘活驻村指导员传承馆、侨文化馆、张家葑村小红船等红色资源。制订实施驻村指导员培养暨年轻干部“奔跑计划”，搭建夜学讲堂、慧聚兰亭、擂台赛比等平台。发展新时代“枫桥经验”，升级“尚明工作室”，销号清零国家、省级重复交办信访件18件，完成征地农民养老保险参保清零。

创建村级规范化卫生室3家，新建村级居家养老服务照料中心1家，提档升级3家。扩建兰亭中心幼儿园、改造兰亭中心小学综合楼，提升兰亭中学教育现代化水平。企业、村（社区）乡贤爱心接力，携手战“疫”，“兰亭青企联盟”捐赠防护服1万件。阮港村新冠肺炎疫情防控3人小组背影照，被《浙江日报》头版刊发；先后被中央电视台等新闻媒体播放登载10余次。

2021 年 12 月 19 日，兰亭街道阮港村新冠肺炎疫情防控 3 人小组背影 （徐罗杰　摄）

【兰亭街道创建为美丽城镇省级样板镇（街）】 2021 年 4 月 6 日，兰亭街道入选浙江省美丽城镇建设样板创建名单。自 2020 年起，兰亭街道投资 140 亿元，把创建国家级文化旅游融合示范区、省级“AAAAA 级景区”街道、“乡村振兴、城镇更新和文化复兴”等重点工作整合到美丽城镇建设中，统筹共建生态宜居新环境，实现兰亭“蝶变”。在上年实施项目的基础上，2021 年新增项目 31 个。让辖区群众享受到美丽城镇建设带来的获得感、幸福感。

【两项目地块安置户择房】 2021 年 2 月 6 日，绍兴二院兰亭院区（康复医院）项目与兰一路（娄宫 2 号地块）项目选择产权调换的 94 户拆迁安置户，经过 4 天的摇号择房，完成联合新农村以北安置地块房屋择房，择房率 100%。

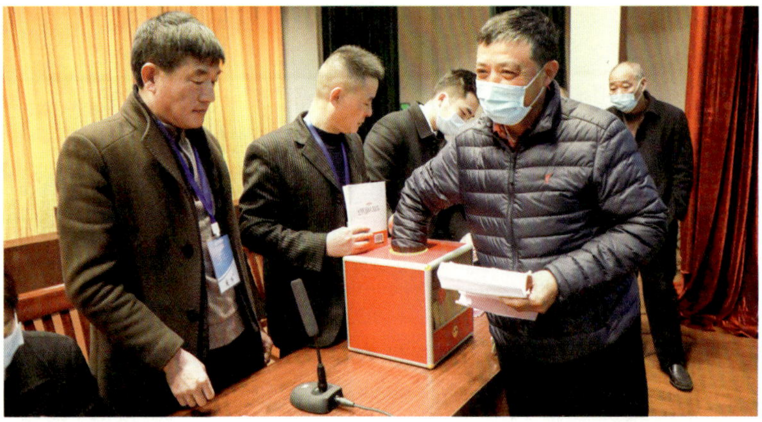

2021 年 2 月 6 日，绍兴二院兰亭院区等项目 94 户安置村民择房 （徐罗杰　摄）

【省农村文化礼堂 2.0 版建设现场会部分与会人员考察谢家坞村文化礼堂】 2021 年 4 月 28 日，浙江省农村文化礼堂 2.0 版建设暨新时代文明实践中心建设工作现场会部分与会人员，实地考察兰亭街道谢家坞村文化礼堂和新时代文明实践站。谢家坞村文化礼堂，自 2019 年建造，由中国美院团队设计，投资 1300 余万元，建筑面积 2700 平方米；集家宴中心、美丽乡村展示、培训比赛、书画展览、文化交流等多种功能于一身，成为村里的文化地标。与会人员肯定谢家坞村文化礼堂是为民办实事的综合体。

2021 年 4 月 28 日，浙江省农村文化礼堂 2.0 版本建设暨新时代文明实践中心建设工作现场会部分与会人员，实地考察兰亭街道谢家坞村文化礼堂 （徐罗杰　摄）

【驻村指导员制度传承馆揭牌】 2021 年 5 月 24 日，柯桥区驻村指导员制度传承馆揭牌仪式，在兰亭街道谢家坞村举行。中组部党建研究所所长、全国党建研究会秘书长张阳升，中央党校党建部教授、国际战略研究中心研究员李民，绍兴市委组织部副部长、市委“两新”（新经济组织、新社会组织）工委书记周树森、柯桥区区委书记赵如浪等领导为传承馆揭牌。2003 年，绍兴县响应中共浙江省委下派农村工作指导员的有关意见，在兰亭街道（原兰亭镇）率先试点选派驻村指导员，随即全县推广；17 年来，驻村指导员制度成为发轫于兰亭、施行于浙江的基层治理模式之一。

2021 年 5 月 24 日，谢家坞村举行驻村指导员制度传承馆揭牌仪式（兰亭街道　提供）

【盘活张家葑村小红船红色资源】 2021 年，兰亭街道张家葑村建立红色基地，把“小红船精神”融合到乡村基层治理中，提炼出：船砣虽小拨千斤，红字居中党引领；船靠舵手向前行，精益求精守初心；神清气爽存敬畏，分忧代劳担使命；代为村民办实事，薪火相传开太平的“红船八法”治村法则。以小红船为载体，建设干部清正、民风淳朴、村民和谐的清廉村居。在抗日战争时期，四明山浙东游击队开展革命活动时，因敌人在绍兴的陆路交通设置关卡，队员们乔装成村民，手拿渔具，假装捕鱼，利用小木船，在村民的帮助下，往返于城乡之间。小红船精神成为村民建设新农村的动力源泉。（何　佳）

钱清街道

【概况】 钱清街道由东汉一钱太守刘宠的典故而获名，地处杭州湾南岸，柯桥区西北部；东至华舍、安昌街道，南接湖塘街道，西临杨汛桥街道，北与杭州市萧山区衙前镇毗邻，距萧山国际机场 10 千米，柯桥中国轻纺城 8 千米；104、329 国道公路、杭甬高架铁路穿境而过，杭绍甬城际铁路风情线、绍兴轨道交通 1 号线设有站点。2021 年区域面积 54.18 平方千米，辖 20 个行政村、3 个社区，户籍人口 6.4 万人，流动人口 7.4 万人；获省级“十三五”高质量发展小城镇、省 AAA 级景区街道等称号。

2021 年，钱清街道财政收入 11.45 亿元，比上年增长 21%；一般公共预算收入 7.12 亿元，比上年增长 21 %；规模以上工业企业产值 219.44 亿元，比上年增长 12.99%；规模以上工业企业增加值 31.38 亿元，比上年增长 28%；民间投资（不含房地产）18.09 亿元，高新技术产业投资 9.27 亿元，建筑安装工程投资 17.21 亿元，制造业投资 13.69 亿元，自营出口 13.19 亿美元，实到外资 4918 万美元，比上年分别增长 11% 和 120%；规模以上工业企业 168 家。

新引进投资 5 亿元以上项目 4 个，1 亿 ~ 5 亿元项目 4 个；落户特高压电力设备生产线、迅实科技 3D 智能设备项目、亿跃健康未来科技产业园项目、高端环保纳米无水印花设备智造项目，推进智慧物流园、天壹重石建设科技有限公司等项目建设 7 个。绍兴诚邦高新纤维科技有限公司研究发展中心和供应链管理重点产业项目，列入浙江省“五个一批”重点技改项目名单。新增国家高新技术企业 29 家，中小型科技企业 35 家。自主申报入选“名士之乡”英才计划名单 2 人；中科大、天工大实验室科研团队入驻柯西园区。

建设用地拆迁签约 30 万平方米，拆除面积 14 万平方米。拆除违章建筑 12.7 万平方米，完成全年任务数的 253%；化解信访 34 件。枢里、钱清、白马山村获评绍兴市农村人口居住环境“红旗村”。举办火灾应急综合救援演练，排查整治工业企业“两房一店”（出租房、村居民房、沿街店铺）等重点领域消防安全隐患 1854 处。探索“一码管地”“园区管家”数字化平台，整治初验园区 54 个，“低散乱污”企业 169 家，淘汰高耗低效企业 200

余家，整治亩均税收低于5万元的企业248家。

投资5344万元，完成沈肃文纪念馆、官塘河休闲公园等30个“微改造、精提升”项目；钱清村多功能运动场、遗风村百姓健身房等3个项目工程，列入省、市级民生实事工程；公共空间实现无障碍和居家适应老龄化设施全覆盖。空气质量$PM_{2.5}$年平均浓度降至26微克/立方米，迭代升级便民服务“红色代办、跨区通办”。开展农村宅基地改革试点，探索“以产权换房屋”新机制。与清华大学联动，启动国立清华大学首任校长罗家伦祖居激活计划。完成街道文联换届，舞蹈《初心之灯》获柯桥区幸福水乡才艺秀总决赛冠军，开展文化走亲等活动46场。钱清村新建浙光书苑城市书房，前梅村创建为省级书法村，华星等5个村创建为省A级景区村。新冠肺炎疫情防控核查重点人员14929人次，疫苗全程接种（两剂）103598人，加强针8426人，3～11岁第二剂接种6462人。守好各类重点场所“小门”800处，落实村级农贸市场（农产品集散中心）智慧化“小门”12个。

开展“三问四讨论”作风大提升活动，开办“浙光大讲堂”，建立“每周会商、半月论坛、每月述职、双月晒比”机制，推选“月度标兵”，完成柯桥区钱清选区第二届人大代表选举，产生钱清街道区级人大代表28人。江墅、遗风、凤仪村创建为市级五星达标村。

【绍兴轨道交通1号线柯桥段钱清区域设立4个站点】 2021年6月28日，绍兴轨道交通1号线，钱清区域的前梅、钱清、西沙路、临杭大道4个站点正式运营，终点站姑娘桥可无缝换乘杭州地铁5号线。钱清站为绍兴轨道交通1号线柯桥段上的一座高架侧式车站，位于钱清街道南路三岔路口东北侧、杭甬高铁南侧。为路侧高架三层侧式车站，站台宽8.2米，车站长度123.4米，总建筑面积8496平方米，随绍兴轨道交通1号线柯桥段开通运营，实现融杭通城。

【钱清司法所获全国模范司法所称号】 2021年10月，钱清街道钱清司法所被司法部授予全国模范司法所称号。年初以来，钱清司法所在获首批浙江省“枫桥式”司法所荣誉的基础上，以先锋、智慧、惠民、崇法、和谐“五大指数”为目标，建立“诉调清源、访调对接、警调联动、律师协同、品牌加持、乡贤助力”的联动机制，建设“阳光益+清”（非监禁性）社区矫正公益活动品牌和“清原法治驿站”（法律调解室）市场的精准服务，全年办理纠纷、调处等各类案件385起，涉案金额1937.56万元，把纠纷化解在基层一线。

【沈肃文纪念馆建成开馆】 2021年11月8日，钱清街道沈肃文纪念馆开馆。该馆是在区文保点梅村两等小学的旧址上改建而成，总投资50余万元，同年4月开工，11月建成投用。沈肃文是民盟浙江省组织的主要创始人之一，南钱清村人。纪念馆设有沈肃文雕像及其生平事迹展厅。展厅以“敢于进取、敢于担当、敢于求真、敢于创新”的“浙光精神”为主线，介绍沈肃文创办浙光中学，倡导“学用一致”，宣传马列主义，讲述革命形势，传播革命思想、孕育革命人才等一系列成就。至年底，吸引游客10批200余人参观。

2021年，钱清街道沈肃文纪念馆　（钱清街道　提供）

【前梅村被授予省级书法村】 2021年11月14日，钱清街道前梅村被授予省级书法村称号。书法是该村村民的主要特色活动，在村文化礼堂内设有专门的书法练习、培训和展览场地。前梅村免费为村民提供笔、墨、纸、砚等书写工具和书法培训，经常

2021 年 1 月,钱清街道前梅村村民写春联　（钱清街道　提供）

性举办书法比赛、展览、讲座、笔会等特色书法活动,村民练习书法成风。(沈丹丽)

杨汛桥街道

【概况】 杨汛桥街道以桥为名,位于柯桥区西部,东连钱清街道,南接夏履镇,西、北以西小江为界,与杭州市萧山区所前、新塘、衙前等镇街毗邻。距柯桥城区 20 千米,杭州市区 30 千米。境内地形集山、水、湖、江于一体,素有"一山一江纳两湖"之称。历史资源丰富,有新石器时代"寺前山遗址"、"商周土墩墓"古址、王羲之纪念馆、状元亭、琅琊楼、越女阁等文物古迹。街道拥有全省第一所"小镇大学"——浙江树人大学杨汛桥校区。杭金衢高速公路、104 国道南复线穿境而过,为杭州都市区"半小时通勤圈"及长三角主要大中城市"3 小时通勤圈",绍兴接轨杭州的"桥头堡"。杨汛桥街道曾获全国文明镇、国家卫生镇、中国窗帘窗纱名镇、浙江省首批省级中心镇、绍兴市小城市培育试点镇称号。2021 年区域面积 37.68 平方千米,辖 11 个行政村、5 个社区、6 个居委会,常住人口 6.7 万人。

2021 年,杨汛桥街道财政收入 10.53 亿元,比上年增长 11.8%;一般公共预算收入 6.8 亿元,比上年增长 16.72%;规模以上工业企业产值 74.6 亿元,比上年增长 9.96%;限额以上商贸服务企业贸易销售额 136.8 亿元,比上年增长 38%;自营出口 16 亿元,高新技术投资 1.35 亿元,民间投资 2.57 亿元。

总投资超 5 亿元的浙江讯科精密机械有限公司、绍兴林德制动器有限公司、绍兴俊吉能源科技有限公司 3 个项目动工新建;总投资超 14 亿元的杭州普兴汽车科技有限公司、浙江宏驰福科技有限公司、杭州钧盟科技有限公司、绍兴路恒建设有限公司 4 个项目成功落地;总投资超 9 亿元的宝业住宅全产业链智能制造基地、力笙进出口有限公司总部及家居布艺样本创意设计智造项目进入研判环节。新增高新技术企业 9 家,认定省级科技型中小企业 12 家,企业发明专利并授权 76 个。自主申报入选国家、省级引才计划名单 2 人。

推进杭绍台至杭金衢高速连接线(杨汛桥段)、杭金衢连接 03 省道东复线征迁工程建设,完成浙江玻璃股份有限公司历史遗留地块局部拆迁,拆迁面积 11.6 万平方米,征地 18.2 公顷,做地 15.6 公顷。完成村级物业项目 9 个 8.44 公顷,展望村成为柯桥区首个村级物业"工改商"土地出让完成项目,园里湖"工改商"项目通过柯桥区联席会议审议。投资近亿元的杨汛桥中心幼儿园建成运行;投资 1200 万元的紫薇小学提升改造工程完工;完成居民免费肺癌早筛 5715 人,妇女"两癌"(宫颈癌、乳腺癌)筛查 2590 人,筛查率居全区第一;投资 600 余万元,办理城乡居民医疗保险 16151 人,参保率 99.92%;投资 1.7 亿元,办结历史遗留失土农民养老保险 1208 人;投资 2000 余万元,提档改造芝塘湖等 7 个村(居委会)乡村道路 6.8 千米,实施主要道路维修改造和杨江大道电力管线入地工程。

创建省级 AAAA 级景区镇(街道),空气质量 $PM_{2.5}$ 年平均浓度为 24.38 微克 / 立方米,比上年下降 0.23 微克 / 立方米;提标扩面生活污水治理,建设"污水零直排村",园里湖居、蒲荡夏村和横山梅坞池、杨江庙头池、联社万工池分别获评市级"水美乡村""美丽池塘";竹园童村创建为省高标准垃圾分类示范村,新世纪花园为省高标准垃圾分类示范小区,和门程、王家塔村获评市级垃圾分类准确村。开展文化走亲 10 场;创建区五星级文化礼堂3个，A级景区村4个；省五星级文化礼堂1个。

常态化坚持“平战结合”的新冠肺炎疫情防控，全年完成新冠肺炎疫苗接种6.5万人次。发展乡贤娘舅队伍22支，入驻村（居委会、社区）；化解纠纷300余件，办结清零国家、省级信访积案。4个平台受理上报事件13561件，办结率99.5%，下发任务完成率100%。

投资1200万元，推进孙家桥社区、横山、仁里王村的五星达标村创建；欣明控股集团有限公司创建的“五星双强”通过验收。“两新”组织（新经济组织、新社会组织）双覆盖，开展“百名党员巡回宣讲”党史学习教育10场次。

【杨汛桥中心幼儿园竣工投运】 2021年6月，杨汛桥中心幼儿园竣工。杨汛桥中心幼儿园新建工程为2019年杨汛桥街道民生实事工程的重点项目之一，由浙江天勤建设有限公司承建，2020年7月开工，投资9200万元，建筑面积1.19万平方米，按省一级幼儿园标准建设；规模为24个班级，可容纳720名新生；配置相应的教学用房和辅助房，室外活动场地等配套教育设施。2021年9月1日开学，满足周边村（居委会）的适龄儿童入园。

2021年8月，绍兴市柯桥区杨汛桥中心幼儿园竣工
（杨汛桥街道　提供）

【和门程村获评省“扫黄打非”进基层示范标兵】 2021年10月9日，杨汛桥街道和门程村获评第五批浙江省“扫黄打非”进基层示范标兵。

2021年1月，杨汛桥街道和门程村建设“扫黄打非”主题公园
（杨汛桥街道　提供）

自2017年起，和门程村把“扫黄打非”作为落实意识形态工作主体责任的重要内容，建立“六有”工作机制，与派出所、市场监管所、学校等单位建立联动机制，开展联合执法。依托“扫黄打非”工作站办公室，配备专职工作人员6人，设立“扫黄打非”网格3个，搭建志愿服务平台，组织50余位志愿者参与“扫黄打非”各类活动，打通“扫黄打非”“最后一公里”。

【杨汛桥街道党员政治素质提升培训】 2021年，杨汛桥街道党工委联合浙江树人大学开办为期1年的“党员政治素质提升培训班”，首轮培训22个村（居委会、社区）党组织的“两委”成员94人。学习内容为习近平总书记在庆祝中国共产党成立100周年大会上的重要讲话，中国共产党引领中华民族伟大复兴的百年历程、实现中华民族伟大复兴的成功密码、以伟大党建精神引领高质量发展等。

【宝业特色党建"海外党支部"在《绍兴日报》刊发】 2021年11月29日，宝业集团股份有限公司海外党支部，刊登《绍兴日报》头版。宝业集团工程项目做到哪里，党组织就建到哪里。2009年，集团下属吉富公司成立海外党支部，张健任第一任党支部书记，党员20余人。至2021年年底，海外党支部成立13年，党支部不断更新队伍、传承骆驼刺（生长在沙漠的灌木）精神，发展培养年轻党员，让海外党支部成为公司做大做强的强力引擎，使吉富公司从一个小型的房建公司，成长为当地知名的国际建筑工程公司。

·小资料· "六有"工作机制

有工作机构、有办公场所、有管理制度、有活动档案、有宣传阵地、有检查台账。（周　宁）

马鞍街道

【概况】 马鞍街道因境内有一山丘形似马鞍而得名，位于绍兴市柯桥区东北部，东临曹娥江，西接杭州市萧山区益农、瓜沥镇，南邻绍兴市越城区斗门街道，北濒钱塘江南岸，距柯桥城区15千米，杭甬高速公路三江道口2千米，萧山国际机场20千米，柯海线、钱滨线穿境而过，地理位置优越，交通便捷。2021年区域面积110平方千米，基础配套设施面积65平方千米，建成区面积50平方千米；境内大部分土地由海涂围垦而成，为平原水乡。下辖11个行政村、3个社区、2个居委会，户籍人口39354人，外来人口230088人。

2021年，马鞍街道财政收入46亿元，比上年增长25.4%，居绍兴市第一；一般公共预算收入26.2亿元，比上年增长22.9%，位列全市第二；限额以上商贸企业社会消费品零售总额5.3亿元，比上年增长18.5%；限额以上商贸企业批发和零售业商品销售额47.6亿元，比上年增长51.3%；规模以上工业企业产值1176亿元，比上年增长8.7%，占全区的51%；规模以上工业企业增加值310亿元，比上年增长22.2%，占全区的62%；民间投资100.9亿元，建筑安装工程投资62.3亿元；实到外资7216万美元，居柯桥区第一。

马鞍街道形成化纤、纺织印染、新材料（薄膜、碳纤维）、金属制造（装备机械）和环保能源五大产业。域内入驻工业企业933家，规模以上企业278家。

项目投资323亿元。其中新投资5亿元以上的宝武碳纤维、一汽四环、致景科技、浙江天滋新材料有限公司等新项目13个，包括20亿元以上的5个，100亿元以上的2个；二次开发项目20个，印染厂房更新项目8个；绍兴柯桥恒鸣化纤有限公司、浙江永盛科技有限公司一期、浙江苏泊尔股份有限公司等市、县长项目竣工投产。盘活闲置土地61.97公顷，恒大印染有限公司、浙江宁远塔桅制造有限公司、绍兴杰龙玻璃有限公司、绍兴茂盛印染有限公司等企业成功司拍，新增税源1.1亿元。个体经营户转型升级为企业的43家，规模以下企业升为规模以上企业18家，限额以下商贸企业升为限额以上商贸企业15家。"织造印染产业大脑"开放入驻，自动称料系统，无人仓储系统投入应用，产业数字化集群初步形成；全年印染产值500.76亿元，比上年增长13%。浙江迎丰科技股份有限公司等6家企业年产值突破10亿元。绍兴柯桥恒鸣化纤有限公司形成年产差别化纤维220万吨生产能力，浙江天圣化纤有限公司的化学纤维、FDY（涤纶长丝）、民用长丝产量居全国前10位；浙江永盛科技有限公司、绍兴日月新材料有限公司两家薄膜企业，实现产值31亿元，实缴税金2.3亿元，均创历史新高。规模以上工业企业研发经费支出30.3亿元，比上年增长19.3%。新增国家高新技术企业48家，省级以上科技型企业32家，新建省级博士后工作站2个。入选国家引才计划2人，申报省引才计划14人，省海外工程师2人。宝武炭材碳纤维研究所挂牌成立，浙江东进新材料有限公司获评国家专精特新"小巨人"企业。浙江迎丰科技股份有限公司主板上市，培育上市企业11家。办结企业"急、难、愁、盼"事项1218件，为企业申请稳岗、返岗补助资金1621万元，科技类激励资金1944万元。召开银企对接会，为28家企业融资授信33.73亿元。

投资3.59亿元，完成政府性工程项目40个。建成投运城市绿心公园，动工新建文体活动中心。贯通江滨路全线，推进建设杭甬智慧快速线、越江路与江滨路连接线公路，提档改造柯海大道西入口、新围路、东龙路、北六路等公路建设。新建停车场4个，新增停车位929个。新设柯海社区，进驻运营肯德基、全季酒店、昌鸿商业综合体、开元曼居酒店，基本建成新滨广场，招商签约大润发、奥特莱斯运动馆，建设推进勤业未来城、蓝印广场。童家塔村、新海社区分别创建AAA级景区村和五星达标社区。镜海、碧海、兴海等小区完成老旧小区改造。商品小区全面推行生活垃圾分类定时定点模式，工业垃圾实施政府派单现场收运，拆除违章建筑6.5万平方米，开展渣土运输监管，启用“智慧城市”管理平台。

投资5.45亿元的马鞍综合性医院项目通过规划设计方案；26小时完成核酸检测16.8万人，接种新冠疫苗15.6万人，全街道未发生新冠肺炎感染病例；“越惠保”参保7.6万人，激活电子医保9.2万张，人数均居全区第一。马鞍中心幼儿园创建省一级幼儿园，马鞍中学和兴海小学教学楼扩建投运，中心幼儿园新海园区、汇商幼儿园提升修缮，中心小学马鞍校区报告厅完成改造。外来务工人员随迁子女入学1138人。“10分钟健身圈”实现全域覆盖，村居青少年足球联赛在《浙江日报》刊发。蓝印突击队队长李斌上榜“中国好人榜”和获评浙江省第七届道德模范。山外村家宴中心在全区率先推行社会化运行管理。适应老龄化改造41户，“探访孤寡独居老人关爱行动”入围市级公益创建投资项目，新海社区创建为省级无障碍社区。救助困难群众2300余人次，爱利斯成立全市首家慈善信托基金。完成建设驼峰山公墓一期二区458穴。

印染企业在线监控混采改造全覆盖，治理涉VOCs排放企业176家，关停涉气“散乱污”作坊16家。空气质量$PM_{2.5}$年均浓度降至27微克/立方米。开展“找寻查挖”碧水行动，补齐短板316处，清淤4万立方米，打捞漂浮物3000余吨。山外木枝湖、湖安黄牛湖获评省级农村美丽池塘。浙江飞乐环保科技有限公司等固体废物处置项目建成投运，处理印染污泥116万吨，危险废物2.3万吨。规模以上企业建成风险防控体系150家，印染企业完成有限空间信息化建设109家，纺织品仓库完成智慧消防设备安装试点17个，纺织品仓库“双自”系统覆盖119万平方米。完成建党百年维护稳定安全保卫任务。调处各类纠纷457起，各类重复交办件、信访积案化解率100%，各类警情全线下降，禁毒、扫黑、司法等工作平稳有序。

【马鞍印染产业产值首次突破500亿元】 2021年，马鞍街道印染产业产值500.76亿元，首次突破500亿元，比上年增长13%；增加值213.2亿元，比上年增长33.1%。新增印染高新技术企业33家，省高新技术企业研发（技术）中心9家，新增授权发明专利80件。从越城区搬迁至柯桥的五大印染组团基本建成试生产。

2021年6月，马鞍街道印染高新技术企业厂区一角

（马鞍街道　提供）

【马鞍固体废物处置项目建成投运】 2021年，位于马鞍区域的浙江飞乐环保科技有限公司、绍兴华鑫环保科技有限公司、浙江浙能滨海环保能源有限公司绍兴滨海污泥清洁化等固体废物处置项目建成投运，处理印染污泥116万吨，危险废物2.3万吨。该项目总投资5亿元，于2019年8月28日动工，中国能建浙江火电以PC（包工包料）总承包方式承建，项目设计污泥处置能力2500吨/天，分两期建设，一期工程设计处置污泥1250吨/天，建设1台130吨/时高温高压循环流化床锅炉，1台25兆瓦抽凝式发电机组及其他配套设施。项目建成后，

有效解决柯桥区工业和生活污泥产生量和处置量不平衡的矛盾。

【省农村文化礼堂 2.0 版建设现场会与会人员考察宝善桥村】 2021 年 4 月 28 日，在浙江省农村文化礼堂 2.0 版暨新时代文明实践中心建设工作现场会上，与会人员考察马鞍街道宝善桥村文化礼堂。2020 年，宝善桥村建起以孝文化为主题的村史馆，收集“宝善桥村善孝典型事迹”“村民格言精选”“古代历史上的著名孝子故事”等内容，村委定期组织村民到村史馆参观学习。在马鞍街道中心小学，推出“五一劳动节孝善实践”“感恩母亲节孝善实践”等活动，围绕“勤”“孝”主题，设立“勤洗、勤做、孝乐”家校联动劳动项目，培养“有教养、肯吃苦、悟性高”的新时代好少年；与会人员对宝善桥村的善孝文化表示肯定。

【亭山桥村“百姓写百诗、乡诗铸乡魂”活动】 2021 年 9 月 20 日，马鞍街道亭山桥村“百姓写百诗、乡诗铸乡魂”活动，在《人民日报》海外版刊发。自 2017 年起，亭山桥村推进文化治村，村级各项事业有长足发展。村党支部书记、“诗人”韩国富提出亭山桥村建设“中国诗香村”计划。2021 年 2—9 月，建设“诗香亭山桥文化双百工程”，村教会 100 名村民创作中国诗词，培养成为农民诗人；建设 100 户“诗香门第”文化自信家庭。5 月，亭山桥村组建亭山诗社，开设“百姓写百诗、乡诗铸乡魂”诗词讲习班；建设“十里诗廊”，集合成诗集出版；形成亭山桥村家风美、村风美的和谐风貌。

2021 年 7 月，马鞍街道亭山桥村开展“百姓写百诗，乡诗铸乡魂”吟诗活动 （马鞍街道　提供）

【《打造美丽乡村标杆地》在浙江卫视《新闻联播》头条播出】 2021 年 6 月 20 日，马鞍街道《打造美丽乡村标杆地》在浙江卫视《新闻联播》头条播出。自 2019 年起，马鞍街道在南片乡村，实现“村村有足球场、村村办足球赛”；在北片乡村投资 5000 万元，建成当地最大的马鞍城市绿心公园；投资 1.95 亿元，建设马鞍文体活动中心；启动 33 个“微改造、精提升”项目；投资 8101 万元，推进“山海湖村四位一体”的“现代工业 + 美丽乡村”旅游新体验，挖掘村庄文化资源，建设童家塔八景，修葺清朝乾隆年间的新新屋老台门、宋酒窖遗址等历史古迹。2021 年，马鞍街道开展“五星 3A”创建，制定南片 8 个村“全域 3A”战略，通过全域美丽、抱团发展，提升美丽乡村知名度和影响力，助推乡村振兴。至年底，马鞍街道亭山桥、山外、湖安 3 个村创建 AAA 级景区村，南片 8 个村五星达标全覆盖，引进相关文化业态，带动乡村旅游。

【马鞍中心幼儿园获评省一级幼儿园】 2021 年，马鞍中心幼儿园获评浙江省一级幼儿园。2015 年，马鞍街道投资 4000 万元，易地新建马鞍中心幼儿园。占地面积 12216 平方米，建筑面积 9971 平方米，户外场地面积 6329 平方米，2016 年 2 月竣工落成。新建成的幼儿园有小、中、大八轨（年段 8 个平行班）24 班，幼儿 720 人，教职工 59 人。配有活动室、午睡室、多功能室、科学发现室、图书室、美工室等，配备电子屏、多媒体、校园广播、计算机网络、通信系统等现代化设施，形成外形美观、设计新颖、设施齐全、功能完备的现代化幼儿园。2021 年 11 月 12 日，浙江省一级幼儿园评估组专家通过听、看、查、谈等形式，从幼儿园的办园条件、师资队伍建设、园务管理、保教保育、家长工作等方面进行全方位检查、评估，给予肯定。（李　丹）

夏履镇

【概况】 夏履镇因“大禹治水、履遗不蹑”而得名。地处柯桥区西北部，东连钱清、湖塘街道，南接诸暨市店口镇，西邻杭州市萧山区进化镇，北连杨汛桥街道，距杭金衢高速公路杨汛桥道口6千米、杭州城区35千米、绍兴市区32千米、柯桥城区12千米。森林覆盖率83.1%，素有“九山一田”之称。曾获联合国环境署生态环境全球五百佳，全国环境优美乡镇、中国非织造布特色名镇、全国文明镇、国家卫生镇、中国乡村振兴示范镇、中国美丽乡村特色旅游镇、中国健康旅游乡镇等称号。2021年区域面积51.01平方千米，辖11个行政村、1个社区，户籍人口1.87万人。

2021年，夏履镇财政收入1.62亿元、一般公共预算收入1.19亿元，分别比上年增长79.8%、1.05倍，增速均居柯桥区第一。

投资5亿元，引入浙江嘉中宝无纺制品有限公司、浙江康悦无纺科技有限公司重大项目2个。引进省海外工程师2人，建立博士后流动站1个，培育国家级领军创新、创业团队1个。

在全区率先完成杭金衢高速至杭绍台高速公路联络线工程（夏履段）拆迁项目，首次整体拆迁36户，面积1.26万平方米。完成杭州中环征地丈量、青苗补偿评估及统征协议签订。建设钱茅线、江夏线、329国道等主干沿线道路，改造建设夏履镇中学操场等镇级民生工程10项、村级小微工程44项，双叶黎明自然村供水补水工程完工。承办绍兴第三届春笋节、首届绍兴康养休闲文化节，开启医养共融康养新模式。夏履镇创建双叶村等AAA级景区示范村3个，五星达标社区全覆盖；获评省AAAA级景区和浙江省首批乡村旅游示范基地。

科学应对台风“烟花”影响，转移莲西整村村民避险，确保人员无伤亡。办结越王峥农民公寓二期分配遗留和“稻谷款”历史遗留事件；织密新冠肺炎疫情防控安全网，疫苗接种全覆盖；统筹推进乡村书舍建设、“越惠保”参保、农户房屋安全调查、质量鉴定等民生实事。开展消防安全大整治活动，企业“双自系统”安装12家；拆除消防通道违章建筑近1万平方米。

实施“头雁领衔，村（社区）竞跑”三色管理月度考核，开展村（社区）支书赛比，村（居）民当考官和“业绩赛比、末位淘汰”制度，被《人民日报》、新华网、《绍兴日报》等媒体宣传报道。完成区、镇两级党代表和人大代表选举。组织党史学习教育，研写“研学讲做”文章4篇，被省学教办官网录用文章1篇；夏履桥、夏东村被列入浙江省文明村规划名单，沈柏峰、韩银霞入选“绍兴好人榜”。建设双叶村“爱莲记忆·廉政建设”主题展馆，推进清廉示范村（居委会）建设，形成“一村一品”格局。

【首届康养休闲文化节在夏履镇举办】 2021年5月9日，夏履镇会同柯桥区卫健局、区红十字会等多家单位，联合举办绍兴市首届康养休闲文化节，围绕乡贤义诊、森林康养两大主题，为期1个月。此届康养节义诊活动运用数字化手段，推行线上线下同步问诊。开幕式当天，院士李兰娟、郑树森等23位名医线下坐诊，接诊600余人次；线上问诊观看者通过在线交流，接受免费健康科普知识。联手多家知名运动休闲品牌平台，举办森林帐篷、房车露营、竹林瑜伽、修心冥想等各类康养活动。

【袁家军察看夏履镇灾情】 2021年7月26日，受台风“烟花”影响，夏履镇莲西村持续暴雨降临，莲西村方家坑水库库容量趋于饱和，存在较大安全隐患。夏履镇紧急转移水库下游群众1052人，确保人民群众生命安全。7月27日，省委书记袁家军到夏履镇莲西村，实地察看夏履江泄洪、山塘水库险情和莲西村整村人员转移情况，慰问受灾群众和奋战在防汛救灾一线的基层干部群众。

【村（社区）党组织书记赛比活动】 2021年，夏履镇创新开展“实绩赛比竞跑榜”，村（社区）党组织书记

2021年7月12日，夏履镇在莲中村文化礼堂，首次开展村（居）民当考官，村（社区）支书赛比活动　　（夏履镇　提供）

赛比活动。7月12日，夏履镇在莲中村文化礼堂，首次开展村（居）民当考官，村（社区）支书赛比活动。台上12名村（社区）党组织书记逐一述职，晒工作成效，摆存在问题，讲发展思路。台下镇机关干部代表、各村（社区）党员代表、村（居）民代表当考官，当场评分。全镇老百姓实时收看直播并提出意见建议。通过全面规范的实绩赛比，实现所有村（社区）支书有分数、有排名。（季海军）

漓渚镇

【概况】 漓渚镇位于鉴湖水系源头，为柯桥区中部半山区镇。东邻福全街道、南连兰亭街道，西接诸暨市店口镇，北与湖塘、福全街道仅一山之隔。《越绝书》记载"勾践种兰渚山"，故漓渚又被尊为"国兰祖地""春兰故乡"，境内有姚启圣之墓，越国贵族墓葬等人文古迹，为柯桥区历史名镇。距绍兴市区12千米，柯桥城区18千米。兰店线、钱茅线、漓福公路穿境而过。2021年地域面积36.64平方千米，辖11个行政村、2个社区，户籍人口2.15万人。

2021年，漓渚镇财政收入1.67亿元、一般公共预算收入1.01亿元，分别比上年增长12.69%、18.79%。规模以上工业企业产值32.4亿元，比上年增长24%。

盘活印染企业存量土地13.33公顷；引进投资1亿元以上项目2个，5亿元以上项目1个。新增规模以上企业8家。创建省"专精特新"中小企业1家，省级研发中心1家，浙江股权交易中心挂牌企业1家，柯桥区大湾化纤有限公司、浙江锦盛装饰材料有限公司二次开发项目竣工投产。徐氏园艺展示中心项目和绍兴天成印染有限公司激光新材料生产制造项目房屋结顶。举办首届中国春兰节和各类节展5场；花木年销售额10亿余元，《一朵兰花的数智之美》被《浙江日报》长篇报道。数字赋能兰花特色产业，绍兴花市影响日益扩大。

拓宽兰渚大道，启动新街大桥改造工程，提档升级基础设施。省美丽城镇达标镇通过验收。维修集镇零星项目109处，完成土地整理面积棠棣村33.78公顷、棠二村6.82公顷。排查房屋安全隐患村（社区）12个，排查鉴定经营性自建房、公共用房263户，录入农房资料系统6563户。完成安置房设计方案，出让地块面积1.18万平方米。7天时间中义地块拆迁清零，腾出发展空间6.7公顷。

建设"花满棠"品牌，探索出乡村振兴迭代升级的"棠棣模式"；棠棣村在全区率先通过省未来乡村建设试点村评审；建设柯桥区首个乡村人才创业园。承担省级以上现场会参观4次，全国人大常委会副委员长、全国妇联主席沈跃跃，国家乡村振兴局局长王正谱等领导到访。

投资1500万元，扩建漓渚镇中心幼儿园；投资2000万元，建造高标准绍兴中石化漓渚加油站；投资783万元，办理征地农民养老保险335人；普及培训红十字护理员929人次；全面落实新冠肺炎防控工作。抗击台风"烟花"，无重大损失。公建民营的镇级居家养老中心投入运营；省级健康镇创建工作通过验收，升级健身公园健康游步道3条，开展各类文化活动480场次，创建省级书香礼堂1家、市级四星级文化礼堂1个，区级四星、五星级文化礼堂3个，召开漓渚镇首届侨联大会。

【首届中国春兰节】 2021年3月3日，以漓渚春兰为主体的首届中国春兰节在柯桥鉴湖大酒店举办。由于疫情原因，此届中国春兰节采用"云上春兰节"的形式，线上展出全国各地选送参展的精品兰花1100盆，以网上巡馆的全新形式，展出全国各地春

2021年3月3日，2021首届中国春兰节在柯桥鉴湖大酒店举行启幕仪式

（漓渚镇　提供）

兰。其中，433 盆参加“瑞丰”杯 2021 中国精品春兰大赛，经过评委组专家评选，有 15 盆获特别金奖、20 盆获金奖、40 盆获银奖、60 盆获铜奖。

【漓渚镇创建为省美丽城镇达标镇】 2021 年 12 月 17 日，漓渚镇通过浙江省美丽城镇达标镇验收。自年初起，漓渚镇投资 1600 万元，实施广场改造、步道建设、集镇路灯亮化、停车场建设、线路多杆合一、老街提升改造等 31 个项目，实现城乡生态环境、生活环境、生产环境全域美丽。

【“花满棠棣”乡村振兴先行村项目启动】 2021 年 5 月 1 日，“花满棠棣”乡村振兴先行村项目运营启动仪式暨“花 young 五月”系列活动开幕式，在漓渚镇棠棣村举行。区委常委、组织部部长丁贵参加活动。年初，棠棣村被列为绍兴市首批乡村振兴先行村创建单位，围绕“花满棠棣”主题，重点建设“艺术村落、花居生活”“花乡棠棣、人勤春早”“花间趣玩、田园研学”三大场景。依托现有优势建设国家级乡村振兴实训基地、国家级乡村研学实践基地和全国首个以儿童美育实践发展为主题的田野原生艺术乐园。项目启动后，开展“花 young 五月”系列活动等 52 场，接待研学培训 2.5 万人次、游客 12 余万人次，直接创收 600 余万元，带动村集体经济增收 200 万元。

2021 年 5 月 1 日，“花满棠棣”乡村振兴先行村项目运营启动仪式暨“花 young 五月”系列活动开幕式在漓渚镇棠棣村举行（漓渚镇　提供）

【中义地块项目拆迁】 2021 年 6 月 4 日，漓渚镇抢抓发展机遇，建设绍兴美丽南花园，启动中义村地块拆迁项目。在 7 天时间内，完成拆迁中义村地块房屋，签约率 100%，涉及农户 34 户，拆迁面积 40020 平方米，连片储备建设用地 2 公顷。（吕诚君）

平水镇

【概况】 平水镇以昔日海潮至此平息而得名，曾为古越国都城。地处柯桥区南部，会稽山北麓，东接越城区富盛镇、上虞市汤浦镇，南连王坛、稽东镇，西南毗邻诸暨市赵家镇、枫桥镇，西邻兰亭街道，西北、北与越城区鉴湖、城南、稽山、皋埠街道接壤。距绍兴市区 15 千米。省道绍甘线、平水大道、西上线等公路穿入境内，域内人文历史悠久，有若耶溪、云门寺、平阳无尘殿、上青古道、秦李斯刻石等人文古迹；平水江水库和库容大小不一的近 300 座小型水库，78% 的森林覆盖率，素有森林氧吧之称。2021 年地域面积 173 平方千米，下辖 25 个行政村、4 个社区，户籍人口 5.18 万人。获浙江省森林人家、浙江省美丽河湖、浙江省森林康养基地、浙江省诗路精品旅游线路、浙江省消除集体经济薄弱村工作成绩突出集体、绍兴市闲置农房激活先进乡镇等称号。

2021 年，平水镇财政收入 6 亿元，比上年增长 14.78%；一般公共预算收入 3.92 亿元，比上年增长 21.16%；规模以上工业企业产值 119.23 亿元，比上年增长 32.58%。规模以上数字经济核心产业制造业增加值增速 33.9%，居全区第一。规模以上工业企业 51 家，限额以上商贸企业 26 家。

浙江海丰花卉有限公司完成股改，择机上市。申报省级标杆企业 3 家，培育浙江恒道科技有限公司等省级“专精特新”企业 3 家，定制应用数字化、服装个性化企业 1 家；认定国家高新技术企业 21 家、省科技型企业 80 家。发明专利 100 个，创立省级研究院 1 家、省级研发中心 7 家、市级研发中心 10 家，新增“品字标”企业 1 家，“浙江制造” 3 家。研发经费年支出增幅 16.8%。新增工业企业 7 家，培育税

2021 年 6 月 17 日，平水镇开展"学党史 强作风 开新局"主题党课
（平水镇　提供）

建立机关干部积分指数、村社干部竞跑指数、站所干部驻村指数，实行三色预警，建设全周期、全流程闭环的干部管理智治平台，实施"一屏了然、一路跟进"的管理模式，实现干部精准选用，人岗相适。获评省兴村（治社区）名师 1 人，担当作为好支书市级 1 人、区级 2 人。

组建红色娘舅工作组、红色创业导师团等七大基层特色治理团队，提供跑腿代办、出行共享、互助养老、纠纷调解等便民服务。办结上东里房闹事件、若耶山居中央环保督查件，完成云门文化苑和四丰外王地块征迁，处置婆婆山公墓，重组解困中厦集团。化解国家、省级重复治理交办件 20 件，市级信访积案 10 件、区级 12 件；信访总量比上年下降 20.9%。

搭建王化片共富联盟，引入项目 10 个，因地制宜打造村企抱团、强村公司、"飞地"抱团等多类型富裕共同体。实施王化金秋年华项目，成立"养老、照料、营销"三大中心，盘活闲置农房 200 余间，月均销售农产品 50 余万元；小舜江红色芳华项目，以"村庄运营商模式"，红色资源入股形式，整村开发研学游，接待游客 4.5 万人次，实现"资源"变"资金"，"风景"变"钱景"。王化片 5 个村新增就业 600 余人，村级经济比上年增收 40%。

源企业 15 家。盘活闲置楼宇 5000 平方米，二次开发闲置用地 8.67 公顷。小微企业升为规模以上企业、限额以下商贸企业升为限额以上商贸企业 14 家，培育省级农、林业龙头企业 3 家。共富竹业产业全链条项目建成投产，年销售毛竹 5000 万千克。"退苗还粮"93.33 公顷，建设高标准农田 71.73 公顷。盘活闲置农房 8200 平方米，引入投资 5000 万元以上的梅园・春、桃源里酒店等重点文旅项目 12 个，投资 5 亿元以上项目 7 个，招商云门文化苑项目 1 个。征收住宅地块 7.13 公顷，做地推地工业用地 1.87 公顷；建设至味酱文化工业研学游、小舜江红色研学游、海丰花园农业游等特色线路，形成全域旅游发展格局。

完成 25 个行政村、4 个社区的党代表和区、镇两级人大代表换届选举，产生柯桥区党代表 17 人、人大代表 24 人，平水镇党代表 111 人、人大代表 84 人。开展百名书记上党课、百年党史百人讲、百名新星树典范、百名乡贤助发展、百场志愿送温暖、百项攻坚转作风、百日夜访听民声、百场展演进礼堂、百个故事忆初心、百幅照片话变迁"十个一百"的庆祝中国共产党成立 100 周年系列活动，助力传承红色基因，迎接党的百年华诞。

【庆祝习近平"胆剑精神"重要讲话 17 周年研讨会在平水镇举行】 2021 年 8 月 24 日，平水镇会同绍兴市社会科学界联合会、柯桥区委宣传部，在

2021 年 8 月 24 日，庆祝习近平"胆剑精神"重要讲话 17 周年研讨会在平水镇剑灶村举行
（平水镇　提供）

剑灶村举行庆祝习近平“胆剑精神”重要讲话 17 周年研讨会。来自省、市、区的 30 位专家、学者围绕“弘扬‘胆剑精神’赋能共同富裕”主题，探讨“胆剑精神”的当代价值和现实意义，把脉乡村振兴，助推共同富裕。

【平水镇王化片党建联盟启动】 2021 年 9 月 16 日，柯桥区南部三镇抓党建促乡村共同富裕大会暨平水镇王化片党建共富联盟启动仪式在平水镇小舜江村举行，签约落户共富项目 16 个、乡创人才结对导师 6 人。通过党建联盟，搭建平水、王坛、稽东三镇党建联建大平台，发挥各方党建引领、产业发展、科技创新及人才培养等方面的优势，推动构建“凝心聚力、协同一致、优势互补”的党建联建工作新体系。

2021 年 9 月 16 日，柯桥区南部三镇抓党建促乡村共同富裕大会暨平水镇王化片党建联盟启动仪式在平水镇小舜江村举行

（平水镇　提供）

【韩长赋调研“金秋家园·长塘头”民宿】 2021 年 9 月 27 日，全国政协经济委员会副主任、农业农村部原部长韩长赋率调研组，在平水镇王化村长塘头自然村，专题调研王化“金秋家园·长塘头”老年民宿、老年食堂、咖啡吧、农产品交易中心、医务室等场所。2020 年 4 月，乡贤宋如华在王化村投资 1200 万元，创新发展“金秋家园”项目，成立“养老、照料、营销”三大中心，盘活闲置农房 200 余间。开办金秋人民食堂，为该村 80 岁以上老人提供免费餐。调研组肯定金秋家园在激活乡村资源要素的内在价值，实现乡村全面振兴和共同富裕提供改革动力所取得的成绩。

【平水镇特色乡村振兴之路在浙江电视台播出】 2021 年 12 月 19 日，平水镇水源地保护区试点党建共富联盟创新路径的大型电视专题片，在浙江电视台公共新闻频道《共同富裕看浙里》栏目播出。在开展党建联盟共富先行中，平水镇搭建区、镇两级党委，王化片党建联盟，各村党组织、网格为一体的共富联盟，走出一条水源地保护区的特色乡村振兴之路。

【“红色芳华”研学游线路推出】 2021 年 6 月，平水镇小舜江村，推出岭下党史馆等“红色芳华”研学游线路，开发出一系列红色体验项目。岭下党史馆位于小舜江村岭下自然村，为柯桥区第一个地下村级党支部的发源地。2002 年，黄炳兴故居被列为爱国主义教育基地，设立革命史迹陈列室。2016 年，经柯桥区委组织部批复后，黄炳兴故居建设为岭下党史馆。通过梳理革命事迹，讲好红色故事，将岭下党史馆建成“红色打卡地”。至 2021 年年底，累计接待游客 4.5 万人次。（黄思煜）

王坛镇

【概况】 王坛镇因有硕大盈围的黄檀古树而得名，为柯桥区南部山区镇，地处小舜江水库源头、会稽山纵深腹地。东邻上虞市汤浦镇和嵊州市三界镇，西接稽东镇，南与嵊州市谷来镇接壤，北靠平水镇，距柯桥城区 50 千米，毗邻杭绍台高速公路和苏台高速公路，32 省道绍甘线西进南出。境内有清代建筑舜王庙、香雪梅海、青陶峡谷等 10 景，汇入小舜江的南北两溪环绕集镇，形成“双溪环抱、两山相拥”的集镇格局。2021 年，镇域面积 137 平方千米，下辖 24 个行政村、1 个社区，户籍人口 3.3 万人。财政收入 9156.6 万元，一般公共预算收入 4662.5 万元。

投资 9246 万元，完成天圣王坛省级现代农业教育实训基地项目；投资 2.10 亿元，建设提升青梅产业、茶叶产业集聚改造等 31 个项目；投资 500 万元，改造提升闲置厂房，引入社会资本专业化运营，成为全域旅游文创基地示范点，带动村集体经济增

2021 年 5 月，王坛镇双江溪风貌 （房霏斐 摄）

收和周边"农家乐"发展。整合镇域资源、资产和人文优势推介招商，开发露营基地、文创产业等新兴领域。引进宝业早稻湾研学营地、风之谷露营基地、"爷爷的早稻田"等农文旅融合项目，修缮提升曹素民故居，新建陶祖全事迹陈列室等红色基地。投资 3000 万元，启动乡村旅游行动计划，实施"微改造、精提升"项目 21 个；开展景观提升工程，提升改造标准化茶园建设和品质化茶场，优化农旅融合基础配套设施。舜王庙会入选第五批国家级非物质文化遗产名录，小舜江（南溪）农村产业融合发展示范园，入选第三批省级农村产业融合发展示范园创建名单。

投资 3011.8 万元，新建王坛卫生院门诊综合楼；购置体检车，建设中医文化、医养结合、康复训练等特色卫生室 5 个；村居家养老服务照料中心、社会组织服务中心全覆盖。组织党员干部 574 人深入一线，建立新冠肺炎疫情防控网，全年无发生本地病例和输入病例。建设"平安王坛"，建成镇、村纠纷调解中心，提前清零各级信访积案，创建省级民主法治村。落实省级农村综合改革集成建设项目专项资金 3425.5 万元，22 个大类项目启动 20 个，完成 10 个。开创农村宅基地制度改革先河，举办绍兴市首个农村宅基地镇内跨村有偿选位竞拍会。

投资 500 余万元，改造小舜江源头流域化粪池、污水管网，新建集水池，配套建设氮磷生态拦截沟、生态涵养带、生态洗衣房，综合治理小舜江南、北溪。全镇 76 个断面水质检测结果均达到标准值及以上，小舜江南、北溪创建为省级"美丽河湖"，双江溪获绍兴市"最美河湖"称号。实施露天焚烧管控和扬尘污染数字化管控（绍兴蓝天）专项行动，镇、村联防，建设生态低碳型乡镇样板，空气质量 $PM_{2.5}$ 年平均浓度 21 微克 / 立方米。

【舜王庙会入选第五批国家级"非遗"名录】 2021 年 6 月，王坛镇舜王庙会，入选国务院公布的第五批国家级非物质文化遗产代表性项目名录。舜王庙会起源于会稽山区人们对舜王的信仰崇拜，逐渐形成为舜王庆祝生辰（农历九月二十七日）的大型民俗盛事。庙会集山区民俗风物、民间文艺和传统集市于一体，展示会稽山区稻作农耕的生产生活风俗，民间艺术、文化景观、传说故事等丰富的文化资源，集合造型、杂技、舞蹈、音乐、武术等 28 类表演，具有会稽山区地域特征，留有祈福除灾印记。为保护传承，创新发扬舜王庙会这一宝贵非物质文化遗产，王坛镇成立绍兴虞舜文化研究会，联合地方政府合力举办一年一度的虞舜文化节会活动，恢复庙会的传统祭祀和巡会活动形式，舜王庙会成为当地最盛大的节日。

2021 年 10 月，王坛镇舜王庙会盛况 （高 洁 摄）

【小舜江（南溪）农村产业融合发展示范园入选省级创建名单】 2021 年 8 月，王坛镇小舜江（南溪）农村产业融合发展示范园，入选第三批省级农村产业融合发展示范园创建名单。园区占地面积23平方千米，整合长岭、舜皇、王坛、腾豪、王城村的生态禀赋和产业项目，以及舜王庙、香雪梅海两个AAA级景区的文旅资源，划分为“一带一核三片”；形成以小舜江风情休闲线为纽带，以天圣现代农业教育实训基地为核心，南部农业休闲旅游片区、北部农业文旅片区、西部农业康美片区为功能性分区的农文旅融合发展新格局。重点培育绿色农业、旅游休闲、研学旅行、养生养老等深绿产业，创建“舜源福地，生态慢园”名片。

【大美王坛强村实业发展有限公司成立】 2021年11月11日，柯桥区大美王坛强村实业发展有限公司成立。公司注册资金1000万元，由王坛镇、村两级分别投入760万元和240万元(10万元／村）联合筹建，为区域联盟型镇级强村公司。整合镇域内各类闲置资产、优质农业、生态资源和特有的人文优势，通过闲置房屋推介招商，引入研学营地、文创项目、电商平台等，统筹规划，实现全域“强村消薄”。

·小资料· “强村消薄”

增强镇、村级经济，消除集体经济相对薄弱的村。

【农村宅基地跨村竞拍】 2021年7月28日，王坛镇举办农村宅基地镇内跨村有偿选位竞拍会，在绍兴市首创“微型土拍”（小型土地拍卖）新模式。8人参与竞争，经70轮竞价后，位于喻宅村内原圆珠笔厂地块5宗435平方米农村宅基地使用权，由喻香琴等5位村民拍得，竞拍成交金额109万元，溢价率81.7%。

【陶祖全事迹陈列室开馆】 2021年6月28日，陶祖全事迹陈列室在王坛镇青坛村开馆。当天，陈列室被授予柯桥区百年党史学习教育红色基地。陶祖全事迹陈列室分别从“出生在王坛”“工运中成长”“参加共产党”“战斗在铁军”“血染大官庄”“光荣永流传”等几个板块，详细、完整地介绍陶祖全烈士短暂而光荣的一生。至年底，接待参观学习76批，3200余人次。

2021年6月28日，陶祖全事迹陈列室在王坛镇青坛村开馆　（房霏斐　摄）

【王坛镇创建为“省级园林城镇”】 2021年1月6日，王坛镇入选浙江省住房和城乡建设厅公布的浙江省园林城镇名单。自2019年起，王坛镇建设青山绿水涵养地、生态旅游目的地、山水田园宜居地。建成绿地面积29.7公顷，绿地率31.94%；绿化覆盖面积33.57公顷，绿化覆盖率36.1%；公园绿地面积4.56公顷，人均公园绿地面积8.07平方米。（凌萍燕）

2021年7月28日，王坛镇举办农村宅基地镇内跨村有偿选位竞拍会　（房霏斐　摄）

稽东镇

【概况】 稽东镇地处绍兴市柯桥区南部的小舜江源头，昔称古越南疆。南、西分别与嵊州、诸暨两市接壤，东、北毗邻王坛、平水镇，系会稽山古香榧群密集分布区域，盛产香榧。距绍兴市区 32 千米，省道绍甘线公路穿境而过。2021 年，镇域面积 111.50 平方千米，户籍人口 2.99 万人，辖 24 个行政村、1 个居委会。财政收入 9008.83 万元，一般公共预算收入 4784.18 万元。

创新“无土招商”“以商引商”模式，发挥乡贤合力，举办“工商资本·乡贤助力乡村振兴”大会，引进重大项目十个，引资 22.47 亿元；建成投入运行省级茶叶产业集聚区，年产日铸茶 3 万余千克，占柯桥区日铸茶产量的 55% 以上。投资 2400 余万元，建立柯桥区香榧品牌管理服务中心，建设“稽东香榧”区域公共品牌；启动林下中药材种植、高山杜鹃（浙江区）研究示范等项目。挖掘文化旅游资源，编制镇域空间资源清册，摸排出台“烟雨大桥”“弦歌金丰”等十大文化产业项目。举办冢斜古村文化旅游节、香榧文化旅游节等特色节会活动。结合党史学习教育，建成开放红色旅游地“打响解放绍兴第一枪”的车头战役纪念馆，推动农村文化旅游全域融合发展。投资 7.5 亿元，组建竹田头等 5 个先行村共富联盟。引入社会资本，联合建设、瑞丰银行等金融企业开展签约授信、助农帮扶项目。举办绍兴市首届镇级“乡创大会”，24 个村企结对全覆盖。龙西、高阳、新上王等 9 个村发展异地物业经济，年均增收 30 余万元，实现村级自主盈利。创新“稽东山宝”农特品牌，年销售额 500 余万元。

投资 3 亿元，完成“美丽乡村公路”建设，环会稽山国家森林公园美丽公路一期工程（官桥接线）、骆穿线拓宽提升等主要道路工程，获评绍兴市“四好农村路”示范乡镇。高标准实施省级“污水零直排区”工程，通过市级验收。开展“美丽村庄”建设竞赛活动，深化垃圾分类，下尉、金山等 5 个村通过市级垃圾分类准确村考核。推进农村控新拆违，优化农村住房审批流程，违章建筑信访量比上年下降 10%。高起点大气治理，空气质量位列柯桥区前茅。建设“美丽河湖”，水源地保护，2019—2021 年考核连续获全市第一；耕地恢复在全区领先；投资 600 万元，保护发展古香榧群。完善弱势群体结对帮扶体系，发放救助、低保、灵活就业社会保障补贴等资金 400 余万元。投资 4200 余万元，改造高海拔标准化饮用水自然村 19 个，实现城乡同质供水全覆盖。开展山区就业培训，提升青少年素质、“稽东月嫂”技能，全镇就业率 95% 以上。开展文化走亲等系列活动；24 个村智慧礼堂全覆盖；成为省级文明镇。全镇实现快递服务“村村通”，创办柯桥区首家慈善“榧香书舍”，联合新青年、志愿者、乡贤、名医等力量，组织各类公益活动 100 场，惠及群众 5000 余人次。投资 5 亿元，落地开工研学游项目；完成车头高速公路出口提升项目；改造镇卫生院、滨溪路二期、北溪综合治理等各项民生重点工程。

开展平安法治、扫黑除恶等专项斗争行动，警情发生率比上年下降 10%。构建法治便民“四全模式”，化解国家、省级重复治理交办件和市、区两级信访积案 25 件，受理法律咨询 300 余人次，公共法律服务融合发展。组织镇机关干部、民警、医护人员、志愿者等 600 余人，落实新冠肺炎疫情防控措施，实现疫情“零感染”。防御超强台风“烟花”“灿都”，无人员伤亡和重大财产损失事故。创建安全稳定的社会大环境，做好安全监管消防、山林防火、地质灾害防治、燃气安全使用、食品药品管理等。精准监管“网格化 + 智能化”，全镇分设 24 个工作网格，建立大数据库，综合统筹五大基层站所职能，整合四大类信息资源，推进应用社会治理网格化智能平台，实现区、镇、村、网格四级信息互联互通，网格信息年办结率 99.9%。

·小资料· 法治便民“四全模式”

做实“全周期”保障式法律服务，做优“全业务”覆盖式法律服务，做精“全时空”陪伴式法律服务，做新“全链条”延伸式法律服务。

【稽东乡创大会】 2021 年 3 月 21 日，稽东镇在大桥村举行首届乡创大会，乡创会以“数字赋能、振兴乡村”为主题，推介香榧、笋干、红茶、腊肉、腊腿、土鸡、番薯粉、蓝莓酒、马兰头、萝卜丝、金丝黄菊等拳头产品，围绕“回乡创业和奉献农村”“专业合作数字赋能创新”“党建统领干部作风及产业发展创新”等角度展开圆桌讨论。在活动现场，向参会嘉宾推介稽东镇空间规划资源，举行村、企结对共建签约仪式，启动稽东镇“数字赋能、乡村振兴”计划。近

2021 年 3 月 21 日，稽东镇在大桥村举行首届乡创大会
（稽东镇　提供）

百名对农村、家乡有情怀的企业家代表和乡创人才到场，与稽东镇共谋未来振兴之路。当天，有 19 家企业与 19 个行政村达成结对共建合作协议。

【榧文化研究会成立】 2021 年 4 月 16 日，柯桥区榧文化研究会成立大会在稽东镇召开，80 余名嘉宾与会。榧文化研究会围绕挖掘“全球重要农业文化遗产”——浙江会稽山古香榧群的核心价值与文化内涵，传承弘扬香榧文化，拓展提升香榧产业进行研讨。大会通过榧文化研究会章程，选举祝安均为榧文化研究会执行会长，选举产生副会长和秘书长人员名单。榧文化研究会成立后，将围绕挖掘研究榧文化遗产，传承弘扬香榧文化，促进香榧经济和香榧文化发展，开展地区与国际间交流合作。

【车头战役纪念馆开馆】 2021 年 7 月 4 日，稽东镇车头战役纪念馆开馆。纪念馆设在稽东村游客接待中心，占地面积 60 平方米，建筑面积 50 平方米，馆内设置 2 个展区，内容详细展示车头战役的历史背景和战役大捷情况。自开馆至年底，接待参观考察 200 批 2000 余人次。

2021 年 7 月 4 日，稽东镇车头战役纪念馆开馆　（稽东镇　提供）

2021 年 4 月 16 日，柯桥区榧文化研究会成立大会在稽东镇召开
（稽东镇　提供）

·小资料·　车头战役

1949 年 4 月初，中共浙东临委为发展绍南、嵊北、虞西南地区，加强曹娥江两岸联系，打通四明与会稽通道，决定出击绍南。8 日，二支队、五支队一大队、绍兴县新越大队、绍兴县办事处共 700 余人，在杨亦明、周芝山指挥下，发动拔除国民党绍兴县车头据点的战斗。经过 7 小时激战，俘敌中队长以下官兵 70 余人，毙、伤敌 8 人，缴获枪支及军用物资一批，取得车头战役大捷。

【“稽东山宝”品牌创新】 2021 年，稽东镇创新“稽东山宝”农特品牌，年销售额500余万元。“稽东山宝”为稽东镇妇联自2018年起创立的区域特色农产品品牌，精选来自稽东各村的鲜果、干果、茶叶、笋类、家禽、酒类等山货30余种。2021年3月，举办以“数字赋能·振兴乡村”为主题的柯桥区稽东镇第一届乡创大会，全面盘点村级闲置空间资源，以“稽东山宝”等特色资源为媒介，探索村企结对助力乡村振兴的新路子；与酒店企业在产品挑选、品牌运营、销售模式等方面达成深化合作。（金乐青）

执行编辑　孙阿络

2021年柯桥区国民经济统计资料选刊

2021年统计表

2021年柯桥区概况表

表33

指标	计量单位	2021年	2020年	为2020年(%)
一、行政区划面积	平方千米	1066.02	1066.02	100.0
二、行政组织				
镇人民政府	个	5	5	100.0
街道办事处	个	11	11	100.0
居民委员会(社区)	个	125	124	100.8
村民委员会	个	214	214	100.0
三、人口				
1. 年末总户数(户籍)	户	235483	232513	101.3
2. 年末总人口(户籍)	人	698109	692590	100.8
男性	人	340043	337914	100.6
女性	人	358066	354676	101.0
3. 暂住人口	人	640960	628267	102.0
4. 出生人口	人	5307	5477	96.9
出生率	‰	7.6	7.9	96.2
5. 死亡人口	人	4528	4599	98.5
死亡率	‰	6.5	6.6	98.5
6. 自然增长人口	人	779	878	88.7
自然增长率(公安口径)	‰	1.1	1.3	84.6

2021年柯桥区国民经济主要指标情况表

表34

指标	计量单位	2021年	2020年	为2020年(%)
生产总值(现价)	亿元	1747.98	1516.73	109.6
第一产业	亿元	39.83	38.69	102.5
第二产业	亿元	874.71	733.94	111.9
第三产业	亿元	833.44	744.1	107.8
农林牧渔业总产值	万元	583521	568056	102.7
农村劳动力资源数	人	458286	457105	100.3
单位年末职工人数(非私营)	人	249993	215876	115.8
在岗职工工资总额(非私营,含劳务派遣)	万元	2456693	2164235	113.5
全年粮食总产量(粮食监测口径)	吨	89063	81787	108.9
油菜籽产量	吨	2908	2103	138.3
全年生猪饲养量	万头	7.11	13.26	53.6
淡水产品产量	吨	22300	21642	103.0
全年货运量	万吨	5958	5643.75	105.6
全年客运量	万人	113	132.84	85.1
社会消费品零售总额	亿元	383.62	354.35	108.3
实际利用外资	万美元	25693	22798	112.7
财政总收入	万元	2234570	2020415	110.6
其中:一般公共预算收入	万元	1301530	1372348	94.8
一般公共预算支出	万元	1329160	1296878	102.5
金融系统年末贷款余额(本外币)	万元	28140946	23133670	121.6
金融系统年末存款余额(本外币)	万元	26520962	23992869	110.5
其中:住户存款(本外币)	万元	13188582	12437096	106.0
普通中学在校学生数	人	36738	36230	101.4
小学在校学生数	人	53703	49234	109.1

说明:生产总值增速为可比价增速。

2021年柯桥区农林牧渔业总产值情况表

表35

指标	计量单位	2021年	2020年	为2020年(%)
农林牧渔业总产值	万元	585794	568056	103.1
农业产值	万元	418646	392663	106.6
林业产值	万元	54289	52928	102.6
牧业产值	万元	36380	53768	67.7
渔业产值	万元	69569	62769	110.8
农林牧渔服务业产值	万元	6910	5928	116.6

2021年柯桥区主要农产品产量情况表

表36

指标	计量单位	2021年	2020年	为2020年(%)
粮食(粮食监测口径)	吨	89063	81787	108.9
其中:早稻	吨	4864	3464	140.4
晚稻及单季稻	吨	70815	64170	110.4
油菜籽	吨	2908	2103	138.3
蔬菜	吨	422258	410253	102.9
茶叶	吨	7326	7707	95.1
水果	吨	9137	54047	16.9
肉类	吨	8786	7865	111.7
淡水产品	吨	22300	21642	103.0

说明:2021年水果数据不包括果用瓜。

2021年柯桥区建筑业主要经济指标情况表

表37

指标	计量单位	2021年	2020年	为2020年(%)
资质企业个数	个	204	193	105.7
其中:特级资质个数	个	5	5	100.0
一级资质个数	个	39	42	92.9

续表 37

指标	计量单位	2021年	2020年	为2020年(%)
建筑业签订的合同额	万元	21277008	22844928	93.1
其中:本年新签合同额	万元	13555808	12964743	104.6
建筑业总产值	万元	13812609	13426875	102.9
其中:在外省完成的产值	万元	4992063	5386798	92.7
外省完成产值比重	%	36.2	40.1	90.3
竣工产值	万元	8143828	8259794	98.6
房屋建筑施工面积	万平方米	9965	11122	89.6
其中:房屋竣工面积	万平方米	6661	3669	181.5
自有机械设备年末净值	万元	159592	215851	73.9
计算劳动生产率的平均人数	万人	32.06	35.54	90.2
全员劳动生产率	元/人	430717	377771	114.0
主营业务收入	万元	7778651	9198575	84.6
主营业务成本	万元	7326909	8698656	84.2
主营业务税金及附加	万元	25139	53421	47.1
营业利润	万元	214441	199030	107.7
营业利润占主营业务收入比重	%	2.8	2.2	127.3
利润总额	万元	214340	186541	114.9
年末固定资产原价	万元	713453	742978	96.0
流动资产小计	万元	5152053	5174471	99.6
资产合计	万元	5934512	5861665	101.2
负债合计	万元	3856114	3743615	103.0
所有者权益	万元	2078397	2118050	98.1
应付职工薪酬	万元	1847904	2195842	84.2
建筑企业增加值	万元	2477282	2743429	90.3

2021年柯桥区科技创新情况表

表38

指标	计量单位	2021年	2020年	为2020年(%)
一、专利授权数	项	7115	5987	118.8
1. 发明	项	1162	871	133.4
2. 实外新型	项	5631	4768	118.1
3. 外观设计	项	322	348	92.5
二、国家高新技术企业数	家	407	369	110.3
其中:当年新增	家	102	144	70.8

说明:国家知识产权局2020年专利申请数不再统计。

2021年柯桥区国内外贸易情况表

表39

指标	计量单位	2021年	2020年	为2020年(%)
一、国内贸易				
社会消费品零售总额	万元	3836152	3543457	108.3
其中:批发业	万元	1412506	1294847	109.1
零售业	万元	1989712	1876615	106.0
住宿餐饮业	万元	433933	371995	116.7
商品交易市场数量	个	80	88	90.9
商品交易市场成交总额	万元	23917050	22214355	107.7
其中:中国轻纺城市场成交额	万元	16851420	15255223	110.5
钱清轻纺原料市场成交额	万元	6537400	6377300	102.5
二、对外贸易				
进出口总额	万元	11118034	8933767	124.4
其中:出口总额	万元	10884925	8646028	125.9
主要产品出口情况				
纺织面料	万元	8328926	6050935	137.6
服装	万元	297340	287177	103.5
非纺产品	万元	2258659	2329942	96.9

2021年柯桥区利用外资情况表

表40

指标	计量单位	2021年	2020年	为2020年(%)
当年批准企业数	家	123	186	66.1
累计批准企业数	家	2618	2495	104.9
当年总投资	万美元	225192	116822	192.8
累计总投资	万美元	1636133	1410941	116.0
当年注册资本	万美元	94586	109635	86.3
累计注册资本	万美元	1086785	992199	109.5
当年合同利用外资	万美元	70977	88973	79.8
累计合同利用外资	万美元	899098	828121	108.6
当年实际到位外资	万美元	29932	22798	131.3
累计实际到位外资	万美元	512196	482264	106.2

2021年柯桥区旅游人数和总收入情况表

表41

指标	计量单位	2021年	2020年	为2020年(%)
国内外旅游人数	万人次	675.86	630.41	107.2
其中:入境旅游人数	万人次	0.19	0.2	95.0
其中:外国人	万人次	0.17	0.18	94.4
港澳同胞	万人次	0.01	0.01	100.0
台湾同胞	万人次	0.01	0.01	100.0
内地旅游人数	万人次	675.86	630.23	107.2
其中:过夜旅游者	万人次	317.61	295.47	107.5
旅游总收入	亿元	76.88	71.33	107.8
其中:国际旅游收入	万美元	61	134	45.5
国内旅游收入	亿元	76.84	71.32	107.7

2021年柯桥区交通运输业情况表

表42

指标	计量单位	2021年	2020年	为2020年(%)
公路通车里程	千米	1565.243	1523.45	102.7
内河航道净里程	千米	320.8	320.12	100.2
民用汽车拥有量	辆	403547	357926	112.7
其中:私人汽车拥有量	辆	351720	309707	113.6
运输汽车	辆	4392	4284.00	102.5
其中:载客汽车	辆	117	135.00	86.7
载货汽车	辆	3580	4149.00	86.3
客运量	万人	113	132.84	85.1
货运量	万吨	5958	5643.75	105.6

2021年柯桥区财政收支情况表

表43

指标	计量单位	2021年	2020年	为2020年(%)
一、财政总收入	万元	2234570	2020415	111
其中:一般公共预算收入	万元	1471416	1372348	107
其中:税收合计	万元	1202397	1117322	108
其中:国内增值税及改征增值税	万元	427300	377063	113
企业所得税	万元	181686	140705	129
城建税	万元	46446	40528	115
个人所得税	万元	39370	37378	105
其他税收	万元	388423	406945	95
耕占税、契税	万元	119172	114703	104
二、一般公共预算支出	万元	1329160	1296878	102
其中:一般公共服务	万元	135279	134713	100
教育	万元	312959	301668	104
科学技术	万元	81180	70545	115

续表43

指标	计量单位	2021年	2020年	为2020年(%)
文化旅游体育与传媒	万元	28007	26560	105
社会保障和就业	万元	158221	152516	104
卫生健康	万元	121790	124926	97
节能环保	万元	63087	55397	114
城乡社区	万元	112154	121380	92
交通运输	万元	26888	26518	101

2021年柯桥区金融系统存贷款年末余额(本外币)情况表

表44

指标	计量单位	2021年	2020年	为2020年(%)
一、各项存款余额(本外币)	万元	26520962	23992869	110.5
1. 住户存款	万元	13188582	12437096	106.0
2. 非金融企业存款	万元	9141556	7838949	116.6
3. 广义政府存款	万元	2960086	3035954	97.5
4. 非银行业金融机构存款	万元	1183182	633211	186.9
5. 境外存款	万元	47556	47660	99.8
二、各项贷款余额(本外币)	万元	28140946	23133670	121.6
1. 住户贷款	万元	11961805	10288550	116.3
2. 非金融企业及机关团体贷款	万元	16078957	12844930	125.2
3. 非银行业金融机构贷款	万元	100000	—	—
4. 境外贷款	万元	184	190	97.0

2021年柯桥区全体居民人均收支情况及生活指标情况表

表45

指标	计量单位	2021年	2020年	为2020年(%)
一、可支配收入	元	71074	64204	110.7
1. 工资性收入	元	38188	34797	109.7
2. 经营净收入	元	20149	17967	112.1
3. 财产净收入	元	6537	5825	112.2
4. 转移净收入	元	6199	5615	110.4
二、生活消费支出	元	39070	32830	119.0
1. 食品烟酒	元	10590	9139	115.9
2. 衣着	元	2948	2445	120.6
3. 居住	元	9497	8067	117.7
4. 生活用品及服务	元	1796	1497	120.0
5. 交通通信	元	5928	4852	122.2
6. 教育文化娱乐	元	4363	3526	123.7
7. 医疗保健	元	2505	2122	118.0
8. 其他用品和服务	元	1443	1182	122.1
三、恩格尔系数	%	27.1	27.8	97.5

2021年柯桥区城镇常住居民人均收支情况及生活指标情况表

表46

指标	计量单位	2021年	2020年	为2020年(%)
一、可支配收入	元	79172	72071	109.9
1. 工资性收入	元	41845	38421	108.9
2. 经营净收入	元	21587	19326	111.7
3. 财产净收入	元	8416	7623	110.4
4. 转移净收入	元	7324	6701	109.3
二、生活消费支出	元	42812	36240	118.1
1. 食品烟酒	元	11319	9872	114.7

续表 46

指标	计量单位	2021年	2020年	为2020年(%)
2. 衣着	元	3374	2819	119.7
3. 居住	元	10577	9054	116.8
4. 生活用品及服务	元	1884	1578	119.4
5. 交通通信	元	6446	5301	121.6
6. 教育文化娱乐	元	4888	3977	122.9
7. 医疗保健	元	2604	2214	117.6
8. 其他用品和服务	元	1720	1425	120.7
三、恩格尔系数(%)	%	26.4	27.2	97.1

2021年柯桥区农村常住居民人均收支情况及生活指标情况表

表 47

指标	计量单位	2021年	2020年	为2020年(%)
一、可支配收入	元	48029	43459	110.5
1. 工资性收入	元	27781	25240	110.1
2. 经营净收入	元	16058	14383	111.6
3. 财产净收入	元	1192	1083	110.1
4. 转移净收入	元	2998	2753	108.9
二、生活消费支出	元	28423	23839	119.2
1. 食品烟酒	元	8514	7206	118.2
2. 衣着	元	1736	1458	119.1
3. 居住	元	6424	5463	117.6
4. 生活用品及服务	元	1546	1282	120.6
5. 交通通信	元	4453	3669	121.4
6. 教育文化娱乐	元	2870	2337	122.8
7. 医疗保健	元	2226	1881	118.3
8. 其他用品和服务	元	653	543	120.3
三、恩格尔系数(%)	%	30	30.2	99.3

(刘　弘)

执行编辑　宋如玲

附 录

文件选编

2021年绍兴市柯桥区国民经济和社会发展统计公报

柯桥统计局
国家统计局柯桥调查队
（2022年3月）

2021年，全区上下坚持以习近平新时代中国特色社会主义思想为指导，统筹疫情防控和经济社会发展，围绕区委、区政府决策部署，切实扛起“领跑竞跑”责任担当，奋力打造浙江高质量发展建设共同富裕示范区先行地，经济社会发展取得新成绩，社会事业均衡发展，民生福祉保障有力，实现“十四五”良好开局。

一、综合

初步核算，全年地区生产总值(GDP) 1747.98亿元，按可比价计算比上年增长9.6%。其中，第一产业增加值39.83亿元，增长2.5%；第二产业增加值874.71亿元，增长11.9%，其中工业增加值752.76亿元，增长14.3%；第三产业增加值833.44亿元，增长7.8%。三次产业结构由上年的2.6 ：48.1 ：49.3调整为2.3 ：50.0 ：47.7。人均GDP为251382元（按年平均汇率折算为38965美元），增长8.8%。

二、农业和农村建设

全年农林牧渔业总产值58.58亿元，比上年增长3.4%。其中，农、林、牧、渔业产值分别为41.86亿元、5.43亿元、3.64亿元、6.96亿元，增长3.4%、2.2%、4.3%、3.0%。粮食播种面积19.43万亩，增长3.6%；粮食总产量8.91万吨，增长8.9%。经济作物播种面积22.00万亩，增长0.1%，其中蔬菜面积为15.24万亩，增长2.2%。

全年猪肉产量7863吨，增长11.5%；禽肉产量823吨，增长13.2%；禽蛋产量1378吨，下降22.2%；茶叶产量7326吨，下降4.5%；淡水产品产量2.23万吨，增长3.0%。年末生猪存栏7.11万头，增长54.9%；生猪出栏9.57万头，增长10.4%。

2021 年农业主要产品产量情况表

表 1

指表名称	单位	产量
粮食总产量	万吨	8.91
生猪存栏量	万头	7.11
生猪出栏量	万头	9.57
猪肉	吨	7863
禽肉	吨	823
禽蛋	吨	1378
茶叶	吨	7326
淡水产品	吨	22300

美丽乡村建设迭代升级，安排 2.29 亿元专项资金同步推进先行村及“五星 3A”示范创建工作。创建 1 个省级示范乡镇、4 个省级特色精品村、58 个省级新时代美丽乡村达标村以及 6 个市级特色精品村，统筹推进 32 个农村家宴中心新建项目及 141 个规范提升项目建设。全年新增国土绿化造林面积 2199 亩，成功创建“一村万树”示范村 5 个。建成高标准农田 3121 亩，补建高标准农田 5090 亩，提质改造 2500 亩，推进粮功区非粮化清理整治和基础设施提质改造。完成科盛生态农业有限公司、天圣牧业有限公司两个生猪项目建设。完成竹产业初加工等市农业产业提升项目建设，创建全省首个省级菊花种质资源圃。

三、工业和建筑业

全年规模以上工业总产值 2304.45 亿元，比上年增长 12.7%，其中新产品产值 810.07 亿元，增长 46.6%；营业收入 1965.87 亿元，增长 21%；利税总额 224.08 亿元，增长 23.6%，其中利润总额 152.05 亿元，增长 24.4%。从行业分类上看，规模以上大纺织业占比超过 5 成，产值 1189.63 亿元，增长 12.9%；营业收入 1004.74 亿元，增长 20%；利润总额 85.02 亿元，增长 32.9%。从产业结构上看，新兴产业发展态势良好，战略性新兴产业产值 1100.39 亿元，增长 11%；高新技术企业产值 852.93 亿元，增长 12.3%；装备制造业产值 313.38 亿元，增长 13.4%。

2021 年规模以上工业主要产品产量情况表

表 2

指标名称	单位	产量
化学纤维	万吨	255.18
布	亿米	4.54

续表 2

指标	单位	产量
印染布	亿米	217.03
服装	万件	3188
黄酒	万吨	14.04
精制茶	万吨	3.31
水泥	万吨	152.60
塑料薄膜	万吨	43.63
PTA	万吨	42.92
发电量	亿千瓦时	68.62
供热量	万吉焦	8418.04
纱	万吨	3.66
配合饲料	万吨	48.76
无纺布	万吨	5.60
针织布	万吨	38.61
聚酯	万吨	40.51

工业经济高质量发展。传统产业改造提升，跨域整合五大组团累计完成投资 30.56 亿元，其中当年完成投资 20.24 亿元。实施新一轮智能化改造，250 家企业完成智能化改造。新兴产业培育壮大，规上数字经济核心产业制造业增加值 16.60 亿元，增幅 7.5%。战略性新兴产业增加值总量为 205.18 亿元，全市第一。织造印染产业大脑成功揭榜省行业产业大脑建设试点，柯桥纺织印染产业集群被列入全省产业集群新智造试点。推进行业整治和高标准建设，完成“低散乱污”整治提升 872 家。新增省级小微企业园 7 个，累计通过认定 30 家，数量位居全市第二。完成“个转企”709 家，“小升规”191 家。

全区建筑业完成总产值 1381 亿元，同比增长 2.8%；完成建筑产业现代化产值 843 亿元，同比增长 8%。现代住建产业集群进一步做强，新增省级装配式建筑产业基地和省级建筑工业化示范企业 7 家，新建装配式建筑 185 万平方米，占比达到 40.5%；中心城区实现装配式建造、住宅全装修全覆盖；实施绿色建筑 284 万平方米，其中二星级以上绿色建筑占 73%，实施高星级绿色建筑和建筑节能示范工程 2 项；完成既有公共建筑节能改造 4.9 万平方米。共创省级以上优质工程 73 项，其中国家级优质工程 24 项，包括鲁班奖 2 项、国优工程 7 项；主编或参编地方标准 10 项；获得发明专利 17 项、实用新型专利 87 项、国家级 QC 成果 5 项、全国 BIM 应用比赛大奖 3 项；创建省级以上工法 12 项，获浙江省数字建造新技术创新应用奖 5 项。

四、固定资产投资和房地产业

全年固定资产投资比上年增长 0.7%。其中，高新技术产业投资增长 20.4%，交通运输投资、生态环境和公共设施投资分别增长 13.1% 和 13.9%，民间投资下降 3.4%；制造业投资占比为 29.5%，高于全市平均水平 7.2 个百分点。新开工亿元以上重大项目 111 个，开工率同比上升 5.3%；3 个项目列入浙江省重点建设项目争先创优立功竞赛活动省“红旗”项目；22 个项目被列入绍兴市重点建设项目争先创优立功竞赛活动市“红旗”项目；18 个项目被列入 2021 年省重点建设项目，新增项目数全市第一；市县长项目落地，旗滨集团（绍兴）新材料产业园项目等 5 个项目入库，落地率 100%。

全年房地产投资 200.15 亿元，比上年下降 18.6%。房地产开发项目 180 个，比上年减少 33 个；施工房屋面积 1179.03 万平方米，增长 13.5%；竣工房屋面积 57.74 万平方米，增长 27.9%。商品房销售面积 269.81 万平方米，下降 18.0%；商品房销售额 429.92 亿元，下降 19.2%。

五、国内贸易

组织实施“越惠悦生活”“城市购物节”系列促消费活动，建成“一轴两标三镇五夜”的基本格局，推动夜间经济培育区发展。全年社会消费品零售总额 383.62 亿元，比上年增长 8.3%。其中，批发零售业零售额 340.22 亿元，增长 7.3%；住宿餐饮业零售额 43.39 亿元，增长 16.6%。全年批发零售业商品销售额 4498.52 亿元，增长 34.0%。其中，批发业商品销售额、零售业商品销售额分别增长 36.1% 和 19.6%。轻纺城市场群实现成交额 2338.88 亿元，同比增长 8.1%，轻纺城网上交易额 701.68 亿元，同比增长 15.6%。

轻纺市场稳定发展，全年新注册市场主体 5084 家，其中新注册贸易公司 2099 家。推进“天天时尚”计划，累计开展各类时尚活动 171 场。高规格举办 2021 第四届世界布商大会、2021 第十届柯桥时尚周、2021 第二十三届秋季纺博会三大纺织盛会，其中第四届世界布商大会围绕“数字赋能·绿色共生”主题，采用“线上 + 线下”双会场模式，线下参会人数 500 余人，全国纺企“前 30 强”全部参会，柯桥时尚周分为七大版块 50 余项活动，线上线下累计参与、观摩人数 6 万余人次，秋季纺博会展览面积 4.1 万平方米，入场门禁 5.5 万人次。推进中国轻纺城市场采购贸易方式国家级试点，建成投运联网信息平台。推进“丝路柯桥 · 布满全球”行动，累计组织 500 余家优秀市场经营户赴深圳、石狮、于都、青岛、常熟等纺织服装产业集群开展组团参展、对接交流、品牌推介等活动。

六、对外经济

全年货物进出口总额 1111.80 亿元，比上年增长 24.5%。其中，出口总额 1088.49 亿元，增长 25.9%；进口 23.31 亿元，下降 19.2%；对阿联酋出口 60.90 亿元，增长 91.3%，占全部出口的 5.6%；对美国出口 58.96 亿元，下降 12.0%，占全部出口的 5.4%。自营出口实绩企业 5016 家，其中出口 100 万美元、500 万美元、1000 万美元以上企业分别有 2284 家、786 家和 383 家。组织参加 2021 浙江出口网上交易会、美国拉斯维加斯线上展、上海面料展、广交会等，并首创“2021 柯桥外商集市”，助力企业拓市场。“一带一路”沿线国家出口 615.84 亿元，同比增长 32.5%，占全区出口总额的 56.6%，出口比重进一步加大。建设国家级跨境电商综试区柯桥园区，继开通“9610”“9710”业务后，今年开通“9810”业务，新增跨境电商业务企业 296 家，累计近 1800 家。据大数据监测显示，亚马逊平台上柯桥活跃卖家 376 个，在线交易额 4.79 亿美元，其中窗帘类目品牌前 10 中占 6 个，柯桥已成为线上窗帘始发地；速卖通活跃卖家 250 家。市场采购成效显著，联网平台备案区内市场主体 1738 家，其中供货商 1589 家、外贸企业 132 家、报关行 17 家，累计申报 19957 票、货值 181450.35 万美元，累计结关 19557 票、货值 178025.81 万美元。

累计国（境）外企业常驻代表机构 1584 家、外商投资商业企业 1072 家。新批准“三资”企业 123 家，比上年减少 63 家，总投资 22.52 亿美元，注册资本 9.46 亿美元。全年合同外资 7.10 亿美元，实际到位外资 2.57 亿美元。

七、交通和旅游业

全区公路通车里程 1565.24 千米。其中，国道

53.36千米、省道90.37千米、县道416.06千米、乡道315.99千米、村道678.02千米、专用公路11.44千米。全区实现客运周转量6805万人千米,货物周转量1503545万吨千米。"融杭接沪"交通快步前行,绍兴轨道交通1号线(柯桥段)自6月28日通车后,客流量已超过415.96万人次,日均2.3万人次,成为杭绍两地联系的重要纽带。杭甬高速公路柯桥互通改造工程完成一阶段交工验收并通车,杭绍甬高速公路柯桥段、杭金衢高速至杭绍台高速联络线和杭州中环柯桥段高架桥改建工程形象进度分别为40.7%、8%、52%。强力推动交通强区建设,2021年全区综合交通建设项目22个,预计总投资完成67.8亿元。镜水路南延完成交工验收并通车,杨绍线福全段改建工程、尹大线改建工程和杭金衢连接线接03省道东复线等工程有序推进,启动金柯桥大道和镜水路快速化改造。

全年接待国内外旅游者675.86万人次,增长7.2%。其中,国内旅游人数675.67万人次,增长7.2%;入境旅游人数0.19万人次,下降38.4%。实现旅游总收入76.88亿元,增长7.8%,其中国内旅游收入76.84亿元,增长7.7%。推进国家全域旅游示范区创建,鉴湖旅游度假区开展国家级旅游度假区创建;推进旅游业"微改造 精提升",共有529个项目纳入浙江省微改造项目全生命周期管理系统;抓好景区品质提升,高标准完成了2家AAAA级景区省级复核工作,3家AAA级景区市级复核,12家AA级景区的区级复核。截至年末,全区有国家级旅游景区23个,其中AAA级旅游景区5个,AAAA级旅游景区5个。

八、财政、金融和证券

全年财政总收入223.46亿元,比上年增长10.6%,其中一般公共预算收入147.14亿元,增长7.2%。一般公共预算支出132.92亿元,增长2.5%,其中民生支出得到重点保障,公共安全、教育、科学技术、文化旅游体育与传媒、社会保障和就业、卫生健康、节能环保、城乡社区、农林水九项民生支出总计105.14亿元,占一般公共预算支出的79.1%。

年末金融机构本外币存款余额2652.10亿元,比上年末增长10.5%,其中住户存款余额1318.86亿元,增长6.0%。年末金融机构本外币贷款余额2814.09亿元,增长21.6%。全面启动新一轮凤凰行动,出台发布新一轮凤凰行动"1+X"政策体系,全力推进企业上市,新增企业上市2家(迎丰股份、瑞丰银行)、过会1家(金道科技)。全年保费收入22.53亿元,增长0.7%,赔付支出金额8.52亿元。全年证券交易额8751.11亿元,增长6.7%。年末开户数22.69万户,增长7.8%。

九、教育和科学技术

全区年末拥有高等学校2所,在校学生1.85万人,专任教师1418人;拥有中等职业教育学校2所,在校学生9055人,专任教师649人;普通中学28所,在校学生3.67万人,专任教师3275人;普通小学52所,在校学生5.37万人,专任教师2990人。学龄儿童入学率100%,初中升学率99.53%。14名学生被北大清华录取,特殊类型上线人数1251人,上线率28.8%,高出全省平均8.8个百分点,2名学生分列省第6名、第7名及全市第1名、第2名,2018—2021年连续4年摘得全市状元。"双减"工作落地落细,小学、初中学生参加率达到96.6%、95.8%,小学、初中教师参与率达到97.38%、96.71%,相关做法被央视综合频道《朝闻天下》、中文国际频道《中国新闻》进行专题报道。全市率先高分通过全国义务教育优质均衡发展区和全国学前教育普及普惠区省级督导评估。11所学校成为全省首批现代化学校,7所学校被推荐为新一轮创建对象,数量全市第一。推进总投资13亿元的49个教体项目建设,建成投用钱清中学新校区、区六一幼儿园坂湖园区等12所新校新园和20个暑期教体维修改造项目,新增学位5670个。

2021年成功晋级全国科技创新"十强区"。全区有国家高新技术企业470家,其中当年认定国家高新技术企业194家;省科技型中小企业1986家,其中当年新增省科技型中小企业289家;期末拥有省级企业研发机构131家。新增授权专利7115项,其中发明专利1162项、实用新型专利5631项。新增国家标准10项、行业标准10项、浙江制造标准6

项。累计引育省级以上领军人才251人、省领军型创新团队6个、高质量人才项目400余个。2016—2021年连续举办6届绍兴海内外高层次人才创新创业大赛,60余个优质人才项目落地柯桥,累积奖金和项目资助2.5亿元。柯桥区科技园获评“国家级科技企业孵化器”,集聚区入选全省首批“浙江院士之家”,已签约海外院士17人。建设全市首个人才公园,打造全区首家一站式人才创新创业服务综合体。累计完成新产品申报407个。实现技术交易额35.8亿元。稳步推进鉴湖实验室建设,已落户校地共建研究院4家、创新团队11个,拟落户2个院士团队项目及1个国家级人才项目。

十、文化、卫生和体育

年末全区共有文化馆1个,艺术表演团体1个,各级文物保护单位(点)164处,公共图书馆藏书159.3万册,有线电视用户41.70万户,电视覆盖率为100%,“绍兴兰亭野生动物园一期墓地”入选2021年度浙江省考古十大重要发现。年末共建成城市书房35家、农村文化礼堂(省五星级21个、市四星级52个)及社区文化家园300家,成为全省首批、全市首个通过浙江省基本公共文化服务标准化工作认定的县(市、区)。都市题材当代越剧《云水渡》亮相“红动绍兴 全城有戏”庆祝中国共产党成立100周年优秀艺术作品展览展演季;越剧《一钱太守》《云水渡》《王阳明》入选浙江省文旅厅庆祝中国共产党成立100周年百场优秀舞台艺术作品;绍兴莲花落《龙山星火》参加浙江省文旅厅主办的浙江省第十一届群众曲艺大赛获银奖;绍兴莲花落《崇高》《龙山星火》双双入选第十二届中国曲艺牡丹奖。

年末全区卫生机构526个(含村卫生室),其中医院和卫生院32个;卫生机构实有床位6315张,卫生技术人员7821人,其中医生3313人。做好疫情常态化防控,规范设置集中隔离点,落实入境人员和国内重点地区来柯返柯集中隔离健康管理措施,严格实施入境人员转运全程受控机制;推进新冠病毒疫苗接种,建设7个方舱接种点,最大限度保障疫苗供给;提升突发疫情处置能力,有效处置4起境外输入新冠病毒无症状感染者疫情,完成6个发热门诊(感染病区)和疾控中心实验室改造。柯桥区连续三年荣获健康浙江建设考核优秀。第五轮国家卫生城市通过复审。中心医院和第二医院通过三级乙等综合医院复评。

全年获省级以上金牌70枚,其中国家级金牌11枚。年末拥有体育健身设施场地3557个,体育场地面积320.91万平方米,人均体育场地面积为2.92平方米。亚运筹备进展顺利,在全市率先实体化运作亚运筹备专班,羊山攀岩中心、鉴湖足球训练场均已竣工,轻纺城体育中心排球馆通过杭州亚组委赛事功能验收。

十一、环境保护和能源消耗

大气治理纵深推进,开展印染企业废气无组织排放专项整治,实施小微企业园区“低散乱污”整治提升,376家企业已全部停产退出。完成“数智蓝网”(一期)项目建设。全年$PM_{2.5}$为29.8微克/立方米,O_3为156微克/立方米,优良率为89.9%。河道水质全域提升,再夺2021年“大禹鼎”银鼎。推进生活垃圾分类“撤桶并点”“定时定点”投放,共清运生活垃圾52.69万吨。土壤污染排查管控进一步落实,未发生污染地块被开发利用情况,全区污染地块安全利用率达100%。工业固废处置体系不断完善,推动建立小微企业危险废物集中收运体系,该体系建立以来共收运处置危险废物1392.4吨。加快处置设施建设,浙能2500吨/日项目、循环产业园(二期)焚烧厂项目先后建成。推进全域“无废城市”建设,完成“无废细胞”创建53个。

全年规模以上工业企业综合能源消费量722.0万吨标准煤,较上年上升5.5%;原煤消费630.4万吨,较上年下降2.0%;单位增加值能耗下降11.7%。能源利用效率提升,规模以上工业企业万元产值综合能耗0.28吨标准煤,较上年下降5.7%;耗能千吨以上企业万元产值能耗0.49吨标准煤,较上年增长15.2%。

十二、城乡建设

全年拆迁完成174.5万平方米,完成21个新增项目签约。三改面积387.67万平方米，其中城中村115.92万平方米、旧住宅244.37万平方米、旧厂区27.38万平方米。

完成40个农村生活污水处理设施的提标改造，完成227个日处理能力20吨以上农村生活污水处理设施标准化运维，连续六年获全省农村生活污水处理设施运维管理考核优秀县（市、区）。

无障碍社区建设、既有住宅加装电梯加速推进。完成25个无障碍社区建设改造工作；加装电梯完工71台，在建9台。

十三、人口、人民生活和社会保障

全区年末户籍总户数23.55万户，户籍人口69.81万人，其中男性34.00万人、女性35.81万人，分别占总人口的48.7%和51.3%。全年迁入7223人，迁出2424人；出生人口5307人，出生率为7.6‰；死亡人口4528人，死亡率为6.5‰；人口自然增长率为1.1‰。

人民生活水平不断提高。全年全区居民人均可支配收入71074元，比上年增长10.7%。其中，城镇常住居民人均可支配收入79172元，增长9.9%；农村常住居民人均可支配收入48029元，增长10.5%。城乡居民收入比为1.65。全体居民、城镇居民、农村居民人均生活消费支出分别为39070元、42812元、28423元。

年末全区城镇登记失业率1.75%，全区新增城镇就业8.52万人，其中失业人员实现再就业7.41万人、就业困难人员实现就业1.43万人。组织开展线上职业技能培训31145人，涉及企业189家次，开展线下职业技能培训178批次，培训人数9310人。

年末全区基本养老保险参保人数67.10万人，其中企业养老保险参保人数56.52万人、机关事业养老保险参保人数2.76万人、居民养老保险参保人数7.81万人。基本医疗保险参保人数87.21万人，其中城镇职工基本医疗保险参保人数50.24万人、城乡居民基本医疗保险参保人数36.97万人。工伤保险参保人数41.95万人，生育保险参保人数32.72万人，失业保险参保人数33.46万人。

全区拥有养老机构13家。全区城乡居民低保标准提高到每人每月890元，发放各类社会救助资金8598.92万元，惠及11.26万人次，发放孤困儿童救助金及物资303万元。全省首个社会救助诚信评价机制数字化应用场景试点，困难群众可多渠道实时申报社会救助。引导公益参与救助，区慈善总会筹集款物5766.92万元，支出款物3686.56万元，惠及7.06万人次和75家非营利机构。

说明：

①本公报所列各项数据为年度初步统计数据，今后均以《柯桥区统计年鉴》数据为准。

②生产总值和各产业增加值绝对数是按现价计算的初步核算数，增长速度按可比价格计算，人均生产总值按户籍人口计算。

③由于计量单位取舍而产生的计算误差均未作机械调整。

④本公报中教育、体育数据来自区教体局，高新技术企业、科技型中小企业等数据来自区科技局，户籍人口数据来自区公安分局，社会救助数据来自区民政局，财政数据来自区财政局，登记失业率、社会保障等数据来自区人力社保局，国土绿化数据来自区自然资源和规划分局，生态环保、空气质量数据来自区生态环境分局，垃圾清运数据来自区综合行政执法局，拆迁整治、建筑等数据来自区住建局，客运周转量、货物周转量等数据来自区交通运输局，美丽乡村建设等数据来自区农业农村局，出口、对外经济等数据来自区商务局，三资企业数据来自区招商投资促进中心，旅游、艺术中心、文化馆、图书馆、博物馆等数据来自区文化广电旅游局，农村文化礼堂数据来自区委宣传部，卫生、医疗数据来自区卫生健康局，专利数据来自区市场监管局，货币金融、上市公司等数据来自区金融办，医疗保险数据来自区医保局，人口数据来自区公安分局，粮食生产数据、城乡居民收支来自国家统计局柯桥调查队，轻纺市场、展会等数据来自轻纺城建管委，人才数据来自科技城建管委。

中共绍兴市柯桥区委　绍兴市柯桥区人民政府
关于印发《柯桥奋力打造浙江高质量发展建设共同富裕示范区先行地行动方案（2021—2025 年）》的通知

各镇（街道、开发区）党委（工委），政府（办事处、管委会），区机关各部门：

现将《柯桥奋力打造浙江高质量发展建设共同富裕示范区先行地行动方案（2021—2025 年）》印发给你们，请认真贯彻落实。

中共绍兴市柯桥区委　绍兴市柯桥区人民政府

2021 年 8 月 19 日

柯桥奋力打造浙江高质量发展建设共同富裕示范区先行地行动方案（2021—2025 年）

为深入学习贯彻习近平新时代中国特色社会主义思想，认真学习习近平总书记在庆祝中国共产党成立 100 周年大会上的重要讲话精神，贯彻落实习近平总书记关于共同富裕的重要论述精神，全面落实《中共中央 国务院关于支持浙江高质量发展建设共同富裕示范区的指导意见》《浙江高质量发展建设共同富裕示范区实施方案（2021—2025 年）》和《绍兴奋力打造浙江高质量发展建设共同富裕示范区市域范例行动方案（2021—2025 年）》，忠实践行“八八战略”，奋力打造“重要窗口”，努力领跑“四个率先”，创造性系统性落实示范区建设各项目标任务，率先高水平建设社会主义现代化先行示范区，奋力打造浙江高质量发展建设共同富裕示范区先行地，加快推动高质量发展成果更多更公平惠及全体人民，为实现共同富裕提供柯桥示范，特制定如下实施方案：

一、总体目标

坚持党的全面领导、以人民为中心、共建共享、改革创新、系统观念“五大工作原则”，紧扣推动共同富裕和促进人的全面发展主题，以满足人民日益增长的美好生活需要为根本目的，以改革创新为根本动力，以解决区域差距、城乡差距和收入差距问题为主攻方向，持续激发创造性张力，加快破解发展不平衡不充分问题，着力构建在高质量发展中扎实推动共同富裕的体制机制。到 2025 年，区域先行示范领域取得明显实质性进展，形成一批具有柯桥辨识度、可复制推广的阶段性标志性成果。

——奋力打造创新引领高质量发展的先行地。经济发展质量效益明显提高，全员劳动生产率 29.7 万元 / 人，率先达到中等发达经济体水平，综合实力在全省全国保持前列。“5+3+X”现代产业体系基本确立，产业基础高级化、产业链现代化水平明显提高，世界级现代纺织产业集群地位更加突出，数字经济与实体经济、现代服务业与先进制造业深度融合，规上战略性新兴产业增加值占规上工业比重达到 44%。创新强区建设取得重大进展，基本建成新时代“名士之乡”人才高地和全国领先区域创新策源地，人才资源总量达到 35 万人，每万人口高价值发明专利拥有量达 17 件，R&D 经费支出占 GDP 比重 3.5%。形成开放型经济高质量发展新优势，建成对内对外开放高地，中国轻纺城的国际影响力和行业话语权全面提升，进出口总额达到 1195 亿元。

——奋力打造城乡发展高水平均衡的先行地。现代城市格局不断优化，国际化城市品质不断彰显，新型城镇化高质量推进，乡村振兴战略深入实施，城乡一体化发展水平全面提升，城乡区域发展差距持续缩小，常住人口城镇化率达到 85%，城乡居民收入倍差缩小到 1.62 以内。实现更加充分更高质量创业就业，居民人均可支配收入 9.18 万元，与人均 GDP 之比持续提高，劳动报酬占 GDP 比重稳步提升。中等收入群体规模不断扩大、结构持续优化、生活品质不断提升，率先基本形成以中等收入群体为主体的橄榄型社会结构，家庭年可支配收入 10 万 ~ 50 万元、20 万 ~ 60 万元的群体比例稳步提升。

——奋力打造公共服务高品质共享的先行地。基本公共服务均等化向更高质量迈进，实现“幼有善育、学有优教、劳有厚得、病有良医、老有颐养、住有宜居、弱有众扶”，人的全生命周期公共服务需求普遍得到更高水平满足。基本建成学前教育、公共卫生、养老照料、体育健身等“15 分钟公共服务圈”，实现城乡区域公共服务更加普惠均等可及。每千人拥有婴幼儿照护设施托位 4.5 个，普惠性幼儿园在园幼儿占比超过 95%，儿童平均预期受教育年限、高等教育毛入学率高于全市平均水平；人群主要健康指标达到发达国家水平，人均预期寿命 83 岁以上，每千人口拥有执业（助理）医师数 4.3 人，个人卫生支出占卫生总费用比例逐步下降；社会保障和养老服务体系更加完善，每万老年人口拥有持证养老护理员数达到 25 人；多元化住房保障体系更加完善，共同富裕现代化基本单元建设高水平推进，未来社区、未来乡村新社区建设卓有成效；新时代社会救助体系全面建立，低保标准稳步提高。

——奋力打造精神文化高标准供给的先行地。新时代文化柯桥建设深入推进，社会主义核心价值观深入人心，文化自信不断增强，文化事业和文化产业蓬勃发展，文明程度显著提升，“柯桥有礼、柯桥有爱”深入人心，“老绍兴 · 金柯桥”城市品牌具有广泛影响，国民素质和社会文明程度达到新高度。全域高品质现代文化供给更加丰富，城乡一体化的公共文化服务体系更加完善，“15 分钟品质文化生活圈”“15 分钟文明实践服务圈”实现全覆盖，全域文明创建覆盖率达 100%。

——奋力打造生态文明高起点建设的先行地。美丽柯桥建设取得新成效，绿色发展水平稳居全国前列，国土空间开发保护格局得到优化，城市生态颜值和环境品质全面提升，生产生活方式绿色转型成效显著，“两山转换”通道不断拓宽，创建成为国家生态文明建设示范区，单位地区生产总值能耗、水耗、碳排放量均控制在上级下达目标内，$PM_{2.5}$ 平均浓度低于 30 微克 / 立方米，城市空气质量优良天数比例保持在 87% 以上，县控以上地表水考核断面功能区达标率(%)保持 100%，生活垃圾分类覆盖面达到 100%，公众生态环境获得感显著增强。

——奋力打造社会治理高效率协同的先行地。党建统领的整体智治体系基本建成，法治柯桥、平安柯桥、清廉柯桥一体推进，从严治党成效进一步彰显，基本形成活力和秩序有机统一的现代化社会。新时代“枫桥经验”持续深化，充分发挥数字化改革对共同富裕的“船”和“桥”作用，加快形成共建共治共享的社会治理格局，建成区域社会治理现代化标杆区，亿元生产总值生产安全事故死亡率、万人成讼率逐年下降。防范化解重大风险体制机制不断完善，突发公共事件应急能力、自然灾害防御水平显著增强，经济社会发展的安全保障更加有力，群众获得感幸福感安全感认同感不断提升。

二、主要任务

（一）着力建设智造新城，在探索区域发展新旧动能转换路径上先行示范

1. 加快建设具有核心竞争力的创新发展生态。主动对接杭绍甬科创大走廊联盟，聚焦产业发展和科技创新深度融合，全力推进创新强区建设，在优势产业领域形成创新策源力。高水平建设重大科创平台，加快建设现代纺织鉴湖实验室，积极争创省级技术创新中心。做强金柯桥科技城，打造成以“十大人才孵化器、十大民营科技园、十大高能级成果转化平台”为主体的全域科技城。深化共建高校研究院发展模式，更大力度支持民营人才创业园建设发展，加快建设绍兴工业互联网研究院，建成一批高水平新型研发机构。深入推进现代纺织、现代住建、黄酒产业创新服务综合体建设。实施科技企业“双倍增”计划，推进规上工业企业科技创新活动全覆盖。实施关键核心技术攻关计划，鼓励组建以企业为主体的技术创新联合体，开展关键技术和共性技术研发，滚动编制关键核心技术攻关清单，推动“揭榜挂帅”，争取一批“尖兵”“领雁”“领航”计划项目落户，集中突破一批“卡脖子”关键技术。深化“浙里工程师”平台建设，构建人才、技术、服务等资源要素协同联动、高效配置的产业创新生态体系。大力实施“柯桥英才计划”“经纬计划”，探索“产业基金 + 孵化器 + 专业团队”引才模式，完善“产学研用金、才政介美云”生态系统，推进“浙江院士之家”提档升级，打造新时代“名士之乡”人才高地。推进国家知识产权强县工程示范区建设，加大知识产权保护制度建设力度，打造纺织品花样“版权数治”场景应用。大力推进工业企业技术创新和品牌创新，实施规上工业企业“发明专利清零”行动计划，促进制造业高质量发展。

2. 加快形成具有国际竞争力的智造产业集群。突出数字赋能，持续推动传统产业改造提升和新兴产业培育引进双向发力，完善“5+3+X”现代产业体系，全力打造世界级现代纺织产业集群和现代住建、黄酒两大先进制造业集群。大力实施工业强基新行动等“五新”工程，推动产业基础高级化、产业链现代化。深入实施传统产业改造提升 2.0 版，深化印染产业转型升级、纺织制造业改造提升省级试点建设，争创国家新型工业化示范基地。大力引进新材料、生物医药、人工智能等新兴产业项目，形成具有国际竞争力的新兴产业集群。建设现代服务业和先进制造业深度融合示范区，提升生活性服务业满足高品质生活需求能力，强化生产性服务业带动制造业、农业发展水平。深入实施数字经济“一号工程”2.0 版，推进智能化改造提质扩面，推动关键生产环节加快工业机器人、自动检测设备、智能物流等装备应用，建设一批智能工厂、数字车间等“未来工厂”，深入推进织造印染行业产业大脑省级试点建设，打造行业级工业互联网平台，大力培育发展数字经济核心制造业、软件和信息服务业。深化开发区（园区）整合提升，优化提升小微企业园，着力构建高质量发展平台支撑体系。实施“品字标”品牌建设提升行动，着力打造“柯桥优选”区域品牌。

3. 加快形成具有更高产出效率的要素配置方式。加快适应产业结构优化升级带来的资源重新配置要求，聚焦土地、劳动力、资本、技术、能源等发展要素，加快投入结构优化调整，全面提高产出效率，为高质量发展提供动力源泉。深化“亩均论英雄”改革，积极探索“楼均论英雄”，推行企业综合评价和资源要素差别化配置，全面提升土地产出效率，推动规上工业亩均税收提升至 20.8 万元。以各级特色人才计划为引领，全面推进创新创业人才铸链工程，高素质青年人才倍增工程和高技能人才强基工程，加快提升劳动力产出效率。聚焦民营企业融资难题，持续实施融资畅通工程，提档升级金柯桥基金小镇，全力打造“凤凰行动”升级版，力争新增境内外上市公司 18 家以上。创新投融资机制，创建全市文化金融改革知识产权融资示范点，提升资本产出效率。成立科技成果转化促进中心，建设军民融合协同创新平台，强化科技创新成果转移转化，加快科研成果产业化，提升技术生产效率。加快调整优化能源结构，加大高能耗高排放行业清理整治力度，提升能源生产效率。

4. 促进更高品质的居民消费和更加有效的项目投资。迭代升级“项目竞赛”活动，实施新一轮扩大有效投资行动，加大“两重一新”建设投入力度，

引导投资重点聚焦民生、城市有机更新、立体交通、数字化改造、研发创新、产业平台等领域，深入实施“省市县长项目”工程，完善重大项目落地协调机制。全面促进消费提质扩容，实施消费新政，大力建设高品质城市商圈和特色商业街区，打造消费品体验中心，加快构建 TOD 等消费新平台，做大做强夜间经济，发展地铁经济。加快数字消费体系建设，打造数字生活新服务新城区。加快推进商贸特色镇和商贸发展示范村建设。大力发展制造业物流、电子商务物流、城乡配送物流等重点专业物流，构筑开放式物流网络体系。

5. 加快打造更具国际话语权的现代国际纺织之都。实施中国轻纺城国际化水平提升工程，依托市场采购贸易方式、跨境电商综合试验区等“国字号”平台，建设自贸区联动创新区，打造联通国际国内市场的新平台，全面提升开放型经济高质量发展水平。深入实施“三海”拓“三市”计划，积极推进“丝路柯桥 · 布满全球”行动走入更多国家，高质量办好世界布商大会、纺博会、时尚周等活动。深度聚焦时尚设计、时尚制造、时尚消费和时尚服务等领域，完善时尚创意产业价值链，集聚时尚设计师超过 3000 名，加快构筑时尚创意产业生态系统，提升中国轻纺城时尚化气质。改造升级纺织产业大数据中心，加快建设轻纺城经济运行云图，定期发布纺织指数和时尚指数，强化市场智能研判。做大做强网上轻纺城，拓展“有布”APP 运营功能，完善市场智慧交易。深入推进轻纺城智慧治理。启动实施轻纺数字物流港建设，提升改造传统市场。

6. 加快培育更具活力和创造力的市场主体。实施企业大中小新梯队建设行动，深化推进“雄鹰计划”“雏鹰行动”，着力打造一批五十亿级和百亿级企业，推动产业链核心环节实现“隐形冠军”企业全覆盖，鼓励和引导中小微企业走“专精特新”之路。建立健全“链主型企业”和上市企业“一对一”跟踪服务机制，壮大一批竞争优势明显、产业带动作用强的产业链领军企业、总部企业。营造民营经济高质量发展的最优生态，依法平等保护民营企业产权和企业家权益，全面落实放宽市场准入等政策“组合拳”，落实降本减负政策。深化“三驻三服务”，持续深入开展营商环境“10+N”便利化行动。健全市场准入负面清单制度，深化行政执法体制改革，推行行政审批告知承诺制。持续推进商会改革试点，推动纺织产业链行业商会发展，提升商会发展质量、管理水平与服务能力。

（二）着力构建现代城市格局，在探索城乡区域一体协同发展路径上先行示范

7. 增强融入省域一体化发展的空间支撑。充分发挥接轨沪杭都市圈的桥头堡优势，积极探索跨区域合作发展新机制，深度参与杭绍甬一体协同发展，打造高能级产业平台。积极谋划打造“2+1+N”平台体系，“2”即杭绍临空经济一体化发展示范区绍兴片区、柯桥经济技术开发区，“1”即福兰区域平台，“N”即特色小镇、小微企业园和创业创新园等若干个特色基础平台，力争在临空经济示范区和柯桥经开区培育两大“万亩千亿”新产业发展平台。加强“科创飞地”“产业研发飞地”“人才飞地”谋划建设。结合国土空间规划和区块发展战略规划，深入推进空间规划一体化，探索构建具有柯桥特色的规划层级体系。坚持“东融西同北上”发展策略，全面构建“南花园、中都市、北湾区”城市发展框架，高质量推进柯西板块、柯桥未来之城等重点板块建设。加快推进重大互联互通基础设施建设，实施铁路杭州萧山机场站枢纽及接线、杭绍台铁路一期建设，推进杭绍台高速公路、杭绍甬高速公路柯桥段、杭金衢高速至杭绍台高速联络线、杭甬高速公路柯桥互通改造等工程，打造区域畅联互通的综合立体交通网。

8. 全面提升农村发展水平。大力推进农业转移人口市民化体制机制综合集成改革，深化户籍制度改革，健全新型居住证制度。深化农村承包地制度改革，加强农村土地经营权流转规范管理与服务，全面落实承包土地所有权、承包权、经营权“三权分置”。探索推进同权同价、流转顺畅、收益共享的农村集体经营性用地入市制度。以全国宅基地制度改革绍兴市试点为契机，积极探索宅基地“三权分置”，适度放活宅基地使用权，盘活闲置宅基地和闲置农房。深化国家农村集体产权制度改革试点建设，推进集体所有土地统一确权登记，完善农村产权交易市场，推进各镇（街道）农村产权交易平台建设，实现产权交易规范化标准化。巩固村级经

济合作社股份合作制改革成果，支持有条件的村组建强村公司，持续壮大村级集体经济，深化推进“两进两回”。因地制宜建设农村创业创新园、小微企业园，不断增强村集体经济发展内生动力，持续实现强村富民。完善新阶段山区发展支持政策，做优做强绿色产业，推动南部山区跨越式高质量发展。

9. 切实推进城乡基础设施一体化。加快推动城市现代基础设施和市政公用设施向农村延伸，实施滨海供水江滨水厂三期工程，稳步开展城乡电网智能化改造和农村电力“上改下”。推进“交通强区”建设，实施 104 国道、329 国道立体化改造工程，开展镇村公路客运站改建迁建和功能提升，填补公交线路盲点。高水平推进“四好农村路”和美丽公路建设，实施低等级公路提升工程，建制村 10 分钟到公交站比率达到 100%。推进城乡公共服务一体化，以邻里中心和生活圈推动基本公共服务均等化，实现邻里中心和镇村生活圈体系覆盖全域。补齐山区基础设施、公共服务短板，建设生态特色美丽宜居山区。

10. 打造对口支援（协作）合作升级版。加强与江山市在产业、创新、人才等方面合作交流，推进江山—柯桥山海协作产业园和产业“飞地”建设，加快主导产业上下游关联项目引进，建设科技化、信息化、集约化、生态化产业园。深化与四川省县（市）结对帮扶，建设柯桥—峨边“飞地”产业园，推进东西协作。在柯桥谋划建立峨边特色农产专柜和专区，拓展峨边农副产品线上线下销售渠道。持续全面精准开展与西藏、新疆等地对口支援，完善政府合作交流体制机制，深化产业协作、放大协作资源、创新协作模式，推进智力支援、产业支援、民生改善、文化教育支援，助力受援地长治久安和高质量发展。进一步健全与辽源市西安区的对口合作机制，加强产业、教育卫生、文化旅游等领域交流合作。

（三）着力勾画城乡居民生活新图景，在探索推进共同富裕现代化基本单元建设路径上先行示范

11. 打造全域未来社区柯桥样板。全域推进未来社区建设，加快福全金三角未来社区、大渡未来社区试点建设，推进齐贤羊山未来区块规划建设，实施未来社区“三化九场景”推进行动，迭代提升未来社区智慧服务平台，争取更多未来社区进入省级培育名单，努力为全省提供可复制、可推广的柯桥样板。到 2025 年，未来社区实现区域全覆盖。按照未来社区理念推进城市有机更新，全面完成老旧小区改造提升，深入推进“三改一拆”，持续整治环境卫生、城镇秩序、背街小巷和乡容镇貌，实施多杆合一、多箱合一，规范店招店牌。推动老旧社区“微更新”，推进无障碍环境建设，打造多功能、复合型、亲民化社区精致生活场景。加快推进城中村改造和邻里中心建设，迭代打造“智慧物业”多跨场景，深化住宅小区综合治理，建成一批美丽宜居温馨小区。持续深化美丽城镇建设，推进安昌、兰亭、齐贤、王坛等美丽城镇建设，争创省级美丽城镇样板。到 2025 年，实现全域美丽城镇达标。

12. 全面推进乡村新社区建设。大力推进乡村新社区建设，以“越乡风、国际范、运河情、江南韵”为导向，深入推进全域土地综合整治，推进村庄有机更新，保留好村庄原有纹理，加强村庄空间梳理、房屋改造、设施植入、标识系统、杆线序化等。持续深化“千村示范、万村整治”工程，实施旅游业“微改造・精提升”，推进农村基础设施、公共服务核心功能配套标准化建设，所有行政村实现新时代美丽乡村达标创建，建设新时代美丽乡村精品村。开展未来乡村建设试点，迭代升级未来邻里、现代产业、公共服务、乡村文化、特色风貌、绿色低碳、乡村善治等场景，建成一批引领品质生活体验、呈现未来元素、彰显江南韵味的示范性乡村新社区。全域推进“五星 3A”迭代升级，以漓渚镇棠棣村、柯岩街道三佳居和叶家堰居为试点，围绕集成“数字乡村、气质乡村、兴旺乡村、宜居乡村、活力乡村”建设内容提档升级，打造乡村振兴先行村。

（四）着力推进“扩中提低”，在探索持续缩小收入差距路径上先行示范

13. 推动实现更充分更灵活创业就业。深化创业精准服务，高质量推进浙江绍兴人才创业园建设，打造一站式人才创新创业服务综合体，全面构建“研发在沪杭、孵化到柯桥”的创新创业协作体。完善创业创新创造支持政策体系，鼓励新经济、新业态、新模式创业创新，落实创业创新补贴、网络创业认定与扶持政策。促进多渠道灵活就业，加快推进就业服务数字化，支持大企业发展外包体系和设

备共享平台，创造“零工设计师”“零工工程师”等灵活就业岗位。完善城乡就业公共服务体系，健全城乡、区域、校地间人才交流机制。深化推进“农创客”“新农人”项目，吸引科研人才、高校毕业生、退役士兵等返乡下乡就业创业，鼓励农民就近就业创业。开展就业形势分析监测，健全就业需求调查和失业风险预警机制。加强重点群体精准就业帮扶，持续做好摸底调查，强化分类帮扶和实名制动态管理，确保零就业家庭动态清零，加大企业稳岗帮扶力度，完善公益性岗位机制，实现“兜底线、救急难”。建立健全快递小哥、网约车司机、网络直播等新业态从业人社会保险管理机制。完善保生活防失业促就业的失业保险体系。持续推进和谐劳动关系，切实保障劳动者合法权益。

14. 实施中等收入群体规模和居民收入双倍增行动。健全扶持中等收入群体后备军发展的政策体系，激发小微创业者、高素质农民、科研人员、技能人才等重点群体增收潜力，畅通社会人才流动渠道，让广大劳动者通过自身努力进入中等收入群体。减轻中等收入群体教育、医疗、养老、住房等方面的支出压力，持续提升中等收入群体生活幸福感。充分发挥我区民营资本充沛优势，支持企业实施灵活多样的股权激励和员工持股计划，有效拓展从业人员增收空间，鼓励依法创新居民可投资金融产品，有效拓宽居民财产性收入渠道。积极探索富民增收新模式、新路径，完善富农惠农政策体系，引导农业企业与小农户建立利益联结机制，切实增加农民工资性和经营性收入。完善促进低收入农户稳定增收的长效机制，通过盘活土地等要素使用权、收益权增加中低收入农民要素收入，提升低收入农户增收能力和自我发展能力。实施低收入群体同步基本实现现代化行动，实现城乡居民人均可支配收入年均增长与经济增长基本同步。

15. 创新收入分配制度改革。加快探索知识、技术、数据、土地等要素价值实现形式。完善以增加知识价值为导向的收入分配机制，优化知识产权交易平台，支持企业将“知产”转化为资产，出台知识产权质押融资政策性风险补偿管理办法，形成知识产权质押柯桥模式。构建绩效导向的科技资源配置机制，完善职务科技成果转化收益分配制度。继续推进公共数据资源开发利用，挖掘社会数据资源价值，探索数据要素市场化改革。建立产权流转和增值收益分配制度，推广农合联、土地经营权入股，构建全产业链利益共同体，实现二、三产业价值向一产“回流”，增加农民财产性收入。完善财政政策调节收入机制，构建基层财政数字化管理体系，加强财政收入统筹管理，厘清区级财政事权和支出责任，优化财政支出结构，落实基本公共服务供给保障责任，强化乡村振兴投入保障，健全常态化财政资金直达机制，精准高效惠企利民。健全工资合理增长机制，提高劳动报酬在初次分配中的比重，全面推动工资合理增长，落实最低工资标准与经济增长、社会平均工资增长联动机制。鼓励事业单位健全岗位绩效薪酬机制。

16. 大力发展公益慈善事业。鼓励慈善模式创新、业态创新、管理创新、技术创新，深化“慈善柯桥”品牌建设，提升慈善事业影响力，巩固柯桥慈善事业全省示范领先优势。进一步探索“互联网+慈善”，通过“慈善柯桥”门户网站、微信公众号等，倡导人人参与慈善。进一步培育孵化慈善组织，鼓励设立社区基金与社区基金会，推进慈善基地和村（社区）慈善服务点建设，构建完善区、镇、村三级慈善公益平台，探索慈善组织参与基层治理。积极开展“慈善一日捐”活动，引导全社会崇善行善，构建良好慈善生态圈。推动慈善与社会救助、社会福利、应急救援相衔接，构建先富帮后富、“两不愁三保障”等长效机制，合理配置慈善资源，实现精准高效救助。健全慈善奖励机制，完善并落实公益性捐赠税收优惠政策，实现慈善基金项目化、透明化、长效化运作，鼓励社会力量设立各类专项慈善基金，引导高收入群体和企业家积极参与公益慈善事业。依法规范慈善活动，加强对慈善工作的监督，公开募捐，定期审计，打造“阳光慈善”，保护公众参与公益慈善的热情，继续推进慈善力量参与脱贫攻坚、东西部扶贫协作。

（五）着力建设幸福家园，在探索人的全生命周期公共服务优质共享路径上先行示范

17. 高水平推进育儿友好型社会建设。全面落实三孩生育政策，完善配套政策体系，增强生育政

策包容性。加强生育妇女就业、工资待遇等权利保障，适当延长生育妇女产假，鼓励创新弹性工作方式，多渠道降低生育、养育、教育成本。大力发展普惠托育服务，着力提升3岁以下托育服务品质，鼓励有条件的用人单位提供婴幼儿照护服务，鼓励幼儿园开设托班，重点打造以家庭为基础、机构为补充的婴幼儿托育服务体系。推进婴幼儿照护综合管理平台建设，建立区级实训基地和指导中心，建成2～3家管理规范、模式可复制的示范单位，各镇(街道)3岁以下婴幼儿照护服务机构覆盖率50%以上。制订并实施学前教育优质发展第四轮行动计划，构建公益普惠性学前教育公共服务体系，实施农村幼儿园提质工程，促进学前教育优质均衡发展，争创全国学前教育普及普惠区。

18. 高水平推进“技能柯桥”建设。实施“柯桥蓝领”职业技能提升行动和新时代工匠培育工程，办好“金梭奖”等职业技能竞赛，全区技能人才总量25万人左右，技能劳动者占从业人员比例达到30%，其中高技能人才占技能劳动者比例提高至33%以上。实施技工教育提质增量计划，建立健全企业新型学徒制，筹建柯桥区技师学院，建成纺织印染、黄酒酿造等行业特色实训基地5家，新建区级以上技能大师工作室30家。开展企业技能人才自主评价，在建筑、黄酒等传统行业率先开展新型职业职称评定，推动技能人才与专业技术人才职业发展贯通联动。根据企业需求，创新实施技能人才培养弹性学制、学分银行等模式。推广“云上课堂”线上职业技能培训模式，开展“网络直播＋技能培训”等新形式。加强对农村转移劳动力等重点群体和新业态新模式从业人员的精准培训，全面提升劳动者就业创业能力。

19. 高水平推进“学在柯桥”建设。制订出台全区教育信息化2.0行动计划，构建“互联网＋教育”大平台，推动网络名师工作室建设，拓宽“空中课堂”“互动教研”等场景应用，深化学校STEM课程和人工智能教学。争创全国义务教育优质均衡发展区，探索实践一个法人多个校区的新型“教共体”模式，实现所有义务教育阶段学校“教共体”全覆盖。推动普通高中多样化特色化发展，全面实施职业教育产教融合行动，完善职业教育与普通教育双向互通机制。实施特殊教育精细服务计划，加强普特融合，帮助残障学生融入社会。支持浙江工业大学之江学院和浙江树人大学高质量发展。实施终身教育规范提升计划，建立完善“区社区学院、镇(街道)社区教育分院(成人文化技术学校)、村(居)社区教育教学点”的社区教育三级网络，积极举办柯桥区全民终身学习周等培训活动。

20. 高水平推进“健康柯桥”建设。加快推行“健康大脑＋智慧医疗”，推进人脸识别就诊、无感支付、5G远程医疗和影像检查等新技术、新模式应用。构筑公共卫生应急体系，健全重大公共卫生事件的动态监测与预警系统，实现应对重大突发公共卫生事件的能力达到全市前列。加快构建现代化整合型医疗卫生服务体系，抓好浙大二院柯桥院区建设，推动绍兴市中心医院、绍兴第二医院争创三级甲等综合性医院，柯桥区中医医院创建三级乙等中医院，全面深化“医共体”建设，区域就诊率90%以上。实施医疗卫生服务“网底”工程，加快基层医疗卫生机构标准化建设和村卫生室(社区卫生服务站)规范化建设。实施“医学高地”计划，着力打造市级临床医学中心、区域医疗中心和医学科技创新平台，建成60个名医(专家)工作室。全面深化“三医联动”“六医统筹”改革，鼓励医院经营管理权委托、医院分院和集团化运行等管理创新，全面推行住院医疗服务按DRGs点数法付费，完善大病保险制度和异地就医结算机制。实施重点慢性病干预计划和青少年明眸皓齿工程，加强职业病防治监管。高标准建好亚运会办赛场馆、协办好亚运赛会，培育省级品牌体育赛事，深化打造城市社区“10分钟健身圈”，促进体育健身设施全覆盖，加快建成全省体育现代化区。

21. 高水平推进“颐养柯桥”建设。实施养老服务体系创新工程，全面推进公益性、准公益性和市场性等不同类型的养老机构建设，将区社会福利中心打造成为全市公办养老机构样板，培育引进先进地区的专业化养老服务机构5家以上。开展养老服务数字化改革，建设智慧养老院、智慧养老社区。促进康养体系发展，积极打造新型康养联合体。完善养老护理员教育培训、技能认定和信用管理制度，每万老年人拥有持证养老护理员提高到25人。健全长期照护综合保障体系，探索解决失能失智人群护理难题。优化养老服务，推进老年人家庭适老化改造、本地数字应用适老化改造，开展养老护理知识宣讲，进一步提升为老服务的专业技能水平。

22. 高水平推进"安居柯桥"建设。坚持房住不炒，完善房地产市场调控长效机制，促进房地产市场平稳发展。健全以公共租赁住房保障为主体、其他保障形式为补充的城镇住房保障体系。加大以公共租赁住房为主体的保障性住房扩面力度，新增公共租赁住房保障7000套(含货币化保障)。鼓励大中型企业、工业园区、房地产开发企业等投资运营保障性租赁住房，扩大企业投资保障性租赁住房的比重。支持发展住房租赁市场，加强住房租赁市场监管，探索长租房政策，使租购住房在享受公共服务上具有同等权利。基本实现城镇集中成片棚户区改造，建设棚改安置住房(含货币安置)1000套左右。加快建设城镇住房保障信息管理系统，对城镇住房保障规划计划、项目实施、保障房源、保障对象等实施全程信息化动态管理。

23. 高水平织密织牢社会保障网络。健全社会保险体系，深入实施全民参保计划，创新新业态从业人员社会保险管理机制。强化养老保险城乡统筹，完善城乡居民基本养老保险养老金增长机制，基本养老保险参保率99%以上。完善多元化社会保险体系，积极发展商业养老保险和医疗保险。统筹推进"1+8+X"大救助体系建设，整合和优化现有社会救助制度。建设社会救助诚信评价应用场景建设，建立精准救助诚信评价体系。进一步完善城乡特困供养制度、低保边缘家庭救助制度、临时救助制度，适度扩大救助范围，提高救助标准，全力构建"主动发现、快速响应、精简程序、规范高效"的智慧救助模式。推进社工站建设，推动"五社联动"，为困难家庭、孤寡老人、困境儿童等人群提供服务。健全退役军人工作体系和保障制度。重视农村妇女、留守儿童、青少年身心健康，保障妇女儿童合法权益，健全残疾人基本公共服务和权益维护体系。大力实施惠民殡葬建设，推进节地生态葬建设。

(六)着力打造精神富足文明柯桥，在探索精神文明高地建设路径上先行示范

24. 构筑思想文化高度。加强新时代意识形态工作，全面落实意识形态主体责任，有效防范各类意识形态风险。深入开展习近平新时代中国特色社会主义思想学习教育，全面实施铸魂工程、溯源工程、走心工程。推动理想信念教育常态化，加强党史、新中国史、改革开放史、社会主义发展史教育，加强爱国主义、集体主义、社会主义教育，弘扬党和人民在各个历史时期奋斗中形成的伟大精神。大力弘扬"艰苦奋斗、开拓创新"的创业精神。大力弘扬"与时俱进、奋发有为"的名士精神。大力弘扬"四千"精神、围涂精神，在全社会营造咬定目标不放松、坚韧不拔、争先创优的精神风尚。推进媒体深度融合，实施全媒体传播工程，做强新型主流媒体。

25. 全面提高社会文明程度。加快新时代文明实践中心建设，确保新时代文明实践站所全域覆盖。建立健全现代志愿服务体系，广泛建立有人员、有项目、有管理的志愿服务站点，构建点多面广、功能完备的"15分钟志愿服务圈"，孵化培育特色志愿服务队伍。推进公民道德建设，开展以劳动创造幸福为主题的宣传教育，围绕立德树人，构建以社会主义核心价值观为引领的大中小幼一体化全过程德育体系。深入实施文明好习惯养成工程，聚焦"关键小节"，深化文明出行、文明旅游、文明就餐、垃圾分类等实践活动，持续推进移风易俗。加强家庭、家教、家风建设。加强网络文明建设，发展积极健康的网络文化。深入推进"文明轻骑兵"行动，建立健全数字经济背景下新社会群体管理服务的体制机制，发布"文明骑行"指数，塑造"文明有礼"的行业形象。

26. 完善公共文化服务体系。对标推进公共文化服务体系标准化2.0建设，高质量建设国家公共文化服务体系示范区。打造柯桥公共文化数字化服务平台，加强文化资源数字化转化和开发，发展沉浸式体验型文化内容。深入实施新时代文艺精品创优工程，推进文化名家、青年文艺人才引育工程，完善文艺人才梯次培养和激励机制，深化绍兴小百花体制改革。深入实施文化惠民工程和艺术

振兴计划，加快构建区镇村三级公共文化服务网络，推进“艺术乡建”、文联规范化建设。提升以“文艺五进”“百花大舞台”“相约礼堂·周末剧场”“幸福水乡才艺秀”“鉴湖之春”等为代表的群众文化活动品牌。全面推动城市书房、农家书屋建设，打造“满意图书馆”，提档升级美术馆。积极融入浙东唐诗之路文化带、浙东运河文化带、古越文明文化带建设，打造“柯桥好戏”和“柯桥好玩”两大IP，持续提升“老绍兴·金柯桥”城市品牌。切实推进文物保护利用，加强非物质文化遗产保护，进一步擦亮中国大运河等世界文化遗产金名片，传承弘扬优秀传统文化。

27. 构筑现代文化产业高地。深入实施文化产业数字化工程，积极培育云演绎、云展览、沉浸式等新型文化业态。优化文化产业发展布局，构筑“2+3+N”特色文化产业发展体系，加快推进中国轻纺城创意园、群贤198文创园创建省级重点文化产业园，构建柯桥区影视联盟、创意设计联盟等发展平台，加快建设柯桥文化产业公共服务中心，打造文化产业集群。深化文化金融改革试验区建设，积极探索金融资源和文化资源对接新机制。深化文化体制改革，完善文化产业规划和政策，加强文化市场体系建设，扩大优质文化产品供给。实施文化旅游融合提升工程，积极创建国家全域旅游示范区、国家级旅游度假区、国家体育旅游示范区，争创全国乡村旅游重点村镇1个以上，以兰亭文化旅游度假区为载体创建国家文化和旅游融合示范区。深入推进“百县千碗”工程，深度挖掘黄酒文化、酱文化等美食文化。

（七）着力塑造全域美丽花园，在探索生态文明持续提升路径上先行示范

28. 全力打好生态环境攻坚战。实行最严格的生态环境保护制度，深入打好治水治气治土治废治塑攻坚战，构建数字化生态环保综合应用系统，健全环境污染问题发现、处置及举一反三闭环管控机制，完善环境司法制度机制和生态环境公益诉讼制度，持续推动改善环境质量。深化“无废城市”建设，深入推进固体废物全过程管理和多部门协同治理，全面落实危险废物安全管控，加强垃圾分类。全力打好生态环境巩固提升持久战，强化多污染物协同控制和区域协同治理。以“清新空气示范区”创建为抓手，巩固“蓝天保卫战”成果，持续深化“五气合治”，实现细颗粒物和臭氧“双控双减”，全面消除重污染天气，基本消除中度污染天气。全面推行河长制、湖长制，深入实施“五水共治”碧水行动，加快推进“污水零直排区”创建，加快镇、村两级美丽河湖创建。推进企业废气清洁排放改造，持续推进挥发性有机物污染、臭氧综合治理。推进“厕所革命”，改造提升农村厕所、旅游厕所，高标准新建、改建“无异味”星级公厕40座。

29. 打造山水林田湖草和谐共生示范区。全面建立生态保护修复制度，统筹山水林田湖草整体保护和系统修复。开展生物物种资源本底调查和评估，建立生物多样性监测与预警体系。加大推进国土绿化力度，强化生态公益林、天然林修复，全区森林覆盖率稳定在52.58%。深化“四边三化”行动，推动漓渚铁矿、平水铜矿等矿山治理。重塑城市山水格局，构建以“三湖、六横、四纵”的水网布局为骨架，以九大城市公园、二大国家级森林公园、二大省级森林公园和鉴湖风景名胜区、瓜渚湖等公园为支点，加快构建水源涵养区，打造平水—王坛—稽东连片生态安全屏障。

30. 扎实推进碳达峰碳中和工作。贯彻落实上级碳达峰碳中和实施意见，按照“4+6+1”总体思路，在省市方案的基础上，围绕能源消费总量、碳排放总量、能耗强度、碳排放强度等指标，制定实施柯桥行动方案。率先在重点行业开展达峰专项行动，努力争创碳达峰全省试点。加快构建低碳工业体系，大力发展低碳高效行业，推动高碳产业绿色低碳转型。推动建筑、交通、农业领域绿色低碳发展，装配式建筑占比40%以上。广泛开展绿色生活创建行动，引导有条件的区域、镇(街道)、园区、社区积极申报创建国家级、省级低碳试点和近零碳排放区示范试点，探索建立“零碳”试点示范创建体系。深化未来社区低碳场景设计，鼓励在低碳建筑、低碳交通、智慧低碳能源供应体系、温室气体排放信息化管理体系等领域实施探索。推行大型活动碳中和制度，以绍兴市协办2022年杭州亚运会碳中和行动为契机，推进大型活动“碳中和”示范，支持和鼓励开展“碳标签”实践，确保全区在2030年之前实

现二氧化碳排放提前达峰。

31. 健全生态文明建设体制机制。全面推行土地、水、矿产、森林等自然资源有偿使用，加快完善生态保护和环境治理成效与财政转移支付相挂钩的生态保护补偿机制。完善财政与主要污染排放、单位生产总值能耗、出境水水质、森林质量、空气质量、生态公益林、重要湿地相关的财政奖惩制度和与“绿色指数”相挂钩的生态环保财力转移支付制度。加大对南部山区的财政支持，建立健全针对南部山区的生态补偿机制。探索建立柯桥经开区与平水镇、王坛镇、稽东镇的“生态特别合作区”。探索试行生态产品质量和价值(GEP)测算、“两山”银行等工作。持续推进生态环境监测网络建设，形成要素全覆盖、天地一体化的环境监测体系。加快生态环境保护综合协同管理平台应用，建立一体化的生态环境在线监测、全过程监管、协同处置体系。加快“数智蓝网”创新试点建设，集成环境质量监测、污染源监控、环境应急管理、污染投诉处理、生态环境信息发布、辐射管理等内容，促进政府管理效能提升。

（八）着力推进区域整体智治，在探索推进社会治理现代化路径上先行示范

32. 加快建设智治柯桥。以领跑姿态全面推进数字化改革，驱动制度重塑。推进数字政府建设，加快构建“一朵云”基础设施体系、“一中心”数据资源体系、“一体化”应用支撑体系和“一站式”业务应用体系，汇聚党政机关、数字政府、数字经济、数字社会、数字法治五大综合应用，打造一批多跨协同、彰显柯桥特色、能在省市推广的数字化场景应用。推动“互联网＋政府服务”全面升级，深化各领域“一件事”集成改革，推进政务服务 2.0 建设。推进数字社会建设，深入实施“智慧民生”工程，加快推动公共服务数字化转型。建设城市大脑，打造乡村微脑，探索新型智慧城市发展柯桥模式。坚持和发展新时代“枫桥经验”，全面推行“县乡一体、条抓快统”县域整体智治改革，迭代升级“一中心四平台一网格”，加快构建党建统领下“四治融合”的基层社会治理体系。高效构建“社会治理大脑”，整合提升“雪亮工程”，推行“一图全面感知、一网综合治理”智慧化治理模式。深化推广“枫桥警务模式”，推进警务全科网格和“智安小区”建设。深入实施万村善治工程，传承与发展“古井公约”等经验做法，全区 50% 以上的社区（村）达到“善治社区（村）”目标。

33. 深化法治柯桥建设。深化“大综合、一体化”行政执法体制改革，减少行政执法层级，整合行政执法队伍，更大力度更大范围推进跨部门跨领域综合行政执法改革，落实镇（街道）“一支队伍管执法”。加快构建全覆盖的整体政府监管体系和全闭环的行政执法体系。优化政法机关一体化办案协作机制，加快完善行刑有效衔接。高质量实施“八五”普法规划，加大普法力度，推动公民尊法学法守法用法。深化民主法治村（社区）创建行动，力争全区 30% 村（社区）达到省级民主法治村（社区）标准。加强农村（社区）法律服务，全面提升公共法律服务质量。深入实施信用“531X”工程，完善公共信用信息平台，加快构建形成公共信用评价体系、“互联网＋信用＋监管”新型监管体系和信用联合奖惩体系。

34. 深化平安柯桥建设。加快构建“大安全、大应急、大减灾”体系，完善重大决策社会风险评估机制，完善以精密智控机制为核心的应急体系，全面提升防灾、减灾、抗灾、救灾能力。完善“监测、预警、处置、反馈”风险闭环管控大平安机制，健全立体化、法治化、专业化、智能化社会治安防控体系。继续推进“情指行”合成作战体系建设，全面推广应用“安心码”。建成完善的包含城市发展各领域各环节的安全运行监测预警信息平台，实现城市安全风险管控标准化、可视化、智能化。创新实施柯桥古镇、安昌古镇消防保障工作。筑牢经济安全防线，建立健全维护产业链供应链安全有效机制，加强地方政府性债务风险管控和地方金融风险防控处置。强化粮食安全观、能源安全观，构建高效统一的粮食储备体系、粮食现代流通和供应安全保障体系。实施网络生态“瞭望哨”工程，常态化开展“净网”行动，打造安全清朗网络空间。

35. 深化清廉柯桥建设。完善全面从严治党责任制度，深化运用“四责协同”工作机制，以清廉单元建设带动清廉柯桥建设全域推进、全线共进，不断优化风清气正的政治生态。牢牢把握“严”的主

基调,积极探索一体推进不敢腐、不能腐、不想腐的有效载体和具体措施,把惩治震慑、制度约束、提高觉悟结合起来,切实提高治理腐败效能。锲而不舍落实中央八项规定精神,持续发力纠治“四风”,坚决查处群众身边腐败问题和不正之风。健全党统一领导、全面覆盖、权威高效的监督体系,完善纪律监督、监察监督、派驻监督、巡察监督统筹衔接制度,促进党内监督与人大监督、民主监督、行政监督、司法监督、审计监督、财会监督、统计监督、群众监督和舆论监督贯通融合、协调协同。认真落实“三个区分开来”的要求,精准运用“四种形态”,扎实开展澄清正名工作,保护和激发干部干事创业积极性。持续深化提升镇(街道)纪检监察工作规范化建设,强化对“一肩挑”后村级组织权力运行监督管理,推动监督下沉、监督落地。“五廉并举”深化清廉文化建设,打造新时代“清风廉路”,在全社会营造崇清尚廉浓厚氛围。

三、保障措施

36. 全面加强党的领导。坚持把党的政治建设摆在首位,坚持党总揽全局、协调各方,将党的领导贯穿推动共同富裕的全过程、各领域、各环节,全面推动党员干部增强“四个意识”、坚定“四个自信”、做到“两个维护”,确保党中央和省市决策部署在我区有效落实。充分发挥基层党建引领优势,加强党的组织建设,完善上下贯通、执行有力的组织体系,常态化实行区领导班子成员包乡走村,深化实践驻村指导员制度,推进基层干部队伍和干部工作系统性重塑,鼓励引导党员干部不忘初心、创造性开展工作,带领广大群众开拓进取、攻坚克难,扎实推动共同富裕先行先试。

37. 完善狠抓落实机制。区委、区政府建立主要领导任组长的高质量发展建设共同富裕示范区柯桥领导小组,办公室设在区发改局,实行常态化实体化专班运作。区委成立社会建设委员会,下设办公室,统筹协调全区社会建设和社会改革工作。建立健全清单化推进机制,制定重点任务清单、突破性抓手清单、重大改革清单,厘清责任、分解任务、明确进度,实行闭环管理。加强区镇联动、部门协同,强化共同富裕先行先试的资金保障和要素供给,确保各项任务顺利推进。建立考评奖惩机制,充分发挥考核指挥棒作用,将推动共同富裕有关工作纳入目标责任制考核。建立日常点上督查、季度跟踪督查、年度全面督查相结合的督查机制,根据督查情况完善激励、问责和动态整改机制。

38. 构建争先创优机制。鼓励支持有条件的镇(街道)、村(居)和相关部门按照共同富裕导向,努力在数字化改革、城乡区域协调发展、公共服务、分配制度改革、生态产品价值实现等领域先行先试,积极主动承担国家、省、市级的改革试点、探索示范任务,率先形成创新性、突破性制度成果,打造更多最佳实践。建立最佳实践总结推广机制,及时总结提炼,形成柯桥经验,力争在全市、全省乃至全国复制推广。鼓励各级各部门敢创新、敢突破,以正确用人导向引领干部改革突破争先,完善容错纠错机制,激励保护敢担当、善作为的干部。充分发挥全省改革突破奖评选、“领跑者”“竞跑者”专栏、最佳改革案例评选、省改革例会交流等载体的争先创优功能,完善激励机制,积极推动各级各部门在全市全省争先创优。

39. 凝聚全社会力量。积极宣传共同富裕相关政策和做法,增强人民群众的知晓度、认同感和满意度,激发全体人民共同奋斗、共同富裕的强大动力,让每一个人都成为共同富裕的直接参与者、积极贡献者、共同受益者。充分发挥人大、政协以及各民主党派、工商联、无党派人士的积极作用,画好统一战线“最大同心圆”,强化工会、共青团、妇联等人民团体引领服务联系群众功能,形成全体人民群策群力、共建共享的生动局面,走共建共治共享的共同富裕之路。

先进集体

2021年柯桥区获省部级及以上先进集体情况表

表1

授奖时间	受奖单位	奖项名称	授奖单位
2021年1月	绍兴柯桥经济技术开发区	2020年国家级经济技术开发区综合发展水平考核排名第36位	商务部
2021年1月	兰亭街道	全国侨联系统优秀“侨胞之家”	中国侨联
2021年1月	绍兴金柯桥科技城管理服务有限公司	2020年度国家级科技企业孵化器	科学技术部
2021年1月	柯桥区	2018—2020年全国计划生育优质服务先进单位	国家卫健委
2021年1月	平水镇	浙江省消除集体经济薄弱村工作成绩突出集体	中共浙江省委、浙江省人民政府
2021年1月	绍兴市自然资源和规划局柯桥分局	“森林浙江”建设工作突出贡献集体	中共浙江省委、浙江省人民政府
2021年1月	稽东镇	浙江省文明村镇	中共浙江省委、浙江省人民政府
2021年1月	绍兴第二医院医共体兰亭分院	浙江省文明单位	中共浙江省委、浙江省人民政府
2021年1月	福全街道	浙江省生猪增产保供成绩突出集体	浙江省人民政府
2021年2月	中共绍兴市柯桥区委	全国脱贫攻坚先进集体	中共中央 国务院
2021年2月	漓渚镇棠棣村	全国民主法治示范村	司法部、民政部
2021年3月	柯桥区	2020年度平安县(市、区)	中共浙江省委、浙江省人民政府
2021年3月	柯桥区行政服务中心	全国巾帼文明岗	中华全国妇女联合会
2021年4月	安昌街道	2019—2020年度全省反邪教工作成绩突出集体	中共浙江省委、浙江省人民政府
2021年4月	绍兴市公安局柯桥分局刑侦大队	全省扫黑除恶专项斗争先进集体	浙江省人民政府

续表 1

授奖时间	受奖单位	奖项名称	授奖单位
2021 年 5 月	绍兴柯桥排水有限公司	全国职工技术创新成果优秀奖	中华全国总工会、人社部、科技部
2021 年 5 月	柯桥区	浙江省“五水共治”(河长制)工作优秀市县“大禹鼎”银鼎	中共浙江省委、浙江省人民政府
2021 年 5 月	柯桥区委改革办	在 2020 年度改革创新工作中成绩突出集体	中共浙江省委、浙江省人民政府
2021 年 6 月	柯桥区山娃子香榧专业合作社	国家农民合作社示范社	农业农村部
2021 年 7 月	柯桥街道红十字会	全国红十字模范单位	中国红十字会总会
2021 年 7 月	谢家坞村党总支	省级先进基层党组织	中共浙江省委
2021 年 7 月	柯桥区	第五批省级生态文明建设示范市、县(市、区)	浙江省人民政府
2021 年 8 月	柯桥区行政服务中心	全国青年文明号	全国青年文明号组委会
2021 年 8 月	绍兴市公安局柯桥分局出入境管理大队	全国青年文明号	全国青年文明号组委会
2021 年 8 月	湖塘街道香林村	全国乡村旅游重点村	文化和旅游部
2021 年 10 月	钱清司法所	全国模范司法所	司法部
2021 年 10 月	漓渚镇棠棣村	全国示范性老年友好型社区	国家卫生健康委和全国老龄办
2021 年 11 月	绍兴水处理发展有限公司	母亲河奖	共青团中央、全国绿化委、全国人大环境与资源保护委、全国政协人口资源环境委、生态环境部、水利部、农业农村部、国家林业和草原局
2021 年 12 月	柯桥区纺织工业创意设计基地	第一批纺织服装创意设计示范园区(平台)	工业和信息化部
2021 年 12 月	柯桥区人力资源和社会保障局	全国根治拖欠农民工工资工作先进集体	国务院根治拖欠农民工工资工作领导小组
2021 年 12 月	柯桥区纺织工业创意设计基地	纺织服装创意设计示范园区(第一批)	工业和信息化部

续表 1

授奖时间	受奖单位	奖项名称	授奖单位
2021 年 12 月	柯桥区总工会(柯桥区职工驿站)	2021 年“最美工会户外劳动者服务站点”	中华全国总工会
2021 年 12 月	柯桥街道港越社区	全国红十字模范单位	中国红十字会总会
2021 年 12 月	安昌街道	2016—2020 年全国普法工作先进单位	中共中央宣传部、司法部、全国普及法律常识办公室

（王伟峰　朱祖德）

执行编辑　宋如玲

索 引

说 明

1. 索引采用主题分析法，按标引词第一字汉语拼音（同音词按声调）顺序排列；同声同调按笔画顺序排列；第一字相同，按第二字音序排列。以下据此类推。

2. 因类目、分目页码已在《目录》中标出，故索引仅限条目。条目标引词一般采用该条目的主题词、中心词或简称。单位和事件一般用简称，不冠以“绍兴”“绍兴县”“柯桥区”等字样。

3. 标引字后的阿拉伯数字表示内容所在页码，页码后的拉丁字母(a、b)分别表示该页的左右栏。标引词后的多个页码，表示此内容在其他书页的位置。

4. “媒体聚焦”“特载”“专记”“大事记”“柯桥新风”“2021 年柯桥区国民经济统计资料选刊”“附录”、表和彩色插照均不作索引。

0～9

A

B

C

D

F

G

H

J

K

L

M

N

P

Q

R

S

T

Y

Z